T0219845

Ludwig Prandtl – Strömungsforscher und Wissenschaftsmanager

Michael Eckert

Ludwig Prandtl – Strömungsforscher und Wissenschaftsmanager

Ein unverstellter Blick auf sein Leben

 Springer

Michael Eckert
München, Deutschland

ISBN 978-3-662-49917-7 ISBN 978-3-662-49918-4 (eBook)
DOI 10.1007/978-3-662-49918-4

Die Deutsche Nationalbibliothek verzeichnet diese Publikation in der Deutschen Nationalbibliografie; detaillierte bibliografische Daten sind im Internet über http://dnb.d-nb.de abrufbar.

Planung: Lisa Edelhäuser

Gedruckt auf säurefreiem und chlorfrei gebleichtem Papier

Springer ist Teil von Springer Nature
Die eingetragene Gesellschaft ist Springer-Verlag GmbH Berlin Heidelberg

Vorwort

Ludwig Prandtl (1875–1953) genießt als „Vater der modernen Aerodynamik"[1] das Ansehen einer weltumspannenden Gemeinde von Luftfahrtingenieuren. Seine wissenschaftlichen Verdienste betreffen aber nicht nur die Aerodynamik von Flugzeugen, sondern die gesamte Strömungsmechanik. *Ludwig Prandtl, ein Führer in der Strömungslehre*, so lautet der Titel eines Buches, in dem aus Anlass seines 125. Geburtstages führende Strömungsforscher das Werk ihres Meisters würdigten[2] – unter Anspielung auf Prandtls legendären und in vielen Auflagen immer wieder neu herausgegebenen *Führer durch die Strömungslehre*, der noch heute zu den Standardwerken der Strömungsmechanik zählt.[3]

Prandtl stand schon bei seinen Zeitgenossen in hohem Ansehen. Sein Meisterschüler Theodore von Kármán nannte ihn den „Vater der Aerodynamik".[4] Bezeichnungen wie „Prandtl-Zahl", „Prandtlsche Grenzschicht", „Prandtlscher Mischungsweg" und andere mit seinem Namen verbundene Fachbegriffe erinnern auch heute noch daran, auf welchen Teilgebieten er in seiner Wissenschaft einen nachhaltigen Eindruck hinterlassen hat. Dennoch gibt es bislang keine den Ansprüchen der modernen Wissenschafts- und Technikgeschichte genügende Biografie, die Prandtls Leben und Werk in einer auch Nichtexperten zugänglichen Art zusammenfassend darstellt.

Das bedeutet nicht, dass Prandtls Verdienste in Vergessenheit geraten sind. Aus der Feder seiner Tochter gibt es ein „Lebensbild", das den Privatmann und Familienvater Prandtl anhand zahlreicher Dokumente aus dem Familiennachlass porträtiert.[5] Auch über die Aerodynamische Versuchsanstalt und das Kaiser-Wilhelm-Institut für Strömungsforschung, denen Prandtl in Göttingen als Direktor vorstand, liegen historische Darstellungen vor.[6] Prandtl wirkte lokal als Begründer der Göttinger Großforschungseinrichtungen, national als Berater von Ministerien und international als Repräsentant deutscher Forschung.

---

[1] http://en.wikipedia.org/wiki/Ludwig_Prandtl.
[2] [Meier, 2000].
[3] [Oertel, 2008, Oertel, 2010].
[4] [von Kármán und Edson, 1968, S. 97].
[5] [Vogel-Prandtl, 2005].
[6] [Rotta, 1990a, Tollmien, 1998].

In dieser Biografie geht es deshalb weniger um einen „vergessenen Pionier" der Strömungsforschung; vielmehr soll das Leben eines Forschers und Wissenschaftsrepräsentanten dargestellt werden, der auf vielen Ebenen eine bis heute anhaltende Wirkung entfaltet hat.

Es gibt keinen Königsweg für die biografische Annäherung an Menschen wie Prandtl, die sich Technik und Wissenschaft zu ihrem Lebensinhalt gemacht und darüber hinaus für Politik und Industrie als Experten eine entscheidende Rolle gespielt haben. Zu unterschiedlich sind die Karrieren und fachlichen Bezüge, zu unterschiedlich auch die persönlichen Eigenheiten und die familiären, gesellschaftlichen und politischen Verhältnisse, die in verschiedenen Zeitläuften dem Leben eines Individuums eine Orientierung geben, als dass sich der Biograf einem starren Schema unterordnen darf. Trotz einer Vielzahl einschlägiger Biografien und einer breiten Diskussion über die Biografik in Wissenschaft und Technik[7] lässt sich keine Methode erkennen, wie die Kluft zwischen „Leben" und „Werk" am besten zu überbrücken wäre. Allzu leicht zerfällt eine Wissenschaftlerbiografie in Kapitel mit allgemein verständlichen Beschreibungen von Lebensumständen und in Kapitel mit schwer verständlichen wissenschaftlich-technischen Ausführungen. Hier eine durchgängige, Leben und Werk integrierende Darstellung zu finden, gehört zu den besonderen Herausforderungen wissenschaftlicher Biografik. Im Fall Prandtls existiert jedoch eine sehr umfangreiche Hinterlassenschaft an Briefen, Manuskripten und anderen historischen Dokumenten, so dass die Biografie weitgehend aus authentischen Quellen schöpfen kann, die oft auf natürliche Weise Leben und Werk integrieren.[8] Vor allem den brieflichen Quellen kommt deshalb auch unter einem methodischen Gesichtspunkt ein hoher Stellenwert zu. In der Korrespondenz mit politischen Instanzen zeigt sich, dass Prandtls Wissenschaft, die Strömungsmechanik, für Krieg und Frieden im 20. Jahrhundert eine so wesentliche Rolle gespielt hat, dass auch die politische Entwicklung zum integralen Bestandteil der Biografie werden muss.

Für die enge Wechselbeziehung von Wissenschaft und Politik standen Persönlichkeiten wie Prandtl immer wieder Pate. Mit Blick auf die Rolle von Experten, die ihr Wissen dem NS-Regimes angeboten haben, ist von „Selbstgleichschaltung", „Selbstmobilisierung" und „Kollaborationsverhältnissen" die Rede.[9] Über politische Systembrüche hinweg – vom deutschen Kaiserreich über die Weimarer Republik bis zum NS-Staat – ist es im Verlauf des 20. Jahrhunderts „zu tief greifenden Wandlungen dessen gekommen, was

---

[7] [Shortland und Yeo, 1996, Füssl und Ittner, 1998, Klein, 2009].
[8] Bei Zitaten aus Originalquellen werden der leichteren Lesbarkeit zuliebe fehlerhafte Interpunktionen, Verschreibungen und Schreibweisen korrigiert bzw. an die aktuelle Rechtschreibung angepasst; zeittypische Ausdrücke und Redewendungen werden jedoch beibehalten.
[9] [Mehrtens, 1986, Mehrtens, 1994, Trischler, 1994].

Politik und Wissenschaft jeweils sind oder sein können", so thematisiert eine neuere sozialhistorische Studie über Wissenschaft und Politik das Zusammenwirken beider Sphären. „Auch wenn die Rede von zwei prinzipiell getrennten Sphären aus verschiedenen Gründen noch einen gewissen Gebrauchswert beanspruchen kann, sind diese inzwischen derart stark miteinander verwoben, dass sie ohne einander kaum noch auszukommen vermögen."[10] Wissenschaft und Politik treten dabei als „Ressourcen für einander"[11] in Erscheinung, wobei der Ressourcenbegriff nicht nur im ökonomischen Sinn verstanden werden darf. „Die Ressourcen, die hier gemeint sind, können kognitiv-konzeptioneller, apparativ-institutioneller, finanzieller oder auch rhetorischer Art sein".[12] Dies wird am Beispiel Prandtls deutlich. Zu den kognitiv-konzeptionellen Ressourcen zählen „epistemische Techniken"[13] wie die Grenzschichttheorie oder die Tragflügeltheorie, mit denen Prandtls Wissenschaft für die praktische Anwendung und damit für die Politik besonders interessant wurde. Die apparativ-institutionellen Ressourcen kamen in Gestalt von Windkanälen und anderen Experimentiereinrichtungen zum Einsatz. Ressourcen rhetorischer Art sind Prandtls Eingaben und Denkschriften, mit denen er gezielt Politiker ansprach. Dennoch betrachtete sich Prandtl selbst zeitlebens als unpolitisch. 1946 gab er einer Denkschrift an die Adresse der britischen Militärregierung die Überschrift „Gedanken eines unpolitischen Deutschen zur Entnazifizierung". Diese Selbsteinschätzung deckte sich mit der eines Nazi-Schergen, der Prandtl als politisch „völlig uninteressiert" bezeichnete. Doch Prandtls Beziehungen zur Politik, vom „Deutschen Forschungsrat für Luftfahrt" in den späten 1920er Jahren bis zur „Forschungsführung" unter Hermann Göring im Zweiten Weltkrieg, zeigen ein anderes Bild. Das Ressourcenkonzept, mit dem die vielfältigen Beziehungen zur Politik aufscheinen, zeigt die Unvereinbarkeit zwischen der Selbsteinschätzung Prandtls als „unpolitischer Deutscher" und seiner tatsächlichen politischen Rolle.

In erster Linie war Prandtl jedoch Wissenschaftler und Ingenieur. Hier muss die Biografie, wenn sie allgemein verständlich bleiben will, auf manches verzichten, was dem Experten wünschenswert erscheint. Der Verzicht auf mathematische Ausführungen ist bei der angewandten Mathematik und Mechanik, wie sich Prandtls Wissenschaftsdisziplin seit den 1920er Jahren nannte, besonders schmerzlich. Um Lesern mit einer mathematischen Vorbildung (aber nicht notwendigerweise einem Expertenwissen in den jeweiligen Teilgebieten) dennoch einen besseren Eindruck von der Prandtlschen Denk-

---

[10] [Ash, 2010, S. 11].
[11] [Ash, 2002].
[12] [Ash, 2010, S. 16].
[13] Siehe dazu Moritz Epples Erweiterung des Rheinbergerschen Begriffs der „epistemischen Dinge" in [Epple, 2002b].

weise zu vermitteln, werden an geeigneten Stellen Kästen eingefügt, die den jeweiligen Gegenstand näher charakterisieren. Darin wird der Kern der jeweiligen Forschungsarbeit (zum Beispiel die Ableitung des Wandgesetzes bei der turbulenten Rohrreibung) herausgeschält. Ausführlichere Darstellungen müssen der Fachliteratur vorbehalten bleiben.

Prandtls Leben und Werk mit allen Beziehungen zu Wissenschaft, Technik und Politik in turbulenten Zeitläuften zu überschauen und angemessen darzustellen, wäre ohne die Hilfe zahlreicher Personen und Institutionen nicht möglich gewesen. Der erste Dank richtet sich an die Deutsche Forschungsgemeinschaft für die langjährige finanzielle Förderung und an das Forschungsinstitut des Deutschen Museums, in dem für wissenschafts- und technikhistorische Forschungen ein ideales Umfeld besteht und diesem Projekt die Infrastruktur des Deutschen Museums vom Archiv über die Bibliothek bis zu den Sammlungsabteilungen (insbesondere der Luftfahrt) zur Verfügung stand. Auch den zahlreichen Archiven, die mir Einsicht in einschlägiges Quellenmaterial erlaubten, sei an dieser Stelle gedankt, vor allem dem Archiv des Deutschen Zentrums für Luft- und Raumfahrt in Göttingen und dem Archiv zur Geschichte der Max-Planck-Gesellschaft in Berlin. Ohne Einsicht in den dort aufbewahrten Briefwechsel Prandtls wäre diese Biografie nicht möglich gewesen. Besonderen Dank schulde ich auch der Familie Vogel, die mir Material aus dem Privatnachlass Prandtls zugänglich machte. Florian Schmaltz hat mir Einsicht in einige Kapitel aus der Rohfassung seiner Habilitationsschrift über die Aerodynamische Versuchsanstalt gewährt, in der er den institutionellen Kontext von Prandtls Wirken detailliert beleuchtet; besonderen Dank schulde ich ihm auch für seine kritischen Anmerkungen zu einer vorläufigen Fassung dieser Biografie. Cordula Tollmien danke ich dafür, dass sie mir ihre Materialsammlung zur Verfügung gestellt hat, die sie in den 1980er Jahren für ihren Beitrag zur Geschichte des Kaiser-Wilhelm-Instituts für Strömungsforschung im Nationalsozialismus angelegt hat;[14] auch für die Informationen über ihren Vater, den Prandtl–Schüler Walter Tollmien, schulde ich ihr Dank. Last, but not least, danke ich meinen Kollegen am Deutschen Museum, besonders Silke Berdux, Ulf Hashagen, Jürgen Teichmann, Helmuth Trischler und Stefan Wolff, die über viele Jahre meine Prandtl-Forschung begleitet haben.

München, im Dezember 2015
Michael Eckert

---

[14] [Tollmien, 1998].

Abkürzungen

AMPG	Archiv der Max-Planck-Gesellschaft, Berlin-Dahlem
APK	Artillerie-Prüfungskommission, Berlin
ASWB	Arnold Sommerfeld. Wissenschaftlicher Briefwechsel. Band I: 1892–1918; Band II: 1919–1951. Herausgegeben von Michael Eckert und Karl Märker. München, Berlin, Diepholz: Deutsches Museum und GNT-Verlag, 2000 und 2004
AVA	Aerodynamische Versuchsanstalt, Göttingen
BA-MA	Bundesarchiv–Militärarchiv, Freiburg
CalTech	California Institute of Technology, Pasadena
DFS	Deutsche Forschungsanstalt für Segelflug, Ainring
DFVLR	Deutsche Forschungs- und Versuchsanstalt für Luft- und Raumfahrt
DGLR	Deutsche Gesellschaft für Luft- und Raumfahrt e. V.
DLR	Deutsches Zentrum für Luft- und Raumfahrt, Göttingen
DMA	Deutsches Museum, Archiv, München
DVL	Deutsche Versuchsanstalt für Luftfahrt, Berlin-Adlershof
FFO	Flugfunk-Forschungsinstitut, Oberpfaffenhofen
FIAT	Field Intelligence Agency, Technical
Flz	Flugzeugmeisterei der Inspektion der Fliegertruppen, Berlin-Adlershof
GALCIT	Guggenheim Aeronautical Laboratory, California Institute of Technology, Pasadena
GAMM	Gesellschaft für angewandte Mathematik und Mechanik
GOAR	Archiv des DLR, Göttingen
GStAPK	Geheimes Staatsarchiv Preußischer Kulturbesitz, Berlin
HATUM	Historisches Archiv der Technischen Universität, München
ISK	Internationaler Sozialistischer Kampf-Bund
IUTAM	International Union of Theoretical and Applied Mechanics
KWG	Kaiser-Wilhelm-Gesellschaft
KWI	Kaiser-Wilhelm-Institut
LFA	Luftfahrtforschungsanstalt Hermann Göring, Braunschweig-Völkenrode

LFM	Luftfahrtforschungsanstalt München
LMU	Ludwig-Maximilians-Universität, München
LPGA	Ludwig Prandtls Gesammelte Abhandlungen. 3 Bände. Herausgegeben von Walter Tollmien, Hermann Schlichting und Henry Görtler. Berlin: Springer, 1961
LUSTY	LUftwaffe Secret Technology
MAN-HA	Historisches Archiv der Maschinenfabrik Augsburg-Nürnberg AG, Augsburg
MIT	Massachusetts Institute of Technology, Cambridge, Massachusetts
MPG	Max-Planck-Gesellschaft
MPI	Max-Planck-Institut
MVA	Modell-Versuchsanstalt, Göttingen
NACA	National Advisory Committee for Aeronautics
NACP	National Archives, College Park
NASARCH	National Air and Space Museum, Archives, Washington, DC.
NSBO	Nationalsozialistische Betriebszellenorganisation
REM	Reichserziehungsministerium
RLM	Reichsluftfahrtministerium
SUB	Staats- und Universitätsbibliothek, Göttingen
TB	Technische Berichte
TKC	Theodore von Kármán Collection, CalTech-Archive, Pasadena
TUM	Technische Universität, München
UAG	Universitätsarchiv, Göttingen
UAH	Universitätsarchiv, Hannover
UAM	Universitätsarchiv der Ludwig-Maximilians-Universität, München
VDI	Verein Deutscher Ingenieure
WAF	Wissenschaftliche Auskunftei für Flugwesen, Berlin-Adlershof
WGF	Wissenschaftliche Gesellschaft für Flugtechnik
WGL	Wissenschaftliche Gesellschaft für Luftfahrt
ZAMM	Zeitschrift für angewandte Mathematik und Mechanik
ZFM	Zeitschrift für Flugtechnik und Motorluftschifffahrt
ZWB	Zentrale für Wissenschaftliches Berichtswesen

Inhaltsverzeichnis

1

Kindheit, Jugend, Studium

Ludwig Prandtl wurde am 4. Februar 1875 in Freising bei München geboren. Vier Jahre zuvor hatte die deutsche Reichsgründung auf dem Papier das Mosaik deutscher Großherzogtümer und Königreiche zum deutschen Kaiserreich erklärt, aber das änderte wenig an der Verschiedenheit der Gebräuche und Traditionen in den deutschen Staaten. Das vom Katholizismus geprägte Bayern blieb mit der Hauptstadt München und Ludwig II. als „Märchenkönig" noch lange ein Staat, der auf seine Eigenständigkeit pochte. Vor allem mit Blick auf das protestantische Preußen mit der Reichshauptstadt Berlin findet man bis heute in vielen Belangen – kulturell, politisch und mental – die Auffassung bestätigt, dass in Bayern „die Uhren anders gehen".

In Freising sind darüber hinaus noch andere Traditionen spürbar. Die Kleinstadt vor den Toren Münchens ist kein gewöhnlicher Vorort. Als „Domstadt" war Freising jahrhundertelang eine Hochburg des Katholizismus und ein Zentrum geistlicher und weltlicher Herrschaft von Fürstbischöfen. Auch nach der Säkularisation in Bayern, mit der im Jahr 1802 klösterlicher Besitz verstaatlicht wurde, blieb Freising ein Zentrum katholischer Geistlichkeit. In der Residenz der Fürstbischöfe auf dem Domberg wurde ein Priesterseminar eingerichtet. Zum Katholizismus kam die Landwirtschaft. Als das nahe dem Domberg gelegene Kloster Weihenstephan durch die Säkularisation aufgelöst wurde, brachte man in den leerstehenden Gebäuden eine Landwirtschaftschule unter. Daraus ging später die Königlich-Bayerische Landwirtschaftliche Zentralschule Weihenstephan hervor.

1.1 Frühe Einflüsse

Ludwig Prandtl wurde mit diesen Traditionen von Kindesbeinen an konfrontiert (Abb. 1.1). Väterlicherseits waren die Prandtls, die auf einen Zimmermann Bartholomäus Präntl aus dem bayerischen Voralpenland um den Tegernsee zurückgehen, seit dem 18. Jahrhundert in München ansässig. Ludwigs Vater, Alexander Prandtl, absolvierte dort an der Polytechnischen Schule, wie die technische Hochschule in München vor 1877 hieß, ein Studium als „Kulturingenieur" und machte danach als Professor an der Landwirtschaft-

© Springer-Verlag Berlin Heidelberg 2017
M. Eckert, *Ludwig Prandtl – Strömungsforscher und Wissenschaftsmanager*, DOI 10.1007/978-3-662-49918-4_1

Abb. 1.1   Ludwig Prandtl im Alter von 10 Jahren

lichen Zentralschule Weihenstephan in Freising Karriere. Mütterlicherseits reicht die Familienchronik bis ins Jahr 1760 zurück, als sich ein aus Österreich stammender Kaufmann namens Ludwig Ostermann in Freising niederließ und am Stadttor einen Kolonialwarenladen eröffnete. In diesem Haus war auch Ludwig Prandtls Mutter, Magdalena Ostermann, in sehr bescheidenen Verhältnissen aufgewachsen. Sie hatte in einer Freisinger Klosterschule eine strenge katholische Erziehung erfahren. Als Alexander Prandtl sich mit ihr verlobte, war sie erst 16 Jahre alt. Zwei Jahre später, im März 1874, wurde Hochzeit gefeiert. Bei Ludwigs Geburt war seine Mutter 19 und sein Vater 35 Jahre alt. Der Altersunterschied der Eltern und die strenge katholische Erziehung der Mutter, die dem Vater zu weit ging, führten bald zu Spannungen. Er sei noch bis vor kurzem ein „strenger Katholik" gewesen, erinnerte sich Ludwig Prandtl im Jahr 1909, als er selbst heiratete, und dies sei „wohl ein Erbteil meiner frommen Mutter" gewesen. „Ich sehe in der Ehe meiner Eltern, abgesehen von ihrer späteren Trübung durch die traurigen Krankheiten, ein Musterbeispiel einer Ehe, die aus gegenseitiger Liebe geschlossen wird und durch mangelndes Verständnis der Ehegatten für einander hinterher nicht glücklich wird."[1]

---

[1] Zitiert in [Vogel-Prandtl, 2005, S. 7].

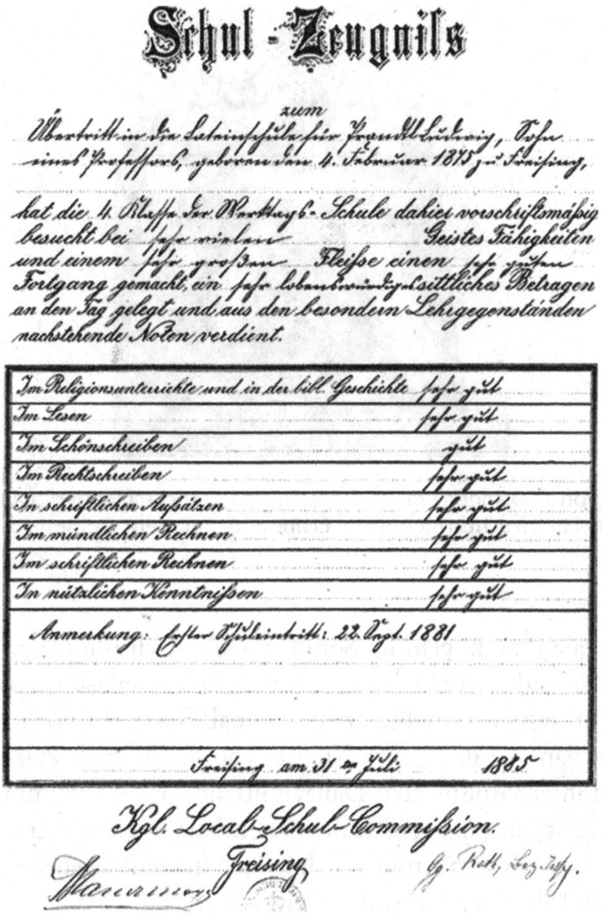
Schul-Zeugniß

zum

Übertritt in die Lateinschule für Prandtl Ludwig, Sohn eines Professors, geboren den 4. Februar 1875 zu Freising,

hat die 4. Klasse der Werktags-Schule dahier vorschriftsmäßig besucht bei sehr vielen Geistes Fähigkeiten und einem sehr großen Fleiße einen sehr guten Fortgang gemacht, ein sehr lobenswürdiges sittliches Betragen an den Tag gelegt und aus den besondern Lehrgegenständen nachstehende Noten verdient.

Im Religionsunterrichte und in der bibl. Geschichte	sehr gut
Im Lesen	sehr gut
Im Schönschreiben	gut
Im Rechtschreiben	sehr gut
In schriftlichen Aufsätzen	sehr gut
Im mündlichen Rechnen	sehr gut
Im schriftlichen Rechnen	sehr gut
In nützlichen Kenntnißen	sehr gut

Anmerkung: Erster Schuleintritt: 22. Augt. 1881

Freising am 31ten Juli 1885

Kgl. Local-Schul-Commission.
Freising

Abb. 1.2 Das Übertrittszeugnis in das Freisinger Gymnasium („Lateinschule") attestiert dem zehnjährigen Ludwig in fast allen Fächern der Grundschule („Werktags-Schule") die Bestnote „sehr gut". Nur im Schönschreiben erhielt er ein „gut". In der voranstehenden Bemerkung werden ihm bei „sehr vielen Geistesfähigkeiten" ein „sehr großer Fleiß" und ein „sehr lobenswürdiges sittliches Betragen" bescheinigt

Über die Kindheit ist wenig bekannt. „Ludwig ist zwar dünn, aber von gesundem Aussehen. Er will Turnlehrer werden", hielt sein Vater in einer Familienchronik für das Jahr 1881 fest. In diesem Jahr begann für den Sechsjährigen die Schulzeit. „Ludwig ist der erste unter 82 Schülern", vermerkte der Vater für das Jahr 1882 (Abb. 1.2).[2] Drei Jahr später wechselte er auf die Lateinschule auf dem Domberg. Abgesehen von den schulischen Leistungen gab es jedoch wenig Erfreuliches in Ludwigs Kindheit. Zwei Geschwister, die 1877 und 1879 zur Welt kamen, starben wenige Wochen nach der Geburt.

[2] Zitiert in [Vogel-Prandtl, 2005, S. 10].

Abb. 1.3 Die von Alexander Prandtl konstruierte „Milchschleuder" wurde im Deutschen Museum als „fruchtbringendste Erfindung auf dem Gebiete der Milchwirtschaft" ausgestellt

„Frau Magdalena Prandtl geht im Sommer allein nach Altötting, um dort im Gebet Trost zu finden. 1881 bringt sie ein Sechsmonatskind tot zur Welt, 1883 geschieht dasselbe Unglück noch einmal. Sie erlebt noch zwei weitere Fehlgeburten, dann ist ihre ganze Kraft erschöpft", schrieb Prandtls Tochter über das Leid ihrer Großmutter. Danach litt sie an „Herzkrämpfen" und einer „Gemütsverstimmung". Auch der Aufenthalt in einer Nervenheilanstalt brachte keine Besserung. Sie musste schließlich in ein Pflegeheim eingewiesen werden, wo sie 1898 im Alter von 42 Jahren starb.[3]

Umso stärker wurde der Vater zur Bezugsperson für den heranwachsenden Ludwig. Als Professor an der Landwirtschaftlichen Zentralschule Weihenstephan hielt Alexander Prandtl im Gegensatz zur Mutter mehr von den Segnungen der Technik als des Himmels. Er hatte zum Beispiel im Laboratorium der Molkereiversuchsstation Weihenstephan eine Zentrifuge für Milchentrahmung konstruiert, die als Meilenstein der Milchwirtschaft später im Deutschen Museum ausgestellt wurde (Abb. 1.3).[4] Es ist daher kaum verwunderlich, dass der Vater bei seinem Sohn Neugier an technischen und naturwissenschaftlichen Dingen zu wecken suchte, die ihm im Alltag begegneten. Und Ludwig war für Erkundungen in die Welt der Technik durchaus aufgeschlossen, wie aus manchen Familienüberlieferungen hervorgeht. So berichtet Prandtls Tochter, dass Ludwig einmal mit seinem Vater auf dem Freisinger Bahnhof gewesen sei, um Verwandte abzuholen. „Man trifft den erwarteten

---

[3] [Vogel-Prandtl, 2005, S. 10–13].
[4] [Matschoss, 1925, S. 299]

Besuch, eine herzliche Begrüßung findet statt, langsam sucht man im Menschenstrom die Sperre zu erreichen. Aber da bemerkt der Vater, daß Ludwig nicht mehr neben ihm steht, er ist überhaupt nicht zu sehen. Etwas aufgeregt läuft der Vater am Bahnsteig entlang. Da sieht er sein Söhnchen bäuchlings auf dem Randstein liegen, direkt vor der Lokomotive, die er aufmerksam von unten beguckt und beobachtet."[5]

Vielleicht übte auch der Onkel, Alexanders zwei Jahre jüngerer Bruder Antonin Prandtl einigen Einfluss auf Ludwig aus. Die Erfindung der Milchentrahmung durch Zentrifugieren ging auf Antonin zurück, und der kleine Ludwig dürfte bei den Unterhaltungen zwischen seinem Vater und seinem Onkel bald ein Gefühl für die Faszination von technischen Erfindungen erfahren haben. Antonin war von Beruf Bierbrauer. Sein 1878 geborener Sohn Wilhelm wurde Chemiker. Er setzte seinem Vater später ein Denkmal als Erfinder der Zentrifugentechnik für die Milchentrahmung.[6] Auch wenn nicht bekannt ist, ob Ludwig oft mit seinem drei Jahre jüngeren Vetter Wilhelm zusammen gekommen ist (Antonins Familie lebte bei Wilhelms Geburt in Hamburg), dürften die gemeinsamen Interessen von Vater und Onkel auf die Kinder ähnliche Einflüsse ausgeübt haben.

In einer anderen Erinnerung, die sich ins Familiengedächtnis eingegraben hat, ist von Ludwigs Sinn für Zahlen die Rede. Bei einem Osterfest hatte der Vater seinem Söhnchen die Suche nach Ostereiern etwas verlängert, indem er schon gefundene Eier heimlich neu versteckte, was dem kleinen Ludwig aber bald auffiel. „Er begann nun gründlich zu prüfen und zu zählen, und zum Erstaunen seiner Eltern hatte er genau im Gedächtnis, wie viele Ostereier er von jeder Sorte aufgesammelt hatte, und diese Summe stimmte nicht entfernt mit der in seinem Körbchen überein."[7]

Auch wenn diese Erinnerungen an das Erwachen von Begabungen und Talenten von dem Wissen um Prandtls spätere Karriere überlagert und eher anekdotenhaft sind, verraten sie doch den großen Einfluss des Vaters. Er weckte bei Ludwig nicht nur Interesse für Technik und Naturwissenschaft. Als begeisterter Hornbläser und Klavierspieler wollte er auch bei seinem Sohn ein eventuell vorhandenes musikalisches Talent frühzeitig fördern, und so sorgte er dafür, dass Ludwig schon als Kind regelmäßigen Klavierunterricht bekam. Er dürfte auch dafür gesorgt haben, dass der Katholizismus der Mutter nicht auf den Sohn übersprang. Um das Jahr 1886, als Ludwig etwa 11 Jahre alt war und die Mutter nach den mehrfachen Fehlgeburten immer stärker an körperlichen und seelischen Gebrechen litt, zog der Vater aus seiner antireligiösen

---

[5] [Vogel-Prandtl, 2005, S. 8].
[6] [Prandtl, 1938].
[7] [Vogel-Prandtl, 2005, S. 8].

Einstellung die Konsequenz und erklärte seinen Austritt aus der katholischen Kirche. 1888 kam Ludwig an das Münchner Ludwigsgymnasium, eines der traditionsreichen humanistischen Gymnasien Münchens, wo er auch in dem angeschlossenen Internat wohnte. „Mein Vater sprach manchmal davon, dass diese Zeit für ihn recht schwierig gewesen sei", erinnerte sich Prandtls Tochter viele Jahre später. „Er machte trübe Erfahrungen im Zusammenleben mit anderen Schülern, denn er wurde viel gehänselt und von gewandteren, stärkeren Kameraden unterdrückt. Innerlich war er gegen alle diese Rüpeleien wehrlos, er erlitt still, was ihm angetan wurde. Als das Schuljahr zu Ende war, holte ihn sein Vater wieder zurück nach Freising, denn inzwischen hatte sich der Krankheitszustand der Mutter wieder gebessert. Es war aber, wie schon gesagt, nur eine vorübergehende Besserung. Ihr Leiden verschlimmerte sich bald wieder. Zwei Jahre Freisinger Lateinschule folgten nun für Ludwig. Als dann aber die Mutter ganz aus dem Familienleben ausscheiden musste, wurde der Knabe wieder auf das Münchener Gymnasium geschickt."[8] Zum Elend der Mutter kam eine Herzschwäche des Vaters, der 1892 im Alter von 52 Jahren seine Weihenstephaner Stellung aufgab und zu seiner Schwester nach Dingolfing zog, wo er 1896 starb.

1.2   Studium

Im Juli 1894 legte Prandtl zusammen mit 35 anderen Schülern des Ludwigsgymnasiums das „Absolutorium" ab. Nur fünf Abiturienten gaben wie Prandtl an, dass sie sich „dem technischen Fache" zuwenden wollten.[9] Bei Prandtl dürfte dafür der Rat und das Vorbild des Vaters eine wichtige Rolle gespielt haben. Er schrieb sich für das nächste Wintersemester an der technischen Hochschule in München ein, wollte jedoch nicht wie sein Vater Agraringenieur werden, sondern Maschineningenieur. Das für Ingenieurstudenten vorgeschriebene Praktikum absolvierte er im Sommer 1894 bei der Eisengießerei und Maschinenfabrik Klett & Comp. in Nürnberg, einem traditionsreichen Unternehmen, das 1898 mit der Maschinenfabrik Augsburg zur Maschinenfabrik Augsburg-Nürnberg AG (MAN) fusionierte. Als der frischgebackene Abiturient im Sommer 1894 in der Gießerei und in der Modellwerkstatt dieses vor allem auf den Bau von Eisenbahnwaggons spezialisierten Unternehmens seine ersten Industrieerfahrungen sammelte, konnte er noch nicht ahnen, dass er sich hier einige Jahre später einen Namen als Erfinder und Modernisierer veralteter Industrieanlagen machen sollte. Er scheint aber schon als Praktikant

---

[8] [Vogel-Prandtl, 2005, S. 12].
[9] Jahresbericht über das Königliche Ludwigs-Gymnasium und das Königliche Erziehungs-Institut für Studierende in München für das Studienjahr 1893/94. München 1894, S. 63.

einen guten Eindruck hinterlassen zu haben, da er nach seinem Studium vom Generaldirektor des Unternehmens, Anton Rieppel, höchstpersönlich aufgefordert wurde, in die Firma einzutreten.[10]

Mit dem Studium begann für Prandtl ein neuer Lebensabschnitt. Seine wachsende Selbständigkeit ist auch daran ablesbar, dass er nicht mehr im Internat oder im Freisinger Elternhaus wohnte, sondern sich mal unter dieser, mal unter jener Adresse ein Studentenzimmer in München mietete.[11] Nach dem Tod seines Vaters musste er in finanzieller Hinsicht für seinen Lebensunterhalt selbst sorgen. „Der gehorsamst Unterzeichnete hat am 17. März laufenden Jahres seinen Vater durch den Tod verloren; seine Mutter ist unheilbar geisteskrank (sie befindet sich in der Kreisirrenanstalt München). Infolgedessen wurde für die Mutter ein Kurator aufgestellt und ihr Anteil am Gesamtrücklass (über den übrigens die Akten noch nicht geschlossen sind) wird gerichtlich verwaltet werden, so dass der gehorsamst Unterzeichnete vorerst lediglich auf die Nutznießung seines Erbanteils zu 5800 M angewiesen sein wird, dessen Zinsen zu 203 M nur einen kleinen Teil des Lebensunterhalts decken würden." Mit dieser Begründung beantragte Prandtl im August 1896 ein „Staatsstipendium", das ihm trotz seiner „misslichen Verhältnisse" die Fortsetzung des Studiums ermöglichen sollte.[12]

Prandtl vergrub sich nach dem Tod des Vaters aber nicht nur in sein Studium. Er schloss sich dem Akademischen Gesangverein München an, der sich als nicht-schlagende und konfessionell nicht gebundene Korporation zwar stark von anderen Studentenverbindungen unterschied, seinen Mitgliedern aber dennoch die für studentische Burschenschaften übliche Geselligkeit bot.[13] „Mein Vater hatte eine schöne Baßstimme, und er sang gern in einem mehrstimmigen Chor", erinnerte sich Prandtls Tochter. Er habe wie sein Vater auch gelernt, ein Blasinstrument zu spielen. Kommilitonen nannten ihn deshalb auch „den Trompetenprandtl", obwohl seine wahre musikalische Liebe dem Klavier galt. „Er spielte die Sonaten von Beethoven, Haydn und Mozart. Er sang Schubertlieder und begleitete sich selbst dazu auf dem Pianoforte." Bei Wanderungen im Münchner Umland konnte es vorkommen, dass er sich in einer Dorfkirche an die Orgel setzte. „Er liebte dieses vielseitige Musikinstrument ganz besonders."[14]

---

[10] Siehe Kap. 2.
[11] Frühlingsstr. 17 (WS 1894/95 und SS 1896), Schwindstr. 11 (WS 1895/96), Am Einlass 4 (ab WS 1896/97). Personalstand der Königlich Bayerischen Technischen Hochschule zu München, 1891–1902. München.
[12] Prandtl an das K. Ministerium des Innern für Kirchen- und Schulangelegenheiten, 14. August 1896. SUB, Cod. Ms. L. Prandtl, 22.
[13] Einladungen und Programme, 1893–1898. SUB, Cod. Ms. L. Prandtl, 21. [Akademischer Gesangsverein München, 1986].
[14] [Vogel-Prandtl, 2005, S. 14f.].

Als Ingenieurstudent an der technischen Hochschule sah sich Prandtl mit neuen Herausforderungen konfrontiert, auf die er mit der humanistischen Bildung seiner Gymnasialzeit nur ungenügend vorbereitet war. Die Studienordnung für Maschineningenieure sah vor, dass sie sich nach mindestens vier Semestern einer Vorprüfung unterziehen mussten, für die sie drei Studienarbeiten in darstellender Geometrie, Maschinenzeichnen und Maschinenentwürfen einreichen mussten. Die schriftliche Vorprüfung erstreckte sich über höhere Mathematik, darstellende Geometrie und technische Mechanik. Mündlich geprüft wurden außerdem die Fächer Physik, Chemie, Konstruktionslehre und Kinematik. Zur Hauptprüfung konnte man sich frühestens nach einem Studium von acht Semestern anmelden. Die dafür geforderten Studienarbeiten umfassten konstruktive Entwürfe verschiedener Maschinen (Hebezeuge, Dampfmaschine, Wasserkraftmaschine), ein Praktikum in theoretischer Maschinenlehre sowie Arbeiten aus 15 Wahlfächern (zum Beispiel Theorie der Kältemaschinen, Elektrotechnik oder Vermessungskunde). Die schriftliche Hauptprüfung erstreckte sich über vier, die mündliche über drei Pflichtfächer sowie die von dem Kandidaten gewählten Nebenfächer. Die Pflichtfächer waren „1. Mechanische Technologie: Metall- und Holzbearbeitung. 2. Konstruktionslehre der Hebezeuge. 3. Mechanische Wärmetheorie. 4. Theoretische Maschinenlehre: a) Kurbelgetriebe und Regulierung. b) Theorie der Wärmekraftmaschinen. 5. Konstruktionslehre der Dampfmaschinen. 6. Theorie und Konstruktion der Wasserkraftmaschinen."[15]

Zur Vorbereitung auf diese Prüfungen konnten die Studenten aus einem großen Angebot an Vorlesungen wählen. Prandtl belegte in den beiden ersten Semestern Vorlesungen über Experimentalphysik bei Leonhard Sohncke, konzentrierte sich aber schon im zweiten Semester auf technische Mechanik, die von August Föppl in einem Zyklus von vier Vorlesungen gelesen wurde. „Die Vorlesungen zerfallen in vier Teile, von denen der erste eine Einführung in die Mechanik bildet, während die drei übrigen die graphische Statik, die Festigkeitslehre und die Dynamik behandeln", so beschrieb Föppl die Abfolge der Vorlesungen, die er ab 1897 als Lehrbücher veröffentlichte. „Der erste Teil fällt in das zweite Studiensemester, darauf folgen die beiden nächsten Teile nebeneinander im dritten und schließlich der letzte Teil im vierten Studiensemester."[16] Prandtl absolvierte diesen Zyklus in dieser Reihenfolge vom Sommersemester 1895 bis zum Sommersemester 1896. Außerdem hörte er bei Moritz Schröter Vorlesungen über mechanische Wärmetheorie, bei Ernst Voit über die Grundzüge der Elektrotechnik und bei August Föppl über

---

[15] Diplom-Prüfungsordnung der Maschineningenieur-Abteilung der K. Technischen Hochschule zu München. München 1906. HATUM 5432. Zur Geschichte des Maschinenwesens in Deutschland siehe [Mauersberger, 1987] und – mit Blick auf das Maschinenbaustudium in München – [Dienel, 1993].

[16] [Föppl, 1897, Vorwort].

die Maxwellsche Theorie der Elektrizität. Im Studienjahr 1895/96 legte er die Vorprüfung und im Studienjahr 1897/98 die Hauptprüfung, die Absolutorialprüfung, ab.[17] Sein Studienzeugnis bescheinigte ihm sowohl für die Vorprüfung als auch für die Hauptprüfung im Gesamtdurchschnitt die Bestnote „sehr gut", wobei er sich auch bei den Prüfungen in den verschiedenen Einzelfächern keine schlechtere Note als „gut" leistete.[18]

Von allen Professoren machte August Föppl den stärksten Eindruck auf Prandtl. Föppl war im Jahr 1894 nach München berufen worden. Er trat sein Amt in demselben Semester an, in dem Prandtl sein Studium begann. Zuvor hatte er als Lehrer an einer Gewerbeschule in Leipzig unterrichtet. In München sei ihm anfangs „etwas bänglich zu Mute" gewesen, als er sich „mehr als 200 Studenten gegenüber" sah, schrieb er in seinen Lebenserinnerungen. In Leipzig hatte er bei seinen Vorlesungen nur etwa 50 Studenten vor sich.[19] Vielleicht sorgte das Lampenfieber des Professors bei seinen Studenten auch dafür, dass ihnen die technische Mechanik nicht als ein hermetisch abgeschlossenes Fach erschien, sondern als ein Lehrstoff, der sich in den Händen ihres Professors einem in der einen und einem in der anderen Weise wandelte. Dieses Fach erfuhr in den 1890er Jahren auch als Folge einer Reform des mathematischen Unterrichts an technischen Hochschulen eine Aufwertung – und Föppls Vorlesungen zeigen exemplarisch, wie sich Mathematik und Technik dabei näher kamen. 1894 bot Föppl als erster Professor an einer technischen Hochschule seinen Studenten eine Einführung in die Vektoranalysis. Kurz darauf brach er auch eine Lanze für die Anwendung der Funktionentheorie in der technischen Mechanik.[20]

Prandtls Studienjahre fielen in eine Zeit, in der es heftigen Streit unter Mathematikern und Technikprofessoren um die mathematische Ausbildung der Ingenieure gab. Im Zentrum dieser Kontroversen stand Felix Klein, ein Mathematiker an der Universität Göttingen, der ebenso wie Föppl für Prandtls Karriere bald eine entscheidende Rolle spielen sollte. Klein wollte den Ingenieurfächern auch an der Göttinger Universität einen Platz schaffen, was man von Seiten der technischen Hochschulen, die gerade um ihre Gleichberechtigung mit den Universitäten kämpften, mit aller Macht zu verhindern suchte.[21] Zudem befürchteten viele Technikprofessoren, dass die Universitätsmathematiker die Mathematiklehrstühle an technischen Hochschulen nur als Stellenangebote nutzten, um ohne Rücksicht auf die besonderen Bedürfnisse der

---

[17] Bericht über die Königliche Technische Hochschule zu München für das Studienjahr 1895/96 und 1897/98.
[18] Absolutorium der mechanisch-technischen Abteilung der Königlichen Technischen Hochschule zu München, 9. August 1898. SUB, Cod. Ms. L. Prandtl, 23.
[19] [Föppl, 1925, S. 139–141].
[20] [Hensel, 1989, S. 83–95].
[21] [Manegold, 1970].

Ingenieure reine Mathematik zu treiben. Die Wortführer einer „antimathematischen Bewegung" wollten der Mathematik nur den Status einer Hilfswissenschaft für Ingenieure zugestehen. Für den mathematischen Unterricht an technischen Hochschulen sollten nur Professoren herangezogen werden, die selbst ein Studium an einer Ingenieur-Fachabteilung einer technischen Hochschule vorweisen konnten. Die Mechanik, die häufig von Universitätsmathematikern gelehrt wurde, war ihnen ein besonderes Anliegen. „Der Unterricht in allen Teilen der Mechanik darf nur Ingenieuren übertragen werden", forderten 57 Vertreter technischer Fächer in einer Replik auf eine Erklärung von 33 Mathematikern, die ihr Fach auch an den technischen Hochschulen als vollwertige Wissenschaftsdisziplin anerkannt sehen wollten.[22] Die Kontroversen verliefen in den verschiedenen deutschen Staaten und an den verschiedenen technischen Hochschulen sehr unterschiedlich. In München, wo mit Walther Dyck, ein Klein-Schüler den Mathematikunterricht für Ingenieure wesentlich mitgestaltete, begegnete man der antimathematischen Bewegung mit einem eigenen Reformkonzept, das dem Mathematikunterricht an der technischen Hochschule jedenfalls keine ideologisch motivierten Fesseln anlegte.[23]

Falls Prandtl von diesen Kontroversen überhaupt etwas zu Ohren kam, geschah dies eher indirekt, vermittelt durch die Vorlesungen über höhere Mathematik von Sebastian Finsterwalder und Walther Dyck, die er in seinen ersten Semestern für das Vordiplom hören musste. Sie dürften sich nur wenig von den mathematischen Anfängervorlesungen an Universitäten unterschieden haben. Gegen Ende seines Studiums hörte er auch noch Dycks Vorlesungen über Differentialgleichungen der mathematischen Physik und bei Finsterwalder Vorlesungen über ausgewählte Kapitel aus der Mechanik.[24] In den Vorlesungen von Föppl lernte er die Mechanik als „Teil der Physik" *und* als eine Technikdisziplin kennen. Damit leitete Föppl seinen Vorlesungszyklus ein; er bezeichnete dies als „Richtschnur", die er „bei der Abfassung des ganzen Werkes als maßgebend betrachtet" habe.[25] Während Prandtls Studienzeit kam es an der technischen Hochschule auch zur Einrichtung eines neuen Studiengangs für technische Physik. Die Initiative dazu ging von Dyck aus, der sich damit als verlängerter Arm Kleins bemühte, wie Klein in Göttingen für eine Annäherung von Theorie und Praxis zu sorgen – allerdings mit umgekehrten Vorzeichen: Klein wollte der Universität mit den Anwendungen ein neues Feld eröffnen und dort „Generalstabsoffiziere der Technik" heranziehen; Dyck wollte dasselbe, indem er den Ingenieurfächern an der technischen

---

[22] [Hensel, 1989, S. 55–82 und Anlagen 11 und 12].
[23] [Hashagen, 2003, S. 214–225].
[24] Promotionsakt Ludwig Prandtl, UAM, OC-I-26p.
[25] [Föppl, 1898b, Vorwort].

Hochschule eine bessere wissenschaftliche Grundlage gab.[26] Föppls technische Mechanik und Dycks technische Physik boten also nicht nur wissenschaftlich-technisches Wissen, sondern beinhalteten auch ein Bekenntnis zu einer von Wissenschaft genährten Praxisnähe. Die Einleitung von Föppls erstem Vorlesungsband endete mit dem Satz: „Wer aber erst die richtige Theorie eines Vorgangs erfasst hat, der vermag ihn, sofern ein Eingriff überhaupt möglich ist, nach Wunsch zu leiten, und darum ist die Wissenschaft die gewaltigste Waffe, die Menschen und Völkern zu Gebote steht."[27]

Für Praxisnähe stand auch das von Föppls Vorgänger Johann Bauschinger 1870 am Münchner Polytechnikum eingerichtete Mechanisch-technische Laboratorium, das zu einer Keimzelle staatlicher Materialprüfanstalten wurde.[28] Es wurde vor allem für Festigkeitsuntersuchungen von Baumaterialien genutzt. „Mein Vorgänger pflegte seine Zuhörer einmal im Jahre zu einer Besichtigung in das Laboratorium einzuladen", erinnerte sich Föppl an die anfangs eher seltene Nutzung dieser Einrichtung für den Unterricht in technischer Mechanik. „Die Studierenden hörten die Erläuterungen und sahen sich die Versuche an, ohne jedoch selbst dabei irgendwie mitzuwirken. Ich selbst habe dies einige Jahre hindurch in derselben Weise weiter geführt. Erst nachdem mir späterhin ein Assistent bewilligt worden war, der mich bei den neu einzuführenden Übungen zu meinen Unterrichtsfächern unterstützen sollte, habe ich auch im Laboratorium förmliche Unterrichtskurse eingerichtet."[29] Im Laboratorium gab es zwar einen Assistenten, doch der war ausschließlich mit den dort routinemäßig durchgeführten Festigkeitsuntersuchungen beauftragt. Föppl wollte einen weiteren Assistenten einstellen, der ihm auch in der Lehre zur Hand gehen konnte. Dieser Assistent wurde Prandtl. „Mit Beginn des neuen Studienjahres im Herbst des Jahres sollen an dem von mir geleiteten mechanisch-technischen Laboratorium der Königlich Technischen Hochschule Übungen eingerichtet werden, wozu ein weiterer Assistent einzustellen ist", schrieb Föppl am 8. Juli 1898 an die Militärbehörde, und „für diesen Posten, auf dessen Besetzung mit einem dazu gut vorbereiteten Ingenieur wegen der Neueinrichtung dieses Unterrichtszweiges viel ankommt", wäre Prandtl der geeignete Kandidat. Dass Föppl sich mit diesem Gesuch an die Militärbehörde wandte, lag daran, dass Prandtl nach seinem Studiumabschluss eigentlich „stellungspflichtig" gewesen wäre. „Wenn es zulässig ist, den genannten Prandtl auf ein Jahr zurückzustellen, möchte ich mir erlauben, an das königliche Commando die ergebenste Bitte zu richten, die Zurück-

---

[26] [Hashagen, 2003, S. 310–316].
[27] [Föppl, 1898a, S. 11].
[28] [Piersig, 2009].
[29] [Föppl, 1925, S. 137].

stellung gütigst aussprechen zu wollen. Dem Unterricht an der Königlich Technischen Hochschule würde hierdurch ein wichtiger Dienst erwiesen werden."[30] Das Militär hatte ein Einsehen. Bei der Hochschulverwaltung rannte Föppl mit seinem Plan, das Laboratorium stärker in die Ingenieursausbildung einzubeziehen, ohnehin offene Türen ein. „Mit höchster Entschließung vom 4. September 1898 wurde die Aufstellung eines Hilfsassistenten für technische Mechanik unter gleichzeitiger Übertragung dieser Funktion an den geprüften Maschineningenieur Ludwig Prandtl aus Freising genehmigt", heißt es dazu im Jahresbericht der technischen Hochschule.[31] Ab dem Wintersemester 1898/99 umfasste das Studienangebot für die angehenden Maschineningenieure in München auch ein zweistündiges wöchentliches „Praktikum im mechanisch-technischen Laboratorium (in Gruppen)".[32]

Um diese Zeit machte Prandtl auch mit der Familie Föppl nähere Bekanntschaft. Prandtl sei sonntags oft zum Mittagessen eingeladen worden, erinnerte sich der damals 11 Jahre alte Ludwig Föppl an sein erstes Zusammentreffen mit dem 12 Jahre älteren Assistenten seines Vaters. Seine Mutter habe „eine mütterliche Zuneigung" zu Prandtl empfunden. „Diese praktisch denkende Frau mit ihrem guten Herzen hatte das Gefühl, dass sie den jungen Mann, der so allein und ohne weibliche Hilfe dem Leben ausgesetzt war, gelegentlich unter ihre Fittiche nehmen müsse."[33]

1.3 Promotion zwischen technischer Hochschule und Universität

Föppls Pläne für das mechanisch-technische Laboratorium erschöpften sich nicht darin, es mit Prandtls Hilfe stärker mit seinem Lehrbetrieb zu verknüpfen. Er ließ auch keinen Zweifel daran, dass sich die künftig darin durchgeführten Arbeiten weitgehend an denen seines Vorgängers orientieren würden. Er sei, wie er 1896 in den *Mitteilungen des mechanisch-technischen Laboratoriums* schrieb, „von der Absicht geleitet, entweder die Ergebnisse theoretischer Untersuchungen an der Hand beobachteter Tatsachen zu prüfen oder auch durch die Versuche erst die nötige Grundlage für eine richtige Fassung der Theorie dieser Konstruktionen zu gewinnen".[34] Er bedauerte nur, dass die

[30] Zitiert in [Vogel-Prandtl, 2005, S. 15f.].
[31] Bericht über die Königliche Technische Hochschule zu München für das Studienjahr 1898/99.
[32] Programm der Königlich-Bayerischen Technischen Hochschule in München für das Studienjahr 1898/99.
[33] Ludwig Föppl: Erinnerungen an Ludwig Prandtl, undatiertes Typoskript [übersandt an Johanna Vogel-Prandtl am 11. Dezember 1958]. Privatbesitz Familie Vogel. Auch zitiert in [Vogel-Prandtl, 2005, S. 17].
[34] Mitteilungen des mechanisch-technischen Laboratoriums der K. Technischen Hochschule München. Neue Folge. Herausgegeben von August Föppl. München 1896, Vorwort.

Abb. 1.4 Wenn eine Schiene, die an einem Ende fixiert ist, am anderen Ende belastet wird, verbiegt sie sich kaum nach unten, sondern kippt – je nach Belastung – zur Seite aus

Wissenschaft dabei etwas zu kurz kam.[35] Daher gewährte er Prandtl nur zu gerne den nötigen Freiraum zu eigenen Forschungen. Er sollte den Laboratoriumsbetrieb nicht nur mit den Augen eines Maschineningenieurs betrachten, sondern sich auch Fragen nach der theoretischen Erklärung der experimentellen Ergebnisse bei dieser oder jener Festigkeitsuntersuchung stellen. So stieß Prandtl auch auf das Problem, das er zum Gegenstand seiner Doktorarbeit machte: das seitliche Auskippen einer Schiene unter Belastung (Abb. 1.4).

Das Experiment konnte man sich leicht mit einer Reißschiene, wie es sie in jedem Konstruktionsbüro gab, vor Augen führen; aber es gab keine Theorie, mit der man die Belastungsgrenze ermitteln konnte, bei der die Schiene seitlich ausweicht. „Mein Suchen nach einer Theorie dieser Erscheinung in verschiedenen einschlägigen Büchern blieb erfolglos; so kam mir der Gedanke, die Sache selbst zu versuchen; bald – Mitte Oktober 1896 – lag mir auch die Theorie der Ausknickung eines Kragträgers in ihrer einfachsten Form vor. Das beginnende Semester ließ jedoch die Arbeit bald in den Hintergrund treten, und erst im Februar 1899, als ich Assistent am mechanisch-technischen Laboratorium der Münchener technischen Hochschule war, nahm ich die Sache wieder auf. Inzwischen hatte ich mich auch verschiedentlich vergewissert, dass eine Theorie der Erscheinung noch nicht vorhanden ist." So beschrieb Prandtl die Umstände, die ihn zu seiner Doktorarbeit führten.[36]

Als Erstes stellte Prandtl eine Differentialgleichung auf, in der die Abhängigkeit des Winkels, um den sich der Schienenquerschnitt gegenüber der Richtung der angreifenden Kraft verdreht, von den sonstigen bei diesem Problem maßgeblichen Größen beschrieben wird. Die dabei wesentlichen Begriffe und Definitionen (Biegungs- und Verdrehungssteifigkeit) hatte Prandtl im Winter-

---

[35] [Föppl, 1925, S. 138]
[36] [Prandtl, 1899, Vorwort].

semester 1895/96 in Föppls Vorlesung über Festigkeitslehre kennengelernt,[37] aber es bedurfte erheblicher Anstrengungen, um aus dem Vorlesungsstoff die Aspekte herauszudestillieren, die beim seitlichen Auskippen einer Schiene die entscheidende Rolle spielten. Die von Prandtl gefundene Gleichung für den Verdrehungswinkel war in der Mathematik als Riccatische Differentialgleichung bekannt. Die Lösungsfunktion ließ sich, wie Prandtl später erfuhr, durch Besselsche Funktionen mit Index $\pm\frac{1}{4}$ ausdrücken, doch diese Funktionen hätten für eine praktische Auswertung erst tabelliert werden müssen, so dass ihm diese Kenntnis nichts genutzt hätte. Stattdessen löste Prandtl die Differentialgleichung mit einem Potenzreihenansatz näherungsweise und stellte die für verschiedene Parameter berechneten Werte in Tafeln zusammen. Dabei habe er „in ausgiebigem Maße den *Rechenschieber* und die *Rechenmaschine*" benutzt, so hob er in seiner Ausarbeitung hervor. „Der Rechenschieber ist die Logarithmentafel des Ingenieurs, er wird überall da angewendet, wo eine allzu große Genauigkeit nicht vonnöten ist, also bei Festigkeits-, Gewichts-, Energieberechnungen usw.". Er gab auch an, dass es sich bei der Rechenmaschine um eine von „Thomas de Colmar in Paris" hergestellte Maschine handelte, die „Eigentum des Mechanisch-technischen Laboratoriums" sei und die es gestatte, „zwei sechsstellige Zahlen voll miteinander auszumultiplizieren und auch umgekehrt entsprechende Divisionen auszuführen".[38]

Danach untersuchte Prandtl noch andere Kipperscheinungen, bei denen der Stab zweiseitig eingespannt war und die Belastung auf andere Weise erfolgte. Ziel der Berechnungen war immer die Bestimmung der Kipplast, bei der es in der jeweiligen Konfiguration zu einem seitlichen Ausweichen des Stabes kam. Um die Theorie experimentell zu überprüfen, stellte Prandtl für den Fall des einseitig eingespannten Stabes im mechanisch-technischen Laboratorium auch Versuche an. Er benutzte dazu einen stählernen Stab mit einem rechtwinkligem Querschnitt von 40 mal 3 mm, der am freien Ende in der Mitte des Querschnitts mit unterschiedlichen Gewichten belastet wurde. Sowohl die Aufhängung der Waagschale mit den Gewichten als auch die Aufzeichnung der Lage des Stabendes bei zunehmender Verkrümmung erforderten besondere Sorgfalt.

---

[37] [Föppl, 1897, Abschn. 3 und 9]
[38] [Prandtl, 1899, S. 23f.]. Der von Thomas de Colmar 1820 erfundene „Arithmometer" gilt als die erste kommerziell hergestellte mechanische Rechenmaschine. Sie fand aber erst in der zweiten Hälfte des 19. Jahrhunderts eine weitere Verbreitung [Johnston, 1997].

Box 1.1: Das seitliche Auskippen eines Stabes

Ähnlich wie beim seitlichen Ausknicken eines senkrecht aufgestellten und von oben belasteten Stabes – dieses Problem wurde bereits von Leonhard Euler theoretisch gelöst – handelt es sich auch bei dem von Prandtl behandelten Fall des seitlichen Auskippens eines Stabes, der horizontal an einer Wand fixiert ist und am freien Ende belastet wird (Abb. 1.4), um ein Instabilitätsproblem. Unterhalb einer kritischen Last bleibt der Stab in seiner Form unverändert. Bei Überschreiten dieser Schwelle verbiegt er sich. Die Verformung ergibt sich aus einer Differentialgleichung, die man aus dem Kräftegleichgewicht zwischen der angreifenden Last und den Biege- und Torsionsmomenten gewinnt. Die kritische Schwelle ist der Eigenwert des so formulierten Randwertproblems.[39]

Der Stab (Länge l) sei an einem Ende so an einer Wand fixiert, dass die längere Seite des Querschnitts mit der Vertikalen zusammenfällt. Gegenüber einer vertikalen Auslenkung am freien Ende ist die Biegesteifigkeit dann größer als die gegenüber einer seitlichen Auslenkung. Die für das Problem maßgeblichen Biege- und Torsionsmomente des Stabes sind gegeben durch

$$M_B = \frac{B}{\rho} \qquad M_T = C\frac{d\vartheta}{dx},$$

wobei Prandtl den Ursprung in das freie Stabende legte und die x-Achse mit der ursprünglichen Richtung des Stabes zusammenfiel. $x = l$ entspricht dem Stabende an der Wand; B ist die Biegesteifigkeit bezogen auf die seitliche Auslenkung, ρ der zugehörige Krümmungsradius, ϑ beschreibt die Verdrehung um die x-Achse und C ist die zugehörige Torsionssteifigkeit.

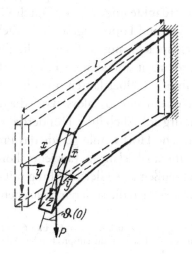

---

[39] [Szabo, 1958, Kap. II.15].

Mit der Annahme, dass der Stab nur um sehr kleine Winkel ϑ verdreht wird, ergibt sich aus dem Kräftegleichgewicht der Komponenten des Biege- und Torsionsmoments bei gegebener Last P folgende Differentialgleichung:[40]

$$\frac{d^2\vartheta}{dx^2} + \frac{P^2}{BC}x^2\vartheta = 0.$$

Dies ist die Riccatische Differentialgleichung. Die kritische Last P_k für das Auskippen folgt aus der Randbedingung $\vartheta = 0$ für $x = l$. Prandtl fand

$$P_k = \frac{4,0126}{l^2}\sqrt{BC}.$$

Als Prandtl am 14. November 1899 die Arbeit abschloss, dankte er Föppl und dem Personal des mechanisch-technischen Laboratoriums für die Hilfe, die sie ihm bei seinen Versuchen gewährt hatten. Bei den Lesern seiner 75 Seiten langen Abhandlung entschuldigte er sich, dass ihm „manches etwas weitschweifig und breit" geraten sei. Er rechtfertigte dies damit, dass er damit zwei Gruppen von Lesern etwas bieten wollte, „einmal den Physikern und Mathematikern, andrerseits den Technikern. Es ist ersichtlich, dass häufig etwas, was der einen Gruppe selbstverständlich erscheint, der anderen im Interesse des vollständigen Verständnisses gesagt werden muss".[41]

Prandtl konnte jedoch sein Promotionsverfahren nicht an der Maschineningenieurabteilung durchführen, wo er bis September 1899 als Assistent angestellt war. Auch wenn seine Arbeit ihren Ursprung dem Föpplschen Lehr- und Forschungsbetrieb verdankte und, was die Durchführung und Ergebnisse betraf, ganz dem von Dyck und Föppl angestrebten Ziel einer wissenschaftlichen Ingenieursarbeit entsprach, musste Prandtl die Dissertation auf einem anderem Weg als Doktorarbeit anerkennen lassen – denn die technischen Hochschulen besaßen in den 1890er Jahren noch kein Promotionsrecht. Als er seine Arbeit im November 1899 abschloss, hatte die technische Hochschule in Berlin-Charlottenburg anlässlich ihrer Hundertjahrfeier von Wilhelm II. als erste deutsche technische Hochschule gerade das Promotionsrecht verliehen bekommen. Nach einem jahrelangen Tauziehen konnten die technischen Hochschulen zuerst in Preußen ihre Gleichstellung mit den Universitäten erringen.[42] Danach erkannten auch die anderen deutschen Staaten ihren techni-

---

[40] Vergleiche dazu [Szabo, 1958, S. 291f.], wobei dort $B = EJ_z$ und $C = GJ_t$ ersetzt wurde, mit E und G als Elastizitäts- bzw. Schubmodul und den auf die entsprechenden Achsen bezogenen Flächen- bzw. Torsionsträgheitsmomenten J_z bzw. J_t.

[41] [Prandtl, 1899, S. 6].

[42] [Manegold, 1970, Kap. IV]

schen Hochschulen das Recht zu, den Promovenden der Ingenieur-Abteilungen einen Doktorgrad zu verleihen. Der technischen Hochschule in München wurde am 10. Januar 1901 als letzter von allen technischen Hochschulen im Deutschen Reich das Promotionsrecht zuerkannt.[43]

Schon vor dem Abschluss seiner Doktorarbeit hatte Prandtl das Angebot des Generaldirektors von MAN in Nürnberg in der Tasche, dort zum 1. Januar 1900 seinen Dienst als Maschineningenieur anzutreten. Auch wenn die Zuerkennung des Promotionsrechts für technische Hochschulen nur noch eine Frage der Zeit war, wäre dies für Prandtl zu spät gekommen. Er richtete deshalb am 14. November 1899 an die benachbarte Ludwig-Maximilians-Universität das Gesuch, für das Hauptfach Physik mit den Nebenfächern Mathematik und Astronomie zum Promotionsexamen zugelassen zu werden.[44] Dissertationen von externen Doktoranden waren nicht ungewöhnlich, mussten jedoch vor der Doktorprüfung das Plazet der für die betreffenden Fächer zuständigen Universitätsprofessoren erhalten.

Prandtls Gesuch landete auf dem Schreibtisch des Dekans der für Mathematik und Naturwissenschaften zuständigen 2. Sektion der philosophischen Fakultät, der es an das Physikinstitut der Universität weiterreichte. Die ordentliche Professur für Physik war zu diesem Zeitpunkt nicht besetzt, da Eugen von Lommel, der seit 1886 als Ordinarius die Physik in München repräsentierte, im Juni 1899 gestorben und sein Nachfolger, Wilhelm Conrad Röntgen, noch nicht berufen worden war.[45] So fiel die Aufgabe, Prandtls Dissertation zu beurteilen, dem Physik-Extraordinarius Leo Graetz zu – und dem erschien Prandtls Theorie des seitlichen Auskippens von Trägern aus physikalischer Sicht nicht promotionswürdig. Sie liefere „nicht irgend eine neue Einsicht in die Physik der Elastizitätskräfte. Die Arbeit wäre als eine der theoretischen Physik zu bezeichnen, nur mit der Maßgabe, dass der physikalische Inhalt an Wert weit hinter der mathematischen Behandlung steht". Deshalb reichte er sie an seine Mathematikerkollegen weiter mit der Bitte zu prüfen, „ob der mathematische Teil der Abhandlung den Anforderungen, die man an eine Doktorarbeit stellen muss, genügt".[46]

Nun lag es an den Mathematikern der Münchner Universität,[47] die Promotionswürdigkeit zu beurteilen. Ferdinand Lindemann, der sich 1882 mit dem Beweis für die Unmöglichkeit der Quadratur des Kreises großes Ansehen erworben hatte und seit 1893 an der Münchner Universität Mathematik lehrte, konnte wie sein Physikerkollege der Dissertation ebenfalls wenig abge-

---

[43] [Hashagen, 2003, Kap. 16].
[44] Promotionsakt Ludwig Prandtl, UAM, OC-I-26p.
[45] [Kamp, 2002].
[46] Promotionsakt Ludwig Prandtl, UAM, OC-I-26p.
[47] [Toepell, 1996].

winnen. Die von Prandtl abgeleitete Differentialgleichung sei schon längst in der mathematischen Literatur „eingehend behandelt worden". Prandtl müsse die Dissertation „unter Berücksichtigung der Literatur umarbeiten. Die Tabellen sind sehr nützlich; denn so viel ich weiss, beziehen sich die bisherigen Tabellen nur auf ganzzahligen Index der Besselschen Funktion. Doch wäre es leicht möglich, dass man auch für diese Indices ($4n$ = ganze Zahl) Tabellen in der Literatur findet. Unter diesen Umständen wäre, glaube ich, dem Verfasser zu empfehlen, seine Arbeit nach Revision in angegebener Richtung der Fakultät wieder vorzulegen". Der als zweiter Mathematiker hinzugezogene Gustav Bauer stimmte mit Lindemann überein, dass Prandtls Differentialgleichung „tatsächlich die Riccatische und durch Besselsche Funktionen integrierbar" sei und ein Hinweis darauf in Prandtls Dissertation „wohl sehr erwünscht" wäre. Er forderte jedoch nicht wie Lindemann, dass Prandtl die Arbeit revidieren und noch einmal vorlegen müsse. „Ich möchte, da es sich doch um einen für eine praktische Arbeit weniger wichtigen Punkt handelt, vorschlagen, dass Herr P. zu der gewünschten Komplettierung in einer Form angehalten wird, die nicht wie eine Zurückweisung seiner offenbar tüchtigen Arbeit aussieht. Von Tabellen der Bessel-Funktion für $4n$ = ganze Zahl ist mir nichts bekannt, weshalb die Tabellen einigen Wert haben." Er plädierte dafür, dass Prandtl „noch vor den Feiertagen zum Examen rigorosum zugelassen werde, da er vom 1. Januar an nach Nürnberg berufen ist". So leicht wollte man es dem TH-Ingenieur aber nicht machen. „Mit gegenwärtiger Fassung der betr. Stellen in der Promotions-Arbeit des Herrn Prandtl bin ich einverstanden", erklärte Lindemann am 18. Januar 1900 über die noch einmal eingereichte Dissertation – nicht ohne hinzuzufügen, dass er „eine systematische Verarbeitung des Stoffes" für wünschenswert gehalten hätte. In dem am 29. Januar 1900 angesetzten Examen scheint er aber von Prandtls mathematischem Wissen sehr beeindruckt gewesen zu sein, denn er gab ihm die Bestnote 1. Auch der Astronom Hugo Seeliger beurteilte Prandtls Kenntnisse in diesem Nebenfach mit einer 1. Im Hauptfach Physik erhielt Prandtl von Graetz jedoch nur die Note 2, die dann auch als Gesamtnote festgesetzt wurde.[48]

Prandtls Doktorvater August Föppl war an dem Promotionsverfahren an der Universität nicht beteiligt, sonst hätte er vermutlich die Auffassung von Graetz vehement zurückgewiesen, dass die Arbeit seines Assistenten physikalisch kaum promotionswürdig sei. Föppl stand mit seiner Wertschätzung auch nicht allein. Arnold Sommerfeld, der 1900 als Professor der Mechanik an die

---

[48] Promotionsakt Ludwig Prandtl, UAM, OC-I-26p. Auch die Dissertation von Dycks langjährigem Assistenten Wilhelm Kutta, die im Mai 1900 an der Münchener Universität vorgelegt wurde, fand Lindemann „etwas dürftig", obwohl darin ein wesentlicher Beitrag zur numerischen Lösung von Differentialgleichungen erzielt wurde [Hashagen, 2003, S. 253]. Zu Kuttas späteren aerodynamischen Arbeiten siehe Kap. 3.

technische Hochschule nach Aachen berufen wurde und ab 1906 an der Universität in München Ordinarius für theoretische Physik werden sollte, sah in Prandtls Theorie einen wesentlichen Fortschritt. Prandtl habe „die Kenntnis instabiler elastischer Gleichgewichtszustände um einen wichtigen Fall bereichert", schrieb er nach der Lektüre der Dissertation an den Mathematiker Carl Runge.[49] Doch auch die Bestnote in seiner Doktorurkunde hätte Prandtl, falls er um diese Zeit schon akademische Ambitionen gehegt haben sollte, wohl nicht davon abgebracht, sich zunächst als Maschineningenieur bei MAN in Nürnberg in der Praxis zu bewähren.

---

[49] Prandtl an Runge, 27. März 1901. DMA, HS 1976-31. Siehe dazu auch Abschn. 2.2

2

Professor mit Industrieerfahrung

„Mit Beginn des nächsten Jahres werde ich mich der technischen Praxis widmen", so hatte der „geprüfte Maschineningenieur" Prandtl in seinem Promotionsgesuch im November 1899 seine Absichten für den weiteren Karriereweg bekundet.[1] Das „Dr. phil." vor seinen Namen änderte nichts daran, dass er sich als Ingenieur seine ersten Sporen im Berufsleben verdienen wollte. Auch August Föppl hatte als Ingenieur zuerst an Brückenbauprojekten mitgewirkt und dann als Lehrer an einer Schule für Bauhandwerker und an einer Gewerbeschule unterrichtet, bevor er sich an der Universität Leipzig eher nebenbei die akademischen Qualifikationen besorgt hatte, die ihm den Ruf an die technische Hochschule nach München einbrachten. Für Ingenieure mit wissenschaftlichen Ambitionen waren Berufserfahrungen in der Industrie oder anderen Einrichtungen mit praktischen Zielsetzungen nützlich, wenn sie sich Hoffnungen auf eine Professur an einer technischen Hochschule machten. Für Prandtl bedeutete die Annahme des Angebots Anton Rieppels, in der Nürnberger Maschinenfabrik als Maschineningenieur zu arbeiten, deshalb auch nicht den Verzicht auf eine Hochschulkarriere. Föppl wusste spätestens im Mai 1900, dass Prandtl diese Absichte hegte, gab ihm aber den Rat, „zuvor einige Jahre in der Praxis zu bleiben".[2]

2.1 Ingenieur bei MAN

Als Prandtl zum 1. Januar 1900 seine Stelle in Nürnberg antrat, befand sich die zwei Jahre zuvor mit der Augsburger Maschinenfabrik zur Maschinenfabrik Augsburg-Nürnberg AG (MAN) vereinigte Firma in einer Umbruchphase.[3] Der Konzern umfasste neben der Fabrik in Augsburg auch das auf Brückenbau spezialisierte Werk Gustavsburg bei Mainz, das 1884 mit der Nürnberger Maschinenbau AG zusammengelegt worden war. Rieppel, in dessen Ära als Direktor des Nürnberger Werks diese Umbruchphase fiel, hatte am Münchner Polytechnikum studiert und sich dann als Betriebsleiter (1876) und Direktor

---

[1] Promotionsakt Ludwig Prandtl, UAM, OC-I-26p.
[2] Föppl an Klein, 17. Mai 1900. SUB, Cod. Ms. F. Klein 2F,3.
[3] [Bähr et al., 2008].

© Springer-Verlag Berlin Heidelberg 2017
M. Eckert, *Ludwig Prandtl – Strömungsforscher und Wissenschaftsmanager*, DOI 10.1007/978-3-662-49918-4_2

(1885) des Gustavsburger Werks vor allem als Konstrukteur von Eisenbrücken einen Namen gemacht.[4] Die früher vor allem auf den Bau von Eisenbahnwaggons spezialisierte Nürnberger Fabrik erfuhr in den 1890er Jahren einen rasanten Aufschwung. Die Zahl der Arbeiter stieg von 1500 im Jahr 1895 auf 3500 im Jahr 1900. Da auf dem vorhandenen Werksgelände keine neuen Betriebseinrichtungen mehr untergebracht werden konnten, begann man 1897 mit der Verlegung des Werkes und mit dem Neubau moderner Fabrikanlagen auf einem größeren Werksgelände am Stadtrand von Nürnberg. Die *Zeitschrift des Vereins Deutscher Ingenieure* widmete 1903 dem MAN-Neubau eine Folge von drei Aufsätzen mit eingehenden Beschreibungen der einzelnen Werksanlagen.[5]

Prandtl begann seinen Dienst in Nürnberg in einem eigens für die Neubauten eingerichteten maschinentechnischen Büro. Seine erste Arbeit betraf die Überprüfung einer Absaugungsanlage für Holzspäne, die für die Schreinerei im neuen Werk von einer Spezialfirma hergestellt worden war. Die Absaugungsanlage sei „ungenügend" gewesen, erinnerte sich der Leiter des maschinentechnischen Büros, Verstopfungen seien an der Tagesordnung gewesen und der Energieverbrauch enorm. „Da alle befragten Sachverständigen keinen Rat wussten, blieb nichts anderes übrig, als die Sache selbst in die Hand zu nehmen. Ich beauftragte deshalb den mir seit dem 1. Januar 1900 zugeteilten jungen Dr. Ing. L. Prandtl mit der Untersuchung." Prandtl war zwar kein „Dr. Ing.", sondern ein „Dr. phil.", aber ansonsten dürfte diese 25 Jahre später zu Papier gebrachte Erinnerung den Auftakt von Prandtls Nürnberger Tätigkeit treffend wiedergeben. Prandtl habe sich in einem „völligem Neuland" befunden, „noch niemand hatte sich über die physikalischen Vorgänge bei Absaugungsanlagen Rechenschaft gegeben".[6]

Auch in der zeitgenössischen Diskussion unter Ingenieuren sorgten die Mängel der Absaugungsanlagen für Gesprächsstoff. „Hr. Geiger spricht über Exhaustoranlagen, insbesondere zur Beseitigung von Spänen und Staub", so kündigte der Vorsitzende des Fränkisch-Oberpfälzischen Bezirksvereins des VDI einen Vortrag an, in dem der Chef des maschinentechnischen Büros am 14. April 1904 über dieses Problem berichtete. Die im neuen Schreinereigebäude bei MAN installierte Absaugungsanlage bestand, so heißt es in diesem Bericht, „aus 4 Exhaustoren mit je 2 Saugrohren von 500 mm Dmr., also im ganzen 8 Saugrohren. Sie brauchte früher 110 PS allein zum Absaugen der Späne, während zum Betrieb der 81 Holzbearbeitungsmaschinen nur 150 bis 160 PS erforderlich sind". Die Hersteller der Exhaustoranlagen hätten jedoch

---

[4] [Walbrach, 2002].
[5] [MAN, 1903]. Die technische Hochschule in München verlieh ihrem ehemaligen Absolventen Rieppel in diesem Jahr den Ehrendoktortitel „Dr. Ing. E. h." [Schmid, 2003].
[6] [Geiger, 1926].

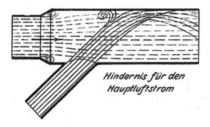
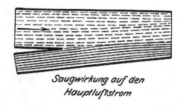

Abb. 2.1 Skizze der Luftströmung bei der Rohrverbindung in einer Absaugungsanlage

keine Fehler eingeräumt und erklärt, „so große Anlagen brauchten eben so viel Kraft“. Prandtl ging, als er mit der Inspektion der Anlage beauftragt wurde, sehr systematisch vor. Er beobachtete „monatelang“ den Absaugvorgang und entwickelte ein „Pneumometer“, mit dem er die Luftgeschwindigkeit an verschiedenen Stellen des Rohrnetzes messen konnte. Die zuvor verwendeten Geräte taugten für diesen Zweck nicht, da die Späne immer wieder die Öffnungen verstopften. Prandtls Messgerät zeigte „selbst in einem Hagel von Spänen noch richtig an“. Danach dauerte es nicht mehr lange, bis Prandtl die Ursache für den hohen Leistungsverbrauch ausmachte. Da durch Reibung immer ein Druckverlust im Rohrleitungssystem entsteht, musste an der Saugöffnung des Exhaustors ein so großer Unterdruck erzeugt werden, dass am Ende der Saugleitung noch ein ausreichender Unterdruck herrschte. „Nun fand aber Prandtl, dass an dem untersuchten Exhaustor ein viel höherer Unterdruck herrschte, als die Reibungsverluste erfordert hätten, und als Grund dafür ergab sich die ungünstige Einmündung der Seitenrohre in das Hauptrohr (Abb. 2.1). Man hatte zwar schon immer das Bestreben, die Seitenrohre unter möglichst spitzem Winkel an das Hauptrohr anzuschließen, war aber aus Gründen der Herstellung kaum unter 45° gekommen.“[7]

Diese spitzwinklige Rohrverbindung war so bedeutsam, dass MAN sie patentieren ließ.[8] Ein weiteres Patent, das aus der Analyse Prandtls hervorging, betraf die Reinigung der Luft von den darin enthaltenen Sägespänen. Die Luft wurde in einem turbinenartigen Apparat durch Leitschaufeln spiralförmig so nach innen gelenkt, dass die darin enthaltenen Späne infolge der Fliehkraft durch Schlitze in den Wänden abgeschieden wurden (Abb. 2.2).[9]

---

[7] [Geiger, 1904]. Das Berechnungsverfahren hatte Prandtl am 20. September 1901 in einem Vortrag „Über die Berechnung von Absaugungsanlagen“ seinem Chef mitgeteilt. MAN-HA, 311-I.
[8] Rohrverbindung für in spitzem Winkel zusammentreffende Rohrleitungen aus Blech. D. R. P. Nr. 131178.
[9] Durch Fliehkraft wirkender Luftreiniger mit im Luftabzugsrohr angeordneten festen Scheidewänden. D. R. P. Nr. 134360.

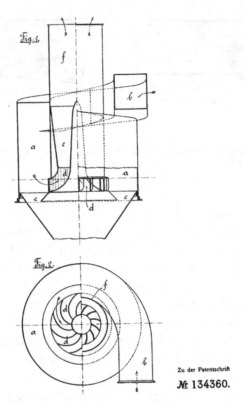

Abb. 2.2   Vorrichtung zur Abtrennung von Sägespänen

Auch in dem Bericht über die neuen Nürnberger Werksanlagen in der
Zeitschrift des Vereins Deutscher Ingenieure wurde die Verbesserung der Absaugungsanlage erwähnt. Prandtl habe im Gegensatz zu dem bisher üblichen
Vorgehen genau berechnet, welche Luftgeschwindigkeiten zur Absaugung der
Späne erforderlich seien, und ein Verfahren angegeben, mit dem die erforderlichen Rohrquerschnitte und der Leistungsaufwand zuverlässig bestimmt
werden konnten. Dabei sei die Notwendigkeit sehr spitzwinkliger Rohrverbindungen klar geworden. Bei den bisher üblichen größeren Winkeln komme
es zu einem Druckabfall, der sich bei jeder weiteren solchen Rohrverbindung
wiederholt und so zu einem enormen Verlust an Saugleistung führt. „Die
nach dem neuen Verfahren hergestellten spitzwinkligen Rohrverbindungen
ergeben dagegen nicht nur keine hindernde, sondern unter Umständen noch
eine ejektorartig saugende Wirkung auf den Hauptstrom", so erklärte man
die Verbesserung. Die durch Fliehkraft abgeschiedene und mit Sägespänen
angereicherte Luft konnte durch einen eigens dafür installierten Exhaustor
abgesaugt und „mit nur 8 PS Kraftaufwand durch eine 180 m lange Blech-
rohrleitung von 500 mm Dmr. unmittelbar zum Kesselhause" geleitet werden,

wo „in einem fast keine Strömungswiderstände bietenden Späneabscheider Luft und Späne getrennt und letztere unmittelbar vor die Kesselfeuerung geschüttet" wurde.[10]

Die Verbesserung war so augenfällig, dass Prandtls Chef im maschinentechnischen Büro die Einrichtung einer selbständigen Abteilung für Absaugungsanlagen veranlasste. „Wir hatten sofort die größten Erfolge", erinnerte er sich bei der Feier des 25-jährigen Bestehens dieser Abteilung. „Zuerst bauten wir die ganze Späneabsaugungsanlage in der Holzbearbeitungswerkstätte W 8 im eigenen Werk nach Prandtls Verfahren um und drückten den Kraftbedarf von 110 PS auf 35 PS herunter. Gleichzeitig wurde aber auch die Absaugung, die recht mangelhaft war, gut und an allen Stellen gleichmäßig; es gab keine Verstopfung mehr. An dieses erste gute Ergebnis im eigenen Werk reihte sich bald ein Auftrag eines auswärtigen Kunden mit noch größerem Erfolg [...] Nach diesem durchschlagenden Erfolg, der damals überall das größte Aufsehen erregte, war es ein leichtes, weitere Aufträge zu erhalten, und bis heute haben wir fast 3000 Anlagen geliefert, alle zur vollen Zufriedenheit unserer Kunden. Alle Teile zu diesen Anlagen stellt die M.A.N. in eigenen Werkstätten her und lässt sie durch wohlgeschulte Monteure aufstellen."[11]

Auch für Prandtl zahlte sich die Verbesserung aus. Obwohl die aus seiner Tätigkeit hervorgegangenen Erfindungen „Eigentum der Firma und insoweit Geschäftsgeheimnisse" waren, die er, wie man ihm nach seinem Ausscheiden aus dem Nürnberger Werk mitteilte, auch weiter wahren müsse, handelte er eine Beteiligung am Verkaufserlös der MAN-Absaugungsanlagen aus.[12] Die Firma bestand allerdings auf einer Obergrenze von 10.000 Mark. Darüber läge es im freien Ermessen von MAN, Prandtl weiter am Gewinn zu beteiligen.[13] Als diese Schwelle im Jahr 1906 erreicht wurde, unterbreitete man ihm den Vorschlag, „eine Ermäßigung der Ihnen eingeräumten Gewinnbeteiligung eintreten zu lassen. Wir hatten uns gedacht, dass Sie uns nach wie vor die Alleinbenützung Ihrer Berechnungsmethode zusichern, und dass wir Ihnen dafür auf unseren Umsatz (netto Verkaufspreis ab Werk) eine Abgabe von $\frac{1}{2}$ % entrichten".[14] Prandtl erklärte sich einverstanden. Gemessen an dem Jahresgehalt von 3000 Mark, das er als Professor an der TH Hannover bezog, war diese Honorierung keine Kleinigkeit. „In diesen Tagen erhielt ich nach 1 $\frac{1}{2}$ jähriger Pause Abrechnung über die Lizenzabgaben. Das Geschäft ist danach sehr flott gegangen!", so freute er sich in einem Brief an seinen

---

[10] [MAN, 1903, S. 1247–1249].
[11] [Geiger, 1926].
[12] Prandtl an MAN, 8. August 1903. SUB, Cod. Ms. L. Prandtl, 1, 47.
[13] MAN an Prandtl, 19. August 1903. MAN-HA, 135-1.
[14] MAN an Prandtl, 9. Januar 1906. MAN-HA, 135-1.

damaligen Chef über den Erfolg seiner kurzen Industrietätigkeit.[15] Für das Geschäftsjahr 1907/08 belief sich seine Gewinnbeteiligung damit immer noch auf 1667,25 Mark.[16] Auch danach ergab sich daraus für Prandtl noch für viele Jahre ein ansehnliches Zusatzeinkommen, wie eine Aufstellung aus dem Jahr 1922 zeigt.[17]

Neben der Beteiligung am finanziellen Erfolg der Firma war für Prandtl auch in wissenschaftlicher Hinsicht die Industrieerfahrung ein Gewinn. Die intensive Beschäftigung mit Luftströmungen in Absaugungsanlagen weckten sein Interesse für die Strömungsmechanik. Wenn es in der Patentschrift über die Vorrichtung zur Luftreinigung heißt, dass durch Leitschaufeln die Strömung so geleitet werden müsse, „dass die einzelnen Luftfäden in allmählicher Richtungsänderung völlig ohne Stoß parallel gerichtet werden und das Abzugsrohr ruhig und ohne Wirbelbewegung verlassen",[18] dann deutet sich darin schon das Problembewusstsein an, mit dem Prandtl später an die Konstruktion von Windkanälen ging. Umgekehrt war der wissenschaftliche Umgang mit Strömungen auch für MAN zukunftsweisend. Als man dort im Jahr 1951 das 50-jährige Bestehen der Abteilung für Luftabsaugungsanlagen feierte, nannte der amtierende Abteilungsleiter Prandtls Beschäftigung mit Absaugungsanlagen „richtunggebend für seine [Prandtls] ganze spätere Lebensarbeit" ebenso wie für die zu Klimaanlagen weiter entwickelte Absaugungstechnologie bei MAN. Seine Abteilung habe „dadurch, dass sie mit Prandtl Fühlung hielt", diesen Bereich „zu einem beachtlichen Arbeitsgebiet der M.A.N." ausbauen können. Die Abteilung sei viel stärker expandiert, als man zunächst angenommen hatte, und sei nun führend auf dem Gebiet der Klimaanlagen. „Um eine Zahl zu nennen: Es wurden weit über 7000 Anlagen geliefert; im Jahresdurchschnitt 150 Anlagen, also jeden zweiten Tag eine Anlage, nicht gerechnet die einzelnen kleinen und großen Exhaustoren. Vor einigen Monaten wurde der 10.000 ste M.A.N.-Exhaustor fertiggestellt und abgeliefert."[19]

---

[15] Prandtl an Geiger, 18. März 1906. SUB, Cod. Ms. L. Prandtl, 1, 27.

[16] MAN an Prandtl, 13. Oktober 1908. MAN-HA, 135-1.

[17] MAN an Prandtl, 28. März 1922. MAN-HA, 135-1. Die Lizenzzahlungen waren bei Ausbruch des Ersten Weltkriegs eingestellt worden; Prandtl erhielt jedoch 1922 rückwirkend für die Jahre von 1914 bis 1921 insgesamt 25.000 Mark.

[18] Durch Fliehkraft wirkender Luftreiniger mit im Luftabzugsrohr angeordneten festen Scheidewänden. D. R. P. Nr. 134360.

[19] Ansprache Merkel, 21. September 1951. MAN-HA, 311-I.

2.2 Berufung an die technische Hochschule in Hannover

Schon nach wenigen Monaten in der Nürnberger Maschinenfabrik hatte sich Prandtl als wissenschaftlich arbeitender Ingenieur einen Namen gemacht. Für Aurel Stodola, der am Eidgenössischen Polytechnikum in Zürich Maschinenbau und Maschinenkonstruktion lehrte und zu den renommiertesten Technikprofessoren seiner Zeit zählte, besaß Prandtl „alle Merkmale eines künftigen ausgezeichneten Mechanik-Professors". Er hatte Prandtl bei der Naturforscherversammlung im September 1899 in München kennengelernt und konnte sich, wie er im Mai 1900 an den Göttinger Mathematiker und Wissenschaftsorganisator Felix Klein schrieb, „in eine förmliche Begeisterung hineinreden, um Ihnen, Herr Geheimrat, diesen jungen Mann für die neuzubesetzende Stelle Ihres Institutes zu empfehlen".[20]

Klein hatte an der Universität in Göttingen einige Jahre zuvor die „Göttinger Vereinigung zur Förderung der angewandten Physik" gegründet, eine aus Industriellen und Göttinger Professoren zusammengesetzte Organisation, die 1897 die Einrichtung einer neuen Abteilung für technische Physik am physikalischen Institut der Universität Göttingen ermöglicht hatte.[21] Im Sommer 1900 suchte Klein einen Nachfolger für Eugen Meyer, der als Extraordinarius diese Abteilung aufgebaut und 1900 einen Ruf an die technische Hochschule in Berlin angenommen hatte. Stodolas Empfehlung für Prandtl weckte Kleins Interesse. Er schrieb postwendend an Föppl, um über dessen Schützling Näheres zu erfahren. „Herr Prandtl, nach dem Sie sich erkundigen, war einer meiner fähigsten Schüler", antwortete Föppl. Prandtl habe ihm auch seine Absicht mitgeteilt, „später in die akademische Karriere einzutreten; ich habe ihm aber den dringenden Rat gegeben, zuvor einige Jahre in der Praxis zu bleiben". Prandtl sei „noch ein blutjunges Bürschchen" und „noch etwas nachlässig" mit dem Publizieren seiner Arbeiten. „Ein hervorragender Kopf, voll von eigenen Ideen, ist aber Prandtl ohne Zweifel, und wenn er noch 3 oder 4 Jahre in der Praxis war, wird er sicher einen vortrefflichen Hochschullehrer abgeben."[22] Danach verzichtete Klein – vorerst – darauf, Prandtl die Berufung nach Göttingen anzubieten.

Auch Kleins ehemaliger Assistent Arnold Sommerfeld, der 1900 als Professor für Mechanik an die technische Hochschule nach Aachen berufen worden war, sah in Prandtl ein neues Talent auf dem Gebiet der technischen Mechanik. „Prandtl ist Föppl'sche Schule, augenblicklich bei Rieppel in der Nürn-

---

[20] Stodola an Klein, 13. Mai 1900. SUB, Cod. Ms. F. Klein 2F,3.
[21] [Manegold, 1970, Kap. III.5 und III.8].
[22] Föppl an Klein, 17. Mai 1900. SUB, Cod. Ms. F. Klein 2F,3.

berger Maschinenbaugesellschaft", schrieb er im März 1901 an Carl Runge, seinen Mathematikerkollegen an der Technischen Hochschule Hannover.
Sommerfeld war von Prandtls Dissertation sichtlich beeindruckt. „Jedenfalls
handelt es sich bei Prandtl um einen wissenschaftlichen, mathematisch und
physikalisch gebildeten Mann." Wenn Runge für den zur Besetzung anste-
henden Mechanik-Lehrstuhl in Hannover „einen Ingenieur" suche, sei Prandtl
jedenfalls „ein geeigneter Professoratscandidat".[23] Damit spielte er auf die an-
timathematische Bewegung an, die Berufungen auf Mechanik-Lehrstühle um
1900 oft zu einem Streit zwischen den Ingenieurabteilungen und den allgemeinen Abteilungen an den technischen Hochschulen führten.[24] Die Lehrstühle für Mechanik gehörten meist wie diejenigen der Mathematik, Physik
und Chemie der allgemeinen Abteilung an, wo den Ingenieurstudenten unabhängig von ihrer Fachrichtung Grundlagen vermittelt werden sollten. An
der Aachener technischen Hochschule hatten die Ingenieurabteilungen zum
Beispiel im Vorfeld der Berufung Sommerfelds im Jahr 1899 gefordert, dass
für den vakanten Mechaniklehrstuhl nur „ein solcher Vertreter geeignet sei,
welcher von Haus aus Techniker ist". Die allgemeine Abteilung bestand aber
auf der „alt bewährten Gepflogenheit, nur nach den Fähigkeiten, Kenntnissen
und Leistungen der Vorzuschlagenden zu fragen", und setzte sich damit auch
durch.[25] Als Sommerfeld seinem Hannoveraner Kollegen Runge 1901 Prandtl
als geeigneten Kandidaten für die dortige Mechanikprofessur empfahl, war er
sich der vorangegangenen Debatten um seine eigene Stelle noch sehr bewusst.
Es war ihm auch klar, dass die allgemeine Abteilung an der technischen Hochschule in Hannover ebenso wie in Aachen den Ingenieurabteilungen bei dieser
Berufungsangelegenheit Paroli bieten musste. „Ich denke mir, es könnte Ihrer
Abteilung erwünscht sein, die Abteilung III eventuell auch mit Vorschlägen
von Ingenieuren zu übertrumpfen", so stellte er Prandtls Studienabschluss als
Maschineningenieur in den Vordergrund.[26]

Tatsächlich wurde Prandtl kurz darauf auf die Hannoveraner Mechanikprofessur berufen.[27] Doch damit war der Streit zwischen der allgemeinen Abteilung und den Ingenieurabteilungen nicht erledigt. Die Abteilung III für
Maschineningenieurwesen, der Prandtl zugeordnet wurde, befürchtete, dass
Prandtls Professur im Fall seiner späteren Abberufung doch noch der allgemeinen Abteilung zugeschlagen werden könnte, und forderte vom Ministerium
eine dauerhafte Regelung dieser Streitfrage. Wenn Prandtls Professur der all-

---

[23] Sommerfeld an Runge, 27. März 1901. DMA, HS 1976-31.
[24] [Hensel, 1989].
[25] [Eckert, 2013a, S. 156].
[26] Sommerfeld an Runge, 27. März 1901. DMA, HS 1976-31.
[27] Ernennungsschreiben des Preußischen Kultusministeriums, 28. August 1901. UAH, Personalakte
Prandtl.

gemeinen Abteilung zugeteilt werde, so argumentierten die Professoren der Abteilung für das Maschineningenieurwesen in einem Schreiben an das Preußische Kultusministerium in Berlin, „läge die Gefahr außerordentlich nahe, dass dadurch nicht nur die richtige Ausbildung und Weiterentwicklung dieses Lehrfachs gehemmt würde, sondern dass unter dem Einflusse der Mathematiker der ihnen näher liegende Teil der allgemeinen Mechanik auf Kosten der für das Maschineningenieurwesen weit wichtigeren Technischen Mechanik bevorzugt würde".[28] Die allgemeine Abteilung reagierte darauf mit einer eigenen Eingabe an das Ministerium. „Mit aller Entschiedenheit müssen wir die Behauptung der Abteilung III zurückweisen, dass der Einfluss der Mathematiker in ihrer Abteilung hemmend auf die Entwicklung der technischen Mechanik wirken müsste", widersprach man der Argumentation der Maschineningenieure. Deren Bedenken wären vielleicht nachvollziehbar, wenn die Mechanik von einem Universitätsmathematiker gelehrt würde, doch das sei bei Prandtl ja gerade nicht der Fall. So gerechtfertigt der Wunsch der verschiedenen Ingenieurabteilungen nach einer den jeweiligen Bedürfnissen angepassten Lehre in der Mechanik auch sei, „so wenig darf doch verkannt werden, dass alle Entwicklungen auf gemeinsamer mathematischer Grundlage beruhen. Daher scheint es uns geboten, dass die Vertreter der Mechanik nicht allein unter sich, sondern auch diese mit den Mathematikern in regem Verkehr stehen". Deshalb sei es am besten, Prandtl der allgemeinen Abteilung zuzuweisen.[29] Anders als in Aachen konnte sich die allgemeine Abteilung an der technischen Hochschule in Hannover damit aber nicht durchsetzen. Das Ministerium entschied den Streit, indem es „den neuberufenen Professor für Mechanik und graphische Statik Dr. Prandtl zum Mitgliede der Abteilung für Maschineningenieurwesen an der dortigen Technischen Hochschule" ernannte.[30]

Mit dem Umzug nach Hannover begann für Prandtl ein neuer Lebensabschnitt (Abb. 2.3). Hannover war als preußische Provinzhauptstadt für den Bayern in vieler Hinsicht eine neue Welt. Das begann schon bei der Sprache. „Der spitze Stein ist hier sprichwörtlich, dabei wird aber das ‚ei' gesprochen wie bei Euch das ‚A' in Kas", schrieb Prandtl an die Geschwister seines Vaters nach München in einem seiner Familienbriefe, die dort als „Rundbriefe" wie Nachrichten aus einer anderen Welt im weiteren Verwandtenkreis zirkulierten. Auch bei der Beschreibung seiner Wohnung dienten ihm die heimischen Verhältnisse in München und Umgebung als Vergleich. „Die Lage ist ungefähr wie die Königinstraße in München, nur mit dem Unterschied, daß ich hier zur

---

[28] Eingabe an das Preußische Kultusministerium durch das Kollegium der Abteilung III, 12. September 1901. UAH, Personalakte Prandtl. Vgl. dazu auch [Mahrenholtz, 1981].
[29] Eingabe an das Preußische Kultusministerium durch das Kollegium der Abteilung V, 26. Oktober 1901. UAH, Personalakte Prandtl.
[30] Althoff an die TH Hannover, 31. Oktober 1901. UAH, Personalakte Prandtl.

Abb. 2.3   Ludwig Prandtl als Professor an der technischen Hochschule in Hannover

besseren Unterhaltung eine Elektrische vorbeirumpeln sehe, höre und fühle." Mit der Straßenbahn könne man „auf jedes Nest in der Lüneburger Heide hinaus" fahren, „gerade als ob die Münchner bis Freising, Dachau, Starnberg, Wolfratshausen, Sauerlach und Grafing ginge".[31]

Auch an der technischen Hochschule in Hannover fühlte sich Prandtl trotz seiner Studien- und Assistentenzeit an der Münchner technischen Hochschule nicht gleich heimisch. Sie hatte sich von einer Gewerbeschule des Königreichs Hannover zu einer „Polytechnischen Schule" und dann zu einer dem Preußischen Kultusministerium in Berlin unterstehenden „Königlichen Technischen Hochschule" weiterentwickelt.[32] „Meinen Diensteid habe ich noch nicht geschworen, also darf ich mich einstweilen noch als Nichtpreuße fühlen", so deutete er seinen Verwandten in Bayern an, dass er sich als Professor an einer Preußischen Hochschule in einer ganz neuen Rolle sah. Das jugendliche Alter – mit 26 Jahren zählte er zu den jüngsten Professoren Deutschlands – und die aus allen Landesteilen zusammengewürfelte Kollegenschaft erleichterten ihm jedoch das Eingewöhnen in den neuen Alltag. „An der Hochschule in Hannover sind so ziemlich alle Gaue Deutschlands vertreten, wir haben Bayern, Schwaben, Badenser, Kurhessen, Österreicher und natürlich ein ganzes Rudel von Preußen." Als Junggeselle stand Prandtl unter den Hannoveraner Professoren zwar in sozialer Hinsicht etwas im Abseits; dennoch hätten „einstweilen die Mädchen Hannovers noch keine Aussicht, mich einzufangen". Seine künftige Gattin müsste schon „Knödel und Nockerln kochen

---

[31] Zitiert in [Vogel-Prandtl, 2005, S. 21–23].
[32] [Manegold, 1981].

können und nicht etwa Gelüste haben, in den Spinat Rosinen zu tun".[33] Doch auch als Junggeselle mangelte es Prandtl nicht an Geselligkeit. Besonders Carl Runge freundete sich bald mit ihm an und lud ihn zum gemeinsamen Musizieren nach Hause ein. Runges Tochter blieben Prandtls Besuche vor allem in Erinnerung, weil „dieser neue Freund viel Musikverständnis und eine schöne Bassstimme hatte".[34]

Für das Verhältnis zu seinen anderen Professorenkollegen war es für Prandtl durchaus vorteilhaft, dass er der Abteilung für Maschineningenieurwesen und nicht der allgemeinen Abteilung zugewiesen worden war; denn auf diese Weise sah er sich nicht wie die Mechanikprofessoren anderer technischer Hochschulen dem Misstrauen der Professoren in den Ingenieurabteilungen ausgesetzt.[35] Nach seinen bisherigen Forschungsarbeiten zu urteilen, bestand dafür auch kein Anlass. Neben den mit Patenten abgeschlossenen Untersuchungen über die Absaugungsanlagen, die Prandtl als Ingenieur mit Sinn für praktikable Innovationen auswiesen, hatte er noch während seines Aufenthalts in der Nürnberger Maschinenfabrik in der *Zeitschrift des Vereins Deutscher Ingenieure* einen Aufsatz über ein Thema der Festigkeitslehre veröffentlicht, der ihn als einen Experten auf diesem Gebiet bekannt machte.[36] Ein Baurat hatte zuvor eine Theorie publiziert, mit der das Problem der Knicklast eines geraden, auf Druck belasteten Stabes gelöst werden sollte. Die „richtige Knickungsformel", so wurde darin ausgeführt, ergebe kleinere Knicklasten als nach der klassischen, auf Euler zurückgehenden Theorie zu erwarten seien.[37] Die neue Theorie sorgte in der Ingenieurzeitschrift für einigen Wirbel. Prandtl wies jedoch darin einen Fehler nach, so dass „als einziges Ergebnis die alte Euler'sche Knickungsformel übrig bleibt", wie Sommerfeld im *Jahrbuch über die Fortschritte der Mathematik* die „Discussion über die richtige Knickungsformel" zusammenfasste.[38]

In Hannover wurde Prandtl seinem Ruf als Experte auf dem Gebiet der Festigkeitslehre schon nach kurzer Zeit mit einer Arbeit gerecht, die als das „Prandtlsche Seifenhautgleichnis" in die Geschichte dieses Faches einging. Darin wird eine Analogie zwischen zwei ganz unterschiedlichen Erscheinungen hergestellt, die durch dieselbe Differentialgleichung beschrieben werden, wenn darin bestimmte Größen jeweils durch andere ersetzt werden.[39] Die eine betrifft die Verformung einer Seifenhaut, die über der Öffnung eines Behälters

---

[33] Zitiert in [Vogel-Prandtl, 2005, S. 21–23].
[34] [Runge, 1949, S. 106].
[35] Siehe dazu das Beispiel Sommerfelds bei seinem Einstand an der technischen Hochschule in Aachen [Eckert, 2013a, Abschn. 5.2].
[36] [Prandtl, 1900].
[37] [Kübler, 1900].
[38] [Sommerfeld, 1901].
[39] [Prandtl, 1903b].

aufgespannt ist und sich als Folge eines leichten Überdrucks im Behälter nach außen ausbeult; die andere die Verdrehung (Torsion) eines Stabes, der den gleichen Querschnitt wie die Öffnung des Behälters hat. Im ersten Fall beschreibt die Differentialgleichung die Ausbiegung der Seifenhaut als Folge des Überdrucks im Behälter; im zweiten die Spannung, die entlang des Umfangs eines Stabquerschnitts durch eine Verdrehung (Torsionsmoment) des Stabes hervorgerufen wird. Der Steigungswinkel der ausgebeulten Seifenhaut im ersten Fall entspricht der Schubspannung am Querschnittsumriss des Stabes im zweiten Fall. Das durch die Ausbeulung der Seifenhaut entstehende Volumen über der Öffnung entspricht der Verdrehungssteifigkeit des Stabes. „Die im Vorhergehenden beschriebene Darstellungsweise der Spannungsverteilung ist durch ihre Anschaulichkeit geeignet, in vielen Fällen, wo die Rechnung im Stich läßt, eine brauchbare Abschätzung der zu erwartenden Werte zu liefern", so betonte Prandtl die Tauglichkeit dieser Analogie für die Ingenieurspraxis. „Auch experimentell lassen sich natürlich durch Ausmessung der Membranflächen derartige Aufgaben lösen."[40]

Box 2.1: Das Seifenhautgleichnis

In der Elastizitätstheorie beschreibt man die Torsion eines Stabes um seine Längsachse (x-Achse in einem kartesischen Koordinatensystem) durch eine Spannungsfunktion $\psi(y, z)$, aus deren Ableitungen nach y bzw. z sich die Verteilung der Schubspannung $\tau(y, z)$ über den Stabquerschnitt bei x ergibt. Die Spannungsfunktion genügt der Gleichung

$$\frac{\partial^2 \psi}{\partial y^2} + \frac{\partial^2 \psi}{\partial z^2} = 2G\theta,$$

wobei G eine Materialkonstante (Schubmodul) und θ die Verdrehung pro Längeneinheit ist.

Eine Membran, die in der yz-Ebene über eine dem Stabquerschnitt entsprechende Öffnung gespannt wird (Spannung S) und von einer Seite einem konstanten Druck p ausgesetzt wird, wölbt sich nach der anderen Seite um eine Ausdehnung $u(y, z)$ aus. Diese Ausdehnung genügt der Gleichung

$$\frac{\partial^2 u}{\partial y^2} + \frac{\partial^2 u}{\partial z^2} = \frac{p}{S}.$$

Aus beiden Gleichungen ergibt sich eine Analogie zwischen der Spannungsfunktion bei der Torsion eines Stabes und der Ausbuchtung einer Membran über einer

---

[40] [Prandtl, 1904c, S. 84f.]. Prandtls „membrane analogy" ist auch hundert Jahre später noch ein gern behandelter Gegenstand in der internationalen Lehrbuchliteratur der Elastizitätstheorie und Festigkeitslehre. Siehe zum Beispiel [Lurie, 2005, S. 441] oder [Boresi et al., 2010, S. 554].

dem Stabquerschnitt gleichen Öffnung:

$$\psi = \frac{2G\theta S}{p}u.$$

Mathematisch bereitet die Lösung der partiellen Differentialgleichungen für ψ bzw. u dieselben Schwierigkeiten, da in beiden Fällen dieselben Randbedingungen gelten (was je nach Balkenquerschnitt die Lösung sehr erschweren kann). Die Ausbuchtung einer Membran lässt sich aber optisch messen, so dass die Analogie eine Möglichkeit bietet, auch mathematisch schwer lösbare Torsionsprobleme auf dem Weg solcher Messungen näherungsweise zu lösen. Gleichungen vom selben Typ – wie hier die partiellen Differentialgleichungen für die Torsion eines Stabes bzw. die Ausbuchtung einer Membran – kommen in der Physik in ganz unterschiedlichen Teilgebieten vor. Analogien wie das Seifenhautgleichnis sind auch zwischen anderen physikalischen Phänomenen möglich, wenn man die darin vorkommenden Größen umdeutet.

Das Seifenhautgleichnis betraf zwar nur ein Teilgebiet der Elastizitätstheorie, aber die damit einhergehende Botschaft sorgte auch über den Kreis der daran interessierten Fachleute hinaus für Aufsehen. Das Gleichnis unterstrich einmal mehr, dass es vorteilhaft sein konnte, nicht nur isoliert in einem spezifischen Anwendungsbereich nach der Lösung der dort relevanten Differentialgleichung zu suchen, sondern aus einer mathematischen Perspektive über die Grenzen des eigenen Fachbereichs hinauszublicken. Nicht zufällig wählte Prandtl, nachdem er einen Abriss in der *Physikalischen Zeitschrift* veröffentlicht hatte, die *Jahresberichte der Deutschen Mathematiker-Vereinigung* als Organ für die ausführliche Darstellung des Seifenhautgleichnisses.

Prandtl wandte sich auch an den Schriftführer der Deutschen Mathematiker-Vereinigung, um mithilfe dieser Organisation „Grundsätze für eine einheitliche Schreibung der Vektorenrechnung im technischen Unterricht" zu vereinbaren.[41] Der Begriff des Vektors war um die Jahrhundertwende Gegenstand kontroverser Auffassungen unter Mathematikern, Physikern und Ingenieuren. Je nach Einsatzgebiet hatten sich unterschiedliche Bezeichnungen eingebürgert. Prandtl scheint die Notwendigkeit zu einer Vereinheitlichung bei der Lehre an der technischen Hochschule in Hannover bewusst geworden zu sein, wo er bis zum Sommersemester 1903 über so verschiedenen Gebiete wie „Statik der Baukonstruktionen", „Landwirtschaftliche Maschinenkunde" und „Ausgewählte Kapitel der technischen Mechanik" Vorlesungen gehalten

---

[41] [Prandtl, 1903a].

hatte.[42] Danach zählte Prandtl für Felix Klein zum engeren Kreis derer, von denen er sich für die Durchsetzung seiner Bestrebungen auf dem Gebiet der mathematischen Anwendungen in Naturwissenschaft und Technik sehr viel versprach. Nach einem Vortrag Prandtls auf der Kasseler Naturforscherversammlung im September 1903 „Über eine einheitliche Bezeichnungsweise der Vektorenrechnung im technischen und physikalischen Unterricht"[43] setzte Klein eine aus Sommerfeld, dem Mathematiker Rudolf Mehmke und Prandtl bestehende Kommission ein, „die die Sache mit allgemeinerem Ziel weiter verfolgen" sollte. „Ich möchte vorschlagen, Herrn Prandtl zur Seele der Kommission zu ernennen, was tatsächlich der historischen Entwicklung entspricht", so wies Sommerfeld in einem Brief an Mehmke Prandtl die Hauptrolle in dieser „Vektorkommission" zu. Am Ende konnte das Trio dem selbst gesteckten Ziel kaum näher kommen, da sich die von verschiedenen Seiten vertretenen Auffassungen nicht auf einen gemeinsamen Nenner bringen ließen.[44] Doch für Prandtls Karriere zahlte sich das Engagement in der Vektorkommission unabhängig von ihrem Erfolg oder Misserfolg dennoch aus. Er wurde dadurch auch unter Mathematikern als engagierter Vertreter der technischen Mechanik bekannt. Die in der Kommission sehr kontrovers diskutierten Auffassungen über Vektoren brachten ihm auch erste Erfahrungen im Umgang mit rivalisierenden Wissenschaftshaltungen, bei denen es nicht nur um fachliche Kompetenz, sondern auch um persönliche Überzeugungskraft und taktisches Manövrieren ging – Fähigkeiten, die ihm später noch oft abverlangt werden sollten.

Prandtl ließ bald auch erkennen, dass er neben den mathematischen Grundlagen die vielfältigen ingenieurwissenschaftlichen Anwendungen der technischen Mechanik – von der Festigkeitslehre bis zu der im Maschinenbau wichtigen Gasdynamik – im Blick behielt. „Die strömende Bewegung des Dampfes" war 1902 bei der Hauptversammlung des Vereins Deutscher Ingenieure (VDI) in Düsseldorf in einem Vortrag über Dampfturbinen von Aurel Stodola zu einem aktuellen Forschungsgegenstand von Maschineningenieuren erklärt worden.[45] „Die in den letzten Jahren rasch gestiegene Bedeutung der Dampfturbinen hat naturgemäß die Aufmerksamkeit auf die in diesen Maschinen sich abspielenden Strömungserscheinungen gelenkt", so griff Hans Lorenz, der 1900 als Nachfolger von Eugen Meyer nach Göttingen berufen worden war und dort die Abteilung für technischen Physik weiter ausbaute, in die von Stodola eröffnete Diskussion ein. Die Berechnung der Strömung

---

[42] Programm der Königlichen Technischen Hochschule zu Hannover für die Studienjahre 1901/02–1907/08. UA Hannover. Siehe dazu auch [Wuest, 2000, S. 174].
[43] [Prandtl, 1904b].
[44] Bei den internationalen Mathematikerkongressen 1904 und 1908 wurde dafür eine eigene Kommission gebildet, aber man vertagte sich immer wieder ohne Ergebnis auf das nächste Treffen. Zu einer Vereinheitlichung der Vektorrechnung kam es erst nach dem Ersten Weltkrieg [Reich, 1996].
[45] [Stodola, 1903].

durch die bei Gas- und Dampfturbinen verwendeten Düsen sei „bisher in
ihrem vollen Umfange unerledigt" geblieben, stellte Lorenz fest, „obwohl sich
die Lösung, wie man sehen wird, überraschend einfach gestaltet".[46] Prandtl
ergriff „zu diesem gegenwärtig lebhaft verhandelten Gegenstand" ebenfalls
das Wort. Er zeigte, dass sich in die Lorenzsche Behandlung des Problems
„einige Versehen" eingeschlichen hatten, die er „im Einverständnis mit Herrn
Lorenz" berichtigte.[47] Dabei beschränkte er sich aber nicht auf die Korrektur
von Fehlern, sondern demonstrierte durch die ganze Art der Behandlung ein
so tiefgehendes Verständnis der bei solchen Strömungen auftretenden Probleme, dass ihm Sommerfeld kurz darauf anbot, dieses Gebiet für den von ihm
betreuten Physikband der *Enzyklopädie der mathematischen Wissenschaften*
zu bearbeiten, wo die wichtigsten Teilgebiete der Physik von den führenden
Vertretern des jeweiligen Fachgebiets in Lehrbuchform dargestellt wurden.[48]

2.3 Die Anfänge der Grenzschichttheorie

An einer Stelle seines Artikels in der Ingenieurzeitschrift über die Theorie der
Dampfströmung erklärte Prandtl eine Abweichung des experimentell beobachteten Strömungsverhaltens von der Theorie damit, dass sich die Strömung
von der Düsenwand ablöst, „wenn längs der Wand in der Bewegungsrichtung
eine Drucksteigerung vorhanden ist". Das habe er in einer „bisher nicht veröffentlichten hydrodynamischen Untersuchung" näher analysiert.[49]

Dies ist der erste Hinweis – der Aufsatz erschien am 5. März 1904 – auf
die von Prandtl im August 1904 beim Dritten Internationalen Mathemati-
ker-Kongress in Heidelberg vorgestellte Theorie „Über Flüssigkeitsbewegung
bei sehr kleiner Reibung", die als Grenzschichttheorie in die Geschichte der
Strömungsmechanik eingehen sollte.[50] Viele Jahre später nannte Prandtl aber
nicht diese Arbeit, sondern seine Beschäftigung mit der Absaugungsanlage in
der Nürnberger Maschinenfabrik als Anlass dafür, dass er den Strömungsverhältnissen entlang einer Wand auf den Grund gehen wollte:[51]

Was nun die speziellen Aufgaben betrifft, denen ich mich jeweils zugewandt
habe, so erhielt ich mehrmals die Anregung dazu in veröffentlichten Arbeiten,
die meinen Widerspruch erregten; aber auch eigene Misserfolge haben mich
gelegentlich zu heftigem Nachdenken veranlasst. Ein solcher Fall ist mir in

---

[46] [Lorenz, 1903].
[47] [Prandtl, 1904a].
[48] Sommerfeld an Prandtl, 2. Dezember 1904. GOAR 2666; [Prandtl, 1905b].
[49] [Prandtl, 1904a, S. 349].
[50] [Prandtl, 1905a]; http://www.mathunion.org/ICM/ICM1904/Main/icm1904.0484.0491.ocr.pdf.
[51] [Prandtl, 1948, S. 90]

besonderer Erinnerung geblieben. In einer größeren Luftleitungsanlage in der Maschinenfabrik Nürnberg hatte ich ein konisch erweitertes Rohr angeordnet, um dadurch Druck wiederzugewinnen; der Druckwiedergewinn ist aber ausgeblieben und dafür ist eine Ablösung der Strömung eingetreten. Heute weiß ich, dass ich nur den Konus etwas schlanker hätte machen müssen, um Erfolg zu haben. Damals wurde ich aber gerade von Nürnberg weg an die T. H. Hannover berufen und der Firma war der entgangene Druckwiedergewinn nicht wichtig. Mir aber kam die Frage, wieso eine Strömung, statt an der Wand entlang zu fließen, sich von dieser ablöste, nicht aus dem Sinn, bis 3 Jahre später die „Grenzschichttheorie" die Lösung brachte.

Tatsächlich dürfte sich Prandtl am 27. November 1903 bei einem Vortrag über „Späne- und Staubabsaugung" im Hannoveraner Bezirksverein des VDI wieder die mit der Nürnberger Anlage verbundenen Fragen in Erinnerung gerufen haben. Die Rohre der Absaugungsanlage seien „glatt und mit möglichst wenig Krümmungen auszuführen, um unnütze Kraftvergeudung zu vermeiden. Die Vereinigung mehrerer Rohre soll in möglichst spitzem Winkel erfolgen, damit Stauungen und Widerstände in der Luftbewegung vermieden werden", so benannte Prandtl bei dieser Gelegenheit den Kern des Problems.[52] Dass er sich bei der Vorbereitung dieses Vortrags im Herbst 1903 die mit der Spanabsaugung verbundenen Fragen noch einmal vor Augen führte und dabei den Ursachen der Strömungsablösung auf den Grund gehen wollte, ist durchaus nachvollziehbar. Aber Fragen über Strömungswiderstand oder -ablösung stellten sich Prandtl des Öfteren in dieser oder jener Form, wie etwa bei seiner Arbeit über die Dampfströmung, so dass die Suche nach einem einzigen Anstoß für die Grenzschichttheorie müßig ist.

Wie aus einigen, von Prandtl selbst datierten Notizen hervorgeht, beschäftigte er sich seit spätestens Mai 1903 mit Problemen der Strömungsmechanik. „17. V. 03. Gesetz des Reibungswiderstands in einer allseitig unendlichen oder von festen Wänden begrenzten inkompressiblen Flüssigkeit", so überschrieb er zum Beispiel eine Manuskriptseite. Einige Skizzen über die „Auflösung einer Wirbelfläche in einer reibungslosen Flüssigkeit", die er auf den 9. Juni 1903 datierte, lassen vermuten, dass er der Umgestaltung einer Flüssigkeitsbewegung durch Wirbelbildung zwischen aneinander grenzenden ebenen Flüssigkeitsschichten sein besonderes Interesse zuwandte. Die von Hermann Helmholtz begründete und von William Thomson (Lord Kelvin) und John William Strutt (Lord Rayleigh) weiterentwickelte Theorie von solchen Diskontinuitätsflächen in reibungslosen Flüssigkeiten erschien im ausgehenden 19. Jahrhundert als ein vielversprechender Zugang zum Verständnis von Strö-

---

[52] [Prandtl, 1904d, S. 459].

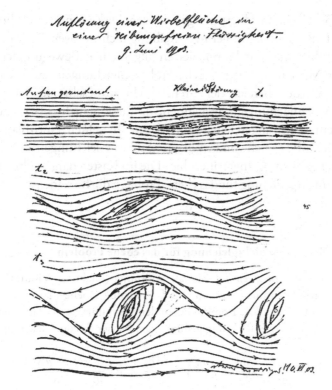

Abb. 2.4 Ein Notizblatt Prandtls über den Vorgang an der Grenzfläche von Flüssigkeitsschichten

mungserscheinungen.[53] Prandtls Skizzen zeigen, dass er den Vorgang an der Grenzfläche von Flüssigkeitsschichten, die mit unterschiedlichen Geschwindigkeiten unstetig aneinander vorbeiströmen, im Detail erfassen wollte (Abb. 2.4).[54]

Die Umströmung eines festen Gegenstandes wollte Prandtl ebenfalls von den Diskontinuitätsflächen aus verstehen. Ohne Reibung wäre eine solche Schicht zwischen der Oberfläche des Gegenstandes und der Strömung unendlich dünn. Bei geringer Reibung würde sie eine endliche, aber sehr kleine Dicke annehmen. Alle Vorgänge, bei denen die Reibung eine Rolle spielt, würden innerhalb dieser Grenzschicht stattfinden. Die Strömungsgeschwindigkeit in der Grenzschicht würde von dem Wert Null an der Wand sehr rasch zunehmen und schon in geringer Wandentfernung den Wert der Geschwindigkeit in der freien Strömung annehmen. Außerhalb dieser Grenzschicht konnte man die Strömung als reibungsfrei betrachten. Es ist also, so muss sich Prandtl

---

[53] [Darrigol, 2005, Kap. 4 und 5].
[54] Cod. Ms. L. Prandtl 14, Bl. 45–47. SUB.

schon 1903 bei seinen Überlegungen zu den Diskontinuitätsflächen gesagt haben, für Flüssigkeiten mit geringer Reibung nicht notwendig, im gesamten Strömungsgebiet die sehr komplizierten allgemeinen Bewegungsleichungen strömender Medien, die sog. Navier-Stokes-Gleichungen, zu lösen. Es genügt, diese auf den Bereich der Grenzschicht zu beschränken. Dort lassen sich dann Vereinfachungen vornehmen, da diese Schicht bei geringer Reibung als sehr dünn angesehen werden kann. In seinen Notizblättern wird nicht deutlich, wie er sich von den Navier-Stokes-Gleichungen ausgehend der Grenzsschichtgleichung angenähert hat. Die im Kasten dargestellte Ableitung der Grenzschichtgleichung für das ebene Problem dürfte seinen Überlegungen aber sehr nahe kommen.[55]

Box 2.2: Die Grenzschichtgleichung für das ebene Problem

Angenommen sei eine zweidimensionale Strömung (Dichte ρ, Viskosität k) und ein kartesisches Koordinatensystem. Als Begrenzung (ebene Platte) wird der x-Achse zugrunde gelegt. Die Komponenten der Strömungsgeschwindigkeit $u(x, y)$ bzw. $v(x, y)$ in x- bzw. y-Richtung genügen den Navier-Stokes-Gleichungen

$$\rho\left(\frac{\partial u}{\partial t} + u\frac{\partial u}{\partial x} + v\frac{\partial u}{\partial y}\right) = -\frac{\partial p}{\partial x} + k\left(\frac{\partial^2 u}{\partial x^2} + \frac{\partial^2 u}{\partial y^2}\right) \tag{2.1}$$

$$\rho\left(\frac{\partial v}{\partial t} + u\frac{\partial v}{\partial x} + v\frac{\partial v}{\partial y}\right) = -\frac{\partial p}{\partial y} + k\left(\frac{\partial^2 v}{\partial x^2} + \frac{\partial^2 v}{\partial y^2}\right) \tag{2.2}$$

und der Kontinuitätsgleichung

$$\frac{\partial u}{\partial x} + \frac{\partial v}{\partial y} = 0 \tag{2.3}$$

mit den Randbedingungen $u(x, y = 0) = 0$ und $v(x, y = 0) = 0$ (die Flüssigkeit haftet an der Begrenzung) und $u(x, y = \infty) = U$ (U = Geschwindigkeit der äußeren Strömung). Bei Flüssigkeiten mit kleiner Zähigkeit sind Änderungen der Strömungsgeschwindigkeit nahe der Wand am stärksten, und die Veränderungen in y-Richtung schlagen stärker zu Buche als die in x-Richtung. Die Gl. (2.2) beschreibt gegenüber (2.1) nur vernachlässigbare Veränderungen. Die weitere Diskussion kann sich also auf (2.1) beschränken und darin von den beiden

---

[55] Es muss jedoch betont werden, dass es sich dabei nicht um eine mathematisch strenge Ableitung handelt. Auch bei der später in der Dissertation von Blasius gezeigten Ableitung werden die zur Grenzschichtgleichung führenden Näherungen nur sehr grob begründet. Ein mathematisch einwandfreies Fundament erhielt die Grenzschichttheorie erst nach dem Zweiten Weltkrieg im Rahmen der singulären Störungstheorie mit der Methode der „angepassten asymptotischen Näherungen" (siehe Abschn. 10.3).

zweiten Ableitungen, die mit der Zähigkeit multipliziert werden, $\partial^2 u/\partial x^2$ gegenüber $\partial^2 u/\partial y^2$ vernachlässigen:

$$\rho\left(\frac{\partial u}{\partial t} + u\frac{\partial u}{\partial x} + v\frac{\partial u}{\partial y}\right) = -\frac{\partial p}{\partial x} + k\frac{\partial^2 u}{\partial y^2}. \tag{2.4}$$

Betrachtet man (2.1) in großer Entfernung von der Wand, so kann man dort v und den Reibungsterm komplett vernachlässigen und für u die äußere Geschwindigkeit U einsetzen, die ohne Vorhandensein einer begrenzenden Wand herrschen würde:

$$\rho\left(\frac{\partial U}{\partial t} + U\frac{\partial U}{\partial x}\right) = -\frac{\partial p}{\partial x}. \tag{2.5}$$

Damit lässt sich der Druck eliminieren und man erhält:

$$\rho\left(\frac{\partial u}{\partial t} + u\frac{\partial u}{\partial x} + v\frac{\partial u}{\partial y}\right) = \rho\left(\frac{\partial U}{\partial t} + U\frac{\partial U}{\partial x}\right) + k\frac{\partial^2 u}{\partial y^2}. \tag{2.6}$$

Anstelle von (2.1) und (2.2) hat man mit (2.6) nur noch eine Bewegungsgleichung für die Grenzschichtströmung. Zusammen mit der Kontinuitätsgleichung (2.3) stellt sie die Grundlage für die Berechnung der Strömungsgeschwindigkeiten in der Grenzschicht dar – und damit auch für die Berechnung der Schubspannung ($\tau = k\partial u/\partial y$) bzw. des Reibungswiderstandes einer längs angeströmten Platte (siehe Box 3.1).

Auf einem mit 25. Februar 1904 datierten Briefentwurf, den Prandtl als Notizzettel zum Thema „Widerstand einer Platte" nutzte, betrachtete er den Fall einer horizontal angeströmten ebenen Platte, für den bislang keine Widerstandsformel bekannt war.[56] Mit einer Skizze deutete er an, dass er dazu das Konzept einer Grenzschicht (Dicke z) entlang der Platte benutzte; er leitete das Ergebnis für den Widerstand (P) jedoch noch nicht durch eine numerische Lösung der Grenzschichtgleichung, sondern mithilfe einer Dimensionsanalyse ab (Abb. 2.5).

Auf einigen undatierten Manuskriptblättern findet sich die Grenzschichtgleichung entlang der ebenen Platte. Prandtl führte sie durch Variablensubstitution in eine gewöhnliche Differentialgleichung über und löste sie näherungsweise. Auf diese Weise konnte er den Proportionalitätsfaktor in der Widerstandsformel abschätzen, den er bei der Lösung mittels Dimensionsanalyse nicht bestimmen konnte.[57] Was Prandtl aber stärker beschäftigte und sowohl bei seinen Notizen als auch später bei seinem Vortrag *die* zentrale Fragestellung

---

[56] Cod. Ms. L. Prandtl 14, Bl. 36–37. SUB.
[57] Cod. Ms. L. Prandtl 14, Bl. 60–62. SUB.

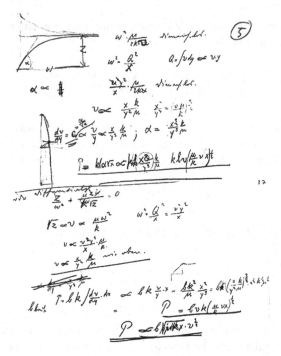

Abb. 2.5   Ein Blatt mit Notizen Prandtls über den Widerstand einer längs angeströmten ebenen Platte

ausmachte, betraf die Strömungsablösung an einer festen Begrenzungsfläche. Wenn zum Beispiel in Strömungsrichtung ein Druckanstieg erfolgt, so verlangsamt sich die Strömungsgeschwindigkeit in Wandnähe, bis es ab einer bestimmten Stelle zu einer Rückströmung kommt und sich die Strömung von der Wand ablöst. Prandtl konnte aber für keinen noch so einfachen Spezialfall die Stelle berechnen, an der sich eine Strömung bei vorgegebenem Druckgefälle von der Wand ablöst. Die Widerstandsberechnung der längs angeströmten Platte ohne Druckgefälle blieb vorerst das einzige vorzeigbare Resultat seines Grenzschichtkonzepts.

2.4 Der III. Internationale Mathematikerkongress in Heidelberg

Prandtl wählte den III. Internationalen Mathematikerkongress, der vom 8. bis 13. August 1904 in Heidelberg tagte, als Forum für die Vorstellung seines Grenzschichtkonzepts.[58] Möglicherweise hatte er schon im Februar 1904

---

[58] [Prandtl, 1905a];   http://www.mathunion.org/ICM/ICM1904/Main/icm1904.0484.0491.ocr.pdf.
Zur Geschichte der Internationalen Mathematikerkongresse siehe [Curbera, 2009].

in Göttingen darüber vorgetragen.[59] Beim Heidelberger Mathematikerkongress war eine Sektion der angewandten Mathematik gewidmet, in der Klein, Runge und der Berliner Mathematiker Guido Hauck als Mitglieder des internationalen Kongressausschusses die Aufgabe hatten, Vortragende einzuladen. Vermutlich sorgten Runge, dem die Grenzschichtforschung seines Hannoveraner Kollegen und Freundes sicher nicht verborgen blieb, oder Klein dafür, dass Prandtl nach Heidelberg eingeladen wurde. Im Übrigen war die Sektion für angewandte Mathematik für ein weites Themenspektrum offen: Sommerfeld hielt einen Vortrag „Über die Mechanik der Elektronen", Julius Weingarten referierte über „Ein einfaches Beispiel einer stationären und rotationslosen Bewegung einer tropfbaren schweren Flüssigkeit mit freier Begrenzung", und andere Vorträge betrafen „Flüchtige Aufnahmen mittels Photogrammetrie" (Sebastian Finsterwalder) oder „Recherches chronométriques" (Jules Andrade).[60]

In dieser Sektion fiel Prandtls Vortragsthema also nicht aus dem Rahmen. Ungewöhnlich war jedoch die Art der Darbietung, denn Prandtl verzichtete auf jegliche mathematischen Ausführungen. Er strich auch die knappe Bemerkung aus seinem Manuskript, „dass man durch eine Dimensionsbetrachtung auf folgende allgemeine Formel für den Widerstand eines Körpers gesetzt wird: $R = kluf(\alpha)$, wobei α die dimensionslose Größe $\frac{\rho lu}{k}$ bedeutet".[61] Damit hätte er die für die längs angeströmte Platte ohne Ableitung präsentierte Widerstandsformel wenigstens bis auf den Zahlfaktor verständlicher erscheinen lassen. Stattdessen räumte er seinen mehr qualitativen Überlegungen, wie er sich die Strömungsablösung von der Wand vorstellte, breiten Raum ein. Er illustrierte dies „mit Hilfe von Lichtbildern des Epidiaskops", wie auch im Tagungsband hervorgehoben wurde. Diese neue, von der Firma Zeiss zur Verfügung gestellte Präsentationstechnik erlaubte sowohl die Projektion von Papierbildern als auch von Diapositiven. Sie wurde bei diesem Kongress in einem eigenen Vortrag besonders angepriesen.[62] Um diese Fotografien herzustellen, hatte Prandtl einen Wasserbehälter mit einem Zwischenboden konstruiert, den er mit Umlenkschaufeln am einen und einem Wasserrad am anderen Ende versehen hatte. Durch das mit einer Kurbel versehene Wasserrad konnte er das Wasser in einen vertikalen Umlauf versetzen und die Umströ-

---

[59] [Rotta, 1985, S. 56] datiert diesen Vortrag auf den 17. Februar 1904 und gibt als Quelle dafür eine persönliche Information von Karl Wieghardt an, dessen Vater damals Privatdozent in Göttingen war; tatsächlich fanden an diesem Tag im Rahmen eines von Klein organisierten Seminars über Hydrodynamik Vorträge von Gustav Herglotz und Hans Hahn über Turbulenz statt. Eine Teilnahme Prandtls ist jedoch aus dem Kleinschen Protokollbuch über dieses Seminar nicht verbürgt. Zu Kleins Hydrodynamikseminar siehe [Eckert, 2013b].

[60] [Krazer, 1905]; http://www.mathunion.org/ICM/ICM1904/ICM1904.ocr.pdf.

[61] Cod. Ms. L. Prandtl 14, Bl. 12. SUB.

[62] [Krazer, 1905, S. 751–755]; http://www.mathunion.org/ICM/ICM1904/Main/icm1904.0751.0755.ocr.pdf.

Abb. 2.6   Ludwig Prandtl vor dem von ihm konstruierten Wasserkasten, an dem er die Strömungsbilder für seinen Grenzschichtvortrag beim III. Internationalen Mathematikerkongress 1904 in Heidelberg fotografierte. Dieses Bild wurde zu einer Ikone der modernen Strömungsforschung

mung von auf dem Zwischenboden angeordneten Gegenständen beobachten (Abb. 2.6). „Im Wasser ist ein aus feinen glänzenden Blättchen bestehendes Mineral (Eisenglimmer) suspendiert", so erklärte er zur Methode der Visualisierung, „dadurch treten alle einigermaßen deformierten Stellen des Wassers, also besonders alle Wirbel durch einen eigentümlichen Glanz hervor, der durch die Orientierung der dort befindlichen Blättchen hervorgerufen wird".[63]

Als Prandtl später gefragt wurde, warum er die Mathematik bei der Präsentation seiner Theorie so sehr in der Hintergrund gedrängt habe, erklärte er dies mit der Kürze der ihm zur Verfügung stehenden Zeit.[64] Die Schwierigkeiten, die von mathematischer Seite durch die Grenzschichttheorie heraufbeschworen wurden, konnten Prandtl im Jahr 1904 noch kaum bewusst gewesen sein. In einem Resümee für das *Bulletin of the American Mathematical Society* war von Mathematik ebenfalls keine Rede; hier brachte er die Quintessenz seiner Ausführungen folgendermaßen auf den Punkt:[65]

> Obwohl bei den technisch vorkommenden Flüssigkeitsbewegungen die Reibung im Inneren der Flüssigkeit eine geringfügige Rolle spielt, stimmt die Theorie der reibungslosen Flüssigkeit schlecht mit der Erfahrung. Nimmt man die Reibungskonstante statt gleich Null als sehr klein an, so wird ihre Wirkung merklich, wo große Geschwindigkeitsunterschiede auftreten würden, also z. B. an den Wänden der festen Körper. Man kommt dem wirklichen Verhalten sehr nahe, wenn man längs der Wand die erste Ordnung der Reibungswirkung berücksichtigt, in der freien Flüssigkeit aber Reibungslosigkeit annimmt. Als

---

[63] [Prandtl, 1905a, S. 490].
[64] [Goldstein, 1969, S. 11].
[65] Prandtl an H. W. Tyler, undatiert. Cod. Ms. L. Prandtl 14, Bl. 42–43. SUB.

wichtigstes Ergebnis sei die Erklärung für die Entstehung von Trennungsflä-
chen (Wirbelflächen) an stetig gekrümmten Grenzflächen erwähnt. Es werden
Photogramme von Versuchen gezeigt und mit Hilfe der Theorie gedeutet.

Ganz in diesem Sinn zeigen auch die zahlreichen Ausführungen über Wirbelflächen und Strömungsablösung in Prandtls Notizen und die in Heidelberg
gezeigten Bilder, wie sehr ihm die Phänomenologie der Wirbelbildung am
Herzen lag. Prandtls Vortrag in Heidelberg sollte deshalb nicht als Präsentation einer mathematischen Theorie verstanden werden, sondern als Vorstellung eines neuen strömungsmechanischen Forschungsprogramms.[66] Schließlich konnte er 1904 nur für den Widerstand der längs angeströmten Platte ohne Strömungsablösung die Grenzschichtberechnung durchführen – und auch
das nur angenähert. Andererseits deutete er mit seinen Ausführungen über die
mit Bildern illustrierten Wirbelbildungen das Potential des Grenzschichtkonzept für zukünftige Forschungsarbeiten an. Tatsächlich machte er die Wirbel-
ablösung hinter einem Zylinder schon wenige Jahre später zum Gegenstand
von Doktorarbeiten. Diese Perspektive des Grenzschichtkonzepts aufzuzeigen,
war Prandtl vermutlich wichtiger, als die Lösung der Grenzschichtgleichung
für die laminare Plattenströmung vorzuführen (die ebenfalls wenige Jahre später Gegenstand einer Doktorarbeit wurde).

2.5 Berufung an die Universität Göttingen

Bei der Vorstellung seines Grenzschichtkonzepts im August 1904 in Heidelberg wusste Prandtl bereits, dass er im kommenden Wintersemester seine
Karriere nicht mehr an der technischen Hochschule in Hannover, sondern
an der Universität Göttingen fortsetzen würde. Dass aus einem Maschineningenieur ein Mechanikprofessor an einer technischen Hochschule wurde,
entsprach durchaus der Regel; doch ein Wechsel von dieser Stelle an eine
Universität war höchst ungewöhnlich. An der Universität Göttingen gab es
jedoch eine Professur, die für Prandtl geradezu maßgeschneidert war. Sie war
1897 als ein Extraordinariat eingerichtet worden, nachdem Felix Klein mithilfe der „Göttinger Vereinigung" die Gründung einer „technischen Abteilung"
am physikalischen Institut der Universität Göttingen erreicht hatte – und
Klein war schon im Jahr 1900 von keinem geringeren als Aurel Stodola auf
Prandtl aufmerksam gemacht worden, als er für Eugen Meyer, den ersten Inhaber dieser Professur, einen Nachfolger gesucht hatte.

---

[66] Vgl. dazu [Rotta, 1981].

Klein wollte mit der Abteilung für technische Physik der Ingenieurwissenschaft an der Universität einen festen Platz verschaffen. Die ersten Professoren in dieser neuen Abteilung sahen sich jedoch erheblichen Anfeindungen nicht zuletzt von den eigenen Universitätskollegen ausgesetzt, die mit der Nähe zu industriellen Anwendungen die Freiheit der akademischen Wissenschaft schwinden sahen. Als 1904 auch Hans Lorenz das Weite suchte, der 1900 als Nachfolger von Meyer nach Göttingen gekommen war, wollte Klein dafür eine „allererste Kraft" gewinnen, die mit ihrer „technischen Autorität" allen Widerständen trotzen konnte. Er dachte zuerst an Stodola, doch der war für die nur als Extraordinariat ausgewiesene Professur nicht zu haben.[67] Danach rückte Prandtl erneut als möglicher Kandidat in Kleins Blickfeld. „Ihren Gedanken, in erster Linie Herrn Dr. Prandtl in Betracht zu ziehen, halte ich für sehr glücklich", bekräftigte Rieppel diese Wahl. Rieppel hatte ebenso wie Stodola schon 1900 das Interesse Kleins auf Prandtl gelenkt. Als Direktor der MAN in Nürnberg, wo Prandtl seine Industrieerfahrungen gesammelt hatte, und als maßgebliches Mitglied der „Göttinger Vereinigung" war Rieppel für Klein ein besonders ernst zu nehmender Ratgeber. Prandtl sei ein „ungewöhnlich begabter und dabei äusserst fleissiger Mensch. Bei seinem verträglichen Charakter halte ich ein angenehmes Zusammenarbeiten mit Kollegen für gewährleistet". Damit spielte Rieppel auf Auseinandersetzungen an, die das Verhältnis zwischen Klein und Lorenz vergiftet und Lorenz eine Fortsetzung seiner Göttinger Professur unmöglich gemacht hatten.[68] Rieppel machte Klein in diesem Zusammenhang aber auch darauf aufmerksam, „dass Herr Prandtl öfter an starken nervösen Aufregungen leidet, die offenbar durch eine zu intensive Tätigkeit hervorgerufen wurden. Gelegentlich wurde mir allerdings auch gesagt, dass in seiner Familie schon geistige Störungen bei Mitgliedern vorhanden gewesen seien, doch habe ich persönlich diesen Angaben keine Bedeutung beigelegt. Jedenfalls war ich mit seiner Tätigkeit bei uns sehr zufrieden und habe auch jetzt immer noch gern mit ihm zu tun".[69] Auch Stodola machte noch einmal auf Prandtl aufmerksam. „Die Arbeiten dieses Herrn haben meine an Herrn Geheimrat Klein ihm früher abgegebene Meinung glänzend bestätigt", schrieb er nach Göttingen.[70]

Allerdings zeichnete sich bald ab, dass auch Prandtl nicht leicht zu haben sein würde. „Von Runge erhielt ich Brief über Prandtl. Trübe Aussichten!", schrieb der Astronom Karl Schwarzschild an Klein. „Er stehe mit Vorlesungseinkünften etwa auf 6000 M". Schwarzschild hatte in München studiert und

---

[67] [Manegold, 1970, S. 162–188, 221–236].
[68] Praxis, Lehre und Forschung. Akademische Erinnerungen und Erfahrungen von Hans Lorenz. DMA, HS 1993-001.
[69] Rieppel an Klein, 7. März 1904. SUB, Cod. Ms. F. Klein, 2F, 3. Siehe dazu auch [Rotta, 1985].
[70] Stodola an Minkowski, 18. April 1904. SUB, Cod. Ms. F. Klein, 2F, 1

war 1901 zum Direktor der Göttinger Sternwarte berufen worden. Er wurde von Klein zu den Beratungen hinzugezogen und wusste von Runge noch zu berichten, dass dieser eine sehr hohe Meinung von Prandtls Begabung habe und alles tun würde, ihn in Hannover zu halten.[71]

Danach wollte Klein von Prandtl selbst wissen, ob er eine Berufung annehmen würde. Prandtl teilte ihm darauf in einem langen Schreiben mit, was er sich „über die Göttinger Maschinenprofessur zurechtgelegt" hatte:[72]

Einerseits lockt mich das eigene Laboratorium und die größere freie Zeit, nicht zum mindesten aber der schöne Göttinger wissenschaftliche Verkehr. Andererseits ist mir meine Tätigkeit in Hannover in den nicht ganz drei Jahren meines Hierseins sehr lieb geworden. Meinen großen Wirkungskreis hier würde ich mit einem wohl recht viel kleineren vertauschen. Weniger Wert würde ich darauflegen, daß ich in Göttingen als ‚a. o. Professor' keinen Sitz in der Fakultät hätte, während ich hier ordentliches Mitglied der Abteilung bin.

Das schwerste Bedenken entsprang meinem Zugehörigkeitsgefühl zur Technik. Es war seit langem ein Lieblingsgedanke von mir, nach Kräften an der Hebung der Wissenschaftlichkeit im Unterricht an den technischen Hochschulen mitzuarbeiten. Unter diesem Gesichtspunkt scheint mir der Übertritt an die Universität nur dadurch zu rechtfertigen zu sein, dass ich in dieser Stelle, die wie ich denke, nicht meine letzte sein wird, außerordentliche Gelegenheit haben würde, meinen eigenen wissenschaftlichen Wert zu heben und mich für künftige Aufgaben vorzubereiten, andererseits auch durch den Gedankenaustausch mit den Theoretikern noch manche der Praxis naheliegende Frage lösen helfen könnte.

Um Klein für anstehende „Vorverhandlungen" einen Anhaltspunkt „über die materielle Seite der Sache" zu geben, teilte er noch sein Hannoveraner Jahreseinkommen mit. Es setze sich zusammen aus „3660 [Mark] Gehalt mit Wohnungsgeldzuschuß, dazu kommen noch Unterrichts- und Prüfungshonorar, welches ich in den zwei letzten Jahren zu 3300 Mark in der Steuererklärung verrechnet hatte [...]. Da nun, wie ich denke, in der Göttinger Stellung von Kollegiengeldern usw. jedenfalls nur ganz Geringes zu erwarten sein wird, glaube ich nicht gerade Unbilliges zu verlangen, wenn ich, um mich nicht finanziell zu verschlechtern, ein Gehalt von 6500 M beanspruche".[73]

Fünf Tage, nachdem ihm Prandtl seine Überlegungen mitgeteilt hatte, notierte Klein anlässlich einer Sitzung der Berufungskommission den Namen Prandtls als ersten von drei Kandidaten, alles „jüngere Leute, die Garantie zu

---

[71] Schwarzschild an Klein, 22. April 1904. Notizen Kleins zur Kommissionssitzung am 9. Mai 1904. SUB, Cod. Ms. F. Klein, 2F, 3. Vgl. auch [Rotta, 1985, S. 53].
[72] Prandtl an Klein, 4. Mai 1904. SUB, Cod. Ms. F. Klein, 2F, 3. Auch zitiert in [Rotta, 1985, S. 54].
[73] Ibid.

bieten scheinen und die bereit wären, die populäre Unterrichtsaufgabe mit zu übernehmen", wie er jetzt hervorhob.[74] Zwei Wochen später informierte er das Preußische Kultusministerium, dass sie Prandtl an die erste Stelle gesetzt hätten und dessen Berufung „mit besonderer Freude begrüßen würden". Da Prandtl in Hannover neben seinem Gehalt auch bedeutende Nebeneinnahmen habe, werde man ihm in Göttingen etwa „1 800 M" mehr bieten müssen, als es einem gewöhnlichen Extraordinariengehalt entspreche.[75] Im Berliner Ministerium hielt man Prandtls Gehaltswunsch von 6000 M jedoch für „ungängig, ja geradezu unmöglich". Prandtl habe in Hannover bei 3000 M Gehalt, 660 M Wohnungsgeldzuschuss und einem geschätzten Honoraranteil von 2000 M jährlich knapp 6000 M verdient. Wenn man ihm in Göttingen 4000 M Gehalt, 540 M Wohnungsgeldzuschuss und 1800 M aus den Mitteln der Göttinger Vereinigung geben würde, käme er auf 6340 M, so rechnete der Referent im Ministerium Prandtls Forderung von 6000 M Jahresgehalt auf 4000 M herunter. Dann würde Prandtl immer noch deutlich mehr erhalten als in Hannover. „Ich habe ihn seit den Verhandlungen über seine Berufung nach Hannover nicht mehr gesehen. Damals war er außerordentlich bescheiden", wunderte sich der Ministerialbeamte über Prandtls Gehaltsvorstellung.[76]

Am 12. Juni reiste Prandtl nach Berlin, um selbst mit dem zuständigen Referenten im Berliner Ministerium über die Details der Berufung zu verhandeln. Mit seinen Gehaltswünschen konnte er sich nicht durchsetzen. Es blieb bei der zuvor vom Ministerium vorgeschlagenen Festsetzung von 4000 M Grundgehalt und 540 M Wohnungsgeldzuschuss. Was an Vorlesungshonoraren in jedem Rechnungsjahr die Grenze von 3000 M überstieg, musste zur Hälfte an die Staatskasse abgeführt werden.[77]

Unterdessen sorgte der drohende Wechsel Prandtls nach Göttingen in Hannover für Turbulenzen. Runges Ankündigung, er würde alles tun, um Prandtl in Hannover zu halten, blieb allerdings ohne Folgen, nachdem Klein auch Runge eine Berufung nach Göttingen in Aussicht gestellt hatte. „Der Plan, nach Göttingen zu kommen, entspricht meinen innersten Wünschen", schrieb Runge an Klein. „Wenn Prandtl hier wegginge, würde ich mich wissenschaftlich recht verwaist fühlen." Er verriet aber, dass die Hannoveraner Hochschule nichts unversucht lassen werde, Prandtl zu halten.[78] Tatsächlich richtete noch am selben Tag die Maschineningenieurabteilung der technischen Hochschule

---

[74] Klein, Notizen zu Kommissionssitzung am 9. Mai 1904. SUB, Cod. Ms. F. Klein, 2F, 3.

[75] Klein an Althoff, Briefentwurf, 21. Mai 1904. SUB, Cod. Ms. F. Klein, 2F, 3.

[76] Naumann an Klein, 9. Juni 1904. SUB, Cod. Ms. F. Klein, 1D.

[77] Naumann an den Kurator der Universität Göttingen, 31. Juli 1904. (Abschrift der Ernennungsurkunde), UAG, Kur PA Ludwig Prandtl, Bd. 1. Auch in SUB, Cod. Ms. L. Prandtl, 25. Abgedruckt in [Rotta, 1985, S. 55].

[78] Runge an Klein, 15. Juni 1904. SUB, Cod. Ms. F. Klein, 2F, 3.

in Hannover eine Eingabe an den Minister. Prandtl sei „ein sehr befähigter Dozent, der sich seiner Lehrtätigkeit mit großem Eifer widmet, so dass es schwer sein wird, eine gleichtüchtige Kraft statt seiner zu erlangen". Man erlaube sich deshalb „den dringenden Antrag zu stellen, Eure Exzellenz wolle hochgeneigtest geeignete Schritte tun, um Herrn Professor Dr. Prandtl der Technischen Hochschule zu Hannover zu erhalten".[79] Doch der Referent im Ministerium beschied den Hannoveranern zwei Wochen später, dass Prandtl sich endgültig für Göttingen entschieden habe. „So leid mir dies für Hannover tut, so gilt doch auch hier der Grundsatz, dass man einen Professor gegen seinen Willen nicht festhalten soll."[80] Um die gleiche Zeit schrieb auch Prandtl an Klein, dass er sich entschlossen habe, den Ruf nach Göttingen anzunehmen.[81]

---

[79] Der Abteilungsvorsteher des Kollegiums der Abteilung III an das Kultusministerium, 15. Juni 1904. UAH, Personalakte Prandtl.
[80] Naumann an den Rektor der TH Hannover, 1. Juli 1904. UAH, Personalakte Prandtl.
[81] Prandtl an Klein, 1. Juli 1904. SUB, Cod. Ms. F. Klein, 2F, 3.

3
Auftakt in Göttingen

In Göttingen stand Prandtl, was „die materielle Seite der Sache" betraf, jedenfalls nicht schlechter da als in Hannover. Was die Entwicklungsmöglichkeiten
seiner Stelle in der Zukunft anging, brauchte er sich ebenfalls keine Sorgen
zu machen. Wenn er zuerst in der Göttinger Stelle („die wie ich denke, nicht
meine letzte sein wird") vor allem eine Gelegenheit sah, sich für Größeres
zu qualifizieren, so muss ihm Klein sehr rasch klar gemacht haben, dass die
höheren Aufgaben ebenfalls in Göttingen auf ihn warteten.

Klein hatte seit den frühen 1890er Jahren mit großer Hartnäckigkeit und
Ausdauer darauf hin gearbeitet, „aus Göttingen eine mathematische Centrale"
zu machen, wie Sommerfeld als angehender Privatdozent unter Kleins Fittichen 1894 zu berichten wusste.[1] Mit der Berufung von David Hilbert (1895)
und Hermann Minkowski (1902) wurde rasch deutlich, dass es Klein damit
sehr ernst meinte.[2] Seine Aktivitäten beschränkten sich nicht allein auf die
Mathematik als akademische Disziplin in Göttingen, sondern griffen weit darüber hinaus.[3] Dies zeigt auch die auf Kleins Initiative mithilfe seines Schülers
Walther Dyck herausgegebene *Enzyklopädie der mathematischen Wissenschaften*
mit mehreren Bänden zur Mechanik, Physik und Astronomie, ein Unternehmen, das in den 1890er Jahren seinen Anfang nahm und erst drei Jahrzehnte
später nach Kleins Tod abgeschlossen wurde.[4] Auch die „Göttinger Vereinigung zur Förderung der angewandten Physik und Mathematik" war das
Ergebnis von Kleins Bemühungen – in diesem Fall um die Annäherung an die
Technik.[5] Mit ihrer Hilfe war es ihm gelungen, der technischen Physik in der
Göttinger Universität einen Platz zu verschaffen. Mit Prandtls Berufung hoffte
er, den Anwendungen mehr Gewicht im Spektrum der akademischen Fächer
zu geben. Das unterstrich er noch im selben Jahr mit der Berufung von Carl
Runge, dem er zu einer Professur für angewandte Mathematik an der Göttin-
ger Universität verhalf – der ersten Professur in diesem Fach in Deutschland.

---

[1] Sommerfeld an seine Mutter, 4. März 1894. ASWB I, S. 55.
[2] [Rowe, 1989, Rowe, 2001, Rowe, 2004].
[3] [Schubring, 1989].
[4] [Hashagen, 2003, Kap. 21]
[5] [Manegold, 1970].

© Springer-Verlag Berlin Heidelberg 2017
M. Eckert, *Ludwig Prandtl – Strömungsforscher und Wissenschaftsmanager*, DOI 10.1007/978-3-662-49918-4_3

Prandtl und Runge sollten in die Tat umsetzen, was Klein seit Jahren predigte und wofür er seine Beziehungen zu Politik und Industrie spielen ließ.

3.1 Das Institut für angewandte Mathematik und Mechanik

Es wurde schon sehr bald deutlich, dass für die angewandten Wissenschaften in Göttingen nun eine neue Ära anbrach. Für die Elektrotechnik hatte das neue Zeitalter bereits früher begonnen und 1905 mit einem neu errichteten und großzügig ausgestatteten „Institut für angewandte Elektrizität" Gestalt angenommen. Auch die physikalische Chemie und die Geophysik verfügten über ansehnliche neue Institute.[6] Das alte physikalische Institut platzte aus allen Nähten und zog 1905 in ein neu errichtetes Gebäude um. Die frei gewordenen Räumlichkeiten wurden dem zuvor nur in einem Nebengebäude untergebrachten Institut für technische Physik und dem Rungeschen Institut für angewandte Mathematik zugeteilt. Gleichzeitig erschien mit der Verselbständigung der Geophysik und der Elektrotechnik für das Prandtlsche Institut die Bezeichnung „technische Physik" nicht mehr passend. „Institut für angewandte Mechanik" war zutreffender und passte besser zu Runges „Institut für angewandte Mathematik". Mit dieser Namensgebung rückten beide Einrichtungen auch näher an die „Göttinger Vereinigung zur Förderung der angewandten Physik und Mathematik", der sie auch ihre Finanzierung verdankten. Für Klein hatten sich, wie er im Sommer 1905 an das Preußische Kultusministerium berichtete, „die Verhältnisse im letzten Jahre durch das Hierherkommen des Prof. Prandtl und Runge in hervorragend glücklicher Weise gestaltet".[7] Das fanden auch Prandtl und Runge. „Es ist das Verdienst von F. Klein, den Unterricht in angewandter Mathematik und Mechanik neu belebt zu haben in der richtigen Erkenntnis, dass in den angewandten Fächern eine Fülle von pädagogisch wertvollen Aufgaben und Beispielen für den Mathematiker zu finden sind, und dass auch die Teilnahme an dem Fortschritt dieser Wissenschaften der Universität nicht vorenthalten bleiben darf." So dankten sie Klein im Dezember 1905 für seine Initiative. In der „Errichtung des Institutes für angewandte Mathematik und Mechanik, das heute die Räume des alten physikalischen Institutes in Besitz genommen hat", erkannten sie „einen gewissen Abschluss" der Kleinschen Bemühungen – wohl wissend, dass damit auf sie die Aufgabe zukam, die von Klein geweckten hohen Erwartungen zu erfüllen.[8]

---

[6] [Vereinigung, 1906].
[7] Klein an Althoff, 7. Juni 1905. GStAPK VI. HA, Nl Althoff, Nr. 798, Blatt 245.
[8] [Runge und Prandtl, 1906, S. 96].

Abb. 3.1 Das Institut für angewandte Mathematik und Mechanik der Universität Göttingen im Jahr 1905. Prandtls Abteilung erstreckte sich längs des Leinekanals nach links, Runges Abteilung entlang der Prinzenstraße nach rechts

Die Betonung der gemeinsamen Verpflichtung zu angewandter Wissenschaft ging so weit, dass in der zur Einweihung herausgegebenen Festschrift nur von *einem* Institut die Rede war. Die offizielle Bezeichnung lautete „Institut für angewandte Mathematik und Mechanik".[9] Wenn Prandtl und Runge ihre eigenen Wirkungssphären meinten, sprachen sie nur von „Abteilungen". In den Baulichkeiten kam die Gemeinsamkeit durch einen von beiden Abteilungen genutzten Hörsaal zum Ausdruck, der sich im Eckgebäude zwischen den fast rechtwinklig aneinander grenzenden Trakten des alten Physikinstituts befand. Runges Räumlichkeiten waren im Gebäudeteil an der Prinzenstraße untergebracht, Prandtl verfügte über den längeren Trakt entlang des Leinekanals (Abb. 3.1). In einem größeren „Wärmekraftmaschinensaal", der schon einige Jahre zuvor als Anbau neben dem alten Physikinstitut errichtet worden war, konnten von der Dampfmaschine bis zum Dieselmotor die verschiedensten maschinellen Antriebsarten untersucht werden. Ein weiterer Saal war für Versuche zur Festigkeitslehre und Hydraulik bestimmt (Abb. 3.2). Damit konnte Prandtl an die Versuche anknüpfen, die er während seiner Zeit als Hilfsassistent im Föpplschen mechanisch-technischen Laboratorium an der TH München betreut hatte. Sein besonderes Interesse aber galt Experimentiereinrichtungen in den neuen, erst 1905 hinzugekommenen Räumen. In einem davon richtete er sein eigenes Arbeitszimmer ein; daran schloss sich eine Dunkelkammer und ein mit einem „wasserdichten Fußboden" versehener Raum für „hydrodynamische Untersuchungen" an. In diesem Laboratorium war ein „hydrodynamischer Universalapparat" aufgestellt, bei dem das Wasser nicht mehr mit einer Handkurbel, sondern mit einer Zentrifugalpumpe in Umlauf versetzt wurde. „Leitvorrichtungen und Siebe sorgen für eine geordnete Bewegung; durch Einbau verschiedener Gerinne in den Apparat lassen sich

---

[9] [Runge und Prandtl, 1906, S. 100].

Abb. 3.2 Prandtls Institutseinrichtung war mit Vorrichtungen für Festigkeitsuntersuchungen (rechts auf dem Betonsockel) und hydraulische Versuche versehen (links hinten ein Wasserkessel, in der Mitte eine Zentrifugalpumpe und vorne rechts ein Wassertrog für das Studium der mit der Pumpe erzeugten Strömung)

Strömungen um Hindernisse, Überfälle, stehende Wellen, Fließen in geraden und krummen Gerinnen studieren." In einem anderen Raum, der sich über dem hydrodynamischen Versuchslabor im Obergeschoss befand und noch leer stand, wollte er „einen Rundlauf für Anemometeruntersuchung und sonstige aerodynamische Versuche" einrichten.[10]

Doch nicht alles verlief so wunschgemäß, wie es die Schilderung zur Institutseinweihung nahelegt. Laut Berufungsschreiben gehörte auch die „landwirtschaftliche Maschinenkunde" zu Prandtls Aufgaben.[11] Obwohl er durch seinen Vater und Onkel schon früh mit landwirtschaftlicher Technik in Berührung gekommen war, wollte er sich damit in Göttingen jedoch nicht mehr befassen. Er stellte wiederholt den Antrag, dafür einen Lehrauftrag an einen Kollegen von der Technischen Hochschule Hannover zu erteilen, was man im Preußischen Kultusministerium jedoch zurückwies. Erst als Prandtl im März 1907 einen Ruf an die Technische Hochschule Stuttgart erhielt, konnte er sich damit Gehör verschaffen: „Meine besonderen Wünsche betreffen die Verleihung des Ordinariats und Übertragung meines Lehrauftrags für landwirtschaftliche Maschinenkunde an einen besonderen Dozenten", so informierte er den Kurator der Göttinger Universität über seine Bleibeverhandlungen mit dem „Herrn Minister bzw. Exzellenz Althoff" im Berliner Kultusministerium.[12] Beide Wünsche wurden ihm erfüllt, wenngleich Althoff, was die Verleihung des Ordinariats betraf, hinzusetzte, „dass es sich hier nur um die Übertragung eines persönlichen Ordinariats handelt, in bezug

---

[10] [Runge und Prandtl, 1906, S. 103–106].
[11] Prandtl an den Dekan der Philosophischen Fakultät, 31. Juli 1904. UAG, Phil. I, 190a; Naumann an den Kurator der Universität Göttingen, 31. Juli 1904. UAG, Kur PA Ludwig Prandtl, Bd. 1. Abgedruckt in [Rotta, 1985, S. 55].
[12] Prandtl an den Kurator, 30. März 1907. UAG, Kur. PA Prandtl, Ludwig, Bd. 1.

auf Ihr Diensteinkommen und die sonstigen finanziellen Verhältnisse nach wie vor die für etatsmäßige Extraordinarien geltenden Bestimmungen auf Sie Anwendung finden".[13]

Auch was die technische Physik betraf, löste sich Prandtl bei seinen Vorlesungen mehr und mehr von den anfänglichen Erwartungen. Im Wintersemester 1904/05 hieß im Vorlesungsverzeichnis seine Lehrveranstaltung dazu noch wie bei seinem Vorgänger „Ausgewählte Teile der technischen Physik"; im Sommersemester 1907 wurde daraus „Maschinenlehre (mit gelegentlichen Besichtigungen) für Hörer aller Fakultäten, insbesondere Juristen und Landwirte", wobei die Erwähnung von „Juristen" als Adressaten vermutlich begründen sollte, warum es an einer Universität einer Lehrveranstaltung bedurfte, wie man sie sonst nur an technischen Hochschulen hören konnte. Die Vorlesungen fanden in der Regel an drei Tagen in der Woche jeweils für eine Stunde am Nachmittag statt. Danach war von „Maschinentechnik" als Vorlesungsthema nur noch gelegentlich die Rede. Im Wintersemester 1907/08 las Prandtl über „Hydrodynamik und Aerodynamik", ein Jahr später über „Statik der Baukonstruktionen". Im darauffolgenden Sommersemester 1909 war zwar wieder die Maschinentechnik das Vorlesungsthema, aber nur noch für eine Wochenstunde. An den beiden anderen Wochenstunden präsentierte er seinen Studenten „Wissenschaftliche Grundlagen der Luftschiffahrt", ein neuer zur angewandten Mechanik gerechneter Lehrstoff, den Prandtl als erster Dozent an einer Hochschule seit diesem Jahr anbot. Die einschlägigen Vorlesungen waren mit Titeln wie „Aeromechanik und Luftschiffahrt" (Wintersemester 1910/11) oder „Wissenschaftliche Grundlagen der Luftfahrt" (Wintersemester 1912/13) im Vorlesungsverzeichnis angekündigt. Außerdem gab Prandtl in einem „Kolloquium über Fragen der Luftschiffahrt und Flugtechnik" (Wintersemester 1911/12 und Sommersemester 1912) interessierten Studenten die Gelegenheit, sich wissenschaftlich mit diesem Gebiet zu beschäftigen.[14]

Auch Runge löste sich in seinen Vorlesungen bald von der Tradition seines Lehrstuhls, bei der die darstellende Geometrie noch die Hauptrolle gespielt hatte. Im Wintersemester 1906/07 kündigte er neben dieser auf vier Wochenstunden angesetzten Hauptvorlesung auch an zwei Wochenstunden Übungen über „Anwendungen der partiellen Differentialgleichungen" an, die er zusammen mit Prandtl und einem angehenden Privatdozenten der Physik (Max Abraham) veranstaltete. Im darauffolgenden Sommersemester lauteten seine jeweils für zwei Wochenstunden angesetzten Vorlesungen „Numerische Auflösung von Gleichungen" und „Photogrammetrie". Obwohl Runge immer

---

[13] Althoff an Prandtl, 4. Juli 1907. UAG, Kur. PA Prandtl, Ludwig, Bd. 1.

[14] Verzeichnis der Vorlesungen auf der Georg-August-Universität zu Göttingen. http://gdz.sub.uni-goettingen.de/dms/load/toc/?PPN=PPN654655340. Siehe auch [Wuest, 2000] mit einer Liste und Kommentierung Prandtlscher Vorlesungen.

wieder über Themen wie „graphische Statik" Vorlesungen abhielt, deckte sein Programm bald die gesamte für Anwendungen relevante Mathematik ab. Er las auch über „Mechanik" (Wintersemester 1911/12) oder „Differential- und Integralrechnung" (Sommersemester 1913 und Wintersemester 1913/14). Zu jeder Vorlesung gab es Übungen.[15]

Wie Prandtl und Runge schon bei der Einweihung ihres gemeinsamen Instituts betonten, sollte neben den Vorlesungen die Praxis im Zentrum stehen. Angesichts des gemischten Teilnehmerkreises seiner Vorlesungen, der nicht wie in Hannover angehende Ingenieure, sondern „Hörer aller Fakultäten" und „insbesondere Juristen" umfasste, wollte Prandtl sein Praktikum möglichst elementar gestalten, da man „so ungeübte Leute mit einer Maschine nicht allein lassen" könne. Für das selbständige wissenschaftliche Arbeiten stehe aber „die ganze Laboratoriumseinrichtung den sich Meldenden offen".[16] Danach gab es an jedem Samstag vormittags ein dreistündiges Anfängerpraktikum und eine zeitlich nicht näher festgelegte „Anleitung zu selbständigen Arbeiten auf dem Gebiete der Mechanik und Wärmelehre", wie es zum Beispiel im Vorlesungsverzeichnis für das Sommersemester 1907 hieß. Ab 1909 veranstaltete Prandtl zusätzlich zum Anfängerpraktikum am Freitagnachmittag ein Praktikum für Fortgeschrittene. Im Sommersemester 1909 hatte er dieses zweite Praktikum als „Thermodynamisches Praktikum" angekündigt, danach rangierte es oft als „Mechanikpraktikum II, für Fortgeschrittene" oder „Thermodynamikpraktikum, für Fortgeschrittene".[17]

3.2 Industrielle Förderer

Schon bei der Einweihung ihrer Institute bedankten sich Runge und Prandtl bei der Göttinger Vereinigung für „die Opferwilligkeit der industriellen Mitglieder", ohne deren Engagement es gar nicht erst zu diesen Neugründungen an der Göttinger Universität gekommen wäre.[18] Die Nähe zu den Industriellen kam auch dadurch zum Ausdruck, dass Runge und Prandtl nach ihrem Amtsantritt wie selbstverständlich als Mitglieder in der Göttinger Vereinigung aufgenommen wurden.[19] Die jährlichen Generalversammlungen, die sich meist über zwei Tage hinzogen, boten den Göttinger Professoren auch

---

[15] Verzeichnis der Vorlesungen auf der Georg-August-Universität zu Göttingen. http://gdz.sub.unigoettingen.de/dms/load/toc/?PPN=PPN654655340. Siehe auch [Richenhagen, 1985, S. 298].

[16] [Runge und Prandtl, 1906, S. 111].

[17] Verzeichnis der Vorlesungen auf der Georg-August-Universität zu Göttingen. http://gdz.sub.unigoettingen.de/dms/load/toc/?PPN=PPN654655340.

[18] [Runge und Prandtl, 1906, S. 95].

[19] Protokoll der Generalversammlung der Göttinger Vereinigung, 17. Dezember 1904. AMPG, III. Abt., Rep. 61, Nr. 2329.

Gelegenheiten, den Industriellen in zwangloser Atmosphäre ihre Bedürfnisse und Wünsche vorzutragen.

Es zeigte sich bald, dass es mit den einmaligen Spenden, die die Institutsgründung ermöglicht hatten, nicht getan war. Der auf Praxisnähe ausgerichtete Unterricht erforderte einen Aufwand, der den Etat eines Universitätsinstituts deutlich überstieg. Im Februar 1906 informierte Prandtl den Universitätskurator, dass er trotz eines bereits bewilligten Zuschusses von 300 Mark mit dem Jahresetat von 4000 Mark nicht auskommen werde. Als Gründe nannte er Instandsetzungsarbeiten an den Maschinen und Aufwendungen für das Praktikum.[20] Das Berliner Kultusministerium hatte schon im Vorjahr eine Erhöhung des Institutsetats abgelehnt, so dass wieder die Göttinger Vereinigung als Retter in der Not ins Spiel kam. In seinem Bericht an die Göttinger Vereinigung für das Jahr 1905 bezifferte Prandtl den Bedarf an zusätzlichen Mitteln mit 2500 Mark, die er unter anderem für einen „Hydrodynamischen Versuchsapparat" und einen „Rundlaufapparat für Luftuntersuchungen" ausgeben wollte. Er teilte der Göttinger Vereinigung auch mit, dass er beim Ministerium eine Erhöhung seines Institutsetats um 2000 Mark beantragt habe, deren Bewilligung aber noch ausstehe. Er bat den Vorsitzenden der Göttinger Vereinigung, Henry Theodore Böttinger, der als Industrieller in Wirtschaftskreisen und als Mitglied im preußischen Abgeordnetenhaus auch in der Politik Einfluss ausüben konnte, „im Ministerium die Bewilligung zu befürworten".[21] Doch von einer Etaterhöhung wollte man im Ministerium nichts wissen. Der Kurator legte es Prandtl daher nahe, den Fehlbetrag durch Mittel der Göttinger Vereinigung zu decken.[22] Ein Jahr später wiederholte sich dieses Ritual, als Prandtl dem Kurator erneut ankündigte, dass er den Institutsetats um etwa 1000 Mark überziehen werde und sich danach erkundigte, „ob etwa die Hilfe der Göttinger Vereinigung zur Deckung des Fehlbetrags – ganz oder teilweise – angegangen werden soll". Ein „Ja" neben dieser Passage bestätigte ihm, dass von Seiten des Ministeriums auch weiterhin keine Etaterhöhung zu erwarten war.[23]

Damit wuchs den Industriellen, die mit ihren Spenden der Göttinger Vereinigung das finanzielle Rückgrat gaben, wie selbstverständlich eine Art Schirmherrschaft über das Prandtlsche Institut zu. „Herr Professor Prandtl überreicht einen Bericht über den Fortschritt in den Einrichtungen seines Instituts, den wissenschaftlichen Betrieb und die erforderlichen finanziellen Aufwendungen", wurde im Protokoll der Generalversammlung der Göttinger Vereinigung

---

[20] Prandtl an Kurator, 28. Februar 1906. UAG, Kur. 7464.
[21] Bericht Prandtls bei der Sitzung der Göttinger Vereinigung am 10. Dezember 1905. AMPG, III. Abt., Rep. 61, Nr. 2329.
[22] Kurator an Prandtl, 7. März 1906. UAG, Kur. 7464.
[23] Prandtl an Kurator, 19. Februar 1907. UAG, Kur. 7464.

im Juli 1906 festgehalten. Erst drei Monate zuvor hatte man Prandtl zur Überbrückung seiner Finanzierungslücke 1000 Mark überwiesen. „Mehrausgaben in gleichem Umfange dürften sich fortan alle Jahre wiederholen", so schätzte man bei der Göttinger Vereinigung den künftigen Bedarf ein, was jedoch von Prandtl sogleich nach oben korrigiert wurde. Das Gesuch an das Kultusministerium über die Erhöhung seines Institutsetats sei abgewiesen worden, so dass er erneut mit den ihm zur Verfügung stehenden Mitteln nicht auskomme. Er bezifferte die Etatüberschreitung für 1906/07 mit 1423 Mark; für 1907/08 schätzte er diesen Betrag auf 1500 Mark zuzüglich 3500 Mark für Neuanschaffungen und 600 Mark für die Entlohnung eines zweiten Assistenten, den er für den wachsenden Institutsbetrieb anstellen wollte.[24] In etwa dieser Höhe lagen auch die Beträge, die Prandtl der Göttinger Vereinigung in den beiden folgenden Jahren zur Deckung seiner Institutsausgaben nannte.[25]

Die in der Göttinger Vereinigung versammelten Industriellen übernahmen die ihnen zugedachte Rolle als Förderer des Prandtlschen Instituts (wie auch anderer Anliegen der Göttinger Universität) ohne Widerspruch. Im Vergleich zu den von Großindustriellen wie Böttinger oder Krupp gewohnten Summen handelte es sich bei ihren Spenden für die Göttinger Vereinigung um Kleingeld (Böttinger führte die Spendenliste mit einem Jahresbeitrag von 2000 Mark an). Als Gegenleistung erwarteten die Industriellen dafür nicht nur wirtschaftlich verwertbare Forschungsergebnisse, sondern auch symbolisches Kapital in Gestalt von Anerkennung und Wohlwollen aus Wissenschaft und Politik. „Wir hätten nie, jedenfalls nicht in so kurzer Zeit, auch mit Aufwendung noch so großer Mittel unsererseits, ein so weitgehendes Ansehen, auch im Auslande, erringen können, wenn uns der preußische Staat nicht zur Seite gestanden und wenn uns derselbe nicht immer zugleich Berater und Helfer gewesen wäre", so dankte Böttinger dem Universitätskurator im Februar 1908 bei der Feier zum 10-jährigen Bestehen der Göttinger Vereinigung. „Ihre Zusicherung, hochverehrter Herr Kurator, dass die staatliche Universitätsverwaltung auf unsere weitere Tätigkeit großen Wert legt, erfüllt uns mit aufrichtigem Stolz und hoher Freude."[26]

Neben den Industriellen in der Göttinger Vereinigung, die Prandtl unabhängig von seinen jeweiligen Lehr- und Forschungsgebieten in erster Linie als Professor der Göttinger Universität förderten, trat 1906 eine zweite Gruppe von Persönlichkeiten aus Politik, Militär und Industrie auf den Plan, die sich die „Förderung der Luftschifffahrt" zum Ziel setzte. Die „Motorluftschiff-

---

[24] Protokoll der Generalversammlung der Göttinger Vereinigung am 13. und 14. Juli 1906. AMPG, III. Abt., Rep. 61, Nr. 2330.

[25] Protokolle der Göttinger Vereinigung 1908 und 1909. AMPG, III. Abt., Rep. 61, Nr. 2331 und Nr. 2332.

[26] [Vereinigung, 1908, S. 30].

Studiengesellschaft m. b. H.", wie diese Fördervereinigung hieß, wollte „in möglichst naher Anlehnung an bereits bestehende Organisationen, auch der Heeresverwaltung, die einschlägigen Fragen bearbeiten, Versuche anstellen, Erfindungen erwerben und ausarbeiten, sowie alle zweckmäßig erscheinenden Schritte tun, um die Aeronautik als Technik und Industrie zu entwickeln".[27] Anders als bei der Göttinger Vereinigung handelte es sich bei der Studiengesellschaft jedoch um eine Vereinigung, die sich in der Erwartung zunehmender militärischer und wirtschaftlicher Bedeutung der Luftschiffe die Verbesserung dieser Technologie zum Ziel gesetzt hatte. In einem „Technischen Ausschuss" sollten dafür wissenschaftlich begründete Lösungen erarbeitet werden.[28] Nach Testfahrten mit einem Luftschiff von Zeppelin im Oktober 1906 erschien eine künftige militärische Verwendung möglich, wenn es „technisch verbessert" werden könne, wofür „sehr reichliche Mittel" aufgewendet werden müssten. Auch das konkurrierende „System von Parseval" versprach „ein kriegsbrauchbares Luftschiff" zu werden, es sei aber „absolut erforderlich, dass es weiter ausgebildet wird".[29]

Klein sah in der Luftschifffahrt sofort eine Gelegenheit, die Aerodynamik in Göttingen als neuen anwendungsnahen Forschungsbereich anzusiedeln. Im Dezember 1906 unterbreitete er der Motorluftschiff-Studiengesellschaft eine von Prandtl und Wiechert auf seinen Wunsch hin ausgearbeitete Denkschrift für den Bau einer Versuchsanstalt, wobei er hinzufügte, „dass Prof. Prandtl nicht nur bereit sein würde, die Einrichtung der geplanten Versuchsanstalt zu leiten, sondern auch später selbst die Direktion zu übernehmen". Prandtl habe sich mit hydraulischen und aerodynamischen Forschungen schon als führender Experte dafür qualifiziert. Der Plan der „Luftschiff-Modellversuchsanstalt" sah die Errichtung eines Gebäudes mit einer Röhre von etwa 3 m Durchmesser vor, durch die mit einem Ventilator ein Luftstrom gesaugt werden sollte. Im Mittelteil der Röhre sollten verschieden geformte Luftschiffmodelle mit einem Durchmesser von etwa 30 cm und einer Länge von maximal 2 m dem Luftstrom ausgesetzt und mit besonderen Messvorrichtungen in ihrem aerodynamischen Verhalten untersucht werden. An Personal sah der Plan neben der Direktion, die Prandtl unentgeltlich übernehmen würde, einen wissenschaftlichen Mitarbeiter und einen Mechaniker vor. An einmaligen Kosten würden für den Bau, die maschinelle Einrichtung, die Luftschiffmodelle und die Messinstrumente 32.600 Mark anfallen; die jährlichen Ausgaben würden einschließlich der Personalkosten 5800 Mark betragen. „Rechnet man mit ei

---

[27] Gründungsaufruf, 3. Mai 1906. GStAPK, VI. HA, Nl Althoff, Nr. 531, Motorluftschiff-Studiengesellschaft, Blatt 214–215. Zur Gründungsgeschichte siehe [Rotta, 1990a, S. 18–22].
[28] Sitzung des Aufsichtsrates und des technischen Ausschusses der Motorluftschiff-Studiengesellschaft m. b. H. am 28. Oktober 1906. SUB, Cod. Ms. F. Klein 7C. Siehe auch [Rotta, 1990a, S. 25].
[29] Anlage 3 zur Sitzung der Studiengesellschaft, 30. Oktober 1906. SUB, Cod. Ms. F. Klein 7C.

ner dreijährigen Tätigkeit der Anstalt", so begrenzten Prandtl und Klein die Dauer dieser Forschungseinrichtung, so ergäbe sich eine Gesamtsumme von etwa 50.000 Mark.[30]

Das Projekt wurde unverzüglich in Angriff genommen. Die Studiengesellschaft bewilligte als Erstes 5000 Mark für Luftwiderstandsmessungen in kleinerem Maßstab, die von einem zum 1. März 1907 angestellten Diplom-Ingenieur (Georg Fuhrmann) in Prandtls Abteilung im Institut für angewandte Mathematik und Mechanik durchgeführt wurden. Diese Vorversuche führten zu einem intensiven Austausch mit August von Parseval, der aufgrund der Göttinger Messergebnisse sogleich die Konstruktion eines neuen Luftschiffs änderte. Umgekehrt nahm Parseval auch Anteil an der Planung der Modellversuchsanstalt.[31] Für Prandtl waren diese Monate von Frühjahr bis Herbst 1907 eine erste Bewährungsprobe seines Könnens, die Umsetzung von Projekten voranzutreiben, die zuvor nur auf dem Papier existierten und nun im Umgang mit Baubehörden und Industriellen vom Kaliber eines Parseval technische Realität werden sollten. Als Erstes verdiente er sich dabei den Respekt der in der Studiengesellschaft versammelten Autoritäten aus Politik, Industrie und Wirtschaft (wie zum Beispiel Althoff, Emil und Walther Rathenau, Ludwig Delbrück, Ferdinand von Zeppelin). Althoff stellte eine Teilfinanzierung durch das preußische Kultusministerium in Aussicht.[32] Man sei zu der Überzeugung gelangt, so schrieb der Geschäftsführer der Studiengesellschaft wenig später an Althoff, „dass Professor Prandtl auf dem vorgeschlagenen Wege neue einwandfreie Feststellungen machen werde auf diesem Gebiet, das bisher noch sehr der systematischen wissenschaftlichen Durchforschung entbehrt hat, und dass diese Erfahrungen für den Bau von Luftfahrzeugen von hoher Bedeutung sein werden".[33]

Auch bei der Göttinger Vereinigung stießen die Pläne für eine neue, der Luftschifftechnik gewidmete Forschungseinrichtung auf großes Interesse. „Es hat sich eine erfreuliche persönliche Beziehung zwischen den Göttinger Sachverständigen (Prandtl und Wiechert) und den beiden Geschäftsführern der Studiengesellschaft (von Kehler und von Parseval) herausgebildet", berichtete man den Mitgliedern der Göttinger Vereinigung bei der Generalversammlung im Juli 1907.[34] Ein halbes Jahr später konnte Prandtl bei der Festversammlung zum zehnjährigen Bestehen der Göttinger Vereinigung bereits verkünden, dass

---

[30] Klein an Studiengesellschaft, 15. Dezember 1906. SUB, Cod. Ms. F. Klein 7C. Abgedruckt in [Rotta, 1990a, S. 26–32 und Anhang, S. 298–300].

[31] [Rotta, 1990a, S. 35–38].

[32] Protokoll der Sitzung des Aufsichtsrats vom 14. September 1907. GStAPK, VI. HA, Nl Althoff, Nr. 531, Motorluftschiff-Studiengesellschaft, Blatt 95–97.

[33] Kehler an Althoff, 4. November 1907. GStAPK, VI. HA, Nl Althoff, Nr. 531, Motorluftschiff-Studiengesellschaft, Blatt 107–109.

[34] Protokoll der Göttinger Vereinigung 1907. AMPG, III. Abt., Rep. 61, Nr. 2330.

die von der Studiengesellschaft finanzierte Modellversuchsanstalt in Göttingen unter seiner Leitung errichtet und auch mit ihren Inneneinrichtungen fast fertiggestellt worden sei. Auch wenn sie „nicht eigentlich" zu seinem Universitätsinstitut gehöre, sei zu erwarten, dass die in der Modellversuchsanstalt durchgeführten Forschungsarbeiten „den Zwecken des Instituts dienstbar" gemacht werden könnten.[35]

3.3 Die ersten Prandtl-Schüler

Im Wintersemester 1907/08 veranstalteten Klein, Prandtl, Runge und Wiechert ein gemeinsames Seminar über Hydrodynamik, bei dem erstmals die von Prandtl proklamierte Synergie zwischen der „nicht eigentlich zum Institut" gehörenden Modellversuchsanstalt und dem Lehrbetrieb an der Universität erkennbar wurde. Prandtl kündigte in diesem Semester seine Vorlesung ebenfalls nicht zufällig mit „Hydro- und Aerodynamik" an. Kleins umfangreiche Aufzeichnungen über die Vorbereitung und Durchführung des Hydrodynamik-Seminars zeigen, dass auch er diese Veranstaltung in ihrem „Verhältnis zu Prandtls Colleg" wie auch zu den hydraulischen Versuchseinrichtungen im Prandtlschen Institut „bis hin zu der geplanten Luftwiderstandsversuchsstation" sah.[36]

Das Seminar war für Studenten der Mathematik und Physik schon im 19. Jahrhundert eine Veranstaltung, bei der sie noch während ihres Studiums an aktuelle Forschungsthemen herangeführt wurden.[37] Klein hatte in seinen Seminaren auch des Öfteren Gegenstände aus den technischen Wissenschaften wie die „Theorie des Schiffes", „Graphische Statik mit Festigkeitslehre", „Ausgewählte Kapitel der Hydrodynamik" oder „Elektrotechnik" behandelt.[38] „Der Unterricht setzt sich zum Ziel, die Entwicklung der mathematischen Methoden zu vereinigen mit dem vollen Verständnis der praktischen Probleme in dem Umfang und in der Fassung, wie sie sich dem ausübenden Ingenieur darbieten", so knüpften Runge und Prandtl an diese Tradition an.[39]

Das Seminar fand in der Regel jeden Mittwoch von 11 bis 13 Uhr statt. Im Vorlesungsverzeichnis wurde schon im Voraus grob das Gebiet umrissen, aus dem die Seminarteilnehmer ihre Vortragsthemen wählen sollten. Im

---

[35] Protokoll der Göttinger Vereinigung 1908. AMPG, III. Abt., Rep. 61, Nr. 2331.

[36] Notizen Kleins über „Hydro- und Aerodynamik (1908, 44 Blatt)". SUB Cod. Ms. Klein 20 F.

[37] Zur Entstehung mathematisch-physikalischer Seminare an deutschen Universitäten siehe [Olesko, 1991], wo am Beispiel des Königsberger Seminars von Franz Ernst Neumann vor allem die Rolle für die Lehrerausbildung betont wird. Zu Kleins Seminaren siehe [Chislenko und Tschinkel, 2007].

[38] Verzeichnis der Vorlesungen auf der Georg-August-Universität zu Göttingen. http://gdz.sub.uni-goettingen.de/dms/load/toc/?PPN=PPN654655340.

[39] [Runge und Prandtl, 1906, S. 111].

Sommersemester 1907 ging es zum Beispiel um „ausgewählte Kapitel der Mechanik"; das Hydrodynamik-Seminar im darauf folgenden Wintersemester war mit „Fragen der Hydrodynamik und Aerodynamik" angekündigt. Die Teilnahme daran bot Studenten die Gelegenheit, sich ihrem Professor als Kandidat für eine Doktorarbeit zu empfehlen.[40] Auch für Prandtl selbst bedeutete das Seminar zu Beginn seiner Göttinger Zeit eine besondere Herausforderung. In der Regel unternahm es Klein selbst, dem mit seinen Mitorganisatoren veranstalteten Seminar die Richtung vorzugeben. Das Protokollbuch, in dem die Teilnehmer am Hydrodynamik-Seminar im Wintersemester 1907/08 die Kurzfassungen ihrer Vorträge eintrugen, beginnt mit einem „Vorbericht" Kleins – nicht Prandtls – über den „Plan des Seminars".[41]

Danach überließ Klein das Feld den Seminarteilnehmern. Fünf der elf Vortragenden promovierten wenig später bei Prandtl. Auch die Themen ihrer Vorträge zeigen eine enge Beziehung zu den gerade aktuellen Forschungen im Prandtlschen Institut. Theodore von Kármán, der seit Oktober 1906 am Institut war, referierte „Über unstetige Potentialbewegungen".[42] Er hatte in Ungarn schon ein Ingenieurstudium abgeschlossen und war mit dem Plan einer Doktorarbeit über Stabknickung nach Göttingen gekommen, für die er sich Prandtl als Autorität auserkoren hatte.[43] Das Thema seines Seminarvortrags hatte nichts mit seiner Doktorarbeit zu tun, war aber zum Beispiel für die Frage nach dem Auftrieb und Widerstand einer schräg gestellten Platte in einer Strömung von großer Bedeutung. Im Hintergrund stand dabei wie bei der Grenzschichttheorie die Frage nach der „Ablösung von Wirbelschichten in Flüssigkeiten", die Prandtl um dieselbe Zeit in seinem Bericht an die Göttinger Vereinigung als eine der aktuellen Forschungsfragen seines Instituts aufführte.[44] Demselben Themenkomplex lassen sich auch die Seminarvorträge von Karl Hiemenz und anderen angehenden Doktoranden Prandtls zuordnen.[45] Diesen Vorträgen diente Prandtls Heidelberger Grenzschichtarbeit und eine gerade abgeschlossene Doktorarbeit von Heinrich Blasius als Grundlage.[46] Hiemenz und Ernst Boltze promovierten kurz darauf ebenfalls über dieses Thema.[47]

[40] [Wuest, 2000, S. 202].
[41] Protokollbuch Nr. 27, Mathematisches Lesezimmer der Universität Göttingen.
[42] Protokollbuch Nr. 27, S. 11–17. Mathematisches Lesezimmer der Universität Göttingen.
[43] [von Kármán, 1909]. Zu Kármáns viele Jahre später zu Papier gebrachten Erinnerungen an seine akademischen Anfänge bei Prandtl siehe [von Kármán und Edson, 1967, S. 34–41].
[44] Protokoll der Göttinger Vereinigung 1908. AMPG, III. Abt., Rep. 61, Nr. 2331.
[45] Protokollbuch Nr. 27, S. 18–24, 38–51 und S. 52–66. Mathematisches Lesezimmer der Universität Göttingen.
[46] [Blasius, 1907].
[47] [Boltze, 1908, Hiemenz, 1911].

Box 3.1: Von der Grenzschichtgleichung zur Plattenreibung

Heinrich Blasius berechnete in seiner Doktorarbeit das Geschwindigkeitsprofil in der laminaren Grenzsschicht entlang einer ebenen Begrenzungsfläche und die daraus resultierende Reibungskraft für eine längs angeströmte Platte, für die Prandtl in seinem Grenzschichtvortrag 1904 nur einen groben Näherungswert angegeben hatte. Als Ausgangspunkt dienten die Grenzsschichtgleichung (2.6) und die Kontinuitätsgleichung (2.3). Im stationären Fall verschwinden die Ableitungen nach der Zeit. Außerdem setzte Blasius voraus, dass die äußere Strömungsgeschwindigkeit U konstant ist, so dass er auch $\partial U/\partial x$ gleich Null setzte. Damit reduziert sich (2.6) zu

$$\rho \left(u\frac{\partial u}{\partial x} + v\frac{\partial u}{\partial y} \right) = k\frac{\partial^2 u}{\partial y^2}. \tag{3.1}$$

Im nächsten Schritt führte Blasius die Stromfunktion $\psi(x,y)$ über $u = \partial\psi/\partial y$ und $v = -\partial\psi/\partial x$ ein. Damit ist die Kontinuitätsgleichung erfüllt und (3.1) geht über in eine partielle Differentialgleichung für die Stromfunktion. Mit weiteren Substitutionen gelang es Blasius, diese in eine gewöhnliche Differentialgleichung für ζ als Funktion von ξ zu überführen

$$\zeta\zeta'' = -\zeta''',$$

wobei die gestrichenen Größen Ableitungen nach ξ bedeuten.[48] Zur Lösung dieser Differentialgleichung machte Blasius einen sehr verwickelten Potenzreihenansatz, der sich über acht Druckseiten seiner Dissertation erstreckte. Das wichtigste Ergebnis war die Bestätigung des bereits von Prandtl 1904 qualitativ angegebenen Geschwindigkeitsprofils $u(y)$ in der Plattengrenzschicht (hier nach einer Darstellung im *Handbuch für Experimentalphysik* IV/1, S. 262; darin bedeutet $v = k/\rho$ die kinematische Viskosität und l die Länge der Platte)

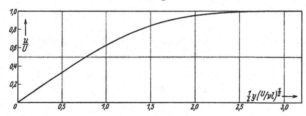

und die Berechnung der Schubspannung $\tau = k\partial u/\partial y$ bzw. (nach Integration von τ über die Länge l und Breite b einer beidseitig angeströmten Platte) die Reibungskraft[49]

$$R = 1{,}327b\sqrt{k\rho lU^3}.$$

---

[48] Die neue Variable ergab sich aus den ursprünglichen Variablen durch die Transformation $\xi = \frac{1}{2}\sqrt{\frac{\rho U}{k}}\frac{y}{\sqrt{x}}$ und $\psi = \sqrt{\frac{kU}{\rho}}\sqrt{x}\zeta$. Zur Begründung siehe [Blasius, 1907, S. 7].

[49] Vgl. dazu Abb. 2.5 und [Prandtl, 1905b, S. 487].

Heinrich Blasius, dessen Doktorarbeit in diesem Seminar eine so zentrale Rolle spielte, referierte in seinem Seminarvortrag jedoch nicht über die Grenzschichttheorie, sondern über „Turbulente Strömungen".[50] Dieses Thema war schon im 19. Jahrhundert für seine Schwierigkeit bekannt und ließ die Kluft zwischen Theorie und Praxis in der Strömungsmechanik besonders markant hervortreten.[51] Hier deutete sich schon an, dass man im Prandtlschen Institut auch vor einem so schwierigen Thema wie der Turbulenz nicht zurückschreckte.

Box 3.2: Reibungsformeln für laminare und turbulente Strömung

Blasius betonte in seinem Seminarvortrag, dass bei laminarer und turbulenter Strömung ganz verschiedene Reibungsgesetze gelten. Die Manuskriptblätter, auf denen Prandtl 1903 seine ersten Gedanken zur Grenzschichttheorie zu Papier brachte, zeugen davon, dass dies auch für Prandtl eine besondere Herausforderung war. Bei einer langsam durch eine Flüssigkeit bewegten Kugel (Radius r, Geschwindigkeit v, Viskosität k, Dichte μ) gilt für den Widerstand R das Stokessche Gesetz $R = 6\pi k r v$. Für eine „fast reibungslose Flüssigkeit" verlor dieses Gesetz aber seine Gültigkeit. In diesem Fall berechnete man den Widerstand nach der Formel $R = c\mu F v^2$, wobei $F = r^2 \pi$ der Kugelquerschnitt und c ein nur experimentell bestimmter Widerstandsbeiwert war, für den es keine theoretische Ableitung aus den Navier-Stokes-Gleichungen gab.

Wie musste eine allgemeine Widerstandsformel beschaffen sein, so fragte sich Prandtl, die beide Formeln als Grenzfälle ergibt? Auf einer Manuskriptseite diskutierte er diese Frage für die entsprechenden Formeln bei der Strömung durch ein Rohr vom Durchmesser l, wobei er die (später als Reynolds-Zahl bezeichnete) dimensionslose Größe

$$x = \frac{\mu}{k} v l$$

als die entscheidende Variable für das gesuchte allgemeine Reibungsgesetz benutzte. Für das Druckgefälle in einer Rohrleitung machte er den Ansatz

$$\alpha = \frac{kv}{l^2} f(x).$$

Mit $f(x) = c_1 + c_2 x$ ergab sich für große Reibung ($x \to 0$)

$$\alpha = c_1 \frac{kv}{l^2}$$

---

[50] Protokollbuch Nr. 27, S. 67–81. Mathematisches Lesezimmer der Universität Göttingen.
[51] [Darrigol, 2005, Kap. 6].

und für kleine Reibung ($x \to \infty$)

$$\alpha = c_2 \frac{\mu v^2}{l},$$

was mit den empirisch festgestellten Gesetzmäßigkeiten bei laminarer und turbulenter Rohrströmung in Einklang war. Offensichtlich suchte Prandtl nach einer Theorie für die laminare und turbulente Strömung, die er als Grenzfälle der Funktion $f(\frac{\mu}{k} vl)$ betrachtete.[52]

Die unterschiedlichen Verhältnisse bei laminarer und turbulenter Rohrströmung waren schon einige Jahre vorher Anlass für eine Gegenüberstellung von Theorie und Praxis in der Hydrodynamik. „Nach der physikalischen Theorie ist der Reibungswiderstand proportional der ersten Potenz der Geschwindigkeit, umgekehrt proportional der zweiten Potenz des Durchmessers, nach der technischen Theorie dagegen proportional der zweiten Potenz der Geschwindigkeit, umgekehrt proportional der ersten des Durchmessers". So hatte Sommerfeld bei der Versammlung deutscher Naturforscher und Ärzte im Jahr 1900 die „physikalische" mit der „technischen" Theorie für die laminare beziehungsweise turbulente Strömung verglichen.[53] Einige Jahre später entwickelte er eine Methode, um den Übergang vom laminaren in den turbulenten Strömungszustand im Rahmen einer Stabilitätsanalyse zu beschreiben („Orr-Sommerfeld Methode").[54]

Es dauerte aber noch mehrere Jahre, bis Prandtl die Turbulenzforschung zu einem eigenen Arbeitsprogramm machte.[55] Für Blasius war es ein Beweis der Wertschätzung, dass Klein und Prandtl ihm den Überblick über den aktuellen Forschungsstand zu diesem Thema zutrauten. Prandtl bat zu Beginn des Hydrodynamik-Seminars auch den Kurator, für Blasius „bei der zuständigen Stelle die Beamteneigenschaft eines Assistenten erwirken zu wollen", da Blasius auch „hauptsächlich bei den offiziellen Praktikumsübungen des Instituts beschäftigt" sei.[56] Es ist wohl nicht übertrieben, Blasius in Prandtls ersten Göttinger Jahren als seine „rechte Hand" zu bezeichnen.[57]

Wie die am Hydrodynamik-Seminar teilnehmenden Doktoranden Prandtls erkennen lassen, stellte die Strömungsforschung schon 1907 einen Forschungsschwerpunkt im Prandtlschen Institut dar. Dies wird noch deutlicher, wenn man die Themen aller Doktoranden während der ersten fünf Jahre

---

[52] Cod. Ms. L. Prandtl 14, Bl. 29 und 30. SUB.
[53] [Sommerfeld, 1900].
[54] [Eckert, 2010].
[55] [Bodenschatz und Eckert, 2011].
[56] Prandtl an Kurator, 29. Oktober 1907. UAG, Kur. 1456.
[57] Zur weiteren Karriere von Blasius siehe [Hager, 2003].

Prandtls in Göttingen in Betracht zieht.[58] Bis 1906 wurden drei Dissertationen zum Abschluss gebracht, die sich alle der Festigkeitslehre zuordnen lassen. In den drei folgenden Jahren behandelten nur noch zwei Doktoranden Themen aus diesem Gebiet; sechs der zwischen 1907 und 1909 abgeschlossenen Doktorarbeiten betrafen Probleme aus der Strömungsmechanik.

Auch Prandtl selbst sah in der Strömungsmechanik ein Gebiet, dem er sich künftig verstärkt zuwenden wollte. Nach seinem Heidelberger Grenzschicht-Vortrag machte er in der *Enzyklopädie der mathematischen Wissenschaften* mit seinem Beitrag über „Strömende Bewegung von Gasen und Dämpfen" deutlich, dass er zu den Autoritäten auf diesem Gebiet zählte.[59] Sein Forschungsinteresse an diesem Thema wurde durch die in Dampf- und Gasturbinen auftretenden Erscheinungen angeregt. Dabei werden Dampf- oder Gasstrahlen auf die Schaufeln einer Turbine gelenkt und diese nach dem Reaktionsprinzip in Rotation versetzt – mit Umfangsgeschwindigkeiten, die bei größeren Turbinen die Schallgeschwindigkeit weit übertreffen. Mithilfe einer von dem schwedischen Ingenieur Carl Gustav Patrick de Laval erfundenen Düsenform gelang es, Dampfstrahlen die dafür erforderlichen hohen Geschwindigkeiten zu erteilen (in einer solchen „Laval-Düse" wird der Strahl durch eine sich zuerst verjüngende und dann wieder erweiternde Passage gepresst). Die Physik der schnellen Dampfstrahlen blieb jedoch rätselhaft: Entgegen der Erwartung ließen sich auch bei noch so hohem Druck durch Strahlverengung keine beliebig hohen Geschwindigkeiten erzielen. Man hielt es deshalb sogar für prinzipiell unmöglich, einen Dampf- oder Gasstrahl auf Überschallgeschwindigkeit zu beschleunigen. Prandtl hatte 1904 in der Zeitschrift des VDI den Zusammenhang von Druck und Geschwindigkeit eines Dampfstrahls in einer Laval-Düse näher untersucht.[60] In einer anderen Arbeit behandelte er eine Erscheinung bei Strahlen, die aus einer Öffnung unter hohem Druck ins Freie schießen. In solchen Strahlen konnte man oft stationäre Wellenbewegungen beobachten. Prandtl zeigte, dass diese Erscheinung ein typisches Überschallphänomen ist, ebenso wie die nach Ernst Mach benannte Schockfront, die sich kegelförmig um ein Geschoss ausbreitet, das schneller als der Schall fliegt (Abb. 3.3).[61]

Danach machte Prandtl die experimentelle und theoretische Aufklärung dieser Erscheinung zum Thema von Doktorarbeiten. Die Dichteunterschiede im Gasstrahl wurden mit einer von Mach bei den Geschossaufnahmen

---

[58] Ein Verzeichnis der bei Prandtl angefertigten Dissertationen ist in [Tollmien et al., 1961, Band 3, S. 1612–1617] abgedruckt.

[59] [Prandtl, 1905b]. Diese Abhandlung erschien als eigenständiges Kapitel in einem im Juli 1905 abgeschlossenen Enzyklopädieartikel über „Technische Thermodynamik" [Schröter und Prandtl, 1905].

[60] [Prandtl, 1904a].

[61] [Prandtl, 1904e]. Zu den Machschen Geschossaufnahmen siehe [Hoffmann und Berz, 2001].

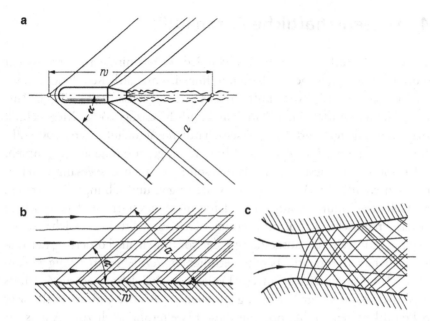

Abb. 3.3 Die „Machschen Wellen" um ein mit Überschallgeschwindigkeit fliegendes Geschoss (**a**) entstehen auch bei einem Strahl, der mit Überschallgeschwindigkeit an Wandunebenheiten vorbei strömt (**b**) und sind auch ein Kennzeichen von Überschallgeschwindigkeiten bei der Strömung durch Laval-Düsen (**c**)

benutzten Schlierentechnik sichtbar gemacht und fotografiert. Ernst Magins Doktorarbeit („Optische Untersuchung über den Ausfluss von Luft durch eine Lavaldüse") zeigte im Detail, wie sich die Schockwellen in einem Überschallstrahl symmetrisch in den sich aufweitenden Düsenraum ausbreiten und im Außenraum hinter der Düse fortpflanzen. Am Düsenausgang verbreitert oder verengt sich der Strahl, je nachdem, ob der Außendruck kleiner oder größer als der Mündungsdruck ist. Auch diese freien Strahlen im Außenraum konnten aus den Gesetzmäßigkeiten der Machschen Wellen näher bestimmt werden. Adolf Steichen und Theodor Meyer lieferten in ihren Doktorarbeiten mit theoretischen Untersuchungen von zweidimensionalen Überschallstrahlen die Grundlage für das Verständnis der zuvor unerklärlichen Strahlverbreiterung („Prandtl-Meyer-Expansion"). Auch die ein halbes Jahrhundert früher von dem Göttinger Mathematiker Bernhard Riemann begründete Theorie der Verdichtungsstöße wurde in diesem Zusammenhang erweitert.[62] Prandtl und seine Schüler legten damit innerhalb von wenigen Jahren das Fundament der modernen Gasdynamik.[63]

---

[62] [Prandtl, 1906, Prandtl, 1907].

[63] [Settles et al., 2009].

3.4 Wissenschaftliche Aeronautik

Auch wenn Prandtl schon 1906 als Mitglied im technischen Ausschuss der Motorluftschiff-Studiengesellschaft mit flugwissenschaftlichen Fragen konfrontiert wurde und für die „Luftschiff-Modellversuchsanstalt", die ein Jahr später errichtet wurde, einen Windkanal und die dazugehörige Messtechnik konzipieren musste, wurde die „wissenschaftliche Aeronautik" erst 1909 offiziell in den Kanon seiner Lehr- und Forschungsgegenstände aufgenommen. Ab dem Sommersemester dieses Jahres sollte er „auch das gesamte Gebiet der wissenschaftlichen Aeronautik in Vorlesungen und Übungen" vertreten. Eine Gehaltserhöhung könne ihm dafür nicht gewährt werden, beschied ihm das Preußische Kultusministerium, doch es stellte in Aussicht, seiner Abteilung „zur weiteren Ausgestaltung der von Ihnen zur Förderung der wissenschaftlichen Aeronautik bereits getroffenen Versuchseinrichtungen vom 2. April 1909 ab zunächst auf die Dauer von drei Jahren einen Zuschuss von jährlich 4000 M zur Verfügung zustellen".[64] Als der Universitätskurator von Prandtl wissen wollte, ob man diese Erweiterung auch zum Anlass für eine Namensänderung des Instituts nehmen solle, entgegnete Prandtl, dass er unter „aeronautischer Wissenschaft" kein völlig neues Arbeitsgebiet verstehe, sie sei „genauso ‚angewandte Mechanik' wie die bisherigen Arbeitsgebiete des Instituts".[65]

In der Öffentlichkeit wurde die Ankündigung von Lehrveranstaltungen über Aeronautik jedoch fast wie eine Sensation wahrgenommen. „Wir lesen in den Zeitungen, dass Sie demnächst an der Universität Göttingen das erste Colleg über Luftschifffahrt lesen und Ihre Vorlesungen mit praktischen Vorführungen verbinden werden", schrieb ein Redakteur der Berliner Illustrierten Zeitung an Prandtl und verband damit die Bitte, „eine solche Vorlesung, in der Versuche mit Modellen angestellt werden, durch einen unserer Zeichner zeichnen lassen" zu dürfen.[66]

Auch bei der Göttinger Vereinigung war der Beginn flugwissenschaftlicher Vorlesungen im Sommersemester 1909 *das* Thema ihrer Jahresversammlung. Das Ministerium habe sich „in anerkennenswertester Weise bereit erklärt, Herrn Professor Prandtl den Lehrauftrag für Luftschifffahrt zu erteilen", teilte Böttinger als Vorsitzender der Göttinger Vereinigung den versammelten Mitgliedern mit und verriet gleichzeitig, dass er dazu in Berlin einige Vorarbeit geleistet habe. Der Zuschuss von 4000 Mark zum Institutsetat, den das Kultusministerium für die kommenden drei Jahre zugesagt habe, sei an die

---

[64] Naumann (Preußisches Kultusministerium) an den Kurator der Universität Göttingen, 11. Januar 1909. UAG, Kur. PA Prandtl, Bd. 1.

[65] Prandtl an den Kurator, 27. Februar 1909. UAG, Kur. PA Prandtl, Bd. 1.

[66] Berliner Illustrierte Zeitung an Prandtl, 15. April 1909. Cod. Ms. L. Prandtl 1, 9, SUB.

Bedingung geknüpft, dass „seitens der Vereinigung der gleiche Betrag für gleiche Zwecke zur Verfügung gestellt wird. Der Vorstand erbittet die nachträgliche Genehmigung zu dieser getroffenen Vereinbarung". Er durfte sich der Zustimmung sicher sein, denn man begrüßte die Maßnahme „um so freudiger" angesichts der Tatsache, „dass hierdurch die Göttinger Universität die erste Hochschule Europas ist, an welcher ein diesbezüglicher Lehrauftrag errichtet worden" sei. Klein nahm die Versammlung zum Anlass, um seinerseits über die geplanten und teilweise auch schon installierten „Einrichtungen zur Förderung der Luftschifffahrt an der Universität Göttingen" zu berichten. Runge referierte über Luftwiderstandsgesetze und kritisierte dabei „vielfach veraltete und gänzlich unzutreffende Angaben", die selbst in der jüngsten Literatur darüber anzutreffen seien. Prandtl selbst nutzte die Gelegenheit, um die inzwischen fertiggestellte Luftschiff-Modellversuchsanstalt vorzustellen, wo er als erstes Experimente zur Bestimmung des Luftwiderstandes „am ruhenden Modell im gleichförmig bewegten Luftstrom" in Angriff nehmen wollte. Von seiner in diesem Semester erstmals abgehaltenen und mit zwei Wochenstunden veranschlagten Vorlesung über „Wissenschaftliche Grundlagen der Luftschifffahrt" berichtete er nur, dass sie von 31 Studenten besucht werde.[67]

Dass im Zusammenhang mit dem neuen Lehrauftrag nur von Luftschifffahrt die Rede war, zeigt sehr deutlich, dass man im Jahr 1909 unter wissenschaftlicher Aeronautik noch nicht die Aerodynamik von Flugzeugen verstand – auch wenn der Flug der Gebrüder Wright mit einem Propeller-getriebenen Fluggerät bereits sechs Jahre zurück lag. In Europa war Frankreich das erste Land, in dem sich Enthusiasten für den Motorflug begeisterten und mit selbst entwickelten Flugzeugen für Aufsehen sorgten. Im April 1908 hatten Parseval und Prandtl bei einer gemeinsamen Reise nach Paris die dort entwickelten Fluggeräte „schwerer als Luft" in Augenschein genommen und danach mit Modellflugzeugen experimentiert, doch das „Aeroplan" (wie Parseval eine nach solchen Modellen gebaute Flugmaschine nannte) blieb vorerst noch ein technisch schwer beherrschbares Gerät.[68] Im Vergleich dazu waren Freiballon- und Luftschifffahrten bereits vielerorts an der Tagesordnung. 1906 gab es bereits neun Vereine für Luftschifffahrt in Deutschland, die ihren Mitgliedern „den unvergleichlichen Genuss einer Fahrt durch das Luftmeer" verschafften, wie es in einem Aufruf zur Gründung eines Vereins für Luftschifffahrt in Göttingen hieß, der von Hilbert, Klein, Prandtl, Runge und einer Reihe anderer Göttinger Professoren unterzeichnet war und für den 16. Mai 1907 zu einer Gründungssitzung einlud. „Zahlreiche Probleme der Wissenschaft, besonders solche der Physik der Atmosphäre können ihre Lösung nur durch Beobach-

---

[67] Protokoll der Generalversammlung der Göttinger Vereinigung, 7. und 8. Juli 1909. AMPG, III. Abt., Rep. 61, Nr. 2332.
[68] [Rotta, 1990a, S. 51f.].

tungen im Freiballon finden", hieß es zur Begründung. „Die stets zunehmende Wichtigkeit der Luftschifffahrt für den Krieg lässt die private Mitarbeit an den Bestrebungen für Vervollkommnung der Luftschifffahrt in nationalem Interesse als wünschenswert erscheinen, namentlich im Hinblick auf den Vorsprung des Auslandes in gewissen Richtungen", so appellierte man auch an das Nationalbewusstsein der künftigen Vereinsmitglieder.[69] Prandtl hielt wenig später vor etwa 100 Luftschiffinteressenten einen Vortrag, über den in der *Göttinger Zeitung* ausführlich berichtet wurde. Nach dieser Werbung von Mitgliedern konstituierte sich der Niedersächsische Verein für Luftschifffahrt im September 1907. Die in der Folge veranstalteten Ballonfahrten sorgten immer wieder für Aufsehen. Die *Illustrierten Aeronautischen Mitteilungen* berichteten zum Beispiel über eine Ballonfahrt, bei der Prandtl und drei andere Vereinsmitglieder am 8. Januar 1908 von Göttingen aus nach Berlin aufbrachen. „Die Landung erfolgte in den ersten Böen des am Abend einsetzenden Sturms und war alles andere, als nur leicht. Die Luftschiffer kamen zu der am selben Abend stattfindenden Sitzung des Berliner Vereins für Luftschifffahrt gerade noch zurecht." Ein Jahr später erwarb Prandtl auch die Lizenz zum selbständigen Führen eines Freiballons.[70]

In Prandtls Vorlesung über „Wissenschaftliche Grundlagen der Luftschifffahrt" im Sommersemester 1909 dürften Erfahrungen aus Ballonfahrten, die zum Teil auch für Luftschiffe eine Rolle spielten, ebenfalls Eingang gefunden haben. In einer Aufzählung der wichtigsten Lehrgebiete für seine Vorlesung, die er schon im Juni 1908 zu Papier gebracht hatte, gliederte Prandtl den Stoff in vier Teile: äußere Bedingungen; Kräfte am Luftschiff; Konstruktion des Luftschiffkörpers und Konstruktion der Maschinenanlagen. Zu den äußeren Bedingungen zählte er Meteorologie und Navigation; die Kräfte am Luftschiff gruppierte er unter Aerostatik („Auftrieb des Ballons unter dem Einfluss von Temperatur, Druck, Strahlung, Gasbeschaffenheit, Wirkung von Ballastmanövern usw.") und Aerodynamik („Luftkräfte am bewegten Objekt [...] sowohl in ihrer Resultierenden als auch in ihrer Verteilung über die Oberfläche des Objektes. Stabilität. Steuerung. Repulsion"). Bei den Konstruktionen bestehe eine Verwandtschaft mit dem Schiffbau, so dass hier „Lehrer dieser Fächer" eingesetzt werden könnten. Maschinenfragen sollten von einem „Vertreter des Automobilbaues" übernommen werden.[71] Seine Notizen zeigen, dass er sich auch Gedanken darüber machte, wie man das neue Fach in technischen Hochschulen an die dort vertretenen Unterrichtsfächer anschlussfähig machen könnte.

---

[69] Aufruf zur Teilnahme an einer Besprechung betreffend die Gründung eines Vereins für Luftschifffahrt, UAG, Kur. 3569.
[70] [Wuest, 1988]. Zur Geschichte der wissenschaftlichen Ballonflüge siehe [Höhler, 2001].
[71] Zitiert nach [Rotta, 1990a, S. 53].

Einen umfassenden Überblick über die jüngsten Aktivitäten auf dem Gebiet der wissenschaftlichen Aeronautik gab Prandtl am 16. Juni 1909 bei der 50. Hauptversammlung des VDI, wobei er die Modellversuchsanstalt ins Zentrum rückte, die „jetzt nahezu vollendet" sei. Ähnlich wie im Schiffbau, der durch Modellversuche in Schiffsmodellversuchsanstalten einen rasanten Aufschwung genommen habe, würden auch „für die Luftschifffahrt Modellversuche ähnlicher Art" eine große Bedeutung erlangen, so spannte er den Bogen von der den Ingenieuren im Wilhelminischen Deutschland sehr vertrauten Schiffbautechnik zur Zukunftstechnik der Aeronautik. „Eine der wichtigsten Aufgaben wird hier wie dort das Studium des Gesamtwiderstandes der Luftschiffkörper, insbesondere das Auffinden der Formen geringsten Widerstandes bei gegebenem Fassungsvermögen sein". Hinzu kämen „die für die Konstruktion wichtigen Fragen nach der Druckverteilung an den Endstücken der Luftschiffkörper sowie nach der Reibung an den Seitenwänden in ihrer Abhängigkeit von Form und Oberflächenbeschaffenheit", außerdem Untersuchungen über die Steuerung von Luftschiffen, d. h. der auf die Seiten- und Höhenruderflächen im Luftstrom ausgeübten Kräfte.[72]

Wie sehr die auf Luftschiffe bezogene Aeronautik in Göttingen in diesem Jahr ins Zentrum rückte, wurde bei der nächsten Jahresversammlung der Göttinger Vereinigung im Juni 1910 deutlich. „Unter den im Institut gepflegten Arbeitsgebieten stand diesmal die Luftschifffahrt bei weitem voran", so begann Prandtl seinen Tätigkeitsbericht. Die Modellversuchsanstalt war nun „seit dreiviertel Jahren in Betrieb" und konnte mit ersten Ergebnissen aufwarten. Ebenso in der Lehre. Im Wintersemester 1909/10 habe er, so deutete Prandtl das Interesse der Studenten an diesem neuen Unterrichtsfach an, mit 20 Teilnehmern ein Seminar über „Aerodynamik in Luftschifffahrt" und im Sommersemester 1910 mit 16 Teilnehmern eines über „Stabilität der [Luftschiff-]Bewegungen" abgehalten. Außerdem habe er im Oktober 1909 an der Frankfurter Luftschifffahrtsaustellung mitgewirkt, einen „Luftschraubenwettbewerb" ausgetragen und sich an der Gründung einer neuen *Zeitschrift für Flugtechnik und Motorluftschifffahrt* beteiligt.[73] Bei der Luftschifffahrtsaustellung hatte er auch bereits „Betrachtungen über das Flugproblem" angestellt und dabei die für „Flugmaschinen" grundlegenden physikalischen Zusammenhänge zwischen der Größe der Tragflächen, Gewicht und erforderlicher Motorleistung dargelegt.[74] Für den „Luftschraubenwettbewerb" wurden unterschiedliche Propeller an einen Motor montiert, der einem auf Gleisen rollenden Versuchswagen einen mehr oder weniger großen Schub verlieh.

---

[72] [Prandtl, 1909].
[73] Protokoll der Generalversammlung der Göttinger Vereinigung, 17. und 18. Juni 1910. AMPG, III. Abt., Rep. 61, Nr. 2333.
[74] [Prandtl, 1910a].

Mit den dabei gewonnenen Erfahrungen wurde später an einer Eisenbahn-
teststrecke südlich von Göttingen eine Luftschraubenprüfstelle errichtet.[75]
    Für die 1910 erstmals erscheinende *Zeitschrift für Flugtechnik und Motor-
luftschifffahrt*, die im Unterschied zu populären Zeitschriften der wachsenden Zahl von Luftfahrt-begeisterten Ingenieuren ein Forum für die Diskussion technischer Fragen bot, betreute Prandtl den wissenschaftlichen Teil. Die
„ZFM", wie man sie kurz nannte, wurde in Deutschland zur führenden Fach-
zeitschrift für die Luftfahrttechnik. In dieser Zeitschrift erschienen auch in
loser Folge „Mitteilungen aus der Göttinger Versuchsanstalt", wo man sich
über gerade durchgeführte Modellversuche mit den jeweils erhaltenen Messergebnissen informieren konnte. Bei der „Reihe bemerkenswerter Resultate",
die Prandtl in seinem Bericht an die Göttinger Vereinigung im Juni 1910
erwähnte, handelte es sich den Mitteilungen in der ZFM zufolge um Messungen an ebenen und gewölbten Platten, die unter verschiedenem Anstellwinkel
dem Luftstrom im Windkanal ausgesetzt wurden, sowie um Widerstands- und
Druckmessungen an Luftschiffmodellen.[76]
    Besondere Bedeutung erlangten die von Georg Fuhrmann im Windkanal
der Modellversuchsanstalt durchgeführten Messungen an verschieden geformten Luftschiffmodellen (Abb. 3.4). Sie zeigten nämlich, dass für eine Verringerung des Luftwiderstands das Heck nicht wie bei den bisherigen Luftschiffen
zigarrenförmig abgerundet, sondern möglichst schlank zu einer Spitze aus-
laufend geformt werden musste, während der Bug nicht spitz sondern abgerundet sein sollte. Außerdem zeigten lange zylindrische Luftschiffkörper
einen höheren Widerstand als solche ohne zylindrisches Mittelstück. Fuhrmann machte seine Experimente auch zum Gegenstand einer Dissertation,
wobei er zunächst das Verhalten von Rotationskörpern in idealen Flüssigkeiten nach der Potentialtheorie untersuchte. Er erweiterte zu diesem Zweck die
von dem schottischen Ingenieur William John Rankine eingeführte Methode, Strömungen um bestimmte Körperformen aus einer gedachten Verteilung
von Quellen und Senken zusammenzusetzen. Im Vergleich mit der experimentell gemessenen Druckverteilung zeigte sich „längs eines großen Teiles
der Modelloberflächen sehr gute Übereinstimmung mit der aus der Potentialströmung berechneten", resümierte Fuhrmann; doch es war übereinstimmend
bei allen Modellen „in der gleichen Weise eine bedeutende Abweichung von
der theoretischen Druckverteilung am hinteren Ende zu erkennen". Nach der
Grenzschichttheorie war dieses Ergebnis auch zu erwarten, denn am hinteren
Ende des Modells kommt es zur Ablösung der Grenzschicht und im Nachlauf zur Verwirbelung der Strömung; bis zur Stelle der Grenzschichtablösung

---

[75] [Rotta, 1990a, S. 87–95]. Siehe dazu auch Aufzeichnungen in Cod. Ms. L. Prandtl 6, SUB und Kur
7464, UAG.
[76] [Rotta, 1990a, S. 69–74].

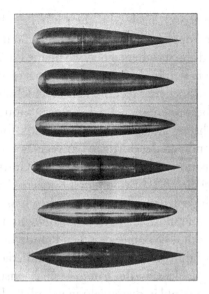

Abb. 3.4 Georg Fuhrmann bestimmte 1910 im Windkanal der Göttinger Modellversuchsanstalt die Druckverteilung von verschiedenen Luftschiffmodellen und ermittelte eine Form mit geringstem Luftwiderstand (drittes Modell von unten)

konnte mit einer guten Übereinstimmung der Versuchsergebnisse mit den aus der Potentialtheorie ermittelten theoretischen Druckwerten um den Modellkörper gerechnet werden.[77]

Fuhrmanns Arbeit war ein herausragendes Beispiel wissenschaftlicher Aeronautik. Das Ergebnis seiner Untersuchungen fand einen unmittelbaren Niederschlag in der Praxis. Fast alle nach 1910 konstruierten Luftschiffe kamen der Form sehr nahe, die in den Fuhrmannschen Windkanalversuchen den geringsten Widerstand aufwies.

3.5 Frisch verheiratet

„Du wirst es gleich mit zwei Rivalinnen aufzunehmen haben", schrieb Prandtl am 9. Mai 1909 an Gertrud Föppl, die Tochter seines Doktorvaters, nach München. „Es sind die Wissenschaft und die Luftschifffahrt."[78] Kurz vorher hatte er sich mit ihr verlobt. Die Verbindung zum Hause Föppl war seit seiner Assistentenzeit nie abgerissen. Mit der Professur an der technischen Hochschule in Hannover war aus Prandtl für August Föppl der „Herr College" geworden, mit dem er gerne über Fragen der technischen Mechanik fach-

---

[77] [Fuhrmann, 1912].
[78] Zitiert in [Vogel-Prandtl, 2005, S. 48].

simpelte.[79] Bei seinen Reisen nach München war Prandtl immer ein gerne gesehener Gast in der Föppl-Familie. „Besonders freuten wir uns über seine Besuche in Ammerland am Starnberger See, wo meine Eltern ein kleines Landhaus besaßen", erinnerte sich Ludwig Föppl, der jüngere Sohn August Föppls. Er hatte 1906 an der Münchener technischen Hochschule das Studium zum Maschineningenieur begonnen und kam 1908 nach Göttingen, um dort sein Studium mehr in Richtung angewandter Mathematik fortzusetzen. „Gerade der Umstand, dass Prandtl an der dortigen Universität wirkte, dürfte für meinen Vater mitbestimmend gewesen sein, mich nach Göttingen zu schicken", so erklärte sich Ludwig diesen Schritt in seiner Karriere. Auch Otto Föppl, der ältere Sohn, der sein Ingenieurstudium schon abgeschlossen hatte, kam nach Göttingen. Ihn machte Prandtl am 1. Januar 1909 zu seinem Assistenten an der Modellversuchsanstalt. Die Bande zwischen Prandtl und der Familie seines Doktorvaters reichten damit von München über Ammerland bis nach Göttingen. Prandtls „Anhänglichkeit an die Familie seines einstigen Chefs, meines Vaters", war für Ludwig Föppl in diesen Jahren jedenfalls deutlich zu spüren.[80]

Bei einem seiner zahlreichen Besuche in München oder Ammerland muss es dann zwischen Prandtl und der sechs Jahre jüngeren Gertrud gefunkt haben, denn als ihr Prandtl im April 1909 brieflich den Heiratsantrag machte, sagte sie sofort zu. Nun wurde aus dem Doktorvater auch noch der Schwiegervater. „Ich bin sehr erfreut, dass Sie mit meiner Tochter einig geworden sind, die Ehe einzugehen", schrieb August Föppl am 10. Mai 1909 an Prandtl:[81]

Da wir nun noch in engere Beziehung kommen werden als bisher, fordert die Grammatik, dass wir uns in Zukunft mit „Du" anreden werden, und ich mache davon sofort Gebrauch. Gertrud ist mir stets eine gute und liebevolle Tochter gewesen. Ich werde sie hier sehr vermissen. Zu Pfingsten hoffen wir, Dich mit unseren anderen Söhnen bei uns zu sehen. Über alle Einzelheiten können wir uns dann ja noch verständigen. Dein alter Lehrer und neuer Schwiegervater.

Seine Frau musste nicht die Grammatik bemühen, als sie Prandtl erstmals als Schwiegersohn ansprach:[82]

Auch ich will, wie mein Mann, gleich das vertraute Du einführen, indem ich Dich als lieben Sohn herzlich willkommen heiße. Ich freue mich sehr über diese Verbindung. Habe ich doch schon seit vielen Jahren eine besondere Vor-

---

[79] Siehe dazu die Korrespondenz in GOAR 2655.
[80] Ludwig Föppl: Erinnerungen an Ludwig Prandtl. Privatbesitz Familie Vogel.
[81] Zitiert in [Vogel-Prandtl, 2005, S. 47].
[82] Zitiert in [Vogel-Prandtl, 2005, S. 47].

liebe für Dich gehabt, und ich bin der festen Überzeugung, dass mein Kind an Deiner Seite ein Lebensglück findet.

Am 11. September 1909 wurde in München Hochzeit gefeiert. Die Föppls waren protestantisch, und Prandtl hatte sich innerlich schon lange vom katholischen Glauben gelöst, so dass er sich dem Wunsch des Schwiegervaters nach einer evangelischen Trauung fügte. Die Konfessionsfrage hatte zuvor vermutlich für Gesprächsstoff gesorgt, wurde aber einvernehmlich gelöst. August Föppl war wie Prandtl katholisch erzogen worden, hatte aber schon als Jugendlicher eine „Abneigung gegen die katholische Kirche" entwickelt, wie er in seinen Lebenserinnerungen schrieb. „So war es mir sehr lieb, dass meine Frau protestantisch war und meine Kinder protestantisch erzogen werden konnten, sowie auch, dass meine beiden Töchter, als sie katholische Männer heirateten, mit ihren Männern die protestantische Eheschließung und Kindererziehung vereinbarten."[83]

In Göttingen mietete sich das Paar eine Wohnung in guter Lage am Stadtrand, „zwölf Minuten zum Institut, neun Minuten zum Markt", wie Prandtl sie seiner Braut beschrieben hatte, als er ihr mehrere Wohnungsangebote zur Auswahl vorgelegt hatte.[84] Sie fühlten sich beide von Anfang wohl (Abb. 3.5). „Ein für alle mal war ich bei Prandtls zum sonntäglichen Mittagessen eingeladen", erinnerte sich Ludwig Föppl an seiner Göttinger Studienjahre. „Prandtl war kein Kostverächter. Er widmete sich dem Sonntagsbraten mit sichtlichem Genuss und ließ auch beim Essen seiner lebhaften Phantasie bei der Geschmackskombination verschiedener Gerichte, die auf dem Tische standen, freien Lauf. Nach dem Mittagessen setzte er sich nach kurzer Pause ans Klavier, einen schönen Bechsteinflügel, und phantasierte. Ich hörte ihm, in einem Sessel versunken, immer gerne zu und bewunderte seine Gabe, ohne Noten seine augenblickliche Stimmung musikalisch umzusetzen". Das Klavierspiel war für Prandtl auch ein Ausgleich für die Arbeit im Institut (Abb. 3.6). „Oft habe ich beobachtet, dass er am Abend abgespannt von der Tagesarbeit nach Hause kam, sich ans Klavier setzte und nach einer viertel oder halben Stunde Spielen erfrischt aufstand." Neben der Musik erholte sich Prandtl auch bei Spaziergängen im Göttinger Umland. Mindestens einmal in der Woche wollte er „einen tüchtigen Spaziergang" machen, berichtete sein Schwager in seinen Erinnerungen, und dies sei auch nötig gewesen, „da er bei der guten Ernährung, die ihm zu Hause vorgesetzt wurde, anfing an Umfang zuzunehmen". Auch das „Professorenturnen", an dem die beiden Schwager

---

[83] [Föppl, 1925, S. 45].
[84] Zitiert in [Vogel-Prandtl, 2005, S. 49].

Abb. 3.5 Das frisch vermählte Paar, wie es sich in der Göttinger Wohnung selbst fotografierte

an jedem Samstagnachmittag eine Stunde lang teilnahmen, half, überflüssige Pfunde abzubauen.[85]

Für Gertrud war das Leben als „Frau Professor" in der kleinen Universitätsstadt anfangs ungewohnt. „Sie war bald durch ihren neuen Lebenskreis ganz ausgefüllt", berichtete ihre Tochter. „Da ihr Mann damals noch keine eigene Sekretärin hatte, ergab es sich, dass sie für ihn Schreibarbeiten übernahm." Sie nahm oft Anteil an Prandtls beruflichen Angelegenheiten und verschaffte sich, so die Tochter, „ein wenig Zugang zu seiner geistigen Welt und vor allem Einblick in seinen Menschenkreis". Bei den ausgedehnten Sonntagsspaziergängen kam zwischen den beiden auch das zur Sprache, was Prandtl in seiner Forschung bewegte und was sich in seinem Institut die Woche über zugetragen hatte. Als Prandtl wieder einmal auf Dienstreise war und sie seine Gesellschaft beim Sonntagsspaziergang vermisste, beendete sie einen Brief an ihn mit dem Satz: „Lebe wohl, mein guter, guter Mann. Wenn ich allein durch den Wald wandere, dann unterhalte ich mich gewöhnlich mit Dir. Tausend Grüße Deine Gertrud."[86]

---

[85] Ludwig Föppl: Erinnerungen an Ludwig Prandtl. Privatbesitz Familie Vogel.
[86] Zitiert in [Vogel-Prandtl, 2005, S. 52–55].

Abb. 3.6 „Nach dem Mittagessen setzte er sich nach kurzer Pause ans Klavier, einen schönen Bechsteinflügel, und phantasierte" (Ludwig Föppl: Erinnerungen an Ludwig Prandtl)

Unter den Göttinger Professoren gehörte es zum guten Ton, die Kollegen mit ihren Ehefrauen nach Hause einzuladen. Auch dies war für die frisch ge-backene „Frau Professor" eine Herausforderung, an die sie sich erst gewöhnen musste. „Eine erste Geselligkeit fand in der Prinz-Albrecht-Straße laut einer Notiz am 7. 12. 1910 statt", berichtete Prandtls Tochter über ein solches Ereig-nis. „Die junge Ehefrau musste sich nun als Gastgeberin bewähren, nachdem sie im ersten Ehejahr bei Kollegenfamilien reihum eingeladen worden waren. Mein Vater war sehr glücklich, nach so vielen Göttinger Junggesellenjahren seine verehrten Kollegen endlich im eigenen Heim empfangen zu können. Es kamen das Ehepaar Hilbert, Geheimrat Klein und Frau, Professor Runge, Pro-fessor Wiechert, Professor Simon und andere zu ihnen zum Abendessen. Aus befriedigten Äußerungen meines Vaters zu schließen, muss es ein gelungener Abend gewesen sein." Prandtl kam bei solchen Geselligkeiten zugute, dass er auch auf dem Klavier für anspruchsvolle Unterhaltung sorgen konnte:[87]

---

[87] [Vogel-Prandtl, 2005, S. 53–55].

Als meine Eltern einmal bei Kollegen zu Gast waren, die auch einen Flügel besaßen, teilte die Frau des Hauses ihnen voll Bedauerns mit, dass seit einiger Zeit eine Taste ohne Ton sei, sonst hätte sie so gern meinen Vater gebeten, darauf vorzuspielen. Er präludierte ein wenig und musste feststellen: Trotz kräftigen Anschlags blieb die Taste stumm. Während man nun im anstoßenden Zimmer bei bester Unterhaltung zusammensaß, begab sich mein Vater unbemerkt hinüber in das Nebenzimmer, um den Flügel zu untersuchen. Er klappte ihn behutsam auf und fand bald die Ursache heraus, warum die eine Taste ohne Ton blieb: Ein Fingerhut war zwischen die Saiten gefallen und klemmte dort fest. Nachdem er ihn vorsichtig herausgeholt hatte, setzte er sich nun vor den Flügel und begann zu spielen, mächtig von den tiefen Bässen bis hinauf zum Diskant in reichen Harmonien. Man horchte. Als die Hausfrau die Zwischentür öffnete, sagte er, sie müsse sich wohl geirrt haben, es seien alle Töne in Ordnung, er habe es doch soeben probiert. Sie schaute ihn ungläubig an und wollte ihm den einen Ton zeigen – siehe, da klang er ganz richtig. Die Gastgeberin fing nun an zu beteuern, dass die Taste noch gestern ohne Ton gewesen sei. Da meinte mein Vater, er habe ihr etwas abzuliefern, was er gefunden habe, und überreichte ihr zur Erheiterung der übrigen Gäste den Fingerhut. Nun wurde er gebeten, noch einmal zu spielen. Die freudige Zustimmung der kleinen Gesellschaft war ihm Dank genug.

Mit der Darstellung solcher Begebenheiten verklärt die Tochter das Bild ihres Vaters; aber unabhängig davon wirft die Schilderung auch ein Schlaglicht auf das Milieu in der kleinen Universitätsstadt Göttingen vor dem Ersten Weltkrieg. Allein dass über solche Begebenheiten im Familiennachlass Notizen überliefert sind, zeigt, dass die darin beschriebenen „Geselligkeiten" mehr als bloße Freizeitvergnügungen waren. Für die Anerkennung im Kollegenkreis war es jedenfalls nicht unbedeutend, auch dabei eine gute Figur zu machen. Die beiden „Rivalinnen", mit denen es Gertrud als „Frau Professor" aufnehmen musste, begegneten ihr auch bei solchen Einladungen. Prandtls Verpflichtungen gingen dabei noch über das hinaus, was von anderen Göttinger Professoren erwartet wurde. Das Institut für angewandte Mechanik an der Universität, die Modellversuchsanstalt und die im Hintergrund als Geldgeber agierende Göttinger Vereinigung und die Motorluftschiff-Studiengesellschaft erforderten seinen Einsatz nicht nur im akademischen Milieu, sondern auch in den Sphären der Industrie und Politik. Dies sollte sich in den folgenden Jahren noch verstärken.

3.6   Ambitionierte Pläne

Eigentlich konnte Felix Klein mit der Entwicklung, die er 1904 durch die Berufungen von Runge und Prandtl in Gang gesetzt hatte, durchaus zufrieden sein. Das Institut für angewandte Mathematik und Mechanik und die daran angebundene wissenschaftliche Aeronautik verkörperten eine erfolgreiche Umsetzung seiner Pläne für eine Annäherung von Wissenschaft und Technik. Mit dem Erfolg kam aber auch die Gefahr, Prandtl durch eine Berufung an eine technische Hochschule wieder zu verlieren. Schließlich hatte Prandtl schon im Vorfeld seiner Berufung nach Göttingen keinen Hehl daraus gemacht, dass er „nach Kräften an der Hebung der Wissenschaftlichkeit im Unterricht an den technischen Hochschulen" mitwirken wolle und er die Göttinger Professur („die wie ich denke, nicht meine letzte sein wird") vor allem als Gelegenheit betrachtete, „meinen eigenen wissenschaftlichen Wert zu heben und mich für künftige Aufgaben vorzubereiten".[88] Bereits im Frühjahr 1907 hatte ein Ruf Prandtls an die Technische Hochschule Stuttgart gezeigt, dass mit dieser Möglichkeit jederzeit zu rechnen war. Prandtl hatte diesen Ruf abgelehnt, da man ihm in Göttingen künftig die landwirtschaftliche Maschinenkunde als Lehrgebiet ersparte und er zum Ordinarius ernannt wurde, wenngleich sich damit an seinem Einkommen nichts änderte, das nach wie vor dem eines Extraordinarius entsprach.[89] Aber es war nur eine Frage der Zeit, bis Prandtl von einer anderen technischen Hochschule wieder einen Ruf erhalten würde, der ihm dann bessere Entwicklungsmöglichkeiten bieten würde als die Abteilung für angewandte Mechanik in dem mit Runge gemeinsam geleiteten Institut. Auch die Modellversuchsanstalt war zunächst ja nur als eine zeitlich begrenzte Einrichtung gedacht, die nach drei Jahren ausgedient haben würde, wenn die für die Verbesserung der Luftschifftechnik nötigen Messungen durchgeführt worden waren.

Vor diesem Hintergrund entwarfen Klein und Prandtl schon bald Pläne für ein neues Institut, in dem Prandtl seinem Forschungsinteresse in größerem Umfang nachgehen konnte. „Ich fasste schon wieder neue Ideen zur Weiterentwicklung unserer Einrichtungen", schrieb Klein am 17. Oktober 1910 an Böttinger als Vorsitzenden der Göttinger Vereinigung. Er regte an, „den Ausbau des Prandtlschen Instituts für Aerodynamik bei der Kaiser-Wilhelm-Gesellschaft als eine hochwichtige Aufgabe" anzumelden.[90] „Wir bedürfen Anstalten, die über den Rahmen der Hochschule hinausgehen und, unbeeinträchtigt durch Unterrichtszwecke, aber in enger Fühlung mit Akademie und

---

[88] Prandtl an Klein, 4. Mai 1904. SUB, Cod. Ms. F. Klein, 2F, 3.

[89] Prandtl an den Kurator, 30. März 1907; Althoff an Prandtl, 4. Juli 1907. UAG, Kur. PA Prandtl, Ludwig, Bd. 1.

[90] Zitiert nach [Rotta, 1990a, S. 99].

Universität, lediglich der Forschung dienen", so hatte Wilhelm II. eine Woche zuvor anlässlich der Hundertjahrfeier der Berliner Universität am 11. Oktober 1910 Industrielle, Bankiers und andere finanzkräftige Persönlichkeiten zur Gründung einer Fördergesellschaft aufgerufen.[91] Die „Kaiser-Wilhelm-Gesellschaft zur Förderung der Wissenschaften e. V." wurde offiziell erst am 11. Januar 1911 gegründet, aber Böttinger gehörte zusammen mit Krupp und anderen Industriellen aus der Göttinger Vereinigung auch in dieser Organisation zu den Gründungsmitgliedern. In der Göttinger Vereinigung dürfte man daher schon vor der kaiserlichen Aufforderung von den Plänen zur Gründung einer neuen Fördergesellschaft bestens unterrichtet gewesen sein. Wenn Klein für Prandtl also ein, von der Kaiser-Wilhelm-Gesellschaft gefördertes Forschungsinstitut anregte, in dem die von Prandtl definierten wissenschaftlichen Fragen verfolgt werden sollten, so war diese „Idee" kein bloßes Luftschloss. Der Ausbau des Instituts für angewandte Mathematik und Mechanik war schon früher zwischen Klein, Prandtl und dem Kurator der Göttinger Universität diskutiert worden, aber nicht über einige Planskizzen hinaus gediehen. Jetzt gab die Gründung der Kaiser-Wilhelm-Gesellschaft diesen Plänen einen soliden Rückhalt.

Als die Göttinger Vereinigung ein halbes Jahr später auf Einladung Krupps in der Villa Hügel in Essen zusammen kam, konnte im Protokoll unter der Überschrift „Beziehungen zur Kaiser-Wilhelm-Gesellschaft für wissenschaftliche Forschung" bereits festgehalten werden, dass Prandtl „durch Vermittlung des Herrn v. Böttinger eine Eingabe an die K. W. G. gerichtet" hatte, um den Bau eines „Instituts für aerodynamische und hydrodynamische Aufgaben" zu ermöglichen. „Nachdem durch Vermittlung unserer G. V. an der Göttinger Universität der erste Lehrauftrag in der Welt für Aerodynamik errichtet" und „Herr Professor Prandtl unter Mitwirkung der Motorluftschiff-Studiengesellschaft" bereits entsprechende Messeinrichtungen geschaffen habe, sei es „naheliegend, dass in erster Linie in Göttingen diese Studien und Untersuchungen weiter durchgeführt werden". In der dem Protokoll beigefügten Abschrift der Eingabe an den Senat der KWG wurde „die Lehre von den Flüssigkeitsbewegungen (im Hinblick auf ihre flugtechnischen Anwendungen)" zu den Wissenschaftsgebieten gezählt, die vordringlich gefördert werden müssten. Nicht zuletzt komme einer solchen Förderung auch „mit Rücksicht auf die Landesverteidigung eine besondere nationale Bedeutung" zu.[92]

---

[91] Zitiert nach [Lemmerich, 1981, S. 55]; zur Geschichte der KWG siehe auch [Vierhaus und vom Brocke, 1990].
[92] Protokoll der Göttinger Vereinigung, Sitzung vom 24. und 25. April 1911. AMPG, III. Abt., Rep. 61, Nr. 2334.

Was sich Prandtl unter einem solchen Institut vorstellte, hatte er zuvor in einer sieben Seiten umfassenden „Denkschrift" zu Papier gebracht. Er unterschied fünf Arbeitsrichtungen, die jedoch „vielfach ineinander greifen" würden:[93]

1. Luftwiderstandsuntersuchungen aller Art,
2. Studien über das Strömen von Wasser und Luft in Kanälen,
3. Untersuchung der Wirkung von Schraubenpropellern und von Schaufelrädern der Gebläse.
4. Ausarbeitung von geeigneten Messinstrumenten für strömende Luft und Durchführung von Präzisionseichungen dieser Instrumente.
5. Studium der Bewegung des natürlichen Windes und seines Einflusses auf den Luftwiderstand.

Dabei war er sehr darum bemüht, diese Untersuchungen nicht als bloße aerodynamische Zweckforschung zu charakterisieren. Dies sollte einer „Reichsversuchsanstalt für Luftschifffahrt" vorbehalten bleiben, für die er im Auftrag des Reichskanzlers eine getrennte Denkschrift verfasste.[94] Das von der KWG zu fördernde Institut sollte die Strömungsvorgänge in Gasen und Flüssigkeiten gleichermaßen untersuchen. „Erst durch die Beobachtung der analogen Erscheinung an einem Gase und einer Flüssigkeit wird in vielen Fällen ein vervollkommnetes Bild der wirkenden Gesetzmäßigkeiten zu gewinnen sein." Dafür seien in seinem Universitätsinstitut schon eine Reihe von Erfahrungen gesammelt worden, so dass es sich anbiete, das neue Institut ebenfalls in Göttingen zu errichten und mit dem Universitätsinstitut „rege Fühlung" zu halten. Außerdem komme bei der Hydro- und Aerodynamik der Mathematik ein besonderer Stellenwert zu, „und zwar ist es vielfach höhere und höchste Mathematik". Deshalb sollte den dort beschäftigten Forschern die Möglichkeit geboten werden, mathematische Vorlesungen zu besuchen. Dafür sei „Göttingen als die Mathematiker-Universität par exellence hervorragend geeignet", so dass auch aus diesem Grund dieses Institut in enger Nachbarschaft zur Göttinger Universität gebaut werden sollte. Wie ambitioniert Prandtls Pläne waren, zeigte sich in aller Deutlichkeit bei den Ausmaßen und den Einrichtungen, die er für das neue Institut vorsah. Es sollte Platz für eine Modellversuchsanstalt „nach dem wohlbewährten Muster der Göttinger Anstalt" bieten, d. h. mit einem Windkanal und allen dazu gehörigen Messvorrichtungen ausgestattet sein, wobei er aber von „einer größeren Wandlungsfähigkeit zur Anpassung an zukünftige Aufgaben" ausging. Die hydrodynamischen

---

[93] Denkschrift über die Errichtung eines Forschungsinstituts für Aerodynamik und Hydrodynamik in Göttingen, 16. Februar 1911. AMPG, Abt. I, Rep. 1A, Nr. 1466. Auch abgedruckt in [Rotta, 1990a, S. 99–102].
[94] [Rotta, 1983].

Versuche sollten in einem „etwa 60 m langen und 6–7 m breiten Kanalhaus" durchgeführt werden. Dazu sah er einen Maschinensaal vor, der sich in der Höhe durch zwei Stockwerke erstreckte und in dem Windkessel, Pumpen, Ventilatoren und andere Gerätschaften Platz finden sollten. Außerdem wollte er einen „Rundlaufsaal", der „vorwiegend zur Eichung von Messinstrumenten" dienen sollte. Die Grundfläche des Gebäudes sollte 65 mal 15 m betragen. Auch in den Kosten spiegelten sich die Ambitionen wider: Allein die einmalig anfallenden Kosten für den Bau und die Einrichtung schätzte er auf 360.000 Mark. Die jährlich anfallenden Kosten für das Personal (ein Direktor, zwei Abteilungsleiter, vier „Beobachter" und vier Mechaniker) und die Durchführung der Experimente gab er mit 57.000 Mark an.[95]

Verglichen damit verursachte die nur aus dem Windkanal mit einem Messquerschnitt von 2 mal 2 m und einem Beobachtungsraum bestehende Modellversuchsanstalt nur einen Bruchteil dieser Kosten. Prandtls Formulierung, wonach das neue Institut eine „nach dem wohlbewährten Muster der Göttinger Anstalt" eingerichtete „Modellversuchsanstalt" enthalten sollte, ließ offen, ob die bestehende Modellversuchsanstalt in das neue Institut integriert oder als getrennte Anstalt erhalten werden sollte. Vermutlich wollte er damit Möglichkeiten für verschiedene Finanzierungsmodelle und Trägerschaften offen halten. Es war auch unklar, wie seine eigene Position als Direktor eines von der KWG finanzierten Institutes mit seiner Stellung als Universitätsprofessor und Leiter der bestehenden Modellversuchsanstalt in Einklang gebracht werden konnte. Bei der Generalversammlung der Göttinger Vereinigung auf der Villa Hügel im April 1911 wurde jedoch schon deutlich, dass mit einer raschen Klärung dieser Fragen nicht zu rechnen war. Böttinger informierte die versammelten Mitglieder darüber, dass die KWG zunächst feststellen wolle, „welche Leistungen und Verpflichtungen der Staat in den genannten Richtungen zu übernehmen" habe und dass „entsprechende Verhandlungen mit dem preußischen Herrn Unterrichts-Minister eingeleitet" worden seien.[96]

Damit deutete sich schon an, dass vor der Errichtung eines Kaiser-Wilhelm-Instituts, das Prandtls Ambitionen gerecht werden sollte, Fragen zu klären waren, die verschiedene staatliche Instanzen und ganz unterschiedliche politische Sphären betrafen. Projekte dieser Größenordnung konnten nicht allein aus privaten Spenden finanziert werden und bedurften der Abklärung rivalisierender Interessen. Anders als bei der Modellversuchsanstalt, die im Wesentlichen mit den Mitteln der Göttinger Vereinigung finanziert werden konnte, stellte

---

[95] Denkschrift über die Errichtung eines Forschungsinstituts für Aerodynamik und Hydrodynamik in Göttingen, 16. Februar 1911. AMPG, Abt. I, Rep. 1A, Nr. 1466. Auch abgedruckt in [Rotta, 1990a, S. 99–102].

[96] Protokoll der Göttinger Vereinigung, Sitzung vom 24. und 25. April 1911. AMPG, III. Abt., Rep. 61, Nr. 2334.

sich mit der KWG die Frage der außeruniversitären Forschungsfinanzierung auf eine neue Weise. Es sollte noch zwei Jahre dauern, bis das Berliner Kultusministerium bereit war, sich zur Hälfte an einem „verkleinerten Projekt" zu beteiligen, dessen Baukosten „rund 300.000 Mark" nicht übersteigen sollten. Danach erteilte der Senat der KWG dem Projekt am 17. Juni 1913 grünes Licht. Doch das Finanzministerium weigerte sich, die Zusage des Kultusministeriums in die Tat umzusetzen und die nötigen Mittel als Nachtragsetat in den Staatshaushalt aufzunehmen. Dies verzögerte die Finanzierung bis ins Jahr 1914. Nach dem Ausbruch des Ersten Weltkriegs wurden alle weiteren Verhandlungen um eine Freigabe der Mittel auf unbestimmte Zeit vertagt.[97]

3.7 Experte für Flugwissenschaft

Dass dem Plan eines Kaiser-Wilhelm-Instituts für Aero- und Hydrodynamik keine reibungslose Realisierung beschieden war, hatte nicht zuletzt mit Prandtls eigenem Aufstieg zu einem gefragten Experten in wissenschaftlich-technischen Luftfahrtangelegenheiten zu tun. Im September 1909 hatte Graf Zeppelin den Bau einer Versuchsanstalt für Luftschifffahrt in der Nähe seiner Werft bei Friedrichshafen am Bodensee angeregt. Der Berliner Reichstag münzte den Plan in ein nationales Projekt um; das Reichsamt des Innern wurde damit beauftragt, die Gründung einer „Reichsanstalt für Luftschifffahrt und Flugtechnik" vorzubereiten. In der Folge kam es zu heftigen Diskussionen zwischen den verschiedenen staatlichen Instanzen, die an das Projekt mit ganz unterschiedlichen Erwartungen herangingen, was die Finanzierung, Organisation und den Standort betraf. Für die Auslegung einer solchen Anstalt holte man verschiedene Gutachten ein, unter anderen beim Pionier der wissenschaftlichen Ballonfahrt Hugo Hergesell, der als Direktor der Meteorologischen Landesanstalt Elsass-Lothringen und langjähriger Berater Zeppelins die neue Wissenschaft, die aeronautische Meteorologie, repräsentierte, und bei Prandtl, dessen kurz zuvor eröffnete Göttinger Modellversuchsanstalt trotz ihrer bescheidenen Größe und Ausstattung ein Muster für die geplante Reichsanstalt abgab. „Der Herr Reichskanzler beabsichtigt", so gab der preußische Kultusminister den Auftrag an Prandtl weiter, „die Frage durch Gutachten von Sachverständigen weiter aufzuklären und legt in erster Linie Wert darauf, ein solches Gutachten von Ew. Hochwohlgeboren zu erhalten".[98]

Im März 1911 reiste Prandtl nach Berlin, wo er im Innenministerium die dort inzwischen angefallenen Unterlagen studierte und mit Experten ande-

---

[97] [Rotta, 1990a, S. 102–114].
[98] Kultusminister (Freiherr von Trott zu Solz) an Prandtl, 6. Februar 1911. Zitiert in [Rotta, 1983, S. 32].

rer Versuchsanstalten wie dem Eisenbahnzentralamt verschiedene Aspekte des Projekts diskutierte. „Ich habe in der Zwischenzeit viel hin und her überlegt", schrieb er nach der Rückkehr aus Berlin an Hergesell, mit dem er ein gemeinsames Gutachten vereinbart hatte. Er schlug vor, die Anstalt in eine aerodynamische, eine technische und eine physikalische Abteilung aufzugliedern, „deren Arbeiten allerdings vielfach ineinander greifen" würden – eine Dreiteilung, die auch im endgültigen Gutachten beibehalten wurde, das Hergesell und Prandtl am 26. Juni 1911 nach Berlin sandten.[99] Auch in seiner Denkschrift für das Kaiser-Wilhelm-Institut hatte Prandtl betont, dass dessen Arbeiten „Berührung mit denen der geplanten Reichsversuchsanstalt für Luftschifffahrt haben" würden, wenngleich Letztere „wesentlich den jeweils praktischen Bedürfnissen der Luftschifffahrt dienen" sollte.[100]

Für die Ministerialbürokratie dürfte die Betonung der praktischen Bedürfnisse auf der einen Seite und der Notwendigkeit des Ineinandergreifens der verschiedenen Arbeitsrichtungen auf der anderen jedoch eher ein Beleg dafür gewesen sein, dass man bei knappen Finanzen (das Gutachten von Hergesell und Prandtl sah für die Reichsanstalt einen einmaligen Betrag von 410.000 Mark und laufende Ausgaben von jährlich 210.000 Mark vor)[101] auf das eine oder das andere verzichten konnte. Jedenfalls kam es auch in Sachen Reichsanstalt nicht zu einer raschen Einigung. Erst nach einem Machtwort des Kaisers wurden die dazu nötigen staatlichen Gelder freigegeben. Von einer Reichsanstalt war am Ende keine Rede mehr. Die „Deutsche Versuchsanstalt für Luftfahrt", wie diese Forschungseinrichtung schließlich hieß, wurde 1912 in Berlin-Adlershof errichtet. Den Ausschlag gab am Ende die militärische Bedeutung der Luftfahrt beim Ringen um die Vormachtstellung in Europa. Wilhelm II. erklärte „die Errichtung einer deutschen Versuchsanstalt für Luftfahrt und Flugtechnik – nach dem Vorgange Frankreichs – für dringend wünschenswert".[102]

Es ist kein Zufall, dass ab 1911 zunehmend von „Luftfahrt" die Rede war, wo zuvor meist nur „Luftschifffahrt" gemeint war. Bei einer Reichstagssitzung im März 1911 hatte der Staatssekretär im Innenministerium, Clemens von Delbrück, der anfangs die Errichtung einer Reichsanstalt für Luftschifffahrt kategorisch abgelehnt hatte, eingeräumt, dass man die „Aviatik" nun nicht mehr nur „unter dem Gesichtspunkt der Entwicklung des lenkbaren Luftschiffs betrachten" könne.[103] Als die Göttinger Vereinigung um dieselbe Zeit ihre nächste Generalversammlung plante, lud Prandtl dazu den Flugpionier

---

[99] [Rotta, 1983].
[100] Denkschrift über die Errichtung eines Forschungsinstituts für Aerodynamik und Hydrodynamik in Göttingen, 16. Februar 1911. AMPG, Abt. I, Rep. 1A, Nr. 1466. Siehe auch [Rotta, 1990a, S. 100].
[101] [Rotta, 1983, S. 64f.].
[102] [Trischler, 1992, S. 70–83].
[103] [Trischler, 1992, S. 78].

August Euler ein, der in Frankfurt eine Flugschule aufbaute und mit nachgebauten Doppeldeckern des französischen Typs „Voisin" für Aufsehen sorgte. Er sei bereit, so bedankte sich Euler für die Einladung, „mit ein oder zwei Flugmaschinen, evtl. auch mit einem meiner Schüler nach Göttingen zu kommen, dort entsprechende Vorträge zu halten und im Anschluss an die Vorträge die einzelnen Momente dieser Vorträge durch Flüge praktisch zu veranschaulichen".[104] Prandtl betrachtete dies als eine willkommene Gelegenheit, um über den Kreis der Göttinger Vereinigung hinaus Interesse an der Flugtechnik zu wecken – wohl auch mit Blick darauf, dass eine solche Veranstaltung seinen Ruf als flugwissenschaftlicher Experte festigen und die Realisierung des geplanten Kaiser-Wilhelm-Instituts fördern könnte. Das Echo auf eine Umfrage, die Prandtl im Juli 1911 an potentielle Interessenten richtete, war überwältigend. Danach erweiterte Prandtl die Zusammenkunft der Göttinger Vereinigung im November 1911 zu einer dreitägigen „Versammlung von Vertretern der Flugwissenschaft".[105]

Wie die Teilnehmerliste dieses Kongresses zeigt, kamen dabei Vertreter höchst unterschiedlicher Wissenschafts- und Technikeinrichtungen (Universitäten, technische Hochschulen, Versuchsanstalt für Wasserbau und Schiffbau, Astrophysikalisches und Meteorologisches Observatorium Potsdam), Behörden (Preußisches Kultusministerium, Reichsamt des Innern, Reichsmarineamt, Preußisches Kriegsministerium) sowie Persönlichkeiten aus namhaften Firmen oder anderen Institutionen (Luftschiffbau Zeppelin, Zeiss-Werk, Firma Krupp, Verlag Ackermann-Teubner, VDI, Deutsches Museum) zusammen. Um den Gesprächsfaden zwischen diesen unterschiedlichen Sphären nicht abreissen zu lassen, sorgten Böttinger, Klein und Prandtl im Februar 1912 mit einem Rundbrief an die Teilnehmer der „überaus erfreulichen Zusammenkunft" in Göttingen dafür, dass die dort angebahnten Beziehungen „in geeigneter Weise weiter gepflegt" wurden. Sie regten die Gründung einer Gesellschaft an, die „dem Zusammenschluss von technischen und wissenschaftlichen Vertretern der Luftschifffahrt und Flugtechnik dienen" sollte. Als Muster dafür diente ihnen die „Deutsche schiffbautechnische Gesellschaft", die mit einem eigenen Publikationsorgan und mit regelmäßigen Zusammenkünften sehr erfolgreich den unterschiedlichen, am Schiffbau interessierten Kreisen ein gemeinsames Forum bot. Auch für diesen Vorschlag ernteten Prandtl und seine Mitinitiatoren eine rasche und breite Zustimmung, so dass sie bereits zwei Monate später am Eröffnungstag der Allgemeinen Luftfahrzeug-Ausstellung in Berlin die Gründungsversammlung der neuen Gesellschaft veranstalten konnten. Die „Wissenschaftliche Gesellschaft für

---

[104] Euler an Prandtl, 20. März 1911, abgedruckt in [Rotta, 1990a, S. 62].
[105] [Prandtl, 1912b]. Siehe dazu auch den Briefwechsel in GOAR 3731.

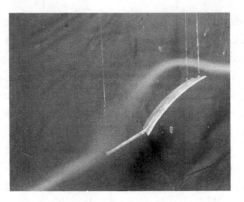

Abb. 3.7 Der Auftrieb der Tragfläche eines „Aeroplan" wird durch Luftablenkung nach unten erzeugt. Dies wurde 1910 im Windkanal der Modellversuchsanstalt mit Rauch an einer schräg gestellten Platte sichtbar gemacht

Flugtechnik" (WGF), wie sie zunächst hieß, wurde zwei Jahre später in „Wissenschaftliche Gesellschaft für Luftfahrt" (WGL) umbenannt, was aber nichts an der zentralen Rolle änderte, die Prandtl darin als Mitglied des geschäftsführenden Vorstands ausübte.[106]

Als Organ diente der neuen Gesellschaft die *Zeitschrift für Flugtechnik und Motorluftschifffahrt*, deren wissenschaftlichen Teil Prandtl schon seit ihrer Gründung im Jahr 1910 betreute und in der er auch die „Mitteilungen aus der Göttinger Versuchsanstalt" erscheinen ließ. Hier ließ er auch seinen bei dem Göttinger Kongress im November 1911 gehaltenen Vortrag über „Ergebnisse und Ziele der Göttinger Modellversuchsanstalt", der im Tagungsband ebenfalls enthalten war,[107] noch einmal abdrucken.[108] Darin gab er unter Verweis auf die bis zu diesem Zeitpunkt erschienenen „Mitteilungen aus der Göttinger Versuchsanstalt" eine knappe Übersicht über die von Georg Fuhrmann und Otto Föppl durchgeführten Windkanalversuche – und ließ erstmals öffentlich erkennen, dass er auf dem Weg zu einer neuen Theorie über den Auftrieb und Widerstand eines „Aeroplans" war. Sie wurde später als „Prandtlsche Tragflügeltheorie" bezeichnet und verschaffte ihm den Ruf als Begründer der Flugzeug-Aerodynamik. Dass dies keine Angelegenheit bloßer Theorie war, zeigen Windkanalversuche in der Modellversuchsanstalt an schräg gestellten Platten, bei denen die Luftströmung mit Rauch sichtbar gemacht wurde (Abb. 3.7).

Vor seinen Studenten hatte Prandtl schon in seiner ersten Vorlesung über die wissenschaftlichen Grundlagen der Luftschifffahrt im Sommersemester

---

[106] [Rotta, 1990a, S. 64–68].
[107] [Prandtl, 1912b, S. 19–22].
[108] [Prandtl, 1912a].

1909 die Vorstellung geäußert, dass sich dabei ein Wirbel bildet, der an den seitlichen Enden der Platte Hufeisen-förmig nach hinten gebogen wird. Möglicherweise stammte die Anregung dafür von Frederick Lanchester, der im September 1908 Göttingen besucht hatte und dessen 1907 erschienenes Buch *Aerodynamics, constituting the First Volume of a Complete Work on Aerial Flight* von Runge und seiner Frau ins Deutsche übersetzt wurde.[109] Bei seinem Vortrag auf dem Göttinger Kongress machte Prandtl die Auftriebserzeugung durch Wirbelbildung folgendermaßen plausibel:[110]

Der vom Aeroplan erzeugte Auftrieb ist nach dem Prinzip von Aktion und Reaktion notwendig verknüpft mit einem absteigenden Luftstrom hinter dem Aeroplan. Es hat sich nun als sehr nützlich erwiesen, die näheren Umstände dieses absteigenden Luftstroms zu untersuchen. Es zeigt sich, dass der absteigende Luftstrom durch ein Wirbelpaar gebildet wird, dessen Wirbelfäden von den Flügelenden des Aeroplans ausgehen. Der Abstand der beiden Wirbel ist gleich der Spannbreite des Aeroplans, die Wirbelstärke gleich der Zirkulation der Strömung um den Aeroplan; die Strömung in der Umgebung des Aeroplans lässt sich vollständig angeben durch Überlagerung der gleichförmigen Strömung mit der eines in nebenstehender Weise aus drei geraden Stücken zusammengesetzten Wirbels.

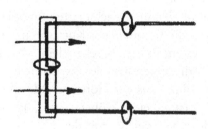

Derartige Betrachtungen haben sich bereits sehr gut bewährt beim Studium der Beeinflussung einer Steuerfläche durch die voraufgehende Tragfläche. Das vorhin angedeutete Strömungssystem ergibt an der Stelle, wo sich das Steuer befindet, einen ganz bestimmten absteigenden Luftstrom, dessen Stärke von dem Auftrieb der Tragfläche abhängt; dementsprechend erhält die Steuerfläche in der waagrechten Lage Abtrieb, der bei einer bestimmten Aufdrehung verschwindet. Die beobachtete Aufdrehung stimmt in sehr befriedigender Weise mit der berechneten überein.

---

[109] [Rotta, 1990a, S. 189f.], [Bloor, 2011, S. 133].
[110] [Prandtl, 1912a, S. 34].

Damit erweiterte Prandtl die Theorie des aerodynamischen Auftriebs von Wilhelm Martin Kutta und Nikolai Joukowsky, die einige Jahre zuvor gezeigt hatten, wie die Strömung um einen unendlich ausgedehnten Flügel in der Ebene des Profilquerschnitts mit Mitteln der Funktionentheorie berechnet werden kann.[111] Diese Berechnungsmethode war auf zweidimensionale Strömungen beschränkt. Die Kutta-Joukowskysche Theorie legte aber auch für den realen Flügel endlicher Spannweite nahe, dass für den Auftrieb die Zirkulation um den Flügel, also ein Wirbel verantwortlich ist. Nach der Theorie reibungsloser Fluide ist ein solcher Wirbel nur möglich, wenn er in sich geschlossen ist. Der Wirbel um eine Tragfläche endlicher Spannweite musste sich also zu einem Wirbelring vervollständigen lassen, wenn man die Kutta-Joukowskysche Theorie auf drei Dimensionen erweiterte. Physikalisch lässt sich dies damit erklären, dass die Luft an den beiden Tragflächenenden als Folge des Druckunterschieds zwischen der Ober- und Unterseite des Flügels zu Wirbelzöpfen verdrillt wird, die den Tragflächenwirbel hufeisenförmig nach hinten biegen. Das zum Ring fehlende letzte Teilstück bleibt als „Anfahrwirbel" an der Stelle zurück, wo sich der den Auftrieb erzeugende „gebundene Wirbel" zuerst gebildet hat.

Im Jahr 1911 hatte Prandtl diese Vorstellung aber noch nicht zu jener Theorie ausgebildet, die nach dem Ersten Weltkrieg als Tragflügeltheorie in der Aeronautik für Aufsehen sorgte. Immerhin lieferte sie ihm „eine Möglichkeit, die Versuchsergebnisse auf den unendlich breiten Aeroplan zu extrapolieren", mit dem Ergebnis, „dass die Resultate der Kuttaschen Theorie des unendlich breiten Aeroplans wenigstens in dem Bereich kleiner Wölbungen und kleiner Steigungswinkel durch die Ergebnisse des Experiments wohl bestätigt werden".[112] In der 9. Mitteilung aus der Göttinger Modellversuchsanstalt über den „Auftrieb und Widerstand eines Höhensteuers, das hinter der Tragfläche angeordnet ist", wurde zum Vergleich mit den Messergebnissen ohne Ableitung eine „Prandtlsche Formel" für das Verhältnis der vertikal nach unten abgelenkten Strömungsgeschwindigkeit zur horizontalen Strömungsgeschwindigkeit benutzt, die vermuten lässt, dass Prandtl seine Theorie schon in rudimentärer Form ausgearbeitet hatte. „Die Theorie wurde von Prof. Prandtl", so bemerkte der Bearbeiter dieser Mitteilung (Otto Föppl) dazu in einer Fußnote, „in seiner Vorlesung über Aerodynamik und Luftschifffahrt WS 1910/11 gebracht und soll in der nächsten Zeit in dieser Zeitschrift veröffentlicht werden".[113] Zu einer solchen Veröffentlichung kam es jedoch vor dem Ersten

---

[111] [Kutta, 1902, Kutta, 1910, Joukowsky, 1906, Joukowsky, 1910].
[112] [Prandtl, 1912a, S. 35].
[113] [Föppl, 1911, S. 184].

Weltkrieg nicht mehr, obwohl immer wieder Teilergebnisse der Theorie für den Vergleich mit Messwerten aus dem Windkanal herangezogen wurden.[114] Prandtls Reputation als flugwissenschaftlicher Experte wurde auch im Ausland zur Kenntnis genommen. Unter der Überschrift „Aerial Engineering" informierte das amerikanische Wissenschaftsmagazin *Science* seine Leser im Jahr 1912 über den internationalen Stand dieses neuen Ingenieurfachs – und zählte dabei die Göttinger Modellversuchsanstalt zu den weltweit bedeutendsten Forschungseinrichtungen auf diesem Gebiet. „Professor Prandtl, who also holds the chair of aeronautics in the University of Göttingen, is director of the laboratory, and has as advisers Germans prominent in physics and engineering", so wurde Prandtl auch namentlich genannt, neben Persönlichkeiten wie Gustave Eiffel, dem Erbauer des Pariser Eiffelturms, der auf dem benachbarten Champs de Mars „a large wind-chamber" betrieb und als Pionier der experimentellen Aerodynamik Weltruhm genoss.[115]

Umgekehrt knüpfte auch Prandtl sehr bald Kontakte zu seinen Kollegen in Frankreich und England, wo die Flugtechnik gegenüber Deutschland weiter fortgeschritten war. Im Oktober 1913 besichtigte er Eiffels aerodynamische Versuchsanstalt, die inzwischen in den Pariser Stadtteil Auteuil verlegt worden war, sowie andere aerodynamische Laboratorien. Danach ging die Reise nach England, wo er das National Physical Laboratory in Teddington, einem Vorort von London, besuchte, das ebenfalls eine international sehr renommierte aeronautische Abteilung unterhielt. Begleitet wurde er bei dieser Reise von seinem ehemaligen Assistenten Theodore von Kármán, der kurz zuvor als Professor für Mechanik an die technische Hochschule in Aachen berufen worden war und dort ebenfalls ein aerodynamisches Laboratorium aufbaute. „Die Reise dauerte vom 3. bis zum 16. Oktober", berichtete Prandtl danach an das Preußische Kultusministerium. „Wir waren zuerst in Paris und haben dort das Institut Aerotechnique der Universität Paris in St. Cyr, die aerodynamische Versuchsanstalt von Eiffel, ferner das Institut Marey, sowie den Flugplatz Villacoubly besichtigt". Das Eiffelsche Laboratorium habe den „Höhepunkt der Besichtigungen" dargestellt, es sei „ungemein zweckmäßig und schön eingerichtet".[116] Einige Jahre später erinnerte er sich immer noch gerne an diesen

---

[114] Siehe Abschn. 4.5.

[115] [Rotch, 1912, S. 44]. Zu Eiffels aerodynamischen Aktivitäten siehe [Eiffel, 1911, Fontanon, 1998] und [Damljanović, 2012].

[116] Prandtls Reisebericht an das Kultusministerium, 1. November 1913. GStAPK, I.HA. Rep.76, Va, Sekt. 6, Tit. IV, Nr. 21, Bd. 1 (Die wissenschaftlichen Reisen der Professoren und Privatdozenten an der Universität zu Göttingen. I: vom Dezember 1891 bis Dezember 1923), Blatt 292–294.

Besuch, bei dem er mit Eiffel in ein „sehr herzliches Verhältnis gekommen" sei.[117]

Der Besuch des Eiffelschen Laboratoriums sollte Prandtl und Kármán nicht nur Einblicke in ein als vorbildhaft geltendes aerodynamisches Forschungsinstitut verschaffen, sondern auch helfen, unerwartete Diskrepanzen zwischen Theorie und Experiment aufzuklären, die zunächst als Messfehler gedeutet wurden. Otto Föppl hatte beim Vergleich von Messungen im Göttinger Windkanal mit entsprechenden von Eiffel publizierten Daten beim Luftwiderstand von Kugeln eklatante Abweichungen zwischen einzelnen Messwerten festgestellt. Hier sei dem Eiffelschen Laboratorium, so vermutete er zunächst, „offenbar ein Fehler unterlaufen".[118] Eiffel hatte jedoch seit langem den Luftwiderstand von Kugeln bei verschiedenen Geschwindigkeiten mit größter Präzision gemessen, zunächst mit Fallversuchen vom Eiffelturm, bei denen Testkörper entlang eines Führungsseiles von einer Plattform aus knapp 100 m Höhe herabfielen, dann im Windkanal seines ersten Laboratoriums am Fuß des Eiffelturms und schließlich im Windkanal seines Laboratoriums in Auteuil. Dort konnte er durch den Einbau einer Düse, die den angesaugten Luftstrom von einem Eintrittsquerschnitt von 3 m Durchmesser auf eine Querschnittsfläche von 1,5 m Durchmesser verengte, höhere Luftstromgeschwindigkeiten erreichen als Föppl im Göttinger Windkanal.

Im Dezember 1912 publizierte Eiffel die Ergebnisse einer im Juli begonnenen systematischen Untersuchung des Luftwiderstands von Kugeln unterschiedlichen Durchmessers (16 cm, 25 cm und 33 cm) bei Luftstromgeschwindigkeiten von 2 m/s bis zu 30 m/s. Oberhalb einer kritischen Geschwindigkeit fiel der Widerstandskoeffizient auf weniger als die Hälfte des Wertes ab, der für geringe Geschwindigkeiten gemessen wurde.[119] Der angebliche Irrtum Eiffels erwies sich als ein neues Strömungsphänomen, für dessen Studium die Göttinger Modellversuchsanstalt noch unzureichend ausgerüstet war. Prandtl sorgte jedoch unverzüglich für Abhilfe: Durch Einbau einer Düse „nach Art der Eiffelschen Versuchsanstalt" habe man die Luftstromgeschwindigkeit im Göttinger Windkanal steigern können, gab er im Tätigkeitsbericht der Modellversuchanstalt für das Jahr 1912/13 zu Protokoll. „Bis jetzt sind 23 m/sec damit erreicht worden, gegenüber 10 m/sec bei der bisherigen Einrichtung."[120]

---

[117] Prandtl an W. Knight, 1. Dezember 1919. AMPG, III. Abt., Rep. 61, Nr. 836. Zu dem (missglückten) Versuch der Kontaktaufnahme mit Eiffel nach dem Ersten Weltkrieg siehe [Eckert, 2005, S. 113].

[118] [Föppl, 1912, S. 121]. O. Föppl an Prandtl, 21. Februar 1912, GOAR 2655.

[119] [Eiffel, 1912].

[120] [Prandtl, 1913a, S. 77]. Eiffel versorgte Prandtl nach dessen Besuch in Auteuil im Oktober 1913 auch mit Konstruktionsplänen des Gebläses in seinem Windkanal. Eiffel an Prandtl, 28. Oktober 1913. GOAR 3684 („Suivant votre demande, je vous adresse ci-inclus un dessin de mon ventilateur hélicoidal…").

Danach war der kritische Geschwindigkeitsbereich auch im Göttinger Windkanal überprüfbar. Prandtl beauftragte mit diesen Messungen Carl Wieselsberger, der im September 1912 eine Stelle als wissenschaftlicher Mitarbeiter an der Modellversuchsanstalt angetreten hatte. Die Ergebnisse dieser Untersuchung präsentierte Prandtl im März 1914 in der Göttinger Akademie der Wissenschaften und im September 1914 als Nr. 16 der „Mitteilungen der Göttinger Modellversuchsanstalt" in der *Zeitschrift für Flugtechnik und Motorluftschifffahrt*.[121]

Box 3.3: Kugelwiderstand, Reynolds-Zahl und Grenzschichtturbulenz

In Strömungen geringer Viskosität folgt der Widerstand einer Kugel nicht dem Stokesschen Gesetz, sondern einem Gesetz mit einer quadratischen Abhängigkeit von der Geschwindigkeit. In Eiffels Diagrammen trat die plötzliche Widerstandsänderung für verschieden große Kugeln bei ganz unterschiedlichen kritischen Geschwindigkeiten auf. Prandtl hatte jedoch schon 1903 auf einigen Manuskriptblättern angedeutet,[122] dass nicht die Geschwindigkeit, sondern die Reynolds-Zahl das geeignete Maß für vergleichende Angaben über den Strömungswiderstand ist. Auch bei den Windkanalversuchen über den Kugelwiderstand trugen Prandtl und Wieselsberger die Widerstandsbeiwerte nicht wie Eiffel in Abhängigkeit von der Geschwindigkeit des Luftstroms auf, sondern „gleich nach den Reynoldsschen Zahlen vd/v", wobei d den Kugeldurchmesser und v die kinematische Viskosität bedeuten. In dieser Darstellung wurde deutlich, dass die sprunghafte Widerstandsänderung im Wesentlichen immer bei denselben Reynolds-Zahlen auftritt.

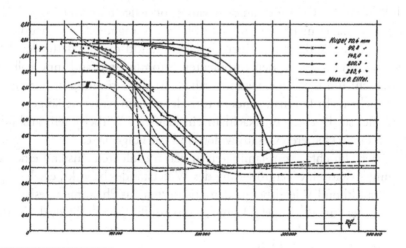

---

[121] [Prandtl, 1914, Wieselsberger, 1914].

Als Funktion der Reynolds-Zahl aufgetragen, ergibt die Widerstandszahl ein einheitlicheres Bild von dem kritischen Übergang als Eiffels Diagramme. Die von Wieselsberger gemessenen Werte an verschiedenen Kugeln fielen zu einer Kurve zusammen (rechts im Diagramm). Die mit I, II, III bezeichneten Kurven stellten die Eiffelschen Messwerte dar. Dass darin der kritische Abfall bei einer viel kleineren Reynolds-Zahl lag als bei den Messungen von Wieselsberger, erklärte Prandtl mit einem höheren Turbulenzgrad im Eiffelschen Windkanal. Der kritische Umschlag müsse „schon bei geringeren Geschwindigkeiten eintreten, wenn in dem ankommenden Luftstrom bereits Wirbel vorhanden" seien. Prandtl und Wieselsberger prüften dies, indem sie den Luftstrom im Göttinger Windkanal durch ein Gitter turbulent machten. Die damit erhaltenen Messwerte „liegen ganz in der Nähe der Eiffelschen", so kommentierte Prandtl diesen Teil des Diagramms. Die physikalische Ursache für den plötzlichen Abfall des Widerstandsbeiwerts verlegte er in die Grenzschicht an der Kugeloberfläche. „Bei laminarer Strömung bildet sich an einer bestimmten durch den Druckverlauf gegebenen Stelle eine Ablösung der Grenzschicht aus; wenn nun die Grenzschicht vor der Ablösestelle wirbelig wird, so wird der schmale Keil ruhender Luft hinter der Ablösungsstelle [...] weggespült, und der Luftstrom legt sich wieder an die Kugel an, so dass die Ablösestelle immer weiter nach hinten rückt [...] dies hat ein wesentlich kleineres Wirbelsystem und damit auch einen kleineren Widerstand zur Folge."[123]

Das Phänomen der abrupten Abnahme des Widerstandskoeffizienten bei einer kritischen Geschwindigkeit war in der Zwischenzeit mehrfach bestätigt worden, wie Prandtl und Wieselsberger betonten, so z. B. in einer Versuchsanstalt des italienischen Militärs in Rom bei Schleppversuchen von Kugeln durch Wasser. Bei der Widerstandsmessung von Kugeln im Göttinger Windkanal ging es daher nicht mehr um eine bloße Bestätigung dieses Phänomens, sondern um die Aufklärung seiner Ursache. Prandtl machte dafür den Umschlag vom laminaren in den turbulenten Strömungszustand innerhalb der Grenzschicht um die Kugel verantwortlich. Ist die Strömung in der Grenzschicht nicht mehr laminar, sondern turbulent, dann haftet sie länger an der Oberfläche, so dass sich im Nachlauf ein kleineres Wirbelsystem ausbildet, was auch einen kleineren Gesamtwiderstand zur Folge habe.

Dass der Umschlag vom laminaren in den turbulenten Zustand eine Verringerung anstatt eine Vergrößerung des Widerstandes bewirkt, erschien paradox. Prandtl und Wieselsberger demonstrierten das Phänomen deshalb mit einem dünnen, um die Kugel gelegten „Stolperdraht", der die Stelle des Turbu-

---

[122] Cod. Ms. L. Prandtl 14, Bl. 12. SUB.
[123] [Prandtl, 1914, S. 180].

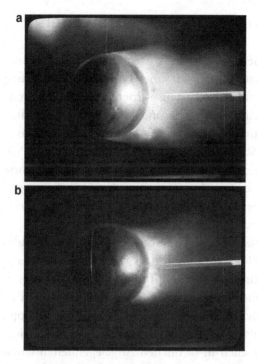

Abb. 3.8 Das mit Rauch im Windkanal sichtbar gemachte Verwirbelungsgebiet hinter einer Kugel im Windkanal ist ohne „Stolperdraht" (a) größer als bei aufgelegtem „Stolperdraht" (b), da die vom „Stolperdraht" turbulent gemachte Grenzschicht sich erst weiter hinten von der Kugeloberfläche ablöst. Dies führt zu dem paradox erscheinenden Befund, dass der Turbulenzumschlag in der Grenzschicht eine Verringerung des Kugelwiderstands bewirkt

lenzumschlags gegenüber einer glatten Kugeloberfläche nach vorne verlegte. Erwartungsgemäß hatte dies eine Verschiebung der Ablösestelle nach hinten und eine Verringerung des Widerstandes zur Folge (Abb. 3.8). Prandtl schickte die Abhandlung mit diesem „experimentum crucis" an Eiffel mit dem Zusatz, sie sei „animé par vos travaux et aura peut-être votre interêt spécial".[124] Eiffel fühlte sich geschmeichelt angesichts der lobenden Worte durch einen so angesehenen Wissenschaftler wie Prandtl („d'un savant tel que vous").[125] Kurz darauf beendete der Erste Weltkrieg dieses Zusammenspiel von Experiment und Theorie zwischen den aerodynamischen Laboratorien in Paris und Göttingen.

---

[124] Prandtl an Eiffel, 16. Juli 1914. GOAR 3684.
[125] Eiffel an Prandtl, 17. Juli 1914. GOAR 3684.

3.8 Die Erinnerungen des Schwagers

Als Experte auf dem Gebiet der wissenschaftlichen Aeronautik war Prandtl
weit über Göttingen hinaus zu einer bekannten und gefragten Persönlichkeit geworden – und selbst bestens vernetzt mit den anderen Koryphäen und
Autoritäten in Politik, Industrie und Wissenschaft, die die neue Technologie des Fliegens vorantrieben. Seine Anerkennung im Kreis der Kollegen, die
an Universitäten oder technischen Hochschulen das von Prandtl immer stärker ins Zentrum gerückte Fach der Strömungsmechanik lehrten, kommt auch
dadurch zum Ausdruck, dass man ihm die Artikel über „Flüssigkeitsbewegung" und „Gasbewegung" im *Handwörterbuch der Naturwissenschaften* zur
lehrbuchartigen Darstellung überantwortete.[126]

Auch im Privatleben waren am Vorabend des Ersten Weltkriegs die Verhältnisse des knapp 40-jährigen Prandtl so geregelt, wie man es in einer Universitätsstadt wie Göttingen von einem Professor erwartete. Aus dem Junggesellen
war 1909 ein verheirateter Mann geworden. Dass dabei Familiäres und Be-
rufliches ineinandergriff, war fast zwangsläufig. August Föppl, sein alter Doktorvater, schrieb nach Göttingen nicht nur als sein Schwiegervater, sondern
suchte seinen Rat auch in fachlichen Angelegenheiten wie zum Beispiel bei
der Neuauflage seiner Lehrbücher.[127] Seine beiden Söhne, Otto und Ludwig
Föppl, hatte ihm der Schwiegervater auch für ihre Fortbildung anvertraut: der
ältere von beiden, Otto Föppl, war sein Assistent in der Modellversuchsanstalt;
Ludwig Föppl, der jüngere Sohn, war seit dem Wintersemester 1908/09 sein
Student; er verbrachte viereinhalb Jahre in Göttingen und promovierte 1914
bei Hilbert. Mit Otto traf Prandtl in der Modellversuchsanstalt täglich zusammen, Ludwig nahm an Prandtls Lehrveranstaltungen teil und war fast jeden
Sonntag Gast bei seinem Schwager und seiner Schwester zu Hause. Hinzu
kam das Landhaus in Ammerland, wo Prandtl gerne seine Ferien im Kreis
der Föppls verbrachte. „Er nahm dann immer eine Mappe mit unerledigten
Arbeiten und unbeantworteten Briefen mit, die ihn vor allem bei schlech-
tem Wetter an den Schreibtisch fesselten", erinnerte sich Ludwig. Dass dabei
zwischen Prandtl und seinem Schwiegervater manche „Gegensätze" aufbrachen, wie der Schwager in seinen Erinnerungen berichtete, unterstreicht nur
die enge Verknüpfung von Privatem und Beruflichem. August Föppl war 21
Jahre älter als Prandtl und noch von „den autoritären und starren Anschau-
ungen der zweiten Hälfte des 19. Jahrhunderts" durchdrungen; Prandtl sei es
schwergefallen, „sich in allem unserem Vater unterzuordnen, wie wir Kinder
dies von Jugend an als selbstverständlich ansahen". Ludwig Föppls Erinnerun-

---

[126] [Prandtl, 1913b, Prandtl, 1913c].
[127] A. Föppl an Prandtl, 6. Juni 1912. GOAR 2655.

gen werfen auch ein Schlaglicht auf Prandtls Naturell als Forscher, das sich nicht nur bei der Beobachtung von Strömungserscheinungen in Wasser- und Windkanälen, sondern auch in der freien Natur zeigte:[128]

> Mit besonders erfreulichen Erinnerungen verbinde ich die gemeinsamen Spaziergänge mit Prandtl in Ammerland und Umgebung. Er war immer ein liebenswürdiger und interessanter Weggenosse. Jede Pfütze, an der wir vorbeikamen, regte ihn zu Experimenten an, und er musste mindestens einen Stein hineinwerfen, um die Ausbreitung der Wellen zu studieren. Einmal ging ich mit ihm bei einem starken Westwind am See entlang, und wir beobachteten dabei die Gruppengeschwindigkeit von Wellen verschiedener Höhe. Nachdem er mich auf dieses Phänomen, das mir bis dahin noch unbekannt war, aufmerksam gemacht hatte, setzten wir uns auf eine Bank, und er begann mit Hilfe einiger Formeln, die er auf einen Zettel schrieb, seine Unterrichtung.

Ludwig Föppl brachte diese Zeilen erst viele Jahre später zu Papier, als er mit seinen Geschwistern daran ging, die gemeinsamen Erinnerungen für eine Familiengeschichte der Föppls zu sammeln.[129] Auch wenn es sich dabei nicht um eine zeitgenössische Quelle handelt, vermitteln die Erinnerungen des Schwagers doch einen Eindruck von Prandtls Forschermentalität. In der Regel waren nicht mathematische Ableitungen aus physikalischen Grundgesetzen, sondern Beobachtungen von Naturerscheinungen sowie experimentelle Befunde und Messergebnisse der Ausgangspunkt für Prandtls Theorien. Dies galt für die Theorie des seitlichen Auskippens von Trägern ebenso wie für die Grenzschichttheorie und die Erkenntnisse in der Gasdynamik, die schon vor dem Ersten Weltkrieg Prandtls wissenschaftlichen Ruf begründet hatten; und es sollte sich auch bei seinen späteren Theorien zur Turbulenz als typische Herangehensweise erweisen.

Ludwig Föppl erinnerte sich auch noch gut daran, wie er im Herbst 1908 in seinem ersten Göttinger Semester Prandtl als Professor und Institutsdirektor erlebt hatte:[130]

> Er zeigte mir sein Institut und lud mich ein, an der Teestunde, die fast jeden Nachmittag in seinem Laboratorium stattfand, teilzunehmen. Es war dies eine Einrichtung, die mir ganz neu war [...]. Etwa nachmittags um 5 Uhr kamen an den meisten Wochentagen Prandtls Assistenten und wissenschaftlichen Mitarbeiter in einem bestimmten Raum zusammen, wo die Frau des im Institut wohnenden Werkmeisters einen einfachen Tisch gedeckt hatte und für

---

[128] Ludwig Föppl: Erinnerungen an Ludwig Prandtl. Privatbesitz Familie Vogel. Auch zitiert in [Vogel-Prandtl, 2005, S. 57–60].
[129] Ludwig Föppl an Gertrud Prandtl, 11. Dezember 1958. Privatbesitz Familie Vogel.
[130] Ludwig Föppl: Erinnerungen an Ludwig Prandtl. Privatbesitz Familie Vogel.

Tee und Gebäck sorgte. Bei dieser Teestunde fehlte Prandtl nur selten. Auch Runge, der im gleichen Haus sein Institut hatte, kam häufig [...]. Prandtl war hier besonders aufgeschlossen, was seine Mitarbeiter, die etwas auf dem Herzen hatten, auszuwerten wussten. Oft verwickelten sie Prandtl in ein anregendes wissenschaftliches Gespräch, so dass die Teestunde, die gewöhnlich nur 1/2 Stunde dauerte, weit überschritten wurde. In seiner schlichten und bescheidenen Art wirkte hier Prandtl nicht als Chef, sondern höchstens als primus inter pares. Sein untrügliches Rechtsgefühl und sein wissenschaftliches Gewissen sorgten dafür, dass jeder ohne Ansehen seiner Person nur nach seinen Leistungen beurteilt wurde.

In den Erinnerungen ist auch von Prandtl als Lehrer die Rede. Das Fach der technischen Mechanik, das sich Ludwig Föppl ebenso wie sein Vater zur „Lebensaufgabe" machte, sei ihm von „den beiden bedeutendsten Vertretern auf diesem Gebiet in Deutschland" vermittelt worden, „nämlich meinem Vater August Föppl und meinem Schwager Ludwig Prandtl". Im Vergleich zu seinem Vater schnitt Prandtl aber, was das Lehrtalent angeht, nicht so gut ab. „A. Föppl ist der große überlegene Lehrer", fand der Sohn, „Prandtl konnte als Lehrer nicht solche Erfolge aufweisen". Angesichts der großen Zahl von Doktoranden Prandtls, die als Technikprofessoren Karriere machten – nicht umsonst spricht man von der „Prandtl-Schule" – verwundert dieses Urteil. Doch Ludwig Föppl hatte bei dieser Einschätzung vor allem die Vorlesungen im Blick. Die seines Vaters „atmen die klare und durchsichtige Luft vollkommener geistiger Durchdringung des Problems, wobei ihm eine vorbildliche Sprache zur Verfügung stand, die gelegentlich als klassisch bezeichnet worden ist". Prandtl dagegen habe sich „Anfängern gegenüber mitunter in den Vorlesungen recht schwer" getan, er sei nur für die „Fortgeschrittenen und Doktoranden ein besonders anregender Lehrer" gewesen.[131]

---

[131] Ludwig Föppl: Erinnerungen an Ludwig Prandtl. Privatbesitz Familie Vogel.

4

Der Erste Weltkrieg

Am 28. Juni 1914 wurden in Sarajewo der österreichisch-ungarische Thronfolger Franz Ferdinand und seine Frau ermordet. Das Attentat löste eine hektische Diplomatie zwischen den miteinander unterschiedlich verbündeten europäischen Großmächten aus („Julikrise"). Vier Wochen später überstürzten sich die Ereignisse binnen weniger Tage: Serbien reagierte auf ein Ultimatum der Donaumonarchie mit der Mobilmachung seiner Armee, Österreich-Ungarn antwortete darauf mit der Kriegserklärung an Serbien, Russland verbündete sich mit Serbien, das Wilhelminische Kaiserreich mit Österreich-Ungarn, Deutschland erklärte Russland den Krieg, das mit Russland verbündete Frankreich reagierte darauf mit der Mobilmachung, deutsche Truppen überfielen Belgien, und Großbritannien, das sich zum Schutz der belgischen Neutralität verpflichtet hatte, erklärte Deutschland den Krieg. Am 8. August 1914 hatten fünf europäische Großmächte wechselseitige Kriegserklärungen ausgesprochen und ihre Armeen mobilisiert. Der Erste Weltkrieg hatte begonnen.[1]

In der Wissenschaft hatten diese Ereignisse den Abbruch internationaler Beziehungen und einen „Krieg der Geister" zur Folge.[2] In den Universitäten machte sich der Kriegsausbruch in Gestalt von leeren Hörsälen bemerkbar. Bei der Mobilisierung im August 1914 wurden Studenten wissenschaftlicher und technischer Fächer noch nicht anders behandelt als ihre Kommilitonen aus den Geisteswissenschaften, aber im Verlauf des Krieges, als man alle verfügbaren Mittel für einen totalen Krieg zu mobilisieren begann, spielten Chemiker, Physiker, Mathematiker und Ingenieure eine wichtige Rolle für die Optimierung vorhandener Waffen und als Quelle neuer Kriegstechnik.[3] Drahtlose Telegrafie, Artilleriegeschosse, U-Boote, Kriegsschiffe und -flugzeuge überbrückten immer größere Distanzen und machten den Krieg zum „Weltkrieg". Zur Mobilisierung wissenschaftlich-technischer Ressourcen kamen neue Wissenschaftsorganisationen wie der National Research Council in den USA, das britische Department for Scientific and Industrial Research oder die deutsche Kaiser-Wilhelm-Stiftung für Kriegstechnische Wissenschaft. Vor diesem Hintergrund wurde der Erste Weltkrieg auch als eine Etappe im Prozess einer

---

[1] [Clark, 2012].
[2] [Schroeder-Gudehus, 1966],[Tollmien, 1993],[Wolff, 2003].
[3] [Maier, 2007],[Schirrmacher, 2014].

© Springer-Verlag Berlin Heidelberg 2017
M. Eckert, *Ludwig Prandtl – Strömungsforscher und Wissenschaftsmanager*, DOI 10.1007/978-3-662-49918-4_4

„institutionellen Modernisierung" begriffen, „als Scharnierphase auf dem Weg der westlichen Gesellschaftssysteme in die Moderne".[4]

4.1 Eine neue Modellversuchsanstalt „für Heer und Marine"

Auch in der kleinen Universitätsstadt Göttingen machte sich der Kriegsbeginn zuerst durch die Abwesenheit der Studenten und des jüngeren Lehrpersonals bemerkbar. Viele hatten sich freiwillig zum Kriegsdienst gemeldet oder waren nach der Mobilmachung eingezogen worden. Im Wintersemester 1914/15 waren an der Göttinger Universität nur noch 873 Studierende eingeschrieben, zwei Drittel weniger als vor dem Kriegsausbruch.[5] Was für die Universität im Großen galt, traf auch auf Prandtls Lehr- und Forschungsbetrieb im Kleinen zu. Prandtl selbst stellte sich dem Fliegerbataillon für Hilfsdienste zur Verfügung, doch man legte auf dieses Angebot des fast vierzigjährigen Universitätsprofessors keinen Wert.[6] In Erwartung eines kurzen Krieges beließ man ihn auf dem fast völlig verwaisten Posten seiner Göttinger Forschungseinrichtungen. Albert Betz, der seit 1. September 1911 als Assistent bei Prandtl beschäftigt war, meldete sich im August 1914 zum Kriegsdienst und wurde kurz darauf zu einem Infanterieregiment an der Ostfront abkommandiert.[7] Der zweite Assistent, Carl Wieselsberger, wurde im September 1914 zu einem Fliegerersatzkommando einberufen.[8]

Ohne seine Assistenten konnte Prandtl den Betrieb der Modellversuchsanstalt kaum noch aufrechterhalten, obwohl es nicht an Aufträgen aus der Industrie und von Behörden mangelte. Am 14. September 1914 antwortete Prandtl auf eine Anfrage des Flugzeugherstellers Dornier, dass seine Assistenten „in den Krieg gezogen" seien und er die gewünschten Modellversuche nur dann durchführen könne, wenn sie nicht zu umfangreich seien. Im Dezember 1914 sah er sich mit Wünschen nach Modellversuchen für ein Wasserflugzeug konfrontiert, das vom Reichsmarineamt bei der Firma Flugzeugbau Friedrichshafen in Auftrag gegeben worden war. Im Januar 1915 sollte er für die „Flieger-Ersatz-Abteilung 2", die die Einrichtungen der Deutschen Versuchsanstalt für Luftfahrt (DVL) in Berlin-Adlershof übernommen hatte, Versuche an verschiedenen Modellen von Propellern durchführen, die bei Kriegsflug-

---

[4] [Trischler, 1996].
[5] [Busse, 2008, S. 33].
[6] [Rotta, 1990a, S. 118].
[7] Prandtl an Kurator, 25. August 1911, 9. August 1912, 27. April 1913 und 31. März 1914. UAG, Kur. 1456; Militärpass von Albert Betz, AMPG, III. Abt., Rep. 24, Nr. 2.
[8] Prandtl an Kurator, 20. September 1914. UAG, Kur. 1456.

zeugen an der Front eingesetzt werden sollten. Diesen Auftrag nahm Prandtl zum Anlass, um Betz und Wieselsberger vom Kriegsdienst freistellen zu lassen und ihre Abkommandierung nach Göttingen zu erwirken. Es dauerte jedoch noch bis Juni 1915, bis er alle Hindernisse bei der Militärbürokratie überwunden hatte und seine Assistenten zurückerhielt.[9]

Die Modellversuchsanstalt war bereits 1913 der Göttinger Universität übergeben worden, als die Motorluftschiff-Studiengesellschaft ihren Zweck erfüllt gesehen hatte und aufgelöst worden war. Danach hätte Prandtl am liebsten mit dem schon lange geplanten „Kaiser-Wilhelm-Institut für Aerodynamik und Hydrodynamik in Göttingen" die Strömungsforschung in einem größeren Umfang weitergeführt, doch die Realisierung war angesichts knapper Finanzen auf die lange Bank geschoben und bei Kriegsbeginn vollends aufgegeben worden. Nun sah er im Kriegsministerium und beim Reichsmarineamt jedoch neue Partner, mit denen er seine Pläne – unter Anpassung an die vom Krieg gestellten Ziele – zu verwirklichen hoffte. „Ich werde in den Ostertagen eine kurze Denkschrift ausarbeiten", schrieb er im April 1915 an Böttinger, die er „den maßgebenden Stellen in den beiden Behörden" zukommen lassen wollte. Die Denkschrift sollte „der beabsichtigten Werbung beim Kriegsministerium und Reichsmarineamt für das Kaiser-Wilhelm-Institut" als Grundlage dienen.[10]

Nach Monaten der Unsicherheit, als der Kriegsbeginn den Plan des Kaiser-Wilhelm-Instituts nicht mehr realisierbar erscheinen ließ und er in seinem Institut und der dazu gehörigen alten Modellversuchsanstalt ohne Assistenten und Doktoranden auskommen musste, unternahm Prandtl im Frühsommer 1915 von sich aus die ersten Schritte, um das Militär als Förderer seiner Forschung zu gewinnen. Im Titel seiner Denkschrift sprach er auch nicht von einem völlig neu zu errichtenden Kaiser-Wilhelm-Institut, sondern vom „Ausbau der Göttinger Modellversuchsanstalt zu einem vollwertigen aerodynamischen Forschungsinstitut für Heer und Marine". Die alte Modellversuchsanstalt sei „in der billigsten Bauweise errichtet" worden, und ihr Windkanal habe eine zu geringe Luftgeschwindigkeit. Wie neuere Versuche Eiffels gezeigt hätten, sei es jedoch wichtig, „die bei den Flugzeugen wirklich erreichten Geschwindigkeiten von ca. 30 m/sec. und mehr auch beim Modellversuch einhalten zu können". Obwohl sich die alte Einrichtung bewährt habe, könne sie sich nicht mehr mit den in Frankreich und England neu errichteten Anstalten messen. Es sei „eine dringende Notwendigkeit, eine neue große Modellversuchsanstalt zu schaffen, die alle inzwischen als notwendig erkannten Verbesserungen in sich vereinigt". Schon vor dem Krieg habe die Kaiser-Wil-

---

[9] [Rotta, 1990a, S. 119].
[10] [Rotta, 1990a, S. 121].

helm-Gesellschaft die Gründung eines „Kaiser-Wilhelm-Instituts für Aerodynamik in Göttingen" beschlossen, „zu dessen wesentlichen Bestandteilen eine große Modellversuchsanstalt gehören sollte, in dem im übrigen auch alle andern Zweige der Aerodynamik (Messtechnik, Strömung in Röhren und Kanälen, Turbomaschinen, Aerodynamik der Geschossbewegung) gepflegt werden sollten"; dieser Plan sei jedoch „vorerst durch den Kriegsausbruch zunichte geworden, da der Herr Finanzminister infolge des Krieges das Projekt zunächst abgelehnt hat". Die Bedeutung der aerodynamischen Forschung für den Krieg habe aber nun „den Gedanken entstehen" lassen, „dass es im eigensten Interesse der Heeres- und Marine-Verwaltung liegt, durch Gewährung der erforderlichen einmaligen und laufenden Mittel zur Schaffung eines großen aerodynamischen Laboratoriums zu verhelfen, das allen zurzeit übersehbaren Aufgaben für die Weiterentwicklung des militärischen und des Marine-Flugwesens gewachsen ist".[11]

Prandtls Initiative zeigte unmittelbare Wirkung. Am 8. Mai 1915 erhielt er ein Telegramm mit der Aufforderung, im Kriegsministerium vorzusprechen. Drei Tage später schilderte er in einem Brief an Klein das Ergebnis dieser Unterredung: „Die neue Modellversuchsanstalt soll aus Kriegsmitteln sofort mit der größtmöglichen Schnelligkeit auf der Böttingerwiese gebaut werden, um noch dem Kriege durch Messungsresultate zugute zu kommen."[12] Kurz darauf teilte auch Adolf von Harnack, der Präsident der Kaiser-Wilhelm-Gesellschaft, nach Sitzungen im Reichsinnenministerium dem preußischen Kultusminister mit, dass „sowohl das Kriegsministerium als auch das Marineministerium im Interesse des gerade jetzt sich rasch entwickelnden Flugzeugwesens die sofortige Erbauung des Göttinger Instituts für notwendig erklärt" hätten.[13] Nach seinem Besuch im Kriegsministerium begab sich Prandtl am 12. Mai 1915 ins Kultusministerium, um sich von dem zuständigen Ministerialdirektor von allen Lehrverpflichtungen freistellen zu lassen. Danach wurde er „wegen der Durchführung des Neubaues der Modellversuchsanstalt, die vom Kriegsministerium gewünscht wird, bis auf Weiteres" beurlaubt. Die Vertretung seiner Vorlesungen übernahm Runge. Das Praktikum ließ er ausfallen.[14]

In den nächsten Wochen und Monaten wurde Prandtl in einem zuvor nicht gekannten Ausmaß zum Planer und Bauherrn der neuen Modellversuchsanstalt. Die am Leine-Kanal gelegene „Böttingerwiese" am Stadtrand von Göttingen hatte Böttinger schon 1913 dem Staat für das geplante Kaiser-

---

[11] L. Prandtl: Ausbau der Göttinger Modellversuchsanstalt zu einem vollwertigen aerodynamischen Forschungsinstitut für Heer und Marine. Denkschrift, 26. April 1915. GOAR 2633. Abgedruckt in [Wendel, 1975, S. 351–356] und [Rotta, 1990b, S. 63–73]; siehe dazu auch [Rotta, 1990a, S. 122] und [Busse, 2008, S. 164].

[12] Abgedruckt in [Rotta, 1990a, S. 124–126].

[13] Harnack an Kultusminister, 13. Mai 1915. AMPG, Abt. I, Rep.1A.

[14] Prandtl an den Kurator, 7. Juni 1915. UAG, Kur. PA. Prandtl, Ludwig; Bd.1.

Wilhelm-Institut als Baugrund überlassen. Prandtl musste sich daher nicht mehr um die Standortfrage kümmern und konnte unmittelbar die Entwürfe für das Gebäude und den Windkanal in Angriff nehmen, der das zentrale Versuchsgerät sein sollte. Anders als in der alten Modellversuchsanstalt sollte der Luftstrom durch eine offene Messkammer im Gebäude geleitet werden. Dazu sah Prandtl eine Düse von 2 m Durchmesser vor, durch die der Luftstrom beschleunigt mit einer Geschwindigkeit von 40 m/s in die Messkammer strömen sollte. Danach sollte die Luft durch einen Auffangtrichter wieder in den Windkanal zurückgeführt und durch Umlenkschaufeln erneut dem Antriebspropeller zugeführt werden. Außerdem sah Prandtl den Einbau einer kleineren Düse vor, mit der die Luftstromgeschwindigkeit in der Messkammer bis auf 55 m/s gesteigert werden konnte. Bei den Detailplanungen ließ sich Prandtl von Hans Thoma beraten, der als Ingenieur auf dem Gebiet der Maschinentechnik einschlägige Erfahrung besaß – und, nachdem er Else Föppl, die Schwester von Gertrud Prandtl geheiratet hatte, zum Kreis seiner Duzfreunde und Schwager zählte, mit denen er sich ohne umständliche Formalitäten über auftretende Probleme verständigen konnte. Im Juni 1915 wurden die Pläne für „die Errichtung einer Modellversuchsanstalt und deren Eingliederung in das zu errichtende Kaiser-Wilhelm-Institut für Aerodynamik" im Berliner Kultusministerium abgesegnet.[15]

Danach sollte unverzüglich mit dem Bau der neuen Modellversuchsanstalt begonnen werden. Das Kriegsministerium überließ die Aufsicht über das Bauvorhaben dem Kultusministerium, das in der Folge zum Ansprechpartner Prandtls als Bauherr wurde. Am 7. August 1915 wurden die Baupläne dem Göttinger Baupolizeiamt zur Genehmigung vorgelegt. Prandtl drängte darauf, den Rohbau noch vor dem kommenden Winter fertigzustellen. Er habe „die Bausachen soweit gefördert, dass losgebaut werden könnte, jedoch fehlt immer noch die Zustimmung der Behörden", beklagte er sich am 13. August in einem Telegramm an Böttinger. Eine Woche später erhielt er vom Kultusministerium telegrafisch den Bescheid, dass die erforderlichen Gelder angewiesen worden seien. Am 25. August erfolgte der erste Spatenstich auf der Böttingerwiese.[16]

Dann kam es jedoch zu Verzögerungen. Der im Herbst 1915 begonnene Rohbau musste teilweise wieder abgetragen werden, da der verwendete Mörtel nicht die erforderliche Festigkeit aufwies. Hinzu kamen kriegsbedingte Engpässe. Die mit dem Bau beauftragten Firmen konnten nicht genügend Arbeiter an die Baustelle schicken, und Baumaterialien waren nur mit Sondergenehmigungen zu beschaffen. Prandtl verfiel auf die Idee, durch das Kriegsmi-

[15] [Rotta, 1990a, S. 135–138]. Siehe dazu auch die Korrespondenz zwischen Prandtl und Thoma in GOAR 2656.

[16] [Rotta, 1990a, S. 142].

nisterium Soldaten für den Bau abkommandieren zu lassen, doch dort erklärte man dieses Ansinnen für unzulässig und verwies ihn an das Garnisonskommando Göttingen und das Pionier-Ersatz-Bataillon in Hannoversch-Münden, wo er jedoch nur solche Soldaten anfordern dürfe, die sich freiwillig zum Bau beurlauben ließen. Als die Bauarbeiten nach witterungsbedingter Pause im Frühjahr 1916 wieder aufgenommen wurden, machte Prandtl von der Möglichkeit, die ihm das Kriegsministerium angedeutet hatte, ausgiebig Gebrauch.[17] Er ging so weit, auch ausländische Kriegsgefangene für den Bau anzufordern.[18] „Der Rohbau ist so gut wie fertiggestellt", gab der Generalsekretär der Kaiser-Wilhelm-Gesellschaft im Oktober 1916 nach einem Besuch der Göttinger Baustelle zu Protokoll. „Die Arbeiter waren mit Verputzen beschäftigt. Die Dienerwohnung im Dachgeschoß ist bereits bezogen. Die Maschinen werden im Laufe der nächsten Wochen erwartet und Herr Prandtl hofft bis spätestens zu Schluss des Jahres den vollen Betrieb aufnehmen zu können."[19] Die Inneneinrichtungen nahmen jedoch noch mehrere Monate in Anspruch. Erst am 20. März 1917 konnte Prandtl dem für die Fliegertruppen verantwortlichen General berichten, dass „gestern, nachdem in den letzten Wochen die elektrische Maschinenanlage fertig geworden war, der erste Versuch für die Praxis gemacht worden" sei.[20]

Die Belastungen als Bauherr der neuen Modellversuchsanstalt gingen nicht spurlos an Prandtl vorüber. Er habe einen beabsichtigten Urlaub „wegen einer heftigen Darmerkrankung nicht antreten können", schrieb er im Oktober 1917 an Böttinger, und müsse sich auf „dringenden Rat des Arztes" auf eine dreiwöchige Kur nach Wiesbaden begeben.[21] Dabei setzten ihm nicht nur immer wieder neue Probleme an der Baustelle zu, sondern auch die zunehmenden Kriegsaufträge. In demselben Bericht, in dem er die Aufnahme der Versuchstätigkeit im Neubau ankündigte, machte Prandtl auch deutlich, dass der Betrieb der alten Modellversuchsanstalt weitergeführt und intensiviert worden sei. Dazu habe er auch „Studenten und Studentinnen der Universität als Hilfsdienstarbeiter" in den Versuchsbetrieb einbezogen. „In den letzten zwei Monaten sind rund 200 Modelle in der alten Anstalt untersucht worden, zum Teil unter Heranziehung von Nachtarbeit."[22] Die Anfragen von Industriefirmen, die das Verhalten von Flugzeugteilen und anderem Kriegsgerät im

---

[17] [Busse, 2008, S. 181f.].

[18] [Rotta, 1990a, S. 143]. Siehe dazu ausführlich das Kapitel über den Ersten Weltkrieg in der Habilitationsschrift von Florian Schmaltz (in Vorbereitung).

[19] E. Trendelenburg, Aufzeichnung über eine Besichtigung der MVA in Göttingen, 27. Oktober 1916. AMPG, III. Abt., Rep. 61, Nr. 1467. Zitiert in [Rotta, 1990a, S. 143].

[20] Prandtl an den Kommandierenden General der Luftstreitkräfte (Ernst von Hoeppner), 20. März 1917. AMPG, III. Abt., Rep. 61, Nr. 1467. Abgedruckt in [Rotta, 1990a, S. 151f.].

[21] Prandtl an Böttinger, 17. Oktober 1917. AMPG, III. Abt., Rep. 61, Nr. 161.

[22] Prandtl an den Kommandierenden General der Luftstreitkräfte (Ernst von Hoeppner), 20. März 1917. AMPG, III. Abt., Rep. 61, Nr. 1467. Abgedruckt in [Rotta, 1990a, S. 151f.].

Windkanal untersuchen lassen wollten, hatten seit Kriegsbeginn beständig zugenommen.

4.2 Die Aerodynamik von Bomben

Zu den ersten Kriegsaufträgen dieser Art, die Prandtl im Frühjahr 1915 erreichten, zählten Fragen nach der günstigsten Form von Bomben. Sie hatten ihm in seiner Denkschrift vom 26. April 1915 auch als Argument für die Notwendigkeit der neuen Modellversuchsanstalt gedient. Die „Untersuchung des Luftwiderstandes von Flieger- und Luftschiffbomben, Fliegerpfeilen usw." sollte einen Teil der darin durchgeführten aerodynamischen Forschung ausmachen, ebenso die „Ermittlung der günstigsten Formen" der Bomben, was auch „als Grundlage für Berechnung ihrer Flugbahn" dienen sollte.[23] Als die neue Modellversuchsanstalt zwei Jahre später in Betrieb ging und im Auftrag der Artillerie-Prüfungskommission ein weiterer Bombentyp auf sein aerodynamisches Verhalten bei verschiedenen Neigungswinkeln und Geschwindigkeiten untersucht werden sollte, konnte Prandtl darauf verweisen, dass derartige Modellversuche „von uns mehrfach schon gemacht" worden seien. „Wir bitten ein geometrisch getreues Modell ungefähr im halben Maßstab des Originals einzusenden, das möglichst nicht über 5 kg wiegen soll. Der Körper wird zweckmäßig aus Holz hergestellt und poliert, der Flügelkörper aus Blech."[24]

Vor 1917 wurden alle derartigen Untersuchungen noch im kleinen Windkanal der alten Modellversuchsanstalt durchgeführt. Auf eine der ersten Anfragen dieser Art hatte Prandtl noch wenig routiniert geantwortet: „Wenn Sie wollen, dann bitte ich Sie, uns eine Bombe in voller Ausrüstung, aber natürlich ohne die Sprengmasse im Inneren, zu übersenden. Wenn die Sache Eile hat, so wäre es richtig, dass sie als ausdrücklicher Prüfungsauftrag von der Fliegerersatzabteilung bezeichnet würde. (Die Prüfkosten würden etwa 15 M betragen.) Wenn die Sache aber weniger eilig ist, so würden wir, wenn Sie uns eine Bombe einsenden, die Messungen gelegentlich mit anderen gleichartigen Messungen machen." Auch ein Auftrag der Siemens-Schuckert-Werke in Berlin, die Bombenmodelle zur Untersuchung im Göttinger Windkanal geschickt hatten, wurde noch eher informell zwischen Prandtl und dem bei den Siemenswerken beschäftigten Mathematiker Leon Lichtenstein abgewickelt.[25]

---

[23] Zitiert nach [Wendel, 1975, S. 354]. Siehe dazu ausführlich das Kapitel über den Ersten Weltkrieg in der Habilitationsschrift von Florian Schmaltz (in Vorbereitung).

[24] Zitiert nach [Busse, 2008, S. 186f.].

[25] Zitiert im Kapitel über den Ersten Weltkrieg in der Habilitationsschrift von Florian Schmaltz (in Vorbereitung).

Die routinemäßige Untersuchung von Bombenmodellen begann im Dezember 1915 mit dem Auftrag der Optischen Anstalt C. P. Goerz A.G, einem der führenden Hersteller von optischen Geräten für das Militär, die für die Prüfanstalt und Werft der Fliegertruppen in Berlin-Adlershof auch neue Bomben entwickelte.[26] Die Formgebung sollte nach dem Muster der von Fuhrmann 1911 untersuchten Luftschiffmodelle mit Blick auf einen möglichst geringen Luftwiderstand erfolgen. Die Bombenmodelle wurden dann unter verschiedenen Anstellwinkeln dem Luftstrom im Windkanal ausgesetzt, um die optimale Lage des Schwerpunkts für ein möglichst geringes seitliches Abtreiben zu bestimmen. Nach den Göttinger Windkanalversuchen wurde die neue „P. und W. Bombe" (benannt nach dem Auftraggeber, der Prüfanstalt und Werft der Fliegertruppen) in Frankreich im Fronteinsatz versuchsweise eingesetzt und ab August 1916 bei verschiedenen Fliegertruppen als Ersatz für ältere Bomben verwendet. Der Leiter der Bombenabteilung bei der Prüfanstalt und Werft der Fliegertruppen bat Prandtl auch um ein Gutachten, um Vorbehalte auf Seiten des Militärs auszuräumen, wo man den älteren Bomben oft den Vorzug gab. In der Folge konzentrierten sich die Windkanalversuche an den neuen torpedoförmigen Bomben auf die Anordnung der Steuerflächen, die einen stabilen freien Fall garantieren sollten. Im Oktober 1916 übermittelte Prandtl den Bombenbauern dann ein mit zahlreichen Messergebnissen aus Windkanalversuchen gespicktes Gutachten, das die Vorteile den neuen Formgebung deutlich machte.[27]

Im weiteren Kriegsverlauf wandelte sich das Verhältnis der Göttinger Modellversuchsanstalt zu den Bombenherstellern bei der Industrie und den militärischen Abteilungen zunehmend von einer externen Prüfinstanz fertiger Bombenentwürfe zu einer in die Bombenentwicklung selbst einbezogenen Forschungs- und Entwicklungseinrichtung. Zu dem diesbezüglichen Aufgabenspektrum gehörte die Entwicklung von Versuchsbomben für Marineflugzeuge im Auftrag von Krupp und die Entwicklung neuer Bombentypen für die Sprengstoff Carbonit AG. Die von dieser Firma noch kurz vor Kriegsende in Auftrag gegebenen Untersuchungen betrafen leichte und schwere Abwurfbomben. Die Messungen wurden nach dem Krieg noch fortgesetzt und mit Abwurfversuchen der Carbonit AG verglichen. Ungeachtet des inzwischen erfolgten Verbots von Rüstungsproduktionen übermittelte die Modellversuchs-

---

[26] Siehe dazu die Korrespondenz mit der Firma Goerz in GOAR 2703 und mit der Bombenabteilung der Prüfanstalt und Werft der Fliegertruppen in GOAR 2704.

[27] Das Gutachten habe „ein günstiges Ergebnis" zur Folge gehabt, urteilte 1942 ein bei der Luftwaffe beschäftigter Kriegshistoriker (August Gilles) in einem Manuskript über „Die Entwicklung der Bomben, der Abwurfeinrichtungen und der Zielgeräte für Luftschiffe und Flugzeuge im Weltkriege 1914–1918". Zitiert im Kapitel über den Ersten Weltkrieg in der Habilitationsschrift von Florian Schmaltz (in Vorbereitung).

anstalt dem Bombenhersteller noch ein Jahr nach dem Kriegsende die Messergebnisse.[28]

Bei den stromlinienförmigen Bombenmodellen lieferten die Windkanalversuche mit unterschiedlich geformten Bomben ähnliche Ergebnisse wie bei den früher untersuchten Luftschiffmodellen. Die Messungen an den kugel- und birnenförmigen Bomben für Krupp und die Sprengstoff Carbonit AG waren dagegen in aerodynamischer Hinsicht eher mit den Versuchen vergleichbar, die Prandtl und Wieselsberger 1914 zur Aufklärung des Phänomens der abrupten Abnahme des Widerstandskoeffizienten von Kugeln bei einer kritischen Geschwindigkeit durchgeführt hatten. Dabei wurde der Strömungswiderstand vor allem durch die Wirbel im Nachlauf verursacht, deren Ausmaß vor allem vom Querschnitt abhing, den die Bombenform dem Luftstrom darbot. Bei der torpedoförmigen „P. und W. Bombe" der Prüfanstalt und Werft der Fliegertruppen war der Nachlauf jedoch wesentlich geringer. Hier machte sich die Reibung entlang der Oberfläche als wesentlicher Teil des Strömungswiderstandes bemerkbar. Eigentlich sollten die Windkanalversuche auch für Wasserbomben aussagekräftig sein, sofern man die Messwerte auf die jeweils maßgebliche Reynolds-Zahl bezog, doch auch in dieser Hinsicht herrschte keine Klarheit. Das „Fallen von Bomben in Wasser und Luft" war auch Gegenstand eines Briefwechsels zwischen Prandtl und Sommerfeld, der ansonsten als theoretischer Physiker eher Themen der Atomphysik behandelte.[29] „Ist es denkbar, dass ein so großer Unterschied zwischen Wasser und Luft wegen der fehlenden Kompressibilität bei Wasser oder der ev. Luftausscheidung bei Druckverringerung im Kielwasser besteht?", schrieb Sommerfeld im Mai 1915 an Prandtl angesichts widersprüchlicher Angaben über den Widerstandsbeiwert in verschiedenen Publikationen. Außerdem wollte er unter Anspielung auf die Wieselsbergerschen Windkanalversuche über die abrupte Änderung des Widerstandsbeiwerts bei einer kritischen Geschwindigkeit des Luftstroms von Prandtl wissen, ob dies auch bei Wasser schon gemessen worden sei. Prandtl konnte darauf keine Antwort geben.[30] Auch wenn es sich bei den Bombenmessungen nur um anwendungsbezogene Auftragsarbeiten handelte, muss Prandtl darin durchaus eine wissenschaftliche Herausforderung gesehen haben. Die Versuche an Bombenmodellen schärften jedenfalls das Problembewusstsein, was die verschiedenen Ursachen für den Strömungswiderstand anging.

Kriegsforschung und wissenschaftliche Neugier gingen bei dieser und vielen anderen Gelegenheiten Hand in Hand. Der Strömungswiderstand machte

---

[28] Korrespondenz mit der Sprengstoff AG in GOAR 152. Siehe dazu ausführlich das Kapitel über den Ersten Weltkrieg in der Habilitationsschrift von Florian Schmaltz (in Vorbereitung).
[29] [Eckert, 2013a, Kap. 7].
[30] Sommerfeld an Prandtl, 9. Mai 1915. Prandtl an Sommerfeld, 14. Mai 1915. GOAR 2666.

sich zwar zuallererst als ein Problem bei technischen Anwendungen bemerkbar, aber er warf auch Fragen auf, die an die Grundlagen der Hydrodynamik rührten. Im November 1916 erkundigte sich Prandtls Schwager Ludwig Föppl in einem Feldpostbrief nach den Notizen „über Hydrodynamik, die in Deinem Schreibtisch, kurz skizziert, deponiert sind" und darauf warteten, weiter ausgearbeitet zu werden. Im selben Atemzug setzte er hinzu, dass „Vater Föppl" gerade Einsteins jüngste Arbeiten über die allgemeine Relativitätstheorie „gelesen und verstanden" habe. „Du wirst sie wohl nicht so genau kennen."[31] Doch selbst wenn Prandtl dies gewollt hätte, waren das Ausmaß der Kriegsaufträge und die Arbeitslast beim Aufbau der neuen Modellversuchsanstalt so groß, dass er sich kaum den Grundlagen der Hydrodynamik hätte zuwenden können, ganz zu schweigen von den gerade aktuellen Themen der Physik.

Auch für Privates blieb wenig Zeit. Im November 1914 hatte sich bei den Prandtls Nachwuchs eingestellt, ein Mädchen, dem sie den Namen Hildegard gaben. Kurz zuvor hatte das Paar eine Wohnung bezogen, die größeren Komfort in Gestalt einer Zentralheizung bot, aber das bedeutete nicht, dass sich der frisch gebackene Vater mehr dem Familienleben hätte widmen können. Zweieinhalb Jahre später kam die zweite Tochter, Johanna, zur Welt – zu einer Zeit, als Prandtl mit der neuen Modellversuchsanstalt alle Hände voll zu tun hatte. Um die Kindererziehung kümmerte sich nur die Mutter, „da unser Vater, dessen Gedanken voll und ganz mit seinen Plänen ausgefüllt waren, diese Aufgabe gern seiner Ehefrau überließ", wie Johanna viele Jahre später schrieb. „Ich erinnere mich übrigens genau daran", so schrieb sie über ihre Mutter, „dass sie gelegentlich sagte: ‚Ihr wisst ja gar nicht, was ihr für einen guten Vater habt'." Für seine kleinen Töchter war Prandtl meist abwesend. Wenn er dann nach Hause kam, schirmte ihn die Mutter vor ihren stürmischen Versuchen ab, ihm mehr Zuwendung abzutrotzen: „Lasst doch euren Vater in Ruhe! Er möchte sich jetzt ein wenig ausruhen!"[32]

4.3   „... zur Zeit ausschließlich im Heeresinteresse"

Im Februar 1918 erhielt Prandtl vom Schriftführer der Deutschen Mathematiker-Vereinigung eine Anfrage, bei der er als Leiter des Göttinger Universitätsinstituts für angewandte Mechanik um Auskunft über die Einbeziehung seines Instituts und seiner Studenten in die Kriegsanstrengungen gebeten wurde: „Ist Ihr Institut oder Seminar für Zwecke des Heeres, der Marine oder der Luftfahrt tätig? Gegebenenfalls nach welcher Richtung?" Er habe „rd. 10

---

[31] L. Föppl an Prandtl, 10. November 1916. Privatbesitz Familie Vogel.
[32] [Vogel-Prandtl, 2005, S. 75].

Studenten der Mathematik mit der Durchführung der Versuchsarbeiten und der umfangreichen numerischen und graphischen Bearbeitung der Versuchsergebnisse" beauftragt, antwortete Prandtl. Sein Institut sei „praktisch vollständig von der Modell-Versuchsanstalt für Aerodynamik aufgesogen, welche zur Zeit ausschließlich im Heeresinteresse arbeitet (aerodynamische Messungen, hauptsächlich an Flugzeugmodellen, Flugzeugteilen usw., Eichung von Geräten zur Luftgeschwindigkeitsmessung)".[33] Um diese Zeit machte die Aerodynamik von Bomben nur noch einen geringen Teil der Windkanalversuche aus. Der Umfang anderer Kriegsaufträge, zumeist von Flugzeugfirmen, nahm vor allem 1917 dramatisch zu. In dem Zeitraum vom 1. Januar 1917 bis 1. Februar 1918 wurden 625 Messungen durchgeführt, 237 im Auftrag von Firmen, 191 für Kriegsbehörden und 197 in eigener Regie. Nur für 174 dieser Messungen wurde der Windkanal der neuen Modellversuchsanstalt benutzt, das Gros der Versuche wurde im kleinen Windkanal der alten Modellversuchsanstalt durchgeführt, der auch nach der Inbetriebnahme des neuen Windkanals noch für viele Spezialuntersuchungen genutzt wurde.[34]

Wie bei den Messungen an Bombenmodellen handelte es sich auch bei den übrigen „ausschließlich im Heeresinteresse" durchgeführten Untersuchungen um Auftragsforschung, die nicht durch wissenschaftliche Fragen motiviert war, sondern der Verbesserung von Ingenieurentwürfen diente. Dennoch verloren Prandtl und seine Mitarbeiter die strömungsmechanischen Grundlagenprobleme nicht ganz aus dem Blick, die sich immer wieder bei den Versuchen stellten. Im ersten Kriegsjahr wurden Windkanalmessungen, die im Auftrag der Hersteller von Kriegsflugzeugen durchgeführt wurden, zwar den einzelnen Auftraggebern mitgeteilt, doch es kam darüber zu keinem wissenschaftlichen Erfahrungsaustausch über die so gewonnenen aerodynamischen Erkenntnisse. Dies änderte sich erst, als aus der Prüfanstalt und Werft der Fliegertruppe in Berlin-Adlershof die „Flugzeugmeisterei der Inspektion der Fliegertruppen" (Flz) gebildet und dort am 22. Dezember 1916 eine „Wissenschaftliche Auskunftei für Flugwesen" (WAF) eingerichtet wurde.[35] Ihre Aufgabe war es, neueste Forschungsergebnisse in einer „der Flugzeugmeisterei gehörenden, für die Kriegsdauer geheimen Zeitschrift, den ‚Technischen Berichten der Flugzeugmeisterei' (abgekürzt ‚TB') bekanntzugeben" und die „in Frage kommenden Forschungsstätten und Fachleute" darüber zu einem gegenseitigen Erfahrungsaustausch anzuregen.[36]

Prandtl nahm unter diesen Fachleuten eine zentrale Stellung ein. „Ich, sowohl wie die Herren in Adlershof dürfen sich mit ihren Kenntnissen in der

---

[33] Prandtl an Gutzmer, 20. Februar 1918. GOAR 3664.
[34] [Rotta, 1990a, S. 168].
[35] [Trischler, 1992, S. 94f.], [Beauvais et al., 1998, S. 38] und [Rotta, 1990a, S. 169].
[36] Technische Berichte, Band 1, 1917, Vorwort, S. IV.

Aerodynamik als Ihre Schüler betrachten", schrieb Wilhelm Hoff, der Leiter der WAF, an Prandtl, als diese Einrichtung im Januar 1917 ihren Betrieb aufnahm. „Das von Ihnen etwa 1910 vorgeschlagene System der Bezeichnung aerodynamischer Formeln wurde von uns übernommen."[37] Die Veröffentlichung von Versuchsergebnissen in den „für die Kriegsdauer geheimen" *Technischen Berichten* warf jedoch einige Fragen auf. Prandtl plädierte in seiner Eigenschaft als wissenschaftlicher Leiter der *Zeitschrift für Flugtechnik und Motor-Luftschifffahrt* dafür, den Autoren von Aufsätzen, denen ein breiteres wissenschaftliches Interesse zukam, das Recht zu einer zweiten Veröffentlichung zuzugestehen, wenn nach dem Krieg die Geheimhaltung wegfallen würde.[38] Bei der Flugzeugmeisterei wollte man sich jedoch eine Entscheidung über solche „Nachveröffentlichungen" für einen späteren Zeitpunkt vorbehalten. Die *Technischen Berichte* wurden in Form von Heften, die jeweils mit einer Abdrucknummer für den jeweiligen Abnehmer versehen waren, in unregelmäßigen Zeitabständen an die dafür Berechtigten ausgeliefert. Um diese Geheimpublikation zu erhalten, musste sich ein Flugzeughersteller verpflichten, sein Versuchsmaterial der WAF zur Verfügung zu stellen. Man lege großen Wert darauf, „dass nicht Firmen im Besitz von Neuerungen sind, die der Militärbehörde beziehungsweise dem Reichsmarineamt noch fremd sind", schrieb Hoff einmal an Prandtl, als es über die Mitteilung von Versuchsergebnissen zwischen Göttingen und Berlin zu Unstimmigkeiten kam.[39] Prandtls Modellversuchsanstalt musste die Versuchsergebnisse sowohl dem Auftraggeber als auch der WAF mitteilen. Das erste, im März 1917 gedruckte Heft wurde an 150 „Bezieher" – überwiegend Flugzeughersteller und mit einschlägigen Forschungen befasste Professoren an technischen Hochschulen – geschickt. Prandtls Wunsch nach einer breiteren Bekanntmachung wissenschaftlich interessanter Versuchsergebnisse kam man dadurch entgegen, dass von den in einer Auflage von 1000 Exemplaren gedruckten *Technischen Berichten* nach Friedensschluss und nach Wegfall der Geheimhaltung „rund 750 Exemplare für Bibliotheken, Institute und dem freien Handel übrig sein" sollten.[40]

Prandtl wollte neben dem unmittelbaren Nutzen der Versuchsmessungen für den jeweiligen Auftraggeber aber auch dokumentiert wissen, dass die jeweils erzielten aerodynamischen Fortschritte das Verdienst seiner Göttinger Modellversuchsanstalt waren. Er werde „über das, was die Firmen auf Grund unserer Resultate erreichen, fast gänzlich in Unkenntnis gelassen", beklagte er sich in einem Brief an den Leiter der WAF. Das betraf vor allem die Messungen der Widerstands- und Auftriebsbeiwerte von hunderten verschiedener Flügel-

---

[37] Hoff an Prandtl, Januar 1917. GOAR 1354.
[38] Prandtl an Hoff, 1. März 1917. GOAR 1354.
[39] Hoff an Prandtl, 16. Mai 1917. GOAR 1360.
[40] Hoff an Prandtl, 5. März 1917. GOAR 1354.

profile. Er machte sich aber auch zum Anwalt von Firmen, die befürchteten, dass Konkurrenten Einsicht in die eigenen Firmengeheimnisse bekommen könnten, wenn sie sich den bisher geltenden Regeln für die Durchführung von Modellversuchen in Göttingen und ihrer Mitteilung in den *Technischen Berichten* beugten. „Im Interesse der guten Fortentwicklung der Arbeiten der M.V.A. und zur Erreichung eines intensiven Zusammenarbeitens mit der Praxis" unterbreitete er der Flugzeugmeisterei deshalb einen „Vorschlag für die Neuordnung des Verhältnisses zwischen der M.V.A., der W.A.F. und den Flugzeugfirmen", der die Einrichtung einer „Auskunftsstelle über aerodynamische Fragen" für die Flugzeugindustrie bei der MVA vorsah. Prandtl erhoffte sich davon „eine innige Fühlungnahme mit der Praxis". Außerdem wollte er der MVA „das alleinige Veröffentlichungsrecht für ihre Messungen" vorbehalten. Im Interesse der Flugzeughersteller sollten die bei der MVA durchgeführten Messungen „nicht nur den anderen Firmen gegenüber, sondern auch gegenüber der Flz. geheim gehalten" werden. Die Flugzeugmeisterei solle der WAF „lediglich das wissenschaftliche Ergebnis" aus der jeweiligen Messung mitteilen, und zwar „ohne Nennung der Firma". Hoff betrachtete diesen Vorschlag als einen „erheblichen Eingriff in den Wirkungskreis der W.A.F.", was Prandtl „sehr wohl bewusst" war, wie er trotzig zurück schrieb. Aber die von Hoff geleitete WAF sei schließlich „nicht um ihrer selbst willen, sondern nur zu Nutz und Frommen der Entwicklung unserer Flugzeuge da".[41]

Damit stellte Prandtl klar, dass er seine Dienste „im Heeresinteresse" nicht als bloßer Befehlsempfänger der Flugzeugmeisterei verstanden wissen wollte. Er billigte der WAF keine Sonderrolle zu, sondern sah diese Einrichtung ebenso wie die MVA und andere beteiligte Stellen dem Interesse der Flugzeugentwicklung verpflichtet. Auch wenn er mit seinem Vorschlag keine Neuordnung in dem Dreiecksverhältnis zwischen der MVA, den Flugzeugherstellern und der Flugzeugmeisterei erreichte, wurde zumindest die anonymisierte Form bei der Mitteilung der Messergebnisse in den *Technischen Berichten* zur Regel. Unbeschadet von gelegentlichen Meinungsverschiedenheiten über die Zusammenarbeit mit der Flugzeugmeisterei schätzte man in Berlin das Engagement der MVA für die militärische Flugzeugentwicklung. Prandtl wurde im Februar 1918 mit dem Eisernen Kreuz ausgezeichnet. Hoff sprach ihm dafür seinen „aufrichtigen Glückwunsch" aus, es habe „alle Herren, die Ihre Verdienste und diejenigen Ihres Institutes um die Fortschritte in der technischen Aerodynamik kennen, gefreut, dass Sie diese Auszeichnung erhalten haben".[42]

---

[41] Prandtl an Hoff, 9. und 19. Juli 1917. GOAR 1354.
[42] Hoff an Prandtl, 13. Februar 1917. GOAR 1354.

4.4   Profilmessungen

Die ersten drei Hefte der *Technischen Berichte* waren fast ausschließlich Messungen der verschiedenen Abteilungen der Flugzeugmeisterei selbst gewidmet. Die Versuchsergebnisse der MVA wurden eigens kenntlich gemacht und mit dem Namen des jeweiligen Berichterstatters versehen. Die erste dieser Mitteilungen erschien am 1. Juni 1917 im vierten Heft der *Technischen Berichte*. Sie war überschrieben mit „Bericht über Luftwiderstandsmessungen von Streben. Mitteilung 1 der Göttinger Modell-Versuchsanstalt für Aerodynamik. Erstattet von Max Munk". Von den insgesamt 24 Mitteilungen der MVA in den *Technischen Berichten* wurden zehn von Max Munk verfasst, bei acht weiteren war er Koautor.[43]

Munk hatte nicht bei Prandtl in Göttingen studiert, zählt aber dennoch zu seinen bedeutendsten frühen Schülern. Er hatte sich schon als Student an der Technischen Hochschule in Hannover 1912 an Prandtl gewandt und ihn gebeten, nach Abschluss seines Studiums sein Assistent werden zu dürfen.[44] Prandtls Assistentenstellen waren damals jedoch besetzt. Nach Beginn des Ersten Weltkriegs konnte Prandtl stellvertretend für Wieselsberger und Betz, die noch zum Kriegsdienst eingezogen waren, Munk als „Hilfsassistenten" einstellen.[45] Als wenig später auch Betz und Wieselsberger nach Göttingen zurückkehrten, war bereits die neue MVA im Bau und der Personalbedarf so groß, dass Munk seine Stelle behalten durfte. Er blieb bis zum 31. März 1918 Angestellter der MVA. Danach wurde er bis Kriegsende zu einer Forschungseinrichtung der Kriegsmarine (Seeflugzeug-Versuchskommando) nach Warnemünde als Versuchsingenieur abkommandiert, blieb jedoch auch in dieser Eigenschaft in enger Verbindung mit der Göttinger Forschung.[46]

Der Bericht über die Luftwiderstandsmessungen von Streben, den Munk an die Flugzeugmeisterei zum Abdruck in den *Technischen Berichten* übermittelte, zeigt bereits beispielhaft, wie bei den Kriegsaufträgen grundlegende aerodynamische Erkenntnisse Bedeutung für praktische Anwendungen erlangten. Die Querstreben zwischen den Flügeln von Doppel- und Dreideckern ergaben in der Summe einen beträchtlichen Luftwiderstand, so dass schon sehr früh der Wunsch aufkam, durch entsprechende Formgebung diesen Widerstandsanteil zu verringern. Die meisten Streben bekamen einen stromlinien-

---

[43] [Rotta, 1990a, S. 170f.].
[44] Munk an Prandtl, 18. Dezember 1912. SUB, Cod. Ms. L. Prandtl 5 (Briefwechsel mit Bewerbern um Assistentenstellen).
[45] Prandtl an Munk, 9. März 1915; Munk an Prandtl, 10. März 1915; Munk an Prandtl, 25. März 1915; Kurator der Göttinger Universität an Prandtl und Munk, 18. Mai 1915. SUB, Cod. Ms. L. Prandtl 5 (Briefwechsel mit Bewerbern um Assistentenstellen).
[46] Siehe dazu die Korrespondenz in GOAR 1300, 1354, 2641, 2647, 2703, 2704, 2705 und 8005.

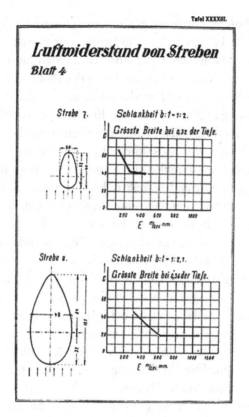

Abb. 4.1 Datenblatt zu Munks Bericht über Luftwiderstandsmessungen von Streben aus den *Technischen Berichten*

förmigen Querschnitt (Abb. 4.1). Es galt jedoch zu klären, welches Profil bei den fraglichen Geschwindigkeiten den geringsten Widerstand aufwies. Die ersten Aufträge für entsprechende Messungen kamen 1915 vom Reichsmarineamt. Im Lauf der nächsten beiden Jahre wurden dazu von mindestens fünf Flugzeugherstellern (Flugzeugbau Friedrichshafen, Albatroswerke, Flugzeugwerft Staaken, Luftschiffbau Zeppelin, AEG) umfangreiche Windkanal-Untersuchungen in Auftrag gegeben. Anfangs benutzte man dafür in Göttingen noch den kleinen Windkanal, später den großen in der neuen MVA. Die Strebenprofile wurden durchnumeriert und die zugehörigen Meßdaten in Diagrammen zusammengefasst, bei denen der Luftwiderstand in Abhängigkeit von einem „Kennwert", dem Produkt aus Strebenbreite und Geschwindigkeit, dargestellt wurde.

In den Windkanalversuchen wurde das schon vor dem Krieg bei Kugeln festgestellte Phänomen wiedergefunden, dass in einem kritischen Kennwertbereich „zwei grundsätzlich verschiedene Strömungsformen der Luft sich ablösen", wie Munk in den *Technischen Berichten* den Übergangsbereich zwischen

laminarer und turbulenter Strömung benannte. „Innerhalb des kritischen Be-
reiches tritt keine der beiden Strömungsformen mit Notwendigkeit auf, sondern die kleinsten Zufälligkeiten wie eine verschieden rauhe Oberfläche der
Strebe oder kleine Abweichungen in der Form des Profils genügen, um die eine oder die andere Strömung zu bewirken oder auch eine dazwischenliegende
Kompromissströmung eintreten zu lassen. Eine rauere Oberfläche begünstigt
das Eintreffen der überkritischen Strömung, ebenso tut dies eine wirbeligere
Luftströmung." Was die wissenschaftliche Erklärung des Phänomens anging,
zitierte Munk lediglich die Publikationen von Prandtl und Wieselsberger aus
dem Jahr 1914; dafür stellte er die „praktische Nutzanwendung" um so deutlicher heraus: „Insbesondere veranlasst eine Verringerung der Geschwindigkeit,
z. B. der Übergang vom horizontalen Flug zum Steigflug eine plötzliche Vergrößerung der Widerstandszahl und häufig eine bedeutende Vergrößerung des
Widerstandes selbst." Für die Wahl eines Strebenprofils komme es daher nicht
so sehr auf einen möglichst geringen Widerstand im unterkritischen Bereich
an; vielmehr müsse der Flugzeughersteller sein Augenmerk darauf richten, „eine solche Strebe auszuwählen, welche bei ihrer Anwendung ihren kritischen
Kennwertbereich schon verlassen hat". Da der Kennwert ein Produkt aus Geschwindigkeit und Strebenbreite sei, müsse ein Profil nicht für alle Zwecke
das optimale darstellen. Die Verkleidung eines dicken Rohres erfordere andere Profile als die eines dünnen Kabels. „Für breite Streben und für große
Geschwindigkeit ist es leichter, ein günstiges Profil zu finden als für ein Kabel,
und ein Strebenumriss, der für diesen Zweck zu empfehlen wäre, kann unter
Umständen für jenen noch schlecht genannt werden."[47]

Schon in dieser ersten Mitteilung wurde deutlich, wie praxisnah die Göttinger aerodynamische Forschung war. In Folgeberichten wurden weitere Messreihen mit bemerkenswerten Schlussfolgerungen über die Widerstand-erzeu-
genden Teile am Flugzeug mitgeteilt. So erwiesen sich zum Beispiel schlanke
Strebenprofile, die bei gerader Anströmung von vorne einen sehr geringen Widerstand hervorriefen, gegenüber dickeren Profilen als nachteilig, wenn man
sie um einen geringen Anstellwinkel gegenüber dem Luftstrom neigte: Die
Widerstandszahl eines schlanken Profils stieg bei einer Drehung um 9 Grad
auf den vierfachen Wert an, während das dickere Profil bei demselben Winkel
einen nicht einmal doppelt so großen Wert erreichte.[48]

Unabhängig von der Art eines Flugzeugteils lief die Messung an dem davon hergestellten Modellkörper im Windkanal immer darauf hinaus, die von
der strömenden Luft auf das Modell in der Messkammer ausgeübte Kraft
zu messen. Die dazu installierte Messvorrichtung erlaubte die Bestimmung

---

[47] Technische Berichte, Band 1, Heft Nr. 4, 1. Juni 1917, S. 85–96, hier S. 88f.
[48] Technische Berichte, Band 2, Heft Nr. 1, 20. Dezember 1917, S. 15–17 und Tafeln 11–22.

verschiedener Kraftkomponenten, aus denen Auftrieb, Widerstand und Drehmoment des jeweiligen Modellkörpers bestimmt werden konnten. Ein großer
Teil dieser Messungen entfiel auf Modelle von Tragflügeln gleicher Spannweite und Tiefe, aber mit jeweils unterschiedlichem Querschnittsprofil. „Die
Flügeluntersuchungen zerfallen in Gelegenheitsmessungen in fremdem Auftrag und in systematische Messungen, welche die Anstalt meist auf eigene
Rechnung ausführt", schrieb Munk einleitend zu einer Serie solcher Wind-
kanaluntersuchungen. Über die Auftragsarbeit hinausgehend auch noch auf
eigene Rechnung Flügelmodelle anzufertigen und im Windkanal zu testen,
setzte bei der Überlastung mit Kriegsaufträgen eine starke Motivation für diese Forschungstätigkeit voraus. Eine Flugzeugfabrik lasse meist nur ein einziges
Flügelprofil untersuchen, argumentierte Munk, und es sei sehr schwer, „aus
solchem wahllos sich anhäufenden Material das Wesentliche und Wichtige zu
ersehen". Der Nutzen für die Industrie sei größer, wenn die Forschung „in
systematischer Weise auf die Erzielung bestimmter Resultate gerichtet" sei.[49]
Wie schon bei den Luftwiderstandsmessungen an Streben wurden auch
die verschiedenen, im Windkanal untersuchten Tragflügelprofile durchnumeriert und nach Auftraggeber-unabhängigen Kriterien sortiert. Die Trag-
flügelmodelle wurden nach einem „Normalflügelmodell" von rechteckigem
Grundriss mit einem über die Spannweite gleichbleibenden Profil hergestellt –
für die Messungen im alten Windkanal mit 72 cm Spannweite und 12 cm Tiefe, im neuen Windkanal mit 100 cm Spannweite und 20 cm Tiefe. Gemessen
wurde die auf den Modellflügel im Windkanal für jeweils gleiche Geschwindigkeit des Luftstroms (im kleinen Windkanal 9 m/s, im großen 40 m/s) bei
verschiedenem Anstellwinkel wirkende Kraft, zerlegt in die beiden Komponenten des parallel zur Anströmrichtung wirkenden Luftwiderstands W und
die senkrecht dazu wirkende Auftriebskraft A. Es wurden jedoch nicht die
Kräfte selbst, sondern die dimensionslosen Beiwerte c_a und c_w ermittelt, die
in den Kraftformeln

$$A = c_a F \frac{\rho}{2} v^2 \qquad W = c_w F \frac{\rho}{2} v^2$$

als Vorfaktor vor den sonst gleich bleibenden Größen F (Flügelfläche),
ρ (Luftdichte) und v (Anströmgeschwindigkeit) auftraten. Diese Beiwerte
wurden für jedes Flügelprofil in einem sogenannten „Polardiagrammen" gra-
fisch dargestellt, so dass dem geschulten Auge eines Praktikers auf einen Blick
das aerodynamische Verhalten eines Flügelprofils deutlich wurde.[50]

---

[49] Technische Berichte, Band 1, Heft Nr. 5, 1. August 1917, S. 135–147, hier S. 135.
[50] Technische Berichte, Band 1, Heft Nr. 5, 1. August 1917, S. 137–139. Dort werden auch die hier nicht
erläuterten weiteren Messgrößen (Druckpunkt; Drehmoment) beschrieben. Die Diagramme finden sich
in den zugehörigen Tafeln LXXIII bis CLIII.

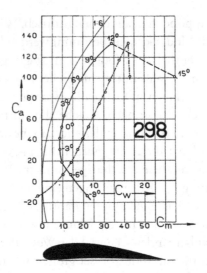

Abb. 4.2 Das Polardiagramms für das Profil Nr. 298. Es entsprach dem Flügelprofil des Dreideckers Fokker Dr. 1

Abb. 4.3 Die Fokker Dr. 1 zählte zu den bekanntesten Jagdflugzeugen des Ersten Weltkriegs

Die bis August 1917 auf diese Weise gemessenen und in den *Technischen Berichten* dargestellten Profile reichten von Nr. 1 bis Nr. 176. Bei Kriegsende umfasste die Liste der „Göttinger Profile", wie diese Zusammenstellung von Tragflügeldaten später genannt wurde, 346 Profile. Wurden anfangs vor allem sehr schlanke Profile untersucht, so war in späteren Messreihen „auch eine Reihe extrem dicker" Flügelprofile enthalten, wie ausdrücklich betont wurde (Abb. 4.2 und 4.3).[51]

Um von den Profilmessungen am „Normalflügelmodell" auf Flügel mit anderer Spannweite und Flügeltiefe zu schließen, stellte Betz in den *Tech-*

---

[51] Technische Berichte, Band 2, Heft 3, 1. August 1918, S. 407–450, hier S. 407.

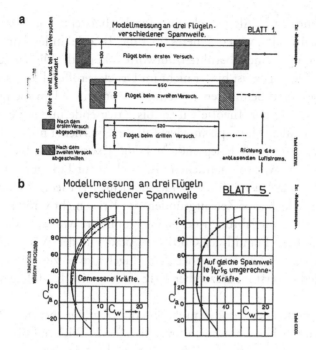

Abb. 4.4   Test der Umrechnungsformeln für Flügeln gleichen Profils mit verschiedener Spannweite

nischen Berichten die wichtigsten Umrechnungsformeln zusammen.[52] Munk teilte dazu Modellmessungen an drei Tragflächen mit gleichem Profil aber unterschiedlicher Spannweite mit (Abb. 4.4). Die Güte der Umrechnungsformeln konnte „aus dem Zusammenfallen der 3 übereinander gezeichneten Kurven" in den Polardiagrammen abgelesen werden.[53]

4.5   Die Tragflügeltheorie

Munk und Betz waren nach Prandtl selbst die wichtigsten Architekten der Theorie, auf der diese Umrechnung beruhte. Zum Zeitpunkt ihrer Mitteilungen in den *Technischen Berichten* hatte Prandtl nur einige theoretische Grundlagen dazu in seinem Übersichtsartikel über „Flüssigkeitsbewegung" veröffentlicht.[54] Betz hatte die Praxisrelevanz der Theorie für einzelne Teilaspekte aufgezeigt und in der *Zeitschrift für Flugtechnik und Motorluftschiff-*

---

[52] Technische Berichte, Band 1, Heft 4, 1. Juni 1917, S. 98–102.
[53] Technische Berichte, Band 1, Heft 6, 15. Oktober 1917, S. 203 und Tafeln CLXXXVIII–CXCII.
[54] [Prandtl, 1913b].

fahrt veröffentlicht.[55] Als jedoch ein Flugzeughersteller im Mai 1918 von Prandtl wissen wollte, wo er Näheres über die Theorie finden könne, auf der die Umrechnungsformeln beruhten, antwortete Prandtl: „Die Eindeckertheorie, nach der Sie fragen, ist bisher nicht im Druck veröffentlicht, sondern nur in Vorlesungen und Seminaren vorgetragen worden."[56] Um die mathematische Ausgestaltung der Theorie wusste bis Kriegsende nur der engere Kreis der Prandtl-Schüler. Munk promovierte zu diesem Thema noch während des Krieges, Betz kurz nach Kriegsende.[57] Prandtl selbst hatte kurz zuvor bei einer Tagung der Wissenschaftlichen Gesellschaft für Luftfahrt in Hamburg über „Tragflächen-Auftrieb und -Widerstand in der Theorie" einen Vortrag gehalten, der jedoch „aus Zensurgründen" im Krieg nicht veröffentlicht wurde und erst 1920 im Jahrbuch der WGL publiziert wurde.[58] Wenig später, im Juli 1918, legte Prandtl der Göttinger Akademie der Wissenschaften die Ausarbeitung des ersten Teils seiner „Tragflügeltheorie" zur Publikation vor; er erschien jedoch erst im Dezember 1918. Der zweite Teil folgte im Februar 1919.[59]

Für die Experten der Aerodynamik zählt die Tragflügeltheorie zu den „größten wissenschaftlichen Leistungen Prandtls".[60] Mit Blick auf die zahlreichen Windkanalmessungen, die einer theoretischen Erklärung bedurften und der Theorie umgekehrt empirischen Rückhalt boten, sowie angesichts der Dissertationen von Betz und Munk sollte man jedoch nicht wie etwa bei der Grenzschichttheorie von Prandtls Tragflügeltheorie sprechen, sondern eher von einer Göttinger Gemeinschaftsleistung; denn bei kaum einer anderen Theorie war Prandtl dabei auf die Beiträge seiner Mitarbeiter (außer Betz und Munk trugen auch Otto Föppl, Ernst und Karl Pohlhausen sowie Carl Wieselsberger wesentlich dazu bei) und die Einrichtungen angewiesen, die ihm in Göttingen gegen Kriegsende so reichlich zur Verfügung standen. Prandtl war im Übrigen selbst sehr darauf bedacht, die Beiträge seiner Mitarbeiter in seinen beiden Publikationen zur Tragflügeltheorie in den *Nachrichten der Gesellschaft der Wissenschaften zu Göttingen* nicht unter den Tisch fallen zu lassen.

Den Weg von der zweidimensionalen Kutta-Joukowskyschen Theorie des aerodynamischen Auftriebs zu einer dreidimensionalen Theorie hatte Prandtl mit der Idee des „Hufeisenwirbels" schon lange vorgezeichnet.[61] Aber zwischen dem Prinzip und der mathematischen Ausarbeitung türmten sich in

---

[55] [Betz, 1914a, Betz, 1914b].
[56] Deutsche Flugzeugwerke GmbH an Prandtl, 17. Mai 1918; Prandtl an Deutsche Flugzeugwerke GmbH, 22. Mai 1918. GOAR 1360.
[57] [Munk, 1919b, Munk, 1919a, Betz, 1919a].
[58] [Prandtl, 1920].
[59] [Prandtl, 1918, Prandtl, 1919].
[60] [Rotta, 1990a, S. 188].
[61] Siehe Abschn. 3.7.

diesem Fall immer wieder neue Hindernisse auf.[62] In der Theorie von Kutta und Joukowsy berechnet sich der Auftrieb aus der pro Längeneinheit für ein gegebenes Profil ermittelten „Zirkulation", einer mathematischen Größe für die Stärke des „gebundenen Wirbels" um die Tragfläche. Für einen Flügel mit unendlicher Spannweite ist der Auftrieb pro Längeneinheit entlang der Spannweite konstant und der Widerstand gleich Null, da Kutta und Joukowsky die nur für ideale Fluide gültige Potentialtheorie benutzt hatten. Überträgt man diese Vorstellung auf Flügel endlicher Spannweite, so kommen die von den Flügelenden ausgehenden „Randwirbel" hinzu, die im Unterschied zu dem gebundenen Wirbel in dem (immer noch als reibungslos vorausgesetzten) Fluid verblieben und nur durch dauernde Energiezufuhr erzeugt werden konnten. Ein Flügel mit endlicher Spannweite erfährt also im Unterschied zu dem mit unendlicher Spannweite einen Widerstand, obwohl sich an der Voraussetzung eines idealen, also reibungslosen Fluids nichts geändert hat!

Dieser Widerstand tauchte in den *Technischen Berichten* zuerst als „Randwiderstand" auf; Munk gab für einen Rechteckflügel der Spannweite b und Tiefe t ohne Ableitung die „Randwiderstandszahl"[63]

$$c_{wr} = c_a^2 \frac{t}{\pi b}$$

an. Der „Randwiderstand" wächst also quadratisch mit dem Auftrieb und ist umgekehrt proportional zur Spannweite. Später nannte man ihn den „induzierten Widerstand".[64] Er ist nicht durch die Viskosität der Luft bedingt, die ja wie in der Kutta-Joukowskyschen Theorie als reibungslos idealisiert wird, sondern ergibt sich als Folge von geänderten Strömungsverhältnissen gegenüber dem Flügel mit unendlicher Spannweite. An den Flügelenden muss eine Querströmung von der Flügelunter- zur -oberseite erfolgen. Für die resultierende Strömung hinter der Tragfläche sind dann an verschiedenen Stellen induzierte Strömungen in Betracht zu ziehen, die sich in einer, gegenüber dem Flügel unendlicher Spannweite geänderten Abwärtskomponente der Strömungsgeschwindigkeit äußern. Genau daran hatte der Flugzeughersteller bei seiner Frage an Prandtl gedacht, als er um Auskunft darüber bat, „ob schon die Abwärtsbewegung der Luft hinter den Tragflächen eines Ein- und Doppeldeckers rechnerisch erfasst" worden sei.[65]

---

[62] [Epple, 2002a].
[63] Technische Berichte, Band 1, Heft 5, 1917, S. 145.
[64] Technische Berichte, Band 3, Heft 7, 1918, S. 309–315.
[65] Deutsche Flugzeugwerke GmbH an Prandtl, 17. Mai 1918. GOAR 1360.

Box 4.1: Vereinfachte Darstellung der Tragflügeltheorie

Wenn man auf die sehr komplizierten mathematischen Ableitungen für die Auftriebsverteilung über die Spannweite eines Flügels keinen Wert legt, lassen sich die wichtigsten Ergebnisse der Tragflügeltheorie durch relativ einfache physikalische Betrachtungen plausibel machen.[66]

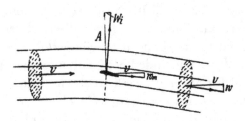

Ein Tragflügel, der sich mit der Geschwindigkeit v durch die Luft (Dichte ρ) bewegt, erteilt pro Sekunde einer Luftmasse $\rho Q v$ eine abwärts gerichteter Geschwindigkeit w. Dabei ist Q eine Fläche quer zur Flugrichtung, deren eine Ausdehnung durch die Spannweite des Flügels b gegeben ist. Dadurch erfährt der Flügel nach dem Newtonschen Prinzip „actio = reactio" einen Auftrieb

$$A = \rho Q v w.$$

Die mit der abwärts gerichteten Luft pro Sekunde transportierte kinetische Energie $\frac{1}{2}\rho Q v w^2$ ist gleich der pro Sekunde gegen die Flugrichtung verrichteten Arbeit des induzierten Widerstands

$$W_i v = \frac{1}{2}\rho Q v w^2.$$

Aus beiden Gleichungen lässt sich w eliminieren und man erhält

$$W_i = \frac{A^2}{2\rho Q v^2} = A^2 \frac{2}{\rho \pi\, b^2 v^2}.$$

Dabei wurde die Fläche Q als Fläche eines Kreises mit dem Radius der halben Spannweite angenähert, was als plausible Annahme berechtigt ist, sich aber erst mit einer Berechnung der Auftriebsverteilung über die Flügelspannweite begründen lässt. Mit den auf die Flügelfläche F bezogenen Ausdrücken für Auftrieb und Widerstand

$$A = c_a F \frac{\rho}{2} v^2 \qquad W_i = c_{w_i} F \frac{\rho}{2} v^2$$

---

[66] [Prandtl, 1921c, S. 35–39].

ergibt sich daraus

$$c_{w_i} = c_a^2 \frac{F}{\pi b^2}.$$

Für einen rechteckigen Flügel der Flügeltiefe t ist $F = bt$; damit erhält man die von Munk ohne Ableitung in den *Technischen Berichten* angegebene Formel. In den Polardiagrammen, bei denen die im Windkanal für verschiedene Anstellwinkel gemessenen c_w- und c_a-Werte in einem kartesischen Koordinatensystem gegeneinander aufgetragen werden, stellt die Kurve des induzierten Widerstandsbeiwerts c_{w_i} eine Parabel dar. Damit wird auch deutlich, dass sich der auch bei noch so reibungsarmen Flügeln immer vorhandene induzierte Widerstand nur verringern lässt, wenn man die Streckung b/t vergrößert.

Genau genommen waren Prandtl und seine Assistenten bei der Tragflügeltheorie mit drei Problembündeln konfrontiert. Die „erste Aufgabe", so Prandtl bei seinem Vortrag vor der WGL im April 1918, habe in dem Problem bestanden, aus einer vorgegebenen Wirbelstärke die Abwärtsgeschwindigkeit hinter dem Flügel, den indizierten Widerstand und den Anstellwinkel zu berechnen, der dem vorgegebenen Auftrieb entspricht. Die „zweite Aufgabe" zielte nach einer Antwort auf die umgekehrte Fragestellung, wie bei gegebener Verteilung der Abwärtsgeschwindigkeit entlang der Spannweite die zugehörige Auftriebsverteilung bestimmt werden kann. Diese Aufgabe sei durch eine „von meinem Mitarbeiter Herrn Munk entdeckte Betrachtungsweise" gelöst worden, so stellte Prandtl den Beitrag Munks heraus. Ein Spezialfall dieser Lösung war „von besonderem technischen Interesse": Man erhält nämlich eine konstante Verteilung der Abwärtsgeschwindigkeit entlang der Spannweite, wenn der Auftrieb wie eine Halbellipse von einem Flügelende zum anderen hin verteilt ist. Das eigentliche Problem aber, bei dem die Göttinger Aerodynamiker lange nicht weiter gekommen waren, bestand darin, für eine Tragfläche von vorgegebener Form bei gegebenem Anstellwinkel die Auftriebsverteilung und den Widerstand zu berechnen. Diese „dritte Aufgabe, die eigentlich die erste war", musste „wegen ihrer Schwierigkeit immer wieder zurückgestellt" werden. „Diese Aufgabe führt auf eine unangenehm zu behandelnde Integralgleichung, die selbst für den Fall, dass es sich um eine Tragfläche von überall konstantem Profil und konstantem Anstellwinkel handelt, bisher noch nicht gelöst werden konnte." Prandtl verwies dabei auf die „großen Anstrengungen, die besonders Herr Betz in der letzten Zeit auf sie gewandt hat". In einer Fußnote fügte er bei der Drucklegung des Vortrags unter Verweis auf die Doktorarbeit von Betz hinzu, dass auch dieses Problem inzwischen gelöst worden sei.[67]

---

[67] [Prandtl, 1920, S. 48–52]. Zur Chronologie der Tragflügeltheorie und den in verschiedenen Darstellungen darüber aufscheinenden Widersprüchen siehe insbesondere [Epple, 2002a, S. 178–180].

Die Dissertationen von Munk und Betz, in denen die ganze Komplexität der Tragflügeltheorie aufscheint, wären ohne die von beiden im Krieg an der MVA durchgeführte aerodynamische Versuchstätigkeit kaum zustande gekommen. Das zeigt sich insbesondere bei Munk, der von Beginn an seine gesammelten praktischen Erfahrungen für seine eigene Karriere nutzbringend weiter verwenden wollte. Dass er entgegen seiner Absicht nicht bei Prandtl promovieren konnte, solange er die Kriegsaufträge an der MVA bearbeitete, war „die einzige Enttäuschung, die ich in Göttingen erlebt habe", schrieb er im April 1918 an Prandtl, als er beim Seeflugzeug-Versuchskommando (SVK) der Kriegsmarine in Warnemünde eine Stelle als Ingenieur antrat.[68] „Der Doktortitel fehlt mir hier sehr, da die meisten Diplom-Ingenieure hier ihn haben", erklärte er Prandtl. Er wollte mit seinen Göttinger Erfahrungen den Dr. Ing. an der technischen Hochschule in Hannover erwerben und bat Prandtl, auf seinen Hannoveraner Professor (Arthur Pröll) einzuwirken, damit dieser das Promotionsverfahren beschleunige.[69] Seine Hannoveraner Dissertation enthielt im Wesentlichen die auch in den *Technischen Berichten* abgedruckten Ergebnisse seiner Göttinger Windkanalversuche.[70] Prandtl kam dem Wunsch gerne nach, versprach sich „allerdings keinen großen Erfolg davon, da in Hannover solche Angelegenheiten sehr langsam betrieben zu werden pflegen. Ich habe aber einen anderen Vorschlag. Wenn Sie sich bereit finden würden, Ihre jetzige Arbeit im Sinne einer leichteren Lesbarkeit noch etwas zu überarbeiten und abzurunden, dann würde sie sehr wohl als Göttinger Dissertation angenommen werden können".[71] Munk nannte diese Göttinger Version, bei der er die mathematischen Aspekte besonders herauskehrte, „Isoperimetrische Aufgaben aus der Theorie des Fluges".[72] Dadurch war der Zusammenhang mit seiner Versuchstätigkeit an der MVA kaum noch zu erkennen, der in seiner Hannoveraner Dissertation mit der Überschrift „Aerodynamik der Flugzeugtragorgane" so deutlich zum Vorschein kam. Munk stellte bei der Überarbeitung für die Göttinger Dissertation seine Theorie so knapp und abstrakt dar, dass selbst Prandtl Mühe hatte, sie in allen Einzelheiten nachzuvollziehen. „Offen gestanden: ich dachte Sie und einige wenige werden es schon verstehen, die anderen lesen doch nur die Ergebnisse", rechtfertigte Munk seine Darstellung.[73]

Im weiteren Verlauf des Dissertationsverfahrens musste Prandtl gegenüber seinem Hannoveraner Kollegen den Verdacht ausräumen, als hätte Munk

---

[68] Munk an Prandtl, 12. April 1918. GOAR 2647.
[69] Munk an Prandtl, 7. April 1918. GOAR 2647.
[70] [Munk, 1919a].
[71] Prandtl an Munk, 10. April 1918. GOAR 2647.
[72] [Munk, 1919b].
[73] Munk an Prandtl, 12. April 1918. GOAR 2647.

4 Der Erste Weltkrieg **119**

„nach Hannover eine Arbeit minderer Güte[,] nach Göttingen dagegen eine feine Arbeit eingereicht", wie Prandtl seinem Doktoranden anvertraute.[74] Munk wiederum fand es sehr bedauerlich, dass sein Hannoveraner Professor nicht in der Lage war, „sich selbst ein Urteil darüber zu bilden". Er scheine „aus Angst sich zu blamieren, davor zurückzuscheuen" und „es zu einer Zurückziehung der Arbeit kommen zu lassen".[75] Was die Göttinger Dissertation anging, störte sich Prandtl an dem Titel „Isoperimetrische Probleme", der sich doch auch verständlicher ausdrücken lasse; „wollen Sie nicht einfach sagen: Über Tragflächen kleinsten Widerstandes?"[76] Munk beharrte jedoch auf dem einmal gewählten Titel, denn er wollte damit vor allem Mathematiker ansprechen. Die in der Druckfassung nur 31 Seiten umfassende Arbeit bestand zum großen Teil aus mathematischen Beweisen, darunter auch dem Nachweis, dass der geringst mögliche Widerstand dann eintritt, wenn über die Spannweite eines Flügels hinweg an allen Stellen die gleiche Abwärtsgeschwindigkeit erzeugt wird. Die bislang unbewiesene Annahme, dass der Minimalwiderstand bei einer elliptischen Auftriebsverteilung erreicht wird, findet sich wie eine fast nebensächliche Folgerung am Ende der Arbeit: „[...] über die Spannweite aufgetragen würde die Auftriebsdichte daher eine halbe Ellipse darstellen." Zur Formel für den Mindestwiderstand als Funktion des Auftriebs, der Spannweite und der Fluggeschwindigkeit fügte Munk hinzu, dass sie „von Herrn Prandtl auf anderem Wege schon früher gefunden worden" sei. Damit wurde die seit 1914 benutzte zentrale Berechnungsgrundlage für die Widerstands-Auftriebs-Bilanz einer Tragfläche bestätigt.[77]

Für Außenstehende, die von der dreijährigen Arbeit Munks an der MVA nichts wussten, musste damit der Eindruck entstehen, als sei Munks Rolle die eines Mathematikers gewesen, der mit abstrakten mathematischen Beweisführungen den Aussagen der Tragflügeltheorie nur eine wissenschaftlichere Grundlage gegeben habe. Die Dissertation zum Dr. phil. an der Universität Göttingen, einem Mekka der Mathematik, und Munks eigene Stilisierung in seinem Lebenslauf am Ende der Dissertation, bestärkten eine solche Einschätzung. Darin ist von der „Anstellung als Assistent bei Herrn Prof. Prandtl an der Universität Göttingen" die Rede, wo er „auch mathematische und physikalische Studien an der Universität betreiben" konnte. Nirgendwo erfährt der Leser, dass der frisch gebackene Dr. phil. seine Zeit hauptsächlich mit Windkanalmessungen an der MVA und der Abwicklung von Kriegsaufträgen verbracht hatte. Ein ganz anderes Bild vermittelte Munks zweite ebenfalls 1919

---

[74] Prandtl an Munk, 23. April 1918. GOAR 2647.
[75] Munk an Prandtl, 30. April 1918. GOAR 2647.
[76] Prandtl an Munk, 4. Mai 1918. GOAR 2647.
[77] [Munk, 1919b, S. 26]. L. Prandtl: Votum zur Dissertation Munks, 18. Juni 1918. GOAR 2647. Munk legte die mündliche Doktorprüfung am 17. Juli 1918 ab.

erschienene Dissertation, die ihm den Dr. Ing. an der TH Hannover einbrachte. Sie bestand fast vollständig aus Tabellen mit Messwerten und Tafeln mit Polardiagrammen von Tragflügeln; dies sei, so erklärte Munk im angehängten Lebenslauf dieser Dissertation, Resultat seiner dreijährigen Assistententätigkeit bei Prandtl, während der er sich „vorzugsweise mit der Aerodynamik sowie mit den dazu gehörigen Laboratoriums-Versuchen" befasst habe. In der Einleitung heißt es, die Arbeit sei „nicht auf Vollständigkeit in der gedanklichen Entwickelung des Gebrachten, sondern nur auf Übermittlung des gefundenen Ergebnisses zum Zwecke der praktischen Anwendung gerichtet".[78]

Munks Dissertationen sind damit auch ein Symbol für die Tragflügeltheorie, die wie kein anderes Erzeugnis aus der Göttinger MVA die theoretischen und praktischen Aspekte der Aerodynamik des Flugzeugs zum Vorschein brachte. Darin wird gezeigt, wie die Grundidee des tragenden Wirbelfadens zu einer Theorie für die Berechnung der Auftriebsverteilung und des induzierten Widerstands eines Flügels ausgebaut werden kann. Auch wenn damit erst ein Grundstein für die später entwickelten Theorien gelegt wurde, die im Flugzeugbau praktische Verwendung fanden, gehören die von Prandtl, Munk und Betz im Ersten Weltkrieg gefundenen Ergebnisse „nowadays in the indispensible bag of tools of every aeronautical engineer", wie Hermann Schlichting, Prandtl-Schüler und Autor eines Standardwerks zur Flugzeugaerodynamik, 1975 in einem Festschriftbeitrag zu Prandtls 100. Geburtstag fand.[79] Wie Betz in einer kurz nach dem Krieg der Göttinger Akademie vorgelegten Arbeit über „Schraubenpropeller mit geringstem Energieverlust" zeigte, ließen sich die in der Tragflügeltheorie gewonnenen Ergebnisse auch auf Propeller übertragen, indem man sie als ein System von rotierenden Tragflügeln auffasste.[80] Damit weitete sich das Anwendungsgebiet der Tragflügeltheorie auch auf den Schiffbau und die Energieerzeugung mit Windkraft aus, wo Propeller mit ganz anderen Proportionen eingesetzt wurden. Hier wie dort kam es darauf an, den Zusammenhang zwischen Drehmoment und Schub in Abhängigkeit von Profil und Form eines Propellerblatts zu ermitteln, eine Aufgabe, die erst mit der Tragflügeltheorie lösbar wurde.

4.6   Pläne für einen Überschallwindkanal

Die Aerodynamik des Flugzeugs machte zwar den Hauptteil der Versuchstätigkeit an der MVA aus, doch Prandtl hegte gegen Kriegsende noch viel weiter gehende Pläne. Im September 1918 schrieb er an das Kriegsministerium,

---

[78] [Munk, 1919a].
[79] [Schlichting, 1975a, S. 308].
[80] [Betz, 1919b].

dass er neben der „flugtechnischen Aerodynamik" auch die für Geschossun-
tersuchungen besonders wichtige Gasdynamik bei Überschallgeschwindigkeit
bearbeiten wolle. Dazu erhoffte er sich vom Militär die Mittel für den Bau eines Überschallwindkanals. Mit Blick auf das künftige Kaiser-Wilhelm-Institut
für Aerodynamik habe er bereits eine solche Einrichtung geplant und „das
Projekt in großen Zügen bereits durchgearbeitet". Zur selben Zeit plante der
Ballistiker Carl Cranz in Berlin ebenfalls einen Überschallwindkanal für die
Artillerie-Prüfungskommission, die Prandtl als Berater hinzu zog. Wie Prandtl
dem Kriegsministerium gegenüber betonte, wollte er seine eigenen Pläne nicht
als eine Konkurrenz zu denen von Cranz verstanden wissen, denn ebenso wie
sich zwischen Berlin-Adlershof und seiner Göttinger MVA eine Arbeitsteilung bei der Luftfahrt-bezogenen Aerodynamik eingespielt habe, könne man
sich auch in der Gasdynamik gegenseitig fruchtbar ergänzen: „Die Arbeitsteilung würde in der Weise zu charakterisieren sein, dass die Berliner Anstalt
vor allem den unmittelbaren Bedürfnissen und den Tagesfragen der Artillerie
dienen würde, während Göttingen mehr die allgemeinen Gesetze des Luftwiderstandes bei hohen Geschwindigkeiten ohne eine allzu enge Bindung an die
artilleristischen Fragen bearbeiten würde."[81]

Noch in den letzten Kriegstagen hoffte Prandtl, das Kriegsministerium für
die Finanzierung einer solchen Erweiterung seiner Forschungseinrichtungen
zu gewinnen. Am 29. Oktober 1918 unterbreitete er der APK einen Entwurf für eine „Versuchseinrichtung für Luftwiderstandsmessung bei hohen
Geschwindigkeiten". Durch Evakuierung eines $40\,m^3$ großen Kessels sollte in einem angeschlossenen Kanal mit einem Messquerschnitt von 20 mal
20 cm ein so hoher Druckunterschied erzeugt werden, dass beim Öffnen des
Einlassventils ein Luftstrom mit Überschallgeschwindigkeit durch den Kanal
gesogen würde. Da der Kanal binnen Bruchteilen von Sekunden geöffnet
und geschlossen werden sollte und „hierfür die Kraft eines Menschen nicht
ausreicht", sah Prandtl einen maschinellen Ventilverschluss vor, der die zum
Öffnen und Schließen erforderliche Energie von einem Schwungrad erhalten
sollte. Für „etwa 3 Sekunden" lange Zeitintervalle sollten damit annähernd
konstante Überschallgeschwindigkeiten erzeugt werden. Die Geschwindigkeit
sollte durch die Form der eingesetzten Düse festgesetzt und durch Druckmessungen kontrolliert werden. Ferner sah Prandtl eine Lufttrocknungsanlage
vor, um bei der starken Abkühlung der Luft im Versuchskanal ein Beschlagen
der Beobachtungsfenster zu verhindern. Um das Verhalten der Überschallströmung um ein Testobjekt optisch im Bild festzuhalten, sollte die in der
Ballistik bereits etablierte Schlierenmethode (die auf der von den Dichteunter-

---

[81] Prandtl an das Preußische Kriegsministerium, 13. September 1918. AMPG, III. Abt., Rep. 61, Nr.
2107. Siehe dazu auch den Briefwechsel Prandtls mit Cranz und F. Klein, 13. Juni bis 30. September
1918. GOAR 2647.

schieden in Schockwellen hervorgerufenen Lichtbrechung beruht) eingesetzt werden. Die gesamte Einrichtung sollte in einem zwei Stockwerke hohen Gebäude von 11 mal 13,5 m Grundfläche untergebracht werden. Mit Blick auf die Kriegssituation war sich Prandtl jedoch nicht mehr sicher, ob die APK „bei der seither eingetretenen Änderung der Lage noch dasselbe Interesse an dem Projekt" besitze. Trotzdem habe er es für richtig gehalten, „die Arbeiten zunächst weiterzuführen". Denn angesichts der „kommenden knappen Zeiten" sollten Versuchseinrichtungen wie der von ihm projektierte Überschallgeschwindigkeitskanal besonders gefördert werden, da sie im Vergleich zu Schießversuchen billiger seien.[82]

4.7 Kavitationsforschung

1917 hatte die Inspektion des Unterseebootwesens die Göttinger Modellversuchsanstalt damit beauftragt, U-Boot-Propeller zu untersuchen mit dem Ziel, die bei der Rotation unter Wasser entstehenden Geräusche möglichst zu vermeiden. Prandtl vermutete lokale Kavitationserscheinungen als Ursache. Dabei handelt es sich um die Bildung von Blasen im Wasser an schnell bewegten Körpern wie Turbinenschaufeln (Abb. 4.5), Schiffsschrauben oder Geschossen. Auf dieses Phänomen war man schon in den 1890er Jahren in England aufmerksam geworden, als bei Probefahrten eines Torpedobootes trotz schnell drehender Schiffsschrauben die erreichte Geschwindigkeit des Torpedobootes weit hinter den Erwartungen zurückblieb. Als Grund für das schlechte Abschneiden erkannte man die Hohlraumbildung am Rücken der Schiffsschraube, wo das Wasser der hohen Umdrehungsgeschwindigkeit nicht mehr folgen konnte.[83]

Das Zerplatzen der dabei gebildeten Blasen konnte auch für die Schraubengeräusche von U-Booten verantwortlich sein. Prandtl beauftragte Betz mit den weiteren Untersuchungen zur Kavitation. Insbesondere ging es darum, den Schiffsschrauben eine solche Form zu geben, dass die Kavitationsgeräusche erst bei sehr hohen Drehzahlen auftraten. Betz bezog daraus den Ansporn, aus der aerodynamischen Tragflügeltheorie eine Theorie der Schiffsschraube abzuleiten, so dass auf dem Umweg über die Kavitation die Strömungsmechanik umfassender auf Schiffbauprobleme angewandt werden konnte.[84] Bei der Kavitationsforschung handelte es sich also um weit mehr als nur die Erfül-

---

[82] Prandtl an die APK, 29. Oktober 1918. AMPG, III. Abt., Rep. 61, Nr. 2107. Siehe dazu auch [Trischler, 1992, S. 106].

[83] [Eckert, 2006a, Kap. 7].

[84] Korrespondenz mit der Inspektion des Unterseebootwesens über Versuchsschrauben, 1917–1918. AMPG, III. Abt., Rep. 61, Nr. 2101.

Abb. 4.5   Kavitationsschäden an den Schaufeln einer Turbine

lung eines gelegentlichen Kriegsauftrags. Betz nahm selbst an Versuchsfahrten auf U-Booten teil, und er bewies mit Berichten über das Kriegsende hinaus das große wissenschaftliche Interesse der MVA an diesem Forschungsfeld.[85]

Das Kriegsende bereitete diesen Projekten – vorerst – ein Ende. Für Prandtl handelte es sich jedoch sowohl bei dem für die Artillerie-Prüfungskommission geplanten Überschallwindkanal als auch bei der Kavitationsforschung im Auftrag der Inspektion des Unterseebootwesens um ein glückliches Zusammentreffen von Interessen des Kriegsministeriums mit den eigenen Wissenschaftsinteressen. Dass die wechselseitige Mobilisierung von Ressourcen in diesem Fall durch das Kriegsende gestört wurde – von einer Verhinderung kann man angesichts der folgenden Entwicklung nicht sprechen –, ist weder ein Anzeichen von Naivität auf Seiten Prandtls noch von Ignoranz auf Seiten seiner politischen und militärischen Gesprächspartner. Beide Seiten folgten einem, in der Vergangenheit als erfolgreich erfahrenen Verhaltensmuster. Auch wenn beide Seiten den Kriegsausgang als Niederlage empfanden, waren die im Kaiserreich geknüpften Beziehungen von Wissenschaft und Politik in diesem Fall so dauerhaft, dass sie auch in der Weimarer Republik (und darüber hinaus im „Dritten Reich") die wechselseitige Nutzung von Ressourcen erleichterten.

Unabhängig davon bedeutete die Kriegserfahrung für Prandtl ein geschärftes Bewusstsein für die Relevanz seiner Wissenschaft. Die Kriegsforschung an der Modellversuchsanstalt hatte offenbart, dass sich die Strömungsmechanik in einem rasanten Modernisierungsprozess befand – und dass mit dieser Modernisierung eine immer stärkere Relevanz für Praxisanwendungen einherging. Um 1900 klafften Hydrodynamik und Hydraulik noch weit auseinander; sie verkörperten geradezu sprichwörtlich die Kluft zwischen Theorie und

---

[85] Siehe dazu ausführlich das Kapitel über den Ersten Weltkrieg in der Habilitationsschrift von Florian Schmaltz (in Vorbereitung).

Praxis. Die Hydrodynamik war eine von theoretischen Physikern und Mathematikern betriebene praxisferne Wissenschaft, die Hydraulik ein Bestand von
wissenschaftlich nicht begründbaren Faustregeln für technische Anwendungen. Das galt auch für die auf die Luftfahrt bezogene Strömungsmechanik,
die Aerodynamik. Sie konnte weder als Wissenschaft noch als Technologie
den Rang einer auf soliden Grundlagen aufgebauten Disziplin für sich in Anspruch nehmen. Erst im Krieg und mithilfe des Militärs wurde daraus ein für
die Luftfahrt unverzichtbarer Forschungszweig. An der Modellversuchsanstalt
hatte Prandtl dafür entscheidende Weichen gestellt, aber der Kriegsausgang
erlaubte keine bruchlose Fortsetzung dieses Modernisierungsprozesses.

5

Eine neue Lebensaufgabe

Der Krieg hatte den akademischen Alltag Prandtls von Grund auf verändert. Aus einem Professor, der neben seinem Institut eine kleine Versuchsstation für aerodynamische Messungen an Luftschiffmodellen betreute, war ein von seinen Lehrverpflichtungen meist beurlaubter Leiter einer großen Versuchsanstalt geworden, die sein Universitätsinstitut an Größe, Personal und finanzieller Ausstattung bei weitem übertraf. Im Sommer 1918 verfügte die Modellversuchsanstalt über ein Personal von 50 Beschäftigten.[1] Mit dem Kriegsende verlor die MVA das Militär als ihren wichtigsten Förderer. Nominell handelte es sich zwar um eine Einrichtung unter dem Dach der Kaiser-Wilhelm-Gesellschaft, doch finanziell beschränkte sich deren Trägerschaft auf einen Zuschuss, der im Vergleich zu den Beiträgen der Militärbehörden nur einen Bruchteil der laufenden Unterhaltskosten abdeckte. Selbst nach dem Ausscheiden von studentischen Hilfskräften und Mitarbeitern, die nach dem Hilfsdienstgesetz im Krieg nur vorübergehend beschäftigt worden waren, bestand das Personal am Ende des Jahres 1918 noch aus 30 Personen. Prandtl bezeichnete die MVA als „eine richtige kleine Fabrik". In ihrem „Betriebsausschuss" gaben zwar auch nach dem Kriegsende die Vertreter der Marine und der Fliegertruppen noch den Ton an, doch sie distanzierten sich bereits von den im Krieg gegebenen Versprechungen, dass man die MVA auch im Frieden weiter fördern wolle. Künftig sollten „diejenigen Staatsbehörden, welche anstelle des Preußischen Kriegsministeriums und des Reichsmarineamtes die Pflege der Luftfahrt übernehmen werden, die tatkräftige Unterstützung der Modell-Versuchsanstalt für Aerodynamik in Göttingen in den Bereich ihrer Obliegenheiten aufnehmen", so lautete der letzte Beschluss dieses Gremiums vom 17. Dezember 1918.[2]

Danach ging die MVA einer ungewissen Zukunft entgegen. Die neue Republik legte die staatliche Verantwortung für die Luftfahrt in die Hände des Flugpioniers August Euler, der als Unterstaatssekretär in einem neu eingerichteten Reichsluftamt den militärischen Einfluss auf die Flugzeugproduktion beenden und die Luftfahrt internationalisieren wollte. „Das kranke überzüchtete Kriegsprodukt muss in zivile Verhältnisse übergeleitet werden", forderte

---

[1] Ludwig Prandtl: Geschichtliche Vorbemerkungen. In [Prandtl, 1921c, S. 4].
[2] Abgedruckt in [Rotta, 1990a, S. 196].

© Springer-Verlag Berlin Heidelberg 2017
M. Eckert, *Ludwig Prandtl – Strömungsforscher und Wissenschaftsmanager*, DOI 10.1007/978-3-662-49918-4_5

Euler im Dezember 1918. Er plädierte auch für eine „nach internationalem Völkerbundrecht gesetzlich organisierte Luftfahrtflotte".[3] Dass er sich mit dieser Position nicht durchsetzen konnte, ist kaum verwunderlich. Die meisten Luftfahrtenthusiasten wollten in der Militärfliegerei keine kranke Ausgeburt des Krieges sehen, sondern – wie es ein „Major a. D" der ehemaligen Fliegertruppen ausdrückte – „ein stolzes Symbol nationalen Opfersinns und treuer Hingabe von Jugend, Blut und Leben an ein vaterländisch großes Ziel".[4]

5.1   Vom Krieg zum Frieden

Unmittelbar nach dem Krieg hatte Prandtl der Kaiser-Wilhelm-Gesellschaft gegenüber, die er nun an Stelle der Militärbehörden in die Verantwortung für den Unterhalt der Modellversuchsanstalt nahm, beklagt, dass nach dem Waffenstillstand keine Aufträge von Privatfirmen mehr eingingen und auch die von Behörden zurückgegangen seien. „Die Anstalt steht vorläufig, abgesehen von einer kleineren Rücklage aus Versuchsgebühren, ohne Betriebsmittel für das neue Betriebsjahr da."[5]

„Deutschland darf Luftstreitkräfte weder zu Lande noch zu Wasser als Teil seines Heerwesens unterhalten", hieß es in Artikel 198 des im Juni 1919 beschlossenen Versailler Vertrages.[6] Unter diesen Umständen war auf längere Sicht nicht mit Aufträgen von Flugzeugfirmen zu rechnen. Prandtl sorgte deshalb dafür, dass man seine Göttinger Einrichtungen nicht nur als Dienstleistung für die Industrie, sondern auch als wissenschaftliche Ressource ersten Ranges für den Staat zu würdigen wusste. Im Reichsluftamt hatte man im April 1919 geplant, die Versuchsanlagen in Berlin-Adlershof und Göttingen mitsamt ihrem Personal in einer neuen „Reichsversuchsanstalt" am Müritzsee bei Rechlin zusammenzuführen, was für die Göttinger Modellversuchsanstalt als eigenständige Forschungseinrichtung das Aus bedeutet hätte. Unter Verweis auf die Immobilität der Göttinger Versuchsanlagen und die besonders enge Verbindung der MVA mit seinem Lehrstuhl an der Göttinger Universität konnte Prandtl das Reichsluftamt jedoch von diesem Plan abbringen. Schon im Krieg sei die erfolgreiche Versuchstätigkeit der MVA nur möglich gewesen, weil es gelungen sei, „das wissenschaftliche Personal der Anstalt durch 33 Studenten und Studentinnen der Mathematik und Physik zu ver-

---

[3] Zitiert in [Kehrt, 2008, S. 40].
[4] [Neumann, 1920, S. 1].
[5] Prandtl an Adolf von Harnack, 13. Dezember 1918. AMPG, I. Abt., Rep. 1A, Nr. 1468.
[6] Zum gesamten Vertragstext siehe http://www.documentarchiv.de/wr/vv05.html. Die im Januar 1920 ratifizierten Bauverbote des Versailler Vertrages schoben auch den Plänen für ein Wiederaufleben der Luftfahrtindustrie in Deutschland einen Riegel vor [Trischler, 1992, S. 109–113].

stärken". Auch künftig spiele „die Möglichkeit der Weiterbildung an der Universität als Beweggrund eine ausschlaggebende Rolle, um gerade die besten Kräfte von außerhalb auf einige Jahre zur Mitarbeit an der Anstalt anzulocken". Dies sei auch unter finanziellen Aspekten zu bedenken, denn an einem abgelegenen Ort wie dem Müritzsee „würden wissenschaftlich strebsame Mitarbeiter nur durch besonders hohe Besoldung auf die Dauer festgehalten werden können".[7] Euler fand diese Argumentation so überzeugend, dass er bei einer Sitzung im Reichsluftamt im Mai 1919 mit Vertretern aus dem Kriegsministerium, Innenministerium, Finanzministerium, der KWG und anderen Organisationen zu Protokoll gab, „dass ein Bestehenbleiben der Modell-Versuchsanstalt in Göttingen unter allen Umständen gesichert bleiben" müsse. Dabei wurde auch von den versammelten Repräsentanten der anderen Ressorts „einstimmig anerkannt, dass die Göttinger Anstalt unabhängig von einer etwa in Warnemünde, Müritzsee oder Adlershof bestehenden Reichsversuchsanstalt mit ihren bisherigen Aufgaben weitergeführt werden müsse".[8]

Auch wenn Prandtl immer wieder in die Verhandlungen über die Finanzierung der MVA eingebunden war, war es vor allem Böttinger, der als Vorsitzender des Verwaltungsausschusses der MVA dem Reichsluftamt und den anderen politischen Instanzen in Berlin die Sorgen der Göttinger Luftfahrtforscher nahe brachte. Wie schon in den Zeiten des Kaiserreichs wusste sich Prandtl durch Böttinger mit seinen Interessen aufs Beste vertreten. Am Ende gelang es Böttinger zusammen mit Friedrich Schmidt-Ott, dem letzten preußischen Kultusminister vor der Revolution, der wie Böttinger dem Senat der KWG angehörte und zu einem der einflussreichsten Wissenschaftspolitiker auch in der neuen Republik wurde, die KWG stärker als zuvor in die Pflicht zu nehmen. Im Mai 1920 wurde in Gestalt einer neuen Satzung die Verantwortung der KWG für die „Aerodynamische Versuchsanstalt in Göttingen" (AVA), wie die Modellversuchsanstalt künftig genannt wurde, festgeschrieben.[9]

Auch als der Fortbestand der AVA unter dem Dach der KWG endgültig gesichert erschien, tat Prandtl alles, um seinen Göttinger Einrichtungen zu allgemeiner Wertschätzung zu verhelfen. Seine im Dezember 1920 zu Papier gebrachten historischen Vorbemerkungen über die Entstehung der AVA dienten als Einleitung zur „I. Lieferung" der *Ergebnisse der Aerodynamischen Versuchsanstalt zu Göttingen*. Sie bildete den Auftakt für eine Reihe von Veröffent-

---

[7] Prandtl an das Reichsluftamt, 23. April 1919. AMPG, III. Abt., Rep. 61, Nr. 2102. Siehe dazu auch [Rotta, 1990a, S. 208f.] und [Trischler, 1992, S. 122].

[8] Sitzungsprotokoll des Reichsluftamtes, 19. Mai 1919. AMPG, III. Abt., Rep. 61, Nr. 2102.

[9] [Rotta, 1990a, S. 213-216]. Siehe dazu auch Prandtls „Geschichtliche Vorbemerkungen" in [Prandtl, 1921c, S. 5]. Böttinger starb am 9. Juni 1920 – einen Monat nach der Übernahme der MVA als AVA unter dem Dach der KWG.

lichungen, die „in zwangloser Folge erscheinend, die wichtigsten Resultate der Göttinger Anstalt" bekannt machen sollte.[10] Wer von den Profilmessungen nicht schon aus den *Technischen Berichten* im Krieg einen Eindruck bekommen hatte, konnte sich in der I. Lieferung eine Gesamtübersicht verschaffen. Die Zahl der inzwischen gemessenen „Göttinger Profile" betrug 451, wobei unter den späteren Messungen auch „Versuche von mehr theoretischem Interesse" an sogenannten „Joukowsky'schen Profilen" enthalten waren, die vor allem dem Vergleich mit den Ergebnissen der Tragflügeltheorie dienten. Außerdem bot Prandtl eine sehr ausführliche Beschreibung des Windkanals und der dazu gehörigen Messvorrichtungen sowie eine knappe Übersicht über die aerodynamischen Grundlagen, die für das Verständnis der Windkanalmessungen notwendig waren. Bei der Tragflügeltheorie begnügte er sich mit einem kurzen „Abriss", in dem er vor allem den Zusammenhang von Auftrieb und induziertem Widerstand plausibel machte; was die mathematischen Einzelheiten betraf, verwies er auf seine beiden Abhandlungen in der Göttinger Akademie und auf die inzwischen abgeschlossenen Dissertationen von Munk und Betz. Alles in allem beschrieb diese I. Lieferung auf knapp 150 Seiten, was seit der Inbetriebnahme der neuen Modellversuchsanstalt an aerodynamischen Erkenntnissen in Göttingen angefallen war.

Im Unterschied zu Werken, in denen mit nationalem Pathos deutschem Erfindergeist im Ersten Weltkrieg ein Denkmal gesetzt wurde,[11] war Prandtls Bilanz in der nüchternen Sprache des wissenschaftlichen Ingenieurs abgefasst und in die Zukunft gerichtet. Die I. Lieferung der *Ergebnisse der Aerodynamischen Versuchsanstalt zu Göttingen* war keine pathetische Rückschau auf einen verlorenen Krieg, sondern die erste Ernte einer Saat, die im Krieg gepflanzt worden war und die auch im Frieden reichen Ertrag versprach.

5.2 Amerikanische Beziehungen

Da Prandtl schon vor dem Krieg vor allem in den USA neben Eiffel einen Ruf als führender Aerodynamikexperte besessen hatte,[12] ist es nicht verwunderlich, dass man dort den Göttinger Kriegsforschungen ein besonderes Interesse entgegenbrachte. Im Land der Gebrüder Wright, wo im Jahr 1903 die motorisierte Fliegerei ihren Anfang genommen hatte, sah man sich gegenüber den europäischen Luftfahrtnationen Frankreich, England und Deutschland hoffnungslos im Rückstand, sowohl was die Technik der Flugzeuge als auch

[10] [Prandtl, 1921c, Prandtl, 1923a, Prandtl, 1927a, Prandtl, 1932a].
[11] Siehe zum Beispiel [Schwarte, 1920].
[12] Siehe Abschn. 3.7.

die Erforschung der wissenschaftlichen Grundlagen der Luftfahrt betraf. 1913 hatten Albert F. Zahm, Professor für Mechanik an der Catholic University in Washington, und Jerome C. Hunsaker, ein am MIT zum Ingenieur ausgebildeter Marineoffizier, die europäischen Forschungsstätten für Aerodynamik besucht. Hunsaker hatte dabei Prandtl persönlich kennengelernt und wusste, dass Prandtl mithilfe der Kaiser-Wilhelm-Gesellschaft seine damals noch bescheidene Versuchsanstalt ausbauen wollte. Die Modellversuche würden demnächst „by a large grant from the Kaiser Foundation" ausgedehnt, notierte Hunsaker in seinem Bericht an das Bureau of Navigation und an das Office of Naval Intelligence. Demnächst würde man in Göttingen mit dem Bau beginnen, und Prandtl werde einen neuen und viel leistungsstärkeren Windkanal erhalten.[13]

Die 1915 erfolgte Gründung des National Advisory Committee for Aeronautics (NACA), einer zentralen, der US-Regierung direkt verantwortlichen Organisation, war nicht zuletzt motiviert durch den Wunsch, den Vorsprung der Europäer auf diesem neuen Technologiesektor aufzuholen.[14] Mit dem Kriegseintritt im Jahr 1917 sah man sich in den USA mit unerfüllbaren Erwartungen der englischen und französischen Alliierten über die Lieferung von Flugzeugen im großindustriellen Maßstab konfrontiert; dadurch wurde die Dringlichkeit des Aufholens weiter verstärkt.[15] Wissenschaftlich-technische Forschung für Kriegszwecke fiel auch in den Zuständigkeitsbereich des 1915 gegründeten National Research Council, der die Einrichtung von Büros in Washington, London und Paris veranlasste, um relevante Informationen zu sammeln und zwischen den Alliierten auszutauschen.[16] Mit dieser diplomatisch-wissenschaftlich-technischen Mission wurden Wissenschaftsattachés betraut. Ihr besonderes Augenmerk sollte neuen Techniken auf den Gebieten der U-Boot-Ortung, chemischen Kampfstoffe, Kriegsführung in Schützengräben und der Luftfahrt gelten.[17] Der nach Paris entsandte Wissenschaftsattaché William Frederick Durand, der selbst der NACA als leitendes Mitglied angehörte und sich einen Ruf als einer der ersten Luftfahrtforscher Amerikas erworben hatte,[18] und Joseph S. Ames, Physikprofessor an der Johns Hopkins University in Baltimore und wie Durand ein NACA-Mitglied der ersten

---

[13] Hunsakers Reisebericht, undatiert [Ende 1913], Part III: Germany. MIT-Archive, MC.0272: Papers of Jerome C. Hunsaker, Box 3, Folder 2: Trip to Europe 1913: „The old wind tunnel will be abandoned, and a new and more powerful one built. It is expected that the new buildings will be erected in Göttingen and that Dr. Prandtl will leave the University to be the director."

[14] [Roland, 1985].

[15] [Bilstein, 1994, S. 35f.].

[16] Report of the National Academy of Sciences for the Year 1917. Washington: Government Printing Office, 1918, hier Report of the National Research Council, S. 41.

[17] [MacLeod, 1999].

[18] [Vincenti, 1990, Kap. 5].

Stunde mit einschlägigen Erfahrungen von früheren Europabesuchen, führten ihren NACA-Kollegen wiederholt den Rückstand amerikanischer Luftfahrtforschung gegenüber Europa vor Augen. Bei einer Sitzung im April 1919 unterbreitete Ames der NACA die Anregung eines Offiziers des Army Air Service (Vorläufer der Air Force), in Europa eine ständige NACA-Vertretung zu unterhalten mit dem Ziel, das dort vorhandene Expertenwissen auf dem Gebiet der Luftfahrt zu sammeln und für die eigenen Ziele nutzbar zu machen. Er schlug vor, den Initiator dieser Idee, William Knight, in dieser Mission nach Paris zu entsenden.[19] Die Informationen sollten in einem von Ames selbst geleiteten Office of Aeronautical Intelligence der NACA in Washington zusammenlaufen.

Binnen weniger Wochen wurde aus dem Plan Realität. Im Sommer 1919 richtete Knight in Paris ein Büro ein. So kurz nach Kriegsende sah sich Knight jedoch in einem politisch und militärisch höchst spannungsgeladenen Umfeld. Die amerikanischen Militärattachés betrachteten seine Tätigkeit als unliebsame Konkurrenz zu ihrer eigenen Aufgabe der Informationsbeschaffung. Politisch erschien vor dem Inkrafttreten der Versailler Friedensbedingungen insbesondere die Kontaktaufnahme mit deutschen Luftfahrtforschern höchst brisant. General Pershing habe ihm geraten, noch mehrere Monate lang von einer Reise nach Deutschland abzusehen, berichtete Knight im August 1919 nach Washington.[20]

Im November 1919 führte sich Knight bei Prandtl per Brief als „Technical Assistant in Europe to the U.S. National Advisory Committee for Aeronautics" ein. Er übersandte Prandtl den Jahresbericht der NACA für das Jahr 1917, um ihm diese neue Forschungsorganisation für die Luftfahrt vorzustellen, und erbot sich, Prandtl jede gewünschte Information technisch-wissenschaftlicher Natur „about our aerodynamical work in the States" zu beschaffen. Im Gegenzug bat er Prandtl um Informationen über den im Krieg gebauten Göttinger Windkanal und um Hilfe bei der Beschaffung der *Technischen Berichte*, von denen er schon von französischen Kollegen einiges gehört habe.[21] Prandtl antwortete mit einem vier Seiten langen Brief „in deutscher Sprache, da ich das Englische nicht genügend beherrsche, und um sicher zu sein, dass ich mich unmissverständlich ausdrücke". Er äußerte großes Interesse an einem gegenseitigen Informationsaustausch und gab wie gewünscht eine kurze Beschreibung des Windkanals. Auch bei der Beschaffung der *Technischen Berichte* könne er behilflich sein. Schließlich unterbreitete er dem amerikani-

---

[19] Minutes of Regular Meeting of Executive Committee of the NACA, 10. April 1919. National Archives, College Park (NACP), RG 255, Entry 7, A1, Box 1: 1915–1920.
[20] Knight an Ames, 18. August 1919. NACP, RG 255, Entry 1, A1, Box 248, (51-6G) Paris Office, Miscellaneous, 1919–1920. Siehe ausführlich dazu [Eckert, 2005].
[21] Knight an Prandtl, 15. November 1919. AMPG, Abt. III, Rep. 61, Nr. 836.

schen NACA-Repräsentanten auch noch ein persönliches Anliegen. Es betraf den „alten Herrn Eiffel", den er „sehr hoch verehre" und zu dem er bei einem Besuch seines Pariser Laboratoriums im Jahr 1913 „in ein sehr herzliches Verhältnis gekommen" sei. „Sollten Sie Herrn Eiffel öfters sehen, so würde ich Sie bitten, ihm beste Empfehlungen von mir zu übermitteln. Der hässliche Krieg hat ja so viele Sympathien zerstört, dass ich nicht weiß, ob Herr Eiffel mit einem Deutschen wieder in Beziehung treten will. Ich möchte deshalb selbst mich nicht an ihn wenden".[22] Eiffel reagierte jedoch wie von Prandtl befürchtet: Er wollte nichts mehr mit deutschen Wissenschaftlern zu tun haben.[23] Prandtl hatte gehofft, dass Eiffel „sich in der abgeklärten Weisheit des Alters über den Standpunkt seiner Landsleute, die den Hass über die Vernunft obsiegen lassen, würde hinausheben können. Ich sehe jetzt, dass dies nicht der Fall ist".[24]

Darin spiegelt sich auf der persönlichen Ebene wieder, was auch im Großen die internationalen Beziehungen zwischen den ehemaligen Kriegsgegnern beherrschte. Offiziell unterlag die Wissenschaft in Deutschland dem Boykott des neu gegründeten Internationalen Forschungsrates.[25] Der schon 1914 entbrannte „Krieg der Geister"[26] fand 1919 mit dem Boykott eine Fortsetzung als „Cold War in Science".[27] Knights Angebot, Prandtl mit Informationen aus dem Ausland zu versorgen, unterlief diesen Boykott. Er werde demnächst nach Deutschland reisen, so schrieb er Prandtl im Januar 1920 nach der Ratifizierung des Versailler Friedensvertrages, und hoffe, dass er dann auch den gegenseitigen Informationsaustausch noch intensivieren könne.[28] Dem offiziellen Boykott zuwider zu handeln, war nicht allein Ausdruck von Knights persönlicher internationaler Gesinnung, sondern fand auch die Billigung seiner Vorgesetzten in Washington. Im Februar 1920 erhielt er grünes Licht für seine erste Deutschlandreise.[29] Ames, der Direktor des Office of Aeronautical Intelligence in Washington, bedankte sich danach persönlich bei Prandtl für dessen Bereitschaft zu einem Informationsaustausch.[30] Kurz darauf meldete auch Hunsaker, der das NACA-Komitee für Aerodynamik leitete, bei Prandtl seinen Besuch an. Er komme in offizieller Mission und sei autorisiert, die Zusammenarbeit zwischen Prandtl und der NACA vertraglich zu regeln. Man

---

[22] Prandtl an Knight, 1. Dezember 1919. AMPG, Abt. III, Rep. 61, Nr. 836.
[23] Knight an Prandtl, 26. Januar 1920. AMPG, Abt. III, Rep. 61, Nr. 836.
[24] Prandtl an Knight, 4. März 1920. AMPG, Abt. III, Rep. 61, Nr. 836.
[25] [Schroeder-Gudehus, 1966].
[26] [Wolff, 2003].
[27] [Kevles, 1977, Kap. X].
[28] Knight an Prandtl, 26. Januar 1920. AMPG, Abt. III, Rep. 61, Nr. 836.
[29] Stratton (Secretary of the NACA) an Knight, 27. Februar 1920. NACP, RG 255, Entry 1, A1, Box 248, (51-6G) Paris Office, General Correspondence, 1915–1942.
[30] Ames an Prandtl, 15. März 1920. AMPG, Abt. III, Rep. 61, Nr. 836.

wünsche sich von Prandtl als führendem Experten der Aerodynamik einen Bericht über die neuesten deutschen Arbeiten auf diesem Gebiet.[31] Als Honorar sollte Prandtl dafür 800 Dollar erhalten.[32] Prandtl nahm das Angebot an. Als er den Bericht im Sommer 1921 ablieferte, war ein Dollar etwa 90 Mark wert. Das Honorar machte in dieser Phase der beginnenden Hyperinflation bereits ein Vielfaches von Prandtls Jahresgehalt als Universitätsprofessor in Höhe von 16.200 M aus.[33]

Knight and Hunsaker waren nicht die einzigen Emissäre aus den USA, die Prandtl in diesem Sommer 1920 einen Besuch abstatteten. Edward P. Warner, der Chefphysiker im neuen Langley Memorial Aeronautical Laboratory der NACA, wollte sich insbesondere über die Experimentiertechniken in den deutschen Forschungseinrichtungen einen Überblick verschaffen.[34] Im September 1920 erstattete er der NACA einen ausführlichen Bericht über seine Deutschlandreise. Jede Diskussion über die aerodynamischen Arbeiten in Deutschland müsse mit Prandtl und seinen Göttinger Einrichtungen beginnen, stellte er gleich eingangs fest. Etwa die Hälfte des 12 Seiten umfassenden Berichts galt der Beschreibung des Windkanals und der Vorrichtung für die Messung der aerodynamischen Kräfte. Obwohl Warner sich vor allem für die experimentellen Einrichtungen interessierte, hob er auch die Tragflügeltheorie („Prandtl theory of wing action, together with the work along the same lines by Munk and Betz") als besondere Göttinger Errungenschaft hervor.[35] Wladimir Margoulis, Knights Assistent im Pariser Büro der NACA, lieferte unabhängig davon eine Übersetzung der beiden Publikationen Prandtls über die Tragflügeltheorie nach Washington, die im Juli und August 1920 in zwei aufeinanderfolgenden *Technical Notes* der NACA publiziert wurden.[36] Ein weiterer NACA-Bericht erschien im November 1920 über den Göttin-

---

[31] Hunsaker an Prandtl, 16. Juni 1920. AMPG, Abt. III, Rep. 61, Nr. 724: „... an authoritative survey of the recent German work in Aerodynamics, both theoretical and experimental. You are considered to have made important contributions yourself, and to be the best man to give such a survey".

[32] Minutes of Regular Meeting of Executive Committee of the NACA, 20 September 1920. NACP, RG 255, Entry 7, A1, Box 1: July–December 1920.

[33] Preußisches Kultusministerium an Prandtl, 14. November 1921. UAG, Kur. PA. Prandtl, Ludwig; Bd.1. Zum Verlauf des Dollarkurses siehe http://www.moneypedia.de/index.php/Wechselkurs_zum_Dollar#1919_-_1923

[34] Warner an Prandtl, undatiert (vermutlich Juli 1920). Prandtl an Warner, 9. August 1920. AMPG, Abt. III, Rep. 61, Nr. 1870.

[35] Edward P. Warner: Report on German Wind Tunnels and Apparatus. September 1920. NACP, RG 255, Entry 18: Reports on European Aviation, 1920–1951. Box 1: 1920–1923.

[36] L. Prandtl: Theory of Lifting Surfaces. Part I and II. Technical Notes. NACA-Reports No. 9 and 10. July and August 1920. http://ntrs.nasa.gov/archive/nasa/casi.ntrs.nasa.gov/19930080806.pdf und http://ntrs.nasa.gov/archive/nasa/casi.ntrs.nasa.gov/20030082190.pdf. Siehe auch Minutes of Regular Meeting of Executive Committee of the NACA, 20. September 1920. NACP, RG 255, Entry 7, A1, Box 1: July–December 1920.

ger Windkanal. Auch dabei handelte es sich um die Übersetzung einer von Prandtl zuvor in deutscher Sprache publizierten Darstellung.[37]

Knight kam noch einmal im Herbst 1920 nach Göttingen,[38] bevor er im Sommer 1921 von seinen Pflichten als NACA-Repräsentant in Paris entbunden wurde.[39] Offensichtlich hatte er sich bei den Militärattachés allzu unbeliebt gemacht. Sein Nachfolger wurde John J. Ide, dem ein diplomatischeres Verhalten bescheinigt wurde.[40] Für Prandtl spielte der Personalwechsel im Pariser Büro der NACA jedoch keine Rolle, auch Ide reiste schon bald nach seinem Amtsantritt in Paris nach Deutschland. In einem persönlichen Brief an den geschäftsführenden NACA-Direktor schilderte Ide, wie herzlich der Empfang gewesen sei. Man habe sich in einem Hotel zum Lunch getroffen und bei Moselwein angenehme Stunden verbracht.[41]

Der NACA lag viel daran, das gute Verhältnis zu Prandtl weiter zu pflegen. Umgekehrt sah Prandtl darin eine Möglichkeit, seinem ehemaligen Assistenten Munk, der in die USA emigrieren wollte, zu einer Anstellung bei der NACA zu verhelfen. Angesichts der Bauverbote des Versailler Vertrages sahen deutsche Luftfahrtforscher einer unsicheren Zukunft entgegen. Munk sei ein Experte auf dem Gebiet der Aerodynamik und gegenwärtig bei den Zeppelin-Werken beschäftigt, informierte Ames das Exective Committee der NACA im November 1920, „his employment would probably be the cheapest and most effective way of obtaining a vast amount of information developed in Germany during the war and not published".[42] Aber trotz des Interesses der NACA war die Anstellung eines Deutschen in den USA so kurz nach Kriegsende alles andere als problemlos. Am Ende erforderte es zwei Unterschriften des amerikanischen Präsidenten, eine, um Munk als ehemaligen Feind nach USA einreisen zu lassen, und eine weitere, um ihn bei der NACA, einer Regierungsbehörde, anzustellen. Munks Karriere bei der NACA dauerte nur wenige Jahre, aber das in Göttingen erworbene aerodynamische Know-how fand auf diesem Weg

[37] L. Prandtl: Göttingen Wind Tunnel for Testing Aircraft Models. Technical Notes. NACA-Report No. 66. November 1920. http://ntrs.nasa.gov/archive/nasa/casi.ntrs.nasa.gov/19930080860.pdf. Dieser Bericht beruhte auf [Prandtl, 1920].
[38] Knight an Prandtl, 2. Oktober 1920. AMPG, Abt. III, Rep. 61, Nr. 836. Siehe auch: Mr. Knight's Itinerary, November 1920. NACP, RG 255, MLR Entry 1, A1 General Correspondence (Numeric Files), 1915–1942, Box 248: (51-6) Paris Office, 1919–1923.
[39] Minutes of Semiannual Meeting of the NACA, 21. April 1921. NACP, RG 255, Entry 7, A1, Box 1: 1915–1920. January–June 1921.
[40] Ames an Lewis, 14. Januar 1922. NACP, RG 255, Entry 3, Biography File, Box No. 1, Abbot to Ames, Folder: Ames 1915–1924.
[41] Ide an George Lewis, 19. September 1921. NACP, RG 255, Entry 1, A1, Box 250, (51-6G) Paris Office, Miscellaneous, 1921–1923.
[42] Minutes of Regular Meeting of Executive Committee, 11. November 1920. NACP, RG 255, Entry 7, A1: Minutes of the Executive Committee of NACA, 1915–1958, Box 1: 1915–1920, Folder 1–2 Minutes July–December 1920.

rasch Eingang in die amerikanische Luftfahrtforschung.[43] Nicht ganz so kompliziert verlief die Emigration von Georg Madelung, einem Flugzeugingenieur, der bei den Junkers-Werken in Dessau und in Berlin-Adlershof bei der Flugzeugmeisterei gearbeitet hatte und dessen Emigrationswunsch Prandtl mit einem Empfehlungsschreiben an Hunsaker ebenfalls unterstützte.[44] Madelung fand bei den Glenn L. Martin Flugzeugwerken in Cleveland, Ohio, eine Anstellung. Dort konnte er sich bei Prandtl revanchieren, indem er der AVA Forschungsaufträge vermittelte.[45]

Für die AVA erwiesen sich Prandtls Beziehungen zu den USA bei der immer schneller voranschreitenden Inflation als von unschätzbarem Wert. „Da wir einen Teil der eingehenden Versuchsgebühren aus England und Amerika bekommen, lassen wir einfach diese Valuten bei uns liegen und geben das deutsche Geld sofort aus", schrieb Prandtl im Dezember 1922 an die KWG über die finanziellen Angelegenheiten der AVA.[46] „Die Anstalt hat in letzter Zeit Auslandsaufträge in wachsendem Umfang erhalten", ergänzte er zwei Monate später. „Diesem Umstand allein ist es zuzuschreiben, dass sie trotz der wiederholten Gehaltsnachzahlungen der letzten Monate zahlungsfähig geblieben ist."[47]

Die Wertschätzung Prandtls als Autorität auf dem Gebiet der Aerodynamik, die ihm von der NACA bekundet wurde, zahlte sich nicht nur in barer Münze aus. Sie bot Prandtl auch die Gelegenheit, weltweit auf seine Forschung aufmerksam zu machen, da sich die Publikationen der NACA rasch als maßgebliche Informationsquelle für Flugzeugingenieure in aller Welt etablierten. Vermutlich lernte die Mehrzahl von ihnen die Tragflügeltheorie nicht aus Prandtls Abhandlungen in der Göttinger Akademie oder den *Ergebnissen der Aerodynamischen Versuchsanstalt zu Göttingen* kennen, sondern aus den *Technical Notes* Nr. 9 und Nr. 10 oder aus dem umfangreicheren *Technical Report* über „Applications of modern hydrodynamics to aeronautics", mit dem Prandtl den mit Hunsaker abgeschlossenen Vertrag erfüllte.[48]

---

[43] Zu Munks weiterer Karriere in den USA siehe [Hansen, 1987, Kap. 3 und 4].

[44] Prandtl an Madelung, 5. Januar 1921. AMPG, Abt. III, Rep. 61, Nr. 1011; Prandtl an Hunsaker, 19. Januar 1921. AMPG, Abt. III, Rep. 61, Nr. 724.

[45] Madelung an Prandtl, 5. Dezember 1921. AMPG, Abt. III, Rep. 61, Nr. 1011. Siehe auch GOAR, M-Katalog, Projekt Nr. M 1635ff.

[46] Prandtl an Glum, 9. Dezember 1922. AMPG, Abt. I, Rep. 1A, Nr. 1470.

[47] Prandtl an Schmidt-Ott, 3. Februar 1923. AMPG, Abt. I, Rep. 1A, Nr. 1470. Zur Finanzierung der AVA in der Inflationszeit siehe [Rotta, 1990a, S. 220–226].

[48] [Prandtl, 1923a].

5.3 Testfall: Segelflug

Die im NACA-Bericht international publik gemachte Tragflügeltheorie und die in den *Ergebnissen der Aerodynamischen Versuchsanstalt zu Göttingen* veröffentlichten Messungen an Flügelprofilen erscheinen angesichts der Einschränkungen des Flugzeugbaus durch den Versailler Vertrag als bloße Theorie, der in Deutschland jede Anwendung versagt blieb. Doch am Beispiel eines im Mai 1921 erteilten Forschungsauftrags der Hannoverschen Waggonfabrik an die AVA, für ein Segelflugzeug mit der Bezeichnung „Vampyr" Profilmessungen durchzuführen, wird deutlich, dass trotz Versailler Vertrag die Göttinger Aerodynamik schnell Anwendung im Flugzeugbau fand, wenn auch vorerst „nur" beim Bau von Segelflugzeugen.[49]

Da sich die Einschränkungen der Entente nur auf den Motorflug bezogen, hatten Enthusiasten aus dem Umfeld der Zeitschrift *Flugsport* den motorlosen Flug aus der Zeit Otto Lilienthals wiederbelebt, um auf diesem Gebiet ihrer Flugbegeisterung nachgehen zu können. Das geeignete Gelände dafür fand sich auf der Wasserkuppe in der Rhön. Seit 1920 wurden dort alljährlich Wettbewerbe veranstaltet, bei denen sich ambitionierte Studenten, Fliegerasse aus dem Weltkrieg, Luftfahrtindustrielle, Technikprofessoren und Abgesandte aus dem für die Luftfahrt zuständigen Verkehrsministerium ein Stelldichein gaben.[50] Im Segelflug sollte sich erweisen, wie weit aerodynamisches Wissen und technisches Können reichen, um dem Ideal des anscheinend mühelosen Fluges der Vögel nahezukommen. Aber es ging um mehr als um die Erfüllung alter Menschheitsträume und sportliche Betätigung. Der Segelflug sei auch, so formulierte es Prandtls Förderer August von Parseval, „eine ausgezeichnete Vorschule für Motorflugzeugführer und wird uns helfen, das Interesse für die Fliegerei in Deutschland rege zu erhalten und die tote Zeit zu überwinden, die wir unter dem Druck der Entente durchmachen müssen".[51]

Vor allem für die Ausbildung der Luftfahrtingenieure an den technischen Hochschulen wurde dem Segelflug große Bedeutung zuerkannt. Technikprofessoren wie Arthur Pröll von der technischen Hochschule in Hannover, der den Auftrag für die Vampyr an die AVA vermittelt hatte, sahen in der „erzwungenen Bauruhe" sogar eine Chance für die Zukunft. Mit Blick auf die erwartete Aufhebung des Bauverbots sollten Ingenieurstudenten, die sich auf Flugtechnik spezialisierten, schon im Studium stärker an die Praxis herangeführt werden. „Gerade in der Aerodynamik, wo so oft Theorie und Wirklichkeit in Widerstreit liegen, ist es notwendig, den Studierenden durch selbst-

---

[49] Siehe dazu die Korrespondenz der AVA mit A. Pröll von der technischen Hochschule Hannover in GOAR 1352 und Profildaten in GOAR 3236.
[50] [Fritzsche, 1992, Kap. 3].
[51] [von Parseval, 1922].

angestellte messende Versuche die Grenzen der spekulativen Erforschungen des Gebietes eindringlich vor Augen zu führen." Die Hochschulen sollten dafür eigene aerodynamische Laboratorien mit Windkanälen einrichten. Der Praxisbezug reiche bis hin zu eigener „fliegerischer Betätigung", wie sie „der neuerdings aufgekommene Gleit- und Segelflug" biete, „der auch einen seiner Wichtigkeit entsprechenden Platz an der Hochschule bekommen sollte".[52] Im Segelflug fanden die Studenten der Luftfahrtwissenschaften trotz der Bauverbote des Versailler Vertrages ein reiches Praxisfeld vor, in dem sie von der Flugzeugkonstruktion bis zur Meteorologie fast alle für die Luftfahrt wichtigen Disziplinen kennenlernten. An vielen Technischen Hochschulen wurden Prölls Forderungen nach stärkerem Praxisbezug in die Tat umgesetzt. Studenten des Luftfahrtwesens schlossen sich zu Akademischen Fliegergruppen („Aka-Flieg") zusammen und erhielten an ihren Hochschulen die Gelegenheit zum Bau von Segelflugzeugen. Die Rhön-Wettbewerbe der 1920er Jahre, bei denen es für die besten Konstruktionen – ablesbar an maximaler Flugdauer und zurückgelegter Entfernung – Preise zu gewinnen gab, wurden zu einer viel beachteten Leistungsschau für die Umsetzung aerodynamischer Kenntnisse in fliegerische Praxis.[53]

Auch Prandtl begeisterte sich für den Segelflug. Unter den frühen Flugpionieren hatte der Flug von großen Vögeln, die fast bewegungslos kreisen und dabei sogar noch an Höhe gewinnen konnten, zu aerodynamisch unhaltbaren Spekulationen geführt, denen Prandtl wissenschaftlich fundierte Erkenntnisse entgegensetzen wollte. Kreisende Vögel würden sich aufsteigende Luftströme zunutze machen. Theoretisch sei es zwar „nicht ausgeschlossen, dass manche Vögel die raschen Windschwankungen nach dem Fischschwanzprinzip nebenher ausnutzen", so ging er auf die Vorstellung eines „dynamischen Segelflugs" ein, bei der Windschwankungen als Ursache des Auftriebs angenommen wurden; man könne dieses Prinzip im Segelflugzeugbau „vielleicht durch geeignete Bauart von elastischen Flügelprofilen ausnutzen", aber sollte dies zuerst an Modellen erproben. Es sei „sehr wahrscheinlich, dass die Windschwankungen, die hiermit ausgenutzt werden könnten, häufig gar nicht diejenige Größe haben, die einen merklichen Nutzen erwarten ließe".[54] Kármán fand 1921 die Vorstellung eines dynamischen Segelflugs sogar noch plausibler als Prandtl. Es könne „heute kein Zweifel mehr darüber bestehen, dass wir die volle Klärung des Segelflugproblems auf dem Wege, der Schwankungstheorie' zu suchen haben". Kármán machte das Prinzip des dynamischen Segelflugs auch am Beispiel eines mechanischen Modells deutlich, bei dem durch horizontales Hin-

---

[52] [Pröll, 1922, S. 165].
[53] [Riedel, 1977, Brinkmann und Zacher, 1992].
[54] [Prandtl, 1921a].

und Herbewegen einer auf Rollen angebrachten Berg- und Talbahn eine Kugel nach oben bewegt werden konnte.[55] Doch alle praktischen Versuche, aus Windschwankungen auf kontrollierte Weise Auftrieb zu gewinnen, schlugen fehl. Für Prandtl war diese Streitfrage nicht einmal mehr einer Erwähnung wert, als er ein Jahr später „Lehren aus dem Rhönflug 1922" zog.[56]

Die ersten Segelflüge auf der Wasserkuppe im Jahr 1920 hatten mit Flugdauern von einer knappen Minute noch mehr mit den Gleitversuchen Otto Lilienthals als mit Segelflügen gemeinsam. Den ersten deutlichen Sprung über die Minutengrenze schaffte am 4. September 1920 Wolfgang Klemperer in einem Segelflugzeug der „Flugwissenschaftlichen Vereinigung Aachen" mit einer Flugdauer von fast 2,5 min und einer Reichweite von 1830 m. Damit ging der Rhönpreis in diesem Jahr an die TH Aachen. Kármán hatte Klemperer die ganze Werkstatt des Aerodynamischen Instituts zur Verfügung gestellt. Die hier gefertigten Segelflugzeuge bewiesen eindrucksvoll, dass die moderne Aerodynamik keine Wissenschaft im Elfenbeinturm war.[57] Welche rasanten Fortschritte der Segelflug danach machte, stellte die akademische Fliegergruppe der Technischen Hochschule Hannover 1922 auf spektakuläre Weise unter Beweis. Sie gewann den Rhönpreis mit ihrem im Windkanal der AVA perfektionierten Vampyr, der 3 h und 10 min in der Luft geblieben und mehr als 10 km weit geflogen war.

Segelflugzeuge wie der Vampyr verkörperten in hohem Maß ingenieurmäßiges Können und theoretisches Wissen um die neuesten aerodynamischen Erkenntnisse. Das Polardiagramm für das Flügelprofil des Vampyr versprach ein optimales Verhältnis von Auftrieb und Widerstand, ausgedrückt in einer Güteziffer, die Prandtl 1921 als aerodynamisch maßgebliches Konstruktionskriterium für den Segelflugzeugbau formuliert hatte.[58] Der Widerstand einer Tragfläche konnte auch bei noch so stromlinienförmiger Profilgebung und größter Sorgfalt im Vermeiden von Unebenheiten nur soweit reduziert werden, als es der induzierte Widerstand zuließ; wie die Tragflügeltheorie lehrte, verringerte sich der Beiwert des induzierten Widerstandes umgekehrt proportional zum Seitenverhältnis des Flügels, so dass der geringste Widerstand nur mit möglichst langgestreckten Formen zu erreichen war. Auch diese aerodynamischen Erkenntnisse wurden beim Bau des Vampyr von Anfang an berücksichtigt.[59]

---

[55] [von Kármán, 1921].
[56] [Prandtl, 1922b].
[57] [Klemperer, 1926].
[58] [Prandtl, 1921a].
[59] [Blume, 1921].

Prandtl ließ sich auch über das fachliche Interesse hinaus von der Begeisterung der Studenten am Flugsport anstecken. Auf der Wasserkuppe wurden Seminare eingerichtet, bei denen Prandtl, Kármán und andere Professoren der Aerodynamik dafür sorgten, dass die neuesten Erkenntnisse ihres Faches in der Praxis des Segelfliegens ankamen. Prandtls Tochter erinnerte sich an einen Pfingstausflug in die Rhön, als ihr Vater sofort von dem Flugbetrieb dort in Beschlag genommen wurde. „Als wir oben auf der Kuppe anlangten, machte sich gerade ein Flieger zum Start bereit. Das Segelflugzeug musste auf kurzer Bahn von Kameraden an einem Gummiseil gezogen werden, um dann im freien Flug Höhe zu gewinnen." Nach gelungenem Flug und sicherer Landung wurde Prandtl geholt, denn man wollte den ganzen Flugablauf noch einmal mit ihm diskutieren „und des Professors Rat zur Klärung mancher aufgetretener Fragen einholen". In Anerkennung seiner Verdienste um den Rhönflug überreichte man ihm 1926 „eine Dauerausweiskarte und eine Rosette als Mitglied des Ehrenausschusses" mit der Hoffnung, ihn auch künftig noch oft „auf der Wasserkuppe begrüßen zu dürfen".[60]

5.4 Göttingen oder München?

Die Begeisterung für die Anwendung der Aerodynamik im Segelflug bedeutete für Prandtl aber keine Abkehr von den Grundlagen. Nicht von ungefähr bezeichnete er in seinem Report für die NACA die „moderne Hydrodynamik" und nicht die Aerodynamik als Grundlagenwissenschaft für die Luftfahrt. Hydrodynamik und Aerodynamik waren für Prandtl keine unterschiedlichen Forschungsrichtungen für Wasser- und Luftströmungen, denn die Strömungsgesetze ließen sich weitgehend von einem Medium auf ein anderes übertragen. „Unter Hydrodynamik soll hier verstanden werden die Zusammenfassung aller wissenschaftlichen Belange der gesamten Strömungslehre," so erklärte er dieses Fach im Jahr 1923 zur Grundlagenwissenschaft für alle Strömungsvorgänge. Die Aerodynamik begriff er als ein „Teilgebiet der Hydrodynamik, und zwar jenes, das sich mit den Bewegungsgesetzen und Kraftwirkungen im freien Luftstrom befasst". Mit dieser Definition umriss er gleichzeitig das Arbeitsgebiet „für ein der bisherigen Aerodynamischen Versuchsanstalt anzugliederndes Hydrodynamisches Forschungsinstitut". Die so verstandene Hydrodynamik sollte die Bewegung von Flüssigkeiten und Gasen „im Innern von Röhren und Kanälen, in den Schaufelrädern der Turbinen und Pumpen und anderes mehr" untersuchen. Dazu gehörte auch „die Erforschung gewisser grundsätzlicher wichtiger

---

[60] [Vogel-Prandtl, 2005, S. 78f.]

Erscheinungen, wie Wirbelbildung, Turbulenz, Wellenbewegung und dergleichen".[61]

Damit knüpfte Prandtl an Pläne an, die er schon 1911 in seiner „Denkschrift über die Errichtung eines Forschungsinstituts für Aerodynamik und Hydrodynamik" ausformuliert hatte.[62] Die AVA betrachtete Prandtl noch nicht als die Erfüllung seiner Wünsche, da sie ihm wenig Gelegenheit zur Grundlagenforschung in der Strömungsmechanik bot. Erst ein der AVA „anzugliederndes Hydrodynamisches Forschungsinstitut" würde die AVA zu dem von ihm erträumten „Kaiser-Wilhelm-Institut für Aerodynamik und Hydrodynamik" ergänzen und seine Stellung „derjenigen der Direktoren der übrigen Kaiser-Wilhelm-Institute" angleichen, wie er im August 1920 den Kurator der Göttinger Universität an diese Vorkriegspläne erinnerte. Angesichts der prekären finanziellen Verhältnisse, die schon den Fortbestand der AVA unsicher erscheinen ließen, war er sich im Klaren darüber, „dass die zweite Hälfte des Forschungsinstitutes gegenwärtig keinerlei Aussicht auf Verwirklichung" hatte. Dennoch war es ihm wichtig, diese Option für die Zukunft offen zu halten.[63]

Der Anlass dafür, den Kurator an die noch nicht realisierte „zweite Hälfte des Forschungsinstitutes" zu erinnern, war ein kurz zuvor an Prandtl ergangener Ruf an die Technische Hochschule in München. Prandtls alter Lehrer und Schwiegervater August Föppl hatte sich im März 1920 emeritieren lassen. Danach plante man in München, den Lehrstuhl für technische Mechanik aufzuteilen. Dieses Fach künftig nur durch einen einzigen Lehrstuhl vertreten zu lassen, sei „unmöglich auf die Dauer haltbar", argumentierte der Vorstand der Maschineningenieur-Abteilung.[64] Das mechanisch-technische Laboratorium sollte mit einem mehr auf die Forschung konzentrierten Lehrstuhl verbunden werden, für den man Prandtl gewinnen wollte; der zweite Mechaniklehrstuhl sollte von der Verantwortung für dieses Laboratorium entbunden werden und dafür mehr Lehre übernehmen.

Prandtl ließ erkennen, dass er dem Ruf nach München gerne folgen würde, aber er benutzte den Ruf auch als Mittel, um seine Stellung in Göttingen zu verbessern. Er habe für den Fall, dass er den Ruf ablehnen würde, in Göttingen „ziemlich weitgehende Wünsche angemeldet", schrieb er dem Rektor der technischen Hochschule in München, und man sei ihm dabei sehr weit-

[61] L. Prandtl: Programm und Kostenanschlag für ein der bisherigen Aerodynamischen Versuchsanstalt anzugliederndes Hydrodynamisches Forschungsinstitut. 12. Juli 1923. AMPG, Abt. I, Rep. 1A, Nr. 1471. Auch abgedruckt in [Rotta, 1990b, Dok. Nr. 16].

[62] Prandtl an die KWG, 16. Februar 1911. AMPG, Abt. I, Rep. 1A, Nr. 1466. Abgedruckt in [Rotta, 1990a, S. 99–102].

[63] Prandtl an den Kurator, 11. August 1920. UAG, Kur. PA. Prandtl, Ludwig; Bd.1.

[64] Krell an den Senat der TH München, 28. Juli 1920. HATUM, Akten betreffend Besetzung der Lehrstellen durch Professoren, Berufungsverhandlungen, 1922–1932, II, 1a, Band 1.

gehend entgegengekommen.[65] Das Bayerische Kultusministerium gab jedoch vorerst kein grünes Licht für die Bewilligung des zweiten Mechaniklehrstuhls. Damit sei die Gelegenheit, Prandtl für München zu gewinnen, „versperrt worden", beklagte sich der Rektor der technischen Hochschule im Juli 1921 beim Bayerischen Kultusministerium, denn Prandtl habe erneut erklärt, dass er den Ruf nur unter der Voraussetzung annehmen würde, „dass das umfassende Lehrgebiet der Mechanik geteilt" würde.[66] Kurz darauf teilte Prandtl dem Preußischen Kultusministerium mit, dass er den Münchener Ruf abgelehnt habe. Er fügte jedoch hinzu, dass man in München an dem Plan der zweiten Mechanikprofessur festhalte und ihm „im Falle der Bewilligung der Professur von neuem einen Ruf erteilen" würde, sobald die Mittel dafür bereit stünden. Unabhängig davon sei jedoch nun die Zeit gekommen, „dass diejenigen Zusagen, die mir für mein Verbleiben in Göttingen gemacht worden sind, nunmehr in Kraft gesetzt werden".[67]

Die Zusagen des Ministeriums betrafen insbesondere seine akademische Stellung an der Göttinger Universität. Auch bei seinen Lehrverpflichtungen hatte sich Prandtl Erleichterungen ausbedungen.[68] Beides ging nun in Erfüllung. Mit Wirkung vom 21. November 1921 wurde sein persönliches Ordinariat (im Staatshaushalt war seine Stelle bis zu diesem Zeitpunkt als Extraordinariat für Technische Physik ausgewiesen) in eine planmäßige ordentliche Professor umgewandelt.[69] Außerdem wurde seinem Universitätsinstitut eine zweite Assistentenstelle zugewiesen. Die Kaiser-Wilhelm-Gesellschaft bewilligte ihm überdies einen Zuschuss zu seinem Professorengehalt, so dass er finanziell einem Direktor eines Kaiser-Wilhelm-Instituts gleichgestellt war.[70]

Ein knappes Jahr, nachdem Prandtl den Ruf nach München abgelehnt hatte, konnte man dort jedoch die zweite Mechanikprofessur durchsetzen. Nun trat ein, was Prandtl dem Preußischen Kultusministerium schon im August 1921 angekündigt hatte: dass man ihm „im Falle der Bewilligung der Professur von neuem einen Ruf erteilen" werde. Ludwig Föppl, der 1922 an Prandtls Stelle die Nachfolge seines Vaters angetreten hatte, hielt ihn über die Münchener Interna auf dem Laufenden. Im Juli 1922 machte Föppl seiner Schwester gegenüber einmal „am Telefon bezüglich des in Aussicht stehenden Rufes"

---

[65] Prandtl an Dyck, 18. Dezember 1920. HATUM, Akten betreffend Besetzung der Lehrstellen durch Professoren, Berufungsverhandlungen, 1922–1932, II, 1a, Band 1. Zu den Ausbauplänen an der TH München unter dem Rektorat von Walther von Dyck siehe [Hashagen, 2003, Kap. 25].

[66] Dyck an das Bayerische Kultusministerium, 21. Juli 1921. HATUM, Akten betreffend Besetzung der Lehrstellen durch Professoren, Berufungsverhandlungen, 1922–1932, II, 1a, Band 1.

[67] Prandtl an das Preußische Kultusministerium, August 1921. UAG, Kur. PA. Prandtl, Ludwig; Bd.1.

[68] Prandtl an den Kurator, 5. November 1920. UAG, Kur. PA. Prandtl, Ludwig; Bd.1.

[69] Preußisches Kultusministerium an Prandtl, 21. November 1921. UAG, Kur. PA. Prandtl, Ludwig; Bd.1.

[70] [Rotta, 1990a, S. 237].

Andeutungen, so dass Prandtl nicht mehr überrascht war, als der Ruf tatsächlich wenig später an ihn erging. Er habe dem Vorsitzenden der Berufungskommission erklärt, dass er „stark daran dächte, anzunehmen", schrieb Prandtl danach an seinen Schwager.[71] In seinem tags zuvor an die Berufungskommission adressierten offiziellen Schreiben hatte er zwar seine Absicht bekundet, den Ruf anzunehmen, wollte sich jedoch noch nicht endgültig festlegen, bevor er sich mit dem Bayerischen Kultusministerium über seine Pläne abgestimmt hätte.[72] Von dieser Seite wurden ihm aber keine Hindernisse in den Weg gelegt, so dass ihm eine erneute Absage schwergefallen wäre. Auch dem Kurator der Göttinger Universität gegenüber verhehlte Prandtl nicht, dass er den Ruf nach München annehmen werde. „Es handelt sich um eine neugeschaffene zweite Professur für technische Mechanik. Ich sehe diese Berufung mit der früheren zusammen als eine einheitliche Angelegenheit an und werde deshalb keine neuen Wünsche über die früher geäußerten hinaus dem Preußischen Ministerium gegenüber geltend machen".[73]

Für die AVA bedeutete der Münchener Ruf an Prandtl eine noch größere Verunsicherung als für die Göttinger Universität, wo Nachfolgeberufungen auf vakante Lehrstühle an der Tagesordnung waren. Die AVA wurde jedoch so sehr mit Prandtl identifiziert, dass ein Wechsel in ihrer Leitung auch strukturelle Veränderungen mit sich bringen würde. Da um die gleiche Zeit die Restriktionen der Entente für die deutsche Flugzeugindustrie etwas gelockert wurden, konnte die AVA künftig auch wieder mit Forschungsaufträgen aus diesem Sektor rechnen. „Ich hoffe sehr", schrieb Schmidt-Ott in seiner Eigenschaft als Kuratoriumsvorsitzender der AVA deshalb an Prandtl, „dass Sie, so verlockend eine Übersiedelung nach München für Sie auch sein mag, der Göttinger Anstalt erhalten bleiben, die ja nun, nachdem das Bauverbot aufgehoben worden ist und die Flugzeugindustrie sich wieder etwas mehr regen kann, einer gedeihlichen Zukunft entgegensieht".[74] Doch Prandtl blieb bei seiner Entscheidung für München. Am 2. Januar 1923 teilte er dem Preußischen Kultusministerium mit, dass er den Ruf „nunmehr angenommen" habe, mit seinem Umzug nach München aber erst „frühestens zum 1. April d. Js." zu rechnen sei.[75]

Auf Seiten der KWG sorgte diese Entscheidung für hektische Diskussionen. Prandtl empörte sich darüber, dass ein Senator „offenbar im vollen Einverständnis mit den maßgebenden Herren" damit gedroht habe, „dass die Kaiser-

---

[71] Prandtl an Ludwig Föppl, 13. Juli 1922. SUB, Cod. Ms. L. Prandtl, Nr. 8.
[72] Prandtl an Schröter, 12. Juli 1922. HATUM, Akten betreffend Besetzung der Lehrstellen durch Professoren, Berufungsverhandlungen, 1922–1932, II, 1a, Band 1.
[73] Prandtl an den Kurator, 26. August 1922. UAG, Kur. PA. Prandtl, Ludwig; Bd.1.
[74] Schmidt-Ott an Prandtl, 5. September 1922. AMPG, Abt. I, Rep. 1A, Nr. 1469.
[75] Prandtl an das Preußische Kultusministerium, 2. Januar 1923. UAG, Kur. PA. Prandtl, Ludwig; Bd.1.

Wilhelm-Gesellschaft ihre Hand von dem Institut zurückzöge, falls ich nicht bliebe". Als Folge dieses „unerhörten Druckes" sei er „drei Tage, verstimmt und in heftiger Gemütsbewegung [gewesen], unfähig, irgend eine produktive Arbeit zu leisten". Er bat Schmidt-Ott, der als Senator in der Kaiser-Wilhelm-Gesellschaft den Ton angab, „sich zu überlegen, ob die richtigen Arbeitsbedingungen für einen Forscher geschaffen werden, wenn man ihn in Ketten legt!" Die Bedingungen, unter denen er in Göttingen gehalten werden könne, habe er wiederholt zum Ausdruck gebracht. Sie liefen darauf hinaus, „dass ich noch eine Lebensaufgabe hier sehen müsste". Er ließ keinen Zweifel daran, dass er diese Lebensaufgabe nur in der Realisierung eines Kaiser-Wilhelm-Instituts für Hydrodynamik und Aerodynamik sah, „von dem die Oberleitung und die Abteilung für Hydrodynamik mir übertragen wird; die Abteilung für Aerodynamik, d. h. die jetzige Versuchsanstalt dagegen Herrn Dr. Betz als verantwortlichem Leiter übergeben wird".[76] Auch mit München würde er „einen stolzen Zukunftsplan" verbinden, „nämlich die Technische Hochschule München zu einer besonderen Lehrstätte für die Ausbildung künftiger Lehrer von technischen Hochschulen und künftiger Ingenieurforscher auszubauen".[77]

Bei der KWG tat man alles, um Prandtl doch noch in Göttingen zu halten und ihm mit der Erweiterung der AVA um ein hydrodynamisches Institut die Erfüllung seiner neuen Lebensaufgabe zu ermöglichen. „Wie ernst übrigens die Bestrebungen der Preußen zu nehmen sind", schrieb Prandtl seinem Schwager im April 1923 nach München, „magst Du daraus entnehmen, dass man hier von einer halben Milliarde munkelt, die mir für Laboratoriumserweiterung versprochen werden soll". Die Summe war in diesen Monaten der Hyperinflation nicht wirklich aussagekräftig, auch die „Deckungsmöglichkeit" erschien Prandtl unsicher, aber er sah darin durchaus eine ernsthafte Willensbekundung der KWG, seine Wünsche zu erfüllen. „Nach dem, was man mir hier in Aussicht zu stellen gedenkt, möchte ich natürlich, wenn ich nach München gehe, auch die Gewissheit haben, dass dort gute Möglichkeiten für hydrodynamische Forschungen offen bleiben." Vielleicht sei es ja möglich, „einen Gönner aufzutreiben, der mir dort ähnliche Möglichkeiten bieten könnte", so spann er diesen Gedanken weiter. „Es wäre nicht so ganz ungereimt, wenn es später heißen würde: Kaiser-Wilhelm-Institut für Hydrodynamik und Aerodynamik, Direktor und Leiter der hydrodynamischen Abteilung: Prandtl, München, Leiter der aerodynamischen Abteilung: Betz, Göttingen". Er war sich aber darüber im Klaren, dass er sich damit bei den „Preußen" keine Freunde machen würde. „Ich möchte natürlich nicht, dass

---

[76] Prandtl an Schmidt-Ott, 26. März 1923. AMPG, Abt. I, Rep. 1A, Nr. 1470.
[77] Prandtl an Glum, 2. Juni 1923. AMPG, Abt. I, Rep. 1A, Nr. 1471.

dieser Vorschlag etwa auf Umwegen nach Berlin zur Kenntnis kommt und bitte deshalb um vertrauliche Behandlung."[78]

Obwohl Prandtl schon zu Beginn des Jahres den Ruf nach München angenommen hatte, betrachtete er diese Zusage im Sommer 1923 nicht mehr als bindend. Seine Tochter erinnerte sich noch viele Jahre später „an dies Hin und Her", das in diesen Monaten auch den häuslichen Alltag prägte. „Als wir einmal mit unserer Mutter auf den nahen Wiesen Margeriten gepflückt hatten, setzten wir uns auf eine Bank am Waldrand, und sie nahm eine Blume aus dem Strauß und zupfte einzeln die weißen Blütenblätter ab, um spielerisch das Schicksal zu befragen: München – Göttingen, München – Göttingen usw. Ich kann allerdings nicht mehr sagen, für welchen Ort sich das Margeritenorakel damals entschied. Nur war mir bewusst geworden, wie sehr die ungelöste Frage auf den Gemütern beider Eltern lastete".[79] Die Entscheidung fiel am 13. Juni 1923. Er habe sich „nach langem Besinnen" für Göttingen entschieden, schrieb Prandtl an diesem Tag an seinen Schwager. Er fügte seinem Brief Abschriften seiner offiziellen Schreiben an das Bayerische Kultusministerium und an den Rektor der Technischen Hochschule in München bei, in denen er „vorbehaltlich der wirklichen Durchführung der Berliner Versprechungen" die Annahme des Münchener Rufes rückgängig machte.[80] „Da es sich um die Schaffung einer nicht nur in Deutschland, sondern vielleicht in der ganzen Welt einzigartigen Forschungseinrichtung handelt, erhoffe ich eine verständnisvolle Würdigung meines Entschlusses". Falls die Berliner Versprechungen für das neue hydrodynamische Institut nicht eingehalten würden, „würde meine Bereitwilligkeit zur Übersiedlung nach München weiter bestehen".[81]

Vier Wochen später schickte Prandtl der KWG einen ausführlichen Bericht mit Bauplänen und einem Kostenvoranschlag für das neue hydrodynamische Institut.[82] Dennoch erschien die Finanzierung der Pläne angesichts der politischen Verhältnisse in Berlin noch lange nicht gesichert. Im Oktober stellte Prandtl dem Bayerischen Kultusministerium erneut die Annahme des Münchener Rufes als eine realistische Möglichkeit in Aussicht. „Meine persönliche Stellung zu der ganzen Angelegenheit lässt sich auf die folgende kurze Formel bringen: Wenn sich der Institutsbau verwirklichen lässt, dann fühle ich mich durch die in diesem Frühjahr gemachten Zusagen in Göttingen gebunden. Scheitern aber die Institutspläne, so besteht der Anspruch, den München

---

[78] Prandtl an Ludwig Föppl, 27. April 1923. SUB, Cod. Ms. L. Prandtl, Nr. 8.
[79] [Vogel-Prandtl, 2005, S. 81].
[80] Prandtl an Dyck, 13. Juni 1923. SUB, Cod. Ms. L. Prandtl, Nr. 8.
[81] Prandtl an das Bayerische Kultusministerium, 13. Juni 1923. SUB, Cod. Ms. L. Prandtl, Nr. 8.
[82] L. Prandtl: Programm und Kostenanschlag für ein der bisherigen Aerodynamischen Versuchsanstalt anzugliederndes Hydrodynamisches Forschungsinstitut. 12. Juli 1923. AMPG, Abt. I, Rep. 1A, Nr. 1471.

durch meine frühere Zusage auf mich hatte, wieder zu Recht".[83] Hinzu kamen die instabilen politischen Verhältnisse in Berlin. Am 12. August 1923 war die von Reichskanzler Wilhelm Cuno geführte Regierung zurückgetreten, nachdem sich als Folge der Ruhrbesetzung die wirtschaftliche Lage in Deutschland dramatisch verschlechtert hatte. Bei der KWG sei man „sehr unglücklich über die letzte Regierungskrise", schrieb Prandtl seinem Schwager. Man habe gerade den Finanzminister dazu gebracht, das hydrodynamische Institut in den Etat einzusetzen, „als dieser abtreten musste. Andernfalls wäre in kürzester Frist die Entscheidung für mich, allerdings in dem für Euch ungünstigen Sinn zu erreichen gewesen. Jetzt weiß man natürlich wieder gar nicht, wie die Sache laufen wird".[84]

An der Münchener technischen Hochschule ließ man sich jedoch nicht länger hinhalten: Prandtl sollte sich bis Ende November endgültig für oder gegen München entscheiden. Es sei ihm „außerordentlich peinlich", schrieb Prandtl am 28. November an den Rektor nach München, „statt einer endgültigen Antwort noch einmal um einen kurzen Aufschub bitten zu müssen". Durch die jüngste Kabinettskrise hätten sich die Aussichten für das geplante Institut in Göttingen wieder verschlechtert. Nun habe ihn aber der Geschäftsführer der KWG mit der „Aussicht auf eine neue Möglichkeit" überrascht, bei der „die Mitwirkung eines sehr vermögenden Industriellen die wesentliche Rolle spielt".[85] Seinem Schwager schrieb er gleichzeitig, dass er sich nach der Kabinettskrise „mit etwas wehmütigen Gedanken" schon von seinen Göttinger Plänen verabschiedet habe. „Da kam von der KWG die Nachricht, dass sich durch einen industriellen Spender eine neue Möglichkeit für das Göttinger Institut aufzutun schien. Die Wirkung war bei Gertrud und mir die gleiche, wir waren traurig, München nun wieder aufgeben zu sollen. In der Tat hängen wir beide stark an Göttingen *und* an München, und doch kann nur eines von beiden Wirklichkeit werden."[86]

Der potentielle Spender, Walter Hoene, hatte es mit „Feld-, Wald- und Industriebahnen, Lokomotiven, Eisenbahnschwellen" – so eine Anzeige der „Walter Hoene AG" aus dem Jahr 1922 – zu beträchtlichem Reichtum gebracht. Nun sorgte er mit der Zusage einer Spende in Höhe von 100.000 Goldmark dafür, dass Prandtl in Göttingen seine neue Lebensaufgabe verwirklichen konnte. Als Gegenleistung bestand er auf der Verleihung der Ehrendoktorwürde, wozu die Göttinger Universität am 3. Dezember 1923 ihr

---

[83] Prandtl an das Bayerische Kultusministerium, 9. Oktober 1923. HATUM, Akten betreffend Besetzung der Lehrstellen durch Professoren, Berufungsverhandlungen, 1922–1932, II, 1a, Band 1.
[84] Prandtl an Ludwig Föppl, 11. Oktober 1923. SUB, Cod. Ms. L. Prandtl, Nr. 8.
[85] Prandtl an Dyck, 28. November 1923. SUB, Cod. Ms. L. Prandtl, Nr. 8.
[86] Prandtl an Ludwig Föppl, 28. November 1923. SUB, Cod. Ms. L. Prandtl, Nr. 8.

Plazet gab.[87] Am selben Tag teilte Prandtl dem Rektor der technischen Hochschule in München seine – dieses Mal endgültige – Absage mit.[88]

5.5 Die technische Mechanik im Fokus nationaler und internationaler Bemühungen

Die Option auf den Lehrstuhl für technische Mechanik in München war für Prandtl nicht nur ein Verhandlungspfand, um in Göttingen als Direktor eines neuen Kaiser-Wilhelm-Instituts noch einmal eine große Lebensaufgabe zu erhalten. Abgesehen von der emotionalen Bindung an seine bayerische Heimat reizte ihn der Ruf nach München auch in beruflicher Hinsicht. Schon im Jahr 1904 hatte er Klein gegenüber bei seiner Berufung von der Technischen Hochschule Hannover an die Universität Göttingen keinen Hehl aus seinem „Zugehörigkeitsgefühl zur Technik" gemacht und angedeutet, dass er später wieder an einer technischen Hochschule wirken wolle. „Es war seit langem ein Lieblingsgedanke von mir, nach Kräften an der Hebung der Wissenschaftlichkeit im Unterricht an den technischen Hochschulen mitzuarbeiten."[89] Wenn er es zwei Jahrzehnte später als seinen „stolzen Zukunftsplan" bezeichnete, die Münchener technische Hochschule zu einer Stätte wissenschaftlich gebildeter Ingenieure zu machen, so war ihm dies ein tief empfundenes Bedürfnis. Er wusste sich darin auch einig mit Walther von Dyck, der in seiner Amtszeit als Rektor der Technischen Hochschule München Anfang der 1920er Jahre den Ausbau der Hochschule forcierte, da er die „gründliche und wissenschaftliche Durchbildung" der Ingenieure nach dem verlorenen Weltkrieg als wichtigen Faktor für den Wiederaufbau der deutschen Wirtschaft ansah.[90] Bei seiner endgültigen Absage des Münchener Rufes bekundete Prandtl Dyck noch einmal, wie „schmerzlich" es ihm sei, dass aus den „Plänen, die ich mir für die Münchener Tätigkeit bereits zurecht gelegt hatte, nun nichts werden soll". Aber er wolle „den Ingenieurwissenschaften, die mir von alters her am Herzen liegen", auch künftig sein Augenmerk widmen.[91]

Wie wichtig Prandtl die „Hebung der Wissenschaftlichkeit" in der Ingenieursausbildung war, lässt sich auch an seiner Korrespondenz mit Kármán ablesen, der an der technischen Hochschule in Aachen das Institut für Aero-

---

[87] [Rotta, 1990a, S. 240f.].
[88] Prandtl an Dyck, 3. Dezember 1923. HATUM, Akten betreffend Besetzung der Lehrstellen durch Professoren, Berufungsverhandlungen, 1922–1932, II, 1a, Band 1.
[89] Siehe Abschn. 2.5.
[90] [Hashagen, 2003, S. 560].
[91] Prandtl an Dyck, 3. Dezember 1923. HATUM, Akten betreffend Besetzung der Lehrstellen durch Professoren, Berufungsverhandlungen, 1922–1932, II, 1a, Band 1.

dynamik leitete, sich aber auch zur theoretischen Physik hingezogen fühlte, zu der er schon in seiner Zeit als Prandtls Assistent zusammen mit Max Born einen wichtigen Beitrag geleistet hatte. Als Born 1920 auf den Göttinger Lehrstuhl für theoretische Physik berufen wurde und Prandtl erfuhr, dass auch Kármán sich dafür interessiert hätte, riet ihm Prandtl, er solle sich lieber „auf die Aufgaben der höheren technischen Mechanik" konzentrieren, „für die Sie durch Ihre Vorbildung als Ingenieur *und* mathematischer Physiker ähnlich wie ich selbst Vorbedingungen erfüllen, die bei den Ingenieuren selten erfüllt sind und die durch das, was positiv für die Allgemeinheit bei solchen Arbeiten herauskommt, schließlich wohl besser belohnt werden, als die spitzfindigen Anwendungen der Bohr'schen Regel auf alle möglichen atomistischen Konstruktionen".[92] Als Prandtl kurz darauf den Ruf nach München erhielt, sah er in Kármán seinen Wunschnachfolger auf seinem Göttinger Lehrstuhl.[93]

Neben Prandtl und Kármán wollten auch Richard von Mises und Hans Reissner, die an der Universität bzw. Technischen Hochschule Berlin als Professoren für angewandte Mathematik bzw. angewandte Mechanik wirkten, diesen Fächern zu einem größeren Gewicht verhelfen. Bei der im September 1921 in Jena veranstalteten gemeinsamen Jahrestagung der Deutschen Mathematiker-Vereinigung (DMV), Deutschen Physikalischen Gesellschaft (DPG) und Deutschen Gesellschaft für Technische Physik sollte „die angewandte Mathematik und Mechanik in größerem Ausmaß und ziemlich geschlossen zur Geltung kommen", wie in der neuen, von Mises herausgegeben *Zeitschrift für angewandte Mathematik und Mechanik* (ZAMM) angekündigt wurde.[94] Prandtl und Kármán dachten zunächst an die Gründung einer „Vereinigung für technische Mechanik". Prandtl lag vor allem daran, „die wissenschaftlichen Ingenieure zusammen zu bekommen".[95] Mises wollte dagegen im Namen der neuen Gesellschaft den Zusammenhang mit der von ihm gegründeten ZAMM zum Ausdruck bringen und sie „Gesellschaft für angewandte Mathematik und Mechanik" nennen, was Prandtl ablehnte, da er ein „Dominieren der Mathematik" verhindern wollte.[96] In Jena wurde dann ein Aufruf für einen „Zusammenschluss der Fachleute der technischen Mechanik" verteilt, der ein Jahr später bei der Naturforscherversammlung in Leipzig am 21. September 1922 die Gründung der „Deutschen Ingenieurwissenschaftlichen Vereinigung – Gesellschaft für angewandte Mathematik und Mechanik" unter dem Vorsitz von Prandtl zur Folge hatte. Die „Gesellschaft für angewandte Mathematik und Mechanik" (GAMM), wie sie Prandtls anfänglichen

---

[92] Prandtl an Kármán, 8. Juni 1920. GOAR, Nr. 1364.
[93] Prandtl an Kármán, 11. August 1920. GOAR, Nr. 1364.
[94] *ZAMM*, 1, 1921, S. 341f. und S. 419.
[95] Prandtl an Richard von Mises, 2. August 1921. AMPG, Abt. III, Rep. 61, Nr. 1078.
[96] Prandtl an Richard von Mises, 9. August 1921. AMPG, Abt. III, Rep. 61, Nr. 1078.

Einwänden zum Trotz später nur noch genannt wurde, diente nicht nur den Experten auf dem Gebiet der technischen Mechanik, sondern auch Vertretern anderer Ingenieurwissenschaften als ein gemeinsames Forum. In ihrer Satzung wurde jedoch festgeschrieben, was Prandtl schon immer als sein Ziel verfolgt hatte und was er als langjähriger Vorsitzender der GAMM auch künftig nicht aus den Augen verlor, „die wissenschaftliche Forschung auf allen Teilgebieten der Mechanik, der Mathematik und Physik, die zu den Grundlagen der Ingenieurwissenschaften zählen, zu pflegen und zu fördern, in erster Linie durch Veranstaltung von wissenschaftlichen Versammlungen".[97]

Die Jahrestagungen der GAMM gehörten für die „wissenschaftlichen Ingenieure" in Deutschland bald zu den wichtigsten Veranstaltungen ihres jeweiligen Faches. Sie fanden in der Regel gemeinsam mit den Jahrestagungen der Naturforscher, der DMV oder der DPG statt, so dass auch über das gemeinsame Interesse an technischen Anwendungen für Kontakte zu den wissenschaftlichen Nachbardisziplinen gesorgt war. Die Vertreter der technischen Mechanik fanden in diesem Rahmen ein Forum für den Austausch und die Artikulierung gemeinsamer Anliegen. Dass sich das Dach der GAMM nicht wie von Prandtl und Kármán anfangs geplant ausschließlich über ihr Fach, sondern auch noch über andere Ingenieurwissenschaften spannte und gelegentlich doch ein Übergewicht der angewandten Mathematik spürbar war, tat der Bedeutung dieser Organisation für die technische Mechanik keinen Abbruch.

Auch international wurden Anfang der 1920er Jahre Bemühungen unternommen, um länderübergreifend die Vertreter der technischen Mechanik zu gemeinsamen Konferenzen zusammenkommen zu lassen. So kurz nach dem Ersten Weltkrieg, als sich die Wissenschaftsrepräsentanten der Entente und der Achsenmächte in Boykott- und Gegenboykottmaßnahmen übten,[98] standen dem Wunsch nach einer internationalen Zusammenkunft jedoch große Hindernisse im Weg. Eine Initiative von Seiten nationaler Wissenschaftorganisationen wie Akademien oder eine Förderung durch staatliche Stellen erschien aussichtslos, so dass nur inoffizielle Maßnahmen Erfolg versprachen. Den ersten Schritt dazu machte Kármán, der immer einen „Drang zur Internationalität" verspürte und dies auf seine ungarischen Wurzeln zurückführte. „In kurzer Zeit wurde unser Haus zum gemütlichen Treffpunkt, wo Tausende Gedanken ausgetauscht wurden," schrieb er in seiner Autobiografie. Seine Studenten kamen aus vielen Ländern, so dass dieser Gedankenaustausch „in Französisch, Italienisch, Ungarisch, Holländisch, Englisch und, natürlich,

---

[97] [Gericke, 1972, S. 10]. Siehe dazu auch Prandtls Korrespondenz in AMPG, Abt. III, Rep. 61, Nr. 1994-2017.
[98] [Schroeder-Gudehus, 1966].

Deutsch" erfolgte. Die privaten „Ausflüge in die Internationalität" seien so erfolgreich gewesen, dass Kármáns Schwester eines Tages vorschlug, „wir sollten etwas tun, um regelmäßigen Kontakt mit Wissenschaftlern anderer Länder zu pflegen". Es gelang Kármán, den italienischen Mathematiker Tullio Levi-Civita für diesen Plan zu begeistern, aber angesichts des offiziellen Boykotts gegen die deutsche Wissenschaft durch die Entente blieb es eine private Initiative. „Wir schickten Einladungen an die Franzosen, Briten und Amerikaner, sich mit ihren früheren Feinden, den Deutschen, Österreichern und Ungarn in Innsbruck zu treffen. Die Sekretariatsunkosten trugen meine Schwester und ich aus unserer eigenen Tasche."[99]

Die so zustande gekommene Innsbrucker Konferenz war der Hydro- und Aerodynamik gewidmet.[100] Von den Vortragenden kamen neun aus Deutschland, sechs aus Italien, drei aus Holland, zwei aus Schweden und je einer aus Polen und Norwegen. Die Konferenz sei „ein ungewöhnlicher Erfolg" gewesen, erinnerte sich Kármán, „der Brudergeist in der Wissenschaft war nie deutlicher zu spüren".[101] William Knight, der nach seinem Abschied vom Pariser Büro der NACA mit dem Versuch scheiterte, in Paris eine internationale Konferenz zur Standardisierung in der Aerodynamik zu veranstalten, wusste ein Lied davon zu singen, wie problematisch die Organisation internationaler Konferenzen in diesen Jahren war: „American, British and French scientists did not answer the call of their German and Italian brethren," so spielte er auf den Versuch Kármáns und Levi-Civitas an, der Innsbrucker Konferenz zu größerer Internationalität zu verhelfen, „not because they did not want to, but because they could not on account of the unfortunate preponderance of political considerations over other considerations of higher nature".[102] Auch in der Physik war der Boykott gegen die deutsche Wissenschaft um diese Zeit noch wirksam, wie das Beispiel der Brüsseler Solvay-Kongresse zeigt: Zur Dritten und Vierten Solvay-Konferenz im Jahr 1921 und 1924 wurden keine Physiker deutscher Nationalität eingeladen. Erst die Fünfte Solvay-Konferenz im Jahr 1927 fand wieder mit deutscher Beteiligung statt, und auch dies sorgte hinter den Kulissen unter den Veranstaltern noch für Diskussionen.[103]

Der nächste internationale Kongress für technische Mechanik fand im April 1924 in Delft statt. Die Initiative dazu ging von dem holländischen Physiker Johannes Martinus Burgers aus, Professor an der technischen Hochschule in Delft, der in den Niederlanden einen ähnlichen Ruf genoss wie Prandtl in

---

[99] [von Kármán und Edson, 1968, S. 128]. Zu Levi-Civitas Bemühungen auf italienischer Seite siehe [Battimelli, 1996].
[100] [von Kármán und Levi-Civita, 1924].
[101] [von Kármán und Edson, 1968, S. 128].
[102] W. Knight et al.: Standardization and Aerodynamics. Technical Notes, NACA Report No. 134 (March 1923), hier S. 96.
[103] [Heilbron, 1986, S. 107f.].

Deutschland. Burgers stand mit Prandtl schon seit 1919 im Briefwechsel. Er hatte am Innsbrucker Kongress teilgenommen und dabei mit Kármán den Plan gefasst, „eine zweite Konferenz zusammen zu rufen", wie er im Oktober 1923 an Prandtl schrieb. Er wollte dieser Zusammenkunft einen offiziellen Charakter geben und den Konferenzaufruf auch von amerikanischen, englischen und französischen Wissenschaftler unterzeichnen lassen und hoffte, dass auch Prandtl bereit sei, seinen Namen dazuzusetzen.[104] Prandtl begrüßte die Initiative seines holländischen Kollegen, machte jedoch „aus politischen Überlegungen und Empfindungen heraus" eine Einschränkung. Er habe zwar früher immer „die Gemeinsamkeit wissenschaftlicher Interessen" über die politischen Meinungsverschiedenheiten gestellt, müsse aber jetzt „diese Ansicht, soweit Franzosen und Belgier in Frage kommen, anlässlich des widerrechtlichen Einbruchs in das Ruhrgebiet und der seither nicht mehr aufhörenden Bedrückungen des deutschen Volkes durch Franzosen und Belgier revidieren" und sehe sich „gezwungen, hier zu erklären, dass ich neben keinem Angehörigen der französischen oder der belgischen Nation in einem Komitee aufgeführt zu werden wünsche, solange die augenblickliche Bedrückungspolitik andauert. Ich möchte auch mit keinem Franzosen oder Belgier in persönliche Berührung kommen, es sei denn, dass er die derzeitige Politik seiner Regierung in klarer Weise verurteilt". Er bat Burgers, ihn „als Mitglied des vorbereitenden Komitees nur dann anzunehmen, wenn aus irgend einem Grunde die Franzosen nicht mitmachen wollen".[105]

Auch Richard von Mises, den Burgers ebenfalls auf die Liste von Mitgliedern des Kongresskomitees gesetzt hatte, hegte solche Bedenken. „Es sind nun von Mises und ich unabhängig zu dem Schluss gekommen, dass wir in den augenblicklichen Zeiten unmöglich zugeben können, dass unsere Namen neben denen von Angehörigen der französischen Republik als Mitglieder eines Komitees erscheinen," schrieb Prandtl an Kármán.[106] Der versuchte, Prandtl umzustimmen: Die Vertreter der im Krieg neutralen Länder sowie die Engländer, Amerikaner und Italiener hätten „bedingungslos zugestimmt; die Franzosen abgelehnt (teilweise mit, teilweise ohne Ausdruck des Bedauerns)". Damit hätten sich ja Prandtls und Mises' Vorbehalte bezüglich ihrer Teilnahme am Kongresskomitee von selbst erledigt; die noch weitergehende Bedingung, wonach Prandtl mit Belgiern und Franzosen auch bei dem Kongress nicht an einem Tisch sitzen wollte, wenn diese sich nicht zuvor von der Politik ihrer Länder distanzierten, sei aber „praktisch nicht durchführbar" und könne auch „moralisch nicht gut gefordert werden". Doch wenn

---

[104] Burgers an Prandtl, 22. Oktober 1923. AMPG, Abt. III, Rep. 61, Nr. 210.
[105] Prandtl an Burgers, 30. Oktober 1923. AMPG, Abt. III, Rep. 61, Nr. 210.
[106] Prandtl an Kármán, 26. Oktober 1923. AMPG, Abt. III, Rep. 61, Nr. 792.

der Kongress zustande komme, bedeute dies „für die offizielle Anerkennung der deutschen Wissenschaft in der ganzen übrigen Welt einen wesentlichen Fortschritt".[107] Auch Burgers hoffte, dass sich Prandtls Bedenken dadurch erledigt hätten, dass die Franzosen den Aufruf zur Teilnahme ignoriert hatten.[108] Nach der „Selbstausschaltung der Franzosen" erklärte sich Prandtl nun auch „gerne damit einverstanden, wenn mein Name unter das geplante Rundschreiben gesetzt wird", schrieb er an Burgers. Mit der Bemerkung, dass er nicht mit Franzosen in Berührung kommen wolle, habe er „natürlich nur" die Zusammenarbeit in einem Komitee oder sonstige persönliche Beziehungen gemeint. Wenn beim Kongress „der eine oder andere Franzose anwesend sein wird, so braucht mich das ja nicht weiter zu stören".[109] Richard von Mises lenkte ebenfalls ein, so dass sich im Kongresskomitee ähnlich wie bei der Organisation der GAMM wieder Prandtl, Kármán und Mises als Vertreter Deutschlands zusammen fanden. Die anderen Mitglieder des Kongresskomitees kamen aus England, Norwegen, Österreich, Italien, Tschechoslowakei, Russland, USA und der Schweiz. Auch mit der breiten internationalen Resonanz seitens der Kongressbesucher konnten die Veranstalter zufrieden sein: Aus Frankreich reiste zwar trotz der geografischen Nähe nur ein Teilnehmer an, doch mit insgesamt 214 Teilnehmern aus 21 Ländern war der Delfter Kongress eine eindrucksvolle Demonstration wissenschaftlicher Internationalität.[110]

Der Delfter Kongress wurde im Rückblick als erster in der Serie internationaler Mechanik-Kongresse gezählt, die 1926 in Zürich und dann dem Muster der internationalen Mathematiker-Kongresse folgend alle vier Jahre an einem anderen Ort abgehalten wurden.[111] Der Kongress in Innsbruck im Jahr 1922 bildete den Auftakt zu dieser Serie. Damit wurde eine Tradition begründet, die gerne als eine Bestätigung für den nicht zu unterdrückenden Drang nach Internationalität in der Wissenschaft gesehen wird.[112] Tatsächlich bewiesen die nach dem Zweiten Weltkrieg unter dem Schirm der International Union of Theoretical and Applied Mechanics (IUTAM) fortgesetzten Mechanik-Kongresse eine erstaunliche, über politische Umbrüche und Systemgrenzen hinweg reichende Kontinuität, die jedoch fast immer – wie schon zu Beginn dieser Serie – mit Konflikten beladen war. Dies sollte Prandtl als Repräsentant der technischen Mechanik in Deutschland noch oft zu spüren bekommen.

---

[107] Kármán an Prandtl, 7. Dezember 1923. AMPG, Abt. III, Rep. 61, Nr. 792.
[108] Burgers an Prandtl, 8. Dezember 1923. AMPG, Abt. III, Rep. 61, Nr. 210.
[109] Prandtl an Burgers, 15. Dezember 1923. AMPG, Abt. III, Rep. 61, Nr. 210.
[110] *ZAMM*, 4, 1924, S. 272–276.
[111] Zur Geschichte der Mechanik-Kongresse siehe [Battimelli, 1992].
[112] [Juhasz, 1988].

5.6 Von der Hydraulik zur Turbulenz

Als Prandtl 1921 in Jena für einen „Zusammenschluss aller Gleichstreben-
den"[113] auf dem Gebiet der technischen Mechanik warb, hatte er einen Vortrag im Reisegepäck, mit dem er den versammelten Physikern und Mathematikern ein besonders hartnäckiges Problem vor Augen führen wollte, ein
Problem, das wie kein anderes die besondere Herausforderung für „wissenschaftliche Ingenieure" in der technischen Mechanik charakterisierte. Mit seinen „Bemerkungen über die Entstehung der Turbulenz"[114] sprach er neben
den Ingenieuren auch Physiker und Mathematiker an, denn der Übergang
vom laminaren zum turbulenten Strömungszustand gehörte zu den großen
Problemen der theoretischen Physik. Der Mathematiker William McFadden
Orr und der theoretische Physiker Arnold Sommerfeld hatten unabhängig
voneinander 1908 eine mathematische Theorie aufgestellt, aus der sich die
kritische Geschwindigkeit (bzw. Reynolds-Zahl) ergeben sollte, bei der eine
laminare Strömung instabil werden sollte. Die Theorie war nur auf ebene
Strömungen wie zum Beispiel die sogenannte Couette-Strömung zwischen
einer ruhenden und einer mit konstanter Geschwindigkeit bewegten Wand
anwendbar, bei der die Strömungsgeschwindigkeit linear mit dem Abstand
von der ruhenden Wand wächst. Eine solche Strömung konnte näherungsweise im Zwischenraum von gegenläufig rotierenden Zylindern angenommen
werden. Doch der Orr-Sommerfeld-Ansatz führte zu keiner kritischen Grenze
für den laminaren Strömungszustand. Sommerfeld setzte auch seine Schüler Ludwig Hopf und Fritz Noether auf das Problem an, doch die Theorie
führte immer wieder zu dem Resultat, dass die laminare Strömung auch bei
noch so hoher Strömungsgeschwindigkeit stabil bleiben würde – in eklatan-
tem Widerspruch zur Erfahrung in der Hydraulik und Aerodynamik, dass jede
Strömung turbulent wird, wenn die Strömungsgeschwindigkeit eine kritische
Grenze übersteigt.[115]

Prandtl hatte mit Sommerfeld bereits zehn Jahre vor seinem Vortrag in
Jena über diese Fragen korrespondiert. „Ihr Turbulenzresultat hat mich sehr
interessiert!", hatte er im April 1911 das Scheitern des Sommerfeldschen
Ansatzes kommentiert. „Nun ist also die gefürchtete Stabilität doch eingetreten!"[116] Er wusste auch um die vergeblichen Bemühungen von Mises, Hopf,
Blumenthal und Noether, die sich danach mit diesem Problem abgemüht hatten. 1916 hatte er ein „Arbeitsprogramm zur Turbulenz-Theorie" zu Papier

---

[113] Prandtl an Mises, 2. August 1921. AMPG, Abt. III, Rep. 61, Nr. 1078.
[114] [Prandtl, 1921b, Prandtl, 1922a].
[115] [Eckert, 2010].
[116] Prandtl an Sommerfeld, 5. April 1911. DMA, NL 89, 012.

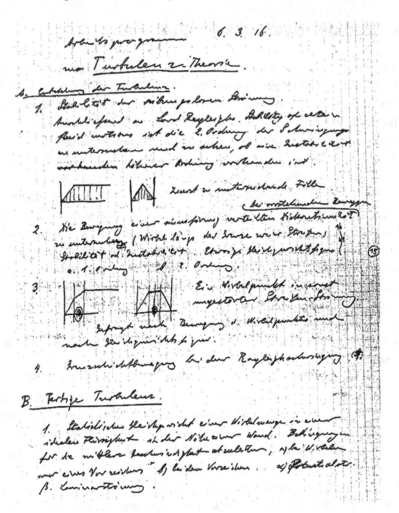

Abb. 5.1   Diese Manuskriptseite aus Prandtls Aufzeichnungen zeigt, dass er sich schon im Ersten Weltkrieg die Turbulenz als neuen Forschungsschwerpunkt vorgenommen und erste Ansätze dazu skizziert hatte

gebracht, bei dem er als Problemfelder für seine künftige Forschung die „Entstehung der Turbulenz" und die „fertige Turbulenz" voneinander unterschied (Abb. 5.1).[117] Darin deutete er bereits an, dass er für die Theorie der Turbulenzentstehung anders als Sommerfeld den Grenzfall verschwindender Reibung (d. h. hoher Reynolds-Zahlen) ins Auge fasste. Dieser Ansatz hatte sich bereits bei der Formulierung der Grenzschichttheorie als fruchtbar erwiesen.

---

[117] Datiert mit 6. März 1916. SUB, Cod. Ms. L. Prandtl, Nr. 18. Prandtls Turbulenzforschung wird ausführlich beschrieben in [Bodenschatz und Eckert, 2011].

Die Frage nach der Stabilität oder Instabilität einer reibungsfreien Strömung hatte bereits John William Strutt, besser bekannt als Lord Rayleigh, im 19. Jahrhundert untersucht.[118] „Wir, d. h. wesentlich Herr O. Tietjens, der unter meiner Leitung die Rechnungen machte, untersuchten die Stabilität und Labilität von Laminarströmungen, wie sie längs einer Wand durch länger dauernde Einwirkung einer geringen Zähigkeit entstehen, und zwar nach der von Lord Rayleigh angegebenen Methode unter Vernachlässigung der Reibung", so knüpfte Prandtl in Jena an diese Untersuchungen an.[119] Rayleigh hatte, um die Rechnung zu vereinfachen, eine ebene Strömung mit einem Geschwindigkeitsprofil angenommen, das der einfacheren Berechnung zuliebe aus Streifen mit jeweils linearem Verlauf bestand. Wenn sich der Linienzug von Streifen zu Streifen immer im gleichen Sinn krümmte, wies seine Theorie die Strömung als stabil aus; wenn sich der Krümmungssinn beim Übergang von einem Streifen zu dem benachbarten Streifen änderte, fand er Instabiltät. Extrapolierte man davon auf kontinuierliche Geschwindigkeitsprofile, so würden nur Geschwindigkeitsprofile mit einem Wendepunkt instabil werden. Bei Berücksichtigung der Zähigkeit, so erwarteten Prandtl und sein Doktorand Oskar Tietjens, würde man bei solchen Profilen dann eine kritische Reynolds-Zahl für den Turbulenzumschlag finden. Stattdessen ergaben die Rechnungen, dass jedes streifenweise lineare Geschwindigkeitsprofil bei Berücksichtigung der Reibung bei einer noch so kleinen Anfangsstörung instabil wurde. „Alle bisher von uns auf diese Weise durchgerechneten Strömungsprofile", so fasste Prandtl in Jena das Ergebnis zusammen, „ergeben nun für den Fall, dass die Bewegung ohne Reibung stabil ist, mit Reibung eine Anfachung [...] Die durch diese Rechnung geschaffene Lage war nun, obwohl sie die Entstehung der Turbulenz zu erklären schien, gar nicht angenehm, denn es entstand jetzt die umgekehrte Schwierigkeit, wie die Laminarströmung gerettet werden sollte, die doch nach den Versuchen unterhalb der Reynoldsschen Zahl 1000 stabil sein muss."[120] Mit anderen Worten: Während es nach der Orr-Sommerfeldschen Theorie keine turbulente Strömung geben sollte, war nach den Rechnungen von Prandtl und Tietjens eine laminare Strömung unmöglich. Wie die Diskussion im Anschluss an Prandtls Vortrag zeigte, gingen die Meinungen über die Ursachen dieser widersinnigen Ergebnisse weit auseinander.[121] Das „Turbulenzproblem"[122] wurde für angewandte Mathematiker, theoretische Physiker und wissenschaftliche Ingenieure zu einer Herausforderung, die noch viele

---

[118] [Darrigol, 2005, Kap. 5].
[119] [Prandtl, 1922a, S. 19].
[120] [Prandtl, 1922a, S. 23f.].
[121] [Prandtl, 1922a, S. 25f.].
[122] [Noether, 1921, Schiller, 1921].

Jahre und Jahrzehnte nachwirken sollte. Sommerfeld setzte 1923 seinen Meisterschüler Werner Heisenberg darauf an.[123] Prandtl konzentrierte sich auf den
Turbulenzumschlag in der Grenzschicht, doch es vergingen noch einige Jahre, bevor er mit weiteren Doktoranden Erfolge auf diesem Gebiet erzielen
konnte.[124]

Auch die „fertige Turbulenz", die Prandtl 1916 in seinem Arbeitsprogramm
als Zukunftsthema seiner Forschung benannt hatte, wurde nach dem Krieg
zum Gegenstand intensiver Diskussion. „Lieber Meister, Kollege und Exchef",
so titulierte Kármán Prandtl im Februar 1921 in einem Brief, der sich zu einer
Abhandlung über die voll entwickelte Turbulenz in der Grenzschicht auswuchs und aus dem hervorging, dass Prandtl zuvor in „puncto Plattenreibung
bzw. Zurückführung der turbulenten Plattenreibung auf Rohrreibung" ein
Gesetz abgeleitet hatte, wonach die mittlere Strömungsgeschwindigkeit mit
zunehmendem Abstand y von der Wand proportional zu $y^{1/7}$ anwächst. Er
habe Prandtls Ableitung „damals nicht verstanden", gestand Kármán, Prandtl
habe sie „auch nur angedeutet", deshalb habe er sich nun selbst eine „turbulente Grenzschichttheorie" zurechtgelegt. „Nach langem Schweigen möchte
ich jetzt auch etwas veröffentlichen, nachdem mir so vieles danebengegangen
ist. Ich habe also dies zusammengeschrieben, wie ich es jetzt Ihnen erzählte.
Ich möchte Sie jedoch bitten, mir mitzuteilen, ob Sie Ihr 1/7-Gesetz bereits
veröffentlicht haben, so dass ich mich darauf beziehen kann, oder dass Sie
demnächst veröffentlichen wollen."[125] Prandtl antwortete, er kenne „schon
ziemlich lange, sagen wir seit 1913" eine Formel, „aus der allgemein die Potenz
für die Plattenreibung folgt, wenn man die der Rohrleitung kennt" (Abb. 5.2).
Was die „turbulente Grenzschicht" anging, sei Kármán „entschieden weiter"
als er selbst gekommen. Er riet Kármán zur raschen Veröffentlichung, da er
selbst sich „so etwas nur für eine fernere Zukunft vorgenommen" habe.[126]
Kurz darauf schickte Kármán seine Abhandlung an die *ZAMM*, wo sie zusammen mit den Arbeiten über das „Turbulenzproblem" erschien und verdeutlich-
te, welche Herausforderungen sich den „wissenschaftlichen Ingenieuren" auf
dem Gebiet der Turbulenz stellten.[127]

Der Anstoß für die Theorie kam von der Hydraulik – oder, wie es Kármán in seinem Brief an Prandtl ausdrückte, der „Zurückführung der turbulenten Plattenreibung auf Rohrreibung". Heinrich Blasius, der nach seiner
Göttinger Assistenzzeit 1908 bei der Preußischen Versuchsanstalt für Wasserbau und Schiffbau in Berlin angestellt worden war, hatte dort die in der

---

[123] [Eckert, 2015].
[124] Siehe Abschn. 6.7.
[125] Kármán an Prandtl, 12. Februar 1921. GOAR, Nr. 3684.
[126] Prandtl an Kármán, 16. Februar 1921. AMPG, Abt. III, Rep. 61, Nr. 792.
[127] [von Kármán, 1921].

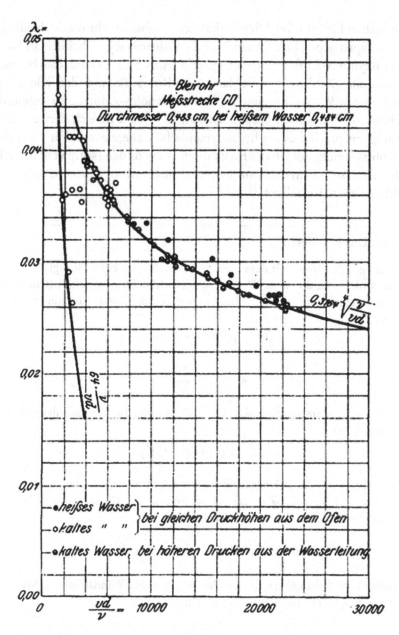

Abb. 5.2 Blasius stellte den Strömungswiderstand in Rohren als Funktion der Reynolds-Zahl dar und konnte damit den Geltungsbereich der turbulenten Strömung von der laminaren Strömung abgrenzen und formelmäßig bestimmen

hydraulischen Literatur reichlich vorhandenen, aber in sehr unterschiedlicher Weise zu Papier gebrachten Daten über die Rohrreibung einheitlich als Funktion der Reynolds-Zahl R zusammengestellt (Abb. 5.2). Er fand, dass bei niedrigen Reynolds-Zahlen, d. h. bei laminarer Rohrströmung, der Widerstand proportional zu R^{-1} verläuft, und bei hohen Reynolds-Zahlen, also jenseits des Umschlags zur Turbulenz, proportional zu $R^{-1/4}$. Im Bereich der laminaren Strömung entsprach dies der hydrodynamischen Theorie, aber für die turbulente Rohrströmung, die in der hydraulischen Praxis den Normalfall darstellt, war dies die erste, wenn auch nur empirisch festgestellte Gesetzmäßigkeit zur voll entwickelten Turbulenz.[128]

Box 5.1: Das $y^{1/7}$-Gesetz

In einem geraden Rohr mit dem Innenradius r, das von einer Flüssigkeit durchströmt wird, ist das durch die Wandreibung bewirkte Druckgefälle zwischen zwei Rohrquerschnitten im Abstand l bestimmt durch die Schubspannung τ an der Rohrwand

$$(p_1 - p_2)\pi r^2 = 2\pi r l \tau,$$

also

$$p_1 - p_2 = \frac{2l}{r}\tau.$$

Das von Blasius empirisch bestimmte $R^{-1/4}$-Gesetz für die turbulente Rohrströmung lautet

$$p_1 - p_2 = 0{,}133 R^{-1/4}\frac{l}{r}\frac{\rho}{2}\bar{u}^2,$$

wobei ρ die Dichte der Flüssigkeit, $\bar{u}$ die mittlere Strömungsgeschwindigkeit und $R = \bar{u}d/\nu$ die Reynolds-Zahl (mit $d = 2r$ und ν = kinematische Viskosität) bedeuten. Aus beiden Gleichungen folgt

$$\tau = 0{,}033 R^{-1/4}\rho\bar{u}^2 = 0{,}033\rho\nu^{1/4}r^{-1/4}\bar{u}^{7/4}.$$

Gesucht ist die Abhängigkeit der Geschwindigkeit vom Wandabstand y. Mit dem Ansatz $u = u_0(y/r)^q$ und $\bar{u} \sim u_0$ ergibt sich

$$\tau = \text{const.}\ \rho\nu^{1/4}r^{-1/4}u^{7/4}\left(\frac{r}{y}\right)^{7q/4} = \text{const.}\ \rho\nu^{1/4}u^{7/4}\frac{r^{7q/4-1/4}}{y^{7q/4}}$$

---

[128] [Blasius, 1912, Blasius, 1913].

Die Schubspannung an der Wand sollte unabhängig vom Rohrradius sein. Diese Forderung lässt sich nur erfüllen, wenn

$$7q/4 - 1/4 = 0,$$

d. h. $q = 1/7$. Also gilt für das Geschwindigkeitsprofil:

$$u = u_0 \left(\frac{y}{r}\right)^{1/7}.$$

Wenn Prandtls Angabe in seinem Brief an Kármán zutrifft, hatte er sich schon 1913 das Problem gestellt, aus der turbulenten Rohrreibung auch die Gesetzmäßigkeiten für die turbulente Reibung entlang einer ebenen Platte abzuleiten. Verbürgt ist lediglich, dass er in der I. Lieferung der *Ergebnisse der Aerodynamischen Versuchsanstalt zu Göttingen* eine Formel für den Widerstand bei turbulenter Reibung an einer ebenen Platte angab, die auf die Ableitung des $y^{1/7}$-Gesetzes in diesem Kontext schließen lässt.[129] Als er später die Theorie dazu veröffentlichte, bemerkte er, dass ihm die Ableitung des $y^{1/7}$-Gesetzes „im Herbst 1920" gelungen sei.[130] Ein Doktorand, dem Prandtl 1925 Präzisionsmessungen über die turbulente Wandreibung als Thema für die Dissertation stellte, erinnerte sich sogar an das genaue Datum, den 5. November 1920.[131]

Die Bemerkungen über das genaue Wann und Bei-welcher-Gelegenheit weisen schon darauf hin, dass sich auf diesem Gebiet eine Rivalität zwischen Prandtl und seinem Meisterschüler Kármán anbahnte. „Ich werde dann hinterher schon sehen, wie ich mit meiner anderen Herleitung noch zu meinem Recht komme und werde es schließlich verschmerzen können, wenn die publizistische Priorität in befreundeten Besitz übergegangen ist." So hatte Prandtl reagiert, als ihm Kármán seine ersten Überlegungen zu einer Theorie der turbulenten Grenzschicht im Februar 1921 mitgeteilt hatte.[132] In seiner Autobiografie schrieb Kármán, dass er sich seit seiner Übersiedlung nach Aachen „in einer Art ständigem Wettstreit" mit Prandtl gefühlt habe. „Dieser Wettstreit wurde natürlich fair ausgetragen. Es war aber nichtsdestoweniger eine Rivalität ersten Grades, eine Art Olympiade zwischen Prandtl und mir, und darüber hinaus zwischen Göttingen und Aachen. Das ‚Spielfeld' war der Kongress für technische Mechanik. Unser ‚Ball' war die Suche nach einem Universalgesetz

---

[129] [Prandtl, 1921c, S. 136].
[130] [Prandtl, 1927a, S. 5].
[131] [Nikuradse, 1926, S. 15].
[132] Prandtl an Kármán, 16. Februar 1921. AMPG, Abt. III, Rep. 61, Nr. 792.

für die turbulente Strömung."[133] Kármán benutzte schon den „nullten" Mechanik-Kongress in Innsbruck als Forum, um nach der Publikation in der *ZAMM* auch international auf seine Theorie aufmerksam zu machen.[134]

Von einer befriedigenden Theorie der voll entwickelten Turbulenz konnte aber noch lange keine Rede sein. Als ihm Kármán ein Jahr nach dem Kongress in Innsbruck neue Überlegungen dazu schrieb, reagierte Prandtl darauf „natürlich, wie Sie sich denken können", mit einigen Einwänden. „Die eigentliche Bewegung sieht sicher anders aus", so kritisierte er Kármáns neuen Ansatz.[135] Als Kármán danach seine Vorstellungen genauer darlegte, musste er sich wieder Kritik von seinem alten Lehrer anhören. „Was Sie über Ihre Rechnungen zum Gesetz der turbulenten Reibung schreiben, ist mir nicht ganz klar," schrieb Prandtl zurück. Kármán hatte die turbulente Oberflächenreibung in verschiedenen Zonen unterteilt, in denen für die Abhängigkeit vom Wandabstand jeweils eine andere Geschwindigkeitsverteilung herrschen sollte. Prandtl wollte dieses Vorgehen „nicht recht einleuchten. Der Bereich des 1/7-Gesetzes ist doch kein ‚Zwischenbereich', den man unterdrücken kann, er reicht beim Rohr und beim Spalt praktisch von der Grenzschicht bis zur Mitte".[136] Für Prandtl galt das aus der Hydraulik abgeleitete empirische 1/7-Gesetz lange als die einzige Richtschnur auf diesem Gebiet, an der sich jede Theorie der voll entwickelten Turbulenz orientieren sollte.

5.7 Zurück zu den Grundlagen

„Sie fragen nach der theoretischen Ableitung des Blasius'schen Widerstandsgesetzes für Rohre", schrieb Prandtl im Sommer 1923 an seinen Schüler Walter Birnbaum, der sich nach dem Stand der Turbulenztheorie erkundigt hatte. „Wer die findet, der wird dadurch ein berühmter Mann!"[137] Birnbaum hatte im Vorjahr bei ihm über „Das ebene Problem des schlagenden Flügels" promoviert. Im Rahmen seiner Dissertation hatte er auch das Konzept der „tragenden Linie" zur Vorstellung der „tragenden Fläche" erweitert,[138] was bei der Tragflügeltheorie zu sehr verwickelten Rechnungen führte und in geradezu idealtypischer Weise die Art von angewandter Mathematik repräsentierte, für die Mises die *ZAMM* gegründet hatte. Die Rechnungen ließen sich auch auf das „Flattern elastisch befestigter Flügel" anwenden, eine Erscheinung, „die

---

[133] [von Kármán und Edson, 1968, S. 164].
[134] [von Kármán, 1924].
[135] Prandtl an Kármán, 17. September 1923. AMPG, Abt. III, Rep. 61, Nr. 792.
[136] Prandtl an Kármán, 15. Dezember 1923. AMPG, Abt. III, Rep. 61, Nr. 792.
[137] Prandtl an Birnbaum, 7. Juni 1923. AMPG, Abt. III, Rep. 61, Nr. 137.
[138] [Birnbaum, 1923].

unsere Flieger im letzten Kriege beobachtet haben", wie Birnbaum hervorhob.[139]

Für Prandtl ging es bei Birnbaums Arbeit aber nicht nur um angewandte Mathematik, sondern auch um die immer wiederkehrende Frage, wie man in einer reibungslosen Theorie wie der Tragflügeltheorie die Entstehung von Wirbeln erklären konnte. In Innsbruck referierte Prandtl „Über die Entstehung von Wirbeln in der idealen Flüssigkeit, mit Anwendung auf die Tragflügeltheorie und andere Aufgaben", wobei auch Birnbaums Theorie über den „schlagenden Flügel" zu Ehren kam. Prandtl kam es dabei auf die Idealisierung an, dass ein unendlich dünn angenommener Tragflügel wie eine dichte Folge von tragenden Linien behandelt und „selbst als eine Trennungsfläche angesehen" werden konnte. Auch den Bewegungsbeginn einer Tragfläche beschrieb er mit der Begrifflichkeit der Trennungsschicht. „Der Übergang von der Ruhe zur Potentialbewegung mit Zirkulation vollzieht sich natürlich durch Abspaltung eines Wirbels von entgegengesetzt gleicher Zirkulation. Dass der Wirbel im Idealfall aus einer Trennungsfläche besteht, ist klar. Wie sieht diese aber aus? Der Versuch gibt die Antwort, dass ihr Querschnitt eine sich immer mehr zusammenrollende Spirale ist". Bisher sei es aber nicht gelungen, das Aufrollen von Trennungsschichten exakt zu berechnen. Damit verließ er die Tragflügeltheorie als praktischen Anwendungsfall und kam auf andere Erscheinungen zu sprechen, bei denen solche Trennungsschichten zur Erklärung herangezogen werden können. „Die sich aufrollenden Trennungsschichten lassen uns auch die Entstehung des Totwassers bei der Kirchhoffschen Strömung um die Platte verstehen. Man erkennt unschwer, dass sich das aus der Trennungsschicht gebildete Wirbelpaar im Laufe der Zeit ins Unendliche entfernt, wodurch dann das zwischen den Trennungsschichten befindliche Wasser zur Ruhe kommt." Schon Helmholtz habe gezeigt, dass „alle Trennungsschichten hochgradig labil" seien, so dass „bei der geringsten Störung turbulente Vorgänge auftreten, die der Strömung dann einen ganz anderen Charakter verleihen können".[140]

Die Frage nach der Wirbelentstehung stand damit für Prandtl auch im Zentrum einer Theorie der Turbulenz. Wie bei seiner Grenzschichttheorie, die ja auch als eine „Ablösungstheorie" für die Wirbelbildung betrachtet wurde, wollte Prandtl seine theoretischen Überlegungen mit experimentellen Beobachtung überprüfen. „Ich habe mir die Turbulenz jetzt mit Lykopodium in einem 6 cm weiten Kanal angesehen", hatte er Kármán 1920 über solche Experimente in seinem Institut für angewandte Mechanik an der Göttinger Universität geschrieben. „Man sieht sehr viel, aber klug bin ich nicht daraus geworden, was eigentlich los ist. Man müsste die Sache mit der Zeitlupe

---

[139] [Birnbaum, 1924, S. 286].
[140] [Prandtl, 1924a, S. 23–25].

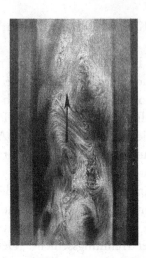

Abb. 5.3 Nikuradse machte im Rahmen seiner Dissertation auch Wirbelaufnahmen an einem Wasserversuchskanal [Nikuradse, 1926, S. 43]. Prandtl erhoffte sich davon ein besseres Verständnis der Turbulenzentstehung. Diese Arbeit wurde noch im Institut für angewandte Mechanik an der Universität durchgeführt. Im neuen KWI sah Prandtl ein eigenes „Wasserlaboratorium" für solche Versuche vor

photographieren."[141] Als er einige Monate später der KWG seine Pläne für die „Weiterentwicklung" der AVA darlegte, sah er für solche Untersuchungen „einen länglichen, nicht zu kleinen Wasserbehälter" vor, „auf dem ein Wagen, der den Körper und die Versuchseinrichtungen trägt, entlang gefahren" werden könne. Die „kleine und deshalb nicht sehr leistungsfähige Einrichtung dieser Art" aus seinem Universitätsinstitut stand dafür Pate. „Nach ihrem Vorbild sollte eine wesentlich größere und vollkommenere Anlage in dem geplanten Forschungsinstitut eingerichtet werden".[142] Bei der weiteren Ausarbeitung seiner Pläne für ein „Hydrodynamisches Forschungsinstitut" rangierte die Untersuchung der „Entstehung und Weiterentwicklung von Wirbeln" und „das Studium der turbulenten Strömung und der Bedingungen für das Auftreten der Turbulenz" an erster Stelle. Dafür sah er im Erdgeschoss des geplanten zweistöckigen Neubaus ein eigenes „Wasserlaboratorium" vor (Abb. 5.3).[143]

Im Januar 1924 wurde aus dem Plan für das „Hydrodynamische Forschungsinstitut" Realität. Am 31. März erfolgte der erste Spatenstich, im November wurde der Rohbau fertiggestellt, und im Frühsommer 1925 war

[141] Prandtl an Kármán, 11. August 1920. GOAR, Nr. 1364.
[142] L. Prandtl: Darlegung über die Weiterentwicklung der Aerodynamischen Versuchsanstalt zu Göttingen. 3. Mai 1921. AMPG, Abt. I, Rep. 1A, Nr. 1470.
[143] L. Prandtl: Programm und Kostenanschlag für ein der bisherigen Aerodynamischen Versuchsanstalt anzugliederndes Hydrodynamisches Forschungsinstitut. 12. Juli 1923. AMPG, Abt. I, Rep. 1A, Nr. 1471. Auch abgedruckt in [Rotta, 1990b, Dok. Nr. 16].

Abb. 5.4 Das neue Kaiser-Wilhelm-Institut für Strömungsforschung (rechts vorne) mit der im Ersten Weltkrieg errichteten Aerodynamischen Versuchsanstalt (links) im Jahr 1927

das Gebäude bezugsfertig (Abb. 5.4). „Was den Namen betrifft", schrieb Prandtl an den Präsidenten der KWG, sei das neue Institut keine „Versuchsanstalt" wie die AVA, sondern diene „in erster Linie der Forschung". Dazu gehörten aber nicht nur Untersuchungen, die man landläufig der Hydrodynamik zurechnete, sondern zum Beispiel auch Forschungen zur Gasdynamik. Der besser geeignete Name sei „Institut für Strömungsforschung". Da sich der Name der dazu gehörigen AVA aber schon gut eingeführt habe, solle man diesen Namen beibehalten und die ganze Einrichtung „Kaiser-Wilhelm-Institut für Strömungsforschung, verbunden mit der Aerodynamischen Versuchsanstalt in Göttingen" nennen.[144] Die KWG folgte diesem Vorschlag. „Am Donnerstag, 16. Juli, fand in Göttingen die feierliche Einweihung des von der Kaiser-Wilhelm-Gesellschaft gegründeten Instituts für Strömungsforschung statt", meldete das Göttinger Tageblatt am 18. Juli 1925. Prandtl habe die Aufgaben des Instituts „kurz als Studium der Strömungen" bezeichnet.[145]

Für Prandtl bedeutete dies die Erfüllung seiner Wünsche. Als Direktor des neuen Kaiser-Wilhelm-Instituts durfte er sich die Grundlagenforschung auf dem Gebiet der Strömungsmechanik in vollem Umfang zur neuen Lebensaufgabe machen. Die Leitung der AVA überließ er weitgehend seinem ehemaligen Assistenten Albert Betz als stellvertretendem Direktor. Die Konzentration auf

---

[144] [Rotta, 1990a, S. 245–251].

[145] Abgedruckt in [Rotta, 1990a, S. 250].

die Grundlagenforschung wollte Prandtl aber nicht als einen Rückzug von den Anwendungen verstanden wissen. Das machte er deutlich, als er in seiner Festvorlesung zur Einweihung des neuen Kaiser-Wilhelm-Instituts, die in den VDI-Nachrichten abgedruckt wurde, auf die Aufgaben der Strömungsforschung zu sprechen kam. Sie umfassten die ganze Bandbreite von niederen bis hohen Reynolds-Zahlen. Bei den in der AVA durchgeführten Windkanalversuchen musste die hohe Reynolds-Zahl eines Flugzeugs im freien Flug durch Verkleinerung des Modells hergestellt werden; umgekehrt könne man aber auch Modellversuche über die Fortbewegung kleinster Lebewesen wie den „wimpernschlagenden Infusorien" bei sehr niedriger Reynolds-Zahl anstellen. In diesem Fall müsse man mit einem vergrößerten Modell des Infusoriums und einem zähflüssigeren Medium als Wasser arbeiten. Auch dem Strömungsverhalten bei stark wechselnden Drücken räumte er unter den Aufgaben seines Instituts einen großen Stellenwert ein. In Luft würden die Druckänderungen bei Annäherung an die Schallgeschwindigkeit wesentlich, in Wasser führten sie zu den ebenfalls noch wenig erforschten Kavitationserscheinungen. Manche Untersuchungen, die er in seinem neuen Institut durchführen wolle, seien „schon früher in kleinerem Maßstab in meinem hiesigen Institut für angewandte Mechanik gemacht worden", so betonte er die Kontinuität seines Forschungsbetriebs. „Ich erwarte daher von dem neuen Institut weniger aufsehenerregende Entdeckungen als vielmehr eine solide systematische Durchforschung des ganzen Gebietes, zum Besten der an unserem Arbeitsgebiet interessierten Industriezweige, und damit auch des allgemeinen Volkswohles."[146]

---

[146] [Prandtl, 1925b].

6

Experten

Die Einweihung des neuen Kaiser-Wilhelm-Instituts für Strömungsforschung fiel fast mit Prandtls fünfzigstem Geburtstag zusammen. Kármán gratulierte Prandtl dazu mit einem geradezu hymnischen Aufsatz in der *Zeitschrift für Flugtechnik und Motorluftschifffahrt*. Er bezeichnete den Jubilar als einen „Forscher von Gottes Gnaden", der gerade zum richtigen Zeitpunkt „die in Entwicklung sich befindlichen Vorstellungen und Ideen in vollendeter Form und Klarheit erfasst" habe. „Was man vielleicht an Prandtls wissenschaftlicher Art am meisten bewundern muss, die unmittelbare Verbindung der allgemeinen abstrakten Sätze mit den experimentellen Tatsachen und den praktischen Anwendungen, ist echte unverfälschte Göttinger Tradition, welche durch F. Klein in neuer Form und den Forderungen des technischen Jahrhunderts angepasst eine Wiederbelebung erfuhr."[1]

Als einer der ersten Schüler Prandtls und Teilnehmer an den von Felix Klein und Prandtl veranstalteten Seminaren verkörperte Kármán selbst diese Tradition, und als Direktor des aerodynamischen Instituts der technischen Hochschule in Aachen kam er wie sein Lehrer den „Forderungen des technischen Jahrhunderts" gerade zur richtigen Zeit nach, als der Bedarf an Experten der Strömungsmechanik und anderer Bereiche immer deutlicher zu spüren war.[2] Nicht zufällig interessierte man sich zum Beispiel am California Institute of Technology in Pasadena um dieselbe Zeit für Prandtl, Kármán und den englischen Strömungsforscher Geoffrey Ingram Taylor als Direktor eines neuen Laboratoriums für Aerodynamik.[3] Carl Wieselsberger hatte 1922 seine Stelle an der AVA aufgegeben, um die japanische Regierung beim Bau von neuen Windkanälen zu beraten und seine Expertise beim Aufbau des aerodynamischen Instituts an der kaiserlichen Universität Tokio einzubringen. Das Göttinger Expertenwissen wurde zu einem begehrten Exportartikel, wo immer die Strömungsmechanik als Grundlagenfach für die Luftfahrt oder in anderen Bereichen zum Einsatz kam. Prandtl galt bald weltweit als der führen-

---

[1] [von Kármán, 1925].
[2] [Szöllösi-Janze, 2000]. Zum „Experten" in der modernen Wissensgesellschaft aus einem historisch-soziologischen Blickwinkel siehe [Stehr und Grundmann, 2011].
[3] [Hanle, 1982, Kap. 7 und 8].

© Springer-Verlag Berlin Heidelberg 2017
M. Eckert, *Ludwig Prandtl – Strömungsforscher und Wissenschaftsmanager*, DOI 10.1007/978-3-662-49918-4_6

de Experte dieses Faches, gefolgt von Kármán, der im Lauf der 1920er Jahre immer mehr zu seinem Rivalen wurde.

6.1   Eine Vorlesung in England

Bis Mitte der 1920er Jahre stellte der Boykott des Internationalen Forschungsrates ein Hemmnis für die Aufnahme von offiziellen Wissenschaftsbeziehungen zwischen den ehemaligen Kriegsgegnern des Ersten Weltkriegs dar. Wie das Beispiel des Pariser Büros der NACA zeigt, blieben die deutschen Luftfahrtexperten jedoch nicht lange isoliert. Seit 1921 stand Prandtl auch mit englischen Kollegen des Royal Aircraft Establishment in Farnborough in Kontakt, die sich besonders für die Göttinger Tragflügeltheorie interessierten und Prandtl auch persönlich besuchten.[4] Dadurch kamen auch Beziehungen zur Royal Aeronautical Society zustande, die Prandtl bereits 1922 zu einem Vortrag nach London einlud. „My Council very much hope", schrieb der Sekretär dieser in Luftfahrtkreisen sehr angesehenen Gesellschaft, „that you will be able to accept this invitation as they feel that the opportunity of listening to you will be a great advantage to the members of the Society."[5] Prandtl fasste diese Einladung als „ein gutes Symptom für die beginnende Wiederannäherung unserer beiden Völker" auf, sagte sie aber dennoch ab, da er die englische Sprache „in keiner Weise" beherrsche. Eine in deutscher Sprache abgefasste und von einem Dolmetscher ins Englische übersetzte Rede wollte er nicht präsentieren, da er auch dann „schlecht vortragen" würde und unfähig wäre, in der Diskussion Fragen zu beantworten.[6] So verlief dieser erste Versuch, Prandtl nach England einzuladen, unter gegenseitigen Bekundungen großen Bedauerns im Sande.

Vier Jahre später schickte die Royal Aeronautical Society erneut eine Einladung an Prandtl, und dieses Mal wäre ihm eine erneute Absage sehr schwergefallen. Die Einladung war mit dem ehrenvollen Auftrag verbunden, die „Wilbur Wright Lecture" für das Jahr 1927 abzuhalten. Diese Vorlesung wurde traditionell im Mai eines jeden Jahres von einem herausragenden Wissenschaftler präsentiert, der sich um die Luftfahrt besonders verdient gemacht hatte. Im Vorjahr war die Wahl auf Frederick Lanchester gefallen, der zwei Jahrzehnte zuvor mit seinem Buch *Aerodynamics* in England als erster den Weg zu einem Verständnis der Luftbewegung um die Flügel und Steuerflächen von Flugzeugen eröffnet hatte.[7] Der Vorschlag, im darauffolgenden Jahr

---

[4] Glauert an Prandtl, 21. Januar 1921. AMPG, Abt. III, Rep. 61, Nr. 536.
[5] Marsh an Prandtl, 28. April 1922. AMPG, Abt. III, Rep. 61, Nr. 1401.
[6] Prandtl an Marsh, 9. Mai 1922. AMPG, Abt. III, Rep. 61, Nr. 1401.
[7] Siehe Abschn. 3.7 und [Bloor, 2011, Kap. 4]

Prandtl mit dieser Ehre auszuzeichnen, kam von Orville Wright selbst, dem Bruder von Wilbur Wright. „In proposing your name as a consequence of Mr. Orville Wright's suggestion I found the Council unanimous in your favour", schrieb der Sekretär des Wilbur Wright Memorial Fund im Auftrag der Royal Aeronautical Society danach an Prandtl.[8] Prandtl verhehlte nicht, dass er wegen seiner mangelnden Englischkenntnisse „many scruples" habe, doch am Ende nahm er die Einladung dankbar an. Der Chairman der Royal Aeronautical Society versicherte ihm, dass man seiner Vorlesung mit freudiger Erwartung entgegen sah. Er erbot sich auch, Prandtl Besuche in verschiedenen britischen Luftfahrtforschungseinrichtungen zu vermitteln, was Prandtl besonders gerne annahm.[9]

Schon die Tatsache, dass er diese Briefe auf Englisch beantwortete, zeigt, dass er anders als vier Jahre zuvor die sprachliche Barriere abbauen wollte, die ihm den Kontakt mit seinen Kollegen in Großbritannien und den USA erschwerte. Wie sich seine Tochter erinnerte, hatte er schon vor der Einladung zur Wilbur Wright Lecture bei einer Privatlehrerin Englischunterricht genommen, da es ihm zunehmend lästig wurde, sich englischsprachige Fachaufsätze ins Deutsche übersetzen zu lassen.[10] Dennoch bereitete ihm der bevorstehende Englandbesuch erhebliche Probleme. Er bat den Sekretär des Wilbur Wright Memorial Fund um sein Einverständnis, „that I write down the report first in German and send it to you, to have it translated into English by an Englishman, who is familiar with the subject".[11] Der war mit diesem Vorgehen einverstanden und versicherte Prandtl, dass die Mitglieder der Royal Aeronautical Society von ihm beim Ablesen des Redetextes kein perfektes Englisch erwarteten.[12] Auch bei der Wahl des Themas ließ man ihm freie Hand. „Vortices in a fluid as produced by a small viscosity (with special application to airplan)", schlug Prandtl vor. „Do you believe this theme to be convenient for the auditors of the Royal Aeronautical Society? I will show many lanternslides and perhaps also a film, if it is finished in due time."[13] Auch damit erklärten sich die Veranstalter der Wilbur Wright Lecture einverstanden. Am Ende boten sie Prandtl an, dass sein Vortragstext von einem englischen Kollegen vorgelesen werde und man von ihm dann nur eine kurze Vorrede auf Englisch erwarte. Das fand Prandtl dann doch nicht nötig. Er werde schon in der Lage sein, den Text selbst vorzulesen, nur bei der auf den Vortrag folgenden Diskussion bat er um Hilfe durch einen Übersetzer. „The question of the

---

[8] Brewer an Prandtl, 11. November 1926. AMPG, Abt. III, Rep. 61, Nr. 1983.
[9] Prandtl an Brewer, 18. November 1926; Sempill an Prandtl, 16. Dezember 1926; Prandtl an Sempill, 22. Januar 1927. AMPG, Abt. III, Rep. 61, Nr. 1983.
[10] [Vogel-Prandtl, 2005, S. 98].
[11] Prandtl an Brewer, 18. November 1926. AMPG, Abt. III, Rep. 61, Nr. 1983.
[12] Brewer an Prandtl, 27. November 1926. AMPG, Abt. III, Rep. 61, Nr. 1983.
[13] Prandtl an Sempill, 22. Januar 1927. AMPG, Abt. III, Rep. 61, Nr. 1983.

discussion need not worry you, as there is no discussion following the Wilbur Wright Memorial Lecture", so nahm man Prandtl auch diese Sorge ab.[14]

Als ob die Vorlesung allein noch nicht als Auszeichnung genügte, werde man Prandtl bei dieser Gelegenheit auch noch die „Gold Medal of The Royal Aeronautical Society" verleihen, schrieb ihm der Chairman dieser Gesellschaft mit der Bitte, dies vertraulich zu behandeln, da man es offiziell erst unmittelbar vor der Vorlesung publik machen werde. „This is the highest award that we, the oldest Aeronautical body in the World, can make."[15] Mit dieser Ehrung kam auf Prandtl auch der Wunsch nach einer weiteren englischen Rede zu. Außerdem bat man ihn, sich auf die erwartete Etikette einzustellen, die für solche Anlässe einen „tail coat" vorschrieb, „together with a white tie and white waistcoat".[16] Bis zuletzt war für Aufregung gesorgt. Der Film und die Diapositive von den Strömungserscheinungen, die Prandtl in seinem Göttinger Wasserlaboratorium anfertigte, wurden erst kurz vor Reiseantritt fertig, und es war nicht sicher, ob die Vorführung mit den englischen Projektoren möglich war. Die schon gedruckte Übersetzung der Prandtlschen Vorlesung musste in letzter Minute gründlich überarbeitet und dann neu gesetzt werden, da einige Fachbegriffe nicht richtig übersetzt worden waren.[17]

Am Ende verlief jedoch alles nach Wunsch. Prandtl verband seine Reise mit einem Besuch bei Taylor in Cambridge, der ihn kurz vorher eingeladen und ihm schon im Vorfeld die sprachliche Barriere abgebaut hatte. Seine Frau sei „a good linguist" und habe lange in Deutschland gelebt, auch sie würde sich sehr freuen, Prandtls Bekanntschaft zu machen.[18] Auch über die Besuche der aerodynamischen Forschungseinrichtungen am National Physical Laboratory in Teddington und beim Royal Aircraft Establishment in Farnborough zeigte er sich sehr angetan. „The visits of the laboratories in Teddington and Farnborough were very interesting, and also my visit of the scientific men of the Cambridge University", bedankte er sich danach.[19] In Deutschland hatte Prandtls Reise ebenfalls große Aufmerksam erregt. Die Göttinger Zeitung berichtete zwei Tage nach Prandtls Vorlesung in London, dass sie „besonders deshalb große Beachtung" gefunden habe, „weil der deutsche Gelehrte, nach einstimmiger Ansicht aller britischen Wissenschaftler eine führende Autorität auf dem Gebiete der Wissenschaft, als erster Nicht-Engländer oder Nicht-Amerikaner" dazu eingeladen worden sei. Die Royal Aeronautical Society ha-

---

[14] Sempill an Prandtl, 1. Februar 1927; Prandtl an Sempill, 16. März 1927; Sempill an Prandtl, 22. März 1927. AMPG, Abt. III, Rep. 61, Nr. 1983.

[15] Sempill an Prandtl, 10. März 1927. AMPG, Abt. III, Rep. 61, Nr. 1983.

[16] Sempill an Prandtl, 22. März 1927. AMPG, Abt. III, Rep. 61, Nr. 1983.

[17] Prandtl an Sempill, 28. April 1927; Brewer an Prandtl, 3. Mai 1927. AMPG, Abt. III, Rep. 61, Nr. 1983.

[18] Taylor an Prandtl, 5. Mai 1927. AMPG, Abt. III, Rep. 61, Nr. 1983.

[19] Brewer an Prandtl, 30. Mai 1927. AMPG, Abt. III, Rep. 61, Nr. 1983.

be bei ihrer Einladung betont, „dass ebenso, wie die Gebrüder Wright zum ersten Male ein praktisches Fliegen möglich machten, Professor Prandtl es ermöglicht hat zu verstehen, wie und warum die Luft die im Flug befindlichen Flugzeuge hält. Wie bereits gemeldet, wird Professor Prandtl heute die Goldene Medaille der aeronautischen Gesellschaft überreicht, die bisher erst sechs Männern vor ihm verliehen ist".[20] Auch aus England erfuhr Prandtl höchstes Lob. „Your Lecture will stand out as the greatest success in all the Wilbur Wright Memorial Lectures", bedankte sich der Sekretär des Wilbur Wright Memorial Fund später bei Prandtl.[21]

Prandtls Vorlesung wurde in englischer und deutscher Sprache veröffentlicht.[22] Sie fand unter den Luftfahrtexperten in England auch deshalb großes Interesse, weil dort die von Kutta und Joukowsky begründete Zirkulationstheorie lange nicht als relevant für die Flugzeugaerodynamik betrachtet worden war.[23] Prandtls Wright Lecture bot den Mitgliedern der Royal Aeronautical Society eine Gelegenheit, um aus erster Hand zu erfahren, wie man in Göttingen auf die Tragflügeltheorie gekommen war. Welchen Einfluss hatte dabei Lanchester ausgeübt, der schon vor Prandtl die Vorstellung von Auftrieb erzeugenden Wirbeln publiziert, aber in England damit wenig Anklang gefunden hatte? Prandtl bot seinen Zuhörern folgende Darstellung über den Ursprung der Tragflügeltheorie:[24]

> Man nennt sie in England „the Lanchester-Prandtl theory" und tut dies mit gutem Recht, denn Lanchester hat einen wichtigen Teil der Resultate unabhängig von mir ebenfalls erhalten. Er hat dabei mit seinen Arbeiten früher begonnen als ich, und daraus ist wohl die Meinung entstanden, dass ich durch die Untersuchungen von Lanchester, wie sie in seiner Aerodynamik von 1907 dargestellt sind, zu den Ideen geführt worden sei, die die Tragflügeltheorie vorbereitet haben. Dies trifft aber nicht zu; die Ideen, die ich für den Aufbau der Theorie nötig hatte, waren, soweit sie sich in dem Buch von Lanchester fanden, bei mir bereits vorhanden, als ich das Buch zu sehen bekam. Als Beweis für diese Behauptung möchte ich gerade die Tatsache anführen, dass wir seinerzeit das Buch von Lanchester besser verstanden haben, als dies in England der Fall war.

Im Übrigen verwies Prandtl, was die Tragflügeltheorie betraf, auf seinen NACA-Report und auf das gerade erschienene Lehrbuch *The Elements of Aerofoil and Airscrew Theory* von Hermann Glauert, der in Göttingen zu seinen

---

[20] Zitiert in [Vogel-Prandtl, 2005, S. 100].
[21] Brewer an Prandtl, 11. Juni 1927. AMPG, Abt. III, Rep. 61, Nr. 1983.
[22] [Prandtl, 1927d, Prandtl, 1927c].
[23] Siehe dazu ausführlich [Bloor, 2011].
[24] [Prandtl, 1927c, S. 489].

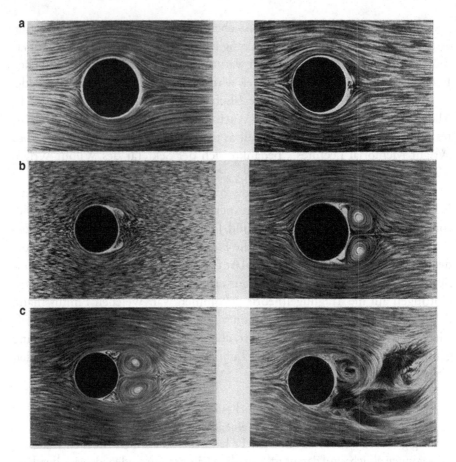

Abb. 6.1 In dieser Bildfolge machte Prandtl bei seiner Wilbur Wright Lecture die Entstehung von Wirbeln im Nachlauf eines (von links angeströmten) Zylinders sichtbar [Prandtl, 1927d, Fig. 21–26]

ersten Besuchern aus England gezählt hatte und wie kein anderer der Tragflügeltheorie in England zum Durchbruch verhalf.[25]

Auch wenn die Tragflügeltheorie immer wieder als Anwendungsfall Erwähnung fand, galt Prandtls Hauptaugenmerk bei seiner Vorlesung den Grundlagenfragen der Strömungsmechanik, denn als solche betrachtete er die Frage der Wirbelentstehung. Mit Ausnahme der neu angefertigten Diapositive und des Films von Wirbeln hinter angeströmten Hindernissen in einem Wassertrog präsentierte er keine neuen Forschungsergebnisse (Abb. 6.1). Die Vorlesung war eher eine Rückschau auf zwei Jahrzehnte Göttinger Strömungsforschung, von der Grenzschichttheorie über die Stolperdrahtexperimente bis hin zu den in Jena vorgestellten Vorstellungen über die Turbulenzentstehung. Sie machte

---

[25] [Bloor, 2011, S. 313–322].

einmal mehr deutlich, was Kármán in seinem Geburtstagsaufsatz an Prandtls Forschung besonders bewunderte, „die unmittelbare Verbindung der allgemeinen abstrakten Sätze mit den experimentellen Tatsachen und den praktischen Anwendungen". Prandtl schloss seine Vorlesung mit einem Plädoyer für die Turbulenzforschung, wo Grundlagen und Anwendungen ebenfalls nahe beisammen lagen. Die turbulente Grenzschicht sorge dafür, „dass bei den Flügeln wie bei den Luftschiffkörpern die Strömung praktisch bis zum hinteren Ende anliegt und dadurch einerseits der Widerstand sehr klein wird, und andererseits die ideale Strömung, die sich hinter dem Körper genau schließt, als Näherung für die wirkliche Strömung verwendbar wird". So paradox es auch anmute, die Turbulenz sei dafür verantwortlich, dass bei stromlinienförmigen Körpern die Theorie der idealen Flüssigkeit eine so gute Annäherung an die realen Strömungen darstellt. „Diese Tatsache weist uns darauf hin, dass der weitere Fortschritt der Erkenntnis auf diesem Gebiet im Studium der turbulenten Bewegungen liegen wird."[26]

6.2 Der Mischungswegansatz

Im Mai 1927, als Prandtl seinen Vortrag in London mit diesen Bemerkungen ausklingen ließ, wähnte er sich einem Verständnis der Turbulenz schon viel näher als einige Jahre zuvor, als er Kármán den Vortritt bei der Publikation des $u \sim y^{1/7}$-Gesetzes gelassen hatte. „Ich selbst habe mich in der letzten Zeit viel mit der Aufgabe beschäftigt, für die mittlere Bewegung einer turbulenten Strömung eine Differentialgleichung aufzustellen, die aus ziemlich plausiblen Annahmen abgeleitet wird und für sehr verschiedene Fälle geeignet erscheint." So viel hatte er Kármán im Oktober 1924 über seine aktuellen Bemühungen um die Turbulenz verraten und angedeutet, dass dabei „eine den Randbedingungen angepasste Länge, die der freien Weglänge entspricht", eine Rolle spiele.[27]

Mit der „freien Weglänge" bezog sich Prandtl auf die kinetische Gastheorie, bei der die mittlere freie Weglänge beim Stoß der Gasmoleküle zu den Grundelementen der Theorie gehörte. Kármán musste nicht lange darüber rätseln, was eine „freie Weglänge" in der Turbulenztheorie zu suchen hatte, denn Prandtl stellte seinen Ansatz kurz darauf in der *Zeitschrift für angewandte Mathematik und Mechanik* vor. In der turbulenten Grenzschicht entlang einer Wand wurden nach Prandtls Vorstellung ständig quer zur Hauptströmung „Flüssigkeitsballen" ausgetauscht. „Die von der Seite der größeren Ge-

---

[26] [Prandtl, 1927c, S. 496].
[27] Prandtl an Kármán, 10. Oktober 1924. AMPG, Abt. III, Rep. 61, Nr. 792.

schwindigkeiten kommenden Flüssigkeitsballen bringen auch größere Werte der Geschwindigkeit u mit, die von der Seite der kleineren Geschwindigkeiten dagegen kleinere, so dass immer mehr Impuls in der einen Richtung transportiert wird als in der entgegengesetzten." Einen wichtigen Anstoß dafür lieferte ihm der Wiener Meteorologe Wilhelm Schmidt mit der Vorstellung, dass bei einem mit der Höhe über dem Erdboden zunehmenden Horizontalwind die Turbulenz für einen vertikalen Impulsaustausch sorgt.[28] In Schmidts Formel für die Schubspannung $\tau = A\partial u/\partial z$ (z = Höhe über dem Erdboden) wurde der Impulsaustausch durch die unbekannte Größe A zum Ausdruck gebracht, die sich ihrer Dimension nach als eine Zähigkeit deuten ließ. Wenn man die auf der Turbulenz beruhende Reibung als zusätzliche Zähigkeit betrachtete, dann konnte man den Einfluss der Turbulenz ebenso wie den der Viskosität durch einen Reibungskoeffizienten ausdrücken, der von der Dimension her als Produkt aus Geschwindigkeit und Länge darstellbar war. Prandtl interpretierte diese Geschwindigkeit als die Quergeschwindigkeit, mit der die turbulenten Flüssigkeitsballen für den Impulsaustausch sorgen. Die Länge veranschaulichte er als eine Art „Bremsweg" der turbulenten Flüssigkeitsballen. Von der Größenordnung her könne man die Länge auch mit dem „Durchmesser der Flüssigkeitsballen" gleichsetzen. Über diese Länge könne „einstweilen nur gesagt werden, dass sie an der Wand gegen Null gehen muss, da hier nur noch Ballen, deren Durchmesser kleiner als der Wandabstand ist, sich wie besprochen bewegen können".[29]

Prandtl machte die auf diesem Ansatz aufgebaute Theorie „Über die ausgebildete Turbulenz" auch zum Gegenstand seines Vortrags beim Zweiten Internationalen Kongress für Technische Mechanik 1926 in Zürich. Bei dieser Gelegenheit bezeichnete er die Länge, die den Zustand der Turbulenz charakterisiere, als „Mischungsweg". Man könne darunter den „Durchmesser der jeweils gemeinsam bewegten Flüssigkeitsmassen" verstehen, oder besser „den Weg, den eine solche Flüssigkeitsmasse zurücklegt, bevor sie durch Vermischung mit Nachbarmassen ihre Individualität wieder aufgibt".[30] Die turbulente Reibung wie die Viskosität mit einem zusätzlichen Reibungskoeffizienten in Rechnung zu stellen, war nicht das Novum in dieser Theorie. Vor Schmidt hatte dies auch schon Joseph Boussinesq im ausgehenden 19. Jahrhundert mit einer Formel für die turbulente Scherkraft zum Ausdruck gebracht, in der dieser zusätzliche, auf turbulentem Austausch von Flüssigkeitsmassen beruhende Reibungskoeffizient („eddy viscosity") Eingang fand. Aber erst mit der den jeweiligen Randbedingungen angepassten Länge, dem

---

[28] [Schmidt, 1925].
[29] [Prandtl, 1925a, S. 137].
[30] [Prandtl, 1927b, S. 63].

Mischungsweg, konnten daraus konkrete turbulente Strömungsprobleme berechnet werde. Prandtl verwies insbesondere auf eine gerade abgeschlossene Untersuchung, bei der die turbulente Vermischung eines Luftstroms nach dem Austritt aus einer Öffnung mit der Umgebungsluft berechnet wurde. Dabei wurde angenommen, dass der Mischungsweg sich proportional zum Abstand von der Austrittsöffnung vergrößert. Mit diesem Ansatz konnte die Differentialgleichung für die mittlere Geschwindigkeit aufgestellt und gelöst werden. Die theoretisch berechnete Geschwindigkeitsverteilung entsprach annähernd den experimentellen Messwerten, die aus Druckmessungen in einem turbulenten Luftstrom hinter einer Düse im großen Windkanal an der AVA gewonnen worden war.[31]

Box 6.1: Die erste Bewährungsprobe für den Mischungswegansatz: der ebene Freistrahl

Bei einem Luftstrom, der aus einer Düse in ruhende Luft austritt und sich durch turbulente Vermischung allmählich verbreitert, lassen sich die Annahmen des Mischungswegansatzes am konkreten Beispiel verdeutlichen. Der Strahl sei als zweidimensional angenommen; er strömt am Ursprung eines kartesischen Koordinatensystems bei $x = 0$ in Richtung der positiven x-Achse in ruhende Luft und erfährt durch turbulente Vermischung eine Verbreiterung in y-Richtung. Gesucht sind die Geschwindigkeiten $u(x, y)$ und $v(x, y)$ in x- bzw. y-Richtung für $x > 0$.

Die Kontinuitätsgleichung und die aus den Navier-Stokes-Gleichungen für dieses ebene Freistrahlproblem sich ergebende Bewegungsgleichung lauten (bei Annahme eines konstanten Drucks):

$$\frac{\partial u}{\partial x} + \frac{\partial v}{\partial y} = 0$$

und

$$\rho\left(u\frac{\partial u}{\partial x} + v\frac{\partial u}{\partial y}\right) = \frac{\partial \tau_{xy}}{\partial y}.$$

Um diese Gleichungen lösen zu können, muss die unbekannte Schubspannung τ_{xy} durch bekannte Größen ersetzt werden. Prandtl ersetzte dazu die „eddy viscosity" ϵ in der „Boussinesqschen Formel"

$$\tau_{xy} = \rho\epsilon\frac{du}{dy}$$

durch $\epsilon = l \times l\left|\frac{du}{dy}\right|$. (Der Dimension nach ist ϵ wie die für die innere Reibung stehende kinematische Viskosität das Produkt einer Länge und einer Geschwindigkeit. Hier ist l der Mischungsweg quer zur Strahlrichtung und $l\left|\frac{du}{dy}\right|$ die ebenfalls

---

[31] [Prandtl, 1927b, S. 68–69], [Tollmien, 1926], [Prandtl, 1923b, S. 69–73].

quergerichtete Vermischungsgeschwindigkeit.) Für den Mischungsweg l ließ sich bei diesem Problem eine plausible Annahme machen, denn aus experimentellen Beobachtungen wusste man, dass sich der Strahl annähernd proportional zur Entfernung von der Düsenöffnung verbreitet. Prandtl und sein Mitarbeiter Walter Tollmien, dem er dieses Problem für die mathematische Durchführung anvertraute, setzten daher $l = cx$. Der Ausdruck für die Schubspannung lautete dann

$$\tau_{xy} = \rho cx^2 \left| \frac{du}{dy} \right| \frac{du}{dy}.$$

Damit bildeten die obigen Gleichungen ein geschlossenes System zweier partieller Differentialgleichungen für die Geschwindigkeiten $u(x, y)$ und $v(x, y)$. Ähnlich wie Blasius bei der Lösung des Grenzschichtproblems für die ebene Platte konnte Tollmien auch für dieses ebene Freistrahlproblem mithilfe einer Ähnlichkeitstransformation eine gewöhnliche Differentialgleichung dritter Ordnung ableiten und näherungsweise lösen. Das so errechnete Geschwindigkeitsprofil an der freien Strahlgrenze stimmte sehr gut mit experimentellen Messungen überein.[32]

Was Prandtl in Zürich als das „große Problem der ausgebildeten Turbulenz" bezeichnete, war damit aber noch lange nicht erschöpft. Prandtl erhoffte sich Aufschlüsse darüber vor allem von Experimenten mit Wasserströmungen in offenen Kanälen, bei denen die von den Wirbeln an der Kanalwand verursachte turbulente Mischbewegung auch visuell beobachtbar sein sollte. Er präsentierte den Kongressteilnehmern Fotografien von Wirbeln, die sein Doktorand Johann Nikuradse mit einer Kamera angefertigt hatte, die auf Schienen über einem mehr als 6 m langen Wasserkanal mit verschiedener Geschwindigkeit bewegt wurde (Abb. 5.3). Die Fließgeschwindigkeit des Wassers betrug 9 cm/s. Wenn die Kamera mit derselben Geschwindigkeit bewegt wurde, zeigten sich andere Wirbel als bei langsamerer oder schnellerer Kamerageschwindigkeit. Man habe die Aufnahmen bisher nur für eine statistische Ermittlung der Geschwindigkeitsschwankungen benutzt, „sonst haben wir aus ihnen noch nicht viel lernen können", räumte Prandtl ein. Mit dem Mischungswegansatz habe er einen „phänomenologischen" Weg zu einer Turbulenztheorie beschritten. Er wolle mit seinem „durch Versuche kontrollierten" Vorgehen vor allem „die in einer vorgelegten turbulenten Strömung eintretende mittlere Bewegung" untersuchen.[33] Vorläufig lieferten ihm die Experimente von Nikuradse, die nicht nur Wirbelaufnahmen am offenen Gerinne, sondern auch Präzisionsmessungen von turbulenten Strömungen in

---

[32] [Tollmien, 1926, S. 470, Abb. 5].
[33] [Prandtl, 1927b, S. 62].

Rohren beinhalteten, nur die Bestätigung, dass bei voll ausgebildeter Turbulenz der Strömung in Rohren mit unterschiedlichen Querschnitten jeweils „eine gute Übereinstimmung mit dem Prandtlschen 1/7-Potenz-Gesetz" festgestellt wurde.[34]

Dass die theoretischen Ansätze Prandtls mit Messungen über die Rohrströmung und mit Versuchsergebnissen am Windkanal der AVA verglichen wurden, zeigt, wie nahe sich Grundlagenforschung und technische Anwendung bei der Turbulenz kamen. Dementsprechend legte Prandtl auch großen Wert darauf, dass die Ergebnisse seiner Theorie unter den technischen Experten bekannt wurden. Wer nicht schon aus der *ZAMM* oder beim Züricher Mechanikkongress von Prandtls jüngsten Anstrengungen auf diesem Gebiet erfahren hatte, konnte sich 1926 bei einer zweitägigen „Hydrauliktagung" in Göttingen aus Prandtls „Bericht über neuere Turbulenzforschung" einen Eindruck von den jüngsten Fortschritten auf diesem Gebiet verschaffen. Die Adressaten waren vor allem „Turbinenfachleute", wie Prandtl eingangs bemerkte. Die Tagungsberichte wurden vom VDI in einem Buch unter dem Titel *Hydraulische Probleme* publiziert.[35]

Wenig später bot die III. Lieferung der *Ergebnisse der Aerodynamischen Versuchsanstalt zu Göttingen* die Gelegenheit, das Thema mit Blick auf Flugzeuganwendungen darzustellen, bei denen die Oberflächenreibung bei hohen Geschwindigkeiten praktisch immer turbulent ist. Auf fünf Druckseiten konnte man darin nachlesen, wie aus dem empirisch gefundenen Blasius-Gesetz der turbulenten Rohrströmung durch Dimensionsanalyse die Gesetzmäßigkeiten der turbulenten Reibung an einer längs angeströmten glatten Fläche abgeleitet werden konnten. Das 1/7-Gesetz betraf nur den theoretisch interessanten Teil dieser Gesetzmäßigkeiten. Für technische Anwendungen benötigte man eine Formel für den Widerstandsbeiwert. Dafür berechnete Prandtl den Impulsverlust in der turbulenten Grenzschicht und gelangte zu dem Ergebnis, dass der Widerstandsbeiwert proportional zu $R^{-1/5}$ verläuft, wobei R die auf die Länge der angeströmten Fläche bezogene Reynolds-Zahl bedeutet. „Dieses Gesetz ist durch die Versuchsergebnisse überraschend gut bestätigt", so kommentierte er die Übereinstimmung von Theorie und Experiment.[36] Bei der Göttinger Hydrauliktagung hatte er an dieser Stelle hinzugefügt, dass Kármán und er dieses Gesetz „unabhängig abgeleitet" hätten.[37]

---

[34] [Nikuradse, 1926, S. 44].

[35] [Prandtl, 1926b].

[36] [Prandtl, 1927a, S. 3f.].

[37] [Prandtl, 1926b, S. 6].

6.3 Expertenstreit

Wenn Prandtl über seine Turbulenzforschung oder über Fragen der Wirbelbildung berichtete, illustrierte er seinen Vortrag fast immer mit Fotografien
von Wasserwirbeln. Die Visualisierung von Strömungserscheinungen diente
ihm aber nicht nur als ein Mittel, seinen Vortrag attraktiv zu gestalten; das
Sichtbarmachen der Phänomene in Wasserkanälen mit allen nur erdenklichen
Mitteln gehörte für ihn wie für andere Pioniere der Strömungsforschung zu
den unverzichtbaren Bestandteilen dieser Wissenschaft.[38] Er teilte diese Wertschätzung von Visualisierungstechniken insbesondere mit Friedrich Ahlborn,
einem Altmeister der experimentellen Strömungsforschung,[39] der „nicht nur
eigene sehr wichtige Beobachtungsmethoden neu entdeckt hat, sondern auch
durch seine Resultate viel zur heutigen Entwicklung unserer Anschauung von
den Flüssigkeitsströmungen beigetragen hat". Prandtl schrieb diese Zeilen
kurz nach Ahlborns Tod im Jahr 1937 an dessen Sohn. Dabei verhehlte er
nicht, dass „Ihr Herr Vater zu meinen eigenen theoretischen Arbeiten vielfach
in Opposition gestanden" habe und es zwischen ihnen darüber „zu ziemlich
scharfen Kontroversen" gekommen sei.[40]

Wissenschaftliche Kontroversen unter Experten sind nichts Ungewöhnli-
ches. Ahlborn übte an den Prandtlschen Theorien jedoch eine so radikale
Kritik, dass dies den Rahmen gewöhnlicher wissenschaftlicher Auseinandersetzungen sprengte. Er sah in Prandtls Grenzschichtkonzept eine mit den experimentell beobachteten Erscheinungen unverträgliche Irrlehre. Auch den aerodynamischen Auftrieb verstand Ahlborn ganz anders als Prandtl. Er glaubte
in seinen eigenen Strömungsaufnahmen zu erkennen, dass an einer Tragfläche
dauernd kleine Wirbel entstehen, die für den Auftrieb verantwortlich seien,
ganz im Gegensatz zu dem von der Göttinger Tragflügeltheorie postulierten
Wirbelsystem. Den meisten Experten, die im Schiffbau oder als Flugzeugingenieure mit den Anwendungen der Strömungsmechanik zu tun hatten, war
jedoch klar, dass Prandtl und seine Schüler der Wirklichkeit näher kamen als
Ahlborn. Er machte sich damit zum Außenseiter. Unbeschadet davon dienten
Ahlborns Fotografien von Wirbeln in Lehrbüchern und in Prandtls eigenen
Publikationen noch lange zur Veranschaulichung von Strömungserscheinun-
gen (Abb. 6.2).[41]

Ein Expertenstreit ganz anderer Art entspann sich zwischen Prandtl und Richard von Mises, der 1927 in der *ZAMM* „Bemerkungen zur Hydrodynamik"
publiziert hatte, die Prandtls Widerspruch hervorriefen. Auch dabei ging es

---

[38] [Bloor, 2008].
[39] [Georgi, 1957, Schulz, 1984].
[40] Prandtl an Knut Ahlborn, 3. November 1937. AMPG, Abt. III, Rep. 61, Nr. 15.
[41] Zum Streit mit Ahlborn siehe [Eckert, 2006b].

Abb. 6.2 Ahlborn fotografierte Strömungserscheinungen mit einer auf Schienen über einem Wassertrog bewegten Kamera; das Strömungshindernis wurde mit der Kamera mitgeführt und in das mit Bärlappsporen bestreute Wasser getaucht. Prandtl und sein Doktorand Nikuradse benutzten 1925 eine ähnliche Technik zur Visualisierung turbulenter Strömungen

um die Grenzschichttheorie, aber in diesem Fall handelte es sich eher um einen Prioritätsstreit als um eine Kontroverse über Theorie contra Wirklichkeit. Mises verallgemeinerte den Prandtlschen Ansatz für die laminare Grenzschicht so, dass er ohne willkürliche Annahmen auskam. Man musste nach Mises nicht die Existenz eines begrenzten Randgebietes voraussetzen, außerhalb dessen die Theorie idealer Fluide zugrunde gelegt werden könne, sondern erhielt dies als Ergebnis der Theorie.[42] Prandtl reagierte darauf einige Monate später in der *ZAMM* ebenfalls mit „Bemerkungen zur Hydrodynamik", wobei er zuerst erfreut feststellte, „dass nun die Theorie der laminaren Reibungsschichten oder ‚Grenzschichten' auch außerhalb des Göttinger Kreises, zu dem ich auch das Aachener Aerodynamische Institut hinzurechnen darf, in Angriff genommen wird". Danach fand er aber, „dass Herr v. Mises kaum etwas anderes macht als ich, nur dass alles in einem mehr formalen Gewand erfolgt". Die Variablentransformation, die Mises bei seiner Ableitung benutzte, habe er in seinen „alten Papieren" wiedergefunden, er habe sie aber damals nicht weiterverfolgt, weil sie ihn damals auf seinem Weg „nicht weitergebracht" hätte.[43]

Im Vorfeld wechselten Prandtl und Mises einige Briefe, in denen sie um die geeignete Formulierung für ihren Dissens in Prandtls Entgegnung rangen. Prandtl nahm auch Kármán in Schutz, dessen Arbeiten zur Grenzschichttheorie Mises verzerrt dargestellt habe. Er erinnere sich nicht, „dass Kármán jemals

---

[42] [von Mises, 1927].
[43] [Prandtl, 1928b].

etwas so Unvernünftiges gemacht hätte, als wie Sie seine Sache hinstellen. Ich meine, dass Ihnen diese letztere Überlegung schon hätte zeigen müssen, dass möglicherweise bei Ihnen etwas nicht in Ordnung sein könnte".[44] Kármán schrieb einige Tage darauf an Prandtl, dass Mises in seiner Arbeit „einen Rechenfehler" begangen habe. Er wollte sich aber bei dieser Sache nicht einmischen. „Mir ist es am Liebsten, wenn Sie die ganze Sache aufklären", bat er Prandtl.[45] Der bestätigte Kármáns Auffassung, dass sich bei Mises ein Rechenfehler eingeschlichen habe. Dies stimme auch „völlig mit dem überein, was Herr Tollmien hier sich ausgerechnet und überlegt hat". Nun wolle er im Briefwechsel mit Mises versuchen, „unsere Ansichten etwas auszugleichen".[46] Mises erklärte nun einige von Prandtls Einwänden als „Missverständnis", anderes als unwichtig. „Ich würde es im Interesse der Zeitschrift begrüßen, wenn diese etwas trivialen Erörterungen wegfallen könnten."[47] Prandtl zeigte sich konziliant und stellte fest, dass er wohl „in ein paar wesentlichen Punkten an Ihnen vorbeigeredet" habe. „Ich füge die Bemerkung dazu, dass ich Ihnen einige Spitzigkeiten in Ihrem Schreiben auch nicht nachtrage."[48] Danach herrschte zwischen beiden bald wieder der gewohnte kollegiale Verkehr.

6.4   Der Deutsche Forschungsrat für Luftfahrt

Prandtl und Kármán zogen auch bei einer anderen Angelegenheit am selben Strang. Dabei ging es nicht um eine wissenschaftliche Streitfrage, sondern um den Zugriff auf staatliche Forschungsgelder. Das für die Luftfahrt zuständige Reichsverkehrsministerium vergab auf Antrag Forschungsaufträge an die AVA und die anderen Luftfahrtforschungsanstalten in Deutschland, wobei die Auftragsvergabe formell durch die in Berlin-Adlershof ansässige DVL abgewickelt wurde. „Der neue Referent für Versuchswesen, Herr Bäumker, möchte einen lebhafteren Kontakt mit den Institutsvorstehern haben", schrieb Kármán an Prandtl – im Postskript desselben Briefes, in dem er Prandtl bat, nicht in den Streit mit Mises hineingezogen zu werden. Was die Beziehungen mit dem Reichsverkehrsministerium anging, wollte er jedoch der DVL keine Vorzugsrolle zubilligen und auch nicht darauf warten, bis der für die Luftfahrt im Ministerium zuständige Adolf Baeumker auf sie zukam, sondern selbst die Initiative ergreifen. Er halte es für besser, wenn „wir" – und damit meinte er die Göttinger und Aachener Aerodynamiker – „auf die Verteilung von Mitteln

[44] Prandtl an Mises, 25. Januar 1928. AMPG, Abt. III, Rep. 61, Nr. 1080.
[45] Kármán an Prandtl, 29. Januar 1928. AMPG, Abt. III, Rep. 61, Nr. 792.
[46] Prandtl an Kármán, 7. Februar 1928. AMPG, Abt. III, Rep. 61, Nr. 792.
[47] Mises an Prandtl, 31. Januar 1928. AMPG, Abt. III, Rep. 61, Nr. 1080.
[48] Prandtl an Mises, 8. Februar 1928. AMPG, Abt. III, Rep. 61, Nr. 1080.

gewissen Einfluss" ausübten. Ihm schwebte „eine Art Advisory Committee" vor, „Sie als Vorsitzender, Herr Bäumker als Geschäftsführer und Betz, ein Vertreter der DVL und ich selbst als Mitglieder". Später könne dieses Komitee auch noch durch Industrievertreter und „sonstige Interessenten" erweitert werden.[49]

Nachdem er sich mit Prandtl und Betz abgestimmt hatte, wandte sich Kármán an Baeumker. Der schrieb postwendend zurück und versicherte Kármán, dass er mit ihm vollständig übereinstimme. „Zwei Seelen und ein Gedanke!" Er ließ ihn auch wissen, wie schwer es in seinem Ministerium sei, mehr Forschungsmittel für die Wissenschaft verfügbar zu machen. „Wie viel möchte ich tun, wenn ich etwas mehr in Freiheit arbeiten dürfte. Helfen Sie mir dabei, wie Herr Prandtl und Sie es wohl vorhaben, und ich werde mein Bestes hergeben." Dazu gehörten auch Ratschläge für ein strategisches Vorgehen dem Ministerium gegenüber, die fast schon konspirativen Charakter annahmen. „Ihre Absicht erfordert Diplomatie. Ich halte es für am besten, Sie, sehr verehrter Herr Professor, und Herr Prandtl bitten schriftlich um eine Unterredung zu gemeinsamem Termin bei Herrn Brandenburg, zu der Sie um Hinzuziehung des Sachbearbeiters für die wissenschaftlichen Forschungsinstitute, Regierungsrat Baeumker (namentlich) bitten." Auch der Grund der Unterredung sollte „unverfänglich" erscheinen, etwa „Auftragsregelung im Haushaltsjahr 1928 und damit verbundene Fragen". Er wolle dann seinerseits „dafür Sorge tragen, dass der entscheidende Finanzreferent neben dem Sachbearbeiter für Industriefragen anwesend ist. Gerade der Finanzreferent hat den Instituten außerhalb Berlins oft lebhaftes Interesse entgegengebracht und wird Ihre Absichten gewiss fördern". Er war sich darüber im Klaren, dass er damit seinem Ministerium gegenüber an die Grenze der Loyalität ging und bat Kármán, diesen Brief „unter Privatverschluss" zu nehmen. „Am liebsten wäre es mir, Sie verbrennen ihn."[50]

Die von Baeumker angeregte Besprechung mit Ernst Brandenburg, dem Leiter der Abteilung Luftfahrt im Reichsverkehrsministerium, kam am 6. Juni 1928 zustande. Sie gewann noch an Brisanz durch einen Vorschlag aus der DVL, ihr die zentrale Richtlinienkompetenz „für eine gemeinsame Tätigkeit der Forschungsinstitute im Luftfahrtwesen" zu erteilen. Prandtl machte aber unmissverständlich klar, dass er für die Göttinger Forschungseinrichtungen keine Einmischung der DVL dulden werde. Stattdessen habe er, wie es in einem Aktenvermerk über diese Besprechung heißt, „gemeinsam mit Prof. von Kármán" beschlossen, „die Bildung einer besonderen Kommission der namhaftesten Forscher der Deutschen Luftfahrt zur Erfüllung der angeregten

---

[49] Kármán an Prandtl, 29. Januar 1928. AMPG, Abt. III, Rep. 61, Nr. 792.
[50] Baeumker an Kármán, 4. April 1928. TKC, 1–40.

Aufgabe in Vorschlag zu bringen". Kármán fügte dem „Vorschläge für die Ausgestaltung der eigentlichen Organisation" hinzu. Die Zahl der Mitglieder sollte begrenzt bleiben und sich auf „leitende Wissenschaftler" beschränken. Für
die AVA seien dies Prandtl und Betz, für die DVL Wilhelm Hoff und Georg
Madelung, ferner er selbst für die Technische Hochschule Aachen, Hans Reissner für die Technische Hochschule Berlin, Adolph Nägel für die Technische
Hochschule Dresden und Günther Kempf für die Hamburgische Schiffbau-
Versuchsanstalt. Die Schriftleitung solle Baeumker übertragen werden. Als Bezeichnung für dieses Expertengremium schlug er „Deutscher Forschungsrat
für Luftfahrt" vor.[51]

Der so angeregte Forschungsrat ging als ein markanter Fall von Selbstorganisation der Wissenschaft in die politische Geschichte der deutschen Luftfahrtforschung ein.[52] Wie Baeumkers vertraulicher Brief an Kármán zeigt,
wurde dieser Prozess nicht allein von Prandtl, Kármán und Betz von den wissenschaftlichen Forschungseinrichtungen aus in Gang gesetzt, sondern auch
von ihrem Mitstreiter Baeumker innerhalb des Ministeriums, der ihre Auffassung von der Bedeutung wissenschaftlicher Forschung gegenüber der Industrie teilte, die das Ministerium bedrängte, um Mittel für die Förderung
eigener Projekte zu bewilligen. „Immer und immer die höchst arrogant auftretenden Flugzeugfirmen und Motorenfirmen, die der Wissenschaft die But-
ter auf dem Brote nicht gönnen", so beschrieb Baeumker seinen Eindruck
vom Auftreten der Industrielobby im Reichsverkehrsministerium.[53] Baeumker sorgte auch dafür, dass der Forschungsrat eine Geschäftsordnung bekam,
die Prandtl als Vorsitzendem das Recht einräumte, den Geschäftsführer zu
ernennen. Baeumker wusste offenbar aus langjähriger Erfahrung, dass man
innerhalb des Ministeriums und anderer Behörden noch so sinnvolle Maßnahmen aus formalen Gründen verhindern konnte, so dass er die Entscheidung
über den Geschäftsführerposten nicht seinen Kollegen im Ministerium überlassen wollte.[54]

Zunächst verlief auch alles nach Wunsch. Prandtl übernahm den Vorsitz des
Forschungsrates und betraute Baeumker mit dessen Geschäftsführung. Der
Reichsverkehrsminister Theodor von Guérard erklärte in einem persönlichen
Schreiben an Prandtl im Oktober 1928, dass alle Maßnahmen zur Einrichtung
des Forschungsrates von ihm „warm begrüßt" würden. „Die Regelung der
Arbeitsweise dieses Gremiums stelle ich dessen Ermessen anheim."[55] Damit

---

[51] Baeumker an Kármán, Vermerk, 8. Juni 1928. TKC, 1–40. Siehe dazu auch Baeumker an Prandtl,
Vermerk, 8. Juni 1928. AMPG, Abt. III, Rep. 61, Nr. 2068. Der an Kármán gesandte Vermerk über die
Besprechung vom 6. Juni 1928 enthält zahlreiche handschriftliche Notizen Baeumkers.
[52] [Trischler, 1992, S. 145–149].
[53] Baeumker an Kármán, 4. April 1928. TKC, 1–40.
[54] [Hein, 1995, S. 37]. Baeumker an Prandtl, 15. Juni 1928. AMPG, Abt. III, Rep. 61, Nr. 2068.
[55] Guérard an Prandtl, 11. Oktober 1928. AMPG, Abt. III, Rep. 61, Nr. 2069.

besaßen Prandtl und die Leiter der anderen Luftfahrtforschungseinrichtungen weitgehend freie Hand, die in ihren Instituten geplanten Forschungen untereinander abzustimmen und neue Bauvorhaben zu erörtern.

Die Wirtschaftskrise 1929 setzte den Expansionswünschen aber bald Grenzen,[56] so dass die Tätigkeit des Forschungsrates immer mehr zu einer Verwaltung des von allen Seiten beklagten Mangels wurde.

6.5 Experten auf Reisen

Wie hoch das Gewicht von Experten aus der Wissenschaft in der Politik eingeschätzt wurde, geht aus einem vertraulichen Schreiben Baeumkers an Kármán in der Vorbereitungsphase des Forschungsrates hervor. Bei Schwierigkeiten sollten „Herr Prandtl und Sie, vielleicht auch noch Prof. Hoff oder sonst eine Persönlichkeit von internationalem Ruf (Reissner, Nägel?) sich an den Minister selbst" wenden. „Gegen eine solche Front international bekannter Wissenschaftler wird, schon aus politischen Gründen, keine Behörde zu entscheiden wagen."[57] Internationale Bekanntheit war ein Pfund, mit dem Wissenschaftler in der heimischen politischen Arena wuchern konnten. Vor diesem Hintergrund verdienen Einladungen der Experten ins Ausland und ihre sonstigen internationalen Reiseaktivitäten auch über den jeweiligen Anlass hinaus Beachtung.

Prandtl hatte sich schon vor dem Ersten Weltkrieg internationales Ansehen erworben. Mit den Beziehungen zum Pariser Büro der NACA und den in englischer Übersetzung wieder oder neu abgedruckten wissenschaftlichen Arbeiten Prandtls und seiner Mitarbeiter in Form von NACA-Reports strahlte Prandtls internationaler Ruf auch auf seine Schüler aus. Als man 1926 am CalTech einen international renommierten Wissenschaftler für den Aufbau eines neuen aerodynamischen Instituts suchte, dachte man zuerst an Prandtl, dann an Kármán. „Prandtl's advanced age and his somewhat impractical personality" gaben am Ende den Ausschlag, dass man sich für Kármán entschied.[58] Man dürfte sich in Pasadena auch keine Illusionen darüber gemacht haben, dass Prandtl auf Dauer in die USA übersiedeln würde, nachdem ihm in Göttingen mit dem Kaiser-Wilhelm-Institut für Strömungsforschung alle Wünsche für seine neue Lebensaufgabe erfüllt worden waren. Kármán nahm das Angebot aus Kalifornien zunächst als Berater für den Aufbau des geplanten Instituts, das Guggenheim Aeronautical Laboratory des California Institute of Techno-

---

[56] Siehe Abschn. 6.10.
[57] Baeumker an Kármán, 15. Juni 1928. TKC, 1–40.
[58] Millikan an Harry F. Guggenheim, 7. Juli 1926, abgedruckt in [Hanle, 1982, S. 94–96].

logy (GALCIT), wahr; 1929 übernahm er dessen Leitung, behielt jedoch noch für einige Jahre seine Aachener Professur. Um diese Doppelaufgabe zu bewältigen, ließ er sich in Aachen immer wieder semesterweise beurlauben. Erst nach der Machtübernahme der Nationalsozialisten übersiedelte er auf Dauer nach Pasadena.[59]

Auch Prandtls ehemaliger Mitarbeiter an der Modellversuchsanstalt, Carl Wieselsberger, war ein international gefragter Experte für den Aufbau aerodynamischer Institute. Von 1923 bis 1929 war Wieselsberger in Japan, um die Regierung beim Ausbau des Flugforschungswesens zu beraten. In dieser Zeit betreute er insbesondere die Entwicklung von Windkanälen in Tokio und mehreren anderen Orten in Japan. „Ich bin bei der Universität und bei der Marine tätig," schrieb Wieselsberger 1925 aus Amimura an Kármán, der in diesem Jahr ebenfalls nach Japan eingeladen worden war. „Letzteres bitte ich vertraulich zu behandeln, da nach dem Friedensvertrag ein Reichsdeutscher nicht bei einer der Siegermächte des Vertrages für militärische Zwecke in Dienst gestellt werden darf. Ich baue hier Windkanäle, ferner einen Propellerprüfstand, einen Wasserkanal mit erforderlichen Messeinrichtungen, gelegentlich habe ich auch Vorträge zu halten."[60] Wieselsberger profitierte später von den in Japan gewonnenen Erfahrungen und den Beziehungen zur japanischen Luftfahrtindustrie, als er den Windkanal des Aerodynamischen Instituts der TH Aachen mit einer von ihm in Japan erprobten neuartigen Messtechnik ausstattete.[61]

Japan war in den 1920er Jahren als aufstrebende Industrienation sehr daran interessiert, mit den wissenschaftlich-technischen Koryphäen in Deutschland Beziehungen anzuknüpfen, auch wenn es sich dabei um ehemalige Feinde im Ersten Weltkrieg handelte. Als man für das Jahr 1929 in Tokio den dritten Weltkongress der Ingenieure plante, standen auch Repräsentanten von Ingenieurfächern in Deutschland wie Prandtl auf der Einladungsliste. Wieselsberger hatte zwei Jahre zuvor dem Direktor des Aeronautischen Instituts der Kaiserlichen Universität Tokio, Baron Chuzaburo Shiba, einen Besuch bei Prandtl vermittelt. Shiba wollte „speziell die deutschen aerodynamischen und sonstigen im Dienste der Luftfahrt stehenden Versuchsanstalten" besichtigen, und Wieselsberger bat Prandtl, dem Baron diesen Wunsch mit Einführungsschreiben bei den verschiedenen Versuchsanstalten zu erfüllen.[62] 1929 wurde Shiba Vizepräsident des Weltkongresses der Ingenieure. Wieselsberger war seinerseits sehr darum bemüht, seinen Göttinger Professor „etwas eingehender mit dem japanischen Leben bekannt zu machen, als dies sonst möglich wäre",

---

[59] [Kalkmann, 2003, S. 131f.], [Krause und Kalkmann, 1995].
[60] Wieselsberger an Kármán, 19. September 1925. TKC, 32–28.
[61] [Wieselsberger, 1934].
[62] Wieselsberger an Prandtl, 6. April 1927. AMPG, Abt. III, Rep. 61, Nr. 1911.

wie er ihm mehrere Monate vor Reiseantritt schrieb.[63] Kármán, der sich gerade in Japan aufhielt, wurde ebenfalls in die Vorbereitung mit einbezogen. „Ich will also, entweder über Indien oder über Sibirien nach Japan zum Kongress, und von dort weiter nach Californien und von da auf irgend einem Wege nach Washington, Pittsburg, Urbana, vielleicht Chicago, Boston und New York", so weihte Prandtl auch Kármán in seine Reisepläne ein.[64]

Wieselsberger war mit seiner langjährigen Japan-Erfahrung für Prandtl auch der geeignete Adressat, als es um Gastgeschenke („Die Japaner, die hier in Göttingen waren, haben fast immer irgendein Geschenk mitgebracht, und ich nehme an, dass das Schenken eben nach japanischer Auffassung mit dazugehört, wenn man irgendwo als Gast ist"), Kleiderordnung („Frack, Smoking, Cut, dunkler Anzug, Reiseanzug?"), Vortragssprache („Ich habe den Text, der besseren internationalen Wirkung wegen in englischer Übersetzung eingereicht, würde aber doch wohl, wenn es darauf ankommt, Deutsch vortragen müssen") und anderes ging. Alles wollte bedacht sein und nichts sollte dem Zufall überlassen bleiben. Was die verschiedenen Alternativen bei der Anreise betraf, entschied sich Prandtl für die „Unbequemlichkeit der elftägigen Bahnfahrt" mit der transsibirischen Eisenbahn, da er auf diese Weise eine Vortragseinladung nach Moskau wahrnehmen konnte.[65] Um auch die anschließende Reise durch die USA nutzbringend zu gestalten, wo er noch bis zum Frühjahr 1930 unterwegs sein würde, bot Prandtl schon im Sommer 1929 bei verschiedenen Universitäten Gastvorlesungen an. „Nun besuche ich in diesem Herbst den Weltingenieurkongress in Tokio und plane im Anschluss daran eine Reise durch die Vereinigten Staaten, wobei ich auch den Besuch des M.I.T. in meinem Plan vorgesehen habe", schrieb er zum Beispiel an den Präsidenten des Massachusetts Institute of Technology. „Es würde sich nun leicht machen lassen, dass ich etwas länger in Cambridge bleibe und einige Vorlesungen dort halte. Bis dahin hoffe ich, mich auch in der englischen Sprache genügend vervollkommnet zu haben."[66] Am MIT wie auch an den anderen Universitäten, die Prandtl angeschrieben hatte, nahm man das Angebot gerne an, so dass sich die Teilnahme am Weltingenieurkongress in Tokio zu einer Vorlesungstour um die ganze Welt auswuchs, die fast ein halbes Jahr lang dauern sollte.

Die große Reise begann am 13. September 1929. Auch für die damals 12 und 14 Jahre alten Töchter wurde diese Reise zum Ereignis, denn ihr Vater war ein fleißiger Briefschreiber. Mehr als 70 Briefe schickte Prandtl aus allen Teilen

---

[63] Wieselsberger an Prandtl, 23. Januar 1929. AMPG, Abt. III, Rep. 61, Nr. 1911.
[64] Prandtl an Kármán, 23. Januar 1929. AMPG, Abt. III, Rep. 61, Nr. 792.
[65] Prandtl an Wieselsberger, 5. April 1929. AMPG, Abt. III, Rep. 61, Nr. 1911.
[66] Prandtl an Stratton, 30. Juli 1929. MIT, Institute Archives and Special Collections, AC 13, Box 16, Folder 455.

der Welt nach Hause – mit Nummern versehen, damit die Familie den Verlauf der Reise nachvollziehen konnte.[67] Die erste Station seiner Reise war Moskau, wo er drei Vorträge hielt und sich aerodynamische Forschungseinrichtungen zeigen ließ. Zu seinem viertägigen Moskauer Aufenthalt gehörte auch eine Einladung beim deutschen Botschafter, eine Vorstellung des Bolschoi-Ballets sowie ein Besuch des Revolutionsmuseums. Dann folgte die lange Bahnfahrt mit der transsibirischen Eisenbahn nach Wladiwostok, wo er am 7. Oktober 1929 ankam und im Haus des deutschen Konsuls logierte. Am 11. Oktober wurde er in Kobe von Wieselsberger und dem Direktor einer Flugzeugfabrik in Japan willkommen geheißen. „Besuch der Parkvilla des Fabrikbesitzers außerhalb der Stadt Kobe", schrieb er ein paar Tage später nach Hause. „Man fuhr in Autos dorthin. Das Haus stand in einem schönen Garten mit See und Brücken und einem kleinen Berg und mehreren kleinen Häuschen zum Teetrinken." Die japanischen Sitten und Gebräuche hinterließen bei ihm einen starken Eindruck. „Das gänzliche Fehlen von Möbeln ist sehr eigenartig. Es werden nur Kissen und Armlehnen hingestellt, man sitzt auf dem Boden. Die Schuhe werden vor dem Haus ausgezogen. Im Garten gab's zunächst einen Tee aus Seetang; dann Händewaschen in feierlicher Weise, dann Warten in einem anderen Pavillon, bis ein Gong ertönte, dann vom Hausherrn in das Haupthaus geführt, auf den Kissen niedergelassen (in Hufeisenform). Die Damen stellten vor jeden ein Tischchen mit Speisen. Die Damen bedienten uns, aßen aber nicht mit."[68]

Der vom 29. Oktober bis 7. November 1929 in Tokio abgehaltene Weltingenieurkongress war ein Großereignis. Das Ambiente dürfte bei den meisten Kongressteilnehmern für nachhaltigere Eindrücke gesorgt haben als die auf 23 Fachsitzungen verteilten 800 Vorträge. Oskar von Miller, der Gründer des Deutschen Museums, sprach bei der Konferenzeröffnung die Grußworte für die aus Deutschland angereisten Teilnehmer.[69] Auch Prandtl trat bei dem Kongress nicht nur als einer von vielen eingeladenen Teilnehmern auf, sondern in offizieller Mission. „Die Preußische Unterrichtsverwaltung hat mich als ihren Delegierten zum Welt-Ingenieur-Kongress in Tokyo entsandt. Ich beehre mich deshalb, hier zunächst von der Reise aus einen kurzen Bericht über diesen Kongress zu geben", schrieb er noch während des Kongresses nach Berlin. Großes Lob spendete er den japanischen Organisatoren. „Die Vorbereitungen sind mit soviel Klugheit und soviel Fleiß getroffen worden, dass alles in mustergültiger Weise funktionierte." Er hielt auch Vorlesungen an der Kaiserlichen Universität von Tokio und besichtigte das dort eingerichtete

---

[67] [Vogel-Prandtl, 2005, S. 105].
[68] Aus Prandtls Briefen zitiert in [Vogel-Prandtl, 2005, S. 110].
[69] [Hagmann, 2011].

Aeronautische Institut, wo man ihm als Gastgeschenk einen „Ultrakinematograph für 50.000 Bilder pro Sekunde" überreichte, eine „ziemlich große und schwere Maschine, die in den eigenen Werkstätten des Instituts hergestellt und nicht käuflich ist".[70] In seinen Briefen nach Hause ließ er aber auch erkennen, dass ihn die vielen Aufmerksamkeiten seiner Gastgeber ermüdeten. „Die Einladungen gehen immer so weiter. Ich zähle gar nicht mehr alles auf, sondern berichte nur, dass wir zum Tee in herrlichen Gärten, zu Theateraufführungen, Lunches und Dinners, Bällen usw. eingeladen sind und sich alles in Liebenswürdigkeit überbietet."[71]

Nach dem Kongressende ließ sich Prandtl noch einige Tage lang verschiedene Sehenswürdigkeiten in der Umgebung von Tokio zeigen, bevor er die Seereise über den Pazifik antrat. In den USA hatte die Luftfahrtforschung nach dem Ersten Weltkrieg einen rasanten Aufschwung genommen, und Prandtl war sehr gespannt darauf, sich davon mit eigenen Augen zu überzeugen. In einem Reisetagebuch notierte er sich die charakteristischen Eigenheiten eines jeden Luftfahrtforschungszentrums, das er dabei zu Gesicht bekam.[72] „Daniel Guggenheim Graduate School for Aeronautics", so begann sein Eintrag über das neue Institut in Pasadena, das bald unter der Leitung Kármáns von sich reden machen sollte.[73] „Sehr schöner neuer Windkanal, Göttinger Typ [..]. Alle Luftführungen sehr fein durchgebildet." An der Stanford University imponierte ihm die „Sammlung von Schraubenmodellen", die der bereits emeritierte amerikanische Pionier der Aerodynamik William Durand dort angelegt hatte.[74] Aber er verlor darüber auch nicht den Blick für die grandiose Natur im amerikanischen Westen. Nach seinen Gastvorlesungen und Institutsbesichtigungen in Kalifornien bestieg er den Zug Richtung Grand Canyon, wo er am 27. Dezember eintraf und seiner Tochter voller Begeisterung dieses Naturwunder beschrieb. „Denke Dir eine weite Hochebene, mit Kiefernwald darauf, 2100 m über dem Meere, also etwa die Höhe der Karwendelspitze. Nach Süden sieht man über dem Wald blaue Berge. Aber nun auf der anderen Seite! Da hat ein großer Fluss sich ein Tal mit 1000 Seitentälern ausgefressen, und man sieht überall den nackten Felsen. Oben etwas Muschelkalk, tiefer kommt roter Sandstein, wie er bei Reinhausen und Bremke herauskommt. Und dann noch 3–4 andere Gesteinsarten, alles waagerecht liegend. Das Flusstal liegt tiefer als Mittenwald, von der Karwendelspitze aus gesehen."[75]

---

[70] Prandtl an das Preußische Kultusministerium, 4. November 1929. UAG, Kur. PA Prandtl, Ludwig; Bd.1.

[71] Zitiert in [Vogel-Prandtl, 2005, S. 111]. Prandtls Vorträge sind abgedruckt in [Tollmien et al., 1961, S. 788–797, 798–811 und 998–1003].

[72] Notizen über Luftfahrt-Laboratorien. Weltreise Sept. 1929–Febr. 1930. DLR-Archiv, AK-16035.

[73] [Hanle, 1982].

[74] [Vincenti, 1979].

[75] [Vogel-Prandtl, 2005, S. 113].

Die weiteren Reisestationen bei der Durchquerung der Vereinigten Staaten Richtung Ostküste waren Chicago, Detroit, Washington, Ann Arbor, New York und Cambridge, Massachusetts, wo man ihn überall gegen ein ansehnliches Honorar zu Vorträgen eingeladen hatte. Wie er zum Beispiel bei der Ankündigung seiner Vorträge an das MIT geschrieben hatte, erwartete er dort dasselbe Angebot wie in Pasadena „100 Dollar für die zweistündige Vorlesung und freie Unterkunft und Verpflegung während meines Aufenthaltes."[76] Bis auf seinen Aufenthalt in Detroit, wo ihm ein Teil des Reisegepäcks gestohlen wurde, verlief alles nach Wunsch. „I lost the film for my lecture about formation of vortices, and also all my preparations", schrieb er von Washington aus dem Präsidenten des MIT, „it will be necessary to have some time before each lecture for a new preparation".[77] Am Ende meisterte er auch trotz dieser Widrigkeiten seine letzten Vorträge am MIT, die großen Anklang fanden und ihm auch noch ein höheres Honorar einbrachten, als er erwartet hatte. Auch das Englisch bereitete ihm kaum noch Probleme. Er hoffe, schrieb er kurz vor Ablegen seines Dampfers von New York aus an den MIT-Präsidenten, „that some time it will [be] possible to me to come again to Cambridge".[78]

6.6   Prandtls Reich

Auch fern der Heimat wollte Prandtl immer auf dem Laufenden bleiben, was die Forschung zu Hause anging. „Zwei Monate nach Ihrer Abfahrt will ich Ihnen einen Bericht über den Fortgang der Arbeiten bringen", so begann Adolf Busemann, Prandtls engster Mitarbeiter jener Jahre, im November 1929 einen langen Brief an Prandtl.[79] Sein Bericht betraf nicht das Universitätsinstitut, das Prandtl bei seinem Assistenten Willy Prager in den besten Händen wusste, und auch nicht die Aerodynamische Versuchsanstalt, wo er nur noch auf dem Papier als Direktor fungierte und Betz die Betriebsleitung übernommen hatte, sondern die hydrodynamische Abteilung am Kaiser-Wilhelm-Institut für Strömungsforschung. Mit der von ihm selbst und seinen Mitarbeitern dort durchgeführten Forschung verband er seine neue Lebensaufgabe. Wenn im Kreis seiner Mitarbeiter vom Kaiser-Wilhelm-Institut für Strömungsforschung die Rede war, zu dem ja auch die AVA gehörte, war meist nur diese hydrodynamische Abteilung gemeint, die 1925 in einem Neubau

---

[76] Prandtl an Stratton, 9. September 1929. MIT, Institute Archives and Special Collections, AC 13, Box 16, Folder 455.
[77] Prandtl an Stratton, 1. Februar 1930. MIT, Institute Archives and Special Collections, AC 13, Box 16, Folder 455.
[78] Prandtl an Stratton, 20. Februar 1930. MIT, Institute Archives and Special Collections, AC 13, Box 16, Folder 455.
[79] Busemann an Prandtl, 18. November 1929. AMPG, Abt. III, Rep. 61, Nr. 219.

eingerichtet worden war und Prandtls eigenes Reich darstellte. Dieses „sanctum sanctorum", so erinnerten sich zwei andere Mitarbeiter aus jener Zeit, war nur durch das Büro seiner Sekretärin zugänglich, „who faithfully shielded him against intruders".[80] Busemann hatte 1925 bei Prandtls Schwager Otto Föppl an der technischen Hochschule in Braunschweig promoviert und sich danach unter Prandtls Fittichen in Göttingen zum Experten auf dem Gebiet der Hochgeschwindigkeitsaerodynamik weiter entwickelt. Daneben baute er auch eine Einrichtung auf, die meist nur kurz als das „Karussell" bezeichnet wurde. In diesem „rotierenden Laboratorium" wollte Prandtl eigentlich den Einfluss der Erdrotation auf atmosphärische Strömungen modellhaft nachbilden.[81] Doch am Anfang standen Experimente über andere Strömungen. „Der Karusselltank für Herrn Fette kann jetzt gerade im Karussell montiert werden, so dass man etwa am 1. Dezember mit den Versuchen beginnen kann."[82] Damit verwies Busemann auf Vorarbeiten zu einer Dissertation, die zwar keine neuen Erkenntnisse für geophysikalische Strömungen lieferte, aber für die hydraulische Technik, wo Strömungen in rotierenden Maschinenteilen auftreten, wichtige Fragen klärte.[83]

Das „Karussell" wurde auch zu einer Attraktion für Prandtls Töchter. „Dr. Busemann, der dort seine wissenschaftlichen Spezialarbeiten ausführte, war so freundlich, uns viele Male mitfahren zu lassen", erinnerte sich die jüngere Tochter (Abb. 6.3). „Von der Außenwelt war man durch die Wände abgeschlossen. Man hatte sich nämlich klargemacht, dass das Schwindelgefühl ja hauptsächlich durch das Vorübergleiten der feststehenden nahen Gegenstände erzeugt wird. Doch auch in dem geschlossenen Laboratorium waren wir bei höherer Drehzahl nicht gänzlich schwindelfrei, wie es Dr. Busemann selbst war, der sich durch ständiges Training daran gewöhnt hatte."[84] Darüber hinaus wurde es zu einer Attraktion für Kollegen und Praktikumsstudenten. „Am 7. Januar hatte Herr Schuler seine übliche Mechanikführung, bei der er 6 Gruppen à 8 Mann selbst das Karussell vorgeführt hat", schrieb Busemann in einem weiteren Bericht an Prandtl. „Am nächsten Tag im Kolloquium, in dem Herr Dr. phil. Kaden über seine Dissertation vortrug, behauptete Herr Schuler, dass er nichts mehr spürt."[85]

Eine weitere experimentelle Forschungsrichtung im Prandtlschen „sanctum sanctorum" betraf die Erforschung der Kavitation. Das für Schiffsschrauben und Wasserturbinen so zerstörerische Bilden und Platzen von Blasen und die

---

[80] [Flügge-Lotz und Flügge, 1973, S.2].
[81] [Prandtl, 1926c].
[82] Busemann an Prandtl, 18. November 1929. AMPG, Abt. III, Rep. 61, Nr. 219.
[83] [Fette, 1933].
[84] [Vogel-Prandtl, 2005, S. 94f.].
[85] Busemann an Prandtl, 14. Januar 1930. AMPG, Abt. III, Rep. 61, Nr. 219.

Abb. 6.3 Das rotierende Laboratorium war für die Modellierung geophysikalischer Strömungen und für hydraulische Experimente mit Strömungen gedacht, bei denen Zentrifugalkräfte auftreten. Prandtls Töchter durften es gelegentlich auch als Karussell benutzen

für die U-Boot-Ortung entscheidende, von der Kavitation verursachte Schallentwicklung hatten schon im Ersten Weltkrieg zu besonderen Forschungsanstrengungen geführt;[86] aber von einem tieferen Verständnis dieses Phänomens war man noch weit entfernt. Für die Konstruktion von Propellern und Turbinenschaufeln sei es angesichts der „Kavitationsgefahr" wichtig, die Zusammenhänge von Profilformen und Druckverhältnissen zu kennen, so lenkte Hermann Föttinger 1924 in seiner Antrittsvorlesung auf dem Lehrstuhl für Strömungsphysik und Turbomaschinen an der Technischen Hochschule Berlin-Charlottenburg das Augenmerk auf die Bedeutung der Kavitationsforschung.[87] Auch im Ausland wurde die Kavitation spätestens in den 1920er Jahren zum Gegenstand von experimentellen Untersuchungen.[88] In Göttingen war Prandtls engster Mitarbeiter auf diesem Forschungsgebiet Jakob Ackeret, der an der ETH Zürich bei Stodola Maschinenbau studiert hatte und zum Weiterstudium Anfang der 1920er Jahre zu Prandtl gestoßen war. „Sein inniger Wunsch wäre in Göttingen Ihre Vorlesungen zu hören, an Ihren Se-

---

[86] Siehe dazu das Kapitel über den Ersten Weltkrieg in der Habilitationsschrift von Florian Schmaltz (in Vorbereitung).
[87] [Föttinger, 1924, S. 324].
[88] *Die Wasserkraft*, 20, 1925, S. 119f., 369.

minaren teilzunehmen, und je nach Umständen, wenn es ihm gelingt Ihr Vertrauen zu gewinnen, eine Arbeit unter Ihrer Leitung zu übernehmen", so hatte Stodola seinen Studenten an Prandtl weitervermittelt.[89] 1924 gehörte er zum engeren Kreis der Mitarbeiter Prandtls beim Aufbau des neuen Kaiser-Wilhelm-Instituts.[90]

Wie für Busemann war auch für Ackeret die Gasdynamik das Hauptarbeitsgebiet, daneben aber auch die Kavitation, die zum Teil mit denselben Experimentiervorrichtungen erforscht werden konnte. Die ersten Versuche wurden mit Wasser gemacht, das aus einem Kessel durch Düsen gepresst wurde, deren Krümmung im sich erweiternden Bereich hinter dem engsten Düsenquerschnitt durch die dort herrschenden Druckverhältnisse an kleinen Wandunebenheiten für Blasenbildung sorgte. Die Kavitation konnte auch künstlich durch Anbringen dünner Drähte ausgelöst und so genau lokalisiert werden.[91] Damit wurde erneut klar, dass es im Prandtlschen Institut trotz der Verschiedenartigkeit der Phänomene viele Gemeinsamkeiten bei der Erforschung der Turbulenz, Gasdynamik und Kavitation gab. Die mit dünnen Drahtringen ausgelösten Kavitationsblasen erinnern an die „Stolperdraht"-Versuche zum Turbulenzumschlag in der Grenzschicht um eine Kugel; die Wahl geeigneter Düsen für Kavitationsuntersuchungen wurde durch die gleichzeitig durchgeführten Versuche zur Gasdynamik nahegelegt. Wie Prandtl bei der Einweihung des KWI mitteilte, sei man schon in der Planungsphase bestrebt gewesen, mit den geringen zur Verfügung stehenden Mitteln eine Vielfalt von Strömungsexperimenten durchzuführen. Die Versuchsanlagen für Gasdynamik und Kavitation bestanden hauptsächlich aus Kesseln von einigen Kubikmetern Inhalt, die für beide Forschungsrichtungen aber auf ganz verschiedene Weise benutzt wurden.[92] Für die gasdynamischen Untersuchungen wurde ein Kessel luftleer gepumpt, so dass durch Öffnen eines Ventils in einem Zuleitungsrohr für kurze Zeit ein Überschallluftstrom angesaugt werden konnte. Für die Kavitation wurde in einem zum Teil mit Wasser gefüllten Kessel durch Abpumpen der Luft der Druck erniedrigt, so dass in einem daran angeschlossenen, von einer Umlaufpumpe in Bewegung gesetzten Wasserkreislauf das Einsetzen der Kavitation bei variabler Strömungsgeschwindigkeit und variablem Druck untersucht werden konnte (Abb. 6.4). Als Schüler Stodolas und Prandtls war Ackeret wie kein anderer mit den Gesetzen der Überschalldampfströmung durch Laval-Düsen vertraut. Ihm müssen die Parallelen zwischen der Kavitation und der Gasdynamik sofort aufgefallen sein, als er die ersten Ergebnisse von Druckmessungen bei wasserdurchströmten Laval-Düsen

---

[89] Stodola an Prandtl, 21. März 1921. AMPG, Abt. III, Rep. 61, Nr. 1623.
[90] [Rotta, 1990a, S. 254].
[91] [Ackeret, 1926].
[92] [Prandtl, 1926a].

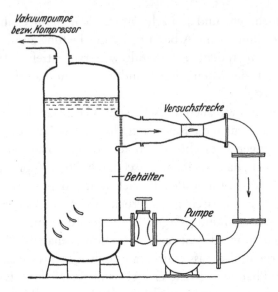

Abb. 6.4 Die Experimentieranordnung für Kavitationsversuche im KWI für Strömungsforschung. Der Druck in dem geschlossenen Wasserkreislauf konnte durch Abpumpen bzw. Komprimieren der Luft im Wassertank beliebig verändert werden [Ackeret, 1931, S. 472]

erhalten hatte. Das charakteristische Merkmal der Überschallströmungen in Laval-Düsen waren die stationären Verdichtungsstösse; bei der Kavitation waren es die entlang der Düsenwand auftretenden Blasen.

Um den Vorgang der Kavitation näher zu untersuchen, bedurfte es jedoch auch neuer Experimentiertechniken. Im Unterschied zu den stationären Machschen Wellen in gasdurchströmten Laval-Düsen handelte es sich bei der Entstehung und dem Kollaps der Kaviationsblasen in Wasser um zeitlich sehr rasch veränderliche Prozesse. Um eine solche Blase fotografisch zu erfassen, waren Belichtungszeiten im Bereich von Millionstel Sekunden erforderlich, wie sie nur durch elektrische Funken erzeugt werden konnten. Mithilfe von Kondensatoren („neun Leydener Flaschen parallelgeschaltet") und eines Transformators wurde der im Göttinger Institut verfügbare Drehstrom von 50 Hz in einen hochgespannten Strom transformiert und zwischen Kupferspitzen zum Funkenüberschlag gebracht. Mit der so erzeugten Blitzfolge von der doppelten Drehstromfrequenz wurde ein Film belichtet, der auf eine mit einem kleinen Motor in Rotation versetzte Fahrradfelge aufgewickelt worden war, so dass die Kavitationsvorgänge im Zeitlupentempo von 100 Bildern pro Sekunde festgehalten wurden. Mit einer verbesserten Aufnahmetechnik, die sich neuer kinematografischer Verfahren bediente („Zeitdehner" nach R. Thun), konnte das Zeitlupentempo in einem Bereich von 1000 bis 6000 Bildern pro Sekunde variiert werden.[93] So wurde das Entstehen und Kollabieren der Kavitationsblasen in bislang unerreichtem Detail sichtbar und quantitativen Messungen zugänglich gemacht. Blasen von ca. 9 mm Durchmesser kollabierten bei der experimentell vorgegebenen Druckdifferenz und Strömungsgeschwindigkeit in der Göttinger Kavitationsmesskammer innerhalb von 0,0033 Sekunden.[94] Der Kollaps ging mit einem Verdichtungsstoß einher, bei dem sich der Druck auf kleinstem Raum schlagartig um einige hundert Atmosphären ändern musste.[95]

Albert Betz, der schon im Ersten Weltkrieg das Kavitationsproblem intensiv erforscht hatte, nahm an der AVA um dieselbe Zeit die Kavitationsforschung ebenfalls in sein Arbeitsprogramm auf. Er konzentrierte sich dabei auf das Kavitationsproblem bei Schiffsschrauben. Wie bei den Profilmessungen von Tragflügeln wurden dabei auch verschiedene Profile für Schiffsschrauben systematisch auf ihr Verhalten bezüglich der Kavitation untersucht. Als Ackeret 1931 den aktuellen Stand der Kavitationsforschung in einem Übersichtsartikel für das *Handbuch der Experimentalphysik* zusammenfasste, gab er ebenfalls der Praxisorientierung den Vorzug vor einer mehr physikalischen Betrachtung der mit dem Kavitationsphänomen verbundenen Prozesse. Das Thema sei in der Physik bisher vernachlässigt worden, werde aber nun in der Technik eingehend untersucht.[96] Damit wurde schon in dieser ersten zusammenfassenden Darstellung die Doppelnatur der Kavitationsforschung zwischen Physik und Technik deutlich – und die Ambition Prandtls und seiner Mitarbeiter, besonders auf solchen Gebieten die Forschung voranzutreiben.

6.7 Fortschritte bei der Turbulenzforschung

Auch die Turbulenz war in diesem Forschungsfeld zwischen Physik und Technik angesiedelt. Als Prandtl im April 1929 Wieselsberger um Auskunft über die japanischen Gepflogenheiten bat, gab er mit Blick auf seine Vorträge in Tokio zu erkennen, dass er bei dieser Gelegenheit auch Neues zur Turbulenz berichten werde. „Jetzt haben wir auch eine recht anständige Erklärung für die Entstehung der Turbulenz bekommen, worüber Tollmien große Rechnungen gemacht hat, und es sieht alles recht vernünftig aus." Aus dem Vortragsmanuskript für Tokio könne er ersehen, dass man in Göttingen seit dem letzten Bericht auf dem Züricher Mechanik-Kongress im Jahr 1926 „in der Turbu-

---

[93] [Ackeret, 1930].
[94] [Mueller, 1932].
[95] [Ackeret, 1932].
[96] [Ackeret, 1931].

lenzforschung wieder ein Stück weiter gekommen" sei.[97] Zwei Wochen zuvor hatte Prandtl der Göttinger Akademie die neueste Arbeit seines Mitarbeiters Walter Tollmien „Über die Entstehung der Turbulenz" vorgelegt, in der es erstmals gelungen war, für eine laminare Strömung die Grenze zu berechnen, bei der die Instabilität einsetzt.[98] Das Vorgehen war seit den Analysen von Sommerfeld, Mises, Hopf, Noether und Heisenberg bekannt:[99] einer laminaren Grundströmung wird eine wellenförmige Störung überlagert; die Stabilitätsanalyse sollte zeigen, bei welchen Reynolds-Zahlen der Grundströmung und bei welchen Wellenlängen die überlagerte Störung im zeitlichen Verlauf abflauen bzw. sich aufschaukeln würde. Im ersten Fall war die Grundströmung stabil, im zweiten Fall instabil, d. h. bei den berechneten Reynolds-Zahlen und Störwellenlängen würde der Übergang zur Turbulenz einsetzen.

Tollmien hatte 1924 bei Prandtl mit einer Untersuchung über das zeitliche Verhalten der Grenzschicht an einem rotierenden Zylinder promoviert und war mit dieser Problematik seit langem vertraut. Der Spezialfall, an dem er nun die Turbulenzentstehung untersuchte, betraf den einfachsten möglichen Fall einer laminaren Grenzschichtströmung entlang einer Platte, für die Blasius 1908 das Geschwindigkeitsprofil berechnet hatte. Im Unterschied zur ebenen Couette-Strömung zwischen zwei gegenläufig bewegten Platten mit linearem Geschwindigkeitsprofil, für das Sommerfeld, Mises und Hopf keine Instabilität feststellen konnten, und zu dem der ebenen Poiseuille-Strömung mit parabolischem Geschwindigkeitsprofil, für das Heisenberg in seiner Doktorarbeit nur eine Teillösung angeben konnte, war das Blasius-Profil[100] noch nicht zum Gegenstand einer Stabilitätsanalyse gemacht worden. Tollmien näherte dieses Profil durch einen Verlauf an, bei dem die Strömungsgeschwindigkeit mit zunehmendem Wandabstand linear anwächst und sich dann parabelförmig der freien Strömungsgeschwindigkeit in einem größeren Wandabstand annähert.

Doch auch mit dieser Vereinfachung geriet Tollmiens Stabilitätsanalyse zu einer mathematischen Kraftübung, die Prandtl den Zuhörern seines Vortrags in Tokio nicht zumuten wollte. Er präsentierte das Ergebnis nur in Gestalt eines Diagramms, bei dem auf der x-Achse die Wellenlänge der Störung und auf der y-Achse die Reynolds-Zahl der laminaren Strömung aufgetragen wurde. Die berechneten Wertepaare, bei denen die überlagerte Störung nicht mehr gedämpft wurde, ragten von den hohen Reynolds-Zahlen her wie eine Zunge in das Gebiet der stabilen Zustände. „Es zeigt sich, dass oberhalb $R = 1300$ instabile Zustände vorhanden sind. Burgers in Delft hat bei der Strömung

---

[97] Prandtl an Wieselsberger, 5. April 1929. AMPG, Abt. III, Rep. 61, Nr. 1911.
[98] [Tollmien, 1929].
[99] Siehe Abschn. 5.6.
[100] Siehe Box 3.1.

längs einer Platte das Eintreten von Turbulenz bei $R = 3000$ festgestellt." So fasste Prandtl den Befund zusammen, dass Tollmien damit erstmals eine halbwegs realistische kritische Reynolds-Zahl für die Turbulenzentstehung angeben konnte. Was die Störwellenlängen für den Turbulenzumschlag betraf, war das Ergebnis jedoch unrealistisch. Für Prandtl war dies ein Hinweis darauf, „dass die von der Theorie erhaltenen Störungen noch nicht unmittelbar die turbulente Bewegung darstellen. Diese entsteht vielmehr dadurch, dass durch die wellenartigen Störungen instabile Situationen geschaffen werden. Beobachtungen in einem Wassergerinne stehen hiermit in gutem Einklang. Es ist zunächst wenig zu sehen, bis plötzlich eine Reihe von kleinen Wirbeln auftritt, die sich dann schnell vermehren".[101]

Damit leitete Prandtl über zu den „Fragen der ausgebildeten Turbulenz", die er wie schon bei seinem Vortrag auf dem Züricher Mechanikkongress mit Lichtbildern aus seinem Göttinger Wasserversuchskanal illustrierte. Anders als bei der Turbulenzenstehung konnte er in Tokio auf diesem zweiten Gebiet der Turbulenzforschung nichts Neues berichten. Er gab wieder einen kurzen Abriss seiner Theorie vom „Mischungsweg" l und gelangte mithilfe der empirischen Blasius-Formel für die turbulente Rohrreibung wieder durch Dimensionsanalyse zu dem Wandgesetz $u \sim y^{1/7}$, was jedoch einen etwas umständlichen Ansatz für den Mischungsweg erforderte. Den naheliegenderen Mischungswegansatz $l \sim y$, mit dem auch die turbulente Strahlverbreiterung berechnet worden war, schloss er aus, denn er hätte ein Wandgesetz $u \sim \log y$ zur Folge gehabt, das für $y = 0$ den unmöglichen Wert $-\infty$ ergeben hätte.[102]

6.8 Rivalität mit Kármán

Kármán kam um dieselbe Zeit ebenfalls zu einem logarithmischen Wandgesetz. Was Prandtl ausdrücklich ausschloss, weil es zu einer Singularität an der Wand führte, war für Kármán jedoch kein Hinderungsgrund, da er als Ausgangspunkt die Strömung entlang der Mittellinie eines Kanals betrachtete und unmittelbar an der Wand eine „Laminarschicht" annahm, die den Gültigkeitsbereich der Turbulenz dort begrenzte. „Der Mischweg im Prandtl'schen Sinne ist in der Nähe der Wand mit der Wandentfernung proportional", schrieb Kármán im Dezember 1929 an Burgers, der wie Prandtl und Kármán und andere Experten an der vordersten Front der Strömungsforschung in diesen Jahren auf der Suche nach einem allgemeinen Gesetz für die turbulente Wandreibung war. Das aus dieser Annahme von Kármán abgeleitete logarithmische

---

[101] [Prandtl, 1930, S. 6f.].
[102] [Prandtl, 1930, S. 9].

Widerstandsgesetz enthielt als „einzige wesentliche Konstante" den Proportionalitätsfaktor des Mischungsweges.[103]

Kurz darauf legte Kármán seine Theorie der Göttinger Akademie zur Publikation vor. Die Proportionalitätskonstante k des Mischungswegs, den er etwas anders als Prandtl definierte (als eine charakteristische Länge für das turbulente „Schwankungsfeld" der Geschwindigkeiten), sollte einen Wert von etwa 0,38 besitzen und universell, d. h. von der speziellen Art der turbulenten Strömung unabhängig sein. Beim Vergleich mit Experimenten kam noch eine zweite Konstante ins Spiel, die der jeweiligen Strömungsart (Kanalströmung, Rohrströmung bei unterschiedlichen Querschnittsformen) Rechnung trug. Kármán verglich seine Formel mit Daten über den turbulenten Reibungswiderstand in Rohren von kreisförmigem Querschnitt und konstatierte eine gute Überstimmung – insbesondere auch mit noch unpublizierten Messungen von Nikuradse bei sehr hohen Reynolds-Zahlen.[104]

Als Kármán diese Ergebnisse im Januar 1930 in Göttingen vorstellte, hielt sich Prandtl noch in den USA auf. Kármán präsentierte jedoch beim bevorstehenden internationalen Mechanikkongress, der im August 1930 in Stockholm stattfand, seine Theorie noch einmal, wobei er bei dieser Gelegenheit neben der Kanalströmung auch die turbulente Reibung an einer längs angeströmten Platte betrachtete. Er ließ keinen Zweifel daran, dass auch für diesen Fall die logarithmische Formel besser zu den experimentellen Daten passte als ein Potenzgesetz, wobei er jüngste Messungen der Hamburgischen Schiffbau-Versuchsanstalt zugrunde legte. In einem Diagramm verglich er die mit „Prandtl v. Kármán 1921" beschriftete Kurve des turbulenten Reibungsbeiwerts mit seiner neuen Theorie. Die Messwerte aus Hamburg ließen sich nicht mit der alten Theorie in Einklang bringen, wohl aber mit der neuen. „It appears to me that for smooth plates the least mismatch between theory and experiment has disappeared", so beendete er seinen Vortrag in Stockholm.[105]

Damit hatte Kármán beim Wettkampf mit seinen alten Lehrer um eine universelle Formel für den turbulenten Reibungswiderstand wieder die Nase vorn. Nach dem Stockholmer Kongress verbrachte er das Wintersemester 1930/31 wieder in Pasadena, um dort seinen Verpflichtungen als Direktor des GALCIT nachzukommen. Dort erfuhr er aus einem Brief von Prandtl, dass man in Göttingen seiner Theorie nun große Aufmerksamkeit schenkte. „Mit Ihrer Turbulenztheorie haben wir uns, d. h. Nikuradse und ich, in der letzten Zeit sehr eingehend befasst und haben alles erreichbare Material daraufhin durchgesehen, was wohl der beste Wert Ihres universellen Zahlwerts k ist."[106]

---

[103] Kármán an Burgers, 12. Dezember 1929. TKC 4–22.
[104] [von Kármán, 1930, S. 71f.].
[105] [von Kármán, 1931].
[106] Prandtl an Kármán, 29. November 1930. AMPG, Abt. III, Rep. 61, Nr. 792.

Dies spornte Kármán zu weiteren Anstrengungen an. „Ich will versuchen für die Mitte des Kanals eine weitere Annäherung zu gewinnen", so schrieb er zurück. Wie zuvor schon zwischen Göttingen und Aachen bahnte sich nun auch zwischen Göttingen und Pasadena ein Austausch an. Seine beiden „Lehrkerle" seien gerade angekommen, schrieb Kármán in seinem Antwortbrief an Prandtl. Dabei handelte es sich um Walter Tollmien und Rudolf Seiferth, denen Kármán Stipendien am GALCIT verschafft hatte. In Pasadena wie in Göttingen war die Turbulenztheorie jedoch nur eines von vielen Forschungsgebieten. Bezüglich des „Kármánschen" k, wie die universelle Konstante in der Turbulenztheorie bald genannt wurde, konnten keine neuen Erkenntnisse gewonnen werden. Prandtl versuchte jedoch, die Kármánsche Theorie auf andere Weise zu begründen und gelangte zu einer etwas anderen Formulierung des logarithmischen Wandgesetzes. Mit der „von mir verwandten Vereinfachung Ihrer Turbulenzbetrachtungen", so heizte Prandtl die Rivalität mit Kármán im Dezember 1931 an, habe er eine Formel abgeleitet, die beim Vergleich mit den neuesten Messungen von Nikuradse „noch besser stimmt als die Ihrige, obwohl mehr Vernachlässigungen dabei begangen werden".[107]

Prandtl veröffentlichte seine Theorie der turbulenten Reibung in der im April 1932 abgeschlossenen IV. Lieferung der *Ergebnisse der Aerodynamischen Versuchsanstalt zu Göttingen*. „Die vorstehenden Betrachtungen berühren sich stark mit Betrachtungen von Prof. v. Kármán", so kam Prandtl darin auf die Rivalität mit seinem ehemaligen Schüler zu sprechen. Er zitierte auch Kármáns Publikationen in den Nachrichten der Göttinger Akademie und im Stockholmer Kongressbericht. „Auch dort erscheint ein Geradliniengesetz und der nähere Vergleich zeigt, dass es bis auf den Umstand überhaupt mit dem unseren identisch ist, dass es sich hier zunächst um die Zustände in Wandnähe und in den Kármánschen Abhandlungen um Zustände in der Rohrmitte handelt", so benannte er den Unterschied ihrer Herangehensweisen. Bei der Veröffentlichung des logarithmischen „Geradliniengesetzes" gab es keinen Zweifel an der Priorität Kármáns, aber Prandtl beharrte darauf, dass die eine oder andere Formulierung der Theorie schon vorher in Göttingen erzielt worden sei. „Diese Formeln sind denen, die v. Kármán in den Verhandlungen des Stockholmer Kongresses l. c. mitteilt, sehr ähnlich. Sie lagen aber schon vor, als die Kármánschen bekannt wurden", fügte er zum Beispiel an einer Stelle als Fußnote hinzu. In einem „Zusatz bei der Korrektur, März 1932" ergänzte Prandtl, dass die „vorstehenden Darlegungen" bereits „vor rund einem Jahre niedergeschrieben worden" seien, was Kármán immer noch die Priorität beließ, den Vorsprung jedoch auf wenige Monate zusammenschrumpfen ließ.[108]

---

[107] Prandtl an Kármán, 21. Dezember 1931. AMPG, Abt. III, Rep. 61, Nr. 792.
[108] [Prandtl, 1932a, S. 18–29].

Box 6.2: Das logarithmische Wandgesetz bei der turbulenten Rohrströmung

Prandtls Suche nach einem universellen Wandgesetz begann damit, dass er die in Frage kommenden Variablen unabhängig von den jeweiligen Strömungsanordnungen als dimensionslose Größen einführte. An die Stelle der mittleren Strömungsgeschwindigkeit u als Funktion des Wandabstandes y (siehe dazu die Ableitung des $y^{1/7}$-Gesetzes) trat jetzt eine „dimensionslose Geschwindigkeit"

$$\varphi = u / \sqrt{\frac{\tau}{\rho}}$$

als Funktion eines „dimensionslosen Wandabstandes"

$$\eta = \frac{\sqrt{\frac{\tau}{\rho}}\, y}{\nu},$$

wobei $\sqrt{\frac{\tau}{\rho}}$ die physikalische Bedeutung einer mittleren Geschwindigkeitsschwankung zukam, die sich der mittleren Strömungsgeschwindigkeit u überlagert und nur durch die Turbulenz verursacht wird. Der dimensionslose Wandabstand konnte als eine mit dieser Geschwindigkeit gebildete Reynolds-Zahl aufgefasst werden.

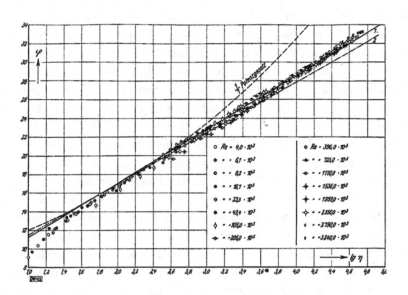

Wenn diese dimensionslosen Größen mit dem Blasiusschen Reibungsgesetz kombiniert werden, ergibt sich daraus wieder das $y^{1/7}$-Gesetz (jetzt in der Form $\varphi \sim \eta^{1/7}$). Wenn man jedoch kein Reibungsgesetz vorgab und stattdessen die dimensionslosen Größen aus den direkt gemessenen experimentellen Messwerten in einem logarithmischen Masstab gegeneinander auftrug, dann ergab sich das 1/7-Gesetz nur als Näherungskurve für nicht zu hohe Reynolds-Zahlen.[109] Die Messwerte bis zu sehr hohen Reynolds-Zahlen ließen sich besser durch eine Gerade anpassen:

$$\varphi = A \log \eta + B.$$

Die Konstanten A und B waren universelle Zahlenkonstanten, die für ganz unterschiedliche Rohre dieselben Werte besitzen sollten. Prandtl gab dafür die Werte $A = 5,74$ und $B = 5,46$ an.[110]

Im Mai 1932 veranstaltete die Hamburgische Schiffbau-Versuchsanstalt eine Konferenz, bei der auch die jüngsten Theorien und Experimente über die turbulente Reibung zur Sprache kamen. Kármán, der dazu ebenfalls eingeladen wurde, konnte in diesem Sommer wegen einer Krankheit seiner Mutter nicht nach Europa reisen. Er schickte aber ein Vortragsmanuskript nach Hamburg, das von einem anderen Konferenzteilnehmer vorgelesen wurde. Von experimenteller Seite wurde die turbulente Wandreibung von Franz Eisner behandelt, einem Ingenieur aus der Preußischen Versuchsanstalt für Wasserbau und Schiffbau in Berlin. Als Kármán in der Zeitschrift *Werft Reederei Hafen* Auszüge über die Hamburger Konferenz zu Gesicht bekam und sah, wie Eisner die theoretischen Arbeiten über die Turbulenz bewertete, fiel er aus allen Wolken. Eisner hatte die Priorität für das logarithmische Widerstandsgesetz Prandtl und nicht Kármán zugewiesen (Abb. 6.5). Eisner habe dies „historisch unrichtig" dargestellt, schrieb Kármán sichtlich verärgert an Prandtl, „nach seinem Diagramm schaut es so aus, als wenn ich in 1921 aufgehört hätte an dem Problem zu arbeiten und alles in 1931/32 in Göttingen gemacht worden wäre. Was mich besonders schmerzt, ist, dass – wie ich annehme – Eisner Alles aus den zu erscheinenden Göttinger Ergebnissen abgeschrieben hat". Prandtl habe Eisners Darstellung auch noch „mit netten Worten" bedacht und von einer „Kongenialität" zwischen Prandtl und Kármán gesprochen, „doch es geht aus Ihrer Bemerkung nicht hervor, dass die Göttinger Arbeiten in 1931–2 alle nach meinen Arbeiten in 1930 vorgenommen worden sind". Kármán ging es dabei aber nicht allein um die Frage der Priorität, sondern auch um sein Ansehen bei den Ingenieuren:[111]

Ich bin einverstanden, wenn die Plattenformel unter unser beider Namen geht (wie sagt doch Goethe: Herr Doktor mit Euch zu spazieren, ist ehrenvoll und bringt Gewinn), doch wegbleiben ganz von dem Gastmahl wäre doch zu hart. Und nach Eisner schaut es so aus. Dabei beachten Sie, dass Göttinger Er-

[109] [Nikuradse, 1932, S. 17].
[110] [Prandtl, 1932a, S. 21].
[111] Kármán an Prandtl, 26. September 1932. AMPG, Abt. III, Rep. 61, Nr. 793.

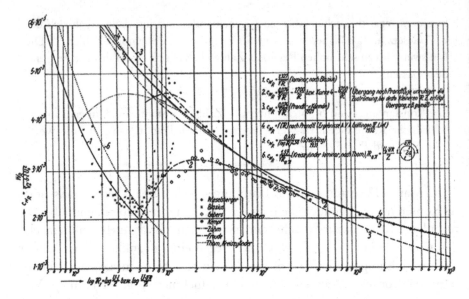

Abb. 6.5 Der Widerstandskoeffizient der Plattenreibung als Funktion der Reynolds-Zahl im Vergleich von Theorie und Experiment. In dieser Darstellung in der Zeitschrift *Werft Reederei Hafen* werden die mit (4) und (5) beschrifteten Kurven als theoretische Ergebnisse der Göttinger Strömungsforschung dargestellt. Kármáns Name wird nur mit der überholten Theorie (3) von 1921 in Zusammenhang gebracht

gebnisse ein Standardwerk für Praktiker sind, so dass wenn dort die Sachlage einseitig dargestellt ist, bleibt meine Rolle in der Sache ewig begraben. Wer liest G[öttinger] N[achrichten] und Stockholmer Kongress?

Ich schreibe über diese Sachen ganz offen, wie ich denke, da ich Sie als Beispiel des gerechten Menschen kenne [...]. Aber – Ihren Leutnants, die begreiflicher Weise keinen Gott außer Ihnen kennen, traue ich nicht so ganz, die möchten hier wie da alles für Göttingen haben.

Zwei Tage später schickte Kármán auch noch ein Telegramm nach Göttingen, um Prandtl auf seinen Brief vorzubereiten.[112] Der reagierte auf das Telegramm mit einer kühlen Antwort. Er fühle sich „sehr unschuldig an der Sache" und Kármán möge sich mit seiner Beschwerde an den Herausgeber von *Werft Reederei Hafen* wenden. Er habe selbst keinen Einfluss auf diese Darstellung ausgeübt, und in der inzwischen erschienenen IV. Lieferung der *Ergebnisse der Aerodynamischen Versuchsanstalt zu Göttingen* sei „auf Ihre Arbeiten selbstverständlich Bezug genommen" worden. Ein Freiexemplar befinde sich auf dem Weg nach Pasadena.[113]

[112] Kármán an Prandtl, 28. September 1932. AMPG, Abt. III, Rep. 61, Nr. 793.
[113] Prandtl an Kármán, 29. September 1932. AMPG, Abt. III, Rep. 61, Nr. 793.

Danach waren alle Beteiligten bemüht, dass sich die Angelegenheit nicht zu einem offenen Streit aufschaukelte. „Mit Schrecken und aufrichtiger Bestürzung", so schrieb Eisner an Kármán, habe er gerade von dessen Beschwerde erfahren und „sofort Schritte unternommen, um nach Möglichkeit noch alles einzurenken".[114] In *Werft Reederei Hafen* sei die Sache verkürzt und missverständlich dargestellt worden. Im offiziellen Kongressbericht stellten Prandtl und Eisner in einem „Nachtrag" klar, „dass die Priorität in der formelmäßigen Lösung für den Widerstand der glatten Platte unbestritten Herrn v. Karman gebührt".[115] Der gab sich besänftigt, nachdem er den Nachtrag gesehen hatte. Herr Eisner habe eben „keine numerischen Daten einholen" können, da er selbst in Pasadena war. „Übrigens", so fügte er hinzu, sei das Datenmaterial bei der letzten Versammlung der American Naval Engineers „viel schöner zusammengestellt" und „mit einer nach Stockholm gerechneten Kurve" verglichen worden. Er hoffe jedenfalls, „dass von der Diskussion bei keinem der Beteiligten ein Nachgeschmack bleibt, welcher unangenehm wäre".[116]

Prandtl war sehr erleichtert darüber, dass sich Kármán „einigermaßen besänftigt" zeigte. Er gab zu, „vielleicht nicht ganz ohne Schuld" dazu beigetragen zu haben, „Sie in Ihren berechtigten Ansprüchen auf Priorität zu kränken". Er wollte Kármán aber auch den Göttinger Weg bei der Erforschung turbulenter Strömungen deutlicher vor Augen führen. „Damit Sie mich aber vollständig verstehen, will ich Ihnen im Folgenden kurz meine Einstellung zu der Frage darlegen", so begann er mit der Schilderung seiner eigenen Sicht auf die Rivalität um das universelle Gesetz der turbulenten Wandreibung. Er habe bereits 1927 eine Formel für die Strömungsgeschwindigkeit als Funktion des Wandabstandes in dimensionslosen Einheiten aufgestellt und Nikuradse beauftragt, „aus seinen Messungen diese Funktion möglichst genau zu ermitteln. Das geschah, während ich auf der Weltreise war", so datierte er diese Etappe auf dem Weg zum logarithmischen Wandgesetz. Dass es sich um eine logarithmische Funktion handeln müsse, habe Nikuradse bei seiner Rückkehr von der Weltreise festgestellt. „Es hatte natürlich nun sehr nahe gelegen und war durchaus auf dem Weg meiner Gedanken, mit Hilfe dieser Beziehung die Reibungsziffer λ des glatten Rohres auszurechnen, und ich wäre dabei zwangsläufig auf eine Formulierung gekommen, die der Ihrigen von 1930 aufs Haar glich." Er habe auch schon früher eine Mischungswegformel wie die von Kármán „probiererweise angeschrieben", sie aber wieder aufgegeben. Um nicht wie Kármán bei seinem Mischungswegansatz alles auf theoretischen Hypothesen zu gründen, habe er versucht, die Formel für die Plattenreibung aus den experimentell ermittelten Geschwindigkeitsverteilungen im Rohr abzu-

---

[114] Eisner an Kármán, 13. Oktober 1932. TKC 8–14.
[115] [Kempf und Foerster, 1932, S. 407].
[116] Kármán an Prandtl, 9. Dezember 1932. AMPG, Abt. III, Rep. 61, Nr. 793.

leiten. Dabei hätten sich Formeln ergeben, die sich von denen Kármáns „nur in den Bezeichnungen und in den gewählten Zahlenfaktoren unterscheiden". Die Göttinger Version erschien ihm daher weniger theoriegeleitet als die von Kármán und deshalb für Praktiker besser geeignet. „So musste es kommen, dass unsere zum praktischen Gebrauch fertiggemachte Formel Ihnen einstweilen den Rang ablief."[117]

Spuren der Rivalität fanden sich noch lange in verschiedenen Darstellungen der turbulenten Wandreibung, wenn experimentelle Daten des Reibungskoeffizienten mit verschiedenen theoretischen Kurven verglichen wurden. Die logarithmische Formel für die mittlere turbulente Strömungsgeschwindigkeit als Funktion des Abstands von der Wand und die darin aufscheinende Kármánsche Konstante k gehören bis heute zu den viel diskutierten, als universell geltenden Gesetzmäßigkeiten in der Theorie der voll entwickelten Turbulenz.[118]

6.9   Konsolidierung einer Forschungstradition

Die in vier Bänden von 1921 bis 1932 veröffentlichten *Ergebnisse der Aerodynamischen Versuchsanstalt zu Göttingen* zeigten auf eindrucksvolle Weise, in welchem Umfang die Strömungsforschung seit dem Ersten Weltkrieg nicht nur für die Luftfahrt, sondern auch für den Schiffbau und andere Ingenieurfächer technisch verwertbares Wissen zutage gefördert hatte. Im vierten Band konnten sich Ingenieure über die jüngsten Erkenntnisse auf dem Gebiet der turbulenten Strömungen ebenso informieren wie über neue Experimentiergeräte und Messeinrichtungen. Neben den beiden Windkanälen, die seit dem Ersten Weltkrieg das Gros der aerodynamischen Daten für die verschiedensten Auftraggeber lieferten, verfügte die AVA seit 1928 über einen Windkanal, der evakuiert werden konnte und damit Messungen mit verdünnter Luft ermöglichte. Er diente vor allem dem Entwurf von Propellern, da nur durch Verringerung des Luftdrucks so hohe Geschwindigkeiten erzeugt werden konnten, wie sie an der Spitze von Propellern herrschen. Außerdem ließen sich damit Messungen durchführen, die für den Flug in großer Höhe benötigt wurden, wo der Luftdruck wesentlich geringer ist als an der Erdoberfläche. Neben solchen, der Luftfahrt dienenden Versuchen ließen sich die Windkanäle der AVA aber auch für andere Aufgaben nutzen. Otto Flachsbart, der als Abteilungsleiter für den Bau des neuen Propellerwindkanals verantwortlich war, berichtete in der vierten Lieferung der *Ergebnisse der Aerodynamischen Ver-*

---

[117] Prandtl an Kármán, 19. Dezember 1932. AMPG, Abt. III, Rep. 61, Nr. 793. Zur Göttinger Version des Wandgesetzes siehe [Nikuradse, 1932, Prandtl, 1933].
[118] [Leonhard und Peters, 2011, S. 107–109], [Bodenschatz und Eckert, 2011, S. 56–62].

suchsanstalt zu Göttingen über Windkanalversuche, mit denen der Winddruck auf Gebäude bestimmt wurde. Er wurde damit zum Pionier einer neuen Fachrichtung des Ingenieurwesens, die mit dem Bau von Wolkenkratzern und industriellen Großanlagen zunehmend an Bedeutung gewann, der Gebäudeaerodynamik.[119] Aber Prandtl beließ es nicht dabei, die Ergebnisse seiner Forschung nur in diesem „Standardwerk für Praktiker" darzustellen. 1927 hatte er zusammen mit Albert Betz die *Vier Abhandlungen zur Hydrodynamik und Aerodynamik* in Buchform herausgegeben, in denen die Grenzschichttheorie, die Tragflügeltheorie und die darauf aufbauende Propellertheorie begründet worden waren.[120] Zwei Jahre später veröffentlichte er in *Müller-Pouillets Lehrbuch der Physik*, einem Klassiker der physikalischen Lehrbuchliteratur, einen knapp 200 Seiten umfassenden Beitrag über die „Mechanik der flüssigen und gasförmigen Körper", und 1931 fasste er in einem *Abriss der Strömungslehre* dieses Gebiet auch in einem eigenständigen Lehrbuch zusammen.[121] In beiden Fällen handelte es sich um eine gründlich überarbeitete und auf den neuesten Stand gebrachte Darstellung seiner beiden Handbuchartikel aus dem Jahr 1913 über Flüssigkeits- und Gasbewegung. Um die gleiche Zeit brachte das *Handbuch der Experimentalphysik* vier Teilbände über *Hydro- und Aerodynamik* heraus, die ebenfalls das Wirken der Prandtlschen Schule erkennen ließen – mehr als die Hälfte der Artikel stammten von Prandtl und seinen „Leutnants" (um mit Kármán zu sprechen):[122]

Prandtl	Einführung in die Grundbegriffe der Strömungslehre
Tollmien	Grenzschichttheorie
Tollmien	Turbulente Strömungen
Busemann	Gasdynamik
Ackeret	Kavitation
Peters	Druckmessung
Betz	Mikromanometer
Tietjens	Beobachtung von Strömungsformen
Flachsbart	Geschichte der experimentellen Hydro- und Aeromechanik, insbesondere die Widerstandsforschung
Prandtl	Herstellung einwandfreier Luftströme (Windkanäle)
Seiferth und Betz	Untersuchung von Flugzeugmodellen im Windkanal
Betz	Ermittlung der bei Drehbewegungen von Körpern (Flugzeugen) auftretenden Kräfte und Momente
Muttray	Die experimentellen Tatsachen des Widerstandes ohne Auftrieb

---

[119] [Pestel et al., 1981].
[120] [Prandtl und Betz, 1927].
[121] [Prandtl, 1929, Prandtl, 1931a].
[122] [Schiller, 1931]. Der Herausgeber dieser Bände, der Leipziger Physiker Ludwig Schiller, hatte Anfang der 1920er Jahre im Prandtlschen Institut selbst Experimente über Turbulenz durchgeführt; er gehörte zu den wenigen Physikern, die sich ganz der Strömungsforschung verschrieben.

Flachsbart	Luftschrauben
Schiller	Strömung in Rohren
Eisner	Offene Gerinne

Oskar Tietjens benutzte außerdem die Mitschrift der Vorlesungen, die Prandtl an der Universität Göttingen im zweisemestrigen Turnus über Hydro- und Aerodynamik abhielt, um das darin präsentierte Wissen über die moderne Strömungslehre in die Form eines Lehrbuchs zu gießen, das der langjährig erprobten Lehrpraxis Prandtls folgte. Das daraus hervorgegangene zweibändige Werk *Hydro- und Aeromechanik, nach Vorlesungen von L. Prandtl* wurde zu einem internationalen Klassiker der Strömungslehre.[123] Eine andere Lehrbuchdarstellung seines Fachgebiets lieferte Prandtl für die von William Frederick Durand herausgegebene Serie *Aerodynamic Theory* mit einem umfangreichen Beitrag über „The Mechanics of Viscous Fluids".[124]

Für die Fachwelt war Prandtl mit diesen Veröffentlichungen nicht nur *die* Autorität in allen Fragen der Strömungsforschung, sondern auch der Mittelpunkt eines Kreises von Schülern und „Leutnants", die in anderen Hochschulen und Laboratorien Zweigstellen der Göttinger Zentrale aufbauten. Am Beispiel der Turbulenzforschung wurde bereits offenkundig, dass Prandtl vor allem durch seinen Meisterschüler Kármán Konkurrenz erhielt, der an der TH Aachen einen Kreis von ambitionierten Schülern heranzog. Kármán verpflanzte die Prandtlsche Tradition schließlich nach USA, wo er das Guggenheim Aeronautical Laboratory des California Institute of Technology (GALCIT) in Pasadena zu einem Zentrum moderner Strömungsforschung von Weltruf machte. Ein weiterer Ableger der Prandtl-Schule entstand an der Eidgenössischen Technischen Hochschule (ETH) in Zürich um Jacob Ackeret.

Am Beispiel dieser neuen Zentren wird erkennbar, wie eine zunächst lokal begrenzte Forschungstradition über nationale und kulturelle Grenzen hinauswuchs und mit anderen Traditionen verschmolz – unter Beibehaltung vieler Eigenheiten, die sie der gemeinsamen Göttinger Abstammung schuldete. Über das gemeinsame Forscherethos hinaus vermittelt der Blick auf die Entstehung neuer Zentren außerhalb Göttingens auch einen Eindruck von den Techniken experimenteller Strömungsforschung, die mit der Expansion der Prandtl-Schule verbreitet wurden, insbesondere was das zentrale Experimentiergerät, den Windkanal, angeht. Die „Göttinger Bauart", wie sie Prandtl in den *Ergebnissen der Aerodynamischen Versuchsanstalt zu Göttingen*, im *Handbuch der Experimentalphysik* und in anderen Publikationen beschrieben hatte, wurde neben dem älteren von Eiffel in Paris begründeten Prinzip

---

[123] [Tietjens, 1929, Tietjens, 1931]. 1934 erschienen beide Bände auch in englischer Übersetzung.
[124] [Prandtl, 1935].

der Windkanalkonstruktion zum Muster für viele Windkanalbauten in der ganzen Welt.[125] Allerdings verbreitete sich diese Experimentiertradition nicht von selbst: Für die Planung von Windkanälen in neuen aerodynamischen Forschungszentren bedurfte es einschlägiger Kenntnisse, so dass den mit dem Bau und Betrieb solcher Anlagen erfahrenen Prandtl-Schülern auf diesem Gebiet eine internationale Beraterrolle erwuchs; sie wurden zu „Reisenden in Sachen Wind".[126] Auch daran lässt sich die Konsolidierung und Ausbreitung Prandtlscher Forschungstraditionen ablesen. Doch es ging um mehr als nur um die Verbreitung von ingenieurwissenschaftlichem Know-how. Grundlagenforschung und technische Anwendungen nicht als gegensätzliche Pole zu betrachten, sondern aus Anwendungsproblemen Anstöße für grundlegende Einsichten zu gewinnen und diese in neuen Anwendungen zum Ausdruck zu bringen, diese Auffassung war charakteristisch für Prandtl und viele seiner Schüler. „Then both you and I were exposed to the inspiring influence of Ludwig Prandtl", so erinnerte Kármán in einer Festschrift zum 60. Geburtstag Ackeret an den gemeinsamen Lehrer, „whom I consider as a great master in combining simple mathematical formulation and clear physical picture in solving problems important for technical applications".[127]

6.10 Krisenjahre

In Gegensatz zum wissenschaftlichen Erfolg seiner „Schule" erfuhr Prandtl im Forschungsrat für Luftfahrt, dass dem Aufschwung dieses Forschungszweiges im Zeichen der Wirtschaftskrise von 1929 enge Grenzen gesetzt wurden. Allein im Jahr 1929 wurden 20 Millionen Reichsmark für das Luftfahrtwesen aus dem Reichsetat gestrichen. Dem Experiment einer Selbstorganisation der Wissenschaft für die Luftfahrt in Deutschland war damit die Grundlage entzogen.[128] Der Forschungsrat verlor 1931 vollends seine Bedeutung als Beratungsorgan für das Reichsverkehrsministerium. Er wurde in die Notgemeinschaft der Deutschen Wissenschaften überführt, wo die Luftfahrtforschung zu den künftig betreuten „Gemeinschaftsaufgaben" zählen sollte. Baeumker sah darin das Ende der von ihm so hoffnungsvoll inszenierten Zusammenarbeit seines Ministeriums mit der Wissenschaft.[129] In der Notgemeinschaft, die Anfang der 1920er Jahre als Förderorganisation für alle Wissenschaftsdisziplinen geschaffen worden war, fand sich die Luftfahrtforschung in einem Topf mit

---

[125] Siehe Abschn. 10.5.
[126] [von Kármán und Edson, 1967, Kap. 24].
[127] [von Kármán, 1958].
[128] [Trischler, 1992, S. 168].
[129] [Hein, 1995, S. 39].

einer Vielzahl von verschiedenen Forschungsfeldern. Zwar wurde einige Jahre später unter dem Dach der Notgemeinschaft ein „Reichsforschungsrat" ins Leben gerufen, der eine zentrale Rolle für die Rüstungsforschung im NS-Staat spielte, doch der Luftfahrtforschung wurde im Reichsforschungsrat keine Sonderstellung eingeräumt.[130]

Für die Weiterentwicklung der Göttinger Forschungseinrichtungen bestand ebenfalls Grund zur Sorge. Die von Prandtl und Betz geplanten Erweiterungen, zu denen insbesondere ein großer Windkanal gehörte, erwiesen sich bald als illusorisch. Nachdem sie noch im November 1928 mit einer ausführlichen Denkschrift den Bau eines großen Windkanals mit einer Messkammer von 4 bis 6 m Durchmesser als vordringlich gefordert hatten,[131] teilte ihnen ein halbes Jahr später der Reichsverkehrsminister mit, dass sein Ministerium derzeit nur die Vorarbeiten dafür fördern könne.[132] „Finanziell geht es dem Institut jetzt leider ziemlich schlecht", schrieb Betz im November 1929 an Prandtl, er sei „momentan sehr zur Sparsamkeit gezwungen" und habe auch schon „einigen Leuten gekündigt".[133] Prandtl dürften diese Nachrichten aus Göttingen bei seiner Weltreise einiges Kopfzerbrechen bereitet haben, denn der Kontrast zu dem, was er vor allem in den USA an Luftfahrtforschungseinrichtungen zu sehen bekam, konnte nicht größer sein. Im April 1930 berichtete er seinen Forschungsratkollegen zum Beispiel von dem „20 Fuß Windkanal", den er im NACA-Langley-Forschungszentrum besichtigt hatte. „Die günstigen Erfahrungen mit diesem Überwindkanal haben dazu geführt, dass man noch einen größeren bauen will (meiner Erinnerung nach mit einem Luftstromquerschnitt von 24 × 40 Fuß), sodass man kleinere Flugzeuge vollständig in den Windstrom stellen kann."[134]

Von solchen „Überwindkanälen" (Abb. 6.6) konnte man im Deutschland der Brüningschen Notverordnungen nur träumen. „Wenn man die große Knappheit der Mittel, die in Deutschland für die Luftfahrtforschung aufgewandt werden können, in Betracht zieht, so ist es schwer, die Verbesserungsvorschläge mit dieser Knappheit der Mittel in das richtige Verhältnis zusetzen", so reagierte Prandtl sichtlich frustriert auf die Frage des Reichsverkehrsministers, was er aufgrund seiner Erfahrungen bei der Weltreise an Verbesserungen „für das heimische Luftfahrtwesen" vorschlagen könne.[135]

---

[130] [Flachowsky, 2008].
[131] Denkschrift der Aerodynamischen Versuchsanstalt Göttingen über den Bau eines großen Windkanals. November 1928. GOAR 3136.
[132] Betz an das Reichsverkehrsministerium, 25. Oktober 1929. GOAR 1381.
[133] Betz an Prandtl, 18. November 1929. GOAR 2715.
[134] Prandtl an die Mitglieder des Forschungsrates: Bericht über seine Weltreise, 26. April 1930. GOAR 1380.
[135] Prandtl an die Mitglieder des Forschungsrates: Bericht über seine Weltreise, 26. April 1930. GOAR 1380.

Abb. 6.6 „Überwindkanäle" wie der Full-Scale Wind Tunnel im NACA-Langley-Forschungszentrum mit einem Luftstromquerschnitt von 30 mal 60 Fuß – hier genutzt als Kulisse für eine Konferenz von amerikanischen Luftfahrtingenieuren im Mai 1933 – wurden für deutsche Luftfahrtforscher in den Krisenjahren nach 1929 zu unerreichbaren Vorbildern

Selbst die in Aussicht gestellte Förderung der Vorarbeiten zum Bau des geplanten Windkanals musste der Verkehrsminister schuldig bleiben.[136] Obwohl die „Vorbereitung des Baues eines Windkanals von 4 bis 6 m Durchmesser" ein Programmpunkt auf dem Arbeitsplan der AVA für das Rechnungsjahr 1932/33 blieb, wurde er wie einige andere Vorhaben mit dem Vermerk versehen, dass man dazu „voraussichtlich aus Mangel an Mitteln nicht, oder nur in sehr beschränkten Maße" kommen werde. „Die finanzielle Lage der Aerodynamischen Versuchsanstalt macht mir starke Sorgen", so fasste Betz im Mai 1932 die prekäre Situation in einem Schreiben an Baeumker zusammen.[137]

Und die Lage verschlechterte sich weiter. An der AVA wirkte sich die Finanzkrise aufgrund des wesentlich größeren Bedarfs an Personalmitteln viel stärker als am Prandtlschen Kaiser-Wilhelm-Institut für Strömungsforschung aus. Dem Namen nach waren beide unter den Fittichen der KWG, de facto

---

[136] Betz an das Reichsverkehrsministerium, 29. Februar 1932. GOAR 1381.
[137] Betz an Baeumker, 7. Mai 1932. GOAR 1381.

jedoch stand Betz als AVA-Direktor dem Reichsverkehrsministerium viel näher, da hier und nicht bei der KWG staatlicherseits über das Wohl und Wehe der deutschen Luftfahrtforschung entschieden wurde. Doch was die erforderlichen Mittel betraf, konnte Betz nicht länger auf das Ministerium zählen. Im Juni 1932 teilte Baeumker Betz mit, „dass im Rechnungsjahr 1932 die Forschungsmittel wiederum erheblich über das Maß der Einsparungen auf dem Personalgebiet hinaus gekürzt wurden, sodass der auf Ihr Institut entfallende, vom RVM vorgesehene Betrag noch geringer als im Vorjahre werden wird". Er machte Betz auch keinerlei Hoffnung, dass sich die wirtschaftliche Lage bald zum Besseren wenden würde. „Auch alle anderen Institute werden hiervon im gleichen Maße, die DVL sogar in erheblich höherem Maße, betroffen", so nahm er Betz die Befürchtung, dass man im Reichsverkehrsministerium die Göttinger Luftfahrtforschung nicht mehr als besonders förderungswürdig betrachtete. „Sie können versichert sein, dass uns die Förderung Ihres Instituts auch weiterhin sehr am Herzen liegt. Aber die Verhältnisse scheinen stärker zu sein als die Regierungen (vergl. den flotten Kurswechsel!)."[138]

Als die finanzielle Lage der AVA immer desolater wurde, schritt die KWG als eigentliche Trägerorganisation beider Göttinger Einrichtungen ein. Friedrich Glum, der amtierende Generaldirektor der KWG, schickte seinen Assistenten Ernst Telschow alle paar Wochen nach Göttingen, um dort nach dem Rechten zu sehen. Betz sah sich mit dem Vorwurf konfrontiert, „skandalöse Zustände" an der AVA herbeigeführt zu haben, und Prandtl hatte alle Mühe, seinen gekränkten Stellvertreter gegenüber den „Berliner Herren" von der KWG in Schutz zu nehmen. Was die finanzielle Situation der AVA anging, konnte die KWG mit Krediten und Forschungsaufträgen die Lage stabilisieren. Die weitgehende Unabhängigkeit der Göttinger Anstalt von ihrer Berliner Trägerorganisation jedoch war dahin.[139]

---

[138] Baeumker an Betz, 3. Juni 1932. GOAR 1381.
[139] [Trischler, 1992, S. 172].

7

„Politisch ist Prof. Prandtl vollkommen uninteressiert ... "

Die Wissenschaft stand für Prandtl zeitlebens im Vordergrund; dennoch war die Politik angesichts der Bedeutung dieser Wissenschaft für die Luftfahrt und andere technische Anwendungen dabei immer präsent. Prandtls Kontakte zu führenden Persönlichkeiten staatlicher Einrichtungen – dazu zählten vor allem das für die Luftfahrt zuständige Reichsverkehrsministerium und die Kaiser-Wilhelm-Gesellschaft – taten ein Übriges, um ihm die Politik nahe zu bringen. Als Repräsentant einer für Industrie und Militär so wichtigen Wissenschaft erwartete man von ihm eine staatstreue Haltung, was freilich noch keine Bindung an die eine oder andere politische Partei bedeutete. Wie sich Prandtls Tochter erinnerte, hatten ihre Eltern in den letzten Jahren der Weimarer Republik die Deutsche Staatspartei gewählt, die 1930 aus einem Bündnis der Deutschen Demokratischen Partei und der Volksnationalen Reichsvereinigung hervorging. „Sie beschäftigten sich jedoch sehr wenig mit politischen Fragen und vertrauten der derzeitigen demokratischen Regierung. Diese Republik schien sich zu bewähren, so dass man trotz der Wirtschaftskrise, trotz des ständigen Parteienstreits an ihrem stetigen Weiterbestand nicht eigentlich zu zweifeln brauchte." Der nationalsozialistische „Umsturz" sei für Prandtl völlig unerwartet gekommen. „Man konnte es kaum fassen, wie es Hitler gelungen war, die Macht zu übernehmen."[1]

Tatsächlich löste die „Machtergreifung" der Nationalsozialisten am 30. Januar 1933 bei Prandtl zwiespältige Gefühle aus. Er nahm mit großer Befriedigung zur Kenntnis, dass die neue Regierung als eine ihrer ersten Amtshandlungen ein Reichskommissariat für Luftfahrt gründete, was ihn hoffen ließ, dass „auch die neue Leitung die Wichtigkeit der Forschung einsieht und nicht etwa durch falsche Sparmaßnahmen die Forschung noch mehr gehemmt würde als es, verglichen mit anderen Ländern, jetzt schon in Deutschland der Fall ist". Die Person des neuen Reichskommissars, Hermann Göring, war allerdings weniger nach seinem Geschmack. Er habe „durchaus nicht die Absicht", so schrieb Prandtl an die Generalverwaltung der Kaiser-Wilhelm-Gesellschaft,

---

[1] [Vogel-Prandtl, 2005, S. 123].

© Springer-Verlag Berlin Heidelberg 2017
M. Eckert, *Ludwig Prandtl – Strömungsforscher und Wissenschaftsmanager*, DOI 10.1007/978-3-662-49918-4_7

„dem Kommissar unsere Glückwünsche zu seiner Ernennung zum Ausdruck zu bringen (das würde mir sogar recht ferngelegen haben), sondern es handelt sich darum, ihm unsere Befriedigung darüber zum Ausdruck zu bringen, dass die Luftfahrt nunmehr im Kreise der Reichsregierung verselbständigt worden ist".[2] Bei den Kommunalwahlen im März 1933 gab Prandtl ebenfalls zu erkennen, dass er kein Parteigänger der NSDAP war, wenngleich er sich politisch weit im rechten Lager verortete. Er unterstützte den Kampfbund Schwarz-Weiß-Rot, einen Zusammenschluss aus Deutschnationaler Volkspartei (DNVP), Stahlhelm und Landbund, der mit der NSDAP eine Koalitionsregierung bildete.[3]

7.1 Der Verzicht auf die Leitung des Universitätsinstituts

Die Auswirkungen der „Machtergreifung" machten sich für Prandtl und seine Kollegen an der Göttinger Universität zuerst als ein Kahlschlag in den physikalischen und mathematischen Instituten als Folge des im April 1933 erlassenen „Gesetzes zur Wiederherstellung des Berufsbeamtentums" bemerkbar. Damit wurde eine Säuberungswelle an den deutschen Universitäten und anderen staatlichen Einrichtungen ausgelöst, mit der „nicht arische" und politisch missliebige Beamte aus dem Amt gejagt wurden. Während das I. Physikalische Institut der Göttinger Universität unter Robert Wichard Pohl, dem keine jüdischen Mitarbeiter angehörten, den Wechsel fast unbeschadet überstand, wurde das II. Physikalische Institut seines Direktors James Franck und mehrerer Mitarbeiter beraubt. Besonders hart traf es das Institut für theoretische Physik unter Max Born, das durch die Säuberung der neuen Machthaber praktisch leergefegt wurde. In der Mathematik waren die Veränderungen nicht weniger einschneidend: Eine Liste mit emigrierten deutschsprachigen Mathematikern enthält 23 Namen, bei denen Göttingen als Vertreibungsort angegeben ist, darunter zum Beispiel Richard Courant und Hermann Weyl. „Und wie steht es jetzt um die Mathematik in Göttingen, da sie vom jüdischen Einfluß befreit ist?", soll der Reichswissenschaftsminister bei einem Bankett den neben ihm sitzenden David Hilbert gefragt haben. Dessen Antwort war knapp: „Mathematik in Göttingen? Gibt's nicht mehr."[4]

---

[2] Prandtl an Telschow, 11. Februar 1933. AMPG, Abt. I, Rep. 1A, Nr. 1508. Abgedruckt in [Trischler, 1993, Dok. 30].
[3] [Tollmien, 1998, Anm. 57].
[4] Zitiert in [Beyerchen, 1982, S. 59]. Zur Vertreibung der Göttinger Mathematiker siehe insbesondere [Siegmund-Schultze, 1998, S. 292–298] und [Schappacher, 1998]; zur Göttinger Physik siehe [Rosenow, 1998].

Prandtl blieb bei diesen Veränderungen kein passiver Zuschauer. Er war neben seiner Funktion als Direktor eines Kaiser-Wilhelm-Instituts auch Direktor des Instituts für angewandte Mechanik an der Universität, so dass ihn der Kahlschlag an den benachbarten mathematischen und physikalischen Universitätsinstituten nicht unbeeindruckt lassen konnte. Die Entlassung Courants, der einige Jahre zuvor Runges Nachfolger im Nachbarinstitut für angewandte Mathematik geworden war, betraf sein unmittelbares Umfeld. Als 28 Mathematiker und Physiker, darunter so prominente wie Max Planck und Arnold Sommerfeld, einen Protestbrief gegen die Entlassung Courants verfassten, baten sie Prandtl, diese Eingabe dem Kurator der Göttinger Universität zu unterbreiten. Prandtl wandte sich auch direkt an den Reichswissenschaftsminister, um sich für Courant einzusetzen, doch der Protest war erfolglos.[5]

Es dauerte nicht lange, bis Prandtl auch in seinem eigenen Umfeld am Institut für angewandte Mechanik der Universität Göttingen mit der nationalsozialistischen Politik konfrontiert wurde.[6] Willy Prager, der als sein Assistent das Institut vier Jahre lang zu seiner vollsten Zufriedenheit geleitet hatte, so dass er selbst sich ganz auf das Kaiser-Wilhelm-Institut für Strömungsforschung konzentrieren konnte, hatte im Februar 1933 einen Ruf als Ordinarius für Mechanik an die Technische Hochschule Karlsruhe angenommen. Unmittelbar darauf wurde ihm aber mitgeteilt, dass er diese Stelle nicht antreten könne, da die Karlsruher Studenten an seinem jüdischen Namen Anstoß nähmen. Prandtl bat daraufhin den Heidelberger Experimentalphysiker und langjährigen Anhänger der Hitler-Bewegung, Philipp Lenard, seinen Einfluss bei der neuen Regierung geltend zu machen und Prager zu seinem Recht zu verhelfen. Prager sei „einer der glänzendsten jungen Leute auf dem Gebiet der technischen Mechanik" und würde „eine Zierde" der Hochschule werden. Um das vermeintlich Jüdische an Prager zu widerlegen, bediente Prandtl die rassistischen Auffassungen, für die Lenard weithin bekannt war. Prager sei „blond, mit gerader Nase, macht einen durchaus arischen Eindruck und vor allem ist er auch ein prachtvoller Charakter, beliebt bei Jedermann, der ihn kennt. Der Name stammt natürlich von einem jüdischen Ahnen, aber ich möchte hervorheben, dass bereits seine vier Großeltern sämtlich christlich waren, 3 davon, so wie mir versichert wird, einwandfrei deutschen Geblütes. Er unterhält keinerlei verwandtschaftliche Beziehungen mit irgendeiner jüdischen Linie seines Namens und ist von ganz einwandfrei nationaler Gesinnung. Auch die Art, wie er den gegen ihn geführten Schlag trägt, ist prachtvoll".[7]

---

[5] [Beyerchen, 1982, S. 45–52],[Reid, 1996, S. 145–152].
[6] Siehe dazu ausführlich [Rammer, 2004, Kap. 5], wo die im Folgenden zitierten Passagen aus den angegebenen Archiven vollständiger wiedergegeben werden.
[7] Prandtl an Lenard, 1. April 1933, GOAR 3670-1.

Mit ähnlichen Schreiben wandte sich Prandtl auch an den Vizekanzler im Kabinett Hitlers, Franz von Papen, und an den Innenminister, Wilhelm Frick. „Besonders bezüglich der Viertelsjuden ist zu sagen, dass sie Dreivierteldeutsche sind", so versuchte er Frick gegenüber den problematischen Großelternteil unter Pragers Vorfahren in den Hintergrund zu drängen, der nach den inzwischen erlassenen Durchführungsbestimmungen des „Gesetzes zur Wiederherstellung des Berufsbeamtentums" ausreichte, um der Nichteinstellung Pragers einen legalen Anschein zu geben. Man sollte „Viertelsjuden" wie Prager, die „in ihrem Empfinden und in ihrer ganzen Art sich bisher überwiegend als vollgültige Deutsche gefühlt haben", nicht wie „Volljuden" behandeln. „M. E. ist bei dem Kampf Deutschlands gegen das Judentum das Rassenproblem gar nicht das vordringlichste, sondern die Gefährlichkeit des jüdischen Bevölkerungsteils liegt in seiner Geschlossenheit und in dem unheimlichen Zusammenhalten und Zusammenwirken. Wer (besonders von den Halbjuden usw.) sich von der Judenschaft lossagt und sich selbst als Deutschen empfindet und im Deutschtum aufgehen will, dem sollte man nach meiner Ansicht dazu helfen, ihm dies zu ermöglichen, und ihn nicht durch Maßnahmen wie die jetzt beabsichtigte sozusagen in das Judentum zurückstoßen. Vom bevölkerungspolitischen Standpunkt aus erlaube ich mir dazu zu bemerken, dass nach meinen sehr zahlreichen Feststellungen aus der Vermischung von deutschem und jüdischem Blut ungewöhnlich viele hochbegabte Menschen hervorgehen, die für uns höchst wertvoll sind, sobald es gelingt, sie vom Judentum innerlich zu lösen." Frick ließ Prandtl jedoch von dem für „Rasseforschung" im Innenministerium zuständigen Referenten mitteilen, dass Ausnahmen nicht gemacht würden und in „rassischer Hinsicht" für die „Reinigung" des „deutschen Volkes" Opfer gebracht werden müssten.[8]

In Göttingen war als Nachfolger von Prager auf der Assistentenstelle im Institut für angewandte Mechanik zum 1. April 1933 Kurt Hohenemser angestellt worden, der jedoch aufgrund seines jüdischen Vaters ebenfalls „nichtarisch" war und auf Druck nationalsozialistischer Studenten gleich wieder entlassen wurde. In diesem Fall wollten die fanatisierten Studenten gar nicht erst das bürokratische Prozedere nach den Bestimmungen des Beamtengesetzes abwarten, sondern forderten eine beschleunigte Entlassung, um einem ihnen genehmen Parteigenossen zu der Assistentenstelle zu verhelfen. Prandtl wies den Wortführer der Studenten, Erich Hahnkamm, der als Hilfsassistent am Institut war, jedoch ab mit den Worten: „Sie sind auch so ein brauner Fanatiker." Der gab später über Prandtl zu Protokoll, dass er sich bei einem „derartigen Gegner der nationalsozialistischen Weltanschauung" kein Gehör verschaffen konnte. Hahnkamm wandte sich deshalb an den Kurator und for-

---

[8] Prandtl an Frick, 27. April 1933; Gercke an Prandtl, 10. Mai 1933. GOAR 3670-1.

derte ihn ultimativ auf, Hohenemser „unverzüglich zu entfernen oder wir würden zur Selbsthilfe greifen".[9] Prandtl wollte die Assistentenstelle zuerst für Prager offen halten, der jedoch den Weg in die Emigration wählte, wo er zuerst in Istanbul und später in den USA seine Karriere fortsetzen konnte.[10] Danach rückte Wilhelm Flügge in die engere Wahl, der sich 1932 bei Prandtl habilitiert hatte. Keinesfalls wollte Prandtl, wie er dem Kurator gegenüber betonte, die Assistentenstelle dem Kandidaten der nationalsozialistischen Studenten anvertrauen.[11]

Offensichtlich unterschätzte Prandtl den Einfluss der „braunen Fanatiker", denn Hahnkamm, Mitglied der NSDAP, SS und einer Reihe weiterer Naziorganisationen, warf Prandtl vor, sein Amt als Direktor des Instituts für angewandte Mechanik zu vernachlässigen. Prandtl sei „höchstens alle drei Wochen für eine Stunde im Institut zu sehen", schrieb er im November 1933 an den Universitätskurator.[12] Damit bestätigte sich für den Kurator, was ihm Prandtl selbst kurz vorher mitgeteilt hatte. Er sei mit der Leitung des Kaiser-Wilhelm-Instituts so sehr in Anspruch genommen, dass er dazu übergegangen sei, „die inneren Obliegenheiten des Instituts für angewandte Mechanik in einem höheren Umfang dem Assistenten zu überlassen". Prandtl wollte dies allerdings nicht als Entschuldigung für seine häufige Abwesenheit im Universitätsinstitut verstanden wissen, sondern als Argument, warum er nicht Hahnkamm, sondern nur Flügge, „einen reifen jungen Gelehrten", für die Assistentenstelle in Betracht zog. Flügge besitze „die nötige wissenschaftliche Autorität", um den Studenten gegenüber „die Belange des Institutsdirektors mit dem erforderlichen Nachdruck wahrzunehmen".[13] Für Hahnkamm und den Kurator war Prandtls häufige Abwesenheit jedoch Grund genug, ihm den Rücktritt von der Institutsleitung nahezulegen. Anstelle von Prandtl sollte man, so schlug Hahnkamm dem Kurator vor, Max Schuler „zum Leiter unseres Instituts ernennen".[14]

Schuler hatte sich 1924 bei Prandtl habilitiert und seit 1928 einen Teil der Lehre in der angewandten Mechanik übernommen. Sein Spezialgebiet war die mechanische Schwingungslehre und die Kreiseltheorie. Hahnkamm hatte 1930 bei Schuler mit einer Arbeit über „Schwingungssysteme unter besonderer Berücksichtigung des Schlingertankproblems" promoviert. Seit 1932 besaß er als Schulers Hilfsassistent auch eine halboffizielle Stellung am In-

---

[9] Bericht des Dr. Erich Hahnkamm über das Institut für angewandte Mechanik vom 21. Juni 1934. GSTAPK, I. HA Rep. 76 Kultusministerium, Vc Sekt. 21 Tit. 23 Nr. 18 Bd. 3, Das Kaiser-Wilhelm-Institut für Strömungsforschung in Göttingen, 1933–34.
[10] [Siegmund-Schultze, 2009, S. 141–143].
[11] Prandtl an Valentiner, 11. Juli 1933. AMPG, Abt. III, Rep. 61, Nr. 2162.
[12] Hahnkamm an Valentiner, 18. November 1933. UAG, Kur. XVI. V. C. h. 11 I.
[13] Prandtl an Valentiner, 10. Oktober 1933. UAG, Kur. XVI. V. C. h. 11 I.
[14] Hahnkamm an Valentiner, 18. November 1933. UAG, Kur. XVI. V. C. h. 11 I.

stitut. Offensichtlich erhoffte er sich mit Schuler als Institutsdirektor auch die offizielle Betrauung mit der planmäßigen Assistentenstelle des Instituts, obwohl seine Dissertation nur mit „genügend" bewertet worden war und er damit unter rein fachlichen Gesichtspunkten schlechte Aussichten für eine Habilitation hatte. Prandtl schätzte Schuler als Kollegen und war gar nicht grundsätzlich abgeneigt, ihm die Institutsgeschäfte zu überlassen – aber nur unter der Voraussetzung, dass Flügge die Assistentenstelle bekommen würde und er selbst auch künftig Doktorarbeiten am Institut durchführen lassen könne. Dennoch ließ er durchblicken, dass sein Rücktritt von der Institutsleitung mehr politischen als sachlichen Zwängen geschuldet war. „Aus einer Reihe von Vorkommnissen der letzten Zeit glaube ich schließen zu müssen, dass man höheren Orts meinen Rücktritt von der Leitung des Instituts für angewandte Mechanik wünscht", schrieb er an den Dekan seiner Fakultät. „Ich werde mich diesem Wunsch nicht entziehen." Die Übertragung der Institutsleitung an Schuler verstand er vorläufig jedoch nur als „Zwischenlösung".[15]

An Prandtls Stellung als Ordinarius an der Göttinger Universität änderte der Verzicht auf die Institutsleitung nichts. Er hielt auch weiter turnusmäßig Vorlesungen über Hydro- und Aerodynamik. Von seinen beiden Hauptarbeitsrichtungen in der angewandten Mechanik, Festigkeitslehre und Strömungsforschung, hatte er sich schon in den 1920er Jahren fast ausschließlich Letzterer zugewandt. Die Strömungsforschung am Kaiser-Wilhelm-Institut wurde ihm zur Lebensaufgabe, die Festigkeitslehre hatte er mehr und mehr seinen Assistenten am Universitätsinstitut überlassen. Als Flügge zum 1. April 1934 vereinbarungsgemäß die Assistentenstelle übertragen wurde, sah er auch in dieser Hinsicht seine Wünsche erfüllt. Allerdings saßen Hahnkamm und seine Parteigenossen am Ende doch am längeren Hebel, denn Flügge wurde schon nach einem halben Jahr als politisch unzuverlässig entlassen. Die Assistentenstelle wurde Hahnkamm übertragen, der damit drei von Prandtl geförderte Assistenten – Prager, Hohenemser und Flügge – als Konkurrenten ausgeschaltet hatte. Für ihn sei „die Erlangung der Assistentenstelle nach der Machtergreifung durch den Nationalsozialismus aus den Händen der Juden und nachfolgenden Liberalisten" auch eine „Prestigefrage" gewesen, so äußerte er sich dazu in einem Schreiben an das Reichserziehungsministerium. Dabei erklärte er sich selbst zum Opfer, denn durch „alle diese von mir bekämpften Verhältnisse" sei er „wissenschaftlich gehindert" worden und habe „oft schwere wirtschaftliche Not gelitten".[16]

---

[15] Prandtl an Reich, 26. Februar 1934. UAG, Kur. PA Schuler.
[16] Hahnkamm an das REM, 6. Dezember 1935. UAG, Rek. 5250/7A. 1936 wurde er Referent im Reichsluftfahrtministerium, wo er für die Entwicklung von Kreiselgeräten zuständig war und 1939 zum Flieger-Stabsingenieur ernannt wurde [Rammer, 2004, S. 515].

7.2   Politische Querelen am KWI für Strömungsforschung

Auch als Direktor des Kaiser-Wilhelm-Instituts für Strömungsforschung wurde Prandtl mit Nazi-Maßnahmen konfrontiert. Dabei kam der Anstoß nicht von außen, sondern aus den Reihen der eigenen Belegschaft. Nach der Zerschlagung der Gewerkschaften erklärte sich die der SA nahestehende Nationalsozialistische Betriebszellen-Organisation (NSBO) zur neuen Arbeitnehmervertretung, so dass in vielen Betrieben die „braunen Fanatiker" neben der offiziellen Betriebsleitung eine zweite Führungsebene etablierten, die unter der Belegschaft für nationalsozialistische Linientreue sorgte. Danach waren Denunziationen an der Tagesordnung, was in vielen Unternehmen den Betriebsablauf erheblich störte und von führenden Nationalsozialisten bald als Störung der eigenen Bewegung empfunden wurde. Im Juli 1934 wurde die NSBO entmachtet und durch die von Robert Ley geleitete Deutsche Arbeitsfront ersetzt.[17]

Im Sommer 1933 fühlten sich die Funktionäre der NSBO jedoch noch als Speerspitze der Nazi-Bewegung – nicht nur in Betrieben der gewerblichen Wirtschaft, sondern auch in den Instituten der Kaiser-Wilhelm-Gesellschaft, wo sie sich bis hinauf zur Generalverwaltung mit Forderungen nach der Entlassung von Juden und der Denunziation missliebiger Kollegen bemerkbar machten.[18] Am KWI für Strömungsforschung und der angeschlossenen AVA rückte Johann Nikuradse in ihr Visier. Der besaß jedoch gute Verbindungen zu höchsten Nazi-Kreisen und war selbst „seit langem im Geheimen für die NSDAP tätig", wie in einem Protokoll über diese Affäre festgestellt wurde.[19] Obwohl, oder gerade weil dies einigen von Nikuradses Kollegen bekannt war, wandten sich am 1. April 1933 vier NSBO-Mitglieder an den Göttinger SS-Sturmbannführer und Polizeidirektor Albert Gnade, „um diesen vor der Verwendung Ni.'s für die Partei zu warnen. Sie entschlossen sich erst recht zu diesem Schritt, als sie erfuhren, dass Herr Gnade mit Ni. besonders politisch befreundet sei". Ausgangspunkt für ihr Misstrauen gegen Nikuradse war, dass er als Georgier ein „rassefremder Ausländer" war, „dessen jüdisches Aussehen und Gebaren eine instinktive Abneigung und Abwehrstellung in jedem Deutschblütigen" hervorrufe. Das sei auch durch ein „rassekundliches Gutachten des SS-Rasseamtes" belegt, in dem Nikuradse zwar keine jüdische Abstammung, aber dennoch eine „Rassenzusammensetzung" bescheinigt wurde, die „bei Juden häufig" anzutreffen sei. „Als Arier ist ein Mensch dieser

---

[17] [Mai, 1983].
[18] [Hachtmann, 2007, Kap. 5.3].
[19] Der Fall Nikuradse, Tatbestand. undatiert. AMPG, Abt. I, Rep. 44, Nr. 161.

Rassenzusammensetzung, auch wenn er Nichtjude ist, auf keinen Fall anzusehen." Hinzu kam ein Verdacht auf Spionage für die Sowjetunion, Bücherdiebstahl und der Vorwurf, Nikuradse sei „wissenschaftlich unbegabt". Sein „unklares Gerede" sei „Ausdruck seiner eigenartigen Veranlagung und seines orientalischen Charakters". Dennoch habe er offenbar dank seiner Kontakte zur Partei einigen Einfluss bei verschiedenen Gelegenheiten entfalten können. Dass „ausgerechnet ein Orientale in der völkischen Revolution eine Rolle spielen" würde, habe „eine Reihe von Mitarbeitern, insbesondere die Mitglieder der nationalsozialistischen Betriebszelle auf das Stärkste" empört.[20]

Albert Gnade war ein herausragender Vertreter der Göttinger Nazi-Prominenz.[21] Er übergab die Angelegenheit seinem SS-Genossen Johannes Weniger, zu dessen Tätigkeit es gehörte, die politische Zuverlässigkeit der Institutsmitarbeiter zu überprüfen. Weniger unterrichtete Nikuradse über die gegen ihn vorgebrachten Anschuldigungen, und Nikuradse ging nun seinerseits in die Offensive. Die näheren Umstände lassen sich nicht mit Sicherheit aufklären, aber Nikuradses Einfluss innerhalb der SS und der NSDAP reichte jedenfalls aus, um sich nicht nur von allen Vorwürfen offiziell rehabilitieren zu lassen, sondern auch seine Widersacher von der NSBO und die als Zeugen gegen ihn aufgetretenen Institutsangehörigen zu Angeklagten zu machen. Weniger soll bei einer Kuratoriumssitzung des KWI für Strömungsforschung Prandtl mit der Forderung konfrontiert haben, sieben Mitarbeiter, die gegen Nikuradse aufgetreten waren, fristlos zu entlassen. „Weigere sich Herr Prof. Prandtl, so mache er sich zum Haupt einer Revolte gegen den nationalen Staat und müsse mit Konzentrationslager rechnen." Für Prandtl war jedoch nicht die SS, sondern die Generalverwaltung der Kaiser-Wilhelm-Gesellschaft die für Personalentlassungen zuständige vorgesetzte Stelle. Friedrich Glum, der amtierende Generaldirektor der KWG, veranlasste deshalb ein neues Verfahren. Danach wurden sechs Mitarbeiter fristlos entlassen und zwei verwarnt. Als Grund für die Entlassungen wurde angegeben, sie hätten „das Ansehen des Kaiser-Wilhelm-Instituts, der Kaiser-Wilhelm-Gesellschaft und des Deutschen Reiches geschädigt". Drei der entlassenen Mitarbeiter wurden jedoch kurz darauf auf Bewährung und unter der Bedingung, dass sie sich mit Gehaltseinbußen einverstanden erklärten, wieder eingestellt.[22]

Prandtl fühlte sich bei dieser Angelegenheit in mehrfacher Weise hintergangen; zuerst von den Mitgliedern der NSBO, da sie sich mit ihren Vorwürfen gegen Nikuradse nicht an ihn als Institutsdirektor, sondern an den

---

[20] Die Zitate stammen aus einer Anlage zu einem Schreiben an den Vertrauensrat des KWI für Strömungsforschung vom 12. Juni 1934, in der „Die Gründe für das Interesse an der politischen Tätigkeit des Herrn Dr. Nikuradse" dargelegt wurden. AMPG, Abt. I, Rep. 44, Nr. 161.
[21] [Tollmien, 1999].
[22] Der Fall Nikuradse, Tatbestand. undatiert. AMPG, Abt. I, Rep. 44, Nr. 161.

SS-Sturmbannführer Gnade gewandt hatten; dann von Nikuradse, dessen Intrigen und Nazi-Kontakte ihm erst bei dieser Gelegenheit offenbart wurden; und schließlich auch vom Generaldirektor der KWG, der ihm die Entlassung von sechs Mitarbeitern aufzwang, ohne ihm und den Betroffenen ausreichend Gelegenheit zu einer eigenen Aufklärung der Affäre zu geben. Zwei seiner Mitarbeiter, die zuerst entlassen und dann auf Bewährung wieder eingestellt wurden, führten einen monatelangen Kampf um ihre Rehabilitation.[23] Vor allem den Vorwurf, sie hätten „das Ansehen des Deutschen Reiches geschädigt", wollten sie nicht auf sich sitzen lassen. „Ich war damals durch eine sehr schwierige Lage, in die das mir anvertraute Institut geraten war, gezwungen, die Verantwortung für diesen nicht von mir selbst stammenden Wortlaut zu übernehmen", so entschuldigte sich Prandtl später bei ihnen.[24] Einem anderen damals entlassenen Mitarbeiter gegenüber erklärte er sich gerne bereit, „die Vorgänge vom Oktober 1933 noch einmal aufzurollen", wenn er dafür „einen vernünftigen Weg" sehe. Das Urteil von damals sei „von Generaldirektor Glum vollzogen worden auf Grund einer Befragung von seiten staatlicher Behörden. Ich war, nachdem das Urteil gesprochen war, lediglich mit der Vollstreckung beauftragt und kann deshalb meinerseits das Urteil nicht als hinfällig erklären. [...] Sie werden einsehen, dass ich, da ich doch dauernd mit den in Frage kommenden Berliner Instanzen zusammenarbeiten muss, hier meine Zuständigkeiten nicht überschreiten kann".[25]

Bei den Berliner Instanzen handelte es sich vor allem um die Generalverwaltung der KWG, die 1933 selbst erheblichen Ärger mit NSBO-Funktionären hatte.[26] Glum wurde nach seinem „Urteil" im Fall Nikuradse selbst zum „Beklagten" in einem von den entlassenen NSBO-Mitgliedern angestrengten Arbeitsgerichtsprozess. Was die als Entlassungsgrund angegebene Formulierung über die Schädigung des Ansehens des Deutschen Reiches anging, behauptete Glum, dies sei „auf ausdrückliches Verlangen des Reichsluftfahrtministeriums" erfolgt.[27] Im Luftfahrtministerium dürfte man vor allem auf eine rasche Beendigung der Affäre gedrängt haben. Tatsächlich hatte Prandtl im September 1933 Baeumker gegenüber es als „ein Unding" bezeichnet, „dass ich in dem Moment, wo wir unsere Mitarbeiterschaft weiter auszubauen haben werden, plötzlich sieben deutsche Mitarbeiter entlasse, weil sie zu einem am

---

[23] Schriftwechsel von Hans Reichardt und Gustav Mesmer mit Prandtl und dem Betriebsrat des KWI für Strömungsforschung. AMPG, Abt. I, Rep. 44, Nr. 163.

[24] Erklärung, 30. Januar 1937. AMPG, Abt. I, Rep. 44, Nr. 163. In einer Erklärung über gerichtliche, polizeiliche oder disziplinäre Vorstrafen erwähnte Mesmer „die im Fall Nikuradse über mich verhängte, von der Direktion selbst nicht gebilligte Verwaltungsmassnahme", Personalakte Mesmer, GOAR AK 1781.

[25] Prandtl an Winkler, 17. Februar 1937. AMPG, Abt. I, Rep. 44, Nr. 161.

[26] Siehe dazu [Hachtmann, 2007, Kap. 5.3].

[27] Harnisch an Prandtl, 9. Juni 1934. AMPG, Abt. III, Rep. 61, Nr. 614.

Institut arbeitenden Ausländer in Gegensatz geraten sind". Schuld daran sei „das Gegeneinanderarbeiten von lokalen Parteiinstanzen", so deutete er die Hintergründe der Affäre an. „Einzelheiten werden deshalb besser mündlich berichtet."[28]

Die Affäre wirft nicht nur ein Schlaglicht auf das Betriebsklima im Kaiser-Wilhelm-Institut für Strömungsforschung am Beginn der Nazi-Herrschaft, sondern auch auf Prandtls Reaktion auf politisch motivierte Eingriffe. Er fühlte sich in seiner „Ehre als Direktor eines Kaiser-Wilhelm-Institutes verletzt", schrieb er an Planck als Präsident der Kaiser-Wilhelm-Gesellschaft, nachdem ihm Glum zugemutet hatte, die Entlassungen auszusprechen, „ohne die letzte Möglichkeit einer Verständigung erschöpft zu haben".[29] Obwohl er Glums „Urteil" vollstreckte, kam er nach einer erneuten Befragung der entlassenen Mitarbeiter zu der Überzeugung, dass Nikuradse sein Vertrauen missbraucht hatte. Nikuradse beschuldigte danach auch Prandtl, bei dem Verfahren gegen ihn Zeugen beeinflusst zu haben. Prandtl kündigte daraufhin Nikuradse fristlos, was eine Klage Nikuradses gegen die KWG vor dem Amtsgericht Göttingen nach sich zog. Das Verfahren endete mit einem Vergleich: Nikuradse nahm seine Anschuldigungen gegen Prandtl zurück, und im Gegenzug wurde die fristlose Kündigung in eine Auflösung des Dienstverhältnisses in beiderseitigem Einverständnis zum 31. Juli 1934 umgewandelt.[30] Nikuradse setzte danach seine Karriere als Professor der Mechanik an der Universität Breslau fort.

Die Nikuradse-Affäre war kaum beendet, da bahnte sich neuer Ärger an. Gustav Mesmer, der als Zeuge in der Nikuradse-Affäre befragt, entlassen und dann auf Bewährung wieder eingestellt worden war, wurde denunziert, er habe sich „schwerwiegende staatsfeindliche Äußerungen" zuschulden kommen lassen. „Durch den Vertrauensrat des Instituts sind diese Äußerungen protokollarisch festgelegt", schrieb Weniger an den inzwischen zum SS-Standartenführer aufgestiegenen Göttinger Polizeidirektor Albert Gnade. „Im Zusammenhang mit den früheren Vorgängen im Kaiser-Wilhelm-Institut tragen diese Vorgänge einen besonderen staatsfeindlichen und staatsgefährdenden Charakter." Der Vertrauensrat habe Prandtl aufgefordert, „sofort von dem staatsfeindlichen Verhalten Messmers [sic] der Ortspolizeibehörde Kenntnis zu geben", doch Prandtl habe dies verweigert. „Herr Prof. Prandtl ist über diese Zumutung empört gewesen und hat verlangt, dass die Angelegenheit ruhe bis er mit Messmer und anderen darüber gesprochen habe." Weniger drängte auf eine rasche Verhaftung Mesmers, die Beschlagnahme sämtlicher Akten des Ver-

---

[28] Prandtl an Baeumker, 26. September 1933. SUB, Cod. Ms. L. Prandtl 10.
[29] Prandtl an Planck, 28. Dezember 1933. Zitiert in [Vogel-Prandtl, 2005, S. 128].
[30] Erklärung Prandtls an die „Gefolgschaft des Kaiser-Wilhelm-Instituts und der Aerodynamischen Versuchsanstalt", 18. Juli 1934. AMPG, Abt. I, Rep. 44, Nr. 163.

waltungsrates und fand, „dass das Verhalten des Prof. Prandtl im Sinne der Verdunklungsgefahr zu ernsten Bedenken Anlass gibt". Prandtl sei „wie aus früheren Vorgängen bekannt ist, zu Herrn Messmer u. Gen[ossen] solidarisch" und deshalb bestehe der „dringende Verdacht", dass er „mit allen Mitteln versuchen wird, Herrn Messmer in Schutz zu nehmen und die Wahrheit der Geschehnisse zu entstellen, einen Eingriff der Polizei zu verhindern".[31]

Die Göttinger Kriminalpolizei reagierte prompt. Die noch am gleichen Tag befragten Vertrauensratmitglieder bestätigten, dass Mesmer sich in der Buchhaltung des KWI „in staatsfeindlichem Sinne geäußert" habe. Mesmer stehe „schon seit längerer Zeit in dem Verdacht der staatsfeindlichen Einstellung". Er habe an Treffen des „Internationalen Sozialistischen Kampfbundes"[32] teilgenommen und sei mit einem seiner Führer „aufs engste befreundet". Prandtl habe Mesmer und seinen Anhang gedeckt, obwohl ihm deren politische Einstellung bekannt sein musste. „Aus diesem Verhalten kann man nur den Schluss ziehen, dass er auch in politischer Hinsicht mit Messmer u. Gen. übereinstimmt. Seine feindliche Einstellung gegen den heutigen Staat geht auch daraus hervor, dass er im April 1933 trotz des einmütigen Protestes der Institutsmitarbeiter den Juden Dr. Hohenemser zum leitenden Assistenten gemacht hat. Dr. Hohenemser nahm nämlich in hervorragender Weise ebenfalls an den ISK-Abenden teil. Seine Einstellung ist weiter bezeichnend dadurch, dass er den durch das Kultusministerium rehabilitierten Dr. Nikuradse zum 1. 4. 34 kündigte, während die disziplinarisch in dieser Angelegenheit bestraften Angestellten u. Assistenten von ihm in jeder Weise in Schutz genommen wurden. Unter diesen Umständen dürfte zu erwägen sein, Prandtl im Interesse des Arbeitsfriedens und der Staatssicherheit die Betriebsführung zu entziehen."[33]

Nach den Erfahrungen mit der Nikuradse-Affäre ging Prandtl in diesem Fall sofort in die Offensive. Er berief eine Sitzung mit den Vertrauensratmitgliedern ein und erklärte das Vorgehen gegen Mesmer für „unrecht". Es sei ihm „unerklärlich, daß sich die NSBO mit dieser Angelegenheit befasst habe, da doch Herr Mesmer nicht Mitglied der NSBO sei". Auch in diesem Fall war die Denunziation von Mitgliedern der NSBO ausgegangen, die Prandtl entgegenhielten, dass sie dafür zu sorgen hätten, „dass im ganzen Be-

---

[31] Weniger an Gnade, 15. Juni 1934. GSTA PK, I. HA Rep. 76 Kultusministerium, Vc Sekt. 21 Tit. 23 Nr. 18 Bd. 3, Das Kaiser-Wilhelm-Institut für Strömungsforschung in Göttingen, 1933–34.

[32] Der Internationale Sozialistische Kampf-Bund (ISK) stand den Sozialdemokraten nahe. Er hatte sich in den 1920er Jahren aus dem Kreis um den Göttinger Philosophen Leonard Nelson gebildet und strebte nach einem philosophisch-ethisch begründeten Sozialismus. Siehe dazu [Lindner, 2006, Kap. 2] und http://library.fes.de/fulltext/isk/isk-buch.html.

[33] Ippensen (Kriminal-Sekretär) und Lange (Kriminal-Kommissar), 15. Juni 1934. GSTA PK, I. HA Rep. 76 Kultusministerium, Vc Sekt. 21 Tit. 23 Nr. 18 Bd. 3, Das Kaiser-Wilhelm-Institut für Strömungsforschung in Göttingen, 1933–34.

trieb das Gedankengut des Nationalsozialismus hochgehalten" werde. Prandtl bestritt jedoch, dass die NSBO ein Recht habe, „auf Personen, die außerhalb der NS-Organisationen stehen, Einfluss zu nehmen". Ein solcher Eingriff in die betrieblichen Abläufe könne nur „durch ein Reichsgesetz" legitimiert werden. Stattdessen hätte die Angelegenheit zuerst mit ihm selbst als „Führer" des Betriebs in einer Vertrauensratsitzung besprochen werden müssen. Was den Vorwurf der staatsfeindlichen Einstellung betraf, habe er sich davon überzeugt, dass Mesmer „nur einige Äußerungen über das heutige und das frühere Tarifwesen gemacht habe. Diese Äußerungen seien nur eine Tatsachenfeststellung". Es sei „nun einmal so, dass die Nationalsozialisten auf Grund der tatsächlichen Entwicklung zugelernt hätten und dass sie es einsehen, dass sie nicht alle früheren Pläne verwirklichen können. Es sei gewiss auf politischem Gebiet vieles sehr viel besser geworden, aber gerade bezüglich Tarifwesen hätte sich gezeigt, dass man noch nichts Besseres habe schaffen können als das von der früheren Regierung Übernommene. Die Sozialdemokraten hätten sich tatsächlich am meisten der kleinen Leute angenommen. Man dürfe doch nicht jedem Menschen verbieten, über einfache Tatsachen zu sprechen". Mesmer selbst erklärte bei dieser Gelegenheit, „dass nicht er sich über schlechte Zeiten beklagt habe, ihm ginge es gut". Vielmehr habe sich die Buchhalterin beklagt. „Er hätte sie eher zu trösten versucht." Falls er dabei zu einer Wortwahl gegriffen habe, die „den, dem der Nationalsozialismus etwas Ernstes ist, verletzten oder kränken konnte", so tue ihm dies leid. Die „Entschuldigung des Herrn Mesmer müsste unbedingt genügen", so beendete Prandtl die Sitzung, „da das Institut keinen neuen Skandal gebrauchen könne".[34]

So ohne weiteres ließ sich jedoch die Angelegenheit nicht bereinigen. Auch dieser Fall ging an übergeordnete Berliner Instanzen zur näheren Überprüfung. Wie der Generaldirektor der KWG Ende Juli 1934 dem Kultusministerium berichtete, habe „in der Angelegenheit Messmer [sic] auf Veranlassung des Herrn Staatssekretärs im Reichsluftfahrtministerium Milch am Donnerstag, den 19. Juli ds. Jrs. eine Untersuchung durch den politischen Beauftragten im Reichsluftfahrtministerium, Herrn Regierungsrat Weber stattgefunden", an der auch Baeumker und Gnade teilgenommen hätten. „Bei dieser Gelegenheit ist festgestellt worden, dass gegen Herrn Messmer eine Untersuchung durch die Oberstaatsanwaltschaft wegen Äußerungen, die er bei einer Lohnverhandlung im Institut getan hat, eingeleitet worden war. Dr. Messmer hat auch einen Tag in Untersuchungshaft verbracht, das Verfahren ist aber durch die Oberstaatsanwaltschaft, wie Dr. Messmer mitgeteilt worden ist, eingestellt worden. Beschuldigungen, die in diesem Zusammenhang auch gegen Herrn

---

[34] Aussprache Prandtls mit den Vertrauensleuten der AVA, 18. Juni 1934. Zitiert in [Trischler, 1993, Dok. 33].

Prof. Prandtl erhoben worden sind, haben sich als völlig unbegründet, da auf einer Personenverwechslung beruhend, herausgestellt. Die Vertreter des Reichsluftfahrtministeriums haben nun Veranlassung genommen, nach Abschluss der Verhandlungen nachdrücklich darauf hinzuweisen, dass im Institut Ruhe und Ordnung herrschen müsse und dass das Ministerium die Haltung der Kaiser-Wilhelm-Gesellschaft in der Behandlung der Denunzianten gegen Herrn Dr. Nikuradse ausdrücklich billige.“[35] Mesmer wechselte 1935 an die Technische Hochschule Aachen, wo man ihm einen Lehrauftrag für Flugzeugstatik erteilte und er sich, wie er Prandtl schrieb, „sehr wohl" fühle.[36] Er blieb mit Prandtl in Kontakt und versicherte ihm, dass er der „Schule Prandtl" stets Ehre machen werde. Die späte Rehabilitation in der Nikuradse-Affäre, mit der Prandtl „die alte leidige Geschichte in einen etwas besseren Zustand bringen" wollte, war ihm inzwischen gleichgültig geworden. „Da ich nicht beabsichtige, wieder Angestellter der KWG zu werden, werden die KWG-Akten vermutlich kaum mehr wesentlichen Einfluss auf meine berufliche Zukunft haben.“[37] Die Entlassung im Zug der Nikuradse-Affäre und der aufgezwungene Gehaltsverzicht bei der Wiedereinstellung hinterließen bei ihm jedoch einen nachhaltigen Groll gegen die KWG und ihren damaligen Generaldirektor. Wie er an Hans Reichardt schrieb, der weiter am Göttinger KWI arbeitete, habe er „nicht die Absicht, Prandtl zu bestärken in der Ansicht, nun sei ‚alles gut‘.“ Was Glum von ihm denke, sei ihm „schnuppe", er habe dessen Bedingung für die Wiedereinstellung nur „unter wirtschaftlichem Zwang erduldet. Heute fühle ich mich davon ebenso frei wie von der Kriegsschuld. Nun könnte ich ja nach politischem Muster feierlich erklären, dass ich den Wisch nicht mehr anerkenne – aber was nütze ich mir und sonst jemandem damit? Null Komma Nichts“.[38]

Auch an Prandtl gingen die Intrigen und Denunziationen im Zusammenhang mit der Nikuradse- und Mesmer-Affäre nicht spurlos vorüber. Dass ihm ein SS-Scherge mit Konzentrationslager gedroht hatte, dürfte er angesichts der Wertschätzung seiner Person durch das Luftfahrtministerium weniger ernst genommen haben als das Verhalten der KWG-Generalverwaltung, die ihn zum Vollstrecker von Maßnahmen gemacht hatte, die gegen sein Ethos als Institutsdirektor verstießen. Vom Sommer 1933 bis zum Herbst 1934 ließen ihn die politisch motivierten Querelen in seinem Institut nicht zur Ruhe kommen. Als ihm Max Planck im Februar 1935 zum 60. Geburtstag gratulierte, schrieb

---

[35] Glum an das Preußische Kultusministerium, 24. Juli 1934. GSTA PK, I. HA Rep. 76 Kultusministerium, Vc Sekt. 21 Tit. 23 Nr. 18 Bd. 3, Das Kaiser-Wilhelm-Institut für Strömungsforschung in Göttingen, 1933–34.
[36] Mesmer an Prandtl, 7. Juni 1936. AMPG, Abt. III, Rep. 61, Nr. 1056.
[37] Mesmer an Prandtl, 12. April 1937. AMPG, Abt. III, Rep. 61, Nr. 1056.
[38] Mesmer an Reichardt, 12. Februar 1937. AMPG, Abt. I, Rep. 44, Nr. 163.

er zurück, dass er „die Mißhelligkeiten vor einem Jahr" jetzt überwunden habe. „Vielleicht mache ich Ihnen damit eine Freude", schrieb er mit Blick auf Plancks Funktion als KWG-Präsident vielsagend dazu, denn auch innerhalb der Generalverwaltung hatten die „Mißhelligkeiten" der Nikuradse-Affäre für Ärger gesorgt.[39]

Von der NSDAP hatte Prandtl jedenfalls nichts zu befürchten. „Politisch ist Prof. Prandtl vollkommen uninteressiert", heißt es in einem Gutachten des Kreisleiters der NSDAP in Göttingen im Jahr 1937. „Zusammenfassend kann Prandtl als der Typ des ehrenwerten, gewissenhaften und um seine Unbescholtenheit und Anständigkeit besorgten Gelehrten einer alten Zeit bezeichnet werden, den wir allerdings im Hinblick auf seine außerordentlich wertvollen wissenschaftlichen Leistungen im Aufbau der Luftwaffe weder entbehren können noch wollen."[40]

7.3   Mittelberg

Zu dem Ärger, den ihm die politischen Querelen an seinem Institut bereiteten, kamen gesundheitliche Probleme. Prandtl hatte schon früher mit Krankheiten den Tribut für die große Belastung bezahlt, die er als Institutsdirektor mit zahlreichen selbst auferlegten Verpflichtungen für die Luftfahrtforschung in Deutschland auf sich genommen hatte. Als Sechzigjähriger besaß er aber nicht mehr dieselbe Widerstandskraft wie in jüngeren Jahren. Im Herbst 1934 erkrankte er an einer Grippe, die ihm viele Wochen lang zu schaffen machte. Richtig gesund wurde er erst in den darauf folgenden Weihnachtsferien, die er mit Frau und Kindern in Mittelberg im Kleinen Walsertal verbrachte. In den 1200 Meter über dem Meeresspiegel gelegenen Luftkurort hatten sie schon früher ihre kränkelnde Tochter Hildegard zur Erholung geschickt und dort auch des Öfteren ihre Winterferien verbracht. Als Gertrud Prandtl nun sah, wie rasch sich ihr Mann in Mittelberg von seiner Grippe erholte, wollte sie „an diesem schönen und gesunden Fleckchen Erde ein kleines eigenes Heim erwerben", wie sie in ihrem Tagebuch notierte. „Ostern 1935 verhandelte ich bereits über Lage und Bau des Hauses, das dann schon im Sommer langsam aus der Erde herauswuchs."[41]

Auch die 18-jährige Tochter Johanna erlebte den Bau des Feriendomizils in Mittelberg als ein besonderes Ereignis in der Familiengeschichte, nicht zuletzt weil dies „vor allem der Initiative meiner Mutter zuzuschreiben war". Prandtl

---

[39] Prandtl an Planck, 9. Februar 1935. AMPG, Abt. III, Rep. 61, Nr. 782.
[40] Gengler an das Amt für Technik, Gauamtsleitung, 28. Mai 1937. Berlin Document Center, Akte Ludwig Prandtl, zitiert in [Trischler, 1993, Dok. 45].
[41] Tagebuchnotizen von Gertrud Prandtl, zitiert in [Vogel-Prandtl, 2005, S. 134].

Abb. 7.1 Prandtl, seine Frau und ein Neffe im Gebirgshaus in Mittelberg

blieb dabei aber nicht passiv. „Mein Vater hat selbst die Pläne für den Hausbau gezeichnet, nach denen dann die Arbeiten ausgeführt wurden", erinnerte sich Johanna. „Die Vorstellung, dass man nach der Pensionierung dort in das Haus übersiedeln wolle, beschäftigte meine Eltern, und sie steckten voller Pläne. Allerdings kam alles ganz anders."[42]

Vorerst jedoch wurde Mittelberg zu einem Refugium, das Erholung von den wachsenden Anforderungen des Berufsalltags in Göttingen versprach (Abb. 7.1). „Über Weihnachten wollen wir nach Mittelberg bei Oberstdorf gehen, wo wir uns ein kleines Häuschen zugelegt haben", schrieb Prandtl an Courant kurz vor den Winterferien.[43] Für die Kinder wurde Mittelberg zum Idyll, wo sie ihren Vater so entspannt wie sonst selten erlebten. Johanna schilderte eine Begebenheit, bei der Prandtl ihrer Mutter, die mit einem hoffnungslos verhedderten Garnknäuel kämpfte, zu Hilfe kam:[44]

Der Schwierigkeitsgrad des zu lösenden Problems übte einen unwiderstehlichen Reiz auf ihn aus. Er ging nun sachgerecht an die Aufgabe. Er wickelte, steckte durch und knüpfte die Knoten behutsam auf, und alle verfolgten aufmerksam seine Manipulationen. Er widmete sich dieser einfachen Beschäftigung mit Geduld und stillem Eifer, und indem man zuschaute, war man bestens unterhalten. Gespannt beobachtete man das allmähliche Gelingen, das er zuletzt wie ein Spiel zu Ende führte.

1936 wurde Mittelberg auch zu einem Refugium für den Göttinger Philosophen Georg Misch, der als „Nichtarier" seine Stelle an der Universität verloren hatte. Im Gästebuch bedankte sich Misch bei den Prandtls dafür,

---

[42] [Vogel-Prandtl, 2005, S. 134].
[43] Prandtl an Courant, 20. Dezember 1935. AMPG, Abt. III, Rep. 61, Nr. 252.
[44] [Vogel-Prandtl, 2005, S. 135].

dass sie ihm für ein halbes Jahr ihr Feriendomizil überließen, mit folgenden Zeilen:[45]

> September, Oktober, November
> und fast den ganzen Dezember,
> dann wiederum im neuen Jahr
> bis über Ende Februar.
> So lebten wir 6 Monat lang
> in Prandtls Haus am Bergeshang,
> selbander in der Einsamkeit;
> die Berge ragen über Freud und Leid.
> Und manche kommen und klopfen an,
> ob man denn hier nicht wohnen kann?
> Jawohl mit Behagen! Doch nicht jedermann.
> Die Herrin des Hauses, auf die kommt es an!
> Sie ließ es Freunden so lange Zeit.
> Ist sie doch stets zum Guttun bereit.

1937 emigrierte Misch nach England, seine Kinder in die USA. Die Zeilen im Gästebuch verraten nichts von den existentiellen Ängsten einer Familie, die in Mittelberg eine vorübergehende Zuflucht auf dem Weg ins Exil fand; aber Prandtl und seine Frau konnten darin erkennen, wie sehr die Auswirkungen der nationalsozialistischen Politik auch im Privaten spürbar waren.

7.4   Im Sog der nationalsozialistischen Aufrüstung

Auch wenn Prandtl gegen die Vertreibung „nicht arischer" Kollegen protestierte und wie im Fall von Misch persönlich seine Hilfe anbot, änderte dies nichts an seiner staatstreuen Einstellung. Ebenso wenig waren die „Mißhelligkeiten" der Jahre 1933 und 1934 für ihn ein Grund, der nationalsozialistischen Regierung seine Loyalität aufzukündigen. Er dürfte darin wie andere national-konservative Akademiker eher unliebsame Begleiterscheinungen der „nationalen Revolution" gesehen haben, von der er sich nach Überwindung solcher Auswüchse eine Verbesserung der Lage Deutschlands versprach. Als ihm ein amerikanischer Kollege vom MIT im November 1933 sein Mitgefühl über die politischen und wirtschaftlichen Verhältnisse in Deutschland nach der Machtübernahme der Nazis bekundete und ihm anbot, für längere Zeit an seinem Institut zu forschen („I am distressed by the news we get here of internal difficulties in Germany ... If your work at Göttingen is slowed down by the

---

general economic situation, would you consider making us a more or less pro-
longed visit here?"), reagierte Prandtl entrüstet. „Sie hätten besser geschrieben:
‚I am enjoyed, that in Germany now all things become better and better', "
schrieb er zurück. Die Schuld an den Hiobsmeldungen über die deutschen
Verhältnisse nach der „Machtergreifung" Hitlers gab er den amerikanischen
Zeitungen, die „sehr hässlich und falsch über Deutschland berichtet" hätten.[46]

Zu diesem Zeitpunkt, mehr als ein Jahr nach der „Machtergreifung", hatte
Prandtl das neue Regime nicht nur in Gestalt der „braunen Fanatiker", sondern auch der Repräsentanten der nationalsozialistischen Regierung kennengelernt. Erhard Milch, der schon in der Weimarer Republik als Direktor der
Deutschen Lufthansa mit dem Luftfahrtwesen eng verbunden war, leitete nun
als Staatssekretär die – vorläufig noch geheime – Aufrüstung der Luftwaffe ein,
zu der auch die Forschung ihren Beitrag liefern sollte. Baeumker, der vom
Reichsverkehrsministerium zum Reichsluftfahrtkommissariat gewechselt war,
instruierte Prandtl schon im Februar 1933 über die ersten Pläne. Er werde
jede Gelegenheit nutzen, so schrieb er an Prandtl, „das umfangreiche Programm des Reichskommissars für die Luftfahrt, Reichsminister Göring, mit
den speziellen Aufgaben der Forschung zu durchtränken. Hierzu bedarf es naturgemäß einer engen Zusammenarbeit zwischen mir als Referenten und den
einzelnen Forschungsstellen".[47]

Unabhängig davon hatte sich Prandtl kurz vorher bei dem Industriellen
Walter Hoene, der mit seiner Spende 1923 die Institutsgründung ermöglicht hatte, darüber beklagt, dass er „bezüglich der Weiterentwicklung des
Instituts große Bedenken hätte, wenn wir den geplanten Windkanal, um den
wir seit bald 5 Jahren petitionieren, nicht bekommen würden". Hoene hatte
ihm daraufhin geraten, „die Sache mit dem Arbeitsbeschaffungsprogramm der
Reichsregierung zu machen". Prandtl beriet sich darüber mit Milch, der ihn
„gleich mit dem zuständigen Referenten des Staatssekretärs Gereke in Verbindung" brachte. Auch diese Besprechung sei „nach Wunsch" verlaufen, teilte
Prandtl danach der Kaiser-Wilhelm-Gesellschaft mit, so dass einer Finanzierung des Windkanals mit dem Arbeitsbeschaffungsprogramm nichts mehr im
Wege stand. „Wir sind augenblicklich eifrig dabei, einen Kostenanschlag zu
machen, da der von 1928 gänzlich veraltet ist und im übrigen sind die vor
einigen Jahren abgestoppten Arbeiten für die Detailentwürfe wieder eifrig aufgenommen worden". Was die noch vor der „Machtergreifung" Hitlers von
der KWG verhängte „Anstellungssperre" anging, erhoffte Prandtl sich eine
sofortige Aufhebung dieser Maßnahme. „Es ist ja wohl kein Zweifel, dass es

---

[46] Hunsaker an Prandtl, 24. November 1933; Prandtl an Hunsaker, 25. April 1934. AMPG, Abt. III,
Rep. 61, Nr. 724.
[47] Baeumker an Prandtl, 21. Februar 1933. AMPG, Abt. III, Rep. 61, Nr. 72. Abgedruckt in
[Trischler, 1993, Dok. 31].

unzweckmäßig wäre, einen Auftrag der uns Geld einbringt, deshalb fahren zu lassen, weil er ohne zeitweilige Einstellung von Hilfsarbeitern nicht ausgeführt werden kann."[48] Um ganz sicher zu gehen, bat Prandtl auch Hoene, seine Beziehungen in Berlin spielen zu lassen. Er würde es „sehr begrüßen", so schrieb er an den Industriellen, „wenn Sie auch von sich aus durch geeignete Schritte bei den in Betracht kommenden hohen Reichsbehörden den Boden für die Sache vorbereiten könnten".[49]

Am 27. April 1933 wurde das Reichskommissariat zum Reichsluftfahrtministerium (RLM) aufgewertet; zwei Wochen später wurde dem neuen Ministerium das Luftschutzamt unterstellt, was als „Geburtsurkunde der Luftwaffe" als eigener, von der Heeres- und Marineleitung unabhängiger Wehrmachtsteil gewertet wurde.[50] Als die Aerodynamische Versuchsanstalt am 30. Mai 1933 ihr 25-jähriges Bestehen feierte, unterstrich Milch mit seiner Anwesenheit die hohe Wertschätzung, die das RLM Prandtls Forschung entgegenbrachte. Bei dieser Gelegenheit gab Milch auch offiziell bekannt, dass die Mittel für den Bau des neuen Windkanals bewilligt seien. Zu diesem Zeitpunkt umfasste das Kaiser-Wilhelm-Institut mit der angeschlossenen Aerodynamischen Versuchsanstalt ein Personal von etwa 80 Personen, darunter 2 Direktoren, 22 wissenschaftliche Mitarbeiter, 13 Bürokräfte, 29 technische Angestellte, 4 Meister und 16 Werksangestellte – was schon den Personalbestand der AVA am Ende des Ersten Weltkriegs übertraf, aber in den folgenden Jahren noch deutlich gesteigert werden sollte.[51] Das entsprach keiner isolierten Bevorzugung Prandtls und seines Stellvertreters Betz. Auch die Deutsche Versuchsanstalt für Luftfahrt (DVL) in Berlin-Adlershof expandierte in einem Ausmaß, das man vor 1933 nicht für möglich gehalten hätte. „Göring hatte mir 1934 befohlen, Deutschland solle 1939 (!) mit seiner Luftfahrtforschung zur Ebene der großen Mächte wieder aufgerückt sein", erinnerte sich Baeumker viele Jahre später an den Beginn seiner Tätigkeit im Luftfahrtministerium.[52] Er fühlte sich auch aus eigenem Antrieb dazu gedrängt. Schon bei der Verkündung des Versailler Vertrages habe er sich, so schrieb er einem Freund, mit einem „inneren Gelübde" dazu verpflichtet, „mein weiteres Leben der deutschen Wiederaufrüstung zu widmen".[53]

In diesem Streben wusste sich Baeumker mit Prandtl und den meisten Luftfahrtforschern in Deutschland einig. Die Entschlossenheit Hitlers und seiner Gefolgschaft, dem „Versailler Diktat" ein Ende zu bereiten, sorgte bei vie-

---

[48] Prandtl an die KWG, 10. März 1933. AMPG, Abt. I, Rep. 1A, Nr. 1508.
[49] Prandtl an Hoene, 3. März 1933. AMPG, Abt. III, Rep. 61, Nr. 687.
[50] [Völker, 1967, S. 12].
[51] 25 Jahre Aerodynamische Versuchsanstalt. Göttinger Tageblatt, 17. Juni 1933. Zeitungsausschnitt in UAG, Kur, PA Prandtl, Bd. 1.
[52] [Baeumker, 1966, S. 29].
[53] Aus einem Brief Baeumkers vom 17. Juni 1941. Zitiert in [Hein, 1995, S. 14].

len, denen die „braunen Fanatiker" sonst eher zuwider waren, für ein Gefühl wiedergewonnener nationaler Souveränität. Baeumker trat 1933 in die NS-DAP ein. Prandtl wurde zwar kein Parteimitglied, hielt sich politisch aber auch nicht völlig im Abseits. Als man im Januar 1936 von ihm wissen wollte, ob er Mitglied „sonstiger hinter der Regierung der nationalen Erhebung stehender Verbände" sei, lautete seine Antwort: „Mitglied der Technischen Nothilfe, Ortsgruppe Göttingen, seit Gründung. Ausweis Nr. 102. Mitglied des Deutschen Luftsportverbands seit Gründung. Ausweis Nr. IV 5198. Außerdem NSV, Luftschutzbund usw."[54] Mit diesen Einträgen – alle genannten Organisationen galten als „hinter der nationalen Erhebung stehend" – bewies Prandtl zwar keine Konversion zum Nationalsozialismus, wohl aber eine Gesinnung, die viele Deutsche im politisch rechts stehenden Lager teilten. In einem Brief an seinen Schwager äußerte er zum Beispiel im November 1933 seine Genugtuung darüber, dass man nun „als Deutscher den Kopf wieder höher tragen" könne.[55]

Als am 7. Mai 1934 der erste Spatenstich für den Bau des neuen Windkanals der Aerodynamischen Versuchsanstalt gefeiert wurde, brachte Prandtl in seiner Rede dieses Gefühl noch deutlicher zum Ausdruck (Abb. 7.2). Damit würden der „Luftfahrtforschung in Deutschland neue Entwicklungsmöglichkeiten" eröffnet:[56]

> Ganz abgesehen von den Behinderungen, die der Versailler Vertrag brachte, hatten die deutschen Nachkriegsregierungen für den Satz ‚Luftfahrt tut not' keine besondere Meinung. Zwar wiesen die beteiligten Fachkreise seit langem darauf hin, daß das Ausland uns mehr und mehr überflügelte, und sie fanden auch bei den Sachbearbeitern in den Ministerien durchaus das nötige Verständnis, aber die Mittel, die nun einmal nötig sind, blieben aus, und es verblieb bei einem Achselzucken des Sich-Bescheiden-Müssens.
>
> Die Lage änderte sich erst nach der Machtergreifung der NSDAP, durch die Schaffung eines Reichskommissariats für Luftfahrt, aus dem später das Reichsluftfahrtministerium wurde. [...] Unsere Darlegungen [...] fanden jetzt willige Ohren. Unsere Wünsche waren garnicht bescheiden, aber wir durften mit Genugtuung feststellen, dass dem neuen Ministerium gerade das Beste gut genug war. [...] Es wird den meisten der Anwesenden noch in frischer Erinnerung sein, wie vor einem knappen Jahre bei unserem 25-jährigen Jubiläum Herr Staatssekretär Milch unter begeistertem Beifall die Bewilligung des Windkanalneubaues verkündete.

---

[54] Fragebogen über politische Parteizugehörigkeit und Konfession der Eltern und Großeltern sowie der Ehefrau. UAG, Kur, PA Prandtl, Bd. 1. Im Oktober 1938 nannte er außerdem noch die Deutsche Arbeitsfront und bezeichnete sich als „Förderer der SS". UAG, Kur, PA Prandtl, Bd. 2.

[55] Prandtl an Otto Föppl, 29. November 1933. AMPG, Abt. III, Rep. 61, Nr. 2145.

[56] Rede Prandtls anlässlich der Feier des ersten Spatenstichs zum neuen Windkanal. AMPG, Abt. I, Rep. 1A, Nr. 1476.

Abb. 7.2   Prandtl bei der Festrede zur Feier des Spatenstichs für den neuen Windkanal

Vor der Spatenstich-Feier hatte sich Prandtl bei Baeumker auch noch Auskunft darüber eingeholt, „was man bei der Feier, wo doch auch Presse gegenwärtig ist, über den Windkanal sagen soll bzw. sagen darf“. Obwohl das
Projekt nicht als geheim deklariert worden war, konnte über die Bedeutung
des Windkanals für die Aufrüstung kein Zweifel bestehen. „Werden Sie es
bedenklich finden, wenn man Einzelheiten der Art wie Düsendurchmesser,
Überdruck, Vakuum, Pferdestärken der Antriebsmaschinen und dergleichen
erwähnt? Wenn man sagen soll, was das Besondere an dem Windkanal ist,
wird man es eigentlich tun müssen“, schrieb Prandtl an Baeumker.[57] Zu den
Besonderheiten gehörte zum Beispiel, dass er in eine luftdichte Hülle einge-
bettet werden sollte, um ihn bei Über- und Unterdruck betreiben zu können.
Beim Betrieb mit extrem geringem Luftdruck wollte man „die physikalischen
Bedingungen der Stratosphäre und die zugehörigen, entsprechend größeren
Geschwindigkeiten ermöglichen“, wie es Prandtl in der Denkschrift für den
Windkanal formuliert hatte.[58] Für die zivile Luftfahrt der 1930er Jahre be-
durfte es keiner derartigen Forschungsanlage. Entsprechend zurückhaltend
lautete deshalb auch Baeumkers Antwort, die man im Luftfahrtministerium

---

[57] Prandtl an Baeumker, 27. April 1934, GOAR 3410.
[58] Prandtl an die KWG, 22. März 1933, GOAR 3411.

auch als Sprachregelung beim Zusammentreffen mit Kollegen aus dem Ausland verstanden wissen wollte:[59]

> Zu Ihrer Frage bezgl. der Angaben über den Windkanal, vertritt mein Ministerium den Standpunkt, dass es nicht zweckmäßig ist, über den Windkanal nach außen zu reden. Es hat m. E. mit Geheimnistuerei nichts zu tun, wenn wir uns in dieser Frage zurückhalten. Die zahlreichen Anlagen an anderer Stelle werden in der Öffentlichkeit auch nicht besprochen. Dass überhaupt ein Windkanal gebaut wird, wurde allerdings bekanntgegeben, mehr ist nicht nötig. Wenn Sie oder Ihre Herren gefragt werden, können Sie einfach sagen, dass es sich um einen Windkanal von größeren Abmessungen als dem bisher größten Kanal in Göttingen handelt, dass dieser Kanal aber kleiner sein wird, als der neue DVL-Kanal. – Den beteiligten Firmen bitten wir mit dem Auftrag aufzugeben, dass alle Einzelheiten, namentlich die konstruktiven Unterlagen unter sicherem Verschluss (möglichst Stahlschrank) gehalten werden, und dass Veröffentlichungen jeglicher Art ohne ausdrückliche Zustimmung meines Ministeriums nicht gestattet sind.

Vor dem Hintergrund der geheimen Aufrüstung und der Vertreibung jüdischer Wissenschaftler wurden auch die internationalen Mechanik-Kongresse, bei denen Prandtl vor 1933 jeweils den aktuellen Stand seiner Forschung präsentiert hatte, zu einem Politikum. Bis zum Sommer 1934, dem Termin des nächsten Mechanik-Kongresses, der in Cambridge stattfinden sollte, würden „die Gemüter noch nicht genügend beruhigt sein, so dass man m. E. eine internationale Zusammenkunft unter wesentlicher Beteiligung der Juden möglichst vermeiden sollte", schrieb Otto Föppl an Prandtl.[60] Prandtl gab diese Meinung an das Auswärtige Amt weiter, ohne zu verhehlen, dass er selbst anderer Auffassung war. „Die Einen, zu denen ich selbst mich rechne, sind der Ansicht, dass die deutschen Vertreter, nachdem sie auf 3 Kongressen die Führung hatten, falsch handeln würden, wenn sie nun schmollend dem Kongress fernblieben. Sie glauben vielmehr, dass Deutschland heute mehr als in der letzten Zeit Grund dazu hat, den Kopf höher zu tragen, und dass für eine möglichst würdige Vertretung gesorgt werden müsse." Die Anhänger der anderen Auffassung plädierten dafür, „dass die deutsche Beteiligung an dem Kongress völlig zurückgezogen werden solle". Sie befürchteten, „dass man auf dem Kongress mit jüdischen Emigranten und mit anderen Juden zusammentreffen würde sowie mit vielen Ausländern, die mit den vertriebenen Juden sympathisieren, und dass deshalb die Gefahr von irgendwelchen Zusammenstößen bestehe". Aber das sei kaum zu befürchten, so stellte Prandtl

---

[59] Baeumker an Prandtl, Mai 1934, GOAR 3410.
[60] Otto Föppl an Prandtl, 1. Dezember 1933. AMPG, Abt. III, Rep. 61, Nr. 2145.

seine eigene Auffassung dagegen, „denn einerseits handelt es sich um lauter gebildete und wohlerzogene Leute, andererseits werden solche, die ein Zusammentreffen mit jüdischen Gelehrten aus irgendeinem Grunde scheuen, von selbst dem Kongress fernbleiben".[61]

Das Auswärtige Amt schloss sich Prandtls Auffassung an, bat ihn aber um rechtzeitige Mitteilung darüber, „welche deutschen Gelehrten an dem Kongresse teilnehmen werden, damit die Deutsche Botschaft in London hiervon in Kenntnis gesetzt werden kann".[62] Im Luftfahrtministerium wollte man darüber hinaus auch noch Auskunft über die jeweiligen Vortragsthemen erhalten.[63] Baeumker bat Prandtl außerdem, die deutschen Kongressteilnehmer „ausdrücklich darauf hinzuweisen, dass Mitteilungen über den Stand der technischen Entwicklung unserer Luftfahrt nur unter Anwendung äußerster Vorsicht gemacht werden dürfen, so dass Missdeutungen irgendwelcher Art der von den Teilnehmern am Kongress gemachten Äußerungen unmöglich bleiben". In Zweifelsfällen sollten die Vortragsmanuskripte zur Prüfung an das Luftfahrtministerium geschickt werden. „Ich werde das bezeichnete Material nur unter der Voraussetzung freigeben, dass ein gleichzeitiger Abdruck in der Deutschen Luftwacht oder in der Luftfahrtforschung möglich ist."[64]

Die *Deutsche Luftwacht* war eine in drei Ausgaben – *Luftwissen, Luftwelt, Luftwehr* – herausgegebene Zeitschrift, die 1933 „einem Wunsche des Reichsluftfahrtministeriums entsprechend ins Leben gerufen" wurde und im Januar 1934 die ersten Nummern herausbrachte. Die anfangs noch geheime Aufrüstung blieb den Lesern verborgen, obwohl in der *Luftwehr* eingehend „über die Militär-Luftfahrt des Auslandes" berichtet wurde und es keiner großen Fantasie bedurfte, ähnliche Anstrengungen auch bei der deutschen Luftfahrtforschung zu vermuten. In der *Luftwelt* lag der Schwerpunkt auf dem Luftsport, in *Luftwissen* bei der Technik. „Wer nicht über alle Wissensgebiete gleich eingehend sich unterrichten will, oder wer nicht die Mittel zum Bezug aller drei Ausgaben aufzubringen in der Lage ist, kann also die ihm am meisten zusagende Ausgabe der *Deutschen Luftwacht* beziehen", hieß es einleitend zu den drei Ausgaben in der ersten Nummer dieser Zeitschrift im Januar 1934. Die *Luftfahrtforschung* ging 1933 aus der traditionsreichen *Zeitschrift für Flugtechnik und Motorluftschiffahrt* hervor; sie enthielt Nachrichten aus den verschiedenen Instituten, in denen Forschungen mit Bezug zur Luftfahrt durchgeführt wurden, vor allem aus der DVL in Berlin-Adlershof, der Göttinger AVA und dem Aerodynamischen Institut der Technischen Hochschule Aachen. Aus diesen

---

[61] Prandtl an das Reichsministerium des Äußeren, 4. Dezember 1933. AMPG, Abt. III, Rep. 61, Nr. 2145.
[62] Reichsministerium des Äußeren an Prandtl, 22. Dezember 1933, AMPG, Abt. III, Rep. 61, Nr. 2146.
[63] Reichsluftfahrtministerium an Prandtl, 9. März 1934, AMPG, Abt. III, Rep. 61, Nr. 2146.
[64] Baeumker an Prandtl, 7. Mai 1934, AMPG, Abt. III, Rep. 61, Nr. 2146.

Zeitschriften gewannen Luftfahrtenthusiasten einen Eindruck von den großen Anstrengungen, die das „Dritte Reich" dem Luftfahrtsektor widmete.

Im März 1935 verzichtete die Hitler-Regierung auf eine weitere Tarnung der seit 1933 betriebenen Aufrüstung und gab die Existenz einer eigenen Luftwaffe bekannt.[65] Damit traten auch die Forschungsplanungen des Reichsluftfahrtministeriums in eine neue Phase. Baeumker erhielt von Göring praktisch eine Blankovollmacht für jedwede Maßnahme, die ihm nötig erschien, um der deutschen Luftfahrtforschung eine internationale Spitzenstellung zu verschaffen. Der Forschungsreferent ergriff danach weitreichende Initiativen, ohne sich von konkurrierenden Forschungspolitikern im polykratischen Machtapparat des NS-Staats behindern zu lassen, was ihm ohne Verweis auf die „Weisung Görings" sonst kaum möglich gewesen wäre. Als Erstes sorgte für einen neuen organisatorischen Rahmen für die Luftfahrtforschung unter dem Schirm des Luftfahrtministeriums. Den Anfang machte die Gründung der „Lilienthal-Gesellschaft für Luftfahrtforschung" unter der Schirmherrschaft Görings, in der die ältere Wissenschaftliche Gesellschaft für Luftfahrt mit der 1933 gegründeten Vereinigung für Luftfahrtforschung zusammengeführt wurde. Anders als diese Vorgängerorganisationen brachte die Lilienthal-Gesellschaft den mit höchster Autorität forcierten Willen zu einem Zusammenwirken von Politik, Wissenschaft und Industrie zum Ausdruck.[66] Um die Luftfahrtforschung auch weithin sichtbar an die Spitze des nationalen Wissenschaftslebens zu bringen, gründete Baeumker kurz darauf die „Deutsche Akademie der Luftfahrtforschung" mit Göring als Präsident, Milch als Vizepräsident und Baeumker selbst als Kanzler. Ihre Aufgabe sei, so stand in *Luftwissen* zu lesen, „die Pflege der rein geistigen Beziehungen der führenden Wissenschaftler und Techniker untereinander durch eine freiwillige Gemeinschaftsarbeit im Sinne der Tätigkeit von Mitgliedern der alten klassischen Akademien".[67] Mit Göring an der Spitze dieser beiden Organisationen wurde der Luftfahrtforschung ein so hoher Stellenwert gesichert, dass alle Versuche, sie einem anderen Ressort zuzuschlagen, zum Scheitern verurteilt waren.[68]

Prandtl wurde bei dieser Neuorganisation von Beginn an eine zentrale Rolle zugewiesen. In der Lilienthal-Gesellschaft übte er in einem Triumvirat zusammen mit Baeumker und Carl Bosch die Präsidentschaft aus. In der Deutschen Akademie der Luftfahrtforschung wurde er schon bei der Gründung zum ordentlichen Mitglied auf Lebenszeit ernannt – als einziges von insgesamt 40 ordentlichen Mitgliedern, deren Mitgliedsdauer zunächst auf fünf

---

[65] [Völker, 1967, S. 68].
[66] Lilienthal-Gesellschaft für Luftfahrtforschung. *Luftwissen* 3, 1936, S. 87f.
[67] Die Deutsche Akademie für Luftfahrtforschung. *Luftwissen* 3, 1936, S. 179–182, hier S. 181.
[68] [Trischler, 1992, S. 208–213].

Jahre beschränkt blieb.[69] „Die Bedeutung, die dem Gelehrten und Forscher auf dem Gebiete der Luftfahrt in allen Ländern der Welt zugemessen wird, ist unbestritten", so hatte man Prandtl zwei Jahre zuvor in *Luftwissen* zum 60. Geburtstag gratuliert. „Wir Deutschen aber sind stolz darauf, ihn feiern zu dürfen als den ersten Luftfahrtforscher in der Geschichte."[70] Baeumker hatte in seiner persönlichen Geburtstagsgratulation auch schon angedeutet, dass man im Luftfahrtministerium auf Prandtls Mitwirkung bei den bevorstehenden Planungen zähle: „Die deutsche Luftfahrt-Forschung sieht in Ihnen ihren hervorragendsten Vertreter, und es ist im Interesse einer selbstständigen und allgemein anerkannten Stellung dieser Forschung im Gesamtrahmen der Luftfahrt bzw. überhaupt im Gesamtrahmen der Wissenschaft von erheblicher Bedeutung, stets den unmittelbaren Verkehr zwischen den obersten Leitern der Reichspolitik und den anerkanntesten Vertretern der Wissenschaft lebendig zu erhalten."[71] Auch Milch und Göring schickten Glückwunschtelegramme nach Göttingen. In seinen Antwortschreiben zeigte sich Prandtl mehr als bereit, die an ihn gestellten Erwartungen zu erfüllen. Er wolle „alles daransetzen", versicherte er Göring, „die deutsche Luftfahrt durch meine Forschungen und diejenigen des von mir geleiteten Institutes weiter zu fördern".[72]

Als sich die Lilienthal-Gesellschaft im Oktober 1936 zu ihrer ersten Jahreshauptversammlung in Berlin traf, bot diese mit großem Pomp und unter Anwesenheit internationaler Luftfahrtexperten abgehaltene Veranstaltung auch die Gelegenheit, den gerade fertiggestellten Windkanal der AVA zu besichtigen (Abb. 7.3). Der „neue große Überdruck-Windkanal des Aerodynamischen Instituts" wurde danach auch in *Luftwissen* vorgestellt. „Diese neue Anlage ist ein Zeichen dafür, daß die deutsche Luftfahrtforschung heute unter besseren Bedingungen als früher arbeiten kann."[73]

Obwohl inzwischen die „Tarnzeit"[74] vorüber war, hielt Baeumker, was die militärischen Ziele hinter den Forschungsplanungen seines Ministeriums betraf, an der zuvor beschlossenen Sprachregelung fest. „Die hier bezeichneten inneren Vorgänge in der Luftfahrtforschung können selbstverständlich dem Kreise Außenstehender nicht bekanntgemacht werden, da dies gegen die Interessen der Landesverteidigung verstoßen würde", so machte er die Generalverwaltung der Kaiser-Wilhelm-Gesellschaft auf neue organisatorische Maßnahmen an der AVA aufmerksam, die auf dem Papier immer noch zur Kaiser-Wilhelm-Gesellschaft gehörte. Sie zähle „heute schon und vor allem

---

[69] Zusammensetzung der Deutschen Akademie für Luftfahrtforschung am 1. April 1937. *Jahrbuch 1937 der deutschen Luftfahrtforschung*, S. 6.

[70] *Luftwissen*, 2, 1935, S. 29f.

[71] Baeumker an Prandtl, 2. Februar 1935. AMPG, Abt. III, Rep. 61, Nr. 72.

[72] Prandtl an Göring, 6. Februar 1935, AMPG, Abt. III, Rep. 61, Nr. 541.

[73] *Luftwissen*, 3, 1936, S. 276.

[74] [Völker, 1967, S. 52].

Abb. 7.3 Prandtl bei der Festrede zur Einweihung des neuen Windkanals am 17. Oktober 1936

vom Jahre 1936 – nach Inbetriebnahme des großen Windkanals – ab zu einem der größten deutschen Forschungsinstitute".[75] Tatsächlich erfuhr die AVA ähnlich wie die DVL im Sog der Aufrüstung einen Ausbau, der alle zuvor gewohnten Grenzen sprengte. „In meinem Institut geht es unter der Ära der Luftaufrüstung mächtig vorwärts", schrieb Prandtl im Dezember 1935 an Richard Courant in die USA. „Sie werden, wenn Sie der Weg einmal nach Göttingen verschlägt, ja selbst sehen, was alles dazugebaut worden ist."[76]

Obwohl Prandtl die AVA noch zu seinem Institut zählte, verschoben sich die Größenverhältnisse zwischen dem KWI und der AVA Mitte der 1930er Jahre deutlich zugunsten der AVA. Das KWI nahm auf dem gemeinsam mit der AVA genutzten Gelände nur noch einen geringen Teil ein. Im Februar 1936 war die AVA in einen „eingetragenen Verein" überführt und damit noch stärker als zuvor dem direkten Einfluss des Luftfahrtministeriums unterstellt worden: drei der sieben Vorstandsmitglieder repräsentierten die KWG, vier das RLM. „Den Vorsitz führt Professor Prandtl", so wurde im Protokoll festgehalten.[77] Telschow, der Glum als Generalsekretär der Kaiser Wilhelm-

---

[75] Baeumker an Glum, 4. Juli 1935, AMPG, Abt. I, Rep. 1A, Nr. 1525. Abgedruckt in [Trischler, 1993, Dok. 35].

[76] Prandtl an Courant, 20. Dezember 1935. AMPG, Abt. III, Rep. 61, Nr. 252.

[77] Aktennotiz, 25. Februar 1936, AMPG, Abt. I, Rep. 1A, Nr. 1478. Abgedruckt in [Trischler, 1993, Dok. 38].

Gesellschaft abgelöst hatte, stellte im November 1936 fest, dass sich die AVA immer stärker „in der Richtung der Deutschen Versuchsanstalt in Adlershof" entwickelte, so dass die Wissenschaft „auf die Dauer dabei etwas zu kurz" käme.[78]

Das Jahr 1936 markiert in der Geschichte der AVA eine Zeitenwende. Auch wenn die KWG im Vorstand der AVA noch vertreten war und Prandtl den Vorsitz führte, kamen die entscheidenden Direktiven nun aus dem Reichsluftfahrtministerium, und dort wurden die Weichen auch für die Forschung auf Kriegsvorbereitung gestellt. Im Dezember 1936 traf man in Göttingen erste Vorkehrungen „über die Umstellung der Forschung der AVA bei einem Kriegsbeginn", wobei man anders als 1914 bereits vor Kriegsausbruch die Forschung so ausweiten wollte, dass größere Expansionen während des Krieges unterbleiben konnten. Das habe zur Folge, „dass die Vergrößerung der Leistungsfähigkeit der Institute sehr rasch durchgeführt werden muss, im Gegensatz zum letzten Kriege, in dem die Luftwaffe sich erst im Laufe der Zeit entwickelte und die Anforderungen sich entsprechend allmählich steigerten".[79] Der unter dieser Direktive forcierte Ausbau bezog sich nicht nur auf den neuen Windkanal und andere Gerätschaften. Das Personal der AVA wuchs zwischen 1933 und 1939 von 80 Beschäftigten auf etwa 700. Neben Betz als wissenschaftlicher Direktor trat Walter Engelbrecht als kaufmännischer Direktor. Die überwiegend auf Anwendungen hin orientierte Forschung wurde in acht Instituten durchgeführt, wo neben der experimentellen Windkanalforschung, der theoretischen Aerodynamik und der Geräteentwicklung auch neuere Gebiete wie Kälteforschung (für den Flug in großer Höhe) oder Hochgeschwindigkeitsfragen untersucht wurden.[80]

7.5   Hochgeschwindigkeitsaerodynamik und Politik

Mit Blick auf militärische Anwendungen kam von allen Forschungsgebieten in der Strömungsmechanik der Hochgeschwindigkeitsaerodynamik die größte Priorität zu. Bis zu den 1930er Jahren erreichten selbst die schnellsten Flugzeuge nur etwa die halbe Schallgeschwindigkeit (150 m/s = 540 km/h) – und bei diesen Geschwindigkeiten durfte man für die aerodynamischen Berechnungen von der Zusammendrückbarkeit (Kompressibilität) der Luft absehen. Bei Annäherung an die Schallgeschwindigkeit macht sich jedoch die Kom-

---

[78] Aktenvermerk, 24. November 1936. AMPG, Abt. I, Rep. 1A, Nr. 1479. Zitiert in [Trischler, 1992, S. 203].
[79] AVA (Betz) an Göring, 12. Dezember 1936. AMPG, Abt. III, Rep. 61, Nr. 2050. Abgedruckt in [Trischler, 1993, Dok. 43].
[80] [Trischler, 1992, S. 202f.].

pressibilität immer stärker bemerkbar, bis schließlich beim Durchbrechen der „Schallmauer" Schockwellen entstehen. In der Gasdynamik waren diese Erscheinungen seit langem bekannt; die dabei wesentlichen Strömungsgesetze hatten in der Ballistik von Geschossen und bei Überschallströmungen in Lavaldüsen auch schon praktische Anwendungen gefunden. In der Flugzeugaerodynamik hatte man bislang nur bei den Spitzen von Propellern, wo die Geschwindigkeit nahe an die Schallgeschwindigkeit heranreicht, Erfahrungen wie in der Ballistik gesammelt. Doch in den 1930er Jahren begann man in den großen aerodynamischen Forschungseinrichtungen auszuloten, wie Flugzeuge für immer höhere Geschwindigkeiten auszulegen sind. Einer kurzen Meldung in *Luftwissen* konnte man 1934 schon entnehmen, dass man in den USA einen Hochgeschwindigkeitswindkanal für Geschwindigkeiten von rund 800 km/h plante. Die geschätzten Baukosten wurden mit einer halben Million Dollar veranschlagt. Als Grund für diesen hohen Forschungsaufwand wurde angegeben, dass „die Kenntnis von den Gesetzen der Aerodynamik bei Geschwindigkeiten über 90 m/s noch lückenhaft sei. Der Windkanal wird vom NACA selbst entworfen; er soll etwa 47 m lang, 15 m breit und 7,6 m hoch werden mit einer Meßkammer von 2,40 m Durchmesser".[81]

Für die Windkanalforschung hatte der Trend zu höheren Fluggeschwindigkeiten dramatische Folgen, denn nach dem Reynoldsschen Ähnlichkeitsgesetz muss das Produkt aus Geschwindigkeit, Flügeltiefe und Luftdichte für das zu untersuchende, geometrisch ähnliche Modell im Windkanal mit dem entsprechenden Wert unter realen Flugbedingungen übereinstimmen. Eine jeweilige Verdopplung der Flügeltiefe und der Fluggeschwindigkeit bedeutete also auch für den Windkanal eine Vergrößerung der Geschwindigkeit des Luftstroms und des Messquerschnitts bzw. eine Erhöhung der Luftdichte. Da die Antriebsleistung des Gebläses zur dritten Potenz der Geschwindigkeit und zum Gebläsequerschnitt sowie zur Luftdichte proportional ist, wächst mit der linearen Vergrößerung eines Windkanals auch der Leistungsbedarf ins Gigantische. Für den neuen NACA-Hochgeschwindigkeitswindkanal wurde die benötigte Antriebsleistung auf knapp 6 Megawatt (8000 PS) geschätzt. Die experimentelle Hochgeschwindigkeitsaerodynamik wurde damit zur Großforschung – lange bevor die Kernphysik mit ihren Forschungsreaktoren und Beschleunigeranlagen den Begriff der Big Science populär machte.[82]

Auch für die Theorie stellte der Flug mit Geschwindigkeiten, bei denen die Kompressibilität nicht mehr vernachlässigt werden durfte, eine neue Herausforderung dar. Bereits bei der Begründung seines Kaiser-Wilhelm-Instituts im Jahr 1923 nannte Prandtl die Erweiterung der Strömungslehre „für stark

[81] NACA-Hochgeschwindigkeitswindkanal. *Luftwissen*, 1, 1934, S. 257.
[82] [Heinzerling, 1990, Trischler, 2001].

zusammendrückbare Flüssigkeiten" als künftigen Forschungsschwerpunkt.[83] Über die schon zu Beginn seiner Göttinger Tätigkeit erforschten Grundlagen der Gasdynamik hinaus ging es nun vorrangig um „Strömungskräfte auf bewegte Körper bei sehr großen Geschwindigkeiten", so jedenfalls hatte Prandtls Mitarbeiter Jakob Ackeret 1927 ein Teilkapitel seines Beitrags über Gasdynamik im *Handbuch für Physik* überschrieben, in dem die Anwendungen auf den Hochgeschwindigkeitsflug bereits angedeutet wurden.[84] Darin findet sich insbesondere eine „Näherungsrechnung von Prandtl" für den Auftrieb eines dünnen Flügels, die Prandtl laut Ackeret schon 1922 in einem Seminar präsentiert hatte. Danach sollte sich ein dünnes Flügelprofil in einer kompressiblen Strömung so verhalten wie ein dickeres in der inkompressiblen Strömung bei steilerem Anstellwinkel. Die Beziehung zwischen beiden Fällen ließ sich wie eine geometrische Maßstabsverzerrung beschreiben. Herman Glauert, der sich in England mit ähnlichen Themen befasste, hatte daraufhin an Prandtl geschrieben, dass er diesen Zusammenhang ebenfalls gefunden habe. „I should be glad to learn whether your proof has been published anywhere."[85] Er habe das nur „als kleine Bemerkung zu einem Referat von Ackeret vor den Studenten vorgetragen, aber bisher nicht selbst veröffentlicht", hatte Prandtl darauf geantwortet, „die Mitteilung von Ackeret in Band VII des Handbuchs der Physik mag also als Veröffentlichung gelten".[86]

Ackeret wurde nach seinen Lehrjahren bei Prandtl Professor an der ETH Zürich. In seiner Antrittsvorlesung hatte er für das Verhältnis von Strömungsgeschwindigkeit zu Schallgeschwindigkeit den Begriff der Machzahl eingeführt,[87] eine Bezeichnung, die für die Hochgeschwindigkeitsaerodynamik ebenso typisch wurde wie 20 Jahre zuvor die Reynolds-Zahl in der Hydrodynamik. In den 1930er Jahren machte Ackeret das Institut für Aerodynamik an der ETH Zürich zu einem weltweit führenden Zentrum der Hochgeschwindigkeitsaerodynamik.[88]

Nach Ackeret begann auch Adolf Busemann bei Prandtl seine Karriere mit Forschungen zur Hochgeschwindigkeitsaerodynamik. 1928 hatte er bei einer Versammlung der Wissenschaftlichen Gesellschaft für Luftfahrt erste Ergebnisse über „Profilmessungen bei Geschwindigkeiten nahe der Schallgeschwindigkeit" vorgestellt, die er mit einer Versuchsapparatur am Kaiser-Wilhelm-

---

[83] [Rotta, 1990b, S. 153].

[84] [Ackeret, 1927, Kap. 5.VI].

[85] Glauert an Prandtl, 5. Oktober 1927. AMPG, Abt. III, Rep. 61, Nr. 536.

[86] Prandtl an Glauert, 22. Oktober 1927. AMPG, Abt. III, Rep. 61, Nr. 536. Glauert publizierte seine Theorie daraufhin ebenfalls [Glauert, 1928]. Die zunächst als „Prandtlsche Regel" bezeichnete Korrekturformel für den Auftrieb einer Tragfläche durch den Kompressibilitätseinfluss im Unterschallbereich ist heute in der Hochgeschwindigkeitsaerodynamik als „Prandtl-Glauertsche Regel" bekannt [Meier, 2006, S. 90].

[87] [Rott, 1983].

[88] http://www.library.ethz.ch/exhibit/ackeret/. Siehe dazu auch [Gugerli et al., 2005].

Institut gemacht hatte. Sie hatte mit einem gewöhnlichen Windkanal nur wenig gemeinsam und bestand aus einem Vakuumkessel, an dem ein Rohr mit einer Düse und einer kleinen Versuchskammer angebracht war. Nach Öffnen eines Ventils wurde in den zuvor evakuierten Kessel Luft durch die Versuchskammer gesaugt, in der das zu untersuchende Profil befestigt war. Die Geschwindigkeit des Luftstrahls konnte durch die Düse verändert werden. Für die Messung stand jedoch nur die Zeitdauer von wenigen Sekunden zur Verfügung, die bis zur Füllung des Kessels mit Luft verstrich.[89] Mit dieser „Versuchseinrichtung für hohe Geschwindigkeiten" wurden auch Schlierenaufnahmen der Strömung um Profile bei annähernd Schallgeschwindigkeit gemacht. Busemann zeigte damit 1930 beim Mechanik-Kongress in Stockholm, dass die Göttinger Hochgeschwindigkeitsaerodynamik nicht nur auf die Theorie beschränkt war.[90] Danach wurde diese Anordnung aufgerüstet, indem durch eine vorgeschaltete Lavaldüse der in die Versuchskammer einschießende Luftstrahl auf bis zu 1,47-fache Schallgeschwindigkeit beschleunigt wurde. In diesem ersten Göttinger Überschallwindkanal bestimmte Otto Walchner, ein anderer Mitarbeiter Prandtls, für eine Reihe von Propellerprofilen Auftriebs- und Widerstandsbeiwerte. Sie dienten Busemann als Grundlage für erste theoretische Ansätze zu einer Überschall-Tragflügeltheorie.[91] 1931 wurde er an die Technischen Hochschule in Dresden berufen. Walchner setzte seine Karriere an der AVA fort, wo er 1937 Leiter des Instituts für Hochgeschwindigkeitsfragen wurde.

1935 kam es im faschistischen Italien zu einer ersten internationalen Konferenz, die ausschließlich der Hochgeschwindigkeitsaerodynamik gewidmet war. In einer Liste mit provisorischen Vortragsthemen, die der Organisator und Präsident dieser Zusammenkunft, General Arturo Crocco, selbst ein renommierter Aerodynamiker, Prandtl und den anderen einzuladenden Koryphäen übersandte, wurden acht Probleme aufgeführt, die dabei behandelt werden sollten:[92]

1) Einheitliche Theorie des Auftriebs in zusammendrückbaren Flüssigkeiten.
2) Dynamischer Auftrieb bei Überschallgeschwindigkeiten.
3) Dynamischer Auftrieb bei Geschwindigkeiten nahe der Schallgeschwindigkeit.
4) Das Problem des Widerstandes in zusammendrückbaren Flüssigkeiten.
5) Fragen der Versuchstechnik bei hohen Geschwindigkeiten.
6) Windkanäle für hohe Geschwindigkeiten.

---

[89] [Busemann, 1928].
[90] [Busemann, 1930].
[91] [Busemann und Walchner, 1933].
[92] Crocco an Prandtl, 4. Dezember 1934. AMPG, Abt. III, Rep. 61, Nr. 2143.

7) Endgültige Ergebnisse von Hochgeschwindigkeitsversuchen.
8) Versuchsergebnisse an Propellern bei hohen Geschwindigkeiten.

Prandtl sollte das erste Thema behandeln. Die Themen wurden in Absprache mit den Referenten noch modifiziert, sie zeigen aber deutlicher als die endgültige, im Tagungsbericht abgedruckte Vortragsliste, wie die Veranstalter das Anliegen der Tagung, „Le Alte Velocità in Aviazione", in Teilprobleme gliederten.[93] Mit dem Prandtl zugedachten Vortrag wollte Crocco „die bestehende Lücke" schließen, die zwischen der Auftriebstheorie bei Unter- und Überschallgeschwindigkeiten bestand, doch Prandtl gab zu bedenken, dass es für dieses Zwischengebiet noch keine Theorie gab.[94] Am Ende lautete Prandtls Thema „Allgemeine Betrachtungen über die Strömung zusammendrückbarer Flüssigkeiten". Es diente zusammen mit einem Vortrag von G. I. Taylor („Well established Problems in High Speed Flow") als allgemeine Einführung in das Tagungsthema. Das Auftriebsproblem bei Überschallgeschwindigkeiten übernahm Busemann. In diesem Vortrag wurde zum ersten Mal aufgrund einer einfachen theoretischen Überlegung gezeigt, „dass sich die wirksamen Machschen Zahlen durch Schrägstellung der Tragflügel erniedrigen lassen", dass also im Überschallbereich gepfeilte Flügel vorteilhafter als gerade Flügel sein sollten.[95]

Busemanns Vortrag wurde in Deutschland durch Abdruck in der *Luftfahrtforschung* weiteren Kreisen bekannt gemacht und stieß insbesondere bei der Firma Messerschmitt auf Interesse, die daraufhin gepfeilte Flügel bei der AVA zur Untersuchung in Auftrag gab. Die Windkanalversuche zeigten, dass der gepfeilte Flügel schon im Bereich hoher Unterschallgeschwindigkeit vorteilhaft war. Obwohl Busemanns römischer Vortrag in den international zugänglichen Konferenzberichten des Volta-Kongresses weit verbreitet wurde und Kármán selbst als Sitzungsleiter Busemanns Vortrag in Rom verfolgt und diskutiert hatte, nahm man jedoch außerhalb Deutschlands das Pfeilflügelkonzept erst nach dem Zweiten Weltkrieg in seiner revolutionären praktischen Bedeutung wahr. Im Rückblick wunderte sich Kármán, dass dieser „bedeutendste Vortrag bei der Konferenz" so wenig Beachtung fand.[96] In Deutschland musste sich Busemann jedoch nicht mit der Rolle des verkannten Pioniers begnügen. Als 1936 unter Leitung des Prandtl-Schülers Hermann Blenk in der Nähe von Völkenrode bei Braunschweig die geheime „Luftfahrtforschungsanstalt Hermann Göring" aufgebaut wurde, berief man Busemann zum Direktor eines

---

[93] [Reale Accademia d'Italia, 1936].
[94] Prandtl an Crocco, 10. Dezember 1934; Crocco an Prandtl, 21. Dezember 1934. AMPG, Abt. III, Rep. 61, Nr. 2143.
[95] [Reale Accademia d'Italia, 1936, S. 328–360, hier S. 343]. Auch abgedruckt in: *Luftfahrtforschung*, 12, 1935, S. 210–220. Zum Pfeilflügelprinzip im Detail siehe [Meier, 2006].
[96] [von Kármán und Edson, 1967, S. 263].

Instituts für Gasdynamik, wo er Überschallwindkanäle nach dem Muster der Göttinger Versuchsanlage – aber in viel größerem Umfang – entwarf und bauen ließ.[97]

Der Volta-Kongress war jedoch mehr als nur eine Fachkonferenz für Spezialisten der Hochgeschwindigkeitsaerodynamik. Er fand in Anwesenheit der höchsten Politprominenz statt, die sich von einem Luftfahrtkongress mit international renommierten Experten eine Propagandawirkung für das faschistische Italien unter Mussolini versprachen. „Der fünfte Volta-Kongress war der eleganteste flugwissenschaftliche Kongress, der bis dahin stattgefunden hatte", erinnerte sich Theodore von Kármán. Ihm war auch völlig klar, dass dies eine Propagandaveranstaltung war. Mussolini nutzte diese Gelegenheit, um den Einmarsch in Äthiopien zu verkünden, und die italienischen Gastgeber scheuten keine Mühen, um ihre Errungenschaften in der Luftfahrt ins rechte Licht zu rücken. Der „Duce" lud die wie Primadonnen behandelten Kongressteilnehmer auch zu einer Audienz in seinen Amtssitz; sogar für den welterfahrenen Kármán, der an Begegnungen mit Regierungsvertretern und hohen Würdenträgern gewöhnt war, wurde diese Audienz zu einem unvergesslichen Erlebnis.[98] In der Regel wurden zu den Volta-Kongressen nur die herausragenden Wissenschaftler eines Landes geladen, die als Repräsentanten ihres nationalen Forschungsystems betrachtet wurden und international angesehen waren. Den Kongressteilnehmern dürfte die ihnen zugedachte Rolle auch bewusst gewesen sein. Im Vorfeld des Volta-Kongresses von 1927 zum Beispiel hatte Arnold Sommerfeld als einer der Eingeladenen „große Bedenken" geäußert, seine Teilnahme zuzusagen, weil er argwöhnte, „dass die Italiener die Gelegenheit benutzen werden, um Politik zu machen und Mussolini vorzuführen".[99] Aber selbst Wissenschaftler wie Kármán, der dem italienischen Faschismus sicher nicht zugetan war, oder Burgers, dessen Sympathien für den Kommunismus allgemein bekannt waren, ließen sich 1935 in Rom bereitwillig auf die Mussolinische Propagandaveranstaltung ein.

Für Prandtl war die Volta-Tagung in Rom ein Zeichen dafür, dass man im faschistischen Italien ebenso wie im nationalsozialistischen Deutschland der Luftfahrtforschung endlich den Stellenwert einräumte, der ihr nach seiner Ansicht zustand. Vermutlich trugen der römische Kongress ebenso wie die Veranstaltungen der Lilienthal-Gesellschaft und der Deutschen Akademie der Luftfahrtforschung nicht unwesentlich dazu bei, dass Prandtl sich nicht nur als Repräsentant seines Faches, sondern auch der Luftfahrtpolitik seiner Regierung fühlte – und damit auch gegenüber den politischen Systemen beider Länder zu einer immer positiveren Einstellung fand. „Ich glaube, dass der Fa-

---

[97] [Meier, 2006, S. 72–77].
[98] [von Kármán und Edson, 1967, S. 267f.].
[99] Sommerfeld an Max von Laue, 22. Juli 1926. DMA, NL 89, 002.

schismus in Italien und der Nationalsozialismus in Deutschland schon recht gute Anfänge der neuen Denkform und Wirtschaftsform darstellen", schrieb er 1937 an William Knight, den ehemaligen Repräsentanten des Pariser Büros der NACA; er fand, dass „Staaten, die nicht dem Bolschewismus verfallen wollen, allmählich ganz ähnliche Wege gehen müssen, je eher, desto besser".[100]

Auch bei den nicht unmittelbar auf die Luftfahrt bezogenen internationalen Kongressen für angewandte Mechanik der 1930er Jahre nahm Prandtl eine politische Rolle ein. Nach dem noch inoffiziellen Auftakt der Mechanik-Kongresse in Innsbruck 1922 hatten die ersten drei Kongresse in Delft (1924), Zürich (1926) und Stockholm (1930) stattgefunden; beim vierten internationalen Mechanik-Kongress 1934 in Cambridge, England, wollte Prandtl auf Wunsch seiner Kollegen und auch aus eigenem Antrieb die Einladung aussprechen, den nächsten Kongress 1938 in Deutschland abzuhalten. Im Vorfeld stimmte er sich darüber mit dem Propagandaministerium ab, denn er rechnete mit dem Widerstand seiner internationalen Kollegen gegen einen solchen Vorschlag. Es werde für die Einladung nach Deutschland „eine Erschwerung darstellen, dass sich namhafte Vertreter des Kongressfaches unter den nichtarischen Gelehrten befinden, die ihre Stellung in Deutschland durch das Beamtengesetz verloren haben". Außerdem wollte er wissen, ob in Cambridge „einzelne führende deutsche Kongressteilnehmer als offizielle Vertreter oder Delegierte bestimmter Behörden auftreten" sollten.[101] Der Referent im Propagandaministerium hielt es jedoch „nicht für ratsam", einzelne deutsche Kongressteilnehmer in offizieller Mission nach Cambridge zu entsenden, „weil dadurch leicht der Eindruck einer gewollten amtlichen Propaganda erweckt werden könnte. Ein Wirken unter rein wissenschaftlicher Flagge, erscheint mir für unsere Zwecke erfolgreicher". Was die „Erschwerung" durch die „nichtarischen Gelehrten" für die Einladung nach Deutschland im Jahr 1938 anging, lautete die Anweisung aus dem Propagandaministerium: „Die Möglichkeit der Anwesenheit von Juden und Emigranten darf dabei kein Hindernisgrund sein. Es muss im Gegenteil jede Gelegenheit benutzt werden, um das Neue Deutschland bei derartigen Tagungen würdig zu vertreten und seinen Auffassungen Gehör zu verschaffen."[102]

Auch beim Auswärtigen Amt wurde Prandtl vorstellig. Es würde beim Kongress ein „sehr unliebsames Aufsehen" erregen, „wenn etwa die nichtarischen Gelehrten, die auf Grund des Beamtengesetzes in ihren staatlichen Stellungen

---

[100] Prandtl an Knight, 15. Mai 1937. AMPG, Abt. III, Rep. 61, Nr. 839.
[101] Prandtl an Ministerialdirektor Greiner im Reichsministerium für Volksaufklärung und Propaganda, 11. Mai 1934. AMPG, Abt. III, Rep. 61, Nr. 2146.
[102] von Feldmann im Auftrag des Reichsministers für Volksaufklärung und Propaganda [Goebbels] an Prandtl, 16. Mai 1934, AMPG, Abt. III, Rep. 61, Nr. 2146.

beibehalten worden sind, nunmehr generell verhindert würden, den Kongress zu besuchen", schrieb er, als ihm ein solcher Fall bekannt geworden war. „Ich befürchte, dass dadurch auch die Stellung der arischen deutschen Gelehrten auf dem Kongress schwer beeinträchtigt werden würde, da man im Ausland eine solche Maßnahme nicht verstehen würde."[103] Kurz vor dem Kongress wollte Prandtl vom Auswärtigen Amt noch die Zusicherung, dass bei einer Einladung nach Deutschland „keinerlei Fragen des politischen Bekenntnisses oder der Rassenzugehörigkeit für die an dem Kongress teilnehmenden Gäste aufgerollt werden dürften", denn die Mechanik-Kongresse seien „eine rein wissenschaftliche Angelegenheit". Auch ohne eine solche Zusicherung sah er jedoch nur noch geringe Chancen, den Mechanik-Kongress 1938 nach Deutschland zu holen. Nach Gesprächen mit „Fachgenossen im befreundeten Ausland" erschien ihm eine Ablehnung unvermeidlich.[104] Zwei Wochen später sorgte die Mordserie, bei der Hitler den SA-Führer Ernst Röhm und andere Rivalen aus den eigenen Reihen umbringen ließ, für einen weiteren Grund, Deutschland in den Augen des internationalen Kongresskomitees nicht mehr als einen geeigneten Veranstaltungsort für den nächsten Mechanik-Kongress in Betracht zu ziehen. „The date of the Congress was shortly after the blood purge of Mr. Hitler", schrieb Kármán einem Kollegen, „and so, Prandtl, who brought the German invitation, found it better not to press the matter very hard. Hence, between the United States and Turkey, the United States was elected".[105]

Dessen ungeachtet malte Prandtl in seinem Bericht an das Auswärtige Amt ein eher rosiges Bild vom Verlauf des Kongresses. Es habe „eine ältere Einladung für 1938 von seiten der Vereinigten Staaten von Amerika vorgelegen", der man gefolgt sei. „Für 1942 ist von Prof. Dr. v. Mises eine Einladung nach Istanbul vorgebracht worden, und ich selbst habe den Wunsch, den Kongress in Deutschland zu sehen, angemeldet." Das internationale Kongresskomitee habe diese Einladungen als „Vormerkungen" zu den Akten genommen, der endgültige Beschluss werde 1938 gefasst. Insgesamt vermittelte er den Eindruck, dass der Kongress „sehr erfolgreich und auch in menschlicher Beziehung sehr harmonisch verlaufen" sei und „unter den derzeitigen politischen Schwierigkeiten nicht zu leiden" gehabt hätte. „Die Politik ist in keine der Ansprachen hereingezogen worden. Gewisse Schwierigkeiten ergaben sich lediglich in privaten Unterhaltungen mit jüdischen Gelehrten, aber auch hier

---

[103] Prandtl an das Auswärtige Amt, 13. Juni 1934, AMPG, Abt. III, Rep. 61, Nr. 2147.
[104] Prandtl an das Auswärtige Amt, 13. Juni 1934, AMPG, Abt. III, Rep. 61, Nr. 2147.
[105] Kármán an Den Hartog, 31. Mai 1938. TKC, 47.3-8.

ist mir nicht bekannt geworden, dass irgendeine größere Misshelligkeit vorgekommen wäre."[106]

7.6 Nominierung für den Nobelpreis und ein Ehrendoktor

Beim Volta-Kongress in Rom hatten Prandtl und Taylor mit ihren Vorträgen den wissenschaftlichen Unterbau für die Hochgeschwindigkeitsaerodynamik aufbereitet. Wie aus ihrer Korrespondenz hervorgeht, galt ihr vorrangiges wissenschaftliches Interesse in diesen Jahren jedoch eher der Turbulenz. Taylor sorgte 1935 mit einer Serie von Veröffentlichungen zur statistischen Theorie der Turbulenz für Aufsehen,[107] und Prandtl konnte in seinem Institut mit einer neuen Experimentiertechnik wichtige Messergebnisse dazu beisteuern.[108] In ihrem Briefwechsel tauschten sie sich fast nur über Fragen aus ihren aktuellen Forschungen aus, doch einmal schnitt Taylor „with some trepidation" ein Thema an, das er als „confidential between us" betrachtete:[109]

A short time ago I had a letter from a certain Swedish professor asking my opinion about the merits of [a] well known Scandinavian scientific man – he wrote confidentially so I cannot be more specific – as a possible recipient of what he described as a very great international honour or award. In my reply I said that there is no one I would rather see awarded in that way but that „if it is an award for which Prof. Prandtl is eligible I should regard him as having a stronger claim". I further added the opinion that if the Nobel prize, for instance, had been open to non-atomic physicists it must have gone to you. Since writing that letter I was dining with Prof. C.T.R. Wilson who, as you probably know, is himself a Nobel Laureate and I asked him who propose candidates for the Prize, and whether it is in fact limited to atomic physicists. He tells me that the past Nobel Prizemen are circularised each year and that they put forward the names of the fellow countrymen whom they think worthy of the Prize. Running on the list of Nobel Laureates in Physics it seems to me that all of them are atomic physicists and I can not call to mind any German Nobel Laureate, except perhaps Einstein, who has taken any interest in any branch of physics outside the atomic field.

It seems to me therefore that it is unlikely that the existing method of nomination by past Nobel Prizemen will ever produce a „non atomic" Prizeman. On the other hand I feel very strongly that if the Nobel Prize is open to non-

---

[106] Prandtl an das Auswärtige Amt, 1. August 1934. AMPG, Abt. III, Rep. 61, Nr. 2147.
[107] [Taylor, 1935, Sreenivasan, 2011].
[108] [Bodenschatz und Eckert, 2011, S. 65–67].
[109] Taylor an Prandtl, 15. November 1935. AMPG, Abt. III, Rep. 61, Nr. 1654.

atomic physicists it is definitely insulting to us that our chief – and I think that in England and USA at any rate that means you – should never have been rewarded in this way.

Prandtl freute sich über Taylors Ansicht, er sei ein Kandidat für einen Nobelpreis, machte sich aber diesbezüglich „keinerlei Hoffnung", da er sein Forschungsgebiet „nicht eigentlich zur Physik" rechnete. Die Mechanik werde in Deutschland inzwischen „als selbständiges Gebiet zwischen der Mathematik und den Ingenieurwissenschaften" betrachtet. „Wenn die Schweden die Wissenschaften ähnlich einteilen wie wir hier, dann werde ich also ebenso wenig in Betracht kommen wie die Mathematiker und werde mich im übrigen ebenso wie die Mathematiker zu trösten wissen."[110] Tatsächlich war Prandtl schon 1928 von deutschen Kollegen für den Nobelpreis nominiert worden.[111] Im Dezember 1936 unternahm in England William Lawrence Bragg, Physiknobelpreisträger des Jahres 1915, noch einmal einen Vorstoß dazu, wobei die Formulierungen in seinem Nominierungsschreiben an das Nobel-Komitee unschwer erkennen lassen, dass Taylor im Hintergrund die Fäden gezogen hatte:[112]

The Nobel Price for Physics has been given almost exclusively to men whose researches are into atomic physics in recent years. In discussing the award with my colleagues, a name came up which you might be willing to consider. It is that of Mr. Prandtl, Direktor of the Kaiser-Wilhelm Institut für Strömungsforschung in Göttingen. His work is not in my line and I can only quote the comments of friends of mine whom I consulted and whose opinion I value. They put as his chief claims:

1) The discovery of how lift and drag of an aerofoil – particularly an aerofoil of finite length – arises and can be expressed in mathematical language.
2) The boundary layer theory which goes more deeply into the question of how the force of a solid body, moving in a fluid, arises, by considering the effect of viscosity in a thin layer on the surface.

Es dürfte auch kein Zufall sein, dass Prandtl von Taylors Alma Mater kurz darauf eine andere Auszeichnung zuteil wurde: die Ehrendoktorwürde der Universität Cambridge. Prandtl rechnete es sich als eine „sehr hohe Ehre"

---

[110] Prandtl an Taylor, 30. November 1935. AMPG, Abt. III, Rep. 61, Nr. 1654.
[111] Die Nominierungen stammten von Erich Hückel, Theodor Pöschl und Ludwig Schiller; Carl Wilhelm Oseen, das für die Physik zuständige Mitglied im Nobel-Komitee, sah Prandtls Forschungen nicht als Nobelpreis-würdig an [Grandin, 1999, S. 35f.]; zu Oseens Rolle im Nobel-Komitee siehe auch [Friedman, 2001, 141f.].
[112] W. L. Bragg an das Nobel-Komitee, 21. Dezember 1936. Vetenskaps-Akad. Protokoll 1937, Nobelarchiv, Stockholm.

an, dass er dadurch „mit der berühmten Universität von Cambridge in enge Beziehung" kam.[113] Taylor klärte Prandtl auch über die Etikette auf, die bei solchen Anlässen zu beachten war, von der Frage des Anzugs bis zur Wahl eines geeigneten Vortragsthemas, und er bat Prandtl, wie schon während des Mechanik-Kongresses 1934 auch dieses Mal wieder in seinem Haus zu wohnen.[114] Prandtl wollte seinen Englandaufenthalt auch zu einem Besuch der Luftfahrtforschungseinrichtungen in Farnborough nutzen, wodurch sich die Reiseplanung etwas verzögerte, denn dieser Besuch musste durch Verhandlungen zwischen dem deutschen und englischen Luftfahrtministerium vorbereitet werden; außerdem bedurfte Prandtls Vortrag „über die Strömung der Gase bei hohen Geschwindigkeiten" der Genehmigung durch das Reichsluftfahrtministerium.[115]

Am Ende verlief aber alles nach Plan. „Die Sache gestern war sehr feierlich. Lord Baldwin, der Ministerpräsident, ist Kanzler der Universität und hat die Promotion vollzogen", schrieb Prandtl am 10. Juni 1936, einen Tag nach der Verleihung der Ehrendoktorwürde nach Hause.[116] Das Zeremoniell hinterließ bei ihm einen tiefen Eindruck. „Ich glaube kaum, dass in einem anderen Lande der Anteil der Gesellschaft an einem solchen Ereignis auch nur entfernt so groß sein würde wie in England", schrieb er an den Vizekanzler der Universität Cambridge. „Der 9. Juni 1936 wird deshalb zeit meines Lebens eine meiner wertvollsten Erinnerungen bleiben."[117] Auch sein Besuch in Farnborough sei „sehr hübsch verlaufen", schrieb er an Taylor. Am Tonfall ihres Briefwechsels konnte man nach diesem Besuch nicht nur die wechselseitige kollegiale Wertschätzung, sondern auch die freundschaftlichen Gefühle ablesen, die Prandtl und Taylor nach diesem Besuch füreinander empfanden. Er habe sich „wieder äußerst behaglich" gefühlt, bedankte sich Prandtl bei Taylor und seiner Frau für die Aufnahme in ihrem Haus in Cambridge. Er hoffte auch, dass sie ihm eines Tages die Gelegenheit geben würden, die ihm erwiesene Gastfreundschaft zu erwidern, „sei es, dass Sie mich in Göttingen oder in Mittelberg besuchen".[118] Das Thema Politik scheinen sie vermieden zu haben, jedenfalls finden sich in den Briefen keine Anzeichen einer Meinungsverschiedenheit. Doch das sollte sich bald ändern.

---

[113] Prandtl an den Vice-Chancellor der Universität Cambridge, 2. März 1936. AMPG, Abt. III, Rep. 61, Nr. 1732.

[114] Taylor an Prandtl, 1. Mai 1936. AMPG, Abt. III, Rep. 61, Nr. 1654.

[115] Prandtl an Taylor, 29. Mai 1936. AMPG, Abt. III, Rep. 61, Nr. 1654; Prandtl an das RLM, 29. Mai 1936. AMPG, Abt. III, Rep. 61, Nr. 1327.

[116] Zitiert in [Vogel-Prandtl, 2005, S. 132]. Stanley Baldwin war von 1935 bis 1937 Premierminister. Sein Nachfolger wurde Neville Chamberlain.

[117] Prandtl an den Vice-Chancellor der Universität Cambridge, 20. Juni 1936. AMPG, Abt. III, Rep. 61, Nr. 1732.

[118] Prandtl an Taylor, 20. Juni 1936. AMPG, Abt. III, Rep. 61, Nr. 1654.

7.7 Vorbereitungen für einen Kongress

Der fünfte internationale Mechanik-Kongress, der im September 1938 am MIT in Cambridge, Massachusetts, stattfinden sollte, wurde für Prandtl mehr als alle vorherigen Kongresse und Auslandsreisen zu einem politischen Ereignis. Bereits zwei Jahre vorher schickte er die Anfrage Hunsakers, der in den USA diesen Kongress maßgeblich vorbereitete, an das Reichserziehungsministerium mit der Frage, ob Erich Trefftz, Richard Grammel und er selbst in ihrer Eigenschaft als Vertreter Deutschlands im internationalen Kongresskomitee an der Vorbereitung dieses Mechanik-Kongresses teilnehmen dürften. „Da ja zu jeder Auslandsreise eines deutschen Professors die Genehmigung des vorgesetzten Ministeriums erforderlich ist, stelle ich deshalb, um die Vorbereitungsarbeiten für den Kongress sicherzustellen, als der gegebene Führer der deutschen Komitee-Mitglieder den Antrag, die Genehmigung zur Teilnahme an dem Kongress für uns drei schon jetzt auszusprechen." Er fügte hinzu, dass sie bei dem Kongress in USA dem internationalen Kongresskomitee erneut den Vorschlag unterbreiten würden, „dass der nächstfolgende Mechanik-Kongress 1942 in Deutschland stattfindet. Eine solche Einwirkung wird nur dann möglich sein, wenn wir an den entscheidenden Sitzungen des Komitees teilnehmen können".[119] Im Juli 1937 genehmigte das Ministerium den Antrag für Prandtl und Grammel (Trefftz war im Januar 1937 gestorben) und informierte den Kurator der Göttinger Universität als direkten Dienstvorgesetzten Prandtls, dass auch das Auswärtige Amt, die Auslandsorganisation der NSDAP in Berlin und die Deutsche Kongress-Zentrale benachrichtigt seien. „Professor Dr. Prandtl wird ersucht, sich mit der zuständigen deutschen Auslandsvertretung sofort nach seinem Eintreffen im Auslande in Verbindung zu setzen, die ihn bei der Durchführung seiner Arbeiten und Aufgaben beraten und unterstützen wird." Außerdem habe sich Prandtl „nach Möglichkeit mit der örtlichen Auslandsorganisation der NSDAP in Verbindung zu setzen, die von seiner Reise unterrichtet werden wird".[120]

Die Partei, das Auswärtige Amt und das Reichserziehungsministerium gehörten schon zuvor zu den politischen Instanzen, ohne deren Billigung einem deutschen Professor Reisen ins Ausland nicht gestattet wurden. Seit 1936 gehörte auch noch die beim Progandaministerium eingerichtete Deutsche Kongress-Zentrale zu den staatlichen Stellen, die ein Wort mitzureden hatten, insbesondere was die Kosten betraf. Am 27. Oktober 1937 sprach Prandtl beim Leiter der Devisenstelle in der Deutschen Kongress-Zentrale vor. „Es be-

---

[119] Prandtl an den Reichsminister für Wissenschaft, Erziehung und Volksbildung (REM), 7. November 1936. AMPG, Abt. III, Rep. 61, Nr. 2148.
[120] Groh (REM) an den Universitätskurator in Göttingen [Valentiner], 2. Juli 1937. AMPG, Abt. III, Rep. 61, Nr. 2148.

steht Einverständnis mit der Kongress-Zentrale darüber, dass mit Rücksicht auf die Kosten und den Zeitaufwand der Reise die Mittel für die Reise so bemessen werden sollten, dass außer dem Kongress auch noch geeignete Besichtigungen an anderen Orten der USA vorgenommen werden können", hielt er danach in einer Aktennotiz fest.[121] Dass es dem Propagandaministeriums nicht nur um Devisenfragen ging, erfuhr Prandtl spätestens ein Vierteljahr vor Reiseantritt von der Auslandsabteilung der Deutschen Kongress-Zentrale. Sie übersandte ihm „Richtlinien" für Delegationsführer, in denen die Propagandamission im Einzelnen beschrieben wurde und die an die Kongress-Zentrale zurückgeschickt werden mussten, da man sie vor dem Ausland geheim halten wollte.[122] Dessen ungeachtet verstand Prandtl seine Rolle als Delegationsführer nicht als politische Mission, da an dem Kongress „keine Behördenvertreter sondern nur Forscherpersönlichkeiten" teilnehmen würden.[123]

Die Betonung des unpolitischen Charakters des Mechanik-Kongresses änderte aber nichts daran, dass diese Veranstaltung ins Visier verschiedener Ministerien rückte und Prandtl von Seiten der Politik dafür in die Verantwortung genommen wurde. Milch hielt, wie er dem Wissenschaftsminister schrieb, bei diesem Kongress „eine einheitliche Vertretung der deutschen Wissenschaft für sehr erwünscht" und sah in Prandtl die geeignete Person für die „Führung der deutschen Teilnehmer". Da sich die amerikanische Regierung ebenso wie andere Regierungen nicht offiziell beteiligen würden, sollte auch Prandtl nicht als offizieller Vertreter der deutschen Regierung auftreten. Dessen ungeachtet sei es auch aus Sicht des Luftfahrtministeriums erwünscht, dass Prandtl die schon 1934 ausgesprochene Einladung, den Mechanik-Kongress in Deutschland abzuhalten, für das Jahr 1942 bekräftigt.[124] Der Wissenschaftsminister ließ per Rundschreiben über die Rektoren aller deutschen Universitäten den am Kongress interessierten Wissenschaftlern mitteilen, dass sie sich mit ihrem Teilnahmewunsch und ihrem beabsichtigten Vortragsthema an Prandtl wenden sollten, der dann bis zum 15. Mai 1938 die Teilnehmerliste dem Ministerium zu übersenden hatte.[125]

Am 9. April 1938 stellte Prandtl bei einer Besprechung im Wissenschaftsministerium mit einem Vertreter des Luftfahrtministeriums die Reiseplanung vor. Dabei wurden auch die bis zu diesem Zeitpunkt vorliegenden Anmeldungen besprochen, „auch die hier in Frage kommenden Bestimmungen für

---

[121] Aktenvermerk über einen Besuch bei der Deutschen Kongress-Zentrale, 27. Oktober 1937. AMPG, Abt. III, Rep. 61, Nr. 2148.

[122] Auslandsabteilung der Deutschen Kongress-Zentrale an Prandtl, 22. Juni 1938. AMPG, Abt. III, Rep. 61, Nr. 2152. Richtlinien für die Leiter deutscher Abordnungen zu Kongressen im Ausland. Berlin: Deutsche Kongress-Zentrale, 1938. Typoskript. Deutsche Zentralbibliothek für Wirtschaftswissenschaften, Kiel.

[123] Prandtl an die Auslandsabteilung der Deutschen Kongress-Zentrale, 4. Juli 1938. AMPG, Abt. III, Rep. 61, Nr. 2153.

[124] Milch an Rust, 18. Februar 1938. AMPG, Abt. III, Rep. 61, Nr. 2149.

[125] Groh (in Vertretung von Rust) an Prandtl, 14. März 1938. AMPG, Abt. III, Rep. 61, Nr. 2149.

die Teilnahme von nicht arischen früheren Dozenten".[126] Damit wurde auf
den Teilnahmewunsch von Hans Reissner und Ludwig Hopf angespielt. Der
Vertreter des Luftfahrtministeriums wollte „in Anbetracht der immerhin in
Deutschland vorhandenen größeren Anzahl von tüchtigen Aerodynamikern"
Hopf nicht bescheinigen, dass seine Arbeiten „im Interesse der deutschen Luftfahrt unbedingt erforderlich" seien. Er bat Prandtl, „Herrn Prof. Hopf unmittelbar mitzuteilen, welche Möglichkeiten für seine Teilnahme bestehen mit
dem Vermerk, dass Herr Ministerialdirigent Baeumker, veranlasst durch sein
Schreiben, Sie als den Leiter der deutschen Delegation darum gebeten habe".[127] Für Hopf, der seit seiner Entlassung 1933 verzweifelt nach einer Stelle
im Ausland suchte, handelte es sich, wie er an Baeumker schrieb, „um eine Frage der geistigen Existenz".[128] Tatsächlich ging es für Hopf mehr als nur um
die geistige Existenz. Man hatte ihm den Pass entzogen, und die von Prandtl
als Delegationsleiter befürwortete und vom RLM bestätigte Teilnahme hätte ihm nicht nur den Pass, sondern auch die Gelegenheit beschert, in den
USA nach einer Stelle Ausschau zu halten. Prandtl sah jedoch, was Hopfs
Teilnahmewunsch anging, „keine Möglichkeit, von mir aus etwas in dieser
Sache zu tun". Wenn Hopf der Reisepass entzogen worden sei, so könne er
„aus diesem Grund eben nicht reisen" und müsse sich, „um einen Reisepass
zu bekommen, die Befürwortung seitens einer zentralen Behörde" besorgen.
Der Fall von Reissner lag ähnlich. Er konnte sich nach seiner Entlassung noch
als Industrieberater eine bescheidene Existenz erhalten, wollte aber wie Hopf
emigrieren und war ebenfalls auf die Fürsprache von höherer Stelle für die
Erteilung eines Reisepasses angewiesen. Prandtl sprach sich dafür aus, „dass
wenigstens einem von beiden, besser aber beiden" die Teilnahme am Kongress ermöglicht werden sollte. Es würde, so argumentierte er, die Bewerbung
für 1942 „gegenüber den Angehörigen der demokratischen Staaten" sehr erleichtern, „wenn sie sehen, dass auch um die Wissenschaft verdiente Juden
noch etwas Bewegungsfreiheit haben".[129]

Doch diese „Bewegungsfreiheit" wurde Reissner und Hopf nicht gewährt.
Prandtl hatte bei den zuständigen Referenten des Wissenschafts- und Luftfahrtministeriums noch einmal für Reissners Teilnahme plädiert und ins Feld
geführt, dass Reissner „wertvolle Arbeit für die Entwicklung des Luftfahrtwesens geleistet" habe und „auch nach dem Umbruch noch von den Studenten
wegen seines guten Unterrichts wohlgelitten war". Außerdem würde das internationale Kongresskomitee, in dem „mehrere Nichtarier" seien, die Einladung
nach Deutschland für 1942 nur annehmen, „wenn mit der Teilnahme von
Professor Reissner der Beweis geliefert wird, dass man in Deutschland auch

---

[126] Aktennotiz von Prandtl, 9. April 1938. AMPG, Abt. III, Rep. 61, Nr. 2150.
[127] Lorenz an Prandtl, 4. Mai 1938. AMPG, Abt. III, Rep. 61, Nr. 2151.
[128] Hopf an Baeumker, 27. April 1938. AMPG, Abt. III, Rep. 61, Nr. 2151.
[129] Prandtl an Lorenz, 6. Mai 1938. AMPG, Abt. III, Rep. 61, Nr. 2151.

einen Nichtarier im Rahmen der vorhandenen Möglichkeiten zur Geltung kommen lässt, wenn er positive Verdienste aufzuweisen hat".[130]

1938 war die Ausgrenzung der „Nichtarier" in Nazi-Deutschland jedoch schon so weit fortgeschritten, dass auch der Hinweis auf nachteilige Wirkungen im Ausland nichts mehr half. Nach dem Kongress wollte man bei der Auslandsabteilung der Deutschen Kongress-Zentrale aber dennoch wissen, ob „das Ausbleiben des nichtarischen Professor Reissner" Folgen gehabt habe.[131] Prandtl übersandte der Kongress-Zentrale als Antwort den Bericht, mit dem er auch dem RLM und dem REM detailliert über den USA-Aufenthalt Auskunft gab. Über die Folgen des „Ausbleibens" von Hopf und Reissner auf die Einladung des Kongresses 1942 nach Deutschland gab Prandtl folgende Darstellung:[132]

Nach der augenblicklichen Lage der Dinge war es nicht zu erwarten, dass das Internationale Komitee dieser Einladung zustimmen würde. Es ist deshalb von deutscher Seite auf diese frühere Einladung kein Gewicht mehr gelegt worden. [...]

Eine Bemerkung noch über das Verhältnis zu den jüdischen Teilnehmern. In einem Lande, das die Unterscheidung zwischen Ariern und Nichtariern im öffentlichen Leben nicht anerkennt, war es ein Gebot des internationalen Taktes für uns Deutsche, auf die Zeit des Kongresses auch selbst von dieser Unterscheidung keinen Gebrauch zu machen. Es wäre andererseits nicht abzusehen gewesen, welch' unerfreuliche Konflikte auf dem Kongress entstanden wären, wenn man etwa ein Gespräch mit Nichtariern, die zum Teil wertvolle wissenschaftliche Beiträge lieferten, ablehnen wollte. Diese von uns einheitlich durchgeführte Haltung hatte nun aber andererseits zur Folge, dass gerade die deutschen Emigranten, die zahlreich auf dem Kongress vertreten waren und die auch offenbar danach verlangten, etwas über Deutschland zu hören, sich sehr viel mit Gesprächen, teils wissenschaftlicher Art, teils persönliche Nachrichten über gemeinsame Bekannte betreffend, an uns gewandt haben. Politische Fragen sind dabei nie berührt worden.

7.8 Das Turbulenz-Symposium

Allen politischen Einflüssen und Rücksichten zum Trotz stand für Prandtl die Wissenschaft im Zentrum. Die Organisatoren hatten schon lange im Voraus beschlossen, bei diesem Kongress 1938 das Turbulenzproblem als ein Schwer-

---

[130] Prandtl an Dahnke und Lorenz, 1. Juni 1938. AMPG, Abt. III, Rep. 61, Nr. 2155.
[131] Auslandsabteilung der Deutschen Kongress-Zentrale an Prandtl, 14. Dezember 1938. AMPG, Abt. III, Rep. 61, Nr. 2156.
[132] Bericht der Kongress-Sekretäre (Hunsaker und Kármán) über den V. Internationalen Kongress für Angewandte Mechanik in Cambridge-Mass./USA vom 12. bis 16. September 1938. AMPG, Abt. III, Rep. 61, Nr. 2157.

punktthema zu behandeln. G. I. Taylor sollte das Thema mit einem großen Plenarvortrag für ein Symposium aufbereiten, in dem an einem ganzen Nachmittag die Turbulenzforscher der ganzen Welt den aktuellen Stand auf diesem Gebiet diskutieren sollten. „Prof. Taylor thought it most appropriate for you to preside and to lead the discussions", schrieb Hunsaker im November 1937 an Prandtl über die Vorbereitung des geplanten Symposiums. „Will you correspond with Taylor, Burgers, and other men interested in turbulence with regard to the afternoon discussion? I suggest the names of Karman, Dryden, Rossby and H. Peters as having something to report. G. I. Taylor, no doubt, knows of British workers who will be interested. I am not acquainted with French and Italian advances in turbulence study, but no doubt there may be something offered by next September."[133]

Prandtl ließ sich nicht lange bitten, dieses Symposium zu organisieren. Die Turbulenz gehörte zu den Schwerpunkten seiner eigenen Forschung am Kaiser-Wilhelm-Institut für Strömungsforschung. Er stand mit Taylor um diese Zeit auch in einem intensiven Austausch über experimentelle Arbeiten seiner Mitarbeiter Hans Reichardt und Heinz Motzfeld, die mit Hitzdrahtsonden in einem kleinen, eigens dafür gebauten Windkanal untersuchten, wie die durch Reibung an den Wänden dauernd angefachte Turbulenz sich mit zunehmender Entfernung von den Wänden in der Mitte des Luftstroms ausbreitete. Dabei zeigten sich ganz unerwartete Gemeinsamkeiten mit der von Taylor erforschten spektralen Verteilung der Geschwindigkeitsschwankungen, die Rückschlüsse auf tiefer liegende universelle Gesetzmäßigkeiten bei der voll entwickelten Turbulenz nahe legten.[134] „Prandtl agrees to conduct a Turbulence session in the afternoon following your lecture at which Kármán, Dryden, Burgers and others interested will be asked to speak", schrieb Hunsaker an Taylor bereits zwei Wochen später.[135]

Mit Taylor, Prandtl, Kármán, Burgers und Hugh Dryden, der am National Bureau of Standards in Washington, D.C., die Aerodynamik-Abteilung leitete, wurde das Symposium zu einem Gipfeltreffen der Turbulenzforscher. Prandtl stand mit fast allen vorgesehenen Teilnehmern seit langem in Kontakt. Dryden war die internationale Koryphäe bei allen Fragen der Windkanalturbulenz. Er und seine Mitarbeiter hatten die Hitzdrahtmessmethode mithilfe einer ausgeklügelten Elektronik zu einem Präzisionsverfahren weiterentwickelt, um den statistischen Zusammenhang zwischen turbulenten Fluktuationen der Geschwindigkeit des Luftstroms als Funktion des räumlichen Abstands zweier Messpunkte im Windkanal zu messen. Der Grad der Turbulenz wurde dabei mit Gittern unterschiedlicher Maschenweite variiert, die für

[133] Hunsaker an Prandtl, 3. November 1937. TKC 47-3-8.

[134] [Bodenschatz und Eckert, 2011, S. 67–74].

[135] Hunsaker an Taylor, 16. November 1937, TKC 47-3-8.

eine jeweils unterschiedliche Verwirbelung des Luftstroms sorgten. In einigem Abstand vom Gitter wurde ein Zustand ausgebildeter Turbulenz erreicht, der dem Idealfall der homogenen isotropen Turbulenz (dabei sind innerhalb eines Messquerschnitts quer zur Grundströmung in einem gegebenen Abstand vom Gitter die statistischen Schwankungen unabhängig vom Ort und der Richtung der Messung) nahe kam, auf die sich Taylors Theorie der statistischen Turbulenz bezog. Prandtl hatte keine Mühe, Dryden das geplante Turbulenz-Symposium schmackhaft zu machen, und sein Einladungsbrief geriet fast automatisch zu einem Fachsimpeln über die letzten Hitzdrahtmessungen. „Ich darf wohl rechnen, dass Sie selbst zum Kongress kommen werden", so bat er Dryden um seine Mitwirkung, um gleich im Anschluss daran eine Diskussion darüber zu eröffnen, „ob der Begriff der isotropen Turbulenz in Wirklichkeit zu Recht besteht", der nicht recht zu seiner Mischungswegtheorie passen wollte.[136] Drydens Antwort kam postwendend. Er sagte Prandtl seine Teilnahme am Turbulenz-Symposium zu und kommentierte im Anschluss daran auch gleich seine jüngsten Messungen. Die „fairly uniformly distributed isotropic turbulence", die sich dem Luftstrom im Windkanal nach dem Passieren eines Gitters überlagert, erschien ihm über jeden Zweifel erhaben.[137]

Prandtl musste sich danach einen neuen Ansatz für seine Theorie der voll entwickelten Turbulenz überlegen. Das bevorstehende Turbulenz-Symposium stellte ihn damit nicht nur als Diskussionsleiter und Organisator vor eine besondere Herausforderung, sondern auch in wissenschaftlicher Hinsicht. Das Interesse an diesem Symposium war so groß, dass sich das amerikanische Kongresskomitee entschloss, einen ganzen Tag dafür zu reservieren. „We plan to have an a. m. and a p. m. session for the Turbulence crowd, with the afternoon for open discussion", schrieb Hunsaker an Kármán.[138]

Taylor trug dem Umfang wissenschaftlicher Fragen zur Turbulenz ebenfalls Rechnung, indem er seinen Hauptvortrag nur auf die statistischen Untersuchungen konzentrierte. Die Turbulenzforschung sei zu einem solchen Umfang angewachsen „that one cannot deal intelligibly and also adequately with more than a fraction of it in a lecture. I hope that this meets with your approval". Zu der für Prandtls Mischungswegansatz kritischen Frage nach der Isotropie der Windkanalturbulenz in großem Abstand hinter einem Turbulenz erzeugenden Gitter nahm er ebenfalls Stellung. Seine (Taylors) Theorie mache nur die Voraussetzung, dass die mittlere turbulente Schwankung der Strömungsgeschwindigkeit klein gegenüber der Geschwindigkeit des Luftstroms im Windkanal sei. „Making this assumption the formula is equally true whether the

---

[136] Prandtl an Dryden, 21. Januar 1938. AMPG, Abt. III, Rep. 61, Nr. 2149.
[137] Dryden an Prandtl, 11. Februar 1938. AMPG, Abt. III, Rep. 61, Nr. 2149.
[138] Hunsaker an Kármán, 22. März 1938. TKC 47-3-8.

motion is isotropic or non-isotropic".[139] Damit ergaben sich für Prandtls Mischungswegansatz neue Probleme, für die vorläufig keine Lösung in Sicht war.
Kármán befürchtete, dass angesichts der Aktualität der statistischen Turbulenztheorie die praktischen Anwendungen etwas auf der Strecke blieben, und
schlug vor, einen Beitrag seines Kollegen Clark Millikan noch aufzunehmen,
der das Turbulenzthema für die Mehrheit der Kongressteilnehmer interessanter machen könnte. „Recently Clark Millikan made very deep going studies
on the fundamental assumptions underlying the present turbulence boundary
layer and skin friction theory", schrieb er an Hunsaker. „Probably most of the
people who have been asked to contribute to the Symposium will deal with the
statistical aspect of the turbulence theory, and I believe it is very desirable to
present the fundamental assumption of the practical application in a critical
way, and I am sure that Clark's contribution will be more understandable for
the general audience than the discussions on the statistical theory".[140]

Am Ende zeigte das Turbulenz-Symposium auf beeindruckende Weise, wie
viele grundsätzlich ungeklärte Probleme es auf diesem Gebiet noch zu lösen
gab.[141] Prandtl beschränkte sich in seinem eigenen „Beitrag zum Turbulenz-
Symposium"[142] nur auf eine knappe Darstellung der jüngsten Arbeiten in
seinem Institut und benutzte die Gelegenheit, seinen Mischungswegansatz
durch „eine neue bessere Formel" etwas zu modifizieren. Damit wollte er seine theoretischen Vorstellungen an die neuesten Messungen von Dryden und
Taylor anpassen, doch es gelang ihm (noch) nicht, daraus bereits ein zwingen-
des Theoriegebäude aufzubauen. Der im Rückblick bedeutendste Teil seines
Beitrags betraf die jüngsten Messergebnisse seiner Mitarbeiter Hans Reichardt
und Heinz Motzfeld. Sie bildeten den Nährboden für eine Theorie, die er in
den letzten Monaten des Zweiten Weltkriegs zu Papier brachte.[143] Zur Zeit
des Turbulenz-Symposiums überwogen für Prandtl jedoch eher die offen ge-
bliebenen Fragen. „Das Turbulenzsymposium ist meiner Ansicht nach nicht
besonders geglückt", schrieb er kurz danach an Hopf. „Es sind von allen Seiten
eine ganze Menge Bausteine und sonstiges Rohmaterial angefahren worden,
aber es ist noch nicht ersichtlich geworden, wie das Bauwerk aussehen soll, das
man daraus bauen kann. Man wird vielleicht später ein zweites Symposium
anzusetzen haben, auf dem der Bauplan geklärt werden kann."[144]

---

[139] Taylor an Prandtl, 18. Mai 1938. AMPG, Abt. III, Rep. 61, Nr. 2151.
[140] Kármán an Hunsaker, 13. Juni 1938. TKC 47-3-8.
[141] [den Hartog und Peters, 1939].
[142] [Prandtl, 1939].
[143] Siehe Abschn. 8.8.
[144] Prandtl an Hopf, 15. Oktober 1938. AMPG, Abt. III, Rep. 61, Nr. 2153.

7.9 Deutsch-amerikanische Beziehungen

In seinem offiziellen Reisebericht widmete Prandtl dem Turbulenz-Symposium nur wenige Zeilen, obwohl es der Sektion über Strömungsmechanik eine „besondere Note" verliehen habe. Auch die in den anderen Sektionen behandelten Wissenschaftsgebiete, von der Elastizitätstheorie bis zur Schwingungslehre, wurden nur kurz aufgezählt und nicht weiter kommentiert. Mehr Raum widmete Prandtl dem Begleitprogramm und einer „Besichtigungsreise" zum National Bureau of Standards in Washington, D.C., und zum NACA-Forschungszentrum in Langley, Virginia. Es entspreche „etwa der Deutschen Versuchsanstalt für Luftfahrt in Adlershof + Aerodynamische Versuchsanstalt zu Göttingen", so versuchte Prandtl einen Eindruck von der Größe und Bedeutung der NACA-Anlagen in Langley zu vermitteln. „Am eindrucksvollsten war dabei wohl ein fast 1 km langer Wassertank mit Schnellbahn zur Untersuchung der Vorgänge an Flugzeugschwimmern und der große Windkanal (der größte der Welt), in dem ganze Flugzeuge angeblasen werden können."[145] Prandtl bedankte sich auch bei dem Militärattaché der Deutschen Botschaft in Washington, D.C., General Friedrich von Boetticher, der den deutschen Kongressteilnehmern die Besichtigung von verschiedenen amerikanischen Flugzeugfirmen vermittelt hatte.[146]

Die Besuche des Langley-Forschungszentrums und anderer Einrichtungen, die wie die Abteilung Drydens wissenschaftliche Untersuchungen mit einem engen Bezug zu Anwendungen im Flugzeugbau durchführten, waren für die deutschen Kongressteilnehmer nicht zufällig Teil ihres Begleitprogramms. Die Blicke der deutschen Luftfahrtforscher hatten sich schon 1933 nach USA gerichtet, als Baeumker im neu gegründeten Reichsluftfahrtministerium von Göring den Auftrag erhalten hatte, die Luftfahrtforschung binnen weniger Jahre „zur Ebene der großen Mächte" auszubauen. „Ich hielt dies zwar für unmöglich, aber ich begann mit dieser Titanenarbeit, hierbei stets das Bild der USA in der Entwicklung seines NACA vor meinen Augen haltend", so Baeumker im Rückblick.[147] Er war sehr darauf bedacht, das in den 1920er Jahren aufgebaute gute Verhältnis zu den USA weiter zu pflegen. Man bewunderte insbesondere den amerikanischen Drang zu großen Versuchsanlagen. Dies sei der Erfolg einer „planmäßigen Gemeinschaftsforschung" in den USA, die ebenso Lob verdiene wie die „Bestimmtheit, mit der sich das N.A.C.A. auf das ihr zugeteilte Arbeitsfeld, die fundamentale Forschung, beschränkt".[148]

---

[145] Bericht über den V. Internationalen Kongress für Angewandte Mechanik in Cambridge-Mass./USA vom 12. bis 16. September 1938. AMPG, Abt. III, Rep. 61, Nr. 2157.
[146] Prandtl an Boetticher, 8. Oktober 1938. AMPG, Abt. III, Rep. 61, Nr. 2153.
[147] [Baeumker, 1966, S. 10].
[148] Die Forschungstätigkeit des N.A.C.A. im Jahre 1934. *Luftwissen*, 2, 1935, S. 156.

Auch von amerikanischer Seite sah man nach der „Machtergreifung" Hitlers keinen Anlass, an den freundlichen Beziehungen zu deutschen Luftfahrtforschern etwas zu ändern. Das 1933 gegründete Institute of the Aeronautical Sciences, eine in New York ansässige Luftfahrtakademie unter der Präsidentschaft Hunsakers, zählte Prandtl zu seinen ersten Mitgliedern, so dass sich auch auf diesem Weg enge Beziehungen zur amerikanischen Aerodynamikforschung ergaben.[149]

Auch als das NS-Regime auf eine weitere Tarnung der seit 1933 betriebenen Aufrüstung verzichtete und Göring die Existenz einer Luftwaffe öffentlich bekannt gab, wurden die deutsch-amerikanischen Luftfahrtbeziehungen nicht erkennbar getrübt. Bei der Hauptversammlung der Lilienthal-Gesellschaft 1936 galten die ersten Grußworte Görings „allen unseren ausländischen Gästen", darunter auch J. J. Ide vom Pariser NACA-Büro, Clark Millikan vom Guggenheim Aeronautical Laboratory des CalTech in Pasadena, sowie die an den Berliner Botschaften akkreditierten Militärattachés von USA, China, England, Frankreich, Finnland, Italien, Japan, Österreich, Ungarn, Tschechslowakei und Schweden.[150] Im darauffolgenden Jahr wählte die Lilienthal-Gesellschaft München als Ort für ihre Hauptversammlung, die „Hauptstadt der Bewegung", und auch dieses Mal gehörten zu den geladenen Gästen wieder prominente Vertreter der Luftfahrt aus dem Ausland, darunter zum Beispiel Charles Lindbergh und Hunsaker aus den USA. Anstelle von Göring sah man in diesem Jahr Hitlers Stellvertreter Rudolf Heß beim Händeschütteln mit illustren Kongressteilnehmern.[151]

Aus den Berichten, die Ide nach solchen Veranstaltungen nach USA schickte, ergab sich ein ungeschminktes Bild von der immer bedrohlicheren Situation in Europa, die durch die vehemente Aufrüstung im nationalsozialistischen Deutschland verursacht wurde. Zwar sei Deutschland gegenüber seinen militärisch besser gerüsteten Nachbarn noch im Rückstand, so heißt es in einem Bericht im Jahr 1935, aber das sei „merely a transitional phase, as modern two-engine low-wing bombers of Dornier, Junkers, and Heinkel design and pursuit monoplanes built by Heinkel, Messerschmitt, Henschel, and others are under test".[152] Im Sommer und Herbst des darauffolgenden Jahres unternahm Ide ausgedehnte Besuchsreisen zu einigen der genannten Flugzeugfirmen sowie zur Deutschen Versuchsanstalt für Luftfahrt in Berlin-Adlershof

---

[149] Hunsaker an Prandtl, 9. März 1933; Prandtl an Hunsaker, 31. März 1933; Gardener (Secretary des Institute of the Aeronautical Sciences) an Prandtl, 15. April 1933; Hunsaker an Prandtl, 10. Juli 1933. MPGA, Abt. III, Rep. 61, Nr. 724.

[150] *Luftwissen*, 3, 1936, S. 268–276.

[151] *Luftwissen*, 4, 1937, S. 294–333.

[152] Some Notes on European Aeronautics in 1935, Bericht Ides an NACA, 14. Januar 1936. Washington, DC, Garber Facility, John Jay Ide Collection (NASARCH Accession XXXX-0070), Box 6: Intelligence Reports, 1935–1940.

und zur Aerodynamischen Versuchsanstalt in Göttingen. Auch in seinen Berichten über diese Besuche ließ er keinen Zweifel an der in Gang befindlichen Expansion.[153] Andere Berichte bekräftigten diesen Eindruck. Der NACA-Forschungsdirektor George Lewis reiste im August und September 1936 selbst nach Europa, um sich aus erster Hand zu informieren. Baeumker zeigte dem Gast aus USA höchstpersönlich einige Errungenschaften der letzten Jahre, und aus Baeumkers Mund erfuhr Lewis wohl manches, was anderen Besuchern verborgen blieb, wie zum Beispiel den Plan zur Errichtung der Luftfahrtforschungsanstalt Hermann Göring bei Braunschweig, wo später unter höchster Geheimhaltung Anlagen für die Erforschung der Hochgeschwindigkeitsaerodynamik entwickelt wurden. Das Ergebnis seines Europabesuches fasste Lewis Anfang 1937 folgendermaßen zusammen:[154]

> I know only too well that unless something is done, within the next year and a half or two years the lead in technical development resulting from research will cross the ocean and probably be taken by Germany. Aeronautical research in Germany is considered of such importance that it ranks equally with the problem of national defense. With the long range and extensive program of rearming in the air, the Germans have a parallel long range and extensive program on aeronautical research. [...] There will be five major stations; one at Adlershof, one at Gottingen, one at Aachen, one at Brunswick, and one at Stuttgart. The policy is to decentralize the research activities, having one large activity in Berlin, three in west Germany, and one in south Germany.

Namhaften Vertretern der amerikanischen Luftfahrt solch weitgehende Einblicke in die eigenen Pläne zu gewähren, geschah nicht ohne Kalkül. Zum einen wollte man das eigene Potential mächtiger erscheinen lassen, als es Mitte der 1930er Jahre war, wie Ide in seinem Bericht für das Jahr 1935 unter Anspielung auf ein „fateful interview" vermutete, in dem Hitler dem ehemaligen Britischen Außenminister Sir John Simon mitgeteilt hatte, „that Germany had attained parity with Great Britain in military airplanes".[155]

Zum anderen lag Baeumker in seiner Eigenschaft als Kanzler der Luftfahrt-Akademie viel daran, die deutschen Forschungsanstrengungen ins rechte Licht zu rücken, um ausländische Forscher als korrespondierende Mitglieder für die Luftfahrt-Akademie zu gewinnen und ihr so zu internationalem Ansehen zu verhelfen. Er bat Prandtl, ihm eine Liste möglicher Kandidaten zu übersenden und gegebenenfalls Einladungen an geeignet erscheinende Persönlichkeiten

---

[153] Ide an NACA, 23. Oktober 1936. Washington, DC, Garber Facility, John Jay Ide Collection (NASARCH Accession XXXX-0070), Box 6: Intelligence Reports, 1935–1940.
[154] Zitiert in [Roland, 1985, S. 149].
[155] Ide an NACA, 14. Januar 1936. Washington, DC, Garber Facility, John Jay Ide Collection (NASARCH Accession XXXX-0070), Box 6: Intelligence Reports, 1935–1940.

auszusprechen, ein Wunsch, den Prandtl gerne erfüllte.[156] Den auf diese Weise zu korrespondierenden Mitgliedern der Luftfahrt-Akademie gekürten Gelehrten des Auslandes wurde der propagandistische Charakter ihrer Mitgliedschaft für das NS-Regime damit nicht so augenfällig, als wenn die Anfrage direkt aus dem Reichsluftfahrtministerium gekommen wäre. Im Fall des amerikanischen Aerodynamikpioniers William Fredrick Durand von der Stanford University ging die Rechnung auf. „Er schreibt mir, dass er sehr gerne bereit sein wird, unser korrespondierendes Mitglied zu werden und dass er auch bei der Auswahl von anderen geeigneten Persönlichkeiten in USA behilflich sein wird", so gab Prandtl diese Bereitschaft Durands zur Mitarbeit an Baeumker weiter.[157] Ein Jahr später gehörten vier prominente amerikanische Wissenschaftler der Deutschen Akademie der Luftfahrtforschung als korrespondierende Mitglieder an, wie Milch in seinem Schreiben an den Wissenschaftsminister betonte. Er unterstrich damit auch die Rolle seines Ressorts gegenüber dem Wissenschaftsministerium.[158]

Der Mechanik-Kongress in Cambridge, Massachusetts, im September 1938 wurde vor diesem Hintergrund auch zu einer Demonstration der guten deutsch-amerikanischen Beziehungen auf dem Gebiet der Luftfahrtforschung. Auch aus amerikanischer Perspektive war der USA-Besuch der deutschen Kongressteilnehmer ein Ereignis, das den gewohnten Rahmen internationaler Wissenschaftsveranstaltungen überstieg. Vor allem die geplanten Besichtigungen bei der amerikanischen Flugzeugindustrie erforderten Rückfragen bei politischen Instanzen. Der Besuch der kalifornischen Douglas Aircraft Company in Santa Monica sei nur möglich, schrieb ein Firmensprecher an Hunsaker, wenn zuvor die Zusage aus dem War Department vorliege. Kármán kontaktierte den deutschen Militärattaché in Washington, um diese Angelegenheit zu klären. Insgesamt war der Besuch von drei Flugzeugproduktionsstätten in Kalifornien (Douglas Aircraft, North American, Consolidated Aircraft) und drei an der Ostküste (United Aircraft in East Hartford und Bridgeport, sowie Wright Aeronautical Corporation in Paterson, New Jersey) vorgesehen.[159]

Die Novemberpogrome 1938 und die auf einen Krieg zusteuernde Politik Hitlers machten den deutsch-amerikanischen Luftfahrtbeziehungen jedoch bald ein Ende. Die Deutsche Akademie der Luftfahrtforschung verlor ihren Ruf als Organisation von internationalen Gelehrten, als korrespondierende Mitglieder wie Durand ihren Austritt erklärten. Die Luftfahrt-Akademie stehe „under the direct auspices of the German Government", schrieb Durand

---

[156] Prandtl an Durand, 10. Juli 1937. AMPG, Abt. III, Rep. 61, Nr. 1967.
[157] Prandtl an Baeumker, 24. August 1937. AMPG, Abt. III, Rep. 61, Nr. 1967.
[158] Milch an Rust, 18. Februar 1938. AMPG, Abt. III, Rep. 61, Nr. 2149.
[159] McMahon an Hunsaker, 21. Juli 1938; Peters an Kármán, 4. August 1938; Kármán an Boetticher, 26. August 1938. TKC 47.3-8.

im Dezember 1938 an Prandtl, „and the present Governmental theory in Germany regarding social and political organization for the good of humanity is so remote from my own, that I do not feel that I should longer remain in relation with an organization of which the titular head is one of the highest exponents of this theory".[160]

Um diese Zeit fühlte sich die deutsche Luftfahrtforschung den USA gegenüber schon überlegen. Die Jahresberichte des NACA hätten zwar „jahrzehntelang als Gradmesser für den Stand der Forschung in der Luftfahrt gelten dürfen", so kommentierte *Luftwissen* den Jahresbericht für 1939, jedoch inzwischen habe „die amerikanische Luftfahrtforschung auf vielen Gebieten längst ihre führende Stellung verloren. [...] Vieles, was in den USA noch ein Forschungsproblem darstellt, hat in Deutschland bereits seine Verwirklichung gefunden, in anderen Fällen ist mindestens der gleiche Stand des Fortschrittes erreicht".[161] Auch in den Berichten, die vom amerikanischen Militärattaché und vom Pariser NACA-Büro um diese Zeit nach USA übermittelt wurden, kam diese Einschätzung zum Ausdruck. Ide fand, dass sich mit dem Münchner Abkommen bewahrheitet habe, dass die gegenseitige Kenntnis der jeweiligen Luftstreitmacht über Krieg und Frieden entscheide. „It was essentially the overwhelming superiority of the German Air Force which caused the British and French Governments to realize the futility of trying to maintain the existing frontiers of Czecho-Slovakia." Ide sah darin auch einmal mehr ein Indiz für die „vital role which aeronautical research plays in this drama".[162]

Mit dem Abbruch der deutsch-amerikanischen Luftfahrtbeziehungen kam auch der wissenschaftlich-technische Austausch zum Erliegen. Als George Lewis, der Forschungsdirektor der NACA, die Sperrung amerikanischer Anlagen für deutsche Besucher ankündigte, zog dies auf deutscher Seite „naturgemäß die völlige Sperrung der deutschen Forschungsanstalten gegen die Amerikaner" nach sich, wie Baeumker an Prandtl schrieb. Gleichzeitig sollte Prandtl „privatim" Lewis klarmachen, „dass Deutschland den Gesichtspunkt der Reziprozität verlangt". Baeumker wollte die Sperrung der amerikanischen Anlagen für deutsche Wissenschaftler rückgängig machen, indem er Lewis bei einem Besuch der deutschen Forschungszentren die eigene Offenheit demonstrierte. „Es wird ein Schulbeispiel an einem Manne exerziert, der für die Amerikaner besonders wichtig ist. Wir könnten Lewis alles zeigen, was fertig oder einigermaßen fertig ist. Hierzu gehört Braunschweig Gott sei Dank noch nicht."[163] So wurde Prandtl einmal mehr die Rolle des Vermittlers zugedacht, von dessen

---

[160] Durand an Prandtl, 2. Dezember 1938. AMPG, Abt. III, Rep. 61, Nr. 1969.

[161] *Luftwissen*, 7, 1940, S. 252.

[162] Notes on European Aeronautical Developments in 1938, 10. Januar 1939. Washington, DC, Garber Facility, John Jay Ide Collection (NASARCH Accession XXXX-0070), Box 6: Intelligence Reports 1938.

[163] Baeumker an Prandtl, 17. März 1939. Abgedruckt in [Trischler, 1993, Dok. Nr. 46].

Einfluss als Wissenschaftler man sich auch auf der politischen Bühne positive Wirkungen erwarten durfte. Ob Prandtls Einfluss in diesem Fall jedoch etwas bewirkt hätte, darf bezweifelt werden. Aus den erhaltenen Briefen ist jedenfalls nicht ersichtlich, ob Baeumkers Plan aufging.

7.10 Die Nähe zur Macht: der Fall Heisenberg

Über Baeumker, der ihn wie einen väterlichen Freund verehrte und bei vielen Fragen immer wieder seinen Rat suchte, besaß Prandtl einigen Einfluss auf die Forschungspolitik des Reichsluftfahrtministeriums. Bei Veranstaltungen der Lilienthal-Gesellschaft und der Deutschen Akademie der Luftfahrtforschung traf er auch mit der Nazi-Prominenz zusammen, die für andere Ressorts zuständig war. Diese Nähe zur Macht eröffnete ihm im Unterschied zu den meisten anderen Wissenschaftlern die Möglichkeit, sich an höchster Stelle Gehör zu verschaffen. So wandte er sich zum Beispiel im Juni 1938 an Fritz Todt, der sich gerade anschickte, im VDI den Vorstand zu übernehmen, um ihn von der „Arisierung" des technischen Schrifttums abzubringen. Sie würde der deutschen Naturwissenschaft und Technik „einen Schaden zufügen". Im Übrigen hätten „die ganzen exakten Naturwissenschaften ihrer inneren Struktur nach nichts mit Politik zu tun". Todt hatte für Prandtls Ansinnen jedoch kein offenes Ohr. „Wenn die Gesamtheit des deutschen Volkes die Juden ablehnt, werden auch die deutschen Wissenschaftler sich dieser Haltung anschließen müssen", beschied er Prandtl.[164]

Auch bei Angelegenheiten, die nicht sein eigenes Fach betrafen, wandte sich Prandtl an die Mächtigen in der Nazi-Führungsriege. Besonders aufgebracht war er über die Angriffe der sogenannten „Deutschen Physik" gegen Werner Heisenberg und andere Vertreter der als „jüdisch" bezeichneten modernen theoretischen Physik.[165] Er hatte schon 1936 zusammen mit vielen anderen Professorenkollegen eine Denkschrift von Heisenberg, Max Wien und Hans Geiger unterzeichnet, die im Auftrag des Wissenschaftsministers verfasst worden war und „im Interesse des Arbeitsfriedens an den deutschen Hochschulen eine sachgemäße und zugleich leidenschaftslose Darstellung der zur Zeit gegebenen gegenseitigen Stellung der experimentellen und theoretischen Physik" liefern sollte. Er habe diese Denkschrift „sehr gerne" unterzeichnet, versicherte Prandtl Heisenberg, den er schon als Doktorand bei dessen Arbeit über die Turbulenz kennen und schätzen gelernt hatte, und er erbot sich darüber hinaus, seine „Überzeugung kundzugeben, dass die Gegner der Relativitäts-

---

[164] Prandtl an Todt, 16. Juni 1938; Todt an Prandtl, 26. Juni 1938. Zitiert in [Maier, 2015, S. 223].
[165] [Cassidy, 2009, Eckert, 2007].

theorie und der Quantentheorie alles nur solche Leute sind, deren mathematisches Auffassungsvermögen nicht hinreicht, die Behauptungen dieser Theorien zu verstehen".[166] Im Juli 1937 trieb Johannes Stark, ein fanatischer Antisemit und Nationalsozialist, der es als Experimentalphysiker mit Nobelpreis-Ehren jedoch zu einigem Ansehen gebracht hatte, in der SS-Zeitschrift *Das Schwarze Korps* die Angriffe gegen Heisenberg auf die Spitze. Bei „der ganzen SS", so schrieb Heisenberg danach an Prandtl, sei „der Mythos von der verjudeten Physik" weit verbreitet. Auf seine Beschwerde beim „Reichsführer SS" habe der eine Untersuchung eingeleitet. „Die ganze Schwierigkeit liegt immer darin, dass aus unseren naturwissenschaftlichen Kreisen so geheime Fäden in die Kreise der SS führen. Wenn Sie durch Ihre Beziehungen zur Luftfahrt irgendwie Zugang zu den SS-Kreisen hätten, so könnten Sie doch sehr viel Gutes stiften."[167]

Prandtl antwortete Heisenberg, dass er „bisher keine Fühlung mit der SS-Leitung" gehabt habe. Er sah aber Anlass für Optimismus, weil Hitlers Chefideologe Alfred Rosenberg in einer parteiamtlichen Stellungnahme öffentlich erklärt habe, dass die NSDAP bei „Problemen der experimentellen und theoretischen Naturwissenschaft" keine „weltanschauliche dogmatische Haltung" einnehme. Für Prandtl schien sich damit „auch innerhalb der Partei doch schon eine Wendung anzubahnen, vgl. die von den Zeitungen veröffentlichte Stellungnahme von Rosenberg zur Freiheit der Forschung, die Sie ja wohl auch bemerkt haben".[168]

Einige Wochen später konnte Prandtl dann bei Himmler persönlich die Angelegenheit zur Sprache bringen. Am 1. März 1938 feierte die Deutsche Akademie der Luftfahrtforschung im Haus der Flieger in Berlin mit großem Pomp das dreijährige offizielle Bestehen einer Luftwaffe. Wie Göring in seiner Festansprache ausführte, war dieser Tag „der Erinnerung an jenen 1. März des Jahres 1935 geweiht, an dem die deutsche Luftwaffe, die der Kriegsausgang zerschlug, zur Wiederauferstehung gelangte".[169] Prandtl hatte bei dieser Feier Himmler als Tischnachbarn und nutzte diese Gelegenheit, wie er danach an Heisenberg schrieb, um „über Ihre Nöte zu sprechen". Dabei habe Himmler entgegnet, „wenn Sie von der Richtigkeit der Einsteinschen Theorie überzeugt seien, so wäre nach seiner Ansicht nicht das Mindeste dagegen einzuwenden, dass Sie diese Theorie in Wort und Schrift vertreten. Aber Sie sollten sich von dem Menschen und Politiker Einstein, der ja nun tatsächlich in einem schroffen Gegensatz zum heutigen Staat stehe, genügend distan-

---

[166] Prandtl an Heisenberg, 12. Mai 1936. AMPG, Abt. III, Rep. 61, Nr. 643.
[167] Heisenberg an Prandtl, 24. November 1937. AMPG, Abt. III, Rep. 61, Nr. 643.
[168] Prandtl an Heisenberg, 18. Dezember 1937. AMPG, Abt. III, Rep. 61, Nr. 643.
[169] *Luftwissen*, 5, 1938, S. 34.

zieren. Ich habe Herrn Himmler versprochen, diesen Rat an Sie weiterzugeben und tue dies hiermit“.[170] Heisenberg schrieb zurück, er habe „Himmlers
Rat“ ohnehin schon von sich aus befolgt, „da mir Einsteins Haltung der Öffentlichkeit gegenüber niemals sympathisch war“. Er wolle aber künftig bei
der Relativitätstheorie immer betonen, dass er „politisch und weltanschaulich
eine andere Stellung einnähme als Einstein“.[171]

Prandtl wandte sich daraufhin noch einmal an Himmler. „Als ich gelegentlich der Festsitzung der Deutschen Akademie der Luftfahrtforschung am
1. März d. Jrs. Ihr Tischnachbar war“, so begann er einen fünf Seiten langen
Brief an Himmler, „brachte ich das Gespräch auf gewisse Schwierigkeiten, in
die die deutschen Vertreter des Faches ‚Theoretische Physik‘ durch ungerecht-
fertigte Angriffe seitens einer Gruppe von Experimentalphysikern gebracht
worden sind“. Himmler habe dabei gewünscht, dass Heisenberg „deutlich von
der Person Einsteins abrücken sollte, wenn er in seiner Lehrtätigkeit auf die
Einsteinschen Lehrsätze zu sprechen komme“, die, wie Prandtl betont habe,
„ja von der überwiegenden Zahl der Physiker als richtig anerkannt sind und
bereits ein fester Bestandteil des Lehrgebäudes der theoretischen Physik geworden sind“. Nachdem er Himmler auf diese Weise das Tischgespräch wieder
in Erinnerung geführt hatte, holte er zu einem Plädoyer für die theoretische
Physik aus, das allerdings auch nichts an Deutlichkeit zu wünschen übrig lässt,
was den Antisemitismus betrifft, mit dem er die theoretische Physik verteidigte:[172]

Es ist zuzugeben, dass unter diesen nichtarischen Forschern auch solche von
minderem Range waren, die mit der ihrer Rasse eigentümlichen Betriebsam-
keit ihre Talmiware ausposaunten. Dass solche Erzeugnisse verschwinden, ist
nur recht und billig, aber es gibt auch unter den Nichtariern Forscher aller-
ersten Ranges, die mit heißem Bemühen die Wissenschaft zu fördern versuchen und sie in der Vergangenheit wirklich gefördert haben. Ich erinnere
da nur als ein Beispiel an den früh verstorbenen Heinrich Hertz, der mit
mühevollen und geistreich angeordneten Versuchen zum ersten Mal das Vorhandensein der elektrischen Wellen nachwies, derselben Wellen, die heute in
der drahtlosen Telegraphie und dem Rundfunk die große technische Bedeutung gewonnen haben. Bei Einstein muss man zwischen dem Menschen und
dem Physiker unterscheiden. Der Physiker ist durch und durch erstklassig,
aber der frühe Ruhm scheint ihm erheblich zu Kopf gestiegen zu sein, sodass er menschlich unleidlich geworden ist. Die Wissenschaft kann aber nach
diesen menschlichen Eigenschaften nicht fragen. Sie steht einfach vor der Tat-

---

[170] Prandtl an Heisenberg, 5. März 1938. AMPG, Abt. III, Rep. 61, Nr. 643.
[171] Heisenberg an Prandtl, 8. März 1938. AMPG, Abt. III, Rep. 61, Nr. 643.
[172] Prandtl an Himmler, 12. Juli 1938. AMPG, Abt. III, Rep. 61, Nr. 675.

sache, dass Gesetze entdeckt worden sind, die ihrerseits wieder den Anlass zu
weiteren Entdeckungen geliefert haben, und die man nicht weglassen kann,
ohne das auf ihnen weiter aufgebaute Lehrgebäude zu zerstören.

Die Antwort Himmlers zeigte, dass Prandtl mit seiner antisemitisch gefärb-
ten Fürsprache für Heisenberg beim SS-Chef Gehör fand. Er sei „ebenfalls zu
der Überzeugung gekommen", schrieb Himmler zurück, „dass Prof. Heisenberg persönlich ein gerader und integerer Mann ist. Ich habe dafür gesorgt
und Prof. Heisenberg in einem persönlichen Brief davon Mitteilung gemacht,
dass ich die Angriffe des Schwarzen Korps nicht billige und weitere Angriffe
abgestellt habe".[173]

7.11　Propaganda

Die Nähe zur Macht bescherte Prandtl, wie im Fall Heisenbergs deutlich
wurde und sich auch bei späteren Gelegenheiten noch zeigen sollte, größere
Einflussmöglichkeiten als den meisten anderen Wissenschaftlern im „Dritten
Reich". Aus der Sicht der Generalverwaltung der Kaiser-Wilhelm-Gesellschaft
war Prandtl „einer der einflussreichsten Direktoren der KWG".[174] Umgekehrt
machte dies Prandtl für verschiedene Instanzen des NS-Regimes auch zu einer
nützlichen Figur für die jeweils eigenen Ziele. Besonders das Reichsluftfahrtministerium bediente sich seiner Person, wenn bei den Veranstaltungen der
Lilienthal-Gesellschaft und der Deutschen Akademie der Luftfahrtforschung
die Wissenschaft für Nazi-Propaganda instrumentalisiert wurde. Bei einem
seiner häufigen Besuche in Berlin teilte Prandtl dem KWG-Generalsekretär
mit, dass er bei dieser Gelegenheit „auf Wunsch des Luftfahrtministeriums"
bei einem Künstler Modell sitzen würde, um „eine Büste von mir machen
zu lassen".[175] Reichserziehungsminister Rust verkündete bei der mit großem
Pomp 1937 in München veranstalteten Jahreshauptversammlung der Lilienthal-Gesellschaft, dass künftig in jedem Jahr ein Lilienthal-Preis und ein
„Ludwig Prandtl Preis zur Förderung der Flugphysik" vergeben werde. Das
Preisgeld in Höhe von 3000 Reichsmark sollte „an eine oder mehrere höhere
deutsche Schulen verteilt werden, die die jeweils besten Jahresleistungen auf
den genannten Gebieten nachweisen".[176] Prandtls Name wurde so auch in den
Schulen zum Inbegriff deutscher Flugwissenschaft. Bei der am 1. März 1939

---

[173] Himmler an Prandtl, 21. Juli 1938. AMPG, Abt. III, Rep. 61, Nr. 675.
[174] [Hachtmann, 2007, S. 295].
[175] Prandtl an Telschow, 20. Oktober 1937. AMPG, Abt. III, Rep. 61, Nr. 1674.
[176] *Luftwissen*, 4, 1937, S. 321.

in Berlin veranstalteten Festsitzung der Luftfahrtakademie wurde Prandtl in Anwesenheit der versammelten internationalen Botschafter- und Gesandtenprominenz die „Hermann Göring Denkmünze" verliehen, die höchste Auszeichnung der deutschen Luftfahrtwissenschaft. Prandtls Leistung sei, so betonte Göring in seiner Laudatio, „nicht nur in unserem Vaterland, sondern darüber hinaus bei allen luftfahrttreibenden Ländern der Erde neidlos anerkannt".[177]

Wie sehr sich Prandtl selbst in den Dienst der Nazi-Propaganda stellte, wurde schon im September 1938 beim Mechanik-Kongress in Cambridge deutlich, als er sich in der Rolle des deutschen Delegationsleiters in dieser Hinsicht besonders in die Pflicht genommen fühlte. Am vorletzten Kongresstag, dem 15. September, hatte Hitler dem britischen Premierminister Neville Chamberlain die Forderung von der Angliederung des Sudetenlandes an das seit dem „Anschluss" Österreichs sogenannte „Großdeutsche Reich" unterbreitet. Der Konflikt drohte zu eskalieren, ein Kriegsausbruch konnte zwei Wochen später mit dem „Münchner Abkommen", in dem der Tschechoslowakei die Abtrennung des Sudetenlandes aufgezwungen wurde, gerade noch verhindert werden. In diesen Tagen der „politischen Hochspannung" verteidigte Prandtl gegenüber seinen britischen und amerikanischen Kollegen die Politik Hitlers. Taylor schrieb ihm nach dem Kongress:[178]

> I realized that you know nothing of what the criminal lunatic who rules your country has been doing and so you will not be able to understand the hatred of Germany which has been growing for some years in every nation which has a free press.

Prandtls Tochter hielt ihrem Vater zugute, dass er sich aus „Loyalität gegenüber der Obrigkeit und Patriotismus" verpflichtet gefühlt habe, „die politischen Ereignisse daheim zu rechtfertigen".[179] Doch sie zitierte nicht die Antwort ihres Vaters, die sich jedenfalls nicht mehr als Äußerung eines Patrioten interpretieren lässt. Prandtl hielt Taylor entgegen, dass die amerikanischen Berichte über die Sudetenkrise die deutsche Politik verzerrt darstellten, weil „die amerikanischen Nachrichtenbüros sämtlich in jüdischen Händen sind":[180]

> Von der Judenfrage kann man nicht sprechen, ohne zu betonen, dass Deutschland nicht sehr weit davon entfernt war, von den Juden ebenso unterjocht zu werden, wie Sowjet-Russland von ihnen seit langen Jahren unterjocht ist. Seit

---

[177] *Luftwissen*, 6, 1939, S. 133f.
[178] Taylor an Prandtl, 27. September 1938. AMPG, Abt. III, Rep. 61, Nr. 1654.
[179] [Vogel-Prandtl, 2005, S. 145f.].
[180] Prandtl an Taylor, 29. Oktober 1938. AMPG, Abt. III, Rep. 61, Nr. 1654.

Jahren kann man mit immer zunehmender Deutlichkeit sehen, dass Judenschaft, Kommunismus und Freimaurertum (masonry) sich überall in die Hand
arbeiten und in den Völkern Unruhe stiften, die einen offen, die andern im
Verborgenen, aber immer findet man sie bei genauem Zusehen in der gleichen
Richtung arbeitend. [...] Jedenfalls ist der Kampf, den Deutschland leider gegen die Juden führen musste, zu seiner Selbsterhaltung notwendig gewesen.
Es ist nur zu bedauern, dass sehr viele jüdische Wissenschaftler, die selbst an
diesen Treibereien gar keinen Teil haben, mit darunter leiden mussten, und
es wünschen viele in Deutschland, dass man in diesem Punkt nicht so schroff
verfahren wäre.

Er fügte dem fünf Seiten langen Brief an Taylor noch eine Reihe von Bei-
lagen hinzu, darunter Zeitungsausschnitte mit „Szenen aus dem Besuch des
Führers im befreiten Sudetenland", eine „Rede des Führers der Sudetendeut-
schen Konrad Henlein", „Nachrichten über die Entwicklung der Judenfrage
in Frankreich und Italien" und ein „Büchlein", das „charakteristische Bilder
aus dem Leben Hitlers" zeigte, „aus denen Sie einerseits seine Leutseligkeit
und andererseits die Liebe der Bevölkerung zu ihm erkennen können".[181]
Taylor konnte diesem Brief entnehmen, dass Prandtls Äußerungen beim
Kongress in Cambridge nicht lediglich der aufgeheizten Stimmung angesichts
der Sudetenkrise zuzuschreiben waren, sondern eine politische Überzeugung
verrieten, die von Prandtls anfänglicher Distanz gegenüber den „braunen Fa-
natikern" nichts mehr erkennen ließ. Er schrieb noch einmal an Prandtl in
der Hoffnung, ihm anhand von zwei jüngsten Reiseerlebnissen in seiner eigenen Verwandtschaft vor Augen zu führen, dass die negative Beurteilung der
Verhältnisse in Nazi-Deutschland kein Resultat einer deutschfeindlichen Pres-
sekampagne sei.[182]

These two cases I mention because they both occured in my own family but I
have been told by many other travellers in Germany of the recent deterioration
in the manners of the youth due to Nazi ideas on education. An American
Jewess recently called on us after spending 2 years teaching in a jewish school
in Germany. After a week in this country she told us that she was quite unable
to accustom herself to being treated with ordinary courtesy in the street after
2 years of being treated as though she were some foul kind of animal.
I don't suppose you can have any idea of the horror which the latest pogroms
have inspired in civilized countries. People of all shades of political opinion in
England, America, Holland, Scandinavia and France are utterly disgusted at
the revolting savagery of a regime which continues its attacks on a defense-

---

[181] Prandtl an Taylor, 29. September 1938. AMPG, Abt. III, Rep. 61, Nr. 1654.
[182] Taylor an Prandtl, 16. November 1938. GOAR 3670-1.

less minority which is in its power. The Nazi's action in holding the miserable little jewish children in Germany responsible for the murderer of a German diplomat by a jewish child in Paris is, to us, so revolting that you must not be surprised that English people do not want to go to Germany just at present. This feeling of reluctance is rather strengthened by seeing, as I did today, the German papers (I saw the Völkischer Beobachter) filled with lies about us. Some of these lies are ones which I recognise as having been stated and disproved many years ago. Others arise in the fertile brain of Dr. Goebbels. It seems to me that the only reason for this officially inspired tirade is that the Nazis want war but Chamberlain's visit for the first time penetrated the wall of their censorship and showed them that the people of Germany don't want war. They are therefore doing their best to incite the populace against us in order that the desire for war may spread in Germany.

You will see that we are not likely to agree on political matters so it would be best to say no more about them. [...]

Prandtl hatte sich zu diesem Zeitpunkt mit der ihm zugedachten Propagandarolle schon weitgehend identifiziert. Dies zeigt auch ein Brief an den französischen Mathematiker und Strömungsforscher Joseph Kampé de Fériet, in dem Prandtl die „Neuregelung der Verhältnisse in der Tschechoslowakei durch die deutsche Regierung" rechtfertigte. Dies sei „ein nicht hoch genug einzuschätzender Beitrag zu einer künftigen friedlichen Entwicklung von Europa" gewesen. „Alles Gerede davon, dass Deutschland die umliegenden Staaten seiner Herrschaft untertan machen wolle, ist eine Lüge der Kriegstreiber, hinter denen natürlich die großen Geldleute, die Waffenhändler usw. stecken. Sie haben die Presse in ihren Händen und bringen die Völker, in denen sie die Macht haben, künstlich in eine Kriegsstimmung."[183] Eine Antwort Kampé de Fériets ist nicht erhalten, obwohl Prandtl seinen französischen Kollegen ausdrücklich bat, „zu diesen Dingen" mit ihm in einen Briefwechsel zu treten. Wie bei seiner Korrespondenz mit Taylor dürfte auch dieser Brief ein Nachspiel der Diskussionen über das Münchner Abkommen am Rand des Turbulenz-Symposiums im vergangenen Herbst gewesen sein, an dem auch Kampé der Fériet teilgenommen hatte.

Prandtl muss seine Propagandarolle schon mit den Richtlinien für die Delegationsleiter von Auslandskongressen bewusst geworden sein, wo es unmissverständlich hieß, „jeder Kongress im Ausland ebenso wie im Inland ist an sich schon deutsche Kulturpropaganda". Den Delegationsleitern wurde nahegelegt, auf „gedrucktes Propagandamaterial" zurückzugreifen, das man in der Deutschen Kongress-Zentrale vorrätig hielt, „beispielsweise über den Ar-

---

[183] Prandtl an Kampé de Fériet, 5. August 1939. AMPG, Abt. III, Rep. 61, Nr. 790.

beitsdienst, über die Frauenfrage, über das Judenproblem und dergleichen".
Auch „Sonderdrucke von Reden des Führers oder anderer führender Persönlichkeiten (zum Teil fremdsprachig)" hielt man im Angebot. „Es wirkt er-
fahrungsgemäß nicht als aufdringliche Propaganda, sondern als persönliche
Liebenswürdigkeit, wenn ein Deutscher sich mit einem Ausländer gelegentlich über eine dieser Fragen unterhalten hat, und er am nächsten Tag etwas
Gedrucktes über dieses Thema zum späteren Studium überreicht".[184]

Nach dem deutschen Überfall auf Polen war diese Art von Propaganda
besonders erwünscht. „Der Führer hat gesprochen", so begann im Oktober
1939 ein an Prandtl und andere international renommierte Wissenschaftler
versandtes Rundschreiben der Auslandsabteilung der Deutschen Kongress-
Zentrale. Die „Führerrede" werde aber im Ausland durch willkürliche Kür-
zungen entstellt. „Der authentische, vollständige Wortlaut der Erklärung der
Reichsregierung muss daher in die Hände möglichst vieler neutraler Ausländer
gelangen und zwar insbesondere in die Hände solcher Männer und Frauen,
die in ihrem eigenen Lande über Ansehen und Einfluss verfügen und die auf
Grund ihrer persönlichen Gesinnung sowie ihrer Objektivität fähig sind, sich
die Gedankengänge des Führers anzueignen und in ihrem Kreis weiterzuver-
breiten."[185] Prandtl übersandte daraufhin der Kongress-Zentrale nicht nur
„eine Namensliste für Ihre Propagandasendung", sondern bat auch noch darum, ihm „über die angegebene Zahl hinaus noch eine Anzahl deutscher und
englischer Abdrucke als Reserve zugehen zu lassen. Ich beabsichtige, einigen
mir besonders nahestehenden Herren zwecks Weitergabe mehr als einen Abdruck zu schicken".[186]

Die Kongress-Zentrale kam Prandtls Wunsch postwendend nach und übersandte ihm Übersetzungen der Hitler-Rede vom 6. Oktober 1939 „zwecks
Weitergabe an Ihre ausländischen Freunde" – mit der Bitte, „jede Sendung
mit einigen persönlichen Zeilen zu versehen, durch die der Charakter einer
rein privaten individuellen Aufklärungsarbeit betont wird".[187] Kurz darauf
schickte Prandtl drei Exemplare der Hitler-Rede an seine Kollegen am MIT
mit folgendem persönlichen Brief an Hunsaker:[188]

---

[184] Richtlinien für die Leiter deutscher Abordnungen zu Kongressen im Ausland. Berlin: Deutsche Kongress-Zentrale, 1938. Typoskript. Deutsche Zentralbibliothek für Wirtschaftswissenschaften, Kiel, hier
S. 2 und S. 31.
[185] Deutsche Kongress-Zentrale, Abt. Ausland, Rundbrief, 10. Oktober 1939. AMPG, Abt. III, Rep. 61,
Nr. 297.
[186] Prandtl an Deutsche Kongress-Zentrale, Abt. Ausland, 14. Oktober 1939. AMPG, Abt. III, Rep. 61,
Nr. 297. Auf der Liste sind die Namen von 45 Kollegen Prandtls aus 11 Ländern aufgeführt, jedoch keine
aus Frankreich.
[187] Deutsche Kongress-Zentrale, Abt. Ausland, an Prandtl, 18. Oktober 1939. AMPG, Abt. III, Rep. 61,
Nr. 297. Zur Hitler-Rede siehe [Wildt, 2006].
[188] Prandtl an Hunsaker, 3. November 1939. AMPG, Abt. III, Rep. 61, Nr. 724.

Nach dem Willen von England hat leider die letzte Aktion der deutschen Regierung zur Wiedergutmachung der Schäden des Versailler Vertrages zum Krieg geführt. Es liegt jedem guten Deutschen daran, daß die Gedankengänge der deutschen Regierung, die in den ausländischen Zeitungen vielfach sehr stark entstellt wiedergegeben worden sind, auch in ihrer wahren Gestalt im Ausland bekannt werden. Ich ergreife deshalb die Gelegenheit, Ihnen eine englische Übersetzung der Rede des Führers zu übersenden, in der er über das Ergebnis des polnischen Krieges berichtet und seine Pläne für die Neuordnung von Europa nach diesem Feldzug entwickelt. Daß die Engländer auf diese Vorschläge nicht eingegangen sind, beweist, daß sie uns den Krieg machen *wollten*. Dank der neuen Moskauer Politik werden sie aber die Neuentwicklung kaum hemmen können. Ich würde Sie bitten, von den drei mit gleicher Post übersandten Abdrücken einen an Ihren Präsidenten Dr. K. T. Compton und den anderen an Herrn Professor Den Hartog von der Harvard-Universität weiterzugeben.

Eine weitere Sendung mit einem persönlich gehaltenen Begleitbrief ging an Clark Millikan am CalTech.[189] Dass Prandtl damit nicht nur die Propagandamission der Kongress-Zentrale erfüllte, sondern auch seine eigene Auffassung zum Ausdruck brachte, geht aus einem Brief an Taylors Frau hervor, den er kurz vor Kriegsbeginn nach England schickte. „Wenn es einen Krieg geben sollte, so liegt die Schuld, ihn durch politische Maßnahmen verursacht zu haben, diesmal eindeutig auf Seiten Englands", schrieb er darin. In England „regieren Männer, die in erheblichem Maß von großen Geldleuten abhängig sind. Man nennt das Demokratie". Wenn Staaten „wie z. B. Polen" durch ihr „bösartiges Verhalten" eine „Zurechtweisung mit Waffengewalt unvermeidlich" machen, „so zwingt dadurch Polen England in den Krieg". Über Deutschland werde in den englischen Zeitungen „viel Schlimmes" berichtet, dabei wolle es nur „die letzten Reste des Vertrages von Versailles" beseitigen.[190]

---

[189] Prandtl an Clark B. Millikan, 6. November 1939. AMPG, Abt. III, Rep. 61, Nr. 1073.
[190] Prandtl an Mrs. Taylor, 5. August 1939. AMPG, Abt. III, Rep. 61, Nr. 1654.

8

Der Zweite Weltkrieg

Der Zweite Weltkrieg begann für die deutsche Bevölkerung nicht unerwartet. In seinem Brief an Taylors Frau vom 5. August 1939 ließ Prandtl schon erkennen, dass er mit einem Krieg zwischen Deutschland und England rechnete. In der letzten Augustwoche wurden in Göttingen die Betriebe durch Merkblätter auf die „Beschlagnahme und Bewirtschaftung der Lebensmittel, Seife, Hausbrandkohle, Spinnstoffwaren und Schuhwaren" vorbereitet. In Erwartung bevorstehender Knappheit an Lebensmitteln und anderen Waren des täglichen Bedarfs bildeten sich vor den Einkaufsläden lange Schlangen. Nach dem deutschen Überfall auf Polen am 1. September 1939 und der tags darauf folgenden Kriegserklärung durch England und Frankreich bekam man in Göttingen die Folgen des beginnenden Krieges auch noch auf andere Weise zu spüren. Am 7. September 1939 kamen die ersten Flüchtlinge aus dem Saarland nach Göttingen, die man aus den Gebieten nahe der französischen Grenze zwangsweise in sogenannte „Bergungsgaue" umzusiedeln begann.[1] Prandtls Tochter erinnerte sich, dass auch in ihrem Elternhaus Flüchtlinge einquartiert wurden. „Meine Mutter war voll Anteilnahme und stellte ihnen für das abendliche Zusammensein der Großfamilie unsere geräumige Küche zur Verfügung. Und auch mein Vater nahm sich mitunter die Zeit, sich dort einzufinden, um sich mit ihnen einmal länger zu unterhalten. Manche anderen Wohnungsbesitzer stöhnten nur über die Belastung der Einquartierung. Die Saarländer blieben etwa drei Monate in ihren Quartieren, bis sie in ihre Heimatdörfer zurückreisen konnten."[2]

Als Prandtl im November 1939 seinen amerikanischen Kollegen die Hitler-Rede vom 6. Oktober 1939 zusandte, in der Hitler den Überfall auf Polen rechtfertigte, war dieser „Feldzug" bereits beendet. Am 28. September 1939 war der kurz vor dem Überfall auf Polen abgeschlossene Hitler-Stalin-Pakt zum „Deutsch-Sowjetischen Grenz- und Freundschaftsvertrag" erweitert worden, mit dem sich Hitler das Gebiet „westlich der deutsch-sowjetrussischen Demarkationslinie als deutsche Einflusssphäre" zurechnete. Nach dem „Zerfall des polnischen Staates" stelle sich nun als „wichtigste Aufgabe", so umriss

---

[1] [Tollmien, 1999, S. 191–193].
[2] [Vogel-Prandtl, 2005, S. 147].

© Springer-Verlag Berlin Heidelberg 2017
M. Eckert, *Ludwig Prandtl – Strömungsforscher und Wissenschaftsmanager*, DOI 10.1007/978-3-662-49918-4_8

Hitler vor dem Reichstag eines seiner Kriegsziele, „eine neue Ordnung der ethnographischen Verhältnisse, das heißt, eine Umsiedlung der Nationalitäten" herbeizuführen. Auch für die „Ordnung und Regelung des jüdischen Problems" sei nun die Zeit gekommen. Ganz oben auf Hitlers Liste für die anstehende „Neuordnung" stand auch die „Forderung nach einem dem Reich gebührenden und entsprechenden kolonialen Besitz, in erster Linie also auf Rückgabe der deutschen Kolonien".[3] Dass Prandtl in seinem Begleitschreiben die Adressaten explizit auf diese „Pläne für die Neuordnung von Europa nach diesem Feldzug" aufmerksam machte, zeigt sein Einverständnis mit der Hitlerschen Politik und steht im Widerspruch zur Darstellung von Prandtls Tochter, wonach ihren Vater nach dem Überfall auf Polen „kummervollste Gedanken" bewegt hätten und er in seinem Institut die „lakonische Weisung" ausgegeben habe: „Es wird wie bisher weitergearbeitet."[4]

8.1 Neue Prioritäten

Tatsächlich stellte Prandtl sofort nach Kriegsbeginn das gesamte Forschungsprogramm seines Instituts auf den Prüfstand der „Kriegswichtigkeit". Arbeiten zur Theorie laminarer Grenzschichten, die mathematisch sehr anspruchsvoll waren, könnten „als zur Grundlagenforschung gehörig vorläufig abgesetzt" werden, schrieb er in einem Antrag auf Fördermittel für das Jahr 1940 an das Reichsluftfahrtministerium.[5] Er verzichtete sogar auf die Fortführung seiner Lieblingsforschung, mit der er 1938 beim Turbulenz-Symposium in USA für Aufsehen gesorgt hatte. Der vom Luftfahrtministerium finanzierte Forschungsauftrag über turbulente Schwankungen besitze „zwar als Grundlagenforschung auf weite Sicht erhebliche Wichtigkeit", aber „eine kriegswichtige Bedeutung" komme ihm nicht zu. Deshalb sollten die dafür vorgesehenen Mittel lieber in die beschleunigte Fertigstellung eines Windkanals umgeleitet werden, „um gewisse bei der AVA vorliegende kriegswichtige Forschungsaufträge schneller fördern zu können".[6]

An der AVA gehörten Forschungsaufträge für militärische Anwendungen schon lange vor Kriegsbeginn zum Alltag. Seit der nationalsozialistischen „Machtergreifung" im Jahr 1933 hatte eine beispiellose Expansion stattge-

---

[3] Rede am 6. Oktober 1939 in Berlin vor dem Reichstag. In: Der großdeutsche Freiheitskampf. Reden Adolf Hitlers. I. Band vom 1. September 1939 bis 10. März 1940. Zentralverlag der NSDAP, Franz Eher Nachf., München, 1941, Zweite Auflage 1943, S. 67–100, hier S. 82 und 95. Was in der nationalsozialistischen Propaganda als „große Friedensrede" gewertet wurde, zeigt bei näherer Betrachtung die völkischrassischen Motive für Hitlers geplante „Neuordnung"; siehe dazu [Wildt, 2006].
[4] [Vogel-Prandtl, 2005, S. 147].
[5] Prandtl an das RLM, 25. Mai 1940. AMPG, Abt. I, Rep. 44, Nr. 45.
[6] Prandtl an Abt. LC 1 im RLM, 20. Oktober 1939. AMPG, Abt. I, Rep. 44, Nr. 45.

funden. Neben dem großen, 1936 fertiggestellten Windkanal wurden noch weitere Strömungskanäle gebaut, die für Spezialaufgaben gedacht waren: Um zum Beispiel zeitlich veränderliche Strömungsvorgänge, wie sie bei Ruderausschlägen entstehen, zu untersuchen, benutzte man Wasserkanäle. In einem Erweiterungsbau wurde ein „Trudelkanal" aufgebaut, in dem Flugzeugmodelle in einer von unten nach oben gerichteten Strömung auf ihr Verhalten im freien Fall getestet wurden. Ein 1936 fertiggestellter Kältewindkanal diente Untersuchungen von vereisten Tragflächen. Die auch mit Versuchsflugzeugen beobachteten Vereisungen von Tragflächen sollten damit im Labor systematisch untersucht werden. Das Interesse an diesen Fragen war angesichts der in immer größere Höhen vordringenden Flugzeuge so beträchtlich, dass man 1938 mit dem Neubau eines großen Vereisungswindkanals mit einem „Höhenklima" von −60 Grad Celsius und variablem Druck von 1 bis 0.1 bar begann. Außerdem gab es einen Hochgeschwindigkeitskanal, der vorwiegend für Fragen der Ballistik im Auftrag von Luftwaffe, Heer und Marine betrieben wurde; daran wurden auch die für den Flug nahe der Schallgeschwindigkeit bedeutsamen Untersuchungen über Flügelpfeilung durchgeführt. 1938 trug man dieser Auffächerung in eine Vielzahl von Spezialforschungen auch organisatorisch in Gestalt von internen Institutsgründungen Rechnung. Auf dem jetzt viele Gebäude umfassenden Gelände der AVA gab es acht Institute für Windkanäle, Forschungsflugbetrieb und Flugwesen, Kälteforschung, theoretische Aerodynamik, Strömungsmaschinen, instationäre Vorgänge, Hochgeschwindigkeitsfragen sowie für Geräteentwicklung. Jedes dieser Institute unterstand einem Direktor. Auch die Gesamtleitung der AVA wurde auf mehrere Schultern verteilt: Betz fungierte als technischer Direktor; die Bewältigung der Verwaltungsarbeiten oblag einem kaufmännischen Direktor (Walter Engelbrecht).[7]

Auf dem Papier war die AVA am 1. April 1937 zu einem eingetragenen Verein mit eigener Rechtsfähigkeit verselbständigt und dem Luftfahrtministerium unterstellt worden, während Prandtls Institut für Strömungsforschung wie alle Institute der Kaiser-Wilhelm-Gesellschaft zum Verantwortungsbereich des Reichserziehungsministeriums gehörte. Als Vorsitzender des eingetragenen Vereins stand Prandtl jedoch auch nach der Verselbständigung an der Spitze der AVA. Er fühlte sich, wie die Umwidmung von Forschungsmitteln für den beschleunigten Bau des „KWI-Windkanals" zeigt, auch für die dringlichen kriegswichtigen Arbeiten bei der AVA in der Verantwortung (Abb. 8.1). Als man im Luftfahrtministerium befürchtete, dass durch das KWI der feindlichen Spionage ein Zugang zur benachbarten AVA ermöglicht werden könnte, wies Prandtl diese Bedenken zurück, da „seit Kriegsbeginn

---

[7] [Trischler, 1992, S. 199–203].

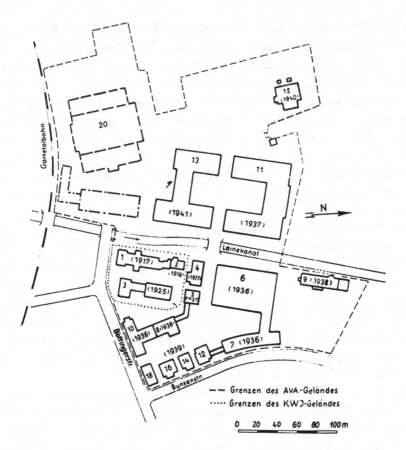

Abb. 8.1 Im Zweiten Weltkrieg erstreckte sich die Aerodynamische Versuchsanstalt, wie aus diesem Lageplan aus dem Jahr 1941 hervorgeht, über ein weites Gebiet am Göttinger Stadtrand. Die Jahreszahlen markieren den Baubeginn der chronologisch durchnummerierten Gebäude. Prandtls KWI ist das „Haus 3" [Betz, 1941, S. 162, Abb. 186]

keine Ausländer mehr im KWI arbeiten dürfen" und sein KWI gegen Spionage nicht weniger streng gesichert sei als die AVA. „Die Gefolgschaft des KWI ist ebenso wie die der AVA durch die Abwehrstelle des Generalkommandos Hannover Mann für Mann durchgeprüft."[8] Auch im Kolloquium seines Instituts hatte Prandtl kurz nach Kriegsbeginn die Teilnehmer „auf die strikte Geheimhaltungspflicht" hingewiesen. Was die dort diskutierten Forschungsgebiete anging, so gliederte Prandtl diese bei Kriegsbeginn in folgende Gruppen: Grenzschichten; turbulente Reibungsschichten und verschiedene sonstige Turbulenzfragen; Wärmeübergang; Potentialströmung, einschließlich der zweidimensionalen Flügelprofiltheorie; dreidimensionale Tragflügeltheo-

---

[8] Prandtl an Baeumker, 14. Juni 1940. AMPG, Abt. III, Rep. 61, Nr. 73.

rie und Propellertheorie; kompressible Strömungen; instationäre Vorgänge
und Flugmechanik. Auch diese Einteilung lässt bei den theoretisch anspruchsvollen Forschungsgebieten auf eine enge Wechselwirkung zwischen AVA und
KWI schließen.[9]

In seinem Antrag auf Forschungsmittel für das Rechnungsjahr 1940 listete
Prandtl dem Luftfahrtministerium folgende an seinem KWI geplanten bzw.
bereits in Arbeit befindlichen Vorhaben auf:[10]

I. Bau von neuen Forschungseinrichtungen:
a) Windkanal mit Zubehör [...]
b) Ergänzungseinrichtung zum Rauhigkeitskanal. [...]
II. Forschungs- und Entwicklungsarbeiten.
a) Die [...] Untersuchungen über turbulente Schwankungen sind, wie schon
   erwähnt, vorerst als nicht kriegswichtig abgesetzt. Dafür ist eine neue Aufgabe aufgetreten [...]. Es handelt sich um die Frage des laminar-turbulenten Umschlags, wofür einerseits an einem noch zu beschaffenden kleinen turbulenzarmen Versuchskanal der Einfluss von Beschleunigung und
   Verzögerung sowie der von künstlich hereingebrachter Turbulenz auf den
   Umschlag studiert werden soll, ferner auch am Rauhigkeitskanal in größeren Abmessungen die Einzelheiten der Vorgänge beim laminar-turbulenten
   Umschlag studiert werden sollen. Mit den in gleicher Richtung zielenden
   Arbeiten der AVA Göttingen werden wir dabei Fühlung halten. Bearbeiter
   ist in der Hauptsache Dr. Reichardt, in Einzelfragen auch Dr.-Ing. Schultz-
   Grunow und der Unterzeichnete. [...]
b) Eine neu aufgenommene Sonderaufgabe betrifft die Entwicklung von Turbulenzmessgeräten, hauptsächlich zur Bestimmung der Turbulenzstärke
   in Windkanälen. Derartige Messmethoden sind in Amerika entwickelt
   worden und haben ihre Wichtigkeit bei der Frage des laminar-turbulenten Umschlags erwiesen, von dem sowohl der kleinste Widerstand wie
   auch der Maximalauftrieb der Tragflügel abhängt. Unser Institut hat es
   daher unternommen, ähnliche Messgeräte, die auf dem Hitzdrahtprin-
   zip in Verbindung mit geeigneten Verstärkerschaltungen beruhen, für die
   deutsche Windkanalbenutzer zu entwickeln. Bearbeiter ist Dr. Reichardt
   mit Dipl.-Ing. Biedenkopf. [...]
c) Theoretische Forschungen [...] Arbeiten, die Dr. Görtler durchführen soll,
   [sollen] vorwärts getrieben werden. Diese befassen sich z. T. auch mit der
   Frage des laminar-turbulenten Umschlags, z. T. mit den Gesetzen der Luftströmung im Schallgeschwindigkeitsgebiet. [...]

Die Aufwendungen für die aufgelisteten Forschungsvorhaben beliefen sich
insgesamt auf 48.500 Reichsmark. Im Vergleich zu den Mitteln, die das Luft-

---

[9] Theoretikerkolloquium am KWI, 22. September 1939. AMPG, Abt. III, Rep. 61, Nr. 297.
[10] Prandtl an das RLM, 25. Mai 1940. AMPG, Abt. I, Rep. 44, Nr. 45. Siehe dazu auch [Epple, 2002b].

fahrtministerium für andere Forschungseinrichtungen vorsah, handelte es sich dabei um Lappalien. Eine Bilanz Baeumkers über die für die Luftfahrtforschung in seinem Ministerium vorgesehenen Haushaltsmittel von 1933 bis einschließlich 1939 enthält allein für die AVA für das zuletzt erfasste Rechnungsjahr 1939 einen Betrag von 7,75 Millionen Reichsmark; selbst diese Summe verblasst im Vergleich zu den 15,4 Millionen Reichsmark für die DVL und den 19,5 Millionen Reichsmark für die neue und geheime „Luftfahrtforschungsanstalt Hermann Göring (LFA)" in Braunschweig-Völkenrode. Prandtls KWI zählte auch nicht zu den fünf aufgelisteten Luftfahrtforschungseinrichtungen – neben der DVL, AVA und LFA gehörten dazu die Deutsche Forschungsanstalt für Segelflug (DFS) und die Flugfunk-Forschungsanstalt in Oberpfaffenhofen (FFO) –, sondern wurde wie die vielen an technischen Hochschulen und Universitäten beheimateten Mittelempfänger unter der Rubrik „kleinere Institute" geführt, denen 1939 insgesamt 9,725 Millionen Reichsmark an Luftfahrtforschungsmitteln zugedacht waren.[11]

Doch die Höhe der dem KWI für Strömungsforschung zufließenden Mittel sagt wenig darüber aus, welchen Stellenwert Prandtl der Kriegsforschung beimaß. Mit dem Fokus auf sein eigenes Institut gerät auch aus dem Blick, dass Prandtls „Schule" inzwischen auf mehrere Zentren verteilt war und einige seiner Schüler schon bei Kriegsbeginn in verantwortlicher Position Forschungsaufträge für das Luftfahrtministerium durchführten, über die sie sich mit ihrem ehemaligen Lehrer austauschten. Adolf Busemann leitete zum Beispiel das Institut für Gasdynamik an der LFA, wo Forschungen zur Hochgeschwindigkeitsaerodynamik durchgeführt wurden, um für die Konstruktion von Raketen im Überschallbereich und andere Kriegsanwendungen die nötigen Entwurfsdaten zu liefern. Die darüber mit dem Göttinger KWI ausgetauschten Fragen zeigen, dass Prandtl auch über die in seinem eigenen Institut betriebenen Kriegsaufträge hinaus Einfluss auf andere Zentren der Luftfahrtforschung ausübte.[12]

Das traf umso mehr auf Arbeiten zu, die mit seinen eigenen langfristigen Forschungsinteressen in Berührung standen, wie zum Beispiel den Umschlag von der laminaren zur turbulenten Strömung in der Grenzschicht. Wenn es gelang, den Umschlagpunkt bei Flugzeugtragflächen durch besondere Profilgebung oder andere Maßnahmen möglichst weit an das rückwärtige Ende der Tragfläche zu verlegen, so versprach dies eine erhebliche Reduzierung des Widerstandes. „Laminarprofile" ermöglichen eine Steigerung der Fluggeschwindigkeit – und damit der Effizienz von Jagdflugzeugen. „Zur weiteren Steigerung der Flugleistungen von Luftfahrzeugen ist ein Senken des Rei-

---

[11] [Baeumker, 1944, S. 61].
[12] Busemann an Prandtl, 17. und 22. Juli 1940. AMPG, Abt. III, Rep. 61, Nr. 217. Zu Busemanns Institut für Gasdynamik an der LFA siehe [Blenk, 1941, S. 506–509].

bungswiderstandes der dem Fahrtwind ausgesetzten Flächen erforderlich",
so leitete die Lilienthal-Gesellschaft 1940 ein Preisausschreiben „Über die
laminare und turbulente Reibungsschicht" ein. „Nach den Ergebnissen der
Reibungsschichtforschung sind Erfolge zu erwarten, wenn es gelingt, die laminare Reibungsschichtform möglichst lange stromabwärts aufrecht zu erhalten,
die Umschlagstelle in die turbulente Reibungsschichtform also möglichst weit
vom vorderen Staupunkt abzurücken."[13] Das von Tollmien geleitete Preis-
komitee sah in einer Arbeit von Schlichting, der inzwischen als Professor an
der Technischen Hochschule Braunschweig wirkte, und seines Assistenten
Albert Ulrich die beste Lösung für das erhoffte Ziel. Schlichting und Ulrich
entwickelten ein numerisches Verfahren, nach dem für ein vorgegebenes Flügelprofil der Umschlagpunkt an der Profiloberseite berechnet werden konnte,
an dem die Grenzschicht turbulent wurde.[14] Ausgezeichnet wurden auch Arbeiten von Horst Holstein und Joachim Pretsch, die an der AVA verschiedene
Methoden der Grenzschichtbeeinflussung (zum Beispiel durch Absaugen mithilfe poröser Wände) untersuchten.[15] Prandtl nahm an diesen Forschungen
großen Anteil. In einem „Bericht über neuere Untersuchungen über das Verhalten der laminaren Reibungsschicht, insbesondere den laminar-turbulenten
Umschlag" fasste er für die Deutsche Akademie der Luftfahrtforschung den
aktuellen Forschungsstand zusammen. Er unterschied drei Schwerpunkte:
Verbesserung der Rechenmethoden für die laminare Grenzschichtströmung,
Stabilitätsanalyse und Windkanalmessungen. Zwei der Preisarbeiten hätten
der Stabilitätsanalyse gegolten, drei der laminaren Grenzschicht und eine den
Windkanalversuchen. Er berichtete auch über eine Fachtagung der Lilienthal-
Gesellschaft über „Grenzschichtfragen" im Oktober 1941, bei der dieselben
Fragen noch einmal diskutiert worden waren. Insgesamt seien dazu „sehr
schöne Erfolge" zu verbuchen.[16]

Auf den ersten Blick ist bei den von der Zentrale für Wissenschaftliches Berichtswesen des Luftfahrtministeriums verbreiteten – teils öffentlichen, teils
vertraulichen oder geheimen – Berichten, in denen die Preisarbeiten abgedruckt wurden, die Kriegsrelevanz nicht erkennbar. Sie zeigte sich erst später,
als man das Laminarprofil eines abgeschossenen amerikanischen Jagdflugzeugs
unter die Lupe nahm.[17] Doch die Verschiebung der Prioritäten hin zu „kriegswichtigen Aufgaben" war von Anfang an Bestandteil nationalsozialistischer
Luftfahrtforschung, wie aus dem Tätigkeitsbericht der Lilienthal-Gesellschaft
für das Geschäftsjahr 1940/41 hervorgeht:[18]

---

[13] ZWB, LG, S-10, S. 3.
[14] ZWB, LG, S-10, S. 75–135.
[15] ZWB, LG, S-10, S. 17–27; FB 1343 (Januar 1941).
[16] [Prandtl, 1941, S. 147].
[17] Siehe Abschn. 8.7.
[18] *Jahrbuch 1941 der Deutschen Luftfahrtforschung*, 1941, S. 3.

Der Krieg erforderte lediglich eine stärkere Betonung gewisser Aufgaben, wogegen andere zurückgestellt werden konnten. Die reibungslose Umstellung der Arbeiten der Gesellschaft auf die kriegswichtigen Aufgaben bewies, dass die bei Gründung der Gesellschaft im Jahre 1936 aufgestellten Grundsätze auch heute noch gelten und dass die Organisation der Gesellschaft, insbesondere die der technisch-wissenschaftlichen Arbeit, sich bewährt hat.

Dementsprechend war im Tätigkeitsbericht der Lilienthal-Gesellschaft auch bei der Bekanntgabe der Gewinner des „Ludwig Prandtl Preises" und des Preisausschreibens „Über die laminare und turbulente Reibungsschicht" der Übergang nahtlos. Bei Letzterem wurde lediglich hinzugefügt, dass man nach diesem „günstigen Ergebnis" auch im neuen Geschäftsjahr wieder neue Preise ausschreiben wolle.[19]

Am 4. Februar 1940 feierte Prandtl seinen 65. Geburtstag. Bei dieser Gelegenheit erfuhr er auf sehr direkte Weise die Wertschätzung seitens des NS-Regimes. Göring und Milch schickten persönliche Glückwunschschreiben nach Göttingen. Hitler verlieh Prandtl zu diesem Anlass die „Goethe-Medaille für Kunst und Wissenschaft", wie Milch in seinem Gratulationsbrief hinzufügte.[20] Prandtl sprach Hitler dafür seinen „tiefempfundenen Dank aus. Ich werde auch in Zukunft mit allen meinen Kräften bestrebt sein, meine Wissenschaft zum Besten des deutschen Vaterlandes weiter zu fördern".[21] Göring gegenüber versicherte er, dass er sich „Ihre Anerkennung zum Ansporn meiner weiteren Arbeit im Interesse der deutschen Luftwaffe nehmen" werde.[22]

Dass er dies nicht als bloßes Lippenbekenntnis verstand, bewies er wenig später, als er Milch auf ein Problem bei Aufklärungsflügen über Frankreich aufmerksam machte. Es müsse „alles getan werden, damit die Gipfelhöhe der für die Fernaufklärung verwendeten Flugzeuge gesteigert werden kann". Das sei schon kurzfristig machbar, „wenn ein bei der DVL bereits bis zur Fabrikationsreife entwickeltes verbessertes Ladegebläse in die vorhandenen Aufklärungsflugzeuge eingebaut" würde. Damit sollte Flugmotoren unabhängig vom Außendruck die Luft in der benötigten Dichte zugeführt werden, so dass auch bei dünner Außenluft große Flughöhen erzielt werden konnten. „Nach Angaben, die ich aus der DVL habe, würde dadurch 1 bis 2 km an Gipfelhöhe gewonnen werden können. Ich möchte Ihnen ergebenst anheimgeben, sich von Herrn Professor Dr.-Ing. Asmus Hansen von der DVL, der die techni-

[19] *Jahrbuch 1941 der Deutschen Luftfahrtforschung*, 1941, S. 6.
[20] Milch an Prandtl, 3. Februar 1940. AMPG, Abt. III, Rep. 61, Nr. 1073.
[21] Prandtl an Hitler, 5. Februar 1940. AMPG, Abt. III, Rep. 61, Nr. 680.
[22] Prandtl an Göring, 5. Februar 1940. AMPG, Abt. III, Rep. 61, Nr. 541.

schen Einzelheiten beherrscht, Vortrag erstatten zu lassen."[23] Prandtl zeigte damit einmal mehr, dass er sich weit über seinen eigenen Göttinger Institutsbetrieb hinaus die Nutzbarmachung von Forschungsergebnissen für den Krieg zur Aufgabe machte und sich als Repräsentant der gesamten Luftfahrtforschung fühlte.

8.2 „... das Leben geht weiter, also arbeiten wir"

Im Dezember 1940 starb Prandtls Frau. Sie war schon längere Zeit an einem Darmleiden erkrankt, und das Ende kam „sehr rasch", wie Prandtl an Sommerfeld schrieb, der ihm zuvor zu dem Verlust kondoliert hatte. „Dass sie sich nicht allzu lange hat quälen müssen, ist natürlich ein tröstliches Bewusstsein".[24] Im Juli 1940 hatte Prandtls ältere Tochter Hilde ihr erstes Kind kurz nach der Geburt verloren, und am 29. Juni 1941 fiel ihr Mann bei der Eroberung von Riga im „Russlandfeldzug". „Für uns alle war es eine schwere Zeit", erinnerte sich Prandtls jüngere Tochter Johanna. „Meine Schwester wohnte seit ihrer Verheiratung nicht mehr bei den Eltern, so dass nach dem Tod meiner Mutter nur mein Vater und ich in der großen Wohnung zurückblieben. Mein Vater vermisste die Fürsorge und die erfrischende Lebhaftigkeit meiner Mutter, mit der sie an allem teilgenommen hatte. Es war nun oft sehr still bei uns."[25]

Der Verlust traf Prandtl schwer. Ein paar Jahre nach dem Krieg schrieb er einem Kollegen: „Was mich betrifft, so habe ich vor nicht ganz 10 Jahren meine Gattin verloren, und wenn ich auch zwei Töchter habe, von denen die eine kinderlos ist und Kriegswitwe, die andere aber zwei muntere Töchterchen von 5 und 2 1/2 Jahren hat und einen munteren jungen Mann, so ist das doch kein Ersatz für die Gattin, mit der ich 31 Jahre lang alles, Freud und Leid, teilen konnte und die mir in der Folgezeit immer sehr gefehlt hat."[26] Der Traum von einem gemeinsamen Lebensabend in gesunder Bergluft, der seine Gattin 1935 zum Erwerb des Refugiums in Mittelberg motiviert hatte, wurde zur schmerzvollen Erinnerung. Der 65-jährige Prandtl wählte die Arbeit als Zuflucht. „Wissen Sie", soll er einem Kollegen gesagt haben, „es ist schwer, einen solchen Verlust zu tragen, aber das Leben geht weiter; also arbeiten wir".[27]

---

[23] Prandtl an Milch, 18. März 1940. AMPG, Abt. III, Rep. 61, Nr. 1073. Zu der von Asmus geleiteten Flugmotorenentwicklung für große Höhen bei der DVL siehe [Trischler, 1992, S. 206].
[24] Prandtl an Sommerfeld, 22. März 1941. AMPG, Abt. III, Rep. 61, Nr. 1538. Abgedruckt in ASWB II, S. 538f.
[25] [Vogel-Prandtl, 2005, S. 148].
[26] Prandtl an Bock, 1. März 1950. AMPG, Abt. III, Rep. 61, Nr. 152.
[27] Zitiert in [Vogel-Prandtl, 2005, S. 148].

8.3 Reise nach Rumänien

„Von morgen an muss ich die mir vom Erziehungsministerium verpasste Rumänienreise absolvieren", schrieb Prandtl im April 1941 an einen Kollegen.[28] Dabei ging es nicht um bloße wissenschaftliche Vorträge. Mitte 1941 standen weite Teile Europas, von Norwegen bis Griechenland, unter deutscher Besatzung. Prandtl sah sich – wie andere namhafte Wissenschaftler – nun auch in der Pflicht, Deutschland in den verbündeten, besetzten oder neutralen Ländern zu repräsentieren. Die Rumänienreise war vom Deutschen Wissenschaftlichen Institut in Bukarest vermittelt worden, einem der ersten Institute, die ab 1940 im Auftrag des Propagandaministeriums und des Auswärtigen Amtes Kulturpropaganda für Nazi-Deutschland organisierten.[29] Die ins Ausland geschickten Wissenschaftler sollten Deutschland auch im Krieg als eine Kulturnation repräsentieren. Prandtl war sich des politischen Charakters dieser Mission durchaus bewusst. Im September 1940 hatte sich Rumänien unter einer faschistischen Militärdiktatur zu einem „Nationallegionären Staat" erklärt und sein Territorium der deutschen Wehrmacht als Aufmarschgebiet für den geplanten „Russlandfeldzug" geöffnet. Prandtl erklärte sich „gerne" zu der Reise nach Rumänien bereit, wie er seinem Gastgeber an der Universität Bukarest im Oktober 1940 schrieb, „schon im Hinblick auf die für uns Deutsche ja sehr erfreuliche politische Entwicklung in Ihrem Lande, die auch uns den Rumänen gegenüber verpflichtet!".[30]

Noch stärker als vor dem Krieg mussten Auslandsreisen jetzt mit den verschiedenen politischen Instanzen abgestimmt werden, von der Kongress-Zentrale des Propagandaministeriums über das Wissenschaftsministerium bis zur Kulturpolitischen Abteilung des Auswärtigen Amts. „Die Vorträge, die Sie auf Einladung der Universität Bukarest halten werden, sollen für die Kulturpropaganda im Ausland ausgewertet werden", schrieb man ihm aus dem Auswärtigen Amt. Prandtl dämpfte zwar die Erwartung auf eine große Breitenwirkung, da seine Vorträge „wissenschaftlich" seien;[31] doch nach der Rückkehr aus Rumänien ging aus seinem Reisebericht deutlich hervor, dass er mit seinen Vorträgen nicht nur bei akademischen Kollegen Anklang gefunden hatte:[32]

Die beiden allgemeinen Vorträge wurden sehr stark auch von Vertretern hoher Behörden besucht. In Bukarest sah man neben rumänischen auch deutsche

---

[28] Prandtl an Joos, 28. April 1941. AMPG, Abt. III, Rep. 61, Nr. 771.
[29] Prandtl an das Reichserziehungsministerium, 22. Januar 1941. UAG, Kur PA Prandtl, Bd. 2. Zur Kulturpropaganda im Zweiten Weltkrieg siehe [Hausmann, 2001].
[30] Prandtl an Valcovici, 16. Oktober 1940. AMPG, Abt. III, Rep. 61, Nr. 1986.
[31] Auswärtiges Amt an Prandtl, 21. März 1941; Prandtl an Auswärtiges Amt, 25. März 1941. AMPG, Abt. III, Rep. 61, Nr. 1986.
[32] Bericht über eine Vortragsreise nach Rumänien, 26. Mai 1941. AMPG, Abt. III, Rep. 61, Nr. 1986.

Offiziere, unter letzteren auch den kommandierenden General der deutschen Truppen in Bukarest. Auch ein Vertreter der deutschen Botschaft (Prinz Solms) war anwesend. Der rumänische Fliegergeneral Negrescu hat mit einigen seiner technischen Offiziere auch die Studentenvorträge mit angehört und am Schluss des letzten Vortrages selbst eine Ansprache in rumänischer Sprache gehalten, in der er meine eigenen Verdienste an den in den Vorträgen behandelten Gegenständen besonders hervorhob.

Dem siebenseitigen Bericht fügte er noch „Randbemerkungen" hinzu, die er als halboffiziell „zu Nutz und Frommen künftiger Rumänienreisender" verstanden wissen wollte. Unter den Überschriften „Eindruck von dem Leben in Bukarest", „Politischer Kummer der Rumänen" und „Volksdeutsche in Rumänien" brachte er Beobachtungen zu Papier, mit denen er sich auch an sozialen und politischen Belangen interessiert zeigte. Alles in allem habe ihn die Rumänienreise zwar eine „sehr beträchtliche Ermüdung" gekostet, auch seien ihm dadurch „etwa 4 bis 5 Arbeitswochen verloren gegangen", so bilanzierte er den Ertrag der Reise, aber der Zeitaufwand habe sich doch „durch die günstige Wirkung, die ich in Rumänien habe erzielen können, hinterher rechtfertigen" lassen.[33] Ein weiterer Ertrag der Rumänienreise kam ein Jahr später in Form der Ernennung zum Ehrendoktor der Universität Bukarest. Für Prandtl war dies „ein Glied weiter in der Anbahnung angenehmer persönlicher Beziehungen zu unseren Bundesgenossen, die einmal unsere Gegner waren. In diesem Sinn habe auch ich mich über diese Ehrung besonders gefreut". Das „auch" bezog sich auf den Kreisleiter der NSDAP in Göttingen, der ihm zuvor im Namen der Partei seine Glückwünsche dafür ausgesprochen hatte.[34]

8.4 Eingaben und Denkschriften

Prandtl fühlte sich auch als Anwalt in kulturellen Angelegenheiten. Als er aus einem Bericht des Oberkommandos der Wehrmacht im September 1940 erfuhr, dass als Vergeltung für die Bombardierung Heidelbergs durch die Royal Airforce „die englische Universitätsstadt Cambridge mit Bomben belegt" worden sei, schrieb er an Göring, dass ihn das „schmerzlich bewegt" habe, und bat darum, bei künftigen Bombardierungen die Cambridger Bauten als „ein köstliches Juwel mittelalterlicher englischer Gotik, das es auf der ganzen Welt ein zweites Mal nicht mehr gibt", zu schonen. „Als Inhaber der bisher einzigen Hermann Göring-Denkmünze der Deutschen Akademie der Luft-

---

[33] Randbemerkungen zu dem Bericht vom 26. Mai 1941. AMPG, Abt. III, Rep. 61, Nr. 1986.
[34] Gengler an Prandtl, 14. November 1942; Prandtl an Gengler, 20. November 1942. AMPG, Abt. III, Rep. 61, Nr. 1126.

fahrtforschung nehme ich mir die Freiheit, zu bitten, dass zum mindesten die schöne Kirche Kings Chapel, die ich hinter den Kathedralen von Reims und Rouen nicht zurückstelle, sowie die links und rechts davon gelegenen historischen Colleges, Kings College und Trinity College, unter allen Umständen als wertvollste Denkmäler einer ganz köstlichen Baukunst von Zerstörung verschont bleiben."[35]

Dass Göring für derartige Bitten empfänglich war, erscheint zweifelhaft. Cambridge wurde mehrfach bombardiert.[36] Wenn Zerstörungen an historischen Bauten ausblieben, so dürfte dies eher dem Zufall zu verdanken sein, denn die Genauigkeit von Bombenabwürfen im Zweiten Weltkrieg reichte nicht aus, um einzelne Gebäude gezielt von der Zerstörung auszunehmen.

Im April 1941 wandte sich Prandtl erneut an Göring. Dieses Mal handelte es sich um eine Eingabe zur „Abwendung einer schweren Gefahr für den Nachwuchs an deutschen Physikern"[37]

Für den Physikunterricht an den deutschen Hochschulen hat sich durch die Entwicklung in der letzten Zeit eine Situation herausgebildet, die ganz große Gefahren für den Führernachwuchs auf diesem Gebiet in sich birgt und die, wenn sie bestehen bleiben würde, zwangsläufig zu einer Unterlegenheit Deutschlands in diesem kriegs- und wirtschaftswichtigen Fach führen müsste und uns besonders gegenüber der amerikanischen Konkurrenz in eine ganz hoffnungslose Lage bringen müsste. [...]

Es dreht sich kurz gesagt darum, dass eine Gruppe von Physikern, die leider das Ohr des Führers besitzt, gegen die theoretische Physik wütet und die verdientesten theoretischen Physiker verunglimpft, ganz untragbare Besetzung der Lehrstühle durchzusetzen versteht usw., und zwar mit der Begründung, dass die moderne theoretische Physik eine jüdische Mache wäre, die man nicht schnell genug auszutilgen und durch eine „deutsche Physik" zu ersetzen haben würde. Was es damit auf sich hat, habe ich in einer hier beigefügten Anlage des näheren ausgeführt. Unstreitig ist jedenfalls, dass die theoretische Physik ein gerade für die Ausbildung des Führernachwuchses in der Physik unentbehrliches Fach ist, ist es doch ihre Aufgabe, die Gesamtheit der physikalischen Tatsachen logisch zu ordnen und hieraus die Gesetzmäßigkeiten zu entwickeln, mit Hilfe derer dann der technische Physiker seine Neukonstruktionen planmäßig entwerfen und ihre Wirksamkeit vorausberechnen kann. Eine Physikerausbildung ohne theoretische Physik kann gute Handlanger hervorbringen, niemals aber Führer, die das Gesamtgebiet in der erforderlichen Weise überblicken und beherrschen.

---

[35] Prandtl an Göring, 25. September 1940. AMPG, Abt. III, Rep. 61, Nr. 541.
[36] http://cambridgehistorian.blogspot.de/2012/07/world-war-2-air-attacks-on-cambridge.html.
[37] Prandtl an Göring, 28. April 1941. AMPG, Abt. III, Rep. 61, Nr. 541. Die Anlage ist abgedruckt in [Vogel-Prandtl, 2005, S. 210–214].

[...] Die erwähnte Gruppe der „deutschen Physiker" hat [...] in letzter Zeit auch eine geradezu unglaubliche Neubesetzung durchgesetzt, die man nicht anders als völlig sinnlos bezeichnen kann, wenn man nicht etwa den „Sinn" darin sieht, dass zerstört werden soll. Auch über diese Dinge geben die Ausführungen in der Anlage nähere Auskunft. Die Abstellung des Übels bedeutet einen Kampf, der ohne Gewinnung des Führers für die Sache aussichtslos ist und deshalb bitte ich Sie um ihr persönliches Eingreifen.

Den Anlass für dieses Schreiben gab die Berufung eines für die theoretische Physik völlig ungeeigneten Aerodynamikers namens Wilhelm Müller zum Nachfolger Arnold Sommerfelds auf den Lehrstuhl für theoretische Physik an der Universität München. „Sie wissen vielleicht noch nicht, dass Müller mich aus meinem Institut herausgeschmissen hat," hatte Sommerfeld an Prandtl geschrieben, als ihm Müller den Zugang zur Institutsbibliothek verwehrte. Prandtl war über das Verhalten des Sommerfeld-Nachfolgers so empört, dass er beschloss, „irgendetwas in der Sache zu unternehmen".[38] Da die Angelegenheit nicht sein eigenes Fach betraf, stimmte er sich mit seinen Göttinger Physikerkollegen Georg Joos und Robert Wichard Pohl über das weitere Vorgehen ab. „Auf Bitten der Göttinger Physiker habe ich mich in der Angelegenheit Sabotage der theoretischen Physik durch die Lenard-Gruppe an Herrn Reichsmarschall Göring um Hilfestellung gewandt", schrieb er danach an Carl Ramsauer, der als Vorsitzender der Deutschen Physikalischen Gesellschaft ebenfalls Schritte unternehmen wollte, um das Regime auf die Fehlentwicklungen in der Physik hinzuweisen.[39] Einige Wochen später musste Prandtl dem DPG-Vorsitzenden jedoch gestehen, dass er mit seiner Initiative nicht weiter kam und seine Eingabe „dem Reichsmarschall noch nicht vorgelegt worden" sei.[40] Im Reichsluftfahrtministerium herrschten in diesen Wochen andere Prioritäten. Die Eingabe war „vermutlich hauptsächlich wegen der damaligen, mir aber unbekannten Vorbereitungen für den Russenfeldzug, nicht zur Wirkung gekommen", schrieb Prandtl ein halbes Jahr später an Milch. In der Zwischenzeit sei „von Seiten des Vorstandes der Deutschen Physikalischen Gesellschaft, beim Kommandeur des Ersatzheeres, Herrn Generaloberst Fromm, eine neue Aktion über dieselbe Sache eingeleitet worden, wobei meine Denkschrift vom April auch vorgelegt werden soll". Es wäre nun „sehr zu begrüßen, wenn Sie sich in die kommende Aktion mit einschalten würden".[41]

---

[38] Sommerfeld an Prandtl, 1. März 1941; Prandtl an Sommerfeld, 22. März 1941. AMPG, Abt. III, Rep. 61, Nr. 1538, abgedruckt in ASWB II, S. 538f.
[39] Prandtl an Ramsauer, 28. April 1941. AMPG, Abt. III, Rep. 61, Nr. 1302.
[40] Prandtl an Ramsauer, 4. Juni 1941. AMPG, Abt. III, Rep. 61, Nr. 1302.
[41] Prandtl an Milch, 13. November 1941. AMPG, Abt. III, Rep. 61, Nr. 1073.

Das Ergebnis dieser Initiative war eine im Januar 1942 dem Reichserziehungsminister unterbreitete Eingabe. Darin wurde konstatiert, dass man die frühere Vormachtstellung in der Physik an die USA verloren habe und „weiter ins Hintertreffen zu geraten" drohe, wenn gravierende Missstände nicht abgestellt würden. In ausführlichen Anlagen wurde der Rückstand gegenüber den USA im Einzelnen dargestellt und insbesondere die Polemik gegen die moderne theoretische Physik als „eine nicht zu verantwortende Schädigung der deutschen Wirtschaft und der deutschen Wehrtechnik" gebrandmarkt. In einem Anhang wurde aus der Denkschrift an Göring vom April 1941 zitiert, was Prandtl über die „Gefährdung des Physikernachwuchses" durch die Angriffe gegen die theoretische Physik geschrieben hatte:[42]

Eine gewisse Gruppe von Physikern wütet gegen die theoretische Physik, verunglimpft ihre verdientesten Vertreter und setzt ganz untragbare Besetzungen der Hochschullehrstühle durch und zwar mit der Begründung, die theoretische Physik sei eine jüdische Mache. Der schlimmste Fall ist ohne Zweifel die Berufung eines Herrn W. Müller als Nachfolger des weltberühmten theoretischen Physikers an der Universität München A. Sommerfeld. Die Berufung dieses Mannes muss als völlig sinnlos angesehen werden, wenn man nicht etwa den Sinn darin sehen will, dass zerstört werden soll. Herr Müller bringt für die theoretische Physik nichts, aber auch rein gar nichts. Stattdessen hat er in polemischer Form ein Arbeitsprogramm veröffentlicht, das nur als Sabotage eines für die technische Weiterentwicklung unentbehrlichen Faches bezeichnet werden kann. Es ist mir nicht möglich zu schweigen, wenn die Ausbildung unseres deutschen technischen Führernachwuchses durch eine nicht zu verantwortende Personenauswahl gefährdet wird und dadurch Deutschland zum Schaden seiner Wehrkraft und Wirtschaftskraft von anderen Nationen, vor allem von Amerika, überflügelt wird.

Auf den ersten Blick erscheint die Denkschrift Prandtls an Göring fast als ein Akt des Widerstandes gegen das NS-Regime. Wie schon bei seinem Eintreten für Heisenberg im Jahr 1938 habe er damit „wiederum die Initiative zu einer entschiedenen Stellungnahme gegenüber der derzeitigen NS-Wissenschaftspolitik" ergriffen, schrieb Johanna im Lebensbild ihres Vaters.[43] Dabei wird das Treiben von Lenard, Stark, Müller und ihresgleichen mit der herrschenden NS-Wissenschaftspolitik gleichgesetzt, was jedoch – wenn man angesichts der Polykratie im Machtapparat des NS-Systems überhaupt von einer einheitlichen Wissenschaftspolitik reden kann – zu keiner Zeit der Fall war. Selbst im Kreis der Parteiideologen im Braunen Haus wollte man sich

---

[42] Die Eingabe ist abgedruckt in [Hoffmann und Walker,, S. 594–617]. Zur Kontextualisierung siehe [Eckert, 2007] und [Hoffmann, 2007].
[43] [Vogel-Prandtl, 2005, S. 149].

nicht auf die Seite von Lenard und Stark schlagen: „Die NSDAP kann eine weltanschauliche dogmatische Haltung zu diesen Fragen nicht einnehmen", hatte Alfred Rosenberg schon 1937 erklärt; „daher darf kein Parteigenosse gezwungen werden, eine Stellungnahme zu diesen Problemen der experimentellen und theoretischen Naturwissenschaft als parteiamtlich anerkennen zu müssen".[44] Wie die mit Prandtls Initiative abgestimmten Bemühungen der DPG zeigen, handelte es sich bei diesen Eingaben um eine Selbstmobilisierung für das Regime, bei der sich Prandtl, Ramsauer und ihre Mitstreiter zuvor Rückendeckung durch den militärisch-industriellen Komplex verschafften. In der Geschichte der DPG im Nationalsozialismus wird Ramsauer als „Leitfigur der Selbstmobilisierung" charakterisiert.[45] Es ist auch kein Zufall, dass diese Denkschriften und Eingaben zu einer Zeit verfasst wurden, als die Phase des Blitzkriegs zu Ende ging und Wissenschaftlern wie Ramsauer und Prandtl eine Intensivierung der Forschung geboten erschien.

Auch im Reichsluftfahrtministerium ging das Ende der Blitzkriegphase einher mit Überlegungen, wie man die Forschung stärker für den Krieg mobilisieren könne. Der Selbstmord des „Generalluftzeugmeisters" Ernst Udet am 17. November 1941 machte überdies eine Umorganisation in der Führungsspitze notwendig. Baeumker fühlte sich im Ministerium schon seit längerer Zeit ins Abseits gedrängt, da Milch seiner Ansicht nach die Forschung in der Blitzkriegsphase gegenüber der industriellen Produktion zu stark vernachlässigt hatte. Zudem war er durch häufige Krankheiten länger abwesend, so dass er auf die Entscheidungsprozesse im Ministerium nicht mehr unmittelbar reagieren konnte. Im Januar 1942 informierte er Prandtl, Betz und andere, denen er sich als seinen „langjährigen Wegbegleitern und selbstlosen Helfern am Werke des Neuaufbaues der deutschen Luftfahrtforschung" verbunden fühlte, darüber, dass ihn Milch im Oktober 1941 gezwungen habe, „die Leitung der Forschungsabteilung im Reichsluftfahrtministerium abzugeben". Milchs Entscheidung sei für ihn „zunächst unerwartet" gekommen, doch er sah sich dadurch nur umso stärker herausgefordert, die Luftfahrtforschung für den Einsatz im Krieg neu zu organisieren. „So habe ich mich dann, wie so oft in den letzten 20 Jahren, noch einmal mit meiner Person in den Kampf für eine ideale Sache begeben, in der Hoffnung, hierdurch für unser großes Ziel etwas Gutes zu tun, auch wenn ich nach der Form meines Einsatzes für mich selbst Wesentliches nicht mehr erwarten darf".[46]

---

[44] Siehe dazu ausführlich [Eckert, 2007, S. 154].

[45] [Hoffmann, 2007, S. 188].

[46] Baeumker an Prandtl, Betz u. a., 10. Januar 1942. GOAR 2658. Zur Stellung der Forschungsabteilung im Luftfahrtministerium vor der Neuorganisation im Sommer 1942 siehe [Trischler, 1992, S. 241–246], [Hein, 1995, S. 55–61] und [Boog, 1982, S. 68–76]. Zur Bewertung von Baeumkers Bestrebungen aus der Perspektive der Luftfahrtindustrie siehe [Budraß, 2002].

Dass Baeumker sein Amt als Leiter der Forschungsabteilung verlor, hinderte ihn nicht daran, sich über die Organisation der Forschung für den Krieg den Kopf zu zerbrechen. Im Gegenteil. Im Dezember 1941 übte er in zwei Denkschriften Kritik an der unkoordinierten Forschungspolitik und forderte für die Luftfahrtforschung als dem weitaus größten Forschungsbereich (verglichen mit der von der KWG und den anderen Wehrmachtsteilen betriebenen Forschung) einen größeren politischen Einfluss. Innerhalb des Luftfahrtministeriums müsse die Forschungsabteilung ebenfalls aufgewertet werden. Man dürfe nicht länger „den hauptverantwortlichen Trägern des eigentlichen Wissenschaftslebens die Rolle nachgeordneter oder unterstellter Persönlichkeiten" zuweisen.[47]

Den Denkschriften vom Dezember 1941 ließ Baeumker im Januar eine weitere „Vorlage an den Herrn Generalfeldmarschall Milch" folgen, von der er Prandtl und seinen anderen „Wegbegleitern" Durchschläge übersandte. „Der Kernpunkt meiner Ausführungen ist, dass wieder eine einzige Spitze der Luftfahrtforschung gebildet werden muss, die für alle Zweige dieses umfangreichen Gebietes die Weisungen gibt und die in der obersten Reichsbehörde wie auch gegenüber den Forschungsanstalten, und den sonstigen Organen kraft ihrer sachlichen wie menschlichen Eignung eine völlig unumstrittene, starke Autorität besitzt." So machte Baeumker gleich in seinem einleitenden Schreiben Milch auf sein Hauptanliegen aufmerksam.[48] Er gab der Vorlage die Überschrift „Organisation der Luftfahrtforschung" und verwies darin auf eine frühere Eingabe, die er Milch und Udet kurz vor Udets Selbstmord im Oktober 1941 unterbreitet hatte. Darin hatte er die Einrichtung einer „Dachgesellschaft für alle Forschungsanstalten" und eines „Luftfahrtforschungsrates" gefordert, der dem Ministerium „als beratendes Organ für die Aufgabenstellung an die Forschung" dienen sollte. Nach seiner Absetzung als Leiter der Forschungsabteilung konnte Baeumker für sich selbst keine Führungsrolle mehr beanspruchen. Er liebäugelte jedoch mit der Leitung der „Dachgesellschaft" und erklärte sich bereit, an der einen oder anderen Aufgabe „mitzuwirken oder verantwortlich mitzuarbeiten". Dabei dachte er insbesondere an die Lilienthal-Gesellschaft und die Deutsche Akademie der Luftfahrtforschung, die er beide aus der Taufe gehoben hatte. Auch an der „Schaffung und Lenkung des Forschungsrates" konnte er sich eine eigene Beteiligung vorstellen. Für seine Person keine herausragende Stellung zu beanspruchen, ersparte Baeumker auch den Verdacht, dass er die geforderte Umorganisation nur als Hebel für die Durchsetzung eigener Machtansprüche benutzte. Stattdessen machte er sich ganz zum Anwalt der Wissenschaftler und Ingenieure in den Luft-

---

[47] [Boog, 1982, S. 73].
[48] Baeumker an Milch, 10. Januar 1942 (Durchschlag). GOAR 2658.

fahrtforschungseinrichtungen als den eigentlich Verantwortlichen für neue Kriegstechnik. „M. E. sollte die Forschung viel mehr Selbständigkeit erhalten als zurzeit geplant, um ihre Aufgaben erfüllen zu können. [...] Der Leiter der Forschung im Reichsluftfahrtministerium braucht großes sachliches und menschliches Ansehen in der gesamten Luftfahrtwissenschaft als Kenner technisch-wissenschaftlicher Probleme wie auch als Führerpersönlichkeit.“[49]

8.5 Die „Forschungsführung"

Baeumkers Denkschriften an Milch blieben nicht ohne Wirkung. Am 16. April 1942 wurden die ersten Maßnahmen für die „Neuordnung der Luftfahrtforschung" in einer persönlichen Unterredung zwischen Milch und Baeumker beschlossen. Baeumker wollte aus Gesundheitsgründen selbst keine verantwortliche Stellung im Berliner Ministerium bekleiden und regte an, ihm eine „etwas leichtere Tätigkeit unter günstigeren äußeren Umständen" zuzuweisen. Milch überantwortete ihm deshalb die Leitung der „Luftfahrtforschungsanstalt München (LFM)", die gerade im Aufbau begriffen war und Baeumker die Möglichkeit bot, seinen Wohn- und Arbeitsplatz dauerhaft nach München zu verlegen. Seine Nachfolge als Leiter der Forschungsabteilung im Luftfahrtministerium trat der „Fliegeroberstabsingenieur" Hermann Lorenz an. Außerdem wollte Milch, wie von Baeumker vorgeschlagen, einen Forschungsrat einsetzen. „Die von Dr. Lorenz geleitete Stelle werde zum Technischen Amt gehören und dem ihm (dem Gen. Feldm.) unmittelbar unterstehenden Arbeitsstab durch Zusammenstellung der vom Technischen Amt zu fordernden Forschungsaufgaben zuzuarbeiten haben." Was die personelle Zusammensetzung des Forschungsrates betraf, wurde Prandtl eine zentrale Rolle zugewiesen:[50]

Herr Professor Seewald soll in diesem die Schriftführung und allgemeine Arbeitsregelung haben. Als Altmeister der Luftfahrtwissenschaft solle Herr Professor Prandtl den Vorsitz übernehmen. Min. Dirig. Baeumker solle zusammenfassend die Bearbeitung der Verwaltungs- und betrieblichen Fragen in den Forschungsanstalten usw., die sich aus der technischen Aufgabenstellung ergeben, übernehmen. Herr Professor Georgii sei gleichfalls in den Forschungsrat aufzunehmen, um an dessen Arbeiten mitzuwirken. Der Forschungsrat werde damit nur vier Köpfe umfassen. Vom Ministerium treten

---

[49] „Organisation der Luftfahrtforschung", Anlage zu Baeumkers Eingabe an Milch, 10. Januar 1942 (Durchschlag). GOAR 2658.
[50] Vermerk über eine Unterredung zwischen Baeumker und Milch am 16. April 1942. BA-MA, RL 1/20, Bl. 25–27. Abgedruckt in [Trischler, 1993, Dokument Nr. 51, S. 158–161].

keine Persönlichkeiten hinzu. Für seine besonderen Aufgaben solle sich der Forschungsrat jeweils durch einige Personen als Gutachter ergänzen. Etwa einmal im Monat z. B. zum Termin der monatlichen Akademiesitzungen, werden im Forschungsrat alle Fragen unter Leitung des Professor Prandtl gemeinsam besprochen. [...] Es sei eine besonders hohe Aufgabe, die gerade Herr Prandtl im Krieg am besten lösen könne.

Friedrich Seewald sollte für Milch im Ministerium als direkter Ansprechpartner fungieren, da er als Leiter der DVL in Berlin-Adlershof als einziger von den vier Forschungsratmitgliedern dauerhaft vor Ort war. Walter Georgii war als Leiter der in Ainring in der Nähe von Berchtesgaden angesiedelten Deutschen Forschungsanstalt für Segelflug (DFS) ebenso wie Prandtl und Baeumker nur bei den Veranstaltungen der Deutschen Akademie der Luftfahrtforschung oder anderen geschäftlichen Anlässen in Berlin. Für Prandtl war Georgii auch ein geeigneter Kandidat für die ursprünglich von Baeumker vorgeschlagene Leitung der Forschungsabteilung im Luftfahrtministerium, wie er im Januar an Milch schrieb. Georgii besitze „sowohl innerhalb der Luftfahrtwissenschaft als auch vor allem im Bereich der allgemeinen Wissenschaft – die es ja auch zu vertreten gilt – das größte Ansehen". Besonders wichtig erschien Prandtl, dass Georgii mit Baeumker „stets in menschlich wie sachlich freundschaftlichen Beziehungen gestanden hat".[51]

Die ursprünglich vorgesehene Dachgesellschaft wurde bei der Unterredung zwischen Milch und Baeumker im April 1942 nicht mehr angesprochen; aber der Forschungsrat repräsentierte mit Seewald, Prandtl, Georgii und Baeumker gleichzeitig die von ihnen geleiteten Luftfahrtforschungseinrichtungen, so dass ihm zumindest teilweise auch die Funktion einer Dachgesellschaft zufiel.

Prandtl betrachtete, wie er Milch schrieb, die ihm zugedachte Führungsrolle für die Forschungspolitik des Luftfahrtministeriums als „eine große Ehre. Ich entspreche Ihrem Wunsche gern, weil ich Ihren Ausführungen entnehme, welch wichtige Aufgaben dieser Forschungsrat besonders jetzt im Kriege zu lösen haben wird".[52] Damit übernahm er eine Arbeitslast und eine Verantwortung, die weit über die in seinem Institut in Göttingen behandelten Forschungsgebiete hinaus ging. Dass er dazu ohne Zögern bereit war, mag nicht nur seinem Bedürfnis geschuldet sein, die Luftfahrtforschung effektiver als zuvor für den Krieg nutzbar zu machen. Im Alter von 67 Jahren sah er seine eigene Rolle vermutlich auch nicht mehr primär als aktiver Forscher, sondern eher als Weichensteller und Berater. Hinzu kam, dass ihn die Arbeit auch von der emotionalen Einsamkeit ablenkte, die ihm nach dem Tod seiner Frau

---

[51] Prandtl an Milch, 26. Januar 1942. BA-MA, RL 1/20, Bl. 3–7. Abgedruckt in [Trischler, 1993, Dokument Nr. 49, S. 151–154].
[52] Prandtl an Milch, 17. April 1942. AMPG, Abt. III, Rep. 61, Nr. 2109.

das Leben schwer machte. Allein der Umfang der erhaltenen Korrespondenz, die Prandtl im Rahmen der neuen Tätigkeit zu führen hatte, zeugt von einer schier überwältigenden Arbeitslast. Schon drei Wochen nach seiner Zusage fand er sich im Reichsluftfahrtministerium in Berlin ein, wo Milch die Vierergruppe zu einer ersten Besprechung zusammenrief. „Es wird ein Führungsstab der Forschung gebildet, dessen Vorsitz Professor Prandtl übernimmt und dem für die Fragen der wissenschaftlichen Aufgabenstellung Professor Georgii und Professor Seewald, für organisatorische, Personal- und Verwaltungsangelegenheiten der Forschung Ministerialdirigent Baeumker angehören", so fasste das Protokoll die Rollenaufteilung der Vierergruppe knapp zusammen. Als Bezeichnung für diesen Führungsstab wurde bei dieser Gelegenheit der Begriff „Luftfahrt-Forschungsführung" festgelegt. Für ihre Arbeit sollten sie einen „Kreis von Fachleuten" hinzuziehen, der „beratend" bei den jeweils anfallenden Themen mitwirken sollte. Ansonsten ließ Milch ihnen freie Hand. „Die Verteilung der Aufgaben im Einzelnen innerhalb der Forschungsführung wird durch diese selbst vorgenommen."[53]

Im Anschluss an diese Besprechung trafen sich Prandtl, Georgii, Seewald und Baeumker zu ihrer ersten Sitzung als Forschungsführung. Dabei kamen sie überein, ihre künftigen Treffen immer bei den monatlichen Sitzungen der Deutschen Akademie der Luftfahrtforschung abzuhalten. Die rein geschäftlichen Angelegenheiten sollte das Personal der bisherigen Forschungsabteilung im Reichsluftfahrtministerium abwickeln, ohne es jedoch aus dem Ministerium abzuziehen, „um die Kontinuität der Arbeit zu gewährleisten". Für alles Weitere wollten sie den Erlass Görings über die offizielle Einrichtung der „Forschungsführung" abwarten.[54] Noch bevor dieser eintraf, legte Prandtl jedoch schon in enger Abstimmung mit Baeumker und Milch die Tagesordnung für die nächste Sitzung der Forschungsführung am 5. Juni 1942 fest.[55] Prandtl und Baeumker wollten nichts dem Zufall überlassen. Die Intensität ihres Engagements lässt sich schon an dem Einladungsschreiben für die bevorstehende Sitzung ablesen, das Prandtl am 27. Mai 1942 verschickte. „Besprechung der Gesamtlage an Hand der Baeumkerschen Darlegungen vom 21., 22. und 23. Mai (Brief-Nr. 1, 4 und 5/5/42)", heißt es zu Punkt 1 der vorgesehenen Tagesordnung unter Verweis auf den vorangegangenen Briefwechsel. Auch die schon oft beklagte Behandlung von „Geheimsachen", die eine Koordination von Forschungsprojekten behinderte, stand auf der Tagesordnung. Manches könne auch auf die übernächste Sitzung verschoben

---

[53] Aktenvermerk über eine Besprechung bei Milch „betr. Neuorganisation der Luftfahrtforschung", 7. Mai 1942. AMPG, Abt. III, Rep. 61, Nr. 2109.
[54] Bericht zur ersten Sitzung der Forschungsführung, 8. Mai 1942. AMPG, Abt. III, Rep. 61, Nr. 2109.
[55] Prandtl an Baeumker, 19. Mai 1942; Prandtl an Milch (mit Abschrift an Baeumker), 20. Mai 1942; Baeumker an Prandtl, Georgii und Seewald, 21. Mai 1942. AMPG, Abt. III, Rep. 61, Nr. 2109.

werden, stellte Prandtl anheim. „Eine zwanglose Besprechung dieser Punkte ist aber schon jetzt erwünscht."[56]

Am 29. Mai 1942 machte Göring in seiner Funktion als „Reichsminister der Luftfahrt und Oberbefehlshaber der Luftwaffe" die „Forschungsführung des R. d. L. u. Ob. d. L.". per Erlass zu einer offiziellen Institution seines Ministeriums. Der sperrige Namenszusatz verschaffte dem Vier-Männer-Gremium unter den rivalisierenden Forschungsorganisationen im NS-Staat die höchste Autorität. Bei ihrer praktischen Arbeit war sie „dem Generalluftzeugmeister [also Milch] unmittelbar unterstellt" und sollte „mit den Dienststellen des RLM engste Fühlung" halten. Außerdem hatte sie „die Verbindung mit allen außerhalb der Luftfahrtforschung arbeitenden wissenschaftlichen Stellen des Reiches zu pflegen, um alle dort vorliegenden Fortschritte auf schnellstem Wege für die Luftrüstung nutzbar zu machen". Der Erlass ging deshalb nicht nur an alle Dienststellen, die Göring als Luftfahrtminister direkt unterstanden, sondern auch an andere Ministerien und Organisationen, die mit der Luftfahrtforschung in Berührung kommen konnten, wie zum Beispiel das Reichserziehungsministerium, das Reichsminsterium für Bewaffnung und Munition oder die dem Heereswaffenamt zugeordnete Versuchsanstalt für Raketen in Peenemünde. Die Aufgaben der Forschungsführung wurden in drei Punkten zusammengefasst:[57]

1.) Planung und Überwachung der Durchführung der Luftfahrtforschung,
2.) Regelung des Einsatzes der der Luftfahrtforschung zur Verfügung stehenden Mittel, Anlagen und Einrichtungen sowie des Forschungspersonals,
3.) Erfahrungsaustausch mit Wissenschaft, Industrie und Front.

Was in diesem Erlass nur knapp formuliert war, erläuterte Milch beim nächsten Treffen mit der Forschungsführung am 5. Juni 1942 im Detail. Damit wurde auch deutlich, wie weitreichend ihre Befugnisse waren und wie selbständig sie dabei agieren durfte. Sie konnte eigenmächtig die im Krieg so begehrten Dringlichkeiten von Forschungsvorhaben festlegen, mit allen Dienststellen des Luftfahrtministeriums und anderen obersten Reichsstellen unmittelbar verkehren und „die erforderlichen Vereinbarungen direkt" treffen. „Keinesfalls solle sie durch Zwischenschaltung anderer Instanzen in ihrer Arbeit als oberste Stelle der Forschung gehemmt oder sogar schlechter gestellt werden als bisher die Forschungsabteilung des Technischen Amtes", so bahnte Milch der Forschungsführung den Weg durch das von Rivalitäten geprägte Labyrinth des NS-Machtapparates. Sie durfte auch Veränderungen im Perso-

---

[56] Prandtl an die Mitglieder der Forschungsführung, 27. Mai 1942. AMPG, Abt. III, Rep. 61, Nr. 2109.
[57] Erlass des Reichministers der Luftfahrt und Oberbefehlshaber der Luftwaffe, 29. Mai 1942. AMPG, Abt. III, Rep. 61, Nr. 2109.

nalbestand der Forschungsanlagen vornehmen, ohne dafür von höherer Stelle eine Genehmigung einzuholen. Sie durfte über das Personal der bisherigen Forschungsabteilung im RLM verfügen und dafür sorgen, dass „im Gebiete der Organisation die Dinge den Bedürfnissen angepasst" wurden, was der Vierergruppe praktisch eine Blankovollmacht für die Leitung aller Luftfahrtforschungsinstitute erteilte.[58]

Prandtl machte umgehend von den neuen Befugnissen Gebrauch. Als ihm zu Ohren kam, dass man beim „Rüstungskommando Hannover" Pläne vorbereitete, wonach die Mitarbeiter von Betrieben und Forschungsinstituten in Klassen verschiedener Dringlichkeit eingeteilt werden sollten, um so eine leichtere Einberufung zum Militärdienst zu ermöglichen, bat er Seewald, in Berlin dafür zu sorgen, „dass wegen der Dringlichkeit der ungestörten Fortsetzung der Forschungsarbeit bei den Forschungsanstalten und -Instituten keinerlei Einziehungen erfolgen dürften". Er ließ dabei auch erkennen, dass er kaum mehr mit einem baldigen Kriegsende rechnete. „Wenn der Krieg wirklich in diesem Jahr noch zu Ende gebracht werden" könne, müsse man diese Einberufungen hinnehmen. „Wenn aber der Krieg weiter andauert, so wird die Forschung auf höchstmöglichen Touren erhalten werden müssen und dann kann kein einziger Mann abgegeben werden."[59]

Es dauerte jedoch nicht lange, bis innerhalb der Forschungsführung Meinungsverschiedenheiten über diese oder jene Maßnahme auftraten und Prandtl als Vorsitzender auch in der Rolle eines Vermittlers zwischen seinen Kollegen auftreten musste. „Die Differenzen der Auffassungen von Ihnen Beiden und derjenigen von Herrn Seewald sind so groß, dass ein weiteres Verhandeln unfruchtbar zu werden droht", schrieb Prandtl einmal sichtlich entnervt an Georgii und Baeumker, als sie sich für „ein reibungsloses Zusammenarbeiten zwischen uns Vieren und der Berliner Geschäftsstelle" auf eine Geschäftsordnung einigen wollten. Er habe deshalb „kraft Führerprinzip" aus den verschiedenen Vorschlägen selbst eine Geschäftsordnung aufgestellt. „Dies scheint mir der einzige Weg zu sein, der uns ermöglicht, tunlichst bald zu produktiver Arbeit zu kommen."[60] Nach diesem Machtwort wollte er unverzüglich die eigentlichen Aufgaben ihrer Vierergruppe, die Planung der Luftfahrtforschung für die nächsten Monate und Jahre, in Angriff nehmen. Dazu wollte er der Forschungsführung nach dem Muster des Forschungsrats der 1920er Jahre ein Expertengremium aus „Obmännern" an die Seite

---

[58] Besprechung bei Staatssekretär Milch über die Aufgaben der Forschungsführung, 5. Juni 1942. BA-MA, RL 1/20, Bl. 30–33. Abgedruckt in [Trischler, 1993, Dokument Nr. 54, S. 173–176]. Zum rivalisierenden Reichsforschungsrat, der 1942 ebenfalls durch eine Phase der Umorganisation ging, siehe [Flachowsky, 2008, Kap. 6].

[59] Prandtl an Seewald, 11. Juni 1942. AMPG, Abt. III, Rep. 61, Nr. 2110.

[60] Prandtl an Baeumker und Georgii, 3. Juli 1942. AMPG, Abt. III, Rep. 61, Nr. 2111; Geschäftsordnung für die Mitglieder der Forschungsführung. AMPG, Abt. III, Rep. 61, Nr. 2113.

stellen. „Die Idee ist die, dass diese Obmänner uns bei der Aufstellung der Forschungspläne ihres Spezialfachs durch ihren Rat unterstützen sollen", so umriss er deren Aufgabe. Den einen oder anderen von diesen Experten hatte Prandtl schon in der Deutschen Akademie der Luftfahrtforschung kennen und schätzen gelernt. „Für Radiotechnik habe ich selbst schon die Zusage von Herrn Zenneck bekommen, den ich in der Akademiesitzung daraufhin ansprach", so stellte er seinen Mitstreitern in der Forschungsführung den ersten gerade angeheuerten Obmann vor. Gesucht waren außerdem Experten „für Fragen der Statik und Festigkeit, für Fragen des Baumaterials und der Materialprüfung, für Kraftstoffe und Schmierstoffe, für Physik, für Chemie usw.", wobei jeder Obmann das Recht haben sollte, „seinerseits wieder andere Spezialisten unter den nötigen Kautelen betreffs Geheimhaltung hinzuzuziehen, falls er es wünscht".[61]

Das NS-Regime wusste so viel Engagement zu würdigen. Hitler verlieh Prandtl am 1. September 1942 das Kriegsverdienstkreuz 1. Klasse. Milch übersandte Prandtl „diese hohe Auszeichnung" und dankte ihm seinerseits für die „stete Einsatzbereitschaft und treue Mitarbeit".[62] Prandtl zeigte sich gerührt und versicherte, dass er auch in Zukunft sein Bestes „zum Wohl der deutschen Luftfahrtforschung" geben werde.[63]

Prandtls Verantwortung als Vorsitzender der FoFü, wie das Vierergremium kurz genannt wurde, umfasste auch die Forschungsplanung in den besetzten Ländern.[64] Die Forschungsaufträge an „außenstehende Stellen" hätten sich „nach Zahl und Umfang außerordentlich vermehrt", konstatierte Baeumker in einem Schreiben an Prandtl im September 1942. Um diese im Rahmen der Forschungsführung zu erfassen, sollten „drei Forschungsverwaltungsringe" für die Bereiche Nord, West und Süd gebildet werden; zum Forschungsverwaltungsring Nord zählten das „Protektorat Böhmen-Mähren und Generalgouvernement, besetzte Ostgebiete bis Linie Lemberg (einschließlich) – Charkow (einschließlich)"; dem westlichen Bereich wurden „besetzte Gebiete in Norwegen, Holland, Belgien und Frankreich" zugeschlagen; zum Forschungsverwaltungsring Süd zählten „Lothringen, Elsass und die von der deutschen Wehrmacht besetzten Gebiete in Südost". Für jeden dieser Forschungsverwaltungsringe wurden „Beauftragte" eingesetzt, die mit der Geschäftsführung der Forschungsführung im Berliner Luftfahrtministerium „laufend Fühlung" halten und vierteljährlich Bericht erstatten sollten.[65]

---

[61] Prandtl an Baeumker, Seewald und Georgii, 17. Juli 1942. AMPG, Abt. III, Rep. 61, Nr. 2111.

[62] Milch an Prandtl, 10. September 1942. AMPG, Abt. III, Rep. 61, Nr. 1073.

[63] Prandtl an Milch, 18. September 1942. AMPG, Abt. III, Rep. 61, Nr. 1073.

[64] Siehe dazu [Schmaltz, 2009] und [Schmaltz, 2011].

[65] Baeumker an Prandtl, 29. September 1942. AMPG, Abt. III, Rep. 61, Nr. 2113.

Unterdessen nahm Prandtl die Forschungsplanung bei den einzelnen Fachgebieten in Angriff. „Es würde wohl gut sein, dass wir die ausgewählten Obleute der Fachgruppen bald einmal zusammenrufen, um allgemeine Gesichtspunkte wegen ihrer Arbeit mit ihnen zu besprechen", schrieb er an Seewald.[66] Er bat ihn, Einladungen an die bereits ins Auge gefassten Obmänner zu versenden, doch Seewald schlug vor, zuerst im kleineren Kreis darüber zu diskutieren, „um uns selbst endgültig klar zu werden, wie wir vorgehen wollen und wie die Arbeitsweise der einzelnen Ausschüsse sein soll".[67] Dazu erarbeitete er für die nächste Sitzung der Forschungsführung am 6. November 1942 eine Gesprächsgrundlage. Der Obmann eines jeden Fachgebietes sollte die Aufgabe haben, sich über die in den verschiedenen Instituten durchgeführten Forschungen seines Fachgebietes einen Überblick zu verschaffen, so dass er „den leitenden Persönlichkeiten der Forschungsstellen und den Bearbeitern der einzelnen Aufgaben" und insbesondere den „maßgebenden Persönlichkeiten des Ministeriums bzw. der Luftwaffe" Auskunft über alle einschlägigen Fragen geben könnte. Außerdem sollte er zwischen den Forschern und „den Stellen der Praxis" Verbindungen herstellen und die Forschungsführung auf neue Ergebnisse aufmerksam machen, „deren schnelle Anwendung einen besonderen Vorteil für unsere Luftwaffe verspricht".[68]

Als Nächstes schlug Prandtl einige Umbenennungen vor. Forschungsring sollte in Forschungsgruppe umbenannt werden; aus Vorsitzenden wurden Obmänner, und was man bisher Obmann genannt hatte, sollte nun Beauftragter heißen; Arbeitsgebiete wurden zu Fachgebieten.[69] Die Obmänner sollten die Forschungsgruppen leiten und die Beauftragten die den Forschungsgruppen zugehörigen Fachgruppen. „Diese Herren werden aus dem Kreise der bewährten Forscher gewählt." Bis Februar 1943 wurden sieben Forschungsgruppen aufgestellt: Flugwerk; Triebwerk; Hochfrequenz und Akustik; sonstige Ausrüstung; Waffen; Werkstoffe; allgemeine Wissenschaften. Jeder Forschungsgruppe wurden mehrere Fachgebiete zugeordnet: Zum Flugwerk gehörten zum Beispiel die Fachgebiete Aerodynamik, Gestaltung und Festigkeit, Seeflugzeuge und Flugeigenschaften; zur Forschungsgruppe Waffen zählten die Fachgebiete Schusswaffen, Abwurfwaffen, Flak, Waffenwirkung am Ziel und Ballistik. Auf diese Weise wollte die Forschungsführung das gesamte Spektrum von Luftwaffen-relevanten Forschungen in den verschiedensten Forschungs-

---

[66] Prandtl an Seewald, 20. Oktober 1942. AMPG, Abt. III, Rep. 61, Nr. 2114.

[67] Seewald an Prandtl, 22. Oktober 1942. AMPG, Abt. III, Rep. 61, Nr. 2114.

[68] Seewald, Erläuterungen zum Gegenstand der Besprechung der Forschungsführung am 6. 11. 1942, 26. Oktober 1942. AMPG, Abt. III, Rep. 61, Nr. 2125.

[69] Prandtl, Beiträge zur Niederschrift der Sitzung der Forschungsführung vom 7./8. Januar 1943. AMPG, Abt. III, Rep. 61, Nr. 2116.

einrichtungen – einschließlich der einschlägigen Institute in den besetzten Ländern – koordinieren und für den Kriegseinsatz verfügbar machen.[70]

Dennoch kam es innerhalb der FoFü immer wieder zu ernsten Meinungsverschiedenheiten darüber, wie sie ihre Aufgabe bewältigen und was sie als ihr eigentliches Ziel anstreben sollte. Baeumker schickte oft im Abstand von wenigen Tagen seitenlange Briefe mit Beschwerden und vielfältigen Anregungen nach Göttingen, worauf Prandtl nicht immer mit freundlichen Gegenbriefen reagierte. „In Beantwortung Ihrer drei Briefe vom 7., 8., und 9. April muss ich Ihnen nun auch eine längere Epistel schreiben", so begann er einmal ein Antwortschreiben. Er zeigte sich von Baeumkers „mimosenhafter Empfindlichkeit" sichtlich genervt und reagierte auch „über Ihre seit all der Zeit immer wiederholte Klage" etwas gereizt, wonach „wir in der ‚Aufgabenstellung' nicht voran kämen". In diesem Zusammenhang offenbarte er mit aller Deutlichkeit auch sein eigenes forschungspolitisches Credo. Was Baeumker mit „Aufgabenstellung" meinte, sei „garnicht die Arbeit der Forschungsführung". Die eigentliche Forschung finde in den Versuchsanstalten statt, und dort brauche man nicht, „wie es etwa in einer Behörde manchmal sein mag, dafür besorgt zu sein, dass der Behördenleiter sich darum kümmert, dass seine Mitarbeiter genügend Arbeit haben und vernünftige Arbeit machen. Dazu werden im allgemeinen die Anstaltsleiter und ihre Institutsvorstände auf Grund der Fragen, die ihnen aus der Industrie gestellt werden, viel besser imstande sein, und wenn irgendwo etwas nicht im Lot sein sollte, dann ist der Beauftragte für das betreffende Fach derjenige, der eine Korrektur anbringen kann, und der Beauftragte hält auch Fühlung mit der zuständigen Arbeitsgruppe der Entwicklungsabteilung". Betz zum Beispiel kenne als Beauftragter für Aerodynamik auch „die Schmerzen, die die Entwicklung hat", und sorge dafür, „dass irgendjemand in der aerodynamischen Forschung sich dieser Schmerzen annimmt. Dies halte ich für den richtigen Weg der Aufgabenstellung, einfach deshalb, weil die Verhältnisse viel zu mannigfaltig sind, als dass etwa wir vier Männer von der Forschungsführung da überall genug sachverständig wären". Deshalb seien sie „mit der Einführung der Beauftragten jetzt auf dem rechten Wege".[71]

Doch der Streit innerhalb des Vier-Männer-Gremiums über die eigentliche Aufgabe der Forschungsführung hörte nicht auf. Prandtl las aus einem Brief Seewalds heraus, „dass unsere Ansichten über die Aufgaben und Vollmachten der Beauftragten und Obleute leider recht weit auseinandergehen"; er wollte deshalb bei ihrer nächsten Sitzung eine ausführliche Aussprache darüber herbeiführen.[72] Doch der Streit eskalierte weiter. Baeumker kritisierte

---

[70] Seewald an die Mitglieder der Forschungsführung, 18. Februar 1943. AMPG, Abt. III, Rep. 61, Nr. 2125.

[71] Prandtl an Baeumker, 14. April 1943. AMPG, Abt. III, Rep. 61, Nr. 2117.

[72] Prandtl an Seewald, 20. Juli 1943. AMPG, Abt. III, Rep. 61, Nr. 2118.

Seewalds Amtsführung in der Berliner Geschäftsstelle der Forschungsführung, was mit Blick auf Baeumkers langjährige Erfahrung mit der Ministerialbürokratie schwer wog. Die Animositäten zwischen Seewald und Baeumker hatten schon begonnen, als Seewald noch die DVL leitete. Damals hatte Seewald befürchtet, dass Baeumkers Ausbauprogramm der Luftfahrtforschungseinrichtungen die Führungsrolle der DVL gefährdete. „Er hat mir allen Ernstes in aller Schärfe die Forderung erhoben, den Ausbau von Braunschweig zugunsten der DVL einzustellen", erinnerte sich Baeumker in einem Brief an Betz an Seewalds Opposition.[73] Im August 1943 zog Seewald aus den ständigen Querelen die Konsequenz und legte die Geschäftsführung nieder. Danach übernahm Georgii diese Funktion.[74]

Seewalds Rückzug sollte jedoch nicht als Scheitern der Forschungsführung interpretiert werden. Unterhalb der Leitungsebene der Vier arbeiteten die Obleute und Beauftragten von Fachgebieten sehr effektiv zusammen und koordinierten große Forschungsbereiche. Am Beispiel der in einem Sonderausschuss für Windkanäle forcierten Strahltriebwerksforschung, die zu den anspruchsvollsten Forschungsaufgaben der NS-Rüstung zählte, zeigten sich jedenfalls keine Reibungsverluste durch Kompetenzgerangel. Die Forschungsergebnisse kamen in Form von aerodynamisch sehr effizient angeordneten Strahltriebwerken an Düsenflugzeugen kurz vor dem Kriegsende auch noch zum Einsatz, hatten jedoch keine kriegsentscheidende Bedeutung mehr. Der „Nutzen" dieser Forschung erwies sich erst im Kalten Krieg, als die Experten dieses Ausschusses ihr Know-how für die Entwicklung von Kampfjets bei den Alliierten einsetzten.[75]

8.6 Auf dem Weg zum „erhofften Endsieg"

Auch nach dem Wechsel in der Berliner Geschäftsführung fühlte sich Prandtl als Vorsitzender der Forschungsführung verantwortlich für Erfolg oder Misserfolg der FoFü. Am 11. November 1943 sprach er zusammen mit Seewald und Georgii bei Milch vor, um die neue Aufgabenverteilung in der Geschäftsführung zu erörten. Dabei sei „volle Klarheit" erzielt worden, schrieb er danach an Baeumker. Milch habe „alle Zusagen gegeben, die Georgii sich wünschte". Baeumker hatte zuvor mit einem „Trommelfeuer von 9 Zusendungen" an Prandtl ein weiteres Mal seine Anliegen vorgebracht, zu denen vor allem der Ausbau der von ihm geleiteten LFM in Ottobrunn bei München und der damit verbundene gigantische Hochgeschwindigkeitswindkanal im Ötztal mit

---

[73] Baeumker an Betz, 13. März 1945. GOAR 2728.
[74] [Trischler, 1992, S. 258].
[75] [Schmaltz, 2010].

einem Messkammerdurchmesser von 8 m gehörte. Sie hätten „eine lange Beratung bezüglich der Bauvorhaben" gehabt, berichtete Prandtl von der Berliner Besprechung nach München, aber am Ende sei beschlossen worden, „möglichst Oetz weiter durchzuziehen und von LFM die Dinge zu machen, die bald zum Tragen kommen können".[76]

Was es bedeutete, bei der Kriegslage Ende 1943 in der Luftfahrtforschung etwas „weiter durchzuziehen", geht aus einem Briefwechsel zwischen Prandtl und dem Flugzeugkonstrukteur Heinrich Focke hervor. Sein Betrieb werde von den Rüstungsbehörden zur „reinen Massenfertigung" gezwungen, schrieb Focke an Prandtl als den „Führer der Deutschen Luftfahrtforschung" in der Hoffnung, Prandtl könne ihm dabei helfen, seinen Betrieb „durch den Übergang in die Forschung" vor der drohenden „Blechschusterei" zu bewahren.[77] Als Prandtl ihm versprach, sein Anliegen bei der nächsten Sitzung der Forschungsführung zur Sprache zu bringen, machte Focke noch einmal seinem Unmut über die „Rüstungsinstanzen" Luft. Durch die dauernden „Einziehungen und andere Abgänge an Personal" sei er gezwungen, seine Entwicklungsarbeit an Hubschraubern einzustellen. „Das Wort Hubschrauber darf ich in meinem eigenen Betrieb kaum in den Mund nehmen, ohne von den Rüstungsbehörden beschuldigt zu werden, eine nicht dringliche Sache zu bevorzugen. Stattdessen kann ich für Andere Hallenbauten und Baracken, Ostarbeiter und Lastwagen, Brennstoff und Reißbretter usw. usw. beschaffen."[78]

In einer Kriegsphase, in der alle Ressourcen für den militärischen Einsatz ausgeschöpft wurden und die Forschungsführung immer wieder dafür sorgen musste, dass wenigstens das dringend benötigte Personal der Forschungsinstitute davon ausgenommen wurde, kam der Beschluss zur Durchführung von „Bauvorhaben" für die LFM und das daran angeschlossene Projekt „Oetz" der Forderung nach dem Einsatz von Zwangsarbeit gleich. Bei den meisten „Bauvorhaben" bedeutete das in dieser Kriegsphase den Einsatz von KZ-Häftlingen und Kriegsgefangenen, worüber Prandtl, dem Briefwechsel mit Baeumker zufolge, offenbar nur teilweise informiert war. Ihm gegenüber war nur von Kriegsgefangenen die Rede. Im Oktober 1943 hatte Baeumker in seiner Eigenschaft als Vorstandsvorsitzender der LFM Prandtl als Vorsitzenden der Forschungsführung offiziell ersucht, für die Bauarbeiten in Ottobrunn eine höhere Dringlichkeitsstufe zu erwirken und dafür „600 italienische gefangene Facharbeiter und Hilfsarbeiter nebst den erforderlichen Baracken zur Verfügung stellen zu wollen". Schon jetzt sei man mit den Bauarbeiten mangels Arbeitskräften erheblich in Rückstand geraten:[79]

---

76 Prandtl an Baeumker, 16. November 1943. AMPG, Abt. III, Rep. 61, Nr. 2121.
77 Focke an Prandtl, 11. Dezember 1943. AMPG, Abt. III, Rep. 61, Nr. 2121.
78 Focke an Prandtl, 28. Dezember 1943. AMPG, Abt. III, Rep. 61, Nr. 2121.
79 Baeumker an Prandtl, 15. Oktober 1943. AMPG, Abt. III, Rep. 61, Nr. 2190.

Die Bautermine hätten innegehalten werden können, wenn die erforderlichen Arbeiter (etwa 500) einigermaßen zur Verfügung gestanden hätten. Im März 1943 waren erreicht 120 Facharbeiter und 131 Hilfsarbeiter. Nach dem Luftangriff im März reduzierte sich diese Zahl auf 40 Facharbeiter und 100 Hilfsarbeiter, alle anderen wurden zu Notstandsarbeiten weggezogen. Bis zum August waren 91 Facharbeiter und 159 Hilfsarbeiter erreicht. Nach dem vorletzten Angriff im September ist die Arbeiterzahl wieder auf 38 Facharbeiter und 40 Hilfsarbeiter zurückgegangen. Nach dem Angriff in der Nacht vom 2. zum 3. Oktober ist diese Zahl noch weiter gesunken. Seitens des Baubevollmächtigten wird das Unternehmen Ottobrunn bereits als erledigt betrachtet. Ich habe hiergegen Stellung genommen [...]. Da das Bauprojekt München der Luftfahrtforschungsanstalt München für die Rüstungskraft der deutschen Luftfahrt von großer Bedeutung ist, bitte ich Sie, auch hier für einen Schutz der Münchner Bauten von dem Entzug der wenigen und verhältnismäßig sehr schwachen Arbeitskräfte eintreten zu wollen. Die bisher entzogenen Kräfte müssen wieder zur Verfügung gestellt werden.

Prandtl reagierte umgehend, musste sich aber belehren lassen, dass es unmöglich sei, die Dringlichkeitsstufe der Bauarbeiten für die LFM zu erhöhen, „da sie schon in ihrem Sektor an der Spitze stehen und selbst die dringlichsten Versuchsbauvorhaben immer hinter den Arbeiten zur Beseitigung von Katastrophenschäden zurückstehen". Dennoch sei man bemüht, für die „Arbeitskräftebeschaffung eine endgültige Klärung" zu finden.[80] In den Quellen weist jedoch nichts darauf hin, dass Prandtl wusste, wie diese „Arbeitskräftebeschaffung" geregelt wurde, nämlich durch den Einsatz von Häftlingen aus dem Konzentrationslager Dachau, für die in Ottobrunn ein Außenlager errichtet wurde. Mit 350 bis 400 aus Dachau überstellten KZ-Häftlingen setzte man ab März 1944 die Bauarbeiten an den Gebäuden und Windkanälen der LFM fort.[81]

Auch um „Oetz weiter durchzuziehen" und die dafür benötigten Stollen durch den Berg zu treiben, wurden Kriegsgefangene eingesetzt. Im April 1945 sollten vermutlich auch hier KZ-Häftlinge aus Dachau und dem Außenlager in Ottobrunn zum Einsatz kommen. Zu diesem Zeitpunkt begannen jedoch schon die Todesmärsche von vielen Tausenden Gefangenen aus Dachau und den Außenlagern in Richtung Süden, die in den letzten Kriegstagen noch viele Opfer forderten.[82] Das im Ötztal geplante „Bauvorhaben 101 Messerschmitt München", wie es offiziell bezeichnet wurde, war für die Untersuchung von Strahltriebwerken in Originalgröße gedacht – unter Bedingungen, wie sie beim Flug nahe der Schallgeschwindigkeit herrschten. Der Betrieb

---

[80] Prandtl an Schwaiger, 18. Oktober 1943. AMPG, Abt. III, Rep. 61, Nr. 2190.
[81] [Benz et al., 2005, S. 461–463], [Wolf, 1996].
[82] [Benz et al., 2005, S. 459–461].

eines so leistungsfähigen Windkanals erforderte den Bau eines eigenen Wasserkraftwerks und hätte, wenn es vor Kriegsende fertiggestellt worden wäre, der NS-Luftfahrtforschung den größten Hochgeschwindigkeitswindkanal der Welt beschert.[83]

Die nicht fertiggestellten Windkanäle in Ottobrunn und im Ötztal waren nur die Spitze des Eisbergs ambitionierter Projekte im Bereich der Hochgeschwindigkeitsaerodynamik, mit denen die Forschungsführung zur Entwicklung neuer Kriegstechnik beitragen wollte. Auch bei der DVL in Berlin-Adlershof, der LFA in Braunschweig-Völkenrode, an der Göttinger AVA und bei der Heeresversuchsanstalt Peenemünde gab es Hochgeschwindigkeitskanäle, die für unterschiedliche Zwecke benutzt wurden.[84] Es kostete die Forschungsführung einige Mühe, die verschiedenen Projekte zu koordinieren. Betz machte in seiner Funktion als Beauftragter für Aerodynamik Prandtl schon im Dezember 1942 auf Probleme bei den Hochgeschwindigkeitskanälen der LFA aufmerksam. A2, ein Hochgeschwindigkeitskanal mit einem Messdurchmesser von 2,8 m, zeige noch „Mängel baulicher Art"; der mit einem Messdurchmesser von 1 m ausgestattete Kanal A9 sei nur für „grobe Versuche" betriebsfertig. Die dafür vorgesehene Waage sei noch im Bau. „Die Fertigstellung dieser sehr wichtigen Kanäle leidet vor allem unter dem Personalmangel. Außerdem ist auch nach Fertigstellung der Betrieb durch den Strommangel behindert." Abhilfe sei eventuell durch „eine wesentlich stärkere Erweiterung des Braunschweiger Elektrizitätswerkes" möglich.[85]

Im März 1943 gab Busemann der Forschungsführung mit einem „Messprogramm für Hochgeschwindigkeitskanäle" Auskunft darüber, welche Versuche an den verschiedenen Kanälen der LFA für die kommenden Monate geplant waren. Seine Liste umfasste so unterschiedliche Programmpunkte wie „Untersuchungen am menschlichen Körper, DVL, Flugmedizin" und „Dreikomponentenmessungen ‚Feuerlilie' Institut A".[86] Mit „Feuerlilie" wurde eine Rakete zum Abschuss von Flugzeugen bezeichnet.[87] Die „Untersuchungen am menschlichen Körper" standen vermutlich in einem Zusammenhang mit dem Versuchsprogramm zur Entwicklung von Schleudersitzen, das am Institut für Flugmedizin der DVL durchgeführt wurde.[88]

Nach einer Besprechung über Hochgeschwindigkeitskanäle in der Geschäftsstelle der Forschungsführung in Berlin kam man überein, dass bei der

---

[83] [Thiel, 1986].
[84] [Meier, 2006, S. 61–80]. Zur Nutzung für die Strahltriebwerksforschung siehe [Schmaltz, 2010].
[85] Betz an Prandtl, 29. Dezember 1942. GOAR 1005.
[86] Baeumker an Betz, 24. März 1943. GOAR 1005.
[87] [Meier, 2006, S. 371–377].
[88] [Hirschel et al., 2001, S. 303]. Siegfried Ruff, der Leiter dieses Instituts, war auch an Versuchen mit KZ-Häftlingen in Dachau beteiligt, bei denen in einer Unterdruckkammer die Verhältnisse in großer Flughöhe hergestellt wurden. Siehe dazu [Roth, 2001] und [Roth, 2006].

Fülle von Versuchen über verschiedenste Probleme eine bessere Arbeitsteilung und Koordination herbeigeführt werden sollte. Bei der DVL sollten vor allem Flügelprofile und die Auftriebsverteilung längs der Flügelspannweite gemessen werden. An der LFA wurden dem Kanal A2 Messungen an Triebwerken und Kühlern, den Kanälen A7 und A9 Waffenuntersuchungen zugewiesen.[89] Bei den Waffen handelte es sich in der Regel um Raketen. Im August 1943 verschafften sich Betz und andere Beauftragte der Forschungsführung deshalb auch einen Überblick über die entsprechenden Forschungseinrichtungen in Peenemünde.[90] Auch zwischen der AVA in Göttingen und der LFA in Braunschweig-Völkenrode gab es Gemeinsamkeiten bei der Untersuchung von Raketenmodellen in Hochgeschwindigkeitskanälen. Baeumker betonte nach einem Treffen mit Busemann im Juni 1943, wie wichtig es sei, „mit allen Mitteln die Forschung im Gebiete der hohen Geschwindigkeiten zu intensivieren", und empfahl ihm „ein Zusammengehen mit Professor Walchner in Göttingen in Art einer Betriebsgemeinschaft in Hochgeschwindigkeitseinrichtungen". Die beiden Prandtl-Schüler würden dabei „einen unfreundlichen Wettbewerbsgeist kaum aufkommen" lassen, sondern sich fruchtbar ergänzen. Busemann als Grundlagenforscher und Walchner mit seinem Hang zur angewandten Forschung verkörperten beide die „Denkweise der deutschen Strömungsforscher", die sie der „Erziehung von Prandtl" verdankten.[91]

Baeumker sah in Prandtl nicht nur den Vorsitzenden der Forschungsführung, dem er Anliegen und Beschwerden vortragen konnte, ohne ein Blatt vor den Mund zu nehmen, sondern auch den eigentlichen Urgrund für die weit gesteckten Ambitionen der deutschen Luftfahrtforschung. Erst Forscherpersönlichkeiten „vom Geiste eines Ludwig Prandtl" hätten den Aufschwung der Luftfahrtforschung nach 1933 ermöglicht, schrieb er 1944 in einer Bilanz über seine Tätigkeit als Forschungsreferent im Luftfahrtministerium.[92] Diese Schrift widmete er Prandtl als dem „Altmeister der deutschen Strömungsforschung" zum 70. Geburtstag. Gleichzeitig wollte er sich selbst damit ein Denkmal setzen. „Ich mache zur Zeit eine kleine ganz gedrängte Zusammenstellung über die wichtigsten Ereignisse beim Aufbau der Luftfahrtforschung zu 33–39", schrieb er im November 1943 an Betz, von dem er sich Material über den Aufbau der Göttinger Einrichtungen erbat.[93] Das Materialsammeln bei den verschiedenen, von ihm als Forschungsreferent im Luftfahrtministerium betreuten Anlagen bot ihm auch eine Gelegenheit, den Adressaten seine

---

[89] Besprechung in der Geschäftsstelle am 3. April 1943. GOAR 1005.
[90] Bericht über den Besuch der Erprobungsstellen Peenemünde West und Ost am 9. August 1943 sowie der Erprobungsstelle Rechlin am 10. August 1943 durch die Beauftragten der Forschungsführung für das Arbeitsgebiet „Flugwerk", 17. August 1943. GOAR 1005.
[91] Aktennotiz Baeumkers, 10. Juni 1943. GOAR 1005.
[92] [Baeumker, 1944, S. 69].
[93] Baeumker an Betz, 15. November 1943. GOAR 2728.

eigenen Ambitionen zu verdeutlichen, die „von wirklichem Wert für spätere Zeiten" seien. „Sie meinen, dass dies alles im Hinblick auf die großen Ereignisse nicht so wichtig sei?", konterte er Betz' Einwand, ob angesichts der Kriegslage eine solche Bilanz vordringlich sei. „Da mögen Sie Recht haben, aber vielleicht wird alles, was wir tun, nur deshalb getan, weil wir es wichtig nehmen und wahrscheinlich ist es gar nicht alles so wichtig. Ob dieser Krieg wichtig ist? Wer weiß es, wenn man nach Jahrtausenden denkt? Für uns ist er es jedenfalls, und deshalb ist es vielleicht auch am Platze, die interessante Aufbauzeit der deutschen Luftfahrtforschung einmal zu schildern. Wir werden etwa 150 bis 200 Millionen Reichsmark investiert haben, das ist, gemessen an anderen Forschungsdingen, ein riesiger Betrag. Sollte man solche Erfahrungen verloren gehen lassen?"[94]

Unterdessen sparte Baeumker auch nicht mit Ratschlägen an die Geschäftsstelle der Forschungsführung in Berlin. Die Beziehungen der Forschung „zu Front und Heimat" müssten gestärkt werden.[95] Georgii wollte sich nicht nachsagen lassen, dass es ihm an Tatkraft fehlte. Im April 1944 schickte er an eine Reihe von Kollegen einen als „Geheim! Vertraulich!" deklarierten Rundbrief, der dennoch „kein dienstliches Schreiben sein" sollte, sondern ein „Gedankenaustausch in einer ruhigen Stunde". Er setzte voraus, dass alle dieselben Ambitionen teilten, und forderte eine stärkere Ausrichtung der Forschung auf die vom Krieg gestellten Ziele. Nicht jede Forschungsaufgabe könne „von unmittelbarster Bedeutung für die Front sein", aber „auch aus der Summe von Erkenntnissen mittelbarer Kriegsaufgaben können für die Kriegsführung sehr bedeutungsvolle Ergebnisse erzielt werden". Vordringlich sei jetzt „schnelle Einsatzbereitschaft, also kurze Entwicklungsarbeit und keine Inanspruchnahme anderweitig dringend eingesetzter Fertigungskapazität".[96]

Prandtl, Baeumker, Georgii, Seewald und die Obmänner und Beauftragten der Forschungsführung ließen jedenfalls zu keinem Zeitpunkt Zweifel an ihrer Bereitschaft aufkommen, die ihnen unterstehenden Forschungsinstitute ganz in den Dienst des Krieges zu stellen. Es sei für Prandtl „eine Selbstverständlichkeit, sich sowohl im ersten wie im jetzigen Weltkriege, ganz den Kriegsaufgaben zur Verfügung zu stellen", schrieb Betz im Dezember 1943 in einem Memorandum über seinen Lehrer.[97] Am 3. März 1945 wurde Prandtl das Ritterkreuz des Kriegsverdienstkreuzes mit Schwertern überreicht, eine Auszeichnung, die sonst meist an Soldaten für ihren Kriegseinsatz verliehen wurde und Prandtl überraschte, da er sich keiner besonderen Kriegsleistun-

---

[94] Baeumker an Betz, 6. Dezember 1943. GOAR 2728.
[95] Baeumker an Georgii, 16. Februar 1944. GOAR 2728.
[96] Georgii an Betz und andere, 18. April 1944. GOAR 1003. Auch abgedruckt in [Trischler, 1993, Dokument Nr. 66, S. 207–211].
[97] Die wissenschaftlichen und kriegswichtigen Verdienste Prandtls, 4. Dezember 1943. GOAR 1003.

gen bewusst war. Er nahm sie aber gerne an, wie er Göring schrieb, „in meiner Eigenschaft als Vorsitzender der Forschungsführung des Reichsministers der Luftfahrt und Oberbefehlshabers der Luftwaffe als ein Zeichen der Anerkennung der Leistungen der gesamten deutschen Luftfahrtforschung. Möchten die vielen schönen Ergebnisse, die diese gerade in der letzten Zeit noch hat erreichen können, für die Verteidigung des deutschen Vaterlandes noch zur Auswirkung kommen und damit das Ihrige [sic] zu dem erhofften Endsieg beitragen!"[98]

8.7 Turbulenzforschung für den Krieg

Die Forschungsführung vergab hunderte von Forschungsaufträgen an eine Vielzahl von Instituten, die meisten davon mit der hohen Dringlichkeitsstufe SS (sehr schnell). Bereits im Jahr 1942 verzeichnete eine Liste allein für den Bereich Aerodynamik 52 Forschungsaufträge an die einschlägigen Luftfahrtforschungsanstalten von Berlin-Adlershof bis München und 29 an verschiedene andere Institute, sowohl bei der Industrie als auch an Universitäten. Viele davon betrafen die Turbulenz. „Hochgeschwindigkeits- und Turbulenzuntersuchungen sowie Versuchseinrichtungen" lautete zum Beispiel ein Auftrag an die LFM in München-Ottobrunn, „Untersuchung der turbulenten Grenzschichten an Flugzeugbauteilen (Flügel, Rumpf u. s. w.)" ein anderer an die DVL in Berlin-Adlershof oder „Entwicklung von Turbulenzmessgeräten" an das Prandtlsche KWI in Göttingen. Bei einer Reihe von Aufträgen handelte es sich ebenfalls um Turbulenzforschung, auch wenn das Wort „Turbulenz" nicht in der Auftragsbezeichnung vorkam, wie zum Beispiel bei Aufträgen an die DVL über „Untersuchungen zur Laminarhaltung der Grenzschicht an Flugzeugbauteilen zwecks Widerstandsersparnis", über „Entwicklung von Schnellflugprofilen (Theorie, Windkanal- und Flugmessungen bei hohen Re-Zahlen), Widerstandsverminderung durch Formgebung (Laminarprofil, Grenzschichtbeeinflussung)" an die AVA, „Theoretische und experimentelle Untersuchungen zur Entwicklung eines Laminarprofiles" an die LFA oder „Untersuchung des Profiles P-51 ‚Mustang'" an die TH Braunschweig.[99]

Bezeichnungen wie „Laminarhaltung" oder „Laminarprofil" bezogen sich auf den Versuch, den Umschlag vom laminaren zum turbulenten Strömungszustand in der Grenzschicht bei einem Flügel durch besondere Formgebung des Profils möglichst weit stromabwärts an das hintere Ende zu verlagern. Die Lilienthal-Gesellschaft hatte bereits 1940 diesem Problem mit einem

[98] Prandtl an Göring, 7. März 1945. AMPG, Abt. III, Rep. 61, Nr. 541.
[99] Aufträge der Forschungsführung an Anstalten, Institute und Einzelforscher, Aerodynamik, Stand 12. November 1942. GOAR 1005.

Preisausschreiben Aufmerksamkeit verschafft.[100] Flügel mit einem „Laminarprofil" zeichneten sich gegenüber gewöhnlichen Flügeln durch niedrigeren Widerstand aus, was größere Fluggeschwindigkeiten, eine längere Flugdauer und einen geringeren Treibstoffbedarf zur Folge hatte. Das amerikanische Jagdflugzeug vom Typ P-51 „Mustang" verfügte über ein Laminarprofil, und der Auftrag der Forschungsführung zur Untersuchung des Mustang-Profils durch Schlichting an der TH Braunschweig zeigt, dass man dem Problem großes Interesse entgegenbrachte. Im Januar 1943 berichtete ein Mitarbeiter Schlichtings über Messungen an einem Modellflügel mit dem Mustang-Profil in Windkanälen an der TH Braunschweig und der LFA. Er stellte fest, dass es sich dabei definitiv um ein Laminarprofil handelte, falls die Reynolds-Zahl einen gewissen Wert nicht übertraf.[101] Bei sehr hohen Reynolds-Zahlen würde der Turbulenzumschlag in der Grenzschicht durch die Turbulenz der äußeren Strömung verursacht. Im Übrigen setzte die Laminarhaltung der Grenzschicht eine extrem glatte Oberfläche voraus, da auch an Unebenheiten ein Turbulenzumschlag entstehen konnte. Im März 1943 bestätigten Messungen an einem Original-Mustang-Flügel, die wieder in einer Gemeinschaftsarbeit zwischen dem Aerodynamischen Institut der TH Braunschweig und der LFA durchgeführt wurden, „dass durch Anwendung von Laminarprofilen eine wesentliche Verringerung der Profilwiderstände, auch bei den großen Reynoldsschen Zahlen des Fluges" erreicht werden konnte. Allerdings müsse dafür „an den deutschen Flugzeugbau die Forderung gestellt werden, die Oberflächenglätte gegenüber dem heutigen Stand noch wesentlich zu verbessern".[102]

Danach erklärte Betz in seiner Funktion als Beauftragter der Aerodynamik in der Forschungsführung die „Verminderung des Widerstandes durch besondere Maßnahmen, wie Laminarhalten, glatte Oberflächen, Grenzschichtbeeinflussung und dergl." für vordringlich und bat die einschlägigen Forschungsinstitute darum, ihn über den Stand der Arbeiten zu diesem Thema zu unterrichten „und diese möglichst voranzutreiben".[103] An der LFA nahm man die Anfrage von Betz zum Anlass, um für die Messungen an Laminarprofilen die höchste Dringlichkeitsstufe DE zu fordern. Man wollte insbesondere feststellen, ob die „gemessenen günstigen c_w-Werte auch bei wesentlichen größeren

---

[100] Siehe Abschn. 8.1.

[101] Bußmann: Messungen am Laminarprofil P-51 „Mustang", Forschungsbericht Nr. 1724. ZWB.

[102] Breford, Möller: Messungen am Originalflügel des Baumusters P-51 „Mustang", Forschungsbericht Nr. 1724/2. ZWB. Siehe dazu auch die Untersuchungen von erbeuteten Mustang-Flügeln an der DVL von H. Doetsch: Versuche am Tragflügelprofil des North-American „Mustang", 1. Teil, Forschungsbericht Nr. 1712; Bericht über das Fachgebiet „Profile" vor dem Sonderausschuss Windkanäle am 10. 11. 43 und 4. 1. 44, Untersuchungen und Mitteilungen Nr. 1190; Versuche am Mustang-Profil über den Einfluss des Hinterkantenwinkels auf die Profileigenschaften, Untersuchungen und Mitteilungen Nr. 1488. ZWB.

[103] Betz, Rundschreiben, 13. Mai 1943. AMPG, Abt. III, Rep. 61, Nr. 2125.

Re-Zahlen noch vorhanden sind" und „wie sich die Profileigenschaften ändern, wenn die Oberfläche vollkommen glatt ist".[104]

Auch an der AVA war der Turbulenzumschlag bei Laminarflügeln Gegenstand besonderer Kriegsforschung. „Unter dem bei der Räumung Charkows
durch die Forschungsführung sichergestellten Material befanden sich Messungen an zwei russischen Laminarprofilen", so begann der für diese Untersuchungen bei der AVA zuständige Bearbeiter im Oktober 1943 einen Bericht, in
dem diese Messungen anhand von eigenen Berechnungen kommentiert wurden. Es sei „nicht bekannt, ob noch bessere russische Profile existieren und
welche russischen Flugzeuge mit derartigen Profilen ausgerüstet sind. Es ist
aber wohl zu empfehlen, die Profile russischer Beutemaschinen einmal aufzu-
messen".[105] Von einem russischen Profil wurde schließlich wie vom Mustang-
Profil ein Modell hergestellt und „im großen Göttinger (K VI) und Braunschweiger Windkanal (A 3)" gemessen. Nach vielen Versuchen kam man im
Oktober 1944 zu der Erkenntnis, dass „in Übereinstimmung mit allen bekannten deutschen Messungen an Laminarprofilen" bei höheren Reynolds-
Zahlen die Turbulenz im Windkanal den Umschlagpunkt, bei dem die laminare Grenzschicht turbulent wird, nach vorne wandern ließ und somit die
Vorteile von Laminarprofilen zunichte machte.[106] Nur mit neuen turbulenzarmen Windkanälen hätte man feststellen können, ob Laminarflügel tatsächlich
die ihnen attestierten günstigen Eigenschaften aufweisen. Ein solcher Windkanal wurde in der Außenstelle der AVA in Reyershausen aufgebaut, kam
jedoch allem Anschein nach im Krieg nicht mehr für die Untersuchung von
Laminarprofilen zum Einsatz.[107]

Für Prandtl war der Rundbrief von Betz ein Anlass, um auf Untersuchungen
von Karl Wieghardt (Abb. 8.2) in seinem Institut aufmerksam zu machen, die
ebenfalls „mit dem Reibungswiderstand und mit Grenzschichtbeeinflussung
zu tun" hatten.[108] Wieghardts Turbulenzforschung galt jedoch nicht den Laminarprofilen, sondern Messungen im „Rauhigkeitskanal" des Prandtlschen
Instituts. Dabei handelte es sich um einen besonderen Windkanal mit einer
rechteckigen, 6 m langen Messkammer, deren Boden mit Oberflächen verschiedener Rauhigkeit belegt werden konnte. Die Decke der Messkammer
war verstellbar, so dass man damit in der durchströmenden Luft einen gewünschten Druckverlauf vorgeben konnte. Der Rauhigkeitskanal war bereits
seit 1935 Prandtls wichtigstes Turbulenzforschungsgerät. 1940 wurde er mit

---

[104] Blenk an die Forschungsführung, 9. Juni 1943. GOAR 2728.

[105] F. Riegels: Russische Laminarprofile. Untersuchungen und Mitteilungen Nr. 3040. ZWB.

[106] F. Riegels: Russische Laminarprofile. 4. Teil: Widerstandsmessungen am Profil 2315 Bis. Untersuchungen und Mitteilungen Nr. 3159. ZWB.

[107] H. Holstein: The Large AVA-Tunnel of Low Turbulence. Reports and Translations No. 83, June 15th,
1946. ZWB.

[108] Prandtl an Betz, 24. Mai 1943. AMPG, Abt. III, Rep. 61, Nr. 2125.

Abb. 8.2 Karl Wieghardt war bei der Turbulenzforschung im Zweiten Weltkrieg Prandtls wichtigster Mitarbeiter

zusätzlichen Einrichtungen versehen, um ihn für verschiedene Kriegsaufträge nutzen zu können.[109] In einem Antrag auf Forschungsmittel für sein KWI hatte Prandtl im März 1942 folgende Aufgabenstellung für den Rauhigkeitskanal formuliert:[110]

Ausblasen von Luft in die Reibungsschicht (Bearbeiter Dr. Wieghardt)
Das Austreten von Luft aus dem Inneren eines Flugzeugs in die Reibungsschicht tritt einerseits unbeabsichtigt bei Undichtheiten und Spalten an Rumpf oder Flügel, ferner bei Motorverkleidungen usw. auf. Die Industrie zeigt großes Interesse für eine systematische Untersuchung dieser Strömungsstörungen. Andererseits versucht man durch das Ausblasen von Luft in Verbindung mit besonderen Klappenanordnungen die Reibungsschicht am Flügel günstig zu beeinflussen, d. h. so, dass der Auftrieb erhöht bzw. der Widerstand verringert wird. Die bisher bekannt gewordenen Untersuchungen derartiger Vorgänge beziehen sich lediglich auf spezielle Anordnungen, aus denen keine allgemeinen Schlüsse gezogen werden können. Es soll deshalb der Gesamtbereich dieser Vorgänge durch Versuche geklärt werden, die am Rauhigkeitskanal des KWI durchgeführt werden sollen. Es ist beabsichtigt, bei Reynoldsschen Zahlen bis zu etwa 10^7 Widerstandsmessungen durch Ausmessung des Impulses zu machen, wobei verschiedener Druckverlauf in der Messstrecke (Gleichdruck, Druckanstieg und Druckabfall) eingestellt werden kann.

---

[109] [Schultz-Grunow, 1940]; Prandtl an das RLM, 25. Mai 1940. AMPG, Abt. I, Rep. 44, Nr. 45.
[110] Anlage zum Antrag vom 21. März 1942 auf Bewilligung von Forschungsmitteln für das Rechnungsjahr 1941/42. AMPG, Abt. I, Rep. 44, Nr. 46.

1943 benutzte Wieghardt den Rauhigkeitskanal auch für Versuche, bei denen Möglichkeiten für die Enteisung von Tragflächen durch Ausblasen von Warmluft erforscht wurden.[111] Für diese und viele andere Turbulenzforschungen war die Entwicklung entsprechender Messapparaturen eine unerlässliche Voraussetzung. Die „Entwicklung von Turbulenzmessgeräten" stand deshalb im Prandtlschen KWI den ganzen Krieg hindurch auf der Liste der Forschungsaufträge aus dem Reichsluftfahrtministerium. Ein Großteil dieser Entwicklung betraf die Elektronik, insbesondere bei den empfindlichen Hitzdraht-Anemometern.[112]

Auch die Marine war an der Göttinger Turbulenzforschung interessiert. Wieghardt führte im Rauhigkeitskanal zum Beispiel Untersuchungen über den Reibungswiderstand von Gummibelägen durch, die als Tarnkappen für U-Boote gegenüber einer Schallortung gedacht waren. Der Auftrag dazu kam vom Vierjahresplan-Institut für Schwingungsforschung an der Technischen Hochschule Berlin, das in großem Umfang Forschungen für die Kriegsmarine durchführte.[113] Als Prandtl im Januar 1943 in einer Aktennotiz die an seinem Institut ausgeführten „Arbeiten im Interessensbereich der Kriegsmarine" aufzählte, erwähnte er auch „gelegentliche Beratungen des Marine-Observatoriums in Greifswald über Nebelauflösung".[114] Daraus ergab sich ein für Untersuchungen im Rauhigkeitskanal wie maßgeschneiderter Forschungsauftrag „Über Ausbreitungsvorgänge in turbulenten Reibungsschichten", wie Prandtl und Wieghardt den abschließenden Bericht im September 1944 betitelten. Tatsächlich handelte es sich dabei um die von einer punkt- oder linienförmigen Quelle ausgehende Verbreitung „von Kampfstoffen oder künstlichem Nebel". Da man im Rauhigkeitskanal nicht mit Giftgas experimentieren konnte, untersuchte Wieghardt stattdessen die turbulente Verteilung der Temperatur hinter einer Wärmequelle:[115]

Der vorliegende Bericht befasst sich mit der Frage, wie sich ein Stoff, der in Bodennähe gleichmäßig ausgeblasen wird, bei stationärem Wind über ei-

[111] K. Wieghardt: Über das Ausblasen von Warmluft für Enteiser. Forschungsbericht Nr. 1900. ZWB. Diese Arbeit wurde in Zusammenarbeit mit dem Kälteinstitut der AVA und auf Wunsch von „verschiedenen Flugzeugfirmen" durchgeführt. Prandtl an Betz, 24. Mai 1943. AMPG, Abt. III, Rep. 61, Nr. 2125.

[112] Anlage zum Antrag vom 21. März 1942 auf Bewilligung von Forschungsmitteln für das Rechnungsjahr 1941/42; Tätigkeitsberichte Prandtls vom 30. Juli 1942, 28. November 1942 und 10. April 1943. AMPG, Abt. I, Rep. 44, Nr. 46. Kriegsauftrag des RLM vom 20.5.1944, AMPG, Abt. I, Rep. 44, Nr. 52, abgedruckt in [Epple, 2002b].

[113] K. Wieghardt: Zum Reibungswiderstand rauher Platten. Untersuchungen und Mitteilungen Nr. 6612. ZWB. Siehe dazu auch [Rössler, 2006, S. 132f.].

[114] Aktenvermerk, 22. Januar 1943. AMPG, Abt. I, Rep. 44, Nr. 46. Siehe dazu auch [Epple, 2002b, S. 341] und [Schmaltz, 2005, S. 326–356].

[115] K. Wieghardt: Über Ausbreitungsvorgänge in turbulenten Reibungsschichten. Geheimbericht für das Marineobservatorium Greifswald, 1. September 1944. APMG, Abt. III, Rep. 76B, Kasten 2.

ner ebenen Fläche ausbreitet [...]. Da es jedoch messtechnisch einfacher ist, die Temperatur in einem Luftstrom zu messen, statt die Konzentration einer ausgeblasenen Chemikalie, wurde folgende Modellströmung untersucht. In der Bodenplatte eines Windkanals wurde eine elektrisch geheizte Drahtspirale angebracht und mit einem Thermoelement die Temperaturverteilung hinter dieser Wärmequelle in der Reibungsschicht längs der ebenen Kanalboden-platte ermittelt.

Wieghardt machte sich dabei die Analogie zwischen der turbulenten Diffusion von Gas und der turbulenten Ausbreitung von Wärme in einer Luftströmung zunutze. Die Messergebnisse wurden in Form von Nomogrammen dargestellt, aus denen man für verschiedene Windgeschwindigkeiten am Boden die Ausbreitung des Gases hinter der Quelle schnell ablesen konnte.[116]

8.8   Turbulenzforschung trotz Krieg

„Eine Frucht meines Nichtreisens ist die Fertigstellung einer neuen wissenschaftlichen Arbeit über Turbulenz, die mir viel Freude macht", schrieb Prandtl am 26. Januar 1945 an Georgii, nachdem er sich die Reise zu einem vorangegangenen Treffen der Forschungsführung krankheitshalber hatte versagen müssen.[117] Am selben Tag legte er der Göttinger Akademie der Wissenschaften eine Arbeit „Über ein neues Formelsystem für die ausgebildete Turbulenz" vor. Sein Turbulenzexperte Karl Wieghardt hatte mit einem „ergänzenden Zusatz" einen nicht unerheblichen Anteil daran.[118] Bisher sei die „formelmäßige Erfassung der Vorgänge der ausgebildeten Turbulenz" von den speziellen Anordnungen abhängig, die „Wandturbulenz" erfordere andere Ansätze als die „freie Turbulenz", so deutete er die Motivation für diese Arbeit an. Darin wollte er für sämtliche Arten der ausgebildeten Turbulenz „Differentialbeziehungen für die Turbulenzstärke" aufstellen. Als Maß für die Turbulenzstärke betrachtete er den zeitlichen Mittelwert der Turbulenzenergie pro Volumeneinheit, d. h. der mit den turbulenten Geschwindigkeitsschwankungen verknüpften kinetischen Energie der einer Grundströmung überlagerten turbulenten Störungsbewegung. Wieghardt lieferte dazu aus Messungen der freien Turbulenz (hinter einem Gitter im Windkanal) und der Kanalströmung (zwischen ebenen Platten) die benötigten Parameter. Im Ergebnis gelangte Prandtl zu einer partiellen Differentialgleichung, die „eine Art Energiebilanz" mit drei Beiträgen darstellte: der

---

[116] Siehe dazu ausführlich [Schmaltz, 2005, S. 340–352].
[117] Prandtl an Georgii, 26. Januar 1945. AMPG, Abt. III, Rep.61, Nr. 2130.
[118] [Prandtl und Wieghardt, 1945].

Energiezufuhr aus der Grundströmung, dem Energieverlust durch die innere Reibung und durch Diffusion in turbulenzärmere benachbarte Gebiete. Prandtl lieferte damit ein frühes Beispiel für die Modellierung der Turbulenz mithilfe eines sogenannten „Eingleichungsmodells".[119]

Vor dem Einsatz elektronischer Computer war diese Art von Turbulenzberechnung jedoch noch nicht für praktische Anwendungen brauchbar. Sie wurde auch nicht wie der Großteil der ZWB-Berichte als „geheim" oder „nur für den Dienstgebrauch" klassifiziert, so dass Prandtl sie der Göttinger Akademie zur Publikation vorlegen konnte. Aus der Tagesordnung der Akademiesitzung vom 26. Januar 1945 geht hervor, dass neben Prandtls Beitrag auch eine Arbeit des Biologen Karl Henke „Über neue Untersuchungen an der Mehlmotte zur Entwicklungsphysiologie der Zelle" zur Publikation vorgelegt wurde.[120] Dabei handelte es sich nicht um Wissenschaft für den Krieg, sondern trotz des Krieges. In solchen Arbeiten zeigt sich, dass selbst im „totalen Krieg" der gewohnte akademische Alltag nicht ganz zum Erliegen kam.

Was Prandtl im Januar 1945 der Göttinger Akademie präsentierte, hatte er am 14. Oktober 1944 in einem ersten Entwurf als „Ausbreitungstheorie der Turbulenz" bezeichnet und am 4. Januar 1945 im Theoretikerkolloquium seines Instituts zur Diskussion gestellt.[121] Anhand seiner Aufzeichnungen lässt sich genau rekonstruieren, wie er sich dem Problem der Turbulenzausbreitung auf einem anschaulichen und mathematisch gar nicht sehr komplizierten Weg näherte. Er unterschied von Anfang an drei energetisch verschiedene Prozesse, die er als „Erlahmen", „Seitliches Ausbreiten" und „Nachschaffen" von Energie bezeichnete und formelmäßig mit einer Differentialgleichung für die mittlere Geschwindigkeit eines Teilchens in der turbulenten Bewegung beschrieb. Dabei knüpfte er an seine Ausführungen beim Turbulenz-Symposium 1938 in USA an, wo er angeregt hatte, die kinetische Energie in der turbulenten Bewegung ins Zentrum zu stellen und deren „Anwachsen und Abnehmen zu formulieren".[122] Schwierigkeiten bereitete ihm vor allem die „Einbeziehung der Zähigkeit", wie er im November 1944 auf mehreren Manuskriptseiten ausführte. Er stellte sich vor, dass die in einem „Turbulenzballen" enthaltene Energie stufenweise abgebaut wird, wobei sich auf jeder Stufe die mittlere Geschwindigkeit und die Ausdehnung des Turbulenzballens verringert, bis am Ende die Energie durch die Zähigkeit (die bei großen Ausdehnungen und Geschwindigkeiten vernachlässigt werden konnte) in Wärme umgewandelt würde. Die Annäherung an diese allein von der Zähigkeit beherrschte Grenze

---

[119] [Wilcox, 1993, S. 5–9]. Siehe dazu Abschn. 10.2.

[120] Akademie der Wissenschaften in Göttingen: Einladung zur ordentlichen Sitzung am 26. Januar 1945. GOAR 3727.

[121] Verschiedene Manuskriptfassungen zur „Ausbreitungstheorie der Turbulenz", 14. Oktober 1944 bis 29. Juli 1945. GOAR 3727. Siehe dazu [Bodenschatz und Eckert, 2011, Kap. 2.10].

[122] Blatt 9 des Manuskripts zur „Ausbreitungstheorie der Turbulenz", 31. Oktober 1944. GOAR 3727.

versuchte er als geometrische Reihe darzustellen, was ihm aber zunächst misslang. „18. 12. 44. Abends. Kein Fortschritt erzielt", notierte er nach solchen Bemühungen.[123]

Auch in seiner Akademiearbeit blieb dies noch offen. Er sprach nur davon, wie er sich den stufenweisen Energieabbau im Innern eines großen Turbulenzballens qualitativ vorstellte. Die bei großen Reynolds-Zahlen zugeführte Energie übertrage sich „von der Turbulenz 1. Stufe auf diejenige der 2., 3. usw., wobei in steigendem Maß Reibungswärme durch die Zähigkeit erzeugt wird, bis der Rest der ursprünglichen Energie auf diese Weise quantitativ in Wärme verwandelt ist".[124] Aber wie dabei der Beitrag der Zähigkeit von Stufe zu Stufe anwachsen würde, bereitete ihm Kopfzerbrechen. Dann verschaffte er sich mit einem Kraftakt eine Lösung. Wieder unter der Überschrift „Einbeziehung der Zähigkeit" vereinfachte er das Problem, indem er „bei allen Stufen bis zur vorletzten einschließlich" die Zähigkeit (die „laminar vernichteten Energiebeträge") vernachlässigte. „Dann wandert der gesamte Energiestrom der turbulenten Bewegung bis zur letzten Stufe durch und wird hier durch Zähigkeit in Wärme umgewandelt." Damit konnte er die „charakteristische Länge der letzten Stufe" und die „charakteristische Geschwindigkeit der letzten Stufe" als Funktion der Zähigkeit und der charakteristischen Größen der Ausgangsstufe darstellen.

Box 8.1: Die Energiekaskade bei der isotropen Turbulenz

Dem Luftstrom eines Windkanals (Geschwindigkeit U in x-Richtung) werde durch ein Gitter (Maschenweite l) eine turbulente Störung (Geschwindigkeit u', v', w' in x-, y- bzw. z-Richtung) überlagert. In einiger Entfernung vom Gitter ist die dem Luftstrom überlagerte Turbulenz isotrop, d. h., die mittlere Störungsgeschwindigkeit ist in allen Richtungen gleich u. Der Durchmesser eines Turbulenzballens ist anfangs von der Größenordnung l. Für den Widerstand eines solchen Turbulenzballens machte Prandtl den Ansatz $W = c_1 \rho l^2 u^2 + c_2 \mu l u$, wobei der erste Term die Trägheitswirkung und der zweite die innere Reibung beschreibt (c_1 und c_2 sind Zahlenkonstanten von der Größenordnung 1). Der Energiestrom, d. h. die aufgezehrte Leistung pro Volumen, ergibt sich dann zu

$$Wu/l^3 = c_1 \rho \frac{u^3}{l} + c_2 \mu \frac{u^2}{l^2}.$$

Mit der Vorstellung, dass sich die durch das Gitter in die Strömung eingebrachte Energie von den großen Turbulenzballen auf immer kleinere verteilt, bis am Ende die Energie durch die innere Reibung in Wärme übergeht, leitete Prandtl die

---

[123] Blatt 28 des Manuskripts zur „Ausbreitungstheorie der Turbulenz", 17.–18. Dezember 1944. GOAR 3727.
[124] [Prandtl und Wieghardt, 1945, S. 13].

Größe der kleinsten Turbulenzballen ab. Dazu nahm er an, dass auf den ersten Stufen der Energiekaskade für die großen Turbulenzballen die Trägheitswirkung allein den Energiestrom bestimmt. Am unteren Ende der Kaskade sollte dagegen die Trägheitswirkung gegenüber der inneren Reibung vernachlässigbar sein. Der Vergleich der ersten mit der letzten Stufe ergibt dann

$$c\frac{u^3}{l} = v\frac{u'^2}{\lambda^2},$$

wobei c eine Zahlenkonstante von den Größenordnung 1, $v = \mu/\rho$ die kinematische Viskosität, u' die mittlere Geschwindigkeit der letzten Stufe und λ die Größe der kleinsten Turbulenzballen bedeuten. Wenn man vereinfachend annimmt, dass bis zur letzten Stufe von der inneren Reibung abgesehen werden kann, erhält man außerdem

$$\frac{u^3}{l} = \frac{u'^3}{\lambda}.$$

Aus diesen beiden Gleichungen lassen sich die Größe und Geschwindigkeit der kleinsten Turbulenzballen bestimmen zu

$$\lambda = l\left(\frac{1}{c}\frac{v}{lu}\right)^{3/4} \qquad u' = u\left(\frac{1}{c}\frac{v}{lu}\right)^{1/4}.$$

Bildet man für die kleinste Stufe die Reynolds-Zahl $u'\lambda/v$, so ergibt sich

$$\frac{u'\lambda}{v} = \frac{ul}{v}\left(\frac{1}{c}\frac{v}{lu}\right)^{1/4}\left(\frac{1}{c}\frac{v}{lu}\right)^{3/4} = \frac{1}{c}.$$

„Die Re-Zahl der letzten Stufe ist also konstant! (21.1.45)." Mit diesem Fazit und dem Datum des Tages, an dem er dieses Ergebnis gefunden hatte, konstatierte Prandtl die Universalität der heute nach Kolmogorow benannten K41-Theorie der isotropen Turbulenz. Mit $c = 1$ und der Substitution $\epsilon = u^3/l$ lassen sich Prandtls Größen der kleinsten Stufe schreiben als

$$\lambda = \left(\frac{v^3}{\epsilon}\right)^{1/4} \qquad u' = (v\epsilon)^{1/4}.$$

Dies wird heute als Mikroskala von Kolmogorow bezeichnet.

Er beschrieb damit auf wenigen Manuskriptseiten, was nach dem Krieg als Kolmogorow-Mikroskala in die Geschichte der Turbulenztheorie einging.[125]

---

[125] Blatt 45 des Manuskripts zur „Ausbreitungstheorie der Turbulenz", 21. Januar 1945. GOAR 3727. Andrei Nikolajewitsch Kolmogorow hatte dieselben Ergebnisse schon 1941 in russischen Akademie-

8.9   Vorbereitung auf den Frieden

Einen Durchschlag seines Manuskripts für die Göttinger Akademie schickte Prandtl am 17. Januar 1945 auch an Busemann und Schlichting mit der Bitte, es „luftschutzmäßig" aufzubewahren „für den Fall, dass etwa Göttingen auch eines Tages niedergewalzt werden sollte".[126] Kurz vorher hatte ihm Mesmer „schlimme Dinge" über Luftangriffe auf Darmstadt berichtet. Göttingen war bis zu diesem Zeitpunkt nur gelegentlich Ziel von Bombenabwürfen geworden, zuletzt am 1. Januar 1945 bei einem Luftangriff auf den Güterbahnhof, bei dem auch ein Lager für Zwangsarbeiter in der Nähe getroffen wurde.[127]

Spätestens jetzt dürfte sich Prandtl zunehmend Gedanken darüber gemacht haben, wie es nach dem Krieg weitergehen würde, wenn es nicht zu dem „erhofften Endsieg" kommen würde. Unter seinen Manuskripten finden sich Notizen über „Friedensprobleme, Aug. 1943/Okt. 1944" und ein nicht datiertes „Verzeichnis von Problemen, die nach Friedensschluss auf dem Gebiet der Strömungsforschung bearbeitet werden sollten". Die „Fortführung der im Vortrag in Cambridge/USA 1938 behandelten Turbulenzprobleme im Zusammenhang mit den Ansätzen von Herbst 1944" und die daraus hervorgegangene Akademiearbeit vom Januar 1945 war eines von sechs „Friedensproblemen". Die anderen betrafen den „Einfluss der Richardsonschen Zahl auf die Turbulenzstärke"; laminare und turbulente Strömungen über erhitzten Flächen mit „Anwendung auf Meteorologie sowie auf den Feuersturm über brennenden Städten, ferner Berg- und Talwind an geneigten Flächen"; die Entstehung von „Riffeln auf dem mit feinem Geschiebe bedeckten Boden in Wasser- und Luftströmungen"; das „Studium der Strömung durch rotierende Achsialräder, besonders in Hinblick auf Grenzschichtverhalten" und die „Entstehung der Zirkulation bei Schütteln eines teilweise mit Wasser gefüllten Gefäßes im Kreis herum".[128]

Bei der Untersuchung von Strömungen über erhitzten Flächen stand Prandtl zweifellos der verheerende Feuersturm vor Augen, den die Royal Air Force in der Nacht vom 27. auf den 28. Juli 1943 bei der „Operation Gomorrha" mit einem Flächenbombardement auf Hamburg verursacht hatte.[129] Er wollte die dabei auftretenden Strömungen im Labormaßstab mit einer kreisförmigen elektrisch geheizten Platte erzeugen und „in allen Einzelheiten vermessen", wobei er auch „die Nachahmung einer städtischen

---

berichten publiziert, sie wurden aber erst nach dem Krieg außerhalb der Sowjetunion bekannt. Siehe dazu [Falkovich, 2011].

[126] Prandtl an Busemann, 17. Januar 1945. AMPG, Abt. III, Rep. 61, Nr. 217.

[127] [Tollmien, 1999, S. 215].

[128] Bemerkungen zu dem Friedensprogramm von 1944 auf dem Gebiet der Strömungsforschung, undatiert. GOAR 3728.

[129] [Büttner, 2005].

Straße" in Betracht zog. Um meteorologische Strömungsforschung ging es auch bei der Frage nach dem Einfluss der Richardson-Zahl. Sie beschreibt bei Luftströmungen über der Erdoberfläche das Verhältnis der Energiebeiträge, die durch den Auftrieb bzw. die Beschleunigung zwischen Orten mit unterschiedlicher Strömungsgeschwindigkeit auftreten. Lewis Fry Richardson war in den 1920er Jahren nach Messungen der Windgeschwindigkeit in unterschiedlicher Höhe zu der Erkenntnis gelangt, dass diese Zahl etwas über die Turbulenzstärke der Luftströmung aussagt. Prandtl hatte schon in den 1920er Jahren mit dem „rotierenden Laboratorium" die meteorologische Strömungsforschung auf die Agenda seines Instituts gesetzt. Der Verweis auf Richardson zeigt, dass er nach dem Krieg auf diesem Gebiet weiterforschen wollte. Er dachte dabei auch an eine „kinematographische Vermessung" von Temperaturschichtungen, wobei von einem darüber kreisenden Flugzeug „Rauchlinien" nach unten geschossen werden sollten, an denen man die Geschwindigkeitsprofile in den Schichten ablesen sollte. „Der maximale Windgradient zu ein und demselben Temperaturgradienten in Verbindung mit dem Turbulenzverhalten der Luftschichtung liefert dann die kritische Richardsonsche Zahl", so erläuterte er das Ziel dieser Forschung.[130]

Überlegungen ganz anderer Art für die Zeit nach dem Krieg teilte Prandtl im März 1945 dem Leiter des Planungsamtes des Reichsforschungsrates, Werner Osenberg, in einem persönlichen Brief mit, den er nicht mit dem sonst in offiziellen Schreiben üblichen „Heil Hitler" unterzeichnete. Ein Freund, „der zwar nicht selbst Forscher ist, aber mit der Lenkung der Luftfahrtforschung in anderer Weise verknüpft ist", habe sich besorgt darüber gezeigt, dass man bei der Mobilisierung der „letzten Reserven im Volkssturm" auch noch die Forscher im militärischen Kampf einsetzen könnte. Er nannte nicht den Namen dieses Freundes (vermutlich Baeumker), ließ aber keinen Zweifel daran, dass er selbst und die ganze Forschungsführung diese Sorge teilten. „Ich möchte zunächst die Bemerkung meines Freundes noch dahin ergänzen, daß nicht bloß die ältere, heute führende Generation geschützt werden muß, sondern auch diejenigen Jüngeren, die sich durch ihr bisheriges Verhalten schon als künftige Führerpersönlichkeiten erweisen. Denn auf lange Sicht werden diese eben die Führung übernehmen müssen." Er wusste auch von Osenbergs Plänen, „die Forschung als Ganzes möglichst zu retten", bezweifelte aber, „ob eine so weitgreifende Maßnahme gegenüber militärischen und Parteidienststellen durchführbar sein wird. Es scheint mir deshalb notwendig, den reduzierten Plan auch, und diesen mit besonderem Nachdruck, zu verfolgen".[131]

---

[130] Bemerkungen zu dem Friedensprogramm von 1944 auf dem Gebiet der Strömungsforschung, undatiert. GOAR 3728. Zu Richardson siehe [Hunt, 1998, Benzi, 2011].

[131] Prandtl an Osenberg, 27. März 1945. Abgedruckt in [Trischler, 1993, Dokument Nr. 70, S. 216f.].

Damit wandte sich Prandtl an einen Rüstungsforscher und -manager, der wie er selbst auf dem Höhepunkt des Krieges alles getan hatte, um der Forschung noch zu einem möglichst effektiven Kriegseinsatz zu verhelfen. Osenberg hatte eine „Forscherkartei" mit den Namen von annähernd 15.000 Personen angelegt und dafür gesorgt, dass zahlreiche Wissenschaftler und Ingenieure vom Einsatz in der Wehrmacht in die Laboratorien und Universitätsinstitute zurückberufen wurden, um sie dort wirksamer als an der Front für den Krieg arbeiten zu lassen. Osenberg verfügte als überzeugter Nationalsozialist (Mitglied der NSDAP, Hauptscharführer der SS, Mitarbeiter des SD) auch über Beziehungen zu Kreisen, die Prandtl eher fremd waren.[132] Ihm traute Prandtl es zu, in einer Art präventiver Rückholaktion einen Führungskader deutscher Forscher vor dem Volkssturm zu retten:[133]

> Soweit unsere Provinz in Frage kommt, wird wohl eine starke Hilfe bei Gauleiter Lauterbacher zu erhoffen sein. Was das Ganze betrifft, würde es jedoch der Reichsmarschall sein müssen als derjenige, der die Sache beim Führer durchsetzt, und zwar schnell durchsetzt.
>
> Die Technik, die richtigen Namen schnell zu erhalten, stelle ich mir so vor, daß solche Fachvertreter, die man selber gerne als Führer ihres Faches anerkennt, die Aufgabe erhalten, in ihrem Fachkreis solche ältere und jüngere Fachgenossen zu nennen, die des unbedingten Schutzes im obigen Sinne würdig sind. Man könnte auch hier an ein Kontingent denken, das der Führer genehmigt, und den einzelnen Institutsleitern aufgeben, von ihren Mitgliedern und sonstigen Fachgenossen eine kurze Rangliste aufzustellen in der derjenige, der im Interesse des Weiterlebens der deutschen Forschung den höchsten Schutz verdient, an erster Stelle genannt wird, und man wird dann sehen, wieviel von dieser Rangliste nach dem erreichten Kontingent berücksichtigt werden können. Alles aber müßte mit größter Schnelligkeit vor sich gehen, wenn nicht bei dem jetzigen Einbruch der Feinde schon großer Schaden geschehen soll.

Einige Tage später reiste Prandtl zusammen mit Kollegen von der Göttinger Universität in den Harz, wo Osenberg seine Planungsstelle eingerichtet hatte, und besuchte anschließend zusammen mit Osenberg den Gauleiter und Reichsverteidigungskommissar in Hannover, Hartmann Lauterbacher, um ihn zu bitten, Göttingen zur „Stadt der Wissenschaften" zu erklären und somit aus dem Kampfgebiet auszusparen.[134] Lauterbacher wies dieses Ansinnen zurück. „Ich erinnere mich, dass mein Vater sehr müde und einsilbig von dieser Unternehmung heimkam", schrieb Prandtls Tochter im Lebensbild

---

[132] [Federspiel, 2003, Schlegel, 2008].
[133] Prandtl an Osenberg, 27. März 1945. Abgedruckt in [Trischler, 1993, Dokument Nr. 70, S. 216f.].
[134] [Schmeling, 1985, S. 40].

ihres Vaters. Er und die anderen Bittsteller seien vom Gauleiter als „liberale Defaitisten" beschimpft worden.[135] Am Ende erteilte Lauterbachers Stellvertreter dem Göttinger Oberbürgermeister Gnade aber doch die Weisung, die Stadt nicht gegen die anrückenden amerikanischen Panzer zu verteidigen. Unabhängig davon war man auch auf Seiten des Militärs zu der Erkenntnis gelangt, dass Göttingen nicht zu halten war. Zwischen dem 4. und 6. April 1945 wurden alle Kampftruppen abgezogen. Kurz darauf rückten die amerikanischen Truppen ein. Prandtls Haus erhielt bei der Einnahme Göttingens noch einen „Granatenvolltreffer", wie Prandtl einem Kollegen später schrieb, aber es blieb bei einem „sehr umfangreichen Glasschaden".[136] Am 8. April war der Krieg in Göttingen zu Ende.[137]

[135] [Vogel-Prandtl, 2005, S. 166]. Zu Lauterbacher siehe [Leonhardt, 2009, Kap. 13].
[136] Prandtl an Richard Grammel, 29. September 1945. AMPG, Abt. III, Rep. 61, Nr. 565.
[137] [Tollmien, 1999, S. 217-219].

ihre Väter...

9

Die letzten Jahre

Nach der Einnahme Göttingens durch die amerikanischen Truppen wurden rasch Vorbereitungen getroffen, um die Stadt entsprechend den bereits gefassten alliierten Beschlüssen der britischen Besatzungszone einzugliedern. Englisch wurde zur offiziellen Amtssprache erklärt.[1] Das Gelände der AVA und des KWI wurde zuerst von amerikanischen Soldaten in Beschlag genommen, dann an britische Besatzungstruppen übergeben. Für Prandtl, Betz und alle Institutsmitarbeiter war das Forschungsgelände „off limits". Die Verwaltung wurde dem Ministry of Supply in London übertragen, doch vor Ort hatten zunächst die amerikanischen und britischen Offiziere der alliierten Militärregierung das Sagen.

9.1 Sieger und Besiegte

Während die amerikanischen und britischen Truppen noch Richtung Göttingen vorrückten, erkundeten hinter der Front bereits Spezialeinheiten des militärischen Nachrichtendienstes (T-Forces) Industriebetriebe und Forschungsinstitute in den eroberten Gebieten nach kriegstechnisch interessanter Beute. Um das technologische Potential Nazi-Deutschlands für einen möglichen Einsatz im Krieg gegen Japan zu nutzen, hatten die Alliierten bereits im August 1944 ein Combined Intelligence Objectives Subcommittee (CIOS) zusammengestellt, das von London aus operierte und die bei der Besetzung Deutschlands anfallenden Informationen koordinieren sollte. Daneben gab es aber auch Spezialeinheiten der US-Navy und der Air Force sowie britische Teams, die in eigener Regie die für verschiedene Waffengattungen interessanten Informationen sammelten. Am 1. Juni 1945, drei Wochen nach der deutschen Kapitulation, gründete die britisch-amerikanische Militärregierung die Field Information Agency, Technical (FIAT). Sie unterhielt in der Nähe von Frankfurt ein Internierungslager („Dustbin") für die Befragung von „high-priority personnel" – eine Vorstufe für die später unter dem Namen „Paperclip" in Gang gesetzte Aktion, mit der Physiker, Chemiker, Mediziner

---

[1] [Schmeling, 1985, S. 74].

© Springer-Verlag Berlin Heidelberg 2017
M. Eckert, *Ludwig Prandtl – Strömungsforscher und Wissenschaftsmanager*, DOI 10.1007/978-3-662-49918-4_9

und Ingenieure zu Hunderten in die USA gebracht wurden, um dort ihr Know-how für die Entwicklung von Militärtechnik einzusetzen.[2]

An den deutschen Luftfahrtforschungsanlagen hatten die Alliierten ein besonders großes Interesse. Die AVA und das KWI blieben den ganzen Sommer 1945 hindurch das Ziel vieler amerikanischer und britischer Experten, die sich ein Bild von der Kriegsforschung an dem Ort machen wollten, der international als Wiege der modernen Aerodynamik galt. Der erste Besucher war Walter F. Colby, ein Physiker des amerikanischen ALSOS-Teams, das vor allem an der deutschen Atombombenforschung interessiert war. Als kurz darauf die britische Besatzungsmacht Göttingen übernahm, wurden Prandtl und seine Mitarbeiter von Experten des British Intelligence Objectives Subcommittee (BIOS) verhört, einer Nachfolgeorganisation von CIOS.[3] Für besonders nachhaltige Eindrücke sorgte der Besuch Kármáns, der nun in amerikanischer Uniform seine alte Wirkungsstätte in Augenschein nahm. Kármán war im Zweiten Weltkrieg zum führenden Wissenschaftsberater der amerikanischen Luftwaffe aufgestiegen.[4] Im Mai 1945 kam er als Chef einer Sondereinheit des Intelligence Service der U.S. Army Air Forces mit dem Code-Namen LUSTY (LUftwaffe Secret TechnologY) nach Deutschland, um Luftfahrtforschungseinrichtungen zu inspizieren, Wissenschaftler und Ingenieure zu befragen und den Transport der erbeuteten Dokumente in die USA zu veranlassen.[5] Am 13. Mai erreichte das Team Göttingen – nachdem sie zuvor in Braunschweig-Völkenrode die LFA und in Nordhausen die Produktionsstätten der „Vergeltungswaffen" V1 und V2 mitsamt dem dazugehörigen KZ Dora-Mittelbau in Augenschein genommen hatten.[6]

Zwei Mitglieder aus Kármáns Team, Paul Dane und Frank Wattendorf, hatten als Vorauskommando in Absprache mit dem für Göttingen zuständigen Militärgouverneur bereits Prandtls Büro in Beschlag genommen und mit den Befragungen begonnen, bevor Kármán selbst eintraf. Für Wattendorf, der in den 1920er Jahren in Deutschland Aerodynamik studiert hatte, war es „a strange sensation", wie er Kármán bei dessen Ankunft sagte, nun in demselben Stuhl zu sitzen „where the eminent Herr Professor had sat". Kármán stand jedoch nach dem, was er zuvor in Nordhausen gesehen hatte, der Sinn nicht nach sentimentalen Erinnerungen:[7]

---

[2] [Lasby, 1971],[Bower, 1988],[Gimbel, 1990],[Hunt, 1991],[Jacobsen, 2014].
[3] [Schmaltz, 2005, S. 330].
[4] [Gorn, 1992],[Gorn, 1994].
[5] [Daso, 2002].
[6] Einträge im Notizbuch von Hugh Dryden, Dryden Papers, Series 2, Subject Files, Box 10, Milton S. Eisenhower Library, Johns Hopkins University.
[7] [von Kármán und Edson, 1967, S. 280f.].

I came in shortly thereafter and set up a desk in Prandtl's office. The research group leaders were lined up and sent in one at a time to be interrogated. I do not believe I smiled once. After Nordhausen I did not feel like smiling. I believe Prandtl, who was full of chatter, was disappointed that I did not respond. He couldn't understand my attitude, and that made me even more furious.

Einige Tage später lud Prandtl Kármán und Wattendorf zu sich nach Hause ein, aber die Atmosphäre blieb gespannt. Als das Gespräch auf die Verbrechen des Hitler-Staates kam, habe Prandtl darauf bestanden, dass er kein Nazi gewesen sei und nur sein Land verteidigen wollte:[8]

> Nordhausen was fresh in my mind. I didn't believe one should be loyal to such evil and I said so. There was a limit to loyalty, I stated. Prandtl said he didn't know anything about Nordhausen and couldn't be blamed for its crimes. That an intelligent man did not know what was going on in his own country was beyond my belief. Even if true, I concluded that some people had found it convenient and comfortable not to listen. I don't think there were any serious efforts made to find out the truth.

Als Prandtl dann auch noch seine Erleichterung darüber bekundete, dass die Göttinger Institute von den Amerikanern und nicht von den Russen erobert worden seien, und wissen wollte, welche amerikanische Stelle nun seine Forschung finanzieren würde, war Kármán sprachlos. „I couldn't tell whether Prandtl and his colleagues were horribly naive, stupid, or malicious. I prefer to think it was naivety."[9]

Unterdessen inspizierten andere Teilnehmer der Operation LUSTY in München und in Tirol die dort unvollendet hinterlassenen Anlagen der LFM. Beim Anblick des riesigen Windkanals im Ötztal wurde ihnen ebenso wie in Völkenrode vor Augen geführt, mit welchem Ehrgeiz die deutschen Luftfahrtforscher vor allem die Hochgeschwindigkeitsaerodynamik forciert hatten. In Kochel stießen sie auf die aus Peenemünde in den letzten Kriegsmonaten in den Süden evakuierten Aerodynamiker und ihre Überschallwindkanäle, mit denen Interkontinentalraketen entwickelt werden sollten.[10] Angesichts eines solchen Forscherdrangs erschien es Kármán sogar denkbar, dass Nazi-Deutschland den Krieg hätte gewinnen können, wenn es sich besser auf die Organisation verstanden hätte. Den deutschen Luftfahrtforschern seien alle Wünsche erfüllt worden. „They got funds to pursue almost any scheme they wanted to follow. I did not think this was a healthy sign, that scientists should

---

[8] [von Kármán und Edson, 1967, S. 281].
[9] [von Kármán und Edson, 1967, S. 281].
[10] [Wegener, 2011],[Klapdor, 2014].

pursue their own ends in this way, but it was perhaps the least unhealthy state of affairs in an unhealthy state."[11]

Das LUSTY-Team stand mit seiner Verwunderung über die Ambitionen der deutschen Luftfahrtforscher nicht allein. Leslie E. Simon, der als Direktor des Ordnance Ballistic Research Laboratory ebenfalls die Ruinen der deutschen Kriegsforschung besichtigte, sah das Werk seiner deutschen Kollegen gleichzeitig mit den Augen eines Siegers und eines nüchternen Forschungsmanagers. „One can judge coldly to what extent it succeeded and failed, criticize its methodology, and draw valuable deductions", schrieb er im August 1945 im Vorwort seines Berichts, dem er den Untertitel „An Analysis of the Conduct of Research" gab. Darin bezeichnete er die Forschungsführung als „the most powerful scientific organization of the world", da sie einen Komplex von acht Großforschungseinrichtungen und vielen weiteren Instituten dirigiert habe. Verglichen damit sei der Reichsforschungsrat ein bloßes Beratungsgremium gewesen. Auch für die einzelnen Luftfahrtforschungsanlagen, insbesondere die Göttinger AVA, fand Simon anerkennende Worte. „Its former leader was the illustrous Prandtl, who was also a member of FoFü. At the time of the surrender, the leader was Professsor Betz. Before the war and in the early part of the war, almost all the aerodynamics research on the ballistics of projectiles was done at AVA." Am Ende habe es aber daran gefehlt, die Forschung mit den militärischen Erfordernissen zu verbinden.[12]

Ähnliche Schlüsse zogen auch englische Aerodynamiker. „As a result there was quite a pilgrimage after the war from this country – from the Royal Aircraft Establishment, from the universities and from the industry by people who talked to the scientists and learned much about the work they had done", so führte Ben Lockspeiser vom Ministry of Supply im Oktober 1946 bei einer Sitzung der Royal Aeronautical Society einen Vortrag über die deutsche Hochgeschwindigkeitsaerodynamik ein. Der Referent war Ronald Smelt, ein Spezialist auf dem Gebiet der Gasdynamik, der 1945 an dieser „Pilgerreise" zu den Stätten der deutschen Luftfahrtforschung teilgenommen hatte. Angesichts des großen Enthusiasmus der deutschen Aerodynamiker für die Hochgeschwindigkeitsaerodynamik seien auf diesem Gebiet beachtliche Fortschritte erzielt worden. „Ideas were there in plenty; some of them, such as the application of sweepback and low aspect ratio, show promise of marking a new era in aeronautical design. [...] That this advantage, fortunately, did not materialise can be put down to two causes, the extraordinary inertia of German aircraft firms, and the comparative isolation of the research workers from the industry."[13]

---

[11] [von Kármán und Edson, 1967, S. 274].
[12] [Simon, 1947, S. viii, 73–75, 107].
[13] [Smelt, 1946].

Es blieb nicht bei der Wertschätzung der progressiven Ideen der deutschen Aerodynamiker. Schon im Mai 1945 hatte Lockspeiser nach einer Besichtigung der LFA seinem Minister vorgeschlagen, den deutschen Wissenschaftlern in Großbritannien die Weiterentwicklung ihrer Ideen zu ermöglichen. „They are, in my opinion, primarily scientists with an almost pathetic eagerness to continue as scientists working for us or anybody else. If they are deprived of their equipment they would inevitably drift to other countries. [...] I suggest that those who are really first class [...] should be brought over here to work under supervision."[14] Einige Wochen später reiste ein anderes britisches Expertenteam durch Deutschland und stattete dabei auch den Göttinger Aerodynamikern wieder einen Besuch ab. Am 16. Juni 1945 befragten sie Prandtl und das Personal der AVA, „a first class team of experimental aerodynamic research workers", wie Sir Roy Fedden, der Leiter dieser Mission, danach in seinem Bericht festhielt. Nicht nur in Göttingen, sondern auch in den anderen Forschungszentren habe er auf Seiten der Wissenschaftler eine große Bereitschaft zur Zusammenarbeit gespürt. „Several spoke of their desire to move their staffs and equipment to America, or particularly to Canada."[15]

Danach konkretisierten sich die Pläne für eine Spezialoperation unter der vielsagenden Bezeichnung „Surgeon" (Chirurg), mit der aus den Luftfahrtforschungszentren der britischen Besatzungszone, vor allem der LFA in Braunschweig-Völkenrode und der AVA in Göttingen, herausoperiert werden sollte, was für Großbritannien von Nutzen sein konnte, einschließlich Gerätschaften und Personal. Dazu reiste ein Team britischer Experten nach Deutschland, um Wissenschaftler und Ingenieure zum Verfassen von Berichten über ihre Kriegsforschung zu veranlassen und die Demontage von Forschungsanlagen zu überwachen, die in Großbritannien wieder aufgebaut werden sollten. Im August 1945 beschloss man nach längeren politischen Debatten auch, deutsche Experten nach England zu holen „for employment in Government research establishments and, to a lesser extent, in British aircraft firms".[16] Von Prandtls Schülern wurden so zum Beispiel Busemann und Tollmien mit langfristigen Arbeitsverträgen nach Großbritannien geholt.

9.2 Göttinger Monographien und FIAT-Berichte

Das KWI war nach der Übernahme durch die britische Militärregierung für Prandtl und seine Mitarbeiter zwar nicht mehr „off limits" und wurde von der für die AVA beabsichtigten Demontage ausgenommen, aber der Betrieb der

[14] Zitiert in [Nahum, 2003, S. 104].
[15] [Christopher, 2013, S. 55].
[16] [Uttley, 2002, S. 5].

Forschungseinrichtungen im KWI blieb untersagt. „Mein Institut ist unbeschädigt durch den Krieg gekommen", schrieb Prandtl im Juli 1945 an Taylor, „hatte dann aber, als es mehrere Wochen hindurch Quartier für amerikanische Truppen war, viel Schaden erlitten. Seit Anfang Juni haben wir selbst wieder Zutritt". Prandtl hoffte, dass Taylor aus alter Freundschaft und Kollegialität dafür sorgen würde, dass er die Forschung an seinem Institut wieder aufnehmen könne. Er sei jetzt 70 Jahre alt und könne „nicht mehr lange warten":[17]

> Was wir machen dürfen, war uns von der alliierten Kommission vorgeschrieben. Wir dürfen Reparaturen machen und Berichte schreiben, die die alliierte Kommission verlangte. Auch durften wir an einigen Aufgaben weiterarbeiten, die während des Krieges nicht mehr fertig geworden sind und über die ebenfalls Berichte erwartet werden. Neue Arbeiten anzufangen ist bisher nicht erlaubt. Wir hoffen immer noch, dass wir die Probleme der Grundlagenforschung, die wir während des Krieges mehr und mehr zurückstellen mussten und von denen wir zur Zeit für ein Jahrzehnt genug haben, bald wieder aufnehmen können.

Ähnlich wie bei der Unterredung mit Kármán zeigte er keinerlei Schuldgefühl über seine eigene Rolle im Krieg. Stattdessen äußerte er sich etwas indigniert über Sendungen der BBC, mit denen Großbritannien „den Deutschen die Vorzüge des demokratischen Regimes beizubringen" suche. Das werde „von uns als spezifisch englische Propaganda" empfunden. Immerhin sei aber einiges davon „in der Tat sehr wertvoll", anderes aber „weniger glücklich".

Als die erhoffte Antwort von Taylor ausblieb, schrieb er im Oktober noch einmal. Die Forschung sei immer noch „gänzlich zurückgestellt und unsere Tätigkeit darauf beschränkt, dass wir die durch die Arbeiten während des Krieges gewonnenen Erkenntnisse in Einzelberichten (Reports) und in einer Sammlung von Monographien für das Ministry of Aircraft Production zusammenschreiben". Er bat Taylor, ein zuvor an die Royal Society gerichtetes Gesuch um die Erteilung einer Erlaubnis zur Grundlagenforschung zu unterstützen, „damit wir wieder von der retrospektiven Arbeit des Berichtens zu der vorwärtsschreitenden Forschung übergehen können". Wie um diesem Wunsch Nachdruck zu verleihen, legte er dem Brief seine jüngste Akademiearbeit bei. „Es handelt sich um eine verbesserte Vorschrift zur Berechnung der mittleren Strömung bei irgendwelchen turbulenten Vorgängen."[18] Ein Wort des Bedauerns oder gar eine Entschuldigung, dass er – wie Taylor ihm 1938

---

[17] Prandtl an Taylor, 28. Juli 1945. AMPG, Abt. III, Rep. 61, Nr. 1654.
[18] Prandtl an Taylor, 11. Oktober 1945. AMPG, Abt. III, Rep. 61, Nr. 1654. Das Ministry of Aircraft Production ging im Juli 1945 im Ministry of Supply auf.

vorgehalten hatte – einem verbrecherischen Regime gedient hatte, brachte er auch bei dieser Gelegenheit nicht zu Papier. Taylor zog es vor, diesen Brief ebenso wie den vorangegangenen unbeantwortet zu lassen.[19]

Es gelang Prandtl nicht, sich und seine Mitarbeiter von der „retrospektiven Arbeit des Berichtens" zu befreien. Sie bestimmte für mehr als ein Jahr praktisch ausschließlich ihren Arbeitsalltag. Zunächst sollten Betz und Prandtl gemeinsam als „Hauptherausgeber" der Berichte fungieren, doch in der Folge übernahm Betz allein dafür die Verantwortung.[20] Die Mehrzahl der Berichte betraf zwar die Kriegsarbeit an der AVA, doch das KWI hatte durchaus einen gewichtigen Anteil daran. Von den insgesamt 182 Mitarbeitern an den Berichten gehörten 25 dem Prandtlschen KWI an. Am Ende konnte Betz dem Ministry of Supply rund 5000 Schreibmaschinenseiten Text und 2000 Seiten mit Abbildungen übergeben, die umgehend ins Englische übersetzt und in 250 Exemplaren verbreitet wurden. In Deutschland wurde das vielbändige Werk unter dem Titel „Monographien über Fortschritte der deutschen Luftfahrtforschung (seit 1939)" auf Anforderung „in Form von Lichtpausen" verbreitet. Die „Göttinger Monographien", wie sie kurz genannt wurden, erlangten unter Luftfahrtingenieuren rasch einen legendären Ruf und bescherten der Göttinger Aerodynamik noch einmal internationales Aufsehen.[21]

Für seinen eigenen Bereich im KWI legte Prandtl schon im Juni 1945 eine provisorische Inhaltsangabe vor.[22] Darin gliederte er die am KWI durchgeführte Kriegsforschung in fünf Gruppen. Die erste war der Hochgeschwindigkeitsaerodynamik gewidmet und umfasste zum Beispiel Arbeiten seines Mitarbeiters Klaus Oswatitsch über achsensymmetrische Überschallströmungen für „Mündungsbremsen", d. h. Vorrichtungen am Ende eines Geschützrohres, bei denen die Überschallströmung der Verbrennungsgase zur Verminderung des Rückstoßes genutzt wird. Andere Arbeiten zur Hochgeschwindigkeitsforschung galten Unter- und Überschallströmungen an gewölbten Flächen, bei denen „die Entstehung und Ausbreitung des auftretenden Verdichtungsstoßes durch photographische Schlierenaufnahmen mit einem Funkenblitzgerät" sichtbar gemacht wurde.

---

[19] Den letzten Brief hatte Taylor wenige Tage nach den Novemberpogromen am 16. November 1938 an Prandtl geschrieben (GOAR 3670-1). Darin hatte er ihre unüberbrückbaren politischen Haltungen konstatiert: „I don't suppose you can have any idea of the horror which the latest pogroms have inspired in civilized countries [...]. You will see that we are not likely to agree on political matters so it would be best to say no more about them." Danach finden sich keine Briefe Taylors mehr in der Prandtlschen Korrespondenz.

[20] Institutsleiterbesprechung, 17. September 1945. GOAR 3484.

[21] [Betz, 1961, S. 14] und [Kraemer, 1975, S. 32]. Neben den „Göttinger Monographien" gab es eine ähnliche Reihe von „Braunschweiger Monographien", die über die Kriegsforschung an der LFA Aufschluss geben. Siehe dazu auch die Übersicht in [Görtler, 1948a].

[22] Bericht an Oberst Dane, Mitte Juni 1945. AMPG, Abt. I, Rep. 44, Nr. 48.

Zur zweiten „Problemgruppe Kavitation" zählte er vor allem Untersuchungen von Hans Reichardt über Kavitationsblasen an Torpedos und Unterwasserraketen, die an Modellen im Kavitationskanal des KWI durchgeführt worden waren. „Bei den Studien an Unterwassergeschossen war die Physik der Kavitationsblase als ein wesentliches Problem erschienen. Es wurden daher die Form und die Größe der Kavitationsräume hinter verschiedenen Rotationskörpern in Abhängigkeit von der Kavitationszahl untersucht." Bei Unterwasserraketen lag das Problem in der Aufrechterhaltung der Stabilität. Anders als bei Raketen in Luft, deren Stabilität durch die ständige Beschleunigung gewährleistet werde, bewegten sich unter Wasser abgefeuerte Raketen schon kurz nach dem Abschuss mit gleichförmiger Geschwindigkeit, so dass die Ballistik für die Bewegung von Raketen in Luft nicht angewendet werden könne. „In Ermangelung entsprechender Unterlagen bei der Kriegsmarine wurde daher auch die Behandlung der ballistischen Fragen der U-Rakete im hiesigen Institut in Angriff genommen."

Die dritte Problemgruppe betraf laminare Grenzschichten. Dabei handelte es sich vor allem um theoretische Arbeiten zur Grenzschichtberechnung bei hohen Geschwindigkeiten unter Berücksichtigung von veränderlichen Werten der Temperatur und Dichte, so dass die bei konstanten Werten gültigen Lösungsverfahren durch numerische Methoden ersetzt werden mussten.

Am ausführlichsten widmete Prandtl sich der Turbulenz als vierter Problemgruppe. Die von ihm selbst in den letzten Kriegsmonaten erzielten Fortschritte bei der Theorie der voll entwickelten Turbulenz zählte er jedoch nicht dazu, da er sie vermutlich mehr als seine Privatforschung und für Kriegsanwendungen irrelevant betrachtete. Stattdessen nannte er als erstes Untersuchungen über die „turbulente Reibungsschichtströmung", dann Arbeiten „über Impuls- und Wärmeausbreitung in freier Turbulenz" und schließlich „Turbulenzmessgeräte". Die wichtigsten Bearbeiter dieser Problemgruppe waren Hans Reichardt und Herbert Schuh, Prandtls Experte für die Elektronik der Hitzdrahtgeräte.

Auch für die fünfte Problemgruppe, die Prandtl kurz „Wärmeübergang" nannte, war Schuh der wesentliche Bearbeiter. Dabei ging es hauptsächlich um die Kühlung von Flugmotoren. Bei der Untersuchung dieses Problems habe man turbulenzerzeugende Spalte und Störleisten verwendet, um einen möglichst hohen Wärmeübergang von dem erhitzten Körper in die Luftströmung zu erzielen. Dazu seien auch im Institut für Kälteforschung der AVA Arbeiten durchgeführt worden.

Am Ende erwähnte Prandtl unter „Verschiedenes" noch „Brennkammerversuche", die Karl Wieghardt durchgeführt hatte, um bei Strahltriebwerken den Zusammenhang zwischen der für die Verbrennung erforderlichen Luftmenge mit der Durchtrittsgeschwindigkeit zu ermitteln. „Hierfür wurde ein Brenner entwickelt, mit dem in einem geschlossenen Brennerrohr Propan sowie Benzol bis zu den höchsten mit dem benutzten Gebläse erreichbaren Luftgeschwindigkeiten von 80 bis 100 m/s stationär verbrannt werden konnte. Bei Benzol war es erforderlich, dass die Luft auf mindestens 90 Grad Celsius – also etwas über den Siedepunkt von Benzol – erwärmt wurde. Die Vollständigkeit der Verbrennung sollte später noch gemessen werden."

In dieser maschinenschriftlichen Inhaltsangabe, die sechs engzeilig getippte Seiten umfasste, und auf zahlreichen, dazu gehörigen Notizblättern nannte Prandtl auch die jeweiligen Kriegsberichte, in denen Näheres über die verschiedenen Problemgruppen zu finden sei und die auch in der Regel von den für die einzelnen Berichte vorgesehenen Autoren selbst verfasst worden waren.[23] Für die Problemgruppe Turbulenz waren dies zum Beispiel der „UM-Bericht 6603" vom 21. Dezember 1943 „Über die Wandschubspannung in turbulenten Reibungsschichten bei veränderlichem Außendruck" oder der „Geheimbericht für das Marineobservatorium Greifswald" vom 1. September 1944 „Über Ausbreitungsvorgänge in turbulenten Reibungsschichten", beide verfasst von Karl Wieghardt, der für die „Göttinger Monographien" dann auch den Bericht über „Turbulente Grenzschichten" schrieb.[24]

Auch die Field Information Agency, Technical (FIAT) ließ sich von den deutschen Wissenschaftlern Berichte über die im Krieg durchgeführten Forschungen anfertigen. Ziel der von den Militärregierungen der britischen, französischen und amerikanischen Besatzungszonen gemeinsam publizierten Bände der *FIAT Review of German Science* war „a complete and concise account of the investigations and advances of a fundamental scientific nature made by German scientists in the fields of biology, chemistry, mathematics, medicine, physics and sciences of the earth during the period May 1939 to May 1946", wie es im Vorwort dazu hieß. In dem von Betz herausgegebenen FIAT-Band über *Hydro- und Aerodynamik* wurde in acht Kapiteln ein Großteil des Materials knapp zusammengefasst, das zuvor in den Göttinger Monographien ausführlich dargestellt worden war. Das Augenmerk war auf das gerichtet, „was vom Standpunkt des Physikers von Interesse ist", so erklärte Max von Laue in der Einleitung dazu das Ziel dieses FIAT-Bandes, während die Göttinger Monographien „hauptsächlich die technischen Fortschritte" herausstellen sollten.[25] In einem weiteren FIAT-Band galt das Interesse „der mathematischen Strömungsforschung als einem in dieser Zeit stark geförderten Zweige der angewandten Mathematik", wie Prandtls Mitarbeiter Henry

---

[23] Bericht über die Kriegsarbeiten der Kaiser-Wilhelm-Instituts für Strömungsforschung (KWI), undatiert. AMPG, Abt. I, Rep. 44, Nr. 48.
[24] Siehe dazu die Inhaltsangabe zu den „Göttinger Monographien" in [Görtler, 1948a, S. 2–5].
[25] [Betz, 1948, Betz, 1953].

Görtler einleitend dazu betonte.[26] Auch dieser Band enthielt komprimierte Darstellungen aus den Göttinger Monographien.

Die physikalische und die mathematische Orientierung bescherte manchen Gebieten in den FIAT-Bänden eine doppelte Behandlung. Sowohl im Band *Hydro- und Aerodynamik* als auch in der *Angewandten Mathematik* findet sich jeweils ein ganzes Kapitel zum Thema Turbulenz – im ersten Fall aus der Feder von Prandtl selbst, im zweiten Fall von Görtler.[27] Beide Darstellungen enden mit dem Ergebnis von Prandtls nicht veröffentlichten Notizen „Über die Rolle der Zähigkeit im Mechanismus der ausgebildeten Turbulenz", das sich auch mit jüngsten – ebenfalls noch nicht publizierten – Arbeiten von Carl Friedrich von Weizsäcker und Werner Heisenberg deckte. Die Arbeiten Weizsäckers und Heisenbergs erschienen erst 1948,[28] und Prandtl machte sich danach nicht mehr die Mühe, sein Manuskript in eine publikationsfähige Form zu bringen. Aber für jeden Turbulenzforscher, der diese FIAT-Berichte las, war offenkundig, dass hiermit ein neues Forschungsfeld abgesteckt wurde.[29] Die Mühe „der retrospektiven Arbeit des Berichtens" war also nicht ganz ohne Bedeutung für die zukünftige Forschung.

9.3 Vom Kaiser-Wilhelm-Institut zum Max-Planck-Institut für Strömungsforschung

Während Prandtl und die Göttinger Aerodynamiker Berichte über ihre Forschung im Krieg schrieben, wurde unter den Westalliierten darüber diskutiert, wie es mit der Wissenschaft in Deutschland weitergehen sollte. Göttingen als alte Universitätsstadt spielte bei diesen Überlegungen eine zentrale Rolle. Nach der vorgesehenen Demontage der AVA bot sich hier auch eine Möglichkeit, Instituten der Kaiser-Wilhelm-Gesellschaft, die im letzten Kriegsjahr aus Berlin in den Westen verlagert worden waren, unter Aufsicht der britischen Besatzungsoffiziere die Forschung wieder zu gestatten. Die Generalverwaltung der KWG hatte sich bereits im Februar 1945 in Göttingen bei der AVA einquartiert. Nach dem Abzug der amerikanischen Truppen richtete auch der britische „Research Branch" sein Büro bei der AVA ein. Ab September 1945 liefen hier die Fäden für den Wiederaufbau der Kaiser-Wilhelm-Gesellschaft zusammen. Der kommissarisch als Präsident eingesetzte greise Max Planck und Ernst Telschow als alter und neuer Geschäftsführer ließen nichts unversucht, um die KWG möglichst unbeschadet aus den Trümmern des

---

[26] [Görtler, 1948a].
[27] [Prandtl, 1953, Görtler, 1948b].
[28] [Weizsäcker, 1948, Heisenberg, 1948].
[29] Siehe Abschn. 10.2.

„Dritten Reichs" in die Nachkriegszeit zu überführen. Im April 1946 übernahm Otto Hahn als Nachfolger Plancks die Regie. Er war erst im Januar 1946 mit Heisenberg, Weizsäcker und Max von Laue aus England zurückgekehrt, wo die Mitglieder des sogenannten „Uranvereins" in Farm Hall als „special guests" interniert waren und – in Abstimmung mit ihren Gastgebern – ihrerseits Pläne für den Wiederaufbau der deutschen Wissenschaft machten. Im Juli 1946 nahm die Wiedergeburt der KWG konkrete Formen an. Die ehemaligen Kaiser-Wilhelm-Institute in der britischen Besatzungszone, und damit auch Prandtls KWI für Strömungsforschung, durften mit der Erlaubnis des Research Branch weiter bestehen, allerdings nicht mehr unter dem Namen Kaiser-Wilhelm-Gesellschaft. Es dauerte aber noch fast zwei Jahre, bis sich die Westalliierten auf gemeinsame Grundsätze der künftigen deutschen Wissenschaftsorganisation einigten und die „Max-Planck-Gesellschaft" am 26. Februar 1948 das Erbe der KWG antrat.[30]

Auch für Prandtl und Betz klärten sich die Möglichkeiten der künftigen Forschung in Göttingen nicht auf einen Schlag. Planck gratulierte Betz im Dezember 1945 zum 60. Geburtstag noch „im Namen der Kaiser Wilhelm-Gesellschaft" und mit dem Wunsch, „dass es Ihnen vergönnt sein möge, noch viele Jahre an der Spitze der Aerodynamischen Versuchsanstalt zu stehen, die unter Ihrer Leitung eine so gute Entwicklung genommen hat. Vor allen Dingen wünsche ich Ihnen, dass auch in der kommenden Zeit Ihnen die Freiheit und Unabhängigkeit der wissenschaftlichen Forschung erhalten bleibt".[31] Auch Prandtl hegte noch eine Weile die Hoffnung, die Göttinger Forschungseinrichtungen als Ganzes zu erhalten, wenngleich ihm dies immer zweifelhafter erscheinen musste und er seine Hoffnungen bald nur noch auf das KWI beschränkte. Als ihm Busemann im Februar 1946 aus Braunschweig berichtete, dass „die Zukunft für die Luftfahrtforschung und ihre Anhänger sehr ungewiss" sei und die LFA „völlig verschwinden" werde, schrieb Prandtl zurück, dass er auch für Göttingen befürchtete, „dass die vom RLM errichteten Bauten das Braunschweiger Schicksal werden teilen müssen". Das betraf vor allem die AVA. Prandtl erwartete daher, „dass für das KWI eine Weiterarbeit in Göttingen kommt".[32] Erst im August 1946 war klar, dass die AVA „jetzt stillgelegt" wird und das KWI „fortbestehen" durfte. Es werde auch „eine Anzahl Wissenschaftler aus der AVA in sich aufnehmen", gab sich Prandtl zuversichtlich. „Ich selbst bin daran, die Leitung mit Herrn Betz zu teilen, der bald auch der eigentliche Direktor sein wird".[33]

[30] [Heinemann, 1990, Oexle, 1995], [Hachtmann, 2007, Kap. 12].
[31] Planck an Betz, 17. Dezember 1945. GOAR 2735.
[32] Busemann an Prandtl, 1. Februar 1946; Prandtl an Busemann, 12. Februar 1946. AMPG, Abt. III, Rep. 61, Nr. 217.
[33] Prandtl an Prager, 12. August 1946. AMPG, Abt. III, Rep. 61, Nr. 1272.

Für das britische Ministry of Supply war jedoch 1946 nicht mehr der 72-jährige Prandtl, sondern Betz der maßgebliche Ansprechpartner. „I hope that you will now have the opportunity of resuming peacefully fundamental scientific work", schrieb der Vertreter des Ministeriums im September 1946 an Betz zum Dank für die kurz vorher abgelieferten Göttinger Monographien.[34] Auch der als Verbindungsoffizier zwischen der britischen Besatzung und den deutschen Forschern eingesetzte Joachim Pretsch war ein Schüler und enger Mitarbeiter von Betz.[35] Mit der Ablieferung der Berichte und Monographien endete aus Sicht des Ministry of Supply auch die Existenzberechtigung der AVA, die danach demontiert wurde. Einigen Mitarbeitern wurden Arbeitsverträge für eine Weiterbeschäftigung in England angeboten, anderen eine Übernahme in das KWI in Aussicht gestellt. Die Verwaltung dafür wurde im September 1946 – in Absprache mit den alliierten Besatzungsstellen – an die KWG zurückgegeben, die nun unter der Präsidentschaft Hahns stand. „Im Kaiser-Wilhelm-Institut wurde neben der Abteilung des Direktors, Prof. Betz, eine selbständige Abteilung unter Prof. Prandtl und nach Rückkehr von Prof. Tollmien aus England im Herbst 1947 eine weitere selbständige Abteilung unter dessen Leitung eingerichtet", heißt es in einer kurze Zeit später angefertigten Institutsgeschichte über die neuen Zuständigkeiten. Später kam auch noch eine Abteilung für Reibungsforschung hinzu. „Am 1. Januar 1949 wurde das Institut von der Max-Planck-Gesellschaft übernommen und führt seitdem die Bezeichnung Max-Planck-Institut für Strömungsforschung."[36]

Dessen ungeachtet fühlte sich Prandtl noch lange nicht als bloßer Abteilungsleiter. Das „Strömungs-Institut unter Betz und mir" sei jetzt wieder „im Entstehen begriffen", schrieb er im September 1946 an Sommerfeld. Dabei hatte er sich kurz zuvor einer Prostataoperation unterziehen müssen und litt unter einem „sehr erheblichen Gewichtsverlust".[37] „Ich wiege jetzt knapp noch 100 Pfund und bin recht schlapp, während ich durch die derzeitige Neuorganisation des KWI voll auf dem Posten sein müsste", schrieb er auch an Tollmien, der noch in England war, aber demnächst Prandtls Lehrstuhl an der Göttinger Universität übernehmen sollte.[38]

Betz war über Prandtls Mitwirkung bei dieser Neuorganisation jedoch alles andere als glücklich. Als er im Mai 1947 vom KWG-Präsidenten erfuhr, dass Prandtl in Absprache mit Hahn und entgegen früherer Vereinbarungen mit ihm selbst einen höheren Etat für seine Abteilung durchgesetzt hatte und es „dem Ermessen von Prof. Prandtl anheim gestellt" blieb, „wieviele und wel-

---

[34] Goody an Betz, 16. September 1946. GOAR 3184.
[35] Pretsch, Laudatio zum 60. Geburtstag von Betz, 25. Dezember 1945. AMPG, Abt. III, Rep. 24, Nr. 4.
[36] Betz, Manuskript mit Tätigkeitsbericht, undatiert [1949]. GOAR 2735.
[37] Prandtl an Sommerfeld, 20. September 1946. AMPG, Abt. III, Rep. 61, Nr. 1538.
[38] Prandtl an Tollmien, 23. September 1946, AMPG, Abt. III, Rep. 76, Schriftwechsel 1, 1947–1950.

che Persönlichkeiten er im Rahmen dieses Etats in seiner Abteilung einstellen will",[39] platzte Betz der Kragen. Er selbst habe „etwa 16 bis 17 wissenschaftliche Assistenten zu betreuen", Prandtl dagegen nur „3 bis 4 Assistenten". Die vorgesehene Aufteilung der Mittel entspreche somit „nicht den tatsächlichen Bedürfnissen". Dann holte er zu einer Rückbesinnung über die Entwicklung in den zurückliegenden Monaten aus, um Hahn verständlich zu machen, warum er sich mit dem Etatentwurf „nicht einverstanden erklären" könne:[40]

Im Sommer vorigen Jahres wurde ich von den Engländern beauftragt, im Rahmen der KWG aus den Resten der AVA und des KWI für Strömungsforschung ein auf Grundlagenforschung ausgerichtetes Strömungsforschungsinstitut aufzubauen, wobei ich über die Auswahl des Personals aus beiden Instituten frei verfügen konnte. Dementsprechend erhielt ich dann auch von Ihnen und Herrn Dr. Telschow die diesbezüglichen Anweisungen. Ich war mir der Schwierigkeit dieser Aufgabe wohl bewusst und habe sie mit großer Sorge übernommen. Stand ich doch in materieller und vor allem in personeller Hinsicht vor einem Trümmerhaufen. Meine besten Mitarbeiter waren nach England und Amerika gegangen. Prof. Prandtl schied für die Mitarbeit an diesem Wiederaufbau vollständig aus. Er hatte mir auch erklärt, dass er nur daran interessiert sei, die wenigen Jahre, die ihm voraussichtlich noch zur Verfügung stehen, sich auf die Vollendung begonnener Arbeiten, insbesondere auf dem Gebiet der Meteorologie konzentrieren zu können. Ich habe ihm dazu die besten Leute und seine gewohnte Umgebung überlassen und mich auch sonst bemüht, ihm alle Hindernisse aus dem Weg zu räumen. Ich selbst muss mich in viel weitgehenderem Maße mit dem Schrotthaufen herumschlagen. Auch meine noch arbeitsfähigen Jahre sind gezählt, und wenn ich in dieser Zeit (etwa 8 Jahre) den Wiederaufbau des Institutes noch einigermaßen durchführen können soll, so ist das nur möglich, wenn ich nicht allzu sehr beengt bin. [...]
Nach der eindeutigen Absicht der Engländer sollte Prof. Prandtl ganz aus dem Institut ausscheiden. Nur durch meine Stellungnahme dagegen und durch das energische Einsetzen von Herrn Dr. Telschow für Prof. Prandtl gelang es Herrn Dr. Telschow die Genehmigung zu erhalten, dass Prof. Prandtl in ganz kleinem Umfang (etwa mit 2 Assistenten) sich im Institut noch betätigen könne.

Die Jahrzehnte hindurch erduldete Rolle als zweiter Mann hinter Prandtl hatte bei Betz deutliche Spuren hinterlassen. Er kehrte in seinem Brief an Hahn auch eine Reihe von Vorfällen aus der Vergangenheit hervor, bei denen sich Prandtl – wie Betz fand – nicht gerade hervorgetan hatte. Beim Aufbau

[39] Hahn an Betz, 30. Mai 1947. GOAR 2735.
[40] Betz an Hahn, 6. Juni 1947. GOAR 2735.

des Windkanals im Ersten Weltkrieg „und manch anderer Versuchseinrichtung" habe Prandtl „ungewandt" agiert; seine „Leichtgläubigkeit" habe ihn wie in der Nikuradse-Affäre zum „Opfer von Heuchlern" werden lassen; nach der Trennung der AVA vom KWI im Jahre 1937 seien oft „sehr erhebliche Spannungen zwischen den beiden Instituten" entstanden, „deren Ausgleich mir sehr viel Mühe kostete und meist nur oberflächlich gelang. Nach der Übernahme des KWI bemühte ich mich, diese Spannungen zu beseitigen und ein gutes Einvernehmen der verschiedenen Gruppen herzustellen". Bei all diesen Vorfällen sei er Prandtl immer zu Hilfe gekommen, und Prandtl habe das auch stets anerkannt. „Ich wundere mich daher sehr, dass er jetzt das bisher bewährte Verhältnis so schroff ändern will, obwohl er gerade jetzt meine Fürsorge besonders nötig hat." In einem Entwurf zu diesem Schreiben hatte er seiner Frustration über Prandtl an einer Stelle noch deutlicher Ausdruck verliehen. Die Spannungen zwischen AVA und KWI seien „teils durch ungeeignetes Verhalten von Prof. Prandtl selbst, teils durch undiszipliniertes Verhalten von Angehörigen des Prandtlschen KWI" verursacht worden, heißt es in einer wieder durchgestrichenen Passage.[41]

Um diese Zeit stand die Auflösung der KWG unmittelbar bevor, wie Hahn drei Wochen später an Betz schrieb. Betz und Prandtl mussten ihre Querelen zurückstellen, um dem KWI nun unter der Obhut der „Max-Planck-Gesellschaft zur Förderung der Wissenschaft in der britischen Zone" eine neue Heimat zu verschaffen (Abb. 9.1). Es sei nicht möglich gewesen, diese neue Gesellschaft zum unmittelbaren Rechtsnachfolger der KWG zu machen, deshalb müssten Betz und Prandtl selbst die Aufnahme ihres Instituts in die Max-Planck-Gesellschaft beantragen. Hahn empfahl Betz, den Antrag „in der Form eines Briefes an mich als den gewählten Präsidenten der Max-Planck-Gesellschaft" zu stellen.[42] Betz und Prandtl rauften sich danach zu einem gemeinsamen Schreiben an Hahn zusammen. Im Krieg hätten „viele dringende Aufgaben der Grundlagenforschung zurückgestellt werden" müssen. Jetzt bestehe „ein erhöhtes Bedürfnis" danach, und dies könne nur befriedigt werden, wenn eine „betreuende Organisation zur Beschaffung der finanziellen Hilfsmittel" die Verantwortung für das Institut übernehme. Deshalb sollte „bei einer Auflösung der Kaiser-Wilhelm-Gesellschaft die Max-Planck-Gesellschaft das bisherige KWI für Strömungsforschung übernehmen und betreuen".[43]

Während Prandtl im KWI noch die Weichen auf dem Weg in die Zukunft stellen wollte, ließ er sich an der Universität von allen Pflichten entbinden.

---

[41] Entwurf zu dem Brief von Betz an Hahn, 6. Juni 1947. GOAR 2735.
[42] Hahn an Betz, 28. Juni 1947. GOAR 2735.
[43] Betz und Prandtl an Hahn, 1. Juli 1947. GOAR 2735.

Abb. 9.1 Prandtl und Betz im Jahr 1950 vor einem Versuchsstand im MPI für Strömungsforschung

Wenige Tage, nachdem er Tollmien und anderen seine Absicht mitgeteilt hatte, dass er für die anstehende Neuorganisation des KWI „voll auf dem Posten" sein wolle, reichte er an der Universität sein Gesuch um Emeritierung ein. Als Grund nannte er sein Alter von fast 72 Jahren und „die leider nicht wegzuleugnende Schwäche meines Körpers infolge einer Blasenoperation". Als seinen Nachfolger schlug er Tollmien vor, der auch sein Wunschkandidat als Leiter des Kaiser-Wilhelm-Instituts für Strömungsforschung war, „wenn eines Tages Professor Betz ausscheiden" würde. Tollmien befand sich zu diesem Zeitpunkt noch in England. Er hatte aber schon vor der Übersiedlung nach England seine Bereitschaft bekundet, „einen Göttinger Ruf anzunehmen", wie Prandtl dem Dekan anvertraute.[44]

Dem Gesuch wurde stattgegeben. Prandtl wurde zum 31. März 1947 von seinen amtlichen Pflichten an der Göttinger Universität entbunden.[45] Man folgte auch seinem Wunsch, Tollmien mit der Nachfolge auf seinem Lehrstuhl zu betrauen. Die für alle Fragen der Weiterbeschäftigung oder Neueinstellung entscheidende Entnazifizierung verlief ebenfalls problemlos, da Tollmien fast

---

[44] Antrag auf Emeritierung, 26. September 1946. UAG, Kur, PA Prandtl, Bd. 2.
[45] Niedersächsisches Kultusministerium an Prandtl, 19. Januar 1947. UAG, Kur, PA Prandtl, Bd. 2.

alle Fragen nach der Mitgliedschaft in der NSDAP und in parteinahen Organisationen mit Nein beantworten konnte. Ab 1. September 1947 wurde er ordentlicher Professor für Angewandte Mechanik und Strömungsphysik, wie nun die offizielle Bezeichnung der ehemaligen Prandtlschen Stelle lautete. Gleichzeitig ernannte man ihn – neben Prandtl – zum Leiter einer eigenen Abteilung am KWI für Strömungsforschung.[46]

9.4 Entnazifizierung und Vergangenheitsbewältigung

Auch für Prandtl selbst war die Entnazifizierung problemlos. Die britische Militärregierung teilte der Kaiser-Wilhelm-Gesellschaft am 22. April 1947 mit, dass der für die Entnazifizierung zuständige Ausschuss Prandtl „gemäß den Bestimmungen der Alliierten Kontrollrats-Anweisung Nr. 24 und der Zonenverfahrensvorschrift Nr. 3 überprüft hat, und dass gegen seine Beschäftigung keine Bedenken bestehen".[47]

Das Ziel der Kontrollratsdirektive Nr. 24 war die „Entfernung aller Mitglieder der Nationalsozialistischen Partei, die ihr aktiv und nicht nur nominell angehört haben, und aller derjenigen Personen, die den Bestrebungen der Alliierten feindlich gegenüberstehen, aus öffentlichen und halb-öffentlichen Ämtern und aus verantwortlichen Stellungen in bedeutenden privaten Unternehmen".[48] Obwohl Prandtl als Nichtparteimitglied von dieser Regelung nichts zu befürchten hatte, empörte ihn die darauf aufbauende Prozedur der Entnazifizierung. Angesichts der „Buntheit der Zusammensetzung der Partei" sei für die angestrebte Entnazifizierung „ein rein schematisches Verfahren nach den Angaben des Parteibuches oder eines Fragebogens" der falsche Weg, schrieb er in einem an die britische Militärregierung adressierten Memorandum. Jeder Fall müsse individuell behandelt werden. Wer „in den letzten zwölf Jahren eine schwere Schuld auf sich geladen" habe, müsse „eine schwere Strafe erleiden". Aber die „deutsche Volksgemeinschaft" habe auch „ein Anrecht darauf, die wertvollen Menschen unter den Parteimitgliedern für die ungestörte Weiterführung ihrer Tätigkeit in ihrer Mitte zu behalten, und wünscht sie von dem ihnen im Augenblick noch anhaftenden Odium, ein Nazi zu sein, freigesprochen zu sehen". Im akademischen Bereich hätten „alle jungen Anwärter, die nicht auf ihre wissenschaftliche Laufbahn verzichten konnten oder woll-

---

[46] Abriß des Werdegangs von Prof. Dr. W. Tollmien; Fragebogen der Militärregierung, C. C. G. (B. E.) Public Safety (Special Branch). Privatbesitz Cordula Tollmien. Zur Nachkriegsgeschichte des Instituts für Angewandte Mechanik siehe [Rammer, 2004, Kap. 5].

[47] Notice of Retention, 22. April 1947. UAG, Kur, PA Prandtl, Bd. 2.

[48] http://www.verfassungen.de/de/de45-49/kr-direktive24.htm.

ten, der Partei meist unter schwerem seelischen Druck in irgendeiner Weise Tribut zahlen" müssen:[49]

> Die Universitäten müssen fordern, daß alle menschlich wie fachlich wertvollen jungen Forscher und Lehrer, die keine Aktivisten waren, sondern nur dem Staat und ihrer Wissenschaft zu dienen wünschten, jetzt wieder in Gnaden aufgenommen werden und nicht dadurch zu Schaden kommen, daß sie in den letzten Jahren keinen anderen Weg hatten als den über die Partei, die völlig mit dem Staate verschmolzen worden war. Von der Entscheidung in diesem Sinne hängt der ganze Nachwuchs der deutschen Hochschullehrerschaft ab.

Prandtl gab diesem Memorandum den Titel „Gedanken eines unpolitischen Deutschen zur Entnazifizierung". Seine Fürsprache für „die wertvollen Menschen unter den Parteimitgliedern" und die „fachlich wertvollen jungen Forscher" erinnern an seine Appelle aus dem Jahr 1933, als er sich bei Papen und Frick für seinen Assistenten Willy Prager und andere „Nichtarier" unter seinen Kollegen einsetzte, „die für uns höchst wertvoll sind".[50] Die in diesem Memorandum formulierten Argumente finden sich in abgewandelter Form auch in den zahlreichen „Persilscheinen" wieder, mit denen Prandtl und andere angesehene Wissenschaftler ihren Kollegen, die aus dem einen oder anderen Grund der Partei beigetreten waren, die Entnazifizierung erleichtern wollten. Prandtl bescheinigte zum Beispiel „mit allem Nachdruck" dem alten und neuen Generalsekretär der KWG, Ernst Telschow,[51]

> dass er sich bei seinen Entscheidungen nur von sachlichen Gesichtspunkten leiten lässt und politische Gedanken niemals eine Rolle bei ihm gespielt haben. In den vielen Gesprächen in dieser langen Zeit ist nicht ein einziges Mal etwas zutage getreten, was auf parteimäßige Bindungen an die NSDAP hätte hindeuten können. Soviel ich höre, ist er im Herbst 1933 auf Wunsch seiner Dienststelle in die Partei eingetreten, um den damals nicht zu vermeidenden dienstlichen Verkehr der Kaiser-Wilhelm-Gesellschaft mit der Partei dadurch zu erleichtern. Ich würde mich herzlich freuen, wenn ihm auch von der Militärregierung seine volle Unbedenklichkeit amtlich bestätigt werden könnte.

Otto Hahn, der wie Prandtl frei von dem Makel einer Parteimitgliedschaft war, ging als neuer KWG/MPG-Präsident noch weiter und attestierte seinem

---

[49] Prandtl an Bird, 14. März 1946. AMPG, Abt. III, Rep. 61, Nr. 136. Auch abgedruckt in [Vogel-Prandtl, 2005, S. 176–180].
[50] Siehe Abschn. 7.1 und [Tollmien, 1998, S. 481].
[51] Bescheinigung für Telschow, 7. Juni 1946. AMPG, Abt. III, Rep. 61, Nr. 1674.

Generalsekretär, dass er „als Mitglied der Partei mehr helfen zu können glaubte als ein Abseitsstehender".[52]

Prandtl dürfte mit seinen „Gedanken eines unpolitischen Deutschen zur Entnazifizierung" vielen deutschen Wissenschaftlern aus der Seele gesprochen haben, die wie er Sachliches und Politisches voneinander trennten und dabei nur „parteimäßige Bindungen an die NSDAP" mit Politik gleichsetzten. Aus diesem Selbstverständnis heraus fühlte sich Prandtl unpolitisch – trotz seiner Dienste für das NS-Regime als Vorsitzender der Forschungsführung und seiner Funktionen bei der Lilienthal-Gesellschaft und der Deutschen Akademie der Luftfahrtforschung. Als ihm zu Ohren kam, dass Hermann Lorenz von der ehemaligen Berliner Geschäftsstelle der Forschungsführung interniert worden war, schrieb er zu dessen Entlastung:[53]

> In meiner Eigenschaft als ehemaliger Präsident der ‚Forschungsführung' hatte ich enge persönliche Berührung mit Dr. Lorenz und kann bestätigen, dass es sich um einen kenntnisreichen und absolut sachlich eingestellten technisch-wissenschaftlichen Beamten handelt, dessen Aufgabe nur war, die über viele Forschungsinstitute im ganzen Reich zerstreute Luftfahrtforschung von zentraler Stelle aus zu überwachen und zu leiten.

Dass zum Verantwortungsbereich der Forschungsführung die Luftfahrtmedizin gehörte, wo man auch vor tödlichen Menschenversuchen an KZ-Häftlingen nicht zurückschreckte, oder Bauvorhaben wie „Oetz" in Tirol, die den Einsatz von Zwangsarbeitern erforderten, wirft ebenfalls Fragen auf. Es ist sehr wahrscheinlich, dass Prandtl nichts von den Versuchen in Dachau und den Zuständen beim Bau des Windkanals im Ötztal wusste. Als Vorsitzender der Forschungsführung hatte er jedoch bis zu den letzten Kriegstagen die Verantwortung für eine kriegsorientierte Luftfahrtforschung im Dienste der Nationalsozialisten übernommen, was eine konkrete Unterstützung des Regimes bedeutete. Dennoch empfand er sich selbst in keiner Weise als Nazi, wie er Kármán gegenüber betont hatte, und er betrachtete auch seine Propaganda für Hitlers Außenpolitik im Jahr 1938, seine Rechtfertigung des Überfalls auf Polen 1939 und seine Funktion als Berater für Görings Luftfahrtministerium nicht als Dienst für ein verbrecherisches Regime, sondern als patriotische Pflicht. Prandtls Tochter glaubte, dass ihr Vater „im Hinblick auf die Versäumnisse in der Vergangenheit eine Art Verpflichtung" gesehen habe, „sich über das politische Geschehen eigene Gedanken zu machen und daraus entsprechende Konsequenzen zu ziehen". Aus diesem Grund sei er, als die Westalliierten 1946 wieder die Bildung politischer Parteien zuließen, Mitglied in der

---

[52] Zitiert in [Hachtmann, 2007, S. 1110]. Zur Entnazifizierung in der KWG siehe auch [Beyler, 2004].
[53] Bescheinigung für Lorenz, 19. September 1946. GOAR 3425.

Freien Demokratischen Partei (FDP) geworden. „Prandtls Interesse war nun ganz bewusst auf die Politik gerichtet."[54]

Doch auch fünf Jahre nach dem Krieg wollte Prandtl nicht einsehen, dass sein Verhalten im „Dritten Reich" alles andere als unpolitisch war und er sich in den Augen von Kármán der Komplizenschaft mit dem NS-Regime schuldig gemacht hatte. Als man in den USA zu Kármáns 70. Geburtstag eine Festschrift plante und Prandtl um eine Einleitung dazu bat, lehnte er dieses Ansinnen ab. Kármán sei 1945 „in einer amerikanischen Generalsuniform" nach Göttingen gekommen und ihm gegenüber „absolut frostig" aufgetreten. Kármán habe ihn auch zu seinem 75. Geburtstag nicht mit einem Beitrag gewürdigt, obwohl dies in amerikanischen Zeitschriften „in einer nicht zu übersehenden Art" gefeiert worden sei. „Ich weiß also gar nicht, ob er mich immer noch mit den Hyänen von Buchenwald identifiziert", so rechtfertigte er seine Absage. Nicht er fühlte sich in der Pflicht, sich zu rechtfertigen, sondern Kármán müsse auf ihn zugehen. Solange Kármán „sein Verhalten mir gegenüber nicht ändert", bleibe er bei der Absage. „Wenn man ihn dazu veranlassen würde, mir ein freundliches Lebenszeichen zu schicken, würde ich natürlich umschalten können und würde mich sogar darüber freuen, daß der Bann zwischen ihm und mir gebrochen wäre."[55]

Anders als Prandtl gab sich Baeumker einige Mühe, Kármán seine eigene Rolle in der Luftfahrtforschungspolitik des NS-Staates zu erklären. Baeumker war mit „Paperclip" als Berater der US-Air Force in die USA gekommen und hatte mehr als Prandtl Gelegenheit, die zurückliegenden zwölf Jahre aus der Perspektive seiner amerikanischen Gastgeber zu betrachten. „Nach zweieinhalbjähriger Anwesenheit in den Staaten" schickte er Kármán auf fünf eng beschriebenen Briefseiten „ein Lebenszeichen", obwohl er im Zweifel darüber war, wie Kármán es aufnehmen würde. „Es fällt mir nicht leicht, einen Brief an einen Mann zu schreiben, dem Deutschland so Vieles verdankt und dem wie ich hören musste, Gutes mit Bösem vergolten wurde." Er sprach vom „Zusammenbruch der deutschen Demokratie" vor 1933 und beschrieb seine eigene Rolle in Görings Luftfahrtministerium als die eines Intellektuellen, für den „weit vorausreichende Grundlagenforschung das große Ziel" gewesen sei. „Bis zum Kriege habe ich nicht an einer einzigen Besprechung über militärische Fragen oder auch nur über Aufrüstung teilgenommen." Dann habe er „im Oktober 1941 den offiziellen Rauswurf" erhalten. „Meine Tätigkeit in der Anfang 1942 gebildeten Forschungsführung war null. [...] Meine eigenen Vorschläge wurden in der vierköpfigen Stelle so konstant nicht berücksichtigt, dass ich mich bald ganz selbst absetzte. Das blieb bis

[54] [Vogel-Prandtl, 2005, S. 184].
[55] Prandtl an Pohlhausen, 2. Januar 1951. AMPG, Abt. III, Rep. 61, Nr. 1267.

zum Kriegsende.“[56] Baeumkers Versuch einer (allerdings bis zur Unwahrheit verzerrten) Vergangenheitsbewältigung zeigt eine andere Variante der Rechtfertigung vergangener Aktivitäten im Dienst eines verbrecherischen Systems. Was bei Prandtl als die patriotische Pflicht eines unpolitischen Deutschen erscheint, tritt bei Baeumker als nicht weniger unpolitische Dienstleistung für eine „weit vorausreichende Grundlagenforschung“ auf.[57]

9.5   Eine angemessene Friedensbeschäftigung

In seinem „Friedensprogramm von 1944“ (siehe Abschn. 8.9) hatte Prandtl noch im Krieg Überlegungen angestellt, wie es an seinem Institut nach Kriegsende weitergehen könnte. Taylor hatte er seine Absichten im Oktober 1945 ebenfalls mitgeteilt: „Wir sehen noch viele Aufgaben, die der Lösung harren, einerseits auf dem Gebiet der Turbulenzforschung (sowohl in den grundlegenden Fragen wie auch in den praktischen Anwendungen), andererseits auf dem Gebiet der Strömung in der Nähe der Schallgeschwindigkeit, auch bezüglich des Verhaltens der Grenzschichten in diesem Fall. Die meteorologischen und ozeanographischen Strömungsfragen, bei denen einerseits Dichteschichtung, andererseits turbulente Vorgänge eine wesentliche Rolle spielen, gehören auch hierher.“[58]

Im Februar 1946 machte er daraus eine erste Themenliste für das zukünftige Forschungsprogramm des KWI:[59]

A. Hochgeschwindigkeit in Luft und Gasen
B. Hochgeschwindigkeit in Wasser (Kavitation)
C. Strömungen mit kleiner Zähigkeit, besonders laminare Grenzschichten
D. Turbulenz
E. Wärmeübergang
F. Dichteschichtung
G. Meteorologische Strömungsvorgänge
H. Gemische von Flüssigkeiten mit festen oder gasförmigen Beimengungen
I. Geräteentwicklung.

---

[56] Baeumker an Kármán, 25. November 1948. TKC, 1–40.
[57] Dass er seine Karriere in den USA als Berater des Air Research and Development Command der Air Force fortsetzen konnte, zeigt, dass diese Dienstleistung System übergreifend gefragt war. 1957 kehrte er in die Bundesrepublik Deutschland zurück, wo er das Verteidigungsministerium in Luftfahrt-technischen Fragen beriet. [Hein, 1995].
[58] Prandtl an Taylor, 11. Oktober 1945. AMPG, Abt. III, Rep. 61, Nr. 1654.
[59] Aufstellung eines zukünftigen Forschungsprogramms des KWI, 10. Februar 1946. AMPG, Abt. I, Rep. 44, Nr. 48.

Seit April 1946 wurde in den westlichen Besatzungszonen durch das Alliierte Kontrollratsgesetz Nr. 25 geregelt, was an den nicht zur Demontage vorgesehenen Instituten noch geforscht werden durfte.[60] Danach war für Prandtl und Betz klar, dass in ihrem Forschungsprogramm militärisch motivierte Forschungen und Windkanalversuche, die früher wie selbstverständlich zum Arbeitsgebiet der AVA und des KWI gehört hatten, untersagt waren. Die Demontage der AVA ließ weder Windkanäle noch andere Gerätschaften übrig, die für die künftige Forschung am KWI hätten genutzt werden können, so dass unabhängig von den Forschungsverboten die Forschung fürs Erste weitgehend auf theoretische Arbeiten beschränkt blieb. „Ich bin immer noch sehr stark mit redaktionellen und schriftstellerischen Arbeiten beschäftigt", berichtete Betz im November 1947 an Ackeret nach Zürich. Kurz zuvor hatte er den FIAT-Band *Hydro- und Aerodynamik* abgeliefert. „Zur Zeit habe ich gerade die Korrekturen für mein Buch über ‚Konforme Abbildung' in Arbeit." Was ihn und seine Mitarbeiter am meisten beschäftige, sei die schlechte Ernährungslage und der Mangel an Glühlampen.[61]

Im Mai 1946 machte sich Prandtl erneut Gedanken über ein künftiges Forschungsprogramm. Er unterschied jetzt zwei Hauptbereiche, die er mit „A. Turbulenzprogramm" und „B. Verschiedene Aufgaben" überschrieb. Das Turbulenzprogramm gliederte er in:[62]

1. Studien der Übergangszonen einer turbulenten Reibungsschicht zur Potentialströmung und zur Wand.
2. Rechnerische Nachprüfung dieser Vorgänge auf Grund einer neueren Theorie der ausgebildeten Turbulenz.
3. Quantitative Messung der Windkanalturbulenz und Zusammenhang mit der Verhinderung der Strömungsablösung.
4. Feinere Untersuchung über die Turbulenzstruktur, besonders Messung des Abklingens der Turbulenz hinter Gittern und Sieben und Vergleich mit theoretischen Ansätzen.
5. Turbulenter Wärmeaustausch.
6. Turbulenter Wind in der freien Atmosphäre.
7. Geschiebe und Sandbewegung in turbulenter Strömung.
8. Eingreifen der Dichteschichtung auf Turbulenz.

---

[60] Allgemein dazu [Stamm, 1981],[Cassidy, 1994],[Cassidy, 1996]. Zur Durchführung der Forschungskontrolle in Göttingen siehe verschiedene Schriftwechsel in GOAR 3483 und 3484.
[61] Betz an Ackeret, 18. November 1947. DLR-Archiv AK-3184.
[62] Aufstellung des künftigen Forschungsprogramms des KWI („Arbeitsgruppe Prandtl"), 9. Mai 1946. AMPG, Abt. I, Rep. 44, Nr. 48.

Unter „Verschiedene Aufgaben" nannte er:

1. Schwingungs- und Strömungsformen bei Dichteschichtung.
2. Bewegung von Wasser-Luftgemischen.
3. Meteorologische Probleme (Theorie der allgemeinen Zirkulation der Atmosphäre, Theorie der Zyklonen Entstehung und des Energieumsatzes dabei. Vorgänge an den Luftkörpergrenzen (Fronten)).
4. Bau einer Rechenmaschine für laminare Grenzschichten.

Als wissenschaftliche Mitarbeiter seiner Arbeitsgruppe sah er vor: Hans Reichardt als Experten „für Ausbreitungsvorgänge und für Wärmeaustausch", Karl Wieghardt „für turbulente Reibungsschichten und theoretische Berechnungen", den Mathematiker Wolfgang Rothstein „zur besonderen Verfügung der Arbeitsgruppe, auch für meteorologische Probleme" und Wilhelm Frössel als „Leiter des Konstruktionsbüros und der Werkstätte". Wie Prandtl in einem Nachtrag betonte, verstand er dies als „ein ausgesprochenes Minimalprogramm, das die Aufgabe hat, die bisherigen Arbeiten meines Arbeitskreises weiterzuführen". Insbesondere wollte er sich der meteorologischen Strömungsforschung zuwenden. Der dafür „noch hinzuzuziehende Fachmeteorologe" sei noch nicht in dem Programmentwurf enthalten.[63]

Mit Reichardt, Wieghardt und Frössel blieb, wie Prandtl an Tollmien nach England schrieb, wenigstens ein Teil der „alten Garde" im Institut. Er hätte auch noch gerne Herbert Schuh übernommen, seinen Experten für die Entwicklung von Turbulenzmessgeräten, aber der war inzwischen wie Tollmien nach England übergesiedelt.[64] Seinem alten Schüler Theodor Meyer, der 1908 bei ihm über Gasdynamik promoviert hatte, schrieb er, dass er auch dieses Gebiet noch gerne in seiner Abteilung weiter erforscht hätte, aber „Überschallströmung ist ja jetzt verbotenes Terrain". Stattdessen habe er sich „als angemessene ‚Friedensbeschäftigung' die meteorologische Strömungslehre ausgesucht" und „auch recht gute Mitarbeiter dafür bekommen".[65]

Im Juli 1947 legte Betz der Kaiser-Wilhelm-Gesellschaft den ersten Jahresbericht über die Arbeiten am KWI vor. Ganz oben auf der Forschungsagenda stand die Theorie laminarer und turbulenter Grenzschichten, wozu auch meteorologische und geophysikalische Vorgänge wie die Bodenerosion durch Wind zählten. Als weiteres Arbeitsgebiet wollte Betz auch der Gasdynamik wieder einen Platz im Institutsprogramm verschaffen, insbesondere was „das Verhalten der Grenzschicht im kompressiblen Bereich" betrifft. Allerdings hätten die „noch immer fortdauernden Zerstörungsmaßnahmen und Demon-

---

[63] Aufstellung des künftigen Forschungsprogramm des KWI („Arbeitsgruppe Prandtl"), Nachtrag, 21. Mai 1946. AMPG, Abt. I, Rep. 44, Nr. 48.

[64] Prandtl an Tollmien, 23. September 1946. AMPG, Abt. III, Rep. 76, Schriftwechsel 1, 1947–1950.

[65] Prandtl an Meyer, 2. Juni 1947. AMPG, Abt. III, Rep. 61, Nr. 1067.

tagen", die „Vertragsverpflichtungen der Mitarbeiter nach England und Amerika" und die Arbeit an den Göttinger Monographien und FIAT-Berichten noch kaum Forschung in nennenswertem Umfang zugelassen. Unter den elf Veröffentlichungen aus der Berichtszeit waren fünf FIAT-Berichte aus der Feder von Betz (2), Wieghardt (2) und Prandtl (1), die Arbeit Prandtls „Über die Berechnung des Wetterablaufs", sowie Arbeiten von Betz „Über den abgelösten Verdichtungsstoß" und die „Berechnung von Gasströmungen im Bereich der Schallgeschwindigkeit", sowie Arbeiten von Wieghardt „Über einige Untersuchungen an turbulenten Reibungsschichten" und von Walter Tillmann über „Wandnahe turbulente Reibungsschichten mit Druckanstieg". Bis auf „Einige Bemerkungen über das Pitot-Rohr und die Zylindersonden" von Wieghardt handelte es sich ausschließlich um theoretische Arbeiten.[66]

Im Herbst 1947 kam mit Tollmien wieder ein Mann der „alten Garde" an das KWI, das nun über 19 wissenschaftliche Mitarbeiter verfügte (12 in der Abteilung Betz, 4 in der Abteilung Prandtl und 3 in der Abteilung Tollmien) und die Zahl der wissenschaftlichen Publikationen gegenüber dem Vorjahr deutlich steigerte.[67] Allerdings geriet das Institut in eine „schwierige finanzielle Lage", so dass man sich bei der Generalverwaltung der Max-Planck-Gesellschaft zu Sparmaßnahmen gezwungen sah. Im Juli 1948 wurde in einer Krisensitzung „die Abteilung Prandtl als finanziell gesund" betrachtet. Tollmiens Abteilung bestand noch nicht lange genug, um ihr die Schuld an der finanziellen Schieflage zu geben; sie betreibe „ausschließlich Grundlagenforschung" und sei „finanziell voll zu stützen". Betz jedoch habe in seiner Abteilung „zu viel Personal, das nicht die Qualifikation zur Grundlagenforschung besitzt", so lautete der „von dem Vertreter der Abteilung Prandtl" erhobene Vorwurf. „Professor Betz muss in seiner Abteilung das Personal so weit abbauen, bis eine gesunde finanzielle Grundlage erreicht ist", entschied Hahn. „Die Abteilungen Prandtl und Tollmien werden im alten Umfange aufrecht erhalten."[68] Betz bestritt vehement, dass seine Mitarbeiter als Grundlagenforscher nicht genügend qualifiziert seien. Nur hätten sie „nicht so ungestört wie die Mitarbeiter von Prof. Prandtl einfach an ihre früheren Aufgaben" anknüpfen können. Die ungleiche Behandlung ihrer Abteilungen würde „unvermeidlich böses Blut unter den Institutsangehörigen machen".[69]

Es dauerte noch mehr als ein Jahr, bis sich die Lage normalisierte. „Im KWI jetzt MPI für Strömungsforschung habe ich eine kleine selbstständige Forschungsabteilung", schrieb Tollmien nach der Institutsumbenennung an

---

[66] Tätigkeitsbericht des KWI Göttingen, 21. Juli 1947. AMPG, Abt. I, Rep. 44, Nr. 48.
[67] Betz an Telschow, 6. August 1948. GOAR 2735.
[68] Hahn an Betz, 26. Juli 1948, mit Bericht über die Institutsleiterbesprechung vom 22. Juli 1948. GOAR 2735.
[69] Betz an Telschow, 6. August 1948. GOAR 2735.

Busemann, der inzwischen mit „Paperclip" in die USA übergesiedelt war. „Vor allem ist es mir gelungen, einen Friedensschluss zwischen Herrn Prandtl und Herrn Betz, die vor meinem Auftauchen nur noch schriftlich miteinander verkehrten, herbeizuführen".[70] Auch die Forschungsarbeiten erreichten wieder ein Niveau, das keinen Anlass zu Kritik mehr bot. Dennoch blieb das Verhältnis zwischen den Abteilungen gespannt. Als die Generalverwaltung der Max-Planck-Gesellschaft 1949 Tätigkeitsberichte aus den verschiedenen Instituten für ihr Jahrbuch anforderte, sprach aus dem Bericht von Betz zwischen den Zeilen immer noch ein Quantum an Verbitterung darüber, dass er sich mit dem nach der Demontage verbleibenden „Schrotthaufen herumschlagen" musste, während sich Prandtl seinen Lieblingsthemen widmen durfte. Prandtl verfügte in seinem alten KWI (Haus 3) über eine selbständige Abteilung, die sich hauptsächlich „mit Sondergebieten, insbesondere mit Problemen der Meteorologie und der Rheologie befasst". Tollmiens Abteilung beschäftigte sich „vorwiegend mit theoretischen Aufgaben" und war damit unbeeinträchtigt von der Demontage. Betz dagegen bekam mit der AVA-Hinterlassenschaft „die vielen Zerstörungen und Materialverluste" als Folge der Demontage besonders zu spüren. „Noch im Frühjahr 1948 wurden weitere Zerstörungen in Halle 1 und Haus 2 gefordert und im Laufe des folgenden Jahres durchgeführt."[71]

9.6 Meteorologische Strömungsforschung

Die meteorologische Strömungsforschung, die sich Prandtl für seine letzten Jahre „als angemessene ‚Friedensbeschäftigung' ausgesucht" hatte, war für ihn kein neues Arbeitsfeld. Schon bei seinen ersten Göttinger Vorlesungen über Luftschifffahrt gehörte Wissen über unterschiedliche Wolkentypen, Gewitterentstehung und andere Wetterphänomene zu seinem Lehrstoff.[72] Als Ballonführer (siehe Abschn. 3.4) war dieses Wissen für ihn auch keine bloße akademische Angelegenheit. In den 1920er Jahren sah er in der Windverteilung über dem Erdboden einen Anwendungsfall für die gerade im Entstehen begriffene Theorie der turbulenten Grenzschicht.[73] Der Meteorologe Wilhelm Schmidt lieferte ihm mit der Vorstellung, dass bei einem mit der Höhe über dem Erdboden zunehmenden Horizontalwind die Turbulenz für einen vertikalen Impulsaustausch sorgt, den entscheidenden Hinweis für seinen Mischungswegansatz (siehe Abschn. 6.2). In einer Festschrift zu Ehren des norwegischen Meteo-

---

[70] Tollmien an Busemann, 14. November 1949, AMPG, Abt. III, Rep. 76, Schriftwechsel 1, 1947–1950.
[71] Betz, Tätigkeitsbericht, undatiert [1949]. GOAR 2735.
[72] Vorlesungsmanuskript „Luftschifffahrt", 1909. GOAR 2762-31.
[73] [Prandtl, 1924b].

rologen Vilhelm Bjerknes fasste Prandtl 1932 diese und andere Erkenntnisse seiner Forschung unter dem Titel „Meteorologische Anwendungen der Strömungslehre" zusammen.[74]

Im Zweiten Weltkrieg zählte die meteorologische Strömungsforschung zu den „Gemeinschaftsaufgaben" der Deutschen Akademie der Luftfahrtforschung, und Prandtl war als Obmann für diesen Bereich zuständig. Er stand hierüber auch in Kontakt mit führenden Meteorologen wie Ludwig Weickmann oder Georgii, seinem Kollegen in der Forschungsführung. Allerdings besaß die Forschung auf diesem Gebiet keine hohe Priorität. Die vor dem Krieg aufgestellten Forschungsprogramme ließen sich jetzt, schrieb Prandtl 1942 an Baeumker, nicht mehr durchführen und sollten „auf bessere Zeiten" vertagt werden.[75] Dennoch blieb ihm auch im Krieg die Meteorologie ein wichtiges Anliegen. Im März 1944 hielt er in der Luftfahrtakademie einen Vortrag über „Neuere Erkenntnisse der meteorologischen Strömungslehre", wobei er sehr darum bemüht war, dies als natürlichen Bestandteil im Arbeitsprogramm seines Instituts darzustellen:[76]

Das Kaiser-Wilhelm-Institut für Strömungsforschung in Göttingen kümmert sich um alles, was strömt. Hierzu gehört nicht zum letzten die Erdatmosphäre. Diese bietet ungelöste Probleme in reicher Fülle, und so war es natürlich, daß wir uns ihr nach Lösung der grundlegenden Aufgaben der gewöhnlichen Strömungslehre in steigendem Maße widmen.

Im selben Jahr bezog Prandtl auch Stellung in einer Streitfrage unter Meteorologen über den vertikalen Wärmeaustausch bei einem turbulenten Horizontalwind.[77] Doch dabei handelte es sich im Wesentlichen nur um Schlussfolgerungen aus früheren Arbeiten. Die eigentliche meteorologische Strömungsforschung vertagte er auf die Nachkriegszeit. Sie wurde das Arbeitsgebiet von Ernst Kleinschmidt jun. und Horst Merbt, die er neben der „alten Garde" als „neue Männer" in seiner Abteilung einstellte. Aber auch für seine eigene Arbeit wählte er Themen aus der Meteorologie. „Ich selbst habe auch noch einmal etwas losgelassen, das ich der hiesigen Akademie vorgelegt habe", berichtete er Tollmien im September 1946 nach England. „Es trägt den etwas kühnen Titel: ‚Zur Berechnung des Wetterablaufs'."[78]

Die Wettervorhersage mittels numerischer Rechenverfahren nahm erst in den 1950er Jahren konkrete Gestalt an, als mit dem Einsatz elektronischer

---

[74] [Prandtl, 1932b].
[75] Zitiert in [Freytag, 2007, S. 262].
[76] [Prandtl, 1944b, S. 157].
[77] [Prandtl, 1944d, Prandtl, 1944c].
[78] Prandtl an Tollmien, 23. September 1946. AMPG, Abt. III, Rep. 76, Schriftwechsel 1, 1947–1950. [Prandtl, 1946].

Computer die große Zahl der dabei anfallenden Rechenschritte bewältigt werden konnte.[79] Prandtl verstand seine Ausführungen mehr als eine Andeutung künftiger Möglichkeiten. Sie waren auch nur auf Wettervorgänge anwendbar, bei denen die Luftmassen eine sehr langsame Vertikalbewegung aufweisen. Für diesen Fall leitete Prandtl Differentialgleichungen ab, mit denen aus der Dichteverteilung der Luft zu einem gegebenen Zeitpunkt die Geschwindigkeit der Luftströmung und der Luftdruck zu einem späteren Zeitpunkt berechnet werden konnten. Um daraus ein numerisches Verfahren von „praktischem Nutzen für die Prognose" zu machen, müsste man „besondere Rechenmaschinen" bauen, mit denen aus den Ausgangswerten zu einem gegebenen Zeitpunkt die Lösung der Differentialgleichungen durch ein iteratives Verfahren zu einem späteren Zeitpunkt bestimmt werden konnte. „Eine einfachere Maschine solcher Art", fügte er in einer Fußnote hinzu, werde in seinem Institut gerade „für die Lösung einer Differenzengleichung an Stelle der Differentialgleichung der laminaren Grenzschicht" entwickelt.[80] Auf die einzelnen Schritte, die auf dem Weg zu einer numerischen Lösung getan werden mussten, ging er jedoch nicht ein. Die Kürze seiner Ausführung war auch den Zeitumständen geschuldet. „Nach den derzeitigen Bestimmungen darf der Text nur 3 Druckseiten lang sein. Auf 6 Druckseiten wäre es hübscher geworden", schrieb er Tollmien. „So ist alles nur sehr knapp angedeutet und geeignet für den Gedankengang, die Priorität zu sichern."[81]

Der in der Fußnote erwähnte Apparat zur Berechnung laminarer Grenzschichten, den Prandtl dabei als Muster vor Augen hatte, war ein rein mechanisches Gerät und hatte nichts mit den elektronischen Computern gemein, die später für meteorologische Berechnungen zum Einsatz kamen. Prandtl hatte schon im Februar 1939 Entwürfe für eine „Grenzschichtmaschine" angefertigt. Unter den Kriegsarbeiten des KWI war das Projekt der von Henry Görtler bearbeiteten „Problemgruppe laminare Grenzschichten" zugeordnet. Mit der Maschine sollten beliebige ebene Grenzschichtströmungen berechnet werden, ohne auf die Fachkenntnisse eines Mathematikers angewiesen zu sein – „mittels eines Rechenschemas, das von untergeordneten Hilfskräften durchgeführt werden kann".[82] Das Projekt gedieh jedoch nicht über eine Entwurfzeichnung aus dem Jahr 1941 hinaus. Erst nach dem Krieg schritten Prandtls Werkstattleiter und ein Mechaniker vom Entwurf zur Tat. Das Ergebnis war eine „mechanische Rechenanlage mit viel Gestänge, vielen Kugellagern und Federn" von der Größe einer Schreibmaschine. „Nach Fertigstellung eines

---

[79] [Nebeker, 1995, Kap. 11].
[80] [Prandtl, 1946, S. 105].
[81] Prandtl an Tollmien, 23. September 1946. AMPG, Abt. III, Rep. 76, Schriftwechsel 1, 1947–1950.
[82] Manuskriptblätter „Grenzschichtmaschine", einzelne Blätter datiert von 1939 bis 1941. AMPG, Abt. III, Rep. 61, Nr. 2284. Bericht über die Kriegsarbeiten des KWI, undatiert. AMPG, Abt. I, Rep. 44, Nr. 48.

kleinen Teiles haben wir alle damit gespielt, denn wenn man an einer Stelle drückte, bewegte sich auch ganz woanders etwas", so erinnerte sich Görtler viele Jahre später an eine Äußerung des Werkstattleiters.[83] Am Ende zweifelte Prandtl daran, wie er 1950 an Courant schrieb, „ob die erstrebte Genauigkeit, die allein die Weiterarbeit sinnvoll machen würde, erreicht werden" könne.[84] Der Grenzschichtrechner blieb ein Torso.

Prandtl veröffentlichte auch als 75-Jähriger noch kürzere Arbeiten zur Meteorologie aus der Sicht der Strömungsforschung.[85] Sein wichtigster Mitarbeiter in diesen Fragen war wieder Ernst Kleinschmidt jun., der vor allem die Entstehung von tropischen Wirbelstürmen erforschte. Dabei erlebten auch die Versuche im rotierenden Labor eine Wiedergeburt. Im Wesentlichen handelte es sich um das Studium der Strömungsverhältnisse über einer rotierenden Scheibe, wobei warme bodennahe Luft nach innen strömt und in großer Höhe wieder nach außen abgegeben wird. Kleinschmidt leitete für die dabei wesentlichen Größen eine Bedingung für das Zustandekommen eines Taifuns ab und konnte aus der Energie- und Impulserhaltung bei solchen Strömungen die wichtigsten Phänomene wie das Auge eines Taifuns erklären. Prandtl sah in Kleinschmidt seinen letzten bedeutenden Schüler, der es verdiente, wie er Busemann schrieb, in einer Reihe mit Kármán und anderen renommierten Absolventen seiner Schule erwähnt zu werden. Den Kern der Kleinschmidtschen Taifuntheorie beschrieb er Busemann folgendermaßen:[86]

Es zeigt sich, dass durch das monatelange heiße Wetter in den tropischen Meeren ein Zustand geschaffen wird, der durch irgendwelche kleineren Störungen über eine Gleichgewichtsschwelle herübergebracht wird und nun anfängt, in einer Art von Selbsterregung sich zu solchen gewaltigen Ereignissen zu steigern. Der Taifun selbst kühlt dann das Meer wieder kräftig ab, so dass es wieder lange dauert, bis die für den kritischen Punkt nötige Heizung des Meeresgebiets wieder erreicht wird. Da an der Ostküste von Amerika die Hurrikane nicht ganz unbekannt sind, die das abklingende Endstadium der Taifune darstellen, werden wohl auch die Amerikaner Interesse an der Arbeit finden, die demnächst in einem Sonderheft des „Archivs für Meteorologie, Geophysik und Bioklimatologie" erscheinen wird, das anlässlich des hundertjährigen Bestehens der Zentralanstalt für Meteorologie und Geodynamik in Wien gedruckt wird.

Für Kleinschmidt war Prandtl nicht lediglich (wie für Betz) eine Autorität aus einer vergangenen Epoche, die nicht loslassen konnte, sondern ein wis-

---

[83] [Görtler, 1975, S. 159].
[84] Prandtl an Courant, 12. Mai 1950. AMPG, Abt. III, Rep. 61, Nr. 252.
[85] [Prandtl, 1949b, Prandtl, 1950a, Prandtl, 1950b].
[86] Prandtl an Busemann, 21. Mai 1951. AMPG, Abt. III, Rep. 61, Nr. 217.

senschaftlicher Förderer, der trotz seines hohen Alters fachliche Anregungen geben konnte. „Herrn Professor L. Prandtl verdanke ich den Hinweis, dass die Impulsvernichtung in der Bodenreibungsschicht die Dimensionen des Taifuns wesentlich mitbestimmen muss", so hob er den Anteil Prandtls an seiner Taifuntheorie hervor, die einen Markstein auf dem Weg zur modernen Theorie von Zyklonen darstellt.[87]

9.7   Ein „Führer durch die Strömungslehre"

Neben der meteorologischen Strömungsforschung gab es noch eine andere große Herausforderung, der sich Prandtl immer wieder stellte, ohne sie jemals zu seiner vollen Befriedigung zu erledigen. Schon 1941 stand der Plan eines „seit langem geplanten und immer wieder zurückgestellten Lehrbuchs" ganz oben auf der Liste seiner Wünsche. Er dachte sich dieses Lehrbuch als eine Fusion aus einer Neubearbeitung der inzwischen zehn Jahre alten und von Tietjens bearbeiteten zweibändigen *Hydro- und Aerodynamik*, seinem Beitrag für Durands *Aerodynamic Theory* von 1935 und einem völlig neuen Teil über Tragflügeltheorie.[88]

Daneben wartete auch sein *Abriss der Strömungslehre*, den er 1935 als Nachdruck ohne wesentliche Veränderungen in zweiter Auflage publiziert hatte, auf eine Neubearbeitung. Prandtl stellte deshalb den von Tietjens angeregten Lehrbuchplan zurück und autorisierte lediglich eine Neuauflage des ersten Bandes der *Hydro- und Aerodynamik*, die 1944 ohne wesentliche Veränderungen erschien. Den *Abriss* wollte er jedoch angesichts der zahlreichen neuen Forschungsarbeiten seit der letzten Auflage nicht als bloßen weiteren Nachdruck erscheinen lassen. Aus dem „wohlbekannten und vielverbreiteten" *Abriss* wurde „unter annähernder Verdopplung des Umfangs" ein *Führer durch die Strömungslehre*, so machte die *Physikalische Zeitschrift* ihre Leser auf den gravierenden Unterschied zwischen der zweiten und dritten Auflage des *Abriss* aufmerksam, die Prandtl 1942 unter dem neuen Titel herausgebracht hatte. Die neuen Teile betrafen vor allem die Kavitation, Anwendungen der Strömungslehre in der Geophysik sowie Nachträge zur Gasdynamik, Turbulenz und Tragflügeltheorie. Trotz des erweiterten Umfangs habe Prandtl wieder „in meisterlicher Weise Strenge und Anschaulichkeit" miteinander verbunden. „Physiker, Geophysiker und Ingenieure" könnten Prandtls *Führer durch die Strömungslehre* sowohl für die erste Annäherung als auch zur Orientierung

---

[87] [Kleinschmidt, 1951, S. 72]. Zur Rolle der Kleinschmidtschen Theorie für die weitere Entwicklung siehe [Thorpe, 1993].
[88] Prandtl an Tietjens, 6. November 1941. AMPG, Abt. III, Rep. 61, Nr. 1698.

über die schwierigeren Fragen dieses Forschungsfeldes benutzen.[89] Prandtl begründete den neuen Titel des Buches damit, dass es für einen „Abriss" jetzt zu umfangreich geworden sei. Mit der Ausweitung des Stoffes habe er es sich zur Aufgabe gemacht, „den Leser auf einem sorgfältig angelegten Weg durch die einzelnen Gebiete der Strömungslehre zu führen".[90]

Ob Prandtl und der Vieweg Verlag mit der Umbenennung auch dem Zeitgeist Rechnung tragen wollten („Führerprinzip", „Forschungsführung"), sei dahingestellt. Prandtls wissenschaftliche Autorität in seinem Fach bedurfte jedenfalls keiner politisch motivierten Begründung. Die Nachfrage an Prandtls Buch war so groß, dass Vieweg bereits 1944 eine fast unveränderte Neuauflage davon nachdruckte. „Der Satz, der noch stand, sollte mit tunlichst geringen Änderungen wieder verwendet werden", so begründete Prandtl das Fehlen von nennenswerten Erweiterungen.[91] Auch diese Auflage fand einen reißenden Absatz, so dass sich Prandtl im März 1945 schon wieder mit dem Wunsch des Verlages nach einer neuen Auflage konfrontiert sah.[92] Das Kriegsende sorgte für eine Zwangspause, doch der Wunsch nach einer neuen Auflage war ungebrochen. Der Verlag nutzte diese Zeit, um sich Klarheit über „die künftigen Absatzmöglichkeiten" zu verschaffen. Außerdem bot sich nun die Gelegenheit, um in der nächsten Auflage endlich die von Prandtl schon länger geplante gründliche Neubearbeitung vorzunehmen.[93] Prandtl wollte mit der Neuauflage jedenfalls so lange warten, „bis die Fachliteratur, die in der Zwischenzeit auf der anderen Seite der Front entstanden war, in unseren Händen sein wird".[94]

Es dauerte noch fast ein Jahr, bis Vieweg von der britischen Militärregierung die Verlagslizenz erteilt wurde.[95] Prandtl hatte sich noch kaum an die Neubearbeitung gemacht, da berichtete ihm Vieweg auch schon von Wünschen nach einer englischen Übersetzung.[96] Zunächst war geplant, dafür die Auflage von 1944 zugrunde zu legen, doch man kam bald zu dem Schluss, dass die für die deutsche Neubearbeitung vorgesehene Fassung auch der Übersetzung als Ausgangsmaterial dienen sollte.[97] Im September 1947 schrieb Prandtl an den britischen Verlag Blackie and Son in Glasgow, dass er nun „energisch" an der Neuauflage arbeite, in der nicht nur dringende Ergänzungen und Literaturhinweise, sondern auch neue Forschungsergebnisse aufgenommen würden.

---

[89] [Schiller, 1944].
[90] [Prandtl, 1942, S. IV–V].
[91] [Prandtl, 1944a, S. VII].
[92] Vieweg an Prandtl, 2. März 1945. AMPG, Abt. III, Rep. 61, Nr. 1822.
[93] Vieweg an Prandtl, 25. Mai 1945. AMPG, Abt. III, Rep. 61, Nr. 1822.
[94] Prandtl an Vieweg, 28. Juni 1945. AMPG, Abt. III, Rep. 61, Nr. 1822.
[95] Vieweg an Prandtl, 9. Mai 1946. AMPG, Abt. III, Rep. 61, Nr. 1822.
[96] Vieweg an Prandtl, 22. Januar 1947. AMPG, Abt. III, Rep. 61, Nr. 1822.
[97] Vieweg an Prandtl, 20. Juni 1947; Prandtl an Vieweg, 23. Juni 1947. AMPG, Abt. III, Rep. 61, Nr. 1822.

Abb. 9.2 Prandtl an seinem Schreibtisch im April 1948 im MPI für Strömungsforschung

„Es wird also zweckmäßig sein, dass Sie der endgültigen Übersetzung auch die neue Auflage zugrunde legen." Falls auch neueste Forschungsarbeiten „aus dem englischen Sprachkreise" aufgenommen werden sollten, möge man sich an Sydney Goldstein wenden, der in den 1920er Jahren bei ihm in Göttingen Vorlesungen gehört hatte.[98]

Je mehr sich Prandtl der neuen Auflage seines *Führers durch die Strömungslehre* widmete, desto deutlicher zeichnete sich ab, dass die Änderungen gegenüber der letzten Auflage beträchtlicher ausfallen würden als zuerst gedacht. Im Februar 1948 schickte er die letzten Teile des Manuskripts an Vieweg mit der Bitte, „nicht allzusehr zu erschrecken", dass es so viele Änderungen und Ergänzungen enthielt (Abb. 9.2). Er habe vor allem solche Teile ergänzt, die „früher aus Geheimhaltungsgründen nicht veröffentlicht werden" konnten oder ihm „in der Zwischenzeit erst zur Kenntnis gekommen" seien.[99] Auch im Vorwort, das er im November 1948 zu Papier brachte, wies er darauf hin, dass diese Auflage „eine gründliche Durcharbeitung erfahren" habe, „sowohl durch Aufnahme von zahlreichen Hinweisen auf Dinge, die im Krieg geheim gehalten werden mussten, wie auch von neuen Forschungsergebnissen der Zwischenzeit, die unser Wissen bereichert haben". Dazu kämen die zahlreichen Kriegsarbeiten, die „allerdings im allgemeinen in Deutschland nicht mehr erreichbar" seien, „da sie nach dem Ende der Feindseligkeiten als Kriegsbeute galten. Soweit sie in den westlichen Zonen vorhanden waren, sind sie jedoch als ‚Mikrofilme' in zahlreichen Kopien in den USA, und wohl auch in England und Frankreich vorhanden".[100]

Mit diesen Hinweisen wurde die 3. Auflage noch mehr zu einem *Führer durch die Strömungslehre* – bis hin zu Gebieten wie Kavitation und Detonationsphysik, die Prandtl und seinen Kollegen in Deutschland zwar als

---

[98] Prandtl an Blackie and Son, 18. September 1947. AMPG, Abt. III, Rep. 61, Nr. 1823.
[99] Prandtl an Vieweg, 2. Februar 1948. AMPG, Abt. III, Rep. 61, Nr. 1824.
[100] [Prandtl, 1949b, S. VI].

Forschungsfelder aufgrund des Kontrollratsgesetz Nr. 25 untersagt waren, aber durch die Verweise auf die entsprechenden Kriegsarbeiten, Göttinger Monographien und FIAT-Berichte für interessierte Leser wenigstens auf ihre Ursprünge im Krieg zurückgeführt werden konnten. Auch für die englische Übersetzung wollte Prandtl schon im Titel den Charakter seines Buches als „Führer" herausstellen. „Guide Book through the Flow Mechanics" sei die korrekte Übersetzung, schrieb er dem britischen Verleger.[101] „We have considered many alternatives", teilte man Prandtl über die lange diskutierte Frage eines passenden englischen Titels mit. „Elements of Aero- and Hydro-Dynamics, with Applications" sei doch eine treffende Bezeichnung. Prandtl war dieser Titel jedoch zu weit entfernt von seinem „Führer", und er konterte mit „Baedeker for Fluid Mechanics". Am Ende einigte man sich auf *Essentials of Fluid Dynamics: With Applications to Hydraulics, Aeronautics, Meteorology, and other Subjects*.[102]

Bereits ein Jahr nach dem Erscheinen der dritten Auflage des *Führers durch die Strömungslehre* bat Vieweg den jetzt 75-jährigen Prandtl, sich wieder Gedanken über eine Neubearbeitung zu machen, da die Auflage „bis auf wenige Exemplare" verkauft sei.[103] Außerdem plante der Verlag Dunod in Paris eine Neuauflage des *Précis de Méchanique des Fluides*, wie die 1940 erschienene französische Übersetzung des *Abriss der Strömungslehre* betitelt worden war. Prandtl erfuhr von dieser französischen Übersetzung erst von seinem Schüler Otto Schrenk, den es nach dem Krieg nach Paris verschlagen hatte.[104] Er schlug vor, „das größere Buch", die gerade erschienene 3. Auflage des *Führers* für die französische Neuauflage des *Précis* zu verwenden. Vielleicht sei es auch ratsam, die 4. Auflage des *Führers* abzuwarten, den er „in Kürze" in Angriff nehmen wolle. „Aber natürlich würde das eine ziemliche Verzögerung bedeuten", gab er zu bedenken, es könnte „schon noch ein halbes Jahr vergehen".[105] Die vierte Auflage ließ jedoch noch viel länger auf sich warten, so dass man in Frankreich ebenso wie in Großbritannien die dritte Auflage des *Führers* zur Grundlage der Übersetzung machte. Der *Guide à travers la mécanique des fluides* erschien wie die *Essentials of Fluid Dynamics* im Jahr 1952. Ein Jahr vor seinem Tod erfuhr Prandtl damit die Genugtuung, dass seinem Lebenswerk trotz des verlorenen Krieges weit über die Grenzen Deutschlands hinaus eine Zukunft beschert war.

---

[101] Prandtl an Blackie and Son, 23. Februar 1948. AMPG, Abt. III, Rep. 61, Nr. 1824.
[102] Blackie and Son an Prandtl, 28. Juli 1950, 21. August 1950 und 7. September 1950. Prandtl an Blackie and Son, 12. September 1950. AMPG, Abt. III, Rep. 61, Nr. 1828.
[103] Vieweg an Prandtl, 20. September 1950. AMPG, Abt. III, Rep. 61, Nr. 1828.
[104] Schrenk an Prandtl, 25. September 1950. AMPG, Abt. III, Rep. 61, Nr. 1495.
[105] Prandtl an Schrenk, 2. Oktober 1950. AMPG, Abt. III, Rep. 61, Nr. 1495.

9.8   Am Abend des Lebens

Ein Lebensabend ohne Arbeit war für Prandtl undenkbar. Die zum 31. März 1947 ausgesprochene Emeritierung befreite den 72-Jährigen zwar von Vorlesungen und anderen universitären Verpflichtungen, aber wenn es um akademische Belange aus seinem ehemaligen Umfeld wie die Feier des 100. Geburtstages von Felix Klein ging, war er zur Stelle. Seine Ausführungen über Kleins Pflichtbewusstsein am Ende seiner Festrede lassen sich auch als Ausdruck seiner eigenen Arbeitsmoral deuten. Was Klein „oft unter Hintansetzung seiner Gesundheit" begründet habe, müsse für „uns Nachfahren" eine „heilige Verpflichtung" sein, es „in heißem Bemühen den nachfolgenden Generationen weiterzugeben".[106]

Das Wort „heilig" verstand Prandtl dabei nicht in einem religiösen Sinn. Als er kurz darauf in der Zeitung las, dass der Papst den Glauben an die Himmelfahrt Marias zum Dogma erklärte, trat er aus der Kirche aus. Von den Katholiken den Glauben daran zu verlangen, „dass die irdischen Überreste des Leibes der Mutter Maria in den Himmel versetzt worden seien", stelle „für einen naturwissenschaftlich gebildeten Menschen" eine inakzeptable Forderung dar. „Ich würde mir unehrlich vorkommen, wenn ich durch Verbleiben in der katholischen Gemeinschaft meine formelle Zustimmung zu dem neuen Glaubenssatz geben würde, der der Kirche wahrscheinlich noch sehr viel Schaden zufügen wird." Innerlich habe er sich längst von der Kirche gelöst, sei aber nicht ausgetreten, da ihn „viele wertvolle Jugenderinnerungen" an diesem Schritt gehindert hätten. „Verspätet durch Arbeitsdrang und schließlich durch Krankheit" holte er dies am 29. November 1950 nach.[107]

Zehn Tage zuvor hatte Prandtl bei einem Spaziergang einen Schlaganfall erlitten. „Er kam hinkend nach Hause", berichtete seine Tochter. „Der Arzt, den wir sofort holten, stellte eine Lähmung von Bein und Arm fest und verordnete ihm absolut ruhiges Verhalten im Haus. Mehrere Wochen blieb er unser Patient, saß tagsüber in einem breiten Lehnstuhl sehr geduldig, aber doch traurig, dass seine Arbeit im Institut liegenbleiben musste".[108] Doch er ließ sich von Besuchern das Neueste aus dem Institut berichten und korrespondierte vom häuslichen Schreibtisch aus eifrig mit seinen Schülern und Kollegen. „Ich freute mich, von Ihnen einmal wieder ein längeres Lebenszeichen bekommen zu haben", beantwortete er einen Brief Busemanns aus den USA. Hätte Busemann ihn zu Hause besuchen können, so hätte er ihn „fest auf einem Lehnstuhl liegend" angetroffen. „Ich hatte nämlich infolge ei-

---

[106] [Prandtl, 1949a, S. 11].
[107] [Vogel-Prandtl, 2005, S. 203].
[108] [Vogel-Prandtl, 2005, S. 202].

ner kleinen Gehirnblutung eine Lähmung meines rechten Beines. Jetzt laufe ich aber schon wieder ganz tapfer herum, wenn es auch noch nicht so geht, wie es früher war [...]. Inzwischen bin ich dabei, für eine neue Auflage meines Buches den Stoff durchzusehen und mich darum zu kümmern, was etwa Wichtiges an neuen Dingen in der Welt passiert ist."[109]

Im MPI für Strömungsforschung wurde Prandtls Abteilung zum 1. April 1951 mit der von Tollmien zu einer einzigen „Abteilung Prandtl-Tollmien" zusammengelegt und der alleinigen Leitung von Tollmien unterstellt.[110] Das hinderte Prandtl aber nicht daran, „sein" Institut wieder regelmäßig aufzusuchen, sobald er sich von dem Schlaganfall genügend erholt fühlte. Sein Nachfolger habe ihm „freundlicherweise immer noch weiter" einen Schreibtisch im Institut belassen, schrieb Prandtl im November 1951 an den Meteorologen Harald Koschmieder, der ihm den zweiten Band seiner gerade erschienenen *Physik der Atmosphäre* geschickt hatte. „Ich habe schon gesehen, dass Sie manche neuen Dinge darin aufgenommen haben", bekundete Prandtl sein ungebrochenes Interesse an diesem Forschungszweig.[111] Von seinen beiden Mitarbeitern bei der meteorologischen Strömungsforschung blieb ihm nur noch Kleinschmidt. Horst Merbt hatte eine Stelle an der Technischen Hochschule in Stockholm angenommen, hielt jedoch auch von Schweden aus die Beziehung zu Kleinschmidt und Prandtl aufrecht.[112]

Dennoch war Prandtl nach dem glimpflich überstandenen Schlaganfall nicht mehr derselbe. Er gewöhne sich „doch mehr oder minder daran, ein wackliger Greis zu werden", schrieb er Busemann im Sommer 1951. „Das Laufen habe ich zwar in der Zwischenzeit wieder gelernt und marschiere ohne Zwischenrast zum Kehr und wieder herunter. Aber trotzdem ist nicht alles so, wie es in guten Tagen war. Aber man nähert sich eben überhaupt dem Achtziger nicht ungestraft."[113] Was ihm noch an Arbeitskraft zur Verfügung stand, steckte er in die Vorbereitung der neuen Auflage seines *Führers durch die Strömungslehre*. Als ihm 1952 sein erster Doktorand Blasius, der sich inzwischen auch schon dem Siebziger näherte, mit einem Sonderdruck ein Lebenszeichen schickte, schrieb Prandtl zurück, dass er sich selbst im Alter von 77 Jahren „nicht eigentlich im Ruhestand" fühle und sich wieder einmal mit einer Neuauflage seines Buches „herumplage":[114]

---

[109] Prandtl an Busemann, 19. Januar 1951. AMPG, Abt. III, Rep. 61, Nr. 217.

[110] Prandtl und Tollmien an die MPG-Generalverwaltung, 5. März 1951. AMPG, Abt. III, Rep. 61, Nr. 2383; [Tollmien, 1961, S. 727].

[111] Prandtl an Koschmieder, 13. November 1951. AMPG, Abt. III, Rep. 61, Nr. 874.

[112] Siehe dazu die Korrespondenz zwischen Prandtl und Merbt in AMPG, Abt. III, Rep. 61, Nr. 1054.

[113] Prandtl an Busemann, 21. Mai 1951. AMPG, Abt. III, Rep. 61, Nr. 217.

[114] Prandtl an Blasius, 30. Juni 1952. AMPG, Abt. III, Rep. 61, Nr. 144.

Das nun wieder kommt davon her, dass ich nicht einfach die alte Auflage zum so und so vielten Male nochmals von neuem drucken lasse, sondern den Ehrgeiz habe, der unermüdlich fortschreitenden Forschung der jungen Leute soweit zu folgen, dass ich dasjenige davon, was einen größeren Kreis interessieren sollte, den künftigen Generationen von Lesern zu berichten versuche. Nachträglich finde ich, dass diese Idee – ich habe die neuere Auflage ja „Führer durch die Strömungslehre" genannt und wollte einen wirklichen Führer daraus machen – mir allerhand Ungemach bereitet. Denn wenn man ein Buch einen „Führer" nennt, so muss er auch wirklich führen können. Und diesem wieder steht im Wege, dass die jungen Leute, die auf demselben Gebiet arbeiten, in ihrer Jugendkraft es nicht bei den ererbten Theorien belassen, sondern immer wieder neue dazufabrizieren. Und wenn man sich sozusagen selbst Führeransprüche anmaßt, dann heißt das, dass man für alle neu entstehenden Erweiterungen der Theorie jeweils Werturteile dieser Theorien zu liefern sich verpflichtet glaubt. Das ist eine Sache, deren Konsequenzen ich mir offenbar nicht so recht überlegt habe. Und da sitze ich nun dabei, ein solches Buch zu schreiben, und es macht mir viel Mühe.

Auch am politischen Geschehen nahm Prandtl noch lebhaften Anteil, obwohl er sich selbst – wie in seinem Memorandum zur Entnazifizierung gegenüber der britischen Militärregierung – als einen „unpolitischen Deutschen" charakterisierte. Davon zeugt nicht nur sein Engagement für die Freien Demokraten,[115] sondern auch ein in großer Empörung geschriebener Brief an den Vorsitzenden der Bayernpartei, der im Mai 1949 das Grundgesetz der kurz zuvor gegründeten Bundesrepublik Deutschland als „Schundgesetz" bezeichnet hatte, weil es Bayern „wichtiger Hoheitsrechte beraubt" habe und die „Sozialisierung, Zentralisierung und Russifizierung der deutschen Staaten" fördere. „Ich bin selbst Bayer", begann Prandtl seinen Brief, und er schäme sich für das Verhalten eines Parlamentariers, der mit so ungehobelten Ausdrücken „das Ansehen unseres gemeinsamen bayerischen Vaterlandes erheblich geschädigt" habe. „Ich würde es schätzen, wenn diese Zeilen Sie zu ein wenig Nachdenken anregen würden."[116] Im Januar 1950 schrieb er an die BBC nach London, die in einer Sendung die Haltung des deutschen Bundeskanzlers in der Saar-Frage kritisiert hatte. Adenauer habe „sehr vielen guten Deutschen aus dem Herzen gesprochen", wenn er die von Frankreich geforderte Abtrennung der Saar als schweres Hindernis für eine Verständigung der Bundesrepublik mit den Westmächten bezeichnete. „Da wir Deutschen ja den unglückseligen Krieg verloren haben, werden wir immer Verständnis haben, wenn auf wirtschaftlichem Gebiet irgendwelche Forderungen der Alliierten erfüllt werden müssen.

---

[115] Prandtl an die Freie Demokratische Partei, 2. Dezember 1946, AMPG, Abt. III, Rep. 61, Nr. 483.
[116] Prandtl an Baumgartner, 11. Mai 1949, AMPG, Abt. III, Rep. 61, Nr. 93.

Abb. 9.3 Prandtl begrüßt Theodor Heuss bei dessen Besuch im MPI für Strömungsforschung am 9. November 1951. Im Hintergrund: Walter Tollmien

Aber daneben gibt es psychologische Dinge, und hierin wird man die begreifliche Empfindlichkeit der deutschen Seele mehr respektieren müssen als bisher."[117]

Umgekehrt sah sich Prandtl auch wieder bei deutschen Politikern in hohem Ansehen. Theodor Heuss, der Vorsitzende der FDP und erste deutsche Bundespräsident, verlieh ihm bei einem Besuch des Max-Planck-Instituts für Strömungsforschung im November 1951 das Bundesverdienstkreuz (Abb. 9.3).[118] Zu seinem 77. Geburtstag erhielt er zu seiner Überraschung auch von Wilhelm Pieck, einem der Gründer der Sozialistischen Einheitspartei Deutschlands und Präsident der Deutschen Demokratischen Republik, ein Glückwunschtelegramm. Prandtl verhehlte nicht seine „erhebliche Überraschung" und bekundete im Gegenzug sein lebhaftes Interesse „für die derzeitigen Bemühungen um eine baldige Einigung der zur Zeit getrennten deutschen Zonen unter Wiedergewinnung der Rede- und Gedankenfreiheit, die wir in der Westzone genießen, auch für die Ostzone, denn ohne diese würde, wie sich jeder sagen kann, die Vereinigung der beiden Zonen unmöglich sein".[119]

Ein halbes Jahr später, im August 1952, erlitt Prandtl erneut einen Gehirnschlag, von dem er sich nicht mehr erholte. Als er sich trotz seiner Hinfälligkeit wieder auf den Weg zu seinem Schreibtisch im Institut machte, musste man

---

[117] Prandtl an Richardson (BBC), 27. Januar 1950, AMPG, Abt. III, Rep. 61, Nr. 1360. Zur Saar-Frage siehe [Hudemann und Poidevin, 1995].
[118] [Vogel-Prandtl, 2005, S. 206].
[119] Prandtl an Pieck, 13. Februar 1952, AMPG, Abt. III, Rep. 61, Nr. 1256.

ihn von dort in einem verwirrten Zustand wieder zurück bringen. Die letzten Monate seines Lebens verbrachte er zu Hause in der Obhut einer Pflegerin. „Der Krankheitszustand verschlimmerte sich, und er wusste, dass er sich nun nicht mehr erholen würde", berichtete die Tochter über die letzten Monate im Leben ihres Vaters. „Am 15. August 1953 starb er. Bis zuletzt blieb er in seiner gewohnten Umgebung."[120]

---

[120] [Vogel-Prandtl, 2005, S. 208].

10
Was bleibt

Wirken und Werk bedeutender Wissenschaftler enden nicht mit ihrem Tod. Prandtls *Führer durch die Strömungslehre* erfährt noch im 21. Jahrhundert Neuauflagen. Die von Prandtl geschaffenen Institutionen bestehen – wenn auch in veränderter Form – weiter. Seine zahlreichen Schüler haben neue Schülergenerationen herangezogen, die nun in aller Welt als Prandtls wissenschaftliche Enkel dessen Forschungstradition fortsetzen. Zahlreiche wissenschaftliche und technische Errungenschaften tragen Prandtls Namen. In einem Festschriftaufsatz zu Prandtls 125. Geburtstag werden zwölf Marksteine aus der Entwicklung der Strömungsmechanik aufgeführt, die nach Prandtl benannt wurden.[1]

10.1 Die Prandtl-Zahl

Dabei steht die Prandtl-Zahl an erster Stelle. Ingenieure fast aller Fachrichtungen machen in ihrem Studium mit der Prandtl-Zahl Bekanntschaft, wenn es etwa um die Kühlung eines Motors oder andere Fragen geht, bei denen der Wärmeübergang auf ein strömendes Medium eine Rolle spielt. Meteorologen und Klimaforscher begegnen der Prandtl-Zahl bei Modellrechnungen zur atmosphärischen Konvektion. Geo- und Astrophysiker benutzen die magnetische Prandtl-Zahl, wenn sie mit Dynamomodellen die Magnetfelder von Planeten und Sternen berechnen. Im Kern geht es dabei immer um das Verhältnis zweier Leitfähigkeiten. Die Prandtl-Zahl der Ingenieure und Meteorologen charakterisiert das Verhältnis der kinematischen Viskosität (v) zur Temperaturleitfähigkeit (a) eines Stoffes, die magnetische Prandtl-Zahl der Astrophysiker das Verhältnis der kinematischen zur magnetischen Viskosität. Das Verhältnis der beiden Leitfähigkeiten ist eine dimensionslose, für das jeweilige Fluid charakteristische Zahl, die dem Experten auf einen Blick verrät, ob es für diesen oder jenen Zweck in Frage kommt.

Wie bei vielen, mit den Namen ihrer Entdecker versehenen Begriffen in Naturwissenschaft und Technik ist ihre Verwendung nicht unbedingt in Ein-

---

[1] [Zierep, 2000, S. 3].

© Springer-Verlag Berlin Heidelberg 2017
M. Eckert, *Ludwig Prandtl – Strömungsforscher und Wissenschaftsmanager*, DOI 10.1007/978-3-662-49918-4_10

klang mit den Motiven und Absichten ihrer Entdecker. Wenn es nach Prandtl gegangen wäre, hätte es überhaupt keine Prandtl-Zahl gegeben, denn er gestand die Priorität daran Wilhelm Nusselt zu, der sich 1909 mit einer Arbeit über *Wärme- und Impulstransport in Rohren* an der Technischen Hochschule Dresden habilitiert und darin diesen Problemkreis als erster erforscht hatte. „Die Zahl $v/a = \mu c_p/\lambda$ [μ = dynamische Viskosität, c_p = spezifische Wärme bei konstantem Druck, λ = Wärmeleitfähigkeit], die wie erwähnt schon bei Nusselt vorkommt, ist später Prandtlsche Zahl (*Pr*) genannt worden", schrieb Prandtl 1942 in einer Fußnote an der entsprechenden Stelle im *Führer durch die Strömungslehre.* „Der Verfasser wünschte diese historische Unkorrektheit nicht mitzumachen und bevorzugte deshalb die ebenso kurze Benennung v/a."[2]

Prandtl hatte 1910 nach dem Studium von Nusselts Habilitationsschrift eine „Analogie zwischen den Differentialgleichungen der Wärmekonvektion und der Flüssigkeitsbewegung" festgestellt und daraus mithilfe von Dimensionsbetrachtungen Beziehungen zwischen Wärmeaustausch und Strömungswiderstand abgeleitet.[3] Danach konnte man auch der Temperatur eine Grenzschicht zuordnen. 1928 veröffentlichte Prandtl wieder eine kurze Arbeit zu diesem Thema, nun aber vor dem Hintergrund der inzwischen gewonnenen Einsichten über die Geschwindigkeitsverteilung in der turbulenten Grenzschicht. Danach konnte man aus der von einer erhitzten Rohrwand ausgehenden Erwärmung der Strömung im Rohr Erkenntnisse über die Grenzschichtturbulenz ableiten. Prandtl fand es „bemerkenswert, dass hier eine rein hydrodynamische Frage durch eine Wärmeübergangsbeobachtung geklärt werden kann".[4]

Um den Besonderheiten der turbulenten Grenzschicht beim Wärmeübergang Rechnung zu tragen, unterscheidet man heute zwischen einer molekularen Prandtl-Zahl als einer für jedes Fluid charakteristischen Stoffkonstante und einer turbulenten Prandtl-Zahl, die von den jeweils vorherrschenden Strömungsverhältnissen abhängt. Wie die molekulare Prandtl-Zahl ist die turbulente Prandtl-Zahl das Verhältnis zweier Leitfähigkeiten, die jetzt aber nicht mehr feste Materialgrößen sind, sondern durch die turbulente Verwirbelung bestimmt werden. Die turbulente Prandtl-Zahl ist definiert als das Verhältnis der den turbulenten Impulstransport beschreibenden „eddy viscosity" zu einer entsprechenden thermischen „eddy conductivity".[5]

---

[2] [Prandtl, 1942]. Neben der Prandtl-Zahl gibt es auch die Nusselt-Zahl $Nu = \alpha d/\lambda$ (α = Wärmeübergangskoeffizient, d = charakteristische Länge), die für Ähnlichkeitsbetrachtungen bei Wärmeübergangsfragen benutzt wird.

[3] [Prandtl, 1910b].

[4] [Prandtl, 1928a]. Siehe dazu auch [Rotta, 2000, S. 67f.].

[5] [Kays und Crawford, 1993, Kap. 13].

Die anhaltende Aktualität der Prandtl-Zahl ist heute vor allem diesem Zusammenhang des Wärmeübergangs mit der Turbulenz geschuldet. Die turbulente Prandtl-Zahl steht insbesondere bei der Modellierung des Wärmeübergangs in turbulenten Strömungen im Zentrum des Interesses.

10.2 Turbulenzmodelle

Von allen wissenschaftlichen Problemen war die Turbulenz für Prandtl *das* Forschungsthema, an dem er sich immer wieder aufs Neue versuchte und das ihn zeitlebens so intensiv wie kein anderes beschäftigte.[6] Wenn man seine Wirkung auf die auch nach seinem Tod immer aktuell gebliebene Turbulenzforschung nur an den Benennungen misst, die seinen Namen tragen, so würde allein der Prandtlsche Mischungswegansatz aus den 1920er Jahren seine bleibende Bedeutung auf diesem Gebiet zum Ausdruck bringen. Tatsächlich hätten es auch andere Marksteine auf dem Weg der Turbulenzforschung verdient, nach Prandtl benannt zu werden. Dass es nicht dazu kam, liegt nicht zuletzt an der Natur dieses Forschungsfeldes, das sich nicht auf eine Disziplin eingrenzen ließ und bis heute auch keine Entdeckungen aufweist, die wie die Entdeckung eines neuen physikalischen Effekts oder die theoretische Vorhersage eines neuen Elementarteilchens in der Wissenschaftlergemeinschaft für Furore sorgt. Bis heute wurde kein Nobelpreis für einen Fortschritt auf dem Gebiet der Turbulenzforschung verliehen, obwohl die Wahrnehmung Taylors und Prandtls aus den 1930er Jahren, dass man nur als Atomphysiker Chancen auf diese Auszeichnung habe,[7] schon lange nicht mehr zutrifft.

1916 hatte Prandtl in seinem „Arbeitsprogramm für eine Turbulenz-Theorie"[8] zwei Problemfelder für die künftige Turbulenzforschung abgesteckt, die „Entstehung der Turbulenz" und die „fertige Turbulenz", und auf beiden Gebieten haben die von ihm und seinen Schülern hinterlassenen Ergebnisse anhaltende Wirkungen gezeigt. Die Frage der Turbulenzentstehung hatte 1929 mit Tollmiens Stabilitätsanalyse der laminaren Grenzschichtströmung entlang einer ebenen Platte zumindest für den ersten Schritt der Turbulenzanfachung eine Antwort gefunden.[9] Im Rückblick gerät leicht in Vergessenheit, dass die in Göttingen aus der Taufe gehobene Methode lange Zeit umstritten war und erst durch Experimente in amerikanischen Windkanälen im Zweiten Weltkrieg bestätigt wurde.[10] „Bei dieser Sachlage gehört die lange angezwei-

---

[6] [Bodenschatz und Eckert, 2011, Bodenschatz und Eckert, 2013].
[7] Siehe Abschn. 7.6.
[8] Siehe Abschn. 5.6.
[9] Siehe Abschn. 6.7.
[10] [Eckert, 2016].

felte asymptotische Stabilitätstheorie der laminaren Strömungen heute zu den am besten gesicherten Teilen der modernen Strömungslehre", stellte Tollmien 1953 mit Genugtuung fest. Um diese Zeit war auch schon klar, dass die Methode von Tollmien und Schlichting „wegen der Linearisierung nur das erste Stadium der Entstehung der Turbulenz" beschreibt.[11] In den 1960er Jahren ging man das Problem mit nichtlinearen Verfahren an, aber auch im 21. Jahrhundert sind die Prozesse zwischen dem ersten Einsetzen der Instabilität und dem vollständigen Umschlag zur Turbulenz noch nicht vollständig aufgeklärt. Die Verweise in der internationalen Fachliteratur auf die einschlägigen Publikationen Prandtls und seiner Schüler machen deutlich, dass ihr Anteil an der Kultivierung dieses komplexen Forschungsfeldes nicht in Vergessenheit geraten ist.[12]

Auch auf dem zweiten Feld der Turbulenzforschung, der „fertigen Turbulenz", hinterließ Prandtl weit über den Mischungswegansatz hinaus deutliche Spuren. Er selbst scheint auf den Erfolg, den er mit der Ableitung der Kolmogorowschen Mikroskala in den letzten Monaten des Zweiten Weltkriegs in der Theorie der voll entwickelten Turbulenz noch erzielt hatte,[13] keinen großen Wert gelegt zu haben, wenn man die nur flüchtige Erwähnung dieser Arbeit in seinem FIAT-Bericht dafür als Beleg nimmt. Als er diesen Bericht abfasste, waren ihm jedoch die jüngsten Arbeiten Carl Friedrich von Weizsäckers und Heisenbergs schon bekannt, die unabhängig von ihm zu denselben Ergebnissen gelangt waren. Nach ihrer Internierung in Farm Hall waren beide 1946 nach Göttingen gekommen, wo sie in den Gebäuden der AVA das Max-Planck-Institut für Physik neu aufbauten und häufig mit Prandtl über die jüngsten Arbeiten auf dem Gebiet der Turbulenz diskutiert haben dürften. Weizsäcker und Heisenberg gingen in ihren Ausarbeitungen zur statistischen Theorie der Turbulenz viel weiter als Prandtl, so dass es Prandtl nicht für nötig hielt, seine diesbezüglichen Notizen zu publizieren. Als dann im September 1946 beim ersten Mechanik-Kongress nach dem Krieg in Paris der britische Turbulenzforscher George Keith Batchelor auch die Arbeiten von Andrei Nikolajewitsch Kolmogorow und Lars Onsager publik machte, die auf andere Art und Weise zu denselben Ergebnissen wie Weizsäcker und Heisenberg gekommen waren, sah Prandtl erst recht keine Veranlassung mehr für eine eigene Publikation. Er hätte damit, so mag sich Prandtl gesagt haben, nur der von Batchelor in Paris zitierten „remarkable series of coincidences"[14] eine weitere Variante hinzugefügt. Aus diesem Grund blieb dieser Beitrag Prandtls zur statistischen Theorie der voll entwickelten Turbulenz unpubliziert. Im engeren

---

[11] [Tollmien, 1953, S. 202f.].
[12] [Yaglom und Frisch, 2012].
[13] Siehe Abschn. 8.8.
[14] [Batchelor, 1946].

Kreis seiner Göttinger Kollegen wusste man jedoch darum. „Es ist sehr bedauerlich", schrieb Julius C. Rotta im Jahr 2000 in der Festschrift zu Prandtls 125. Geburtstag, „dass die Arbeit Prandtls nicht veröffentlicht worden ist und dass das unveröffentlichte Manuskript von 1945 bislang nicht aufgefunden ist".[15] Inzwischen hat Eberhard Bodenschatz das vermisste Manuskript im Archiv des DLR gefunden. Die darin formulierte Theorie kann den mathematisch anspruchsvollen Theorien in der „remarkable series of coincidences" als ein durchaus ebenbürtiges Gegenstück an die Seite gestellt werden, da es den physikalischen Vorgang in der nach Kolmogorow benannten K41-Theorie auf sehr anschauliche Weise beschreibt und mathematisch nur Kenntnisse über geometrische Reihen voraussetzt.[16]

Das unveröffentlichte Manuskript Prandtls darf jedoch nicht isoliert betrachtet werden. Es stand am Ende einer Entwicklung, die in den 1930er Jahren mit den Taylorschen Arbeiten zur statistischen Turbulenztheorie ihren Ausgang genommen hatte. Beim Turbulenz-Symposium während des Mechanikkongresses in Cambridge, Massachusetts, hatte Prandtl erste Ergebnisse der Göttinger Forschung auf diesem Gebiet vorgestellt.[17] Seine Beschäftigung mit diesem Problemkreis mündete nicht nur in die unpublizierte Ableitung der heute nach Kolmogorow benannten Mikroskala der Turbulenz, sondern auch in seine Akademie-Veröffentlichung *Über ein neues Formelsystem für die ausgebildete Turbulenz*, die man als Auftakt für die Turbulenzmodellierung bezeichnen kann. Den ersten Gebrauch davon machte Julius Rotta im Jahr 1951 in einem Artikel in der *Zeitschrift für Physik*, in dem er das Prandtlsche Formelsystem zu einem Berechnungsverfahren für eine „Statistische Theorie nichthomogener Turbulenz" machte. Gleich im ersten Abschnitt formulierte er darin das Grundproblem jeder Turbulenzmodellierung:[18]

Bei turbulenten Strömungen braucht man zur Berechnung der Strömungsvorgänge neben den Navier-Stokesschen Bewegungsgleichungen für die gemittelte Strömungsbewegung, die Grundströmung, noch weitere Beziehungen, die den Zusammenhang zwischen den in diesen Bewegungsgleichungen auftretenden turbulenten Spannungen, den sog. Reynolds-Spannungen, und den übrigen Strömungsgrößen vermitteln. Eine derartige Beziehung ist z. B. die in einer Arbeit von L. Prandtl angegebene statistische Bilanz für die kinetische Gesamtenergie der turbulenten Bewegung, die sich aus den Navier-Stokesschen Gleichungen herleiten lässt.

---

[15] [Rotta, 2000, S. 112].
[16] [Bodenschatz und Eckert, 2011, S. 81–85].
[17] Siehe Abschn. 7.8.
[18] [Rotta, 1951, S. 547]

Vor dem Einsatz von elektronischen Computern kam solchen Versuchen der Turbulenzberechnung mithilfe der Navier-Stokes-Gleichungen und einer oder mehrer zusätzlicher Gleichungen für die „Reynolds-Spannungen" nur eine theoretische Bedeutung zu. Heute gehören die von Rotta im Anschluss an Prandtl angestellten Überlegungen zu den Grundlagen der Turbulenzmodellierung. Der Prandtlsche Mischungswegansatz zählt in der Sprache der Turbulenzmodelle zu den „Nullgleichungsmodellen", weil es darin keiner Gleichung für die Reynoldsschen Spannungen bedarf und das „Schließungsproblem" (wonach genauso viele Gleichungen wie Unbekannte vorhanden sein müssen) durch eine einfache algebraische Relation für den Mischungsweg gelöst wird. Prandtls Akademie-Veröffentlichung aus dem Jahr 1945 und Rottas Anschlussarbeit von 1951 zählen zu den Versuchen, mit einer Gleichung für den turbulenten Energietransport das Schließungsproblem auf andere Weise zu lösen. „Prandtl's one-equation model of 1945" erlebte aber erst mit der Computer-gestützten numerischen Strömungsmechanik eine Wiedergeburt.[19]

Mit dem Aufschwung der Turbulenzmodellierung sah man die Bedeutung von Prandtls Wirken auf dem Gebiet der Turbulenz in einem neuen Licht. Wenn heute im Zusammenhang von Turbulenzmodellen von „Prandtl's method", einer „Prandtl-Kolmogorov relation", „Reichardt hypothesis" oder einer „Rotta approximation" die Rede ist, so zeigt sich darin, dass so manches Ergebnis der Göttinger Turbulenzforschung erst im 21. Jahrhundert in seiner Bedeutung erkannt wurde.[20]

10.3   Die asymptotische Grenzschichttheorie

Auch Prandtls erster theoretischer Erfolg auf dem Gebiet der Strömungsmechanik, das Grenzschichtkonzept, erfuhr einen Bedeutungswandel, der ihm weit über die zunächst damit assoziierten Anwendungen hinaus auch einen Platz in der angewandten Mathematik beschert. Bei der Ableitung der Grenzschichtgleichungen aus den Navier-Stokes-Gleichungen hatte Prandtl solche Terme entfernt, die er im Grenzfall kleiner Reibung als vernachlässigbar ansah. So betrachtet, sind die Grenzschichtgleichungen Näherungsgleichungen der Navier-Stokes-Gleichungen bei kleiner Viskosität. Mathematisch ist die Annäherung an einen Grenzfall bei Differentialgleichungen jedoch problematisch, wenn die Näherungslösung nicht einfach aus einer Lösung, bei der der fragliche Parameter – hier die Viskosität – Null gesetzt wird, und zusätzlichen Gliedern zusammengesetzt werden kann, die mit zunehmender Abweichung

---

[19] [Spalding, 1991].
[20] [Schiestel, 2008].

des Parameters von Null immer stärker ins Gewicht fallen. Bei verschwindender Viskosität gehen die Navier-Stokes-Gleichungen in die Euler-Gleichungen über; deren Lösung ist nicht mit den Bedingungen verträglich, die am Rand der Strömung entlang einer festen Wand gelten. Prandtls Grenzschichtnäherung führte aber zu Gleichungen, die sowohl mit den Bedingungen am Rand als auch in der freien Strömung verträglich waren. Physikalisch handelte es sich um eine plausible Vereinfachung der Navier-Stokes-Gleichungen bei kleiner Viskosität; mathematisch stand Prandtls Vorgehen jedoch auf einer unsicheren Grundlage.

Für Mathematiker stellte Prandtls Grenzschichttheorie daher eine große Herausforderung dar. Die von Prandtl und seinen Schülern in allen Spezialfällen erzielten Lösungen waren in Einklang mit experimentellen Ergebnissen, konnten aber nicht mit den gängigen Methoden der Störungstheorie begründet werden. Der Durchbruch in dieser Frage kam in den 1950er Jahren aus Kármáns Guggenheim Aeronautical Laboratory am California Institute of Technology (GALCIT) mit der Entwicklung neuer asymptotischer Methoden in der angewandten Mathematik. „The probem of discussing Prandtl's boundary-layer theory (for flow at large Reynolds numbers) in the light of the theory of asymptotic expansions had occupied various research workers at GALCIT since before 1950", erinnerte sich einer der Pioniere auf diesem Gebiet.[21]

Der Durchbruch bestand darin, die Näherungen den jeweiligen Randbedingungen anzupassen. Prandtl hatte dies bei seinem Vorgehen 1904 intuitiv berücksichtigt. In der Sprache der modernen Grenzschichttheorie besitzen die Navier-Stokes-Gleichungen für den von Prandtl 1904 untersuchten Fall der laminaren Strömung entlang einer ebenen Begrenzung zwei Lösungen, die es aneinander anzupassen gilt: eine „äußere Lösung", die im Grenzfall verschwindender Reibung die aus den Euler-Gleichungen resultierende ideale Strömung darstellt – und nur in einiger Entfernung vom Rand als gute Näherung angesehen werden kann; und eine „innere Lösung", die den Verhältnissen nahe der Wand Rechnung trägt und dort der laminaren Grenzschichtströmung entspricht. Diese Lösung wird durch Reihenentwicklung bei zunehmendem Wandabstand an die äußere Lösung angepasst, was je nach Abbruch der Reihenentwicklung zu Grenzschichttheorien höherer Ordnung führt. „We count Prandtl's theory as the first approximation", so fügte ein Experte auf diesem Gebiet die Grenzschichttheorie von 1904 in das Gebäude der modernen asymptotischen Theorie ein.[22] Heute gilt das bei der Grenzschichttheorie erprobte Verfahren als Musterbeispiel für das Vorgehen zur Lösung von „singulären

---

[21] [Lagerstrom et al., 1967, S. 1].
[22] [Dyke, 1969, S. 265]. Siehe dazu auch [Gersten, 2000].

Störungsproblemen" („singular perturbation theory") mithilfe der „Methode der angepassten asymptotischen Entwicklungen" („method of matched asymptotic expansions"). Das Jahr 1904 gilt als das Geburtsjahr dieser Methode. „Most experts would agree that the birth of singular perturbations occurred on August 12, 1904, at the Third International Congress of Mathematicians in Heidelberg", heißt es in einem neueren Übersichtsartikel über diese Fachrichtung innerhalb der angewandten Mathematik.[23]

10.4 Das Prandtlsche Staurohr

Aber nicht nur Theorien und Benennungen tragen Prandtls Namen. Zu den experimentellen Geräten, die auch heute noch nach Prandtl benannt werden, zählt das Prandtlsche Staurohr. Seine Geschichte reicht in die Zeit zu Beginn des 20. Jahrhunderts zurück, als Prandtl bei MAN ein „Pneumometer" konstruierte, mit dem er in den für die Entfernung von Hobelspänen angebrachten Absaugrohren die Geschwindigkeit der Luft messen konnte.[24] Das Problem begegnete ihm in abgewandelter Form bei der Messung der Strömungsgeschwindigkeit im ersten Göttinger Windkanal wieder. Ohne eine präzise Bestimmung der Strömungsgeschwindigkeit des Luftstroms in der Messkammer wären schon die ersten Untersuchungen von Fuhrmann unmöglich gewesen, bei denen die Druckverteilung um Luftschiffmodelle mit den theoretisch ermittelten Werten bei einer idealen Strömung verglichen werden musste.[25] „Zur Geschwindigkeitsmessung dienen zwei dem Krellschen Pneumometer ähnliche Vorrichtungen, eine Art Pitotröhren in Verbindung mit einem Mikromanometer", so beschrieb er die von ihm konstruierte Messapparatur in der Zeitschrift des VDI; „sie besitzen eine dem Luftstrom entgegengesetzte Bohrung und ferner seitliche Bohrungen auf der Zylinderfläche [...]. Der so entstehende Druckunterschied entspricht bei passender Formgebung gerade einer Geschwindigkeitshöhe."[26]

Der in der beigefügten Zeichnung (Abb. 10.1) im Querschnitt gezeigte „Luftgeschwindigkeitsmesser" konnte mit über Rollen geführten Seilzügen an jede Stelle des Messquerschnitts bewegt werden. Von den Bohrungen der Messsonde führten Schläuche zu einem „Mikromanometer", an dem der Druckunterschied zwischen der Bohrung am vorderen Ende und den seitlichen Bohrungen abgelesen werden konnte.

---

[23] [O'MalleyJr, 2010, S. 1].
[24] Siehe Abschn. 2.1.
[25] Siehe Abschn. 3.4.
[26] [Prandtl, 1909, S. 1715f.]. Siehe dazu auch [Rotta, 1990a, S. 48]. Zum „Mikromanometer nach Prandtl" siehe [Betz, 1931, S. 525].

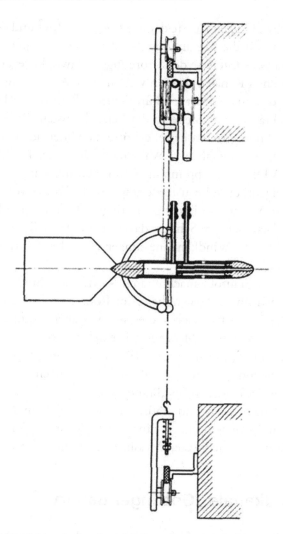

Abb. 10.1 Schnittzeichnung des Prandtlschen Staurohrs (Bildmitte) im ersten Göttinger Windkanal (1908). Es ließ sich mithilfe von Seilzügen an jede Stelle des Messquerschnitts bewegen [Rotta, 1990a, S. 48]

In besonderen Fällen kann die Strömungsgeschwindigkeit auch mit einer nach dem französischen Ingenieur Henri Pitot benannten Staudrucksonde bestimmt werden, die nur mit einer Bohrung am vorderen Ende eines abgewinkelten Rohres versehen ist. Nach dem Bernoullischen Gesetz gilt für den Staudruck $p = 1/2\rho v^2$, wobei ρ die Dichte des strömenden Mediums und v die Strömungsgeschwindigkeit ist. Im 19. Jahrhundert verbesserte der französische Hydraulikingenieur Henry Darcy die Pitotröhren, indem er neben den Staudruck auch den an der seitlichen Rohrwand herrschenden statischen Druck p_s in die Messung einbezog. Die Formel für die Bestimmung der

Strömungsgeschwindigkeit lautete damit $p - p_s = 1/2\rho v^2$ und erforderte eine zusätzliche Röhre für die Messung des statischen Drucks. Je nach Strömung (in der Regel galt das Interesse der Strömungsgeschwindigkeit von Wasser in Rohren und offenen Kanälen) kamen verschiedene Ausführungen von Pitot- und Darcy-Sonden zum Einsatz.[27] Für Heinrich Blasius, der 1908 nach der Promotion bei Prandtl eine Stelle an der Versuchsanstalt für Wasserbau und Schiffbau in Berlin angetreten hatte, gehörte die Untersuchung solcher Sonden zu seinen ersten Aufgaben.[28] Was Prandtl in seiner Publikation in der Zeitschrift des VDI nur knapp mit „passender Formgebung" andeutete, war für Blasius die eigentliche Herausforderung, um die Formel von Bernoulli mit den gemessenen Werten in Einklang zu bringen. Er korrespondierte darüber mit Prandtl und kam zu dem Schluss, dass er auch für die Berliner Messungen die von Prandtl für die Windkanalmessungen gewählte „Göttinger Form hier bauen lassen" wollte.[29]

Das Prandtlsche Staurohr machte rasch Karriere als ein fast universell einsetzbares Messinstrument. Gegenüber Pitot-Rohren und allen möglichen Varianten von Darcy-Sonden zeichnete es sich vor allem dadurch aus, dass es auch dann noch zuverlässige Messergebnisse lieferte, wenn es nicht ganz parallel zur Strömung angeordnet war. „Bei Schrägstellung bis $\pm 15°$ zeigt das Gerät die Geschwindigkeit richtig an", stellte ein Ingenieurbericht im Jahr 1921 fest.[30] Der VDI erklärte das „Prandtlsche Staugerät" zum Standard „für Messung des dynamischen und statischen Druckes",[31] und auch mehr als hundert Jahre nach seinem ersten Einsatz im Göttinger Windkanal gehört es immer noch zu den wichtigsten Messinstrumenten der Strömungstechnik.

10.5   Windkanäle „Göttinger Bauart"

Eine andere Hinterlassenschaft Prandtls, die auch noch im 21. Jahrhundert in Luftfahrtforschungseinrichtungen in aller Welt zu finden ist, betrifft die Konstruktion von Windkanälen. Man unterscheidet zwei Grundtypen: den nach Gustave Eiffel genannten offenen Windkanaltyp, bei dem die Luft an einem Ende angesaugt, durch die Messkammer geführt und am anderen Ende wieder ins Freie geblasen wird (Abb. 10.2), und den erstmals von Prandtl in

---

[27] [Brown, 2003].
[28] [Blasius, 1909].
[29] Blasius an Prandtl, 13. August 1908. GOAR 3684.
[30] [Kumbruch, 1921].
[31] [Peters, 1931, S. 505].

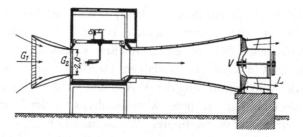

Abb. 10.2 Schnittzeichnung des Eiffelschen Windkanals in Auteuil (1911) [Prandtl, 1931b, S. 92]

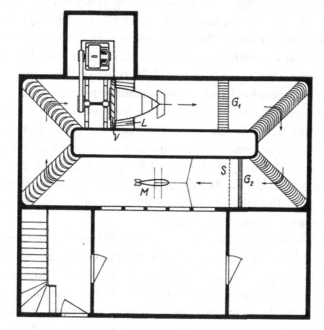

Abb. 10.3 Grundriss der Modellversuchsanstalt mit dem ersten Göttinger Windkanal (1908) [Prandtl, 1931b, S. 89]

Göttingen aufgebauten Typ, bei dem die Luft in einem geschlossenen Umlauf zirkuliert (Abb. 10.3).[32]

Da bei der Göttinger Bauart die kinetische Energie der Luft nach dem Durchlauf durch die Messkammer nicht verloren geht, können damit höhere Wirkungsgrade erzielt werden. Aus diesem Grund wurden seit den 1920er Jahren die meisten Windkanalanlagen nicht nur in Deutschland, sondern in

---

[32] [Prandtl, 1931b].

der ganzen Welt nach diesem Prinzip gebaut, wenn es auf hohe Leistung ankam.[33] Die Göttinger Bauart ermöglichte es ferner, den gesamten Luftstrom in einem geschlossenen Behälter einzuschließen, so dass nach diesem Konstruktionsprinzip Windkanäle mit variablem Druck gebaut werden konnten.

Bald nach der Wiedereröffnung der AVA in den 1950er Jahren wollte man auch hier, an der Geburtsstätte dieses Windkanaltyps, wieder Anschluss an die inzwischen international weitverbreitete Windkanaltechnologie finden. 1960 begann man mit dem Bau eines „transsonischen" Windkanals, bei dem die Strömungsgeschwindigkeit der Luft in einem geschlossenen Druckbehälter bis zur zweifachen Schallgeschwindigkeit gesteigert werden konnte. Das Bauvorhaben wurde als deutsch-niederländisches Gemeinschaftsprojekt durchgeführt und nach drei Jahren Bauzeit abgeschlossen. 2007 wurde der Transsonische Windkanal Göttingen (TWG) modernisiert. Seit 2009 werden in diesem runderneuerten 50 m langen und 20 m hohen Windkanal nach Göttinger Bauart die verschiedensten Untersuchungen durchgeführt. „Beispiele für Auftragsmessungen im TWG sind wiederverwendbare Raumfahrzeuge ähnlich dem Space Shuttle, elastische Tragflügel für Transportflugzeuge oder leise Hubschrauberrotoren", heißt es im Jahr 2013 in einer Mitteilung des DLR über das Aufgabenspektrum des TWG. Auch der Strömungslärm in Passagierflugzeugen oder die Auswirkung von Turbulenzen können damit untersucht werden. „Pro Jahr werden im TWG Messungen im Wert von mehr als 2,5 Millionen Euro durchgeführt."[34]

Auch im Nachfolgeinstitut von Prandtls KWI für Strömungsforschung, dem MPI für Dynamik und Selbstorganisation in Göttingen, wurde hundert Jahre nach dem Bau des ersten Windkanals ein neuer Windkanal Göttinger Bauart in Betrieb genommen (Abb. 10.4). Darin wird jedoch keine Auftragsforschung für die Luft- und Raumfahrtindustrie durchgeführt, sondern Grundlagenforschung auf dem Gebiet der Turbulenz. Es geht dabei auch nicht um Strömungsgeschwindigkeiten im Überschallbereich, sondern um relativ langsame Geschwindigkeiten zwischen 0,5 m/s und 5 m/s, wie sie etwa bei mäßigem Wind in der freien Luft herrschen. Im „Göttinger Turbulenzwindkanal" zirkuliert aber nicht Luft, sondern Schwefelhexafluorid bei einem Druck von 15 bar. Durch den erhöhten Druck und die Wahl des Gases werden trotz der niedrigen Strömungsgeschwindigkeit sehr hohe Reynolds-Zahlen erzielt. Mit einem quer zum Gasstrom angeordneten Gitter, das mit beweglichen und von außen steuerbaren Flügeln auf kontrollierte Weise die Strömung mehr oder weniger turbulent machen kann, sollen Bedingungen wie bei der atmosphärischen Turbulenz hergestellt werden.[35]

---

[33] [Toussaint, 1935, S. 276–280].
[34] [DLR, 2013].
[35] [Bodenschatz, 2009].

Abb. 10.4 Die Experimentierhalle des MPI für Dynamik und Selbstorganisation mit dem Turbulenzwindkanal

10.6 Die institutionelle Hinterlassenschaft

In diesen Großanlagen nach Göttinger Bauart manifestiert sich am Ort von Prandtls jahrzehntelangem Wirken unübersehbar ein Teil seines wissenschaftlich-technischen Erbes. Dennoch handelt es sich dabei nicht um eine geradlinige Fortsetzung seiner institutionellen Hinderlassenschaft. Während der ersten Jahre nach dem Zweiten Weltkrieg hatte es den Anschein, dass nur das Kaiser-Wilhelm-Institut für Strömungsforschung als Max-Planck-Institut weiter bestehen würde. Prandtl reagierte darauf zuerst mit einer Mischung aus Enttäuschung und Resignation. „Überschallströmung ist ja jetzt verbotenes Terrain", so hatte er sich von diesem Forschungsgebiet verabschiedet, das ihm als junger Professor in Hannover die Strömungsforschung erstmals nahegebracht hatte und dann in Göttingen Gegenstand einiger Doktorarbeiten geworden war.[36] Besonders enttäuscht war er auch darüber, dass nicht einmal der historische Windkanal aus dem Jahr 1908 und der im Ersten Weltkrieg aufgebaute Windkanal von der Zerstörung verschont blieben. „Die Demontage

---

[36] Prandtl an Meyer, 2. Juni 1947. AMPG, Abt. III, Rep. 61, Nr. 1067.

der Windkanäle von Haus 1 und 2 ist nun tatsächlich, wie auch Professor Betz berichtet hat, im Jahre 1948 (!) noch durchgeführt worden", hatte er dem Präsidenten der Max-Planck-Gesellschaft berichtet.[37] Dann fügte er sich in das Unabänderliche. Am Ende scheint er sogar Gefallen an dem Gedanken gefunden zu haben, dass die künftige Strömungsforschung nicht mehr in den alten ausgetretenen Bahnen voranschreiten würde. „Von mir kann ich berichten, dass ich mich, da ja die Aerodynamik hier zu den verbotenen Wissenschaften gehört, jetzt hauptsächlich mit der Meteorologie befasse und auch mit nicht-Newtonschen zähen Flüssigkeiten, und dass ich bei diesem ‚Stellungswechsel' mich garnicht unglücklich fühle, indem sich bei den alten Gegenständen bei mir bereits eine deutliche Übersättigung eingestellt hat."[38]

Albert Betz, der als vormaliger Direktor der AVA und als Prandtls erster Nachfolger im KWI die zusammengeschrumpfte institutionelle Hinterlassenschaft zu verwalten hatte, empfand die aufgezwungene Neuorientierung am Ende ebenfalls als Erleichterung. Der Verlust von Versuchsanlagen „untragbarer Größenordnung" zwinge die Wissenschaftler dazu, sich wieder auf ihre eigene Kreativität zu besinnen, schrieb er 1949 in einem Aufsatz in der Zeitschrift des VDI. „Der wissenschaftliche Fortschritt, die Erkenntnis grundlegender Neuerungen ist zum größten Teil nicht mit diesen Großanlagen gewonnen worden, sondern mit verhältnismäßig einfachen Hilfsmitteln."[39]

Dennoch hegten Prandtl und Betz im Stillen die Hoffnung, dass die AVA eines Tages neu aufgebaut werden könnte. Die Demontage hatte nur die Gerätschaften und die Windkanäle betroffen, nicht die Gebäude der AVA. Die britische Militärregierung hatte der Max-Planck-Gesellschaft erlaubt, sie für ihre Verwaltung und für einige Max-Planck-Institute wie zum Beispiel das nach Göttingen verlegte Heisenbergsche MPI für Physik zu nutzen. Nach dem Ende der alliierten Kontrolle würden die Gebäude der AVA vollständig in den Besitz der MPG übergehen, sagten sich Prandtl und Betz, und dann würden die Karten neu gemischt. Als im Juni 1952 die „Aufhebung der Kontrolle über das Vermögen der AVA" zur Diskussion stand, sprachen sie ganz offen von einer „neuen AVA" und baten den Präsidenten der MPG, alle Anstrengungen zu unternehmen, „diese früher allgemein anerkannte Institution sobald als möglich wieder arbeitsfähig zu gestalten". Zunächst wollten sie darin durch „verfeinerte Grundlagenforschung" kompensieren, was in anderen Ländern mit „überdimensionalen Großforschungsanlagen" erreicht wurde.[40] Um diese Zeit war mit der voranschreitenden Westintegration der Bundesrepublik auch absehbar, dass die Luftfahrtforschung bald wieder erlaubt werden würde. Im

---

[37] Prandtl an Hahn, undatiert. AMPG, Abt. III, Rep. 61, Nr. 2383. Das Ausrufezeichen steht im Original.
[38] Prandtl an Busemann, 4. Januar 1950. AMPG, Abt. III, Rep. 61, Nr. 217.
[39] [Betz, 1949, S. 253]. Siehe dazu auch [Trischler, 1992, S. 296].
[40] Betz und Prandtl an Hahn, 24. Juni 1952. AMPG, Abt. III, Rep. 61, Nr. 589.

April 1952 war auch eine andere „früher allgemein anerkannte Institution" der Luftfahrtforschung wiederbelebt worden, die traditionsreiche Wissenschaftliche Gesellschaft für Luftfahrt (WGL) – mit Betz und Tollmien als Mitgliedern des Vorstands und Prandtl als einzigem Ehrenmitglied. Tollmien gehörte auch einer kurz zuvor von der Deutschen Forschungsgemeinschaft einberufenen Kommission „zur Klärung der Belange einer künftigen deutschen Luftfahrtforschung" als Mitglied an.[41]

Das gleichzeitige Interesse an einem Wiederaufleben der Luftfahrtforschung und an einer „neuen AVA" führte zu schwierigen Verhandlungen zwischen den verschiedenen staatlichen Ministerien und der Max-Planck-Gesellschaft.[42] Am 14. August 1953, als die Besatzungsmacht die Reste der ehemaligen AVA offiziell zurückgab, erfuhr die „Aerodynamische Versuchsanstalt Göttingen e. V. in der Max-Planck-Gesellschaft zur Förderung der Wissenschaft" ihre Wiedergeburt – mit Betz als altem und neuem Direktor. Tollmien wurde der Nachfolger von Betz im MPI für Strömungsforschung. Aber die MPG besaß bei weitem nicht die Mittel, die der Bau neuer Windkanäle und anderer Versuchseinrichtungen erforderte. Noch viel mehr als im Jahr 1925, als die von Betz geleitete AVA und Prandtls KWI nominell auf ähnliche Weise miteinander unter dem Schirm der KWG verbunden waren, war im Jahr 1953 absehbar, dass der Schirm der MPG viel zu klein sein würde, um beiden Einrichtungen eine gemeinsame Zukunft zu sichern. Die neue AVA erhielt keine Mittel von der MPG, sondern hing am Tropf verschiedener Ministerien des Bundes und der Länder, die ihrerseits nur dank des amerikanischen Marshall-Plans diese Mittel aufbringen konnten. Dahinter stand das Bestreben der US-Regierung, die Forschung in Europa für ihre hegemonialen Zwecke zu nutzen.[43] Es stand auch kein ausreichend qualifiziertes Personal zur Verfügung, da viele der früheren AVA-Mitarbeiter in England, den USA oder in anderen Ländern Stellen angenommen hatten und in den wenigen Jahren nach Kriegsende auch noch kein Nachwuchs herangezogen werden konnte. In den ersten beiden Jahren musste das MPI für Strömungsforschung „starke Hilfe leisten", wie es in einem ersten Bericht über die Entwicklung der neuen AVA im Jahr 1955 heißt.[44]

Insbesondere mussten die fehlenden leitenden Leute durch Herren vom MPI vertreten werden. Dadurch ist naturgemäß eine starke Verzahnung der Arbeiten der AVA und des MPI bedingt. Wir sind aber natürlich bestrebt, die beiden

---

[41] Tollmien an Hahn (Prandtl zur Kenntnisnahme), 23. Juni 1952. AMPG, Abt. III, Rep. 61, Nr. 589.
[42] [Trischler, 1992, S. 337–342].
[43] [Krige, 2006].
[44] Protokoll der Mitgliederversammlung der AVA am 11. Februar 1955. AMPG, Abt. III, Rep. 76B, Kasten 5.

Institute allmählich immer schärfer zu trennen. Die Arbeitsgebiete der beiden Institute sind in der Weise unterschieden, als das MPI in erster Linie die allgemeine Grundlagenforschung betreibt, während die AVA vor allem die für die praktische Anwendung besonders wichtigen Aufgaben behandelt.

Danach gingen MPI und AVA bald weitgehend getrennte Wege. Als man 1961 das fünfzigjährige Bestehen der Kaiser-Wilhelm-/Max-Planck-Gesellschaft feierte, gaben Tollmien und Betz einen Rückblick auf die Geschichte der Göttinger Strömungsforschung,[45] doch schon darin war unverkennbar, dass aus den Prandtlschen Forschungseinrichtungen der Vorkriegszeit Institutionen mit ganz unterschiedlichen Zielsetzungen geworden waren. Betz ging 1957 im Alter von 71 Jahren in den Ruhestand. Sein Nachfolger wurde Hermann Schlichting.[46] Die gemeinsame wissenschaftliche Abstammung und die Beschäftigung mit denselben Forschungsfragen, die auch in der Bezeichnung der „Tollmien-Schlichting-Instabilität" zum Ausdruck kommt, fand in den von Tollmien und Schlichting geleiteten Instituten jedoch keine Fortsetzung. Die AVA entwickelte sich in den 1960er Jahren (zusammen mit anderen neu- und wiedergegründeten Luftfahrtforschungszentren) zu einer Keimzelle der bundesrepublikanischen Luft- und Raumfahrtforschung. 1969 wurde die bis dahin auf dem Papier bestehende Einbindung in die MPG aufgelöst. Die AVA gehörte danach zur Deutschen Forschungs- und Versuchsanstalt für Luft- und Raumfahrt (DFVLR) und seit 1997 zum Deutschen Zentrum für Luft- und Raumfahrt (DLR). Im Vergleich zu den Forschungsvorhaben der AVA erschien das Programm am MPI für Strömungsforschung wie aus einer anderen Welt. Nach Tollmiens Tod im Jahr 1968 wurden zwar auch dort Anpassungen an die neue bundesrepublikanische Forschungslandschaft vorgenommen, doch diese führten eher zu einer noch größeren Distanz zur AVA. Zu den Forschungsaufgaben am MPI kamen Gebiete wie „Atomare und Molekulare Wechselwirkungen", „Inelastische Stoßprozesse" sowie „Reaktive Prozesse und deren Beeinflussung durch Laserstrahlung", so dass schon im Jahr 1975, als man das 50-jährige Jubiläum des Instituts feierte, die Bezeichnung „Strömungsforschung" im Institutsnamen nicht mehr ganz gerechtfertigt erschien.[47] Danach folgten weitere Umstrukturierungen. Seit 2003 werden in drei Abteilungen „Nichtlineare Dynamik", die „Dynamik komplexer Fluide" sowie „Hydrodynamik, Strukturbildung und Nanobiokomplexität" erforscht. Dementsprechend wurde auch die Institutsbezeichnung 2004 in Max-Planck-Institut für Dynamik und Selbstorganisation geändert.[48]

---

[45] [Betz, 1961, Tollmien, 1961].
[46] Betz, Bekanntgabe, 10. Mai 1957. AMPG, Abt. III, Rep. 76B, Kasten 5.
[47] [MPI für Strömungsforschung, 1975].
[48] [Epple und Schmaltz, 2011].

Schon zu Prandtls Lebzeiten hatten sich das KWI für Strömungsforschung und die Aerodynamische Versuchsanstalt auseinanderentwickelt. Wie Betz 1947 bei seinem Streit mit Prandtl dem KWG/MPG-Präsidenten gegenüber beklagt hatte, waren spätestens seit der Übernahme der AVA durch das Reichsluftfahrtministerium im Jahr 1937 „sehr erhebliche Spannungen zwischen den beiden Instituten" entstanden, die „teils durch ungeeignetes Verhalten von Prof. Prandtl selbst, teils durch undiszipliniertes Verhalten von Angehörigen des Prandtlschen KWI" verursacht worden seien.[49] In seinem Rückblick aus Anlass des 50-jährigen Bestehens der KWG/MPG war davon keine Rede mehr:[50]

> So finden wir den Prandtlschen Geist auch in der AVA. Man war auch hier bemüht, jedem, der wissenschaftliche Hilfe brauchte, mit Rat beizustehen. Auch in der Arbeitsweise war das Prandtlsche Vorbild wirksam. Aus den Aufgaben, die aus der Praxis herantraten, wurden die Grundlagen herausgeschält und bearbeitet. So kommt es, daß die AVA, obwohl sie sehr der Praxis diente, doch hauptsächlich Grundlagenforschung betrieb.

Die früheren Konflikte wurden rasch aus dem institutionellen Gedächtnis der Göttinger Strömungsforschung getilgt. De facto aber bestimmten die Entwicklung der AVA im ausgehenden 20. Jahrhundert ganz andere Spannungsfelder und Forschungsparadigmen als die sich in weit auseinander divergierende Richtungen weiter entwickelte Grundlagenforschung unter dem Dach der Max-Planck-Gesellschaft.[51]

10.7   Die Verantwortung des Wissenschaftlers

Grundlagen- und Anwendungsorientierung haben auch unterschiedliche gesellschaftliche Erwartungshaltungen an die mit solchen Forschungen befassten Wissenschaftler zur Folge. Grundlagenforscher, die unter einem verbrecherischen Regime ihrer Wissenschaft nachgehen, sehen sich selten mit dem Vorwurf konfrontiert, wie sie diese Tätigkeit mit ihrem Gewissen vereinbaren können. Wer sich jedoch als Experte in einem anwendungsnahen Fach nützlich macht, muss sich, wenn dies aus freien Stücken geschieht, Fragen nach seiner moralischen Verantwortung gefallen lassen. Die Stilisierung wissenschaftlicher Arbeit als Grundlagenforschung bekommt vor diesem Hintergrund einen ideologischen Charakter, denn sie vergrößert für den Wissen-

---

[49] Entwurf zu dem Brief von Betz an Hahn, 6. Juni 1947. GOAR 2735. Siehe auch Abschn. 9.3.
[50] [Betz, 1961, S. 15].
[51] [Trischler, 2007, Hirschel, 2007].

schaftler den Abstand zu den praktischen Auswirkungen seiner Tätigkeit. Die Arbeit am Prandtlschen KWI als Grundlagenforschung zu charakterisieren, zielte daher nicht nur darauf ab, sich angesichts alliierter Forschungsverbote einen Freiraum zu erhalten; mit dem Nimbus als Grundlagenforscher rückten auch Fragen nach der Verantwortung für den Einsatz modernster Waffen, die nicht zuletzt auf den Erkenntnissen der Göttinger Strömungsforscher beruhten, in den Hintergrund.

Für die britische Militärregierung zählten jedoch zunächst andere Faktoren. Bei der Entnazifizierung galt die erste Frage der Parteizugehörigkeit und nicht der mehr oder weniger anwendungsorientierten Tätigkeit eines Wissenschaftlers. Wer nicht Mitglied der NSDAP war und sich auch nicht aktiv in Parteiorganisationen betätigt hatte, durfte mit einer raschen Entnazifizierung rechnen. Die Siegermächte zeigten wenig Interesse, die Experten des Hitler-Regimes zur Rechenschaft zu ziehen, sofern man ihnen keine Mitwirkung am Holocaust oder an Kriegsverbrechen zur Last legen konnte. Von den Technokraten des Reichsluftfahrtministeriums wurde nur Erhard Milch zu lebenslanger Haft verurteilt, weil er die Ausbeutung von Zwangsarbeitern bei der Flugzeugproduktion gefördert hatte. Er wurde aber bereits 1954 aus der Haft entlassen und setzte seine Karriere in der Bundesrepublik als Industrieberater fort.[52] Wer nicht als Kriegsverbrecher betrachtet wurde und den Alliierten aufgrund seiner Fachkenntnisse als nützlich erschien, gelangte ins Visier amerikanischer, britischer, französischer oder russischer Militärs und wurde häufig „eingeladen", sein Fachwissen nun in den Dienst der Sieger zu stellen. Das Beispiel Baeumkers zeigt dies exemplarisch. Die US Air Force bot ihm 1946 einen Arbeitsvertrag für forschungspolitische Tätigkeiten in den USA an; sie störte sich auch nicht daran, dass Baeumker Mitglied der NSDAP war. 1958 kam er als Berater des Bundesverteidigungsministerium nach Deutschland zurück, wo man ihn als Experten für die deutsch-amerikanischen militärisch-technischen Belange auf dem Gebiet der Luftfahrt schätzte. Wenn sich die Frage nach seiner Verantwortung als ehemaliger Referent im Reichluftfahrtministerium stellte, dann stilisierte er sich – unter Verweis auf seinen „Rauswurf" im Oktober 1941 – als Dissident.[53]

Prandtl sah sich als Vorsitzender der Forschungsführung gegenüber der britischen Militärregierung ebenfalls nicht unter einem Rechtfertigungszwang. Sieht man von der frostigen Reaktion Kármáns ab, der Prandtl nicht glauben wollte, von den Verbrechen des Hitler-Regimes nichts gewusst zu haben, so stellte lange Zeit niemand Fragen nach Prandtls Verantwortung. Erst in den 1980er Jahren kamen im Rahmen einer Untersuchung über die ange-

---

[52] [Kröll, 1999, Budraß, 2013].
[53] Siehe Abschn. 9.4.

wandte Mathematik im Nationalsozialismus die Beziehungen der führenden Repräsentanten dieses Faches zum NS-Regime, und damit auch die Prandtls als langjährigem Vorsitzenden der Gesellschaft für Angewandte Mathematik und Mechanik (GAMM), zur Sprache. „Zugleich aber zeigen die Dokumente, dass dieser ,unpolitische Deutsche' durchaus eine politische Stellung bezog und den Nationalsozialismus vor allem in seinem diktatorisch-technokratischen Charakter bejahte", heißt es darin über Prandtl.[54]

Um dieselbe Zeit wurden auch von anderer Seite Zweifel an Prandtls Rolle als unpolitischem Grundlagenforscher geäußert. Den Anlass dazu lieferte ein Projekt über die Göttinger Universität im Nationalsozialismus, bei dem auch die Geschichte des KWI für Strömungsforschung erstmals anhand von historischen Quellen beleuchtet wurde. Prandtls Selbstverständnis, wie er es in seiner Schrift über die Entnazifizierung offenbart hatte, wurde darin als symptomatisch für das Gros der deutschen Naturwissenschaftler betrachtet. „Festzuhalten ist, dass sich viele Naturwissenschaftler trotz der von ihnen geäußerten (partiellen) Kritik am Regime (oder gerade durch diese Kritik) faktisch zu Sachwaltern der (Kriegs-)Interessen und Ziele dieses Regimes machten (und das auch, wenn sie sich etwa persönlich bewusst parteipolitisch abstinent verhielten)."[55]

Es vergingen aber noch mehrere Jahre, bis die Frage nach der Verantwortung der wissenschaftlichen Experten in der KWG über Einzelfälle hinaus zum Thema historischer Untersuchungen wurde. 1999 beauftragte Hubert Markl als Präsident der Max-Planck-Gesellschaft eine Kommission von Historikern mit der Aufarbeitung der Geschichte der KWG im Nationalsozialismus. Schon bei einer ersten Bestandsaufnahme der Historikerkommission zeigte sich, dass der „Wissenschaftler als Experte" in der KWG schon vor 1933 alles andere als eine unpolitische Rolle eingenommen hatte und es nur noch eines kleinen Schrittes bedurft hatte, um die „Kooperationsverhältnisse" der Wissenschaftler mit Staat, Militär und Wirtschaft in „Kollaborationsverhältnisse" mit dem Nazi-Regime zu verwandeln.[56] Für Aerodynamiker wie Prandtl war dieser Schritt um so leichter, als ihre zur Großforschung geratene Wissenschaft im Nationalsozialismus alles bekam, was ihr in der Weimarer Republik versagt blieb.[57]

Im Jahr 2001 erregte Hubert Markl als Präsident der Max-Planck-Gesellschaft Aufsehen mit dem öffentlichen Eingeständnis, dass sich seine Vorgänger-Organisation „durch die Vertreibung jüdischer Kollegen und die Beteili-

---

[54] [Mehrtens, 1986, S. 329].
[55] [Tollmien, 1998, S. 482].
[56] [Szöllösi-Janze, 2000].
[57] [Trischler, 2001].

gung an Verbrechen der Nazis" schuldig gemacht hatte.[58] Prandtl hatte die Vertreibung jüdischer Kollegen von Anfang an als Unrecht empfunden. Auch nach seinen gescheiterten Versuchen im Jahr 1933, die Entlassungen jüdischer Wissenschaftler zu verhindern, ließ er sich nicht von weiteren Fürsprachen für jüdische Kollegen abhalten. Dies zeigt der Fall des 1933 aus seinem Amt an der TH Aachen entlassenen Mathematikers Otto Blumenthal, der 1939 nach Utrecht emigriert und mit der Besetzung Hollands im Zweiten Weltkrieg erneut den bürokratischen Schikanen durch deutsche Behörden ausgesetzt war. „Eine solche Behandlung eines Mannes, der 30 Jahre hindurch dem Preußischen Staat gegenüber seine dienstlichen Pflichten gewissenhaft und nach besten Kräften erfüllt hat, ist erschütternd", schrieb Prandtl im Juli 1941 sichtlich empört an das Ministerium. „Es handelt sich mir dabei mehr noch als um den Einzelfall um die Wiederherstellung des Glaubens an ein über aller Leidenschaft stehenden Rechtsbewusstseins."[59]

Prandtl hatte also durchaus gegen die Vertreibung jüdischer Kollegen seine Stimme erhoben. Nach acht Jahren fortschreitender Entrechtung der Juden in Nazi-Deutschland jedoch bei den Verursachern dieses Unrechts an ein Rechtsbewusstsein zu appellieren, zeugt auch von einer ungebrochenen Loyalität gegenüber dem Staat. Er konnte nicht wissen, dass Göring am 31. Juli 1941 Reinhard Heydrich mit der Organisation der „Endlösung der Judenfrage" beauftragte, die am 20. Januar 1942 bei der „Wannseekonferenz" zur offiziellen Regierungspolitik wurde und den Holocaust zur Folge hatte.[60] Aber als Göring 1942 in seiner Funktion als „Reichsminister der Luftfahrt und Oberbefehlshaber der Luftwaffe" die „Forschungsführung des R. d. L. u. Ob. d. L.". einberief, kam Prandtl als deren Vorsitzender auch in anderen Bereichen mit dem verbrecherischen Charakter des Nazi-Regimes in Berührung. Die Quellen geben keine Auskunft darüber, wie viel Prandtl über den Einsatz von Zwangsarbeit beim Bau des monströsen Windkanals im Ötztal und bem Ausbau der LFM in Ottobrunn wusste. Noch im März 1945 Göring gegenüber vom „erhofften Endsieg" zu sprechen, lässt aber keinen Zweifel an Prandtls ungebrochener Loyalität zu – unabhängig davon, ob er zu diesem Zeitpunkt noch an einen Sieg Nazi-Deutschlands glaubte. Vielleicht hielt er es nicht für ausgeschlossen, dass die von der Forschungsführung geförderten Projekte der Luftwaffe doch noch zu „Wunderwaffen" verhelfen und damit die militärische Niederlage abwenden würden. Dass diese Hoffnung für einen Kenner der deutschen Forschung auf dem Gebiet der Hochgeschwindigkeitsaerodynamik nicht völlig unbegründet war, zeigen die letzten Einsätze deutscher

---

[58] http://www.mpg.de/hubert-markl.

[59] Prandtl an das Reichserziehungsministerium, 16. Juli 1941. AMPG, Abt. III, Rep. 61, Nr. 1332. Blumenthal starb 1944 im KZ Theresienstadt [Felsch, 2011].

[60] http://www.ghwk.de/ghwk/deut/dokumente.htm.

Strahljäger Me 262, bei denen zahlreiche amerikanische und britische Bomber abgeschossen wurden. Auch Kármán glaubte angesichts der Forschungseinrichtungen, die er bei der Operation LUSTY sah, „that the Germans could have prolonged the war, and possibly even won it, if they had been more skilled at organization and if they had further developed what they already had".[61] Nicht zuletzt erhofften sich auch die amerikanischen Streitkräfte von dem Transfer der deutschen Experten auf dem Gebiet der Hochgeschwindigkeitsaerodynamik und ihrer Windkanäle in die USA, dass ihnen dies im Kriegseinsatz gegen Japan noch von Nutzen sein würde.[62]

Auch nach dem Krieg zeigte Prandtl kein Schuldgefühl darüber, dass er sich dem Nazi-Regime als Experte und Repräsentant der Luftfahrtforschung zur Verfügung gestellt hatte. Seine Selbsteinschätzung als unpolitischer Wissenschaftler ließ offenbar keine Selbstzweifel an der eigenen Verantwortung aufkommen. Dies gilt nicht nur für Prandtl, sondern auch für andere, die mit ihrer Forschung dazu beitrugen, die für den Krieg wichtigen Technologien zu entwickeln. Hierin zeigt sich „das Fehlen struktureller Elemente, die eine Beteiligung an diesem verbrecherischen Regime hätten verhindern können", so beurteilte Moritz Epple den Mangel eines Unrechtsbewusstseins in einer Wissenschaft wie der Strömungsmechanik, die dem NS-Regime zu modernster Kriegstechnik verhalf. Er sieht darin „ein politisch-moralisches Problem, das auch nach 1945 und nicht nur in Deutschland fortbesteht und dessen Ungelöstheit in jedem technologisch geführten Krieg erneut fatale Folgen haben kann".[63]

10.8   Symbolisches Kapital und Traditionspflege

Nach dem Soziologen Pierre Bourdieu werden Maßnahmen, die der Anerkennung eines Akteurs in der Gesellschaft dienen und soziales Prestige einbringen, als „symbolisches Kapital" bezeichnet.[64] Wenn Betz 1961 „den Prandtlschen Geist auch in der AVA" beschwor und die Arbeit Prandtls als das Ideal eines konstruktiven Zusammenwirkens von Grundlagen- und anwendungsorientierter Forschung charakterisierte, so machte er damit im Bourdieuschen Sinn Gebrauch von dem symbolischen Kapital, das mit dem Namen Prandtls verbunden war und der AVA in einer schwierigen Aufbausituation Kredit an Ansehen einräumen sollte.

---

[61] [von Kármán und Edson, 1967, S. 274].
[62] [Ciesla und Krag, 2006].
[63] [Epple, 2002b, S. 356].
[64] [Fuchs-Heinritz und König, 2011, Kap. 3.4].

Prandtls Name wird auch mehr als ein halbes Jahrhundert nach seinem Tod in den Luftfahrtwissenschaften noch als symbolisches Kapital verwendet. 1957 hatte die Wissenschaftliche Gesellschaft für Luftfahrt (WGL) erstmals den „Ludwig Prandtl Ring" als höchste Auszeichnung an Forscher verliehen, die sich durch „hervorragende eigene Arbeiten in den Flugwissenschaften in all ihren Disziplinen" verdient gemacht hatten. Der erste „Ludwig Prandtl Ring" ging an Kármán, der zweite an Betz. Unter den Preisträgern waren aber nicht nur Prandtl-Schüler, sondern auch Flugzeugkonstrukteure wie Claude Dornier und Ludwig Bölkow, die sich auf diese Weise ebenfalls mit dem Namen Prandtls geadelt fühlen durften. Gleichzeitig bildeten die Namen der mit dem Prandtl-Ring ausgezeichneten Koryphäen der Flugwissenschaften ihrerseits ein symbolisches Kapital für die WGL und ihre Nachfolgeorganisation, die Deutsche Gesellschaft für Luft- und Raumfahrt e. V. (DGLR). Als gemeinnütziger Verein, der nach eigenem Bekunden „unabhängig von einzelnen Interessengruppen als Anwalt der Luft- und Raumfahrt und als Sprachrohr ihrer Mitglieder" auftritt, wäre die DGLR ohne dieses symbolische Kapital kaum in der Lage, sich „auf allen Ebenen der Politik, der Wirtschaft und des öffentlichen Lebens" für die Luft- und Raumfahrtforschung einzusetzen.[65]

Eine weitere, nach Prandtl benannte Ehrung ist die ebenfalls im Jahr 1957 erstmals von der WGL und der GAMM gemeinsam veranstaltete Ludwig-Prandtl-Gedächtnisvorlesung. Als Erster wurde damit Betz ausgezeichnet, der seine Vorlesung unter die Überschrift „Lehren einer fünfzigjährigen Strömungsforschung" stellte. Vielen Trägern des Prandtl-Rings wurde auch die Ehre einer Ludwig-Prandtl-Gedächtnisvorlesung zuteil, wenn dem eine gemeinsame Beschlussfassung durch die Vorstände der DGLR und der GAMM voranging. Beide Ehrungen waren nicht auf deutsche Luftfahrtforscher beschränkt, wie die Liste der Gekürten zeigt.[66]

Der 100. Geburtstag von Prandtl im Jahr 1975 war ein weiterer Anlass zur Traditionspflege. Das Ereignis wurde mit einer Festveranstaltung in der Göttinger Stadthalle in Anwesenheit von Persönlichkeiten aus Politik und Wissenschaft gefeiert und von der Mitteilung des Göttinger Oberbürgermeisters gekrönt, dass die Stadt im neuen Universitätsviertel eine Straße nach Prandtl benennen werde.[67] Die *Zeitschrift für Flugwissenschaften* veröffentlichte danach Würdigungen, in denen an Prandtls Errungenschaften auf dem Gebiet der aerodynamischen Versuchstechnik (Schlichting), seine wissenschaftliche Denkart (Schultz-Grunow), sein intuitives Verständnis mathematischer Probleme (Görtler) und manch andere als vorbildhaft erachtete

---

[65] http://www.dglr.de/die_dglr/index.html.
[66] http://www.dglr.de/auszeichnungen_und_ehrungen/index.html.
[67] *Zeitschrift für Flugwissenschaften*, 23. Jahrgang, 1975, Heft 5, S. 149–152.

Eigenart erinnert wurde.[68] Ein paar Jahre später bot der 75. Geburtstag der AVA eine weitere Gelegenheit für feierliche Rückbesinnung. In diesem Zusammenhang wurde Prandtl zum „Vater der Aerodynamik" und „Begründer der modernen Strömungslehre".[69]

Im *Annual Review of Fluid Mechanics* zeugen Erinnerungsartikel aus den 1970er Jahren davon, dass die Traditionspflege nicht auf Deutschland beschränkt blieb und Prandtl seinen wissenschaftlichen Nachfahren auch international als eine Ikone der modernen Strömungsforschung im Gedächtnis bleiben sollte.[70] Den umfangreichsten Überblick für eine internationale Leserschaft gaben Klaus Oswatitsch und Karl Wieghardt 1987 mit einem Aufsatz über „Ludwig Prandtl and his Kaiser-Wilhelm-Institut". Darin erinnerten sie auch an den zu diesem Zeitpunkt schon in viele Sprachen übersetzten und in mehreren Neuauflagen immer wieder aktualisierten *Führer durch die Strömungslehre*, der das Prandtlsche Erbe wie kein anderes seiner Bücher verbreitete:[71]

> In 1942 Prandtl's book, *Führer durch die Strömungslehre*, came out [...]. It was also the third edition of his much smaller *Abriss der Strömungslehre*. The new title gave rise to some jokes, of course. But in German there is only one word for leader and guide; a *Führer durch London* is just a Baedeker. There were five editions and translations into English, French, Japanese, Polish, and Russian. After his death we carried on three further editions, the eighth in 1984.

Kurz darauf sorgte Julius Rotta mit seinem Buch über *Die Aerodynamische Versuchsanstalt in Göttingen, ein Werk Ludwig Prandtls* dafür, dass Prandtl auch als Gründer der AVA in Erinnerung blieb.[72] Rotta reihte sich damit aber nicht in die Linie anderer Prandtl-Schüler ein, die mit ihren Erinnerungen vor allem der Tradionspflege dienten. Obwohl er Prandtl noch persönlich erlebt hatte, ist seine Geschichte der AVA kein Erinnerungsbuch eines Zeitzeugen, sondern eine aus gründlichen Archivstudien hervorgegangene Studie über die Gründung der Modellversuchsanstalt und ihre Entwicklung bis 1925. Der 1912 in Elberfeld/Wuppertal geborene Rotta konnte seinem Werk keine eigenen Erinnerungen unterlegen und nahm darin vielmehr die Rolle eines Historikers ein.

Rottas Geschichte der AVA markiert ebenso wie ein Beitrag von Cordula Tollmien aus dem Jahr 1988 über das Prandtlsche KWI in der Zeit des Nationalsozialismus den Beginn der Beschäftigung mit Prandtls brieflicher Hin-

---

[68] [Schlichting, 1975a, Schlichting, 1975b, Schultz-Grunow, 1975, Görtler, 1975].
[69] [Wuest, 1982, S. 4].
[70] [Busemann, 1971, Flügge-Lotz und Flügge, 1973, Tani, 1977].
[71] [Oswatitsch und Wieghardt, 1987, S. 17].
[72] [Rotta, 1990a].

terlassenschaft und anderen archivalischen Quellen als historischer Aufgabe.[73] Cordula Tollmien konnte allenfalls auf Erinnerungen ihres Vaters Walter Tollmien zurückgreifen, die sie aber als professionelle Historikerin nicht in ihre Geschichte einfließen ließ. Ihr gebührt das Verdienst, als Erste die in der früheren Traditionspflege verdrängte oder beschönigte Einstellung Prandtls zum NS-Staat kritisch beleuchtet zu haben.

Dennoch bedeutete der Beginn der auf Archivquellen gestützten historischen Aufarbeitung nicht das Ende einer Traditionspflege, die in erster Linie an der Würdigung der herausragenden Leistungen Prandtls interessiert ist. „Es gibt keinen Forscher der Strömungsmechanik, mit dessen Namen so viele grundlegende Entdeckungen verknüpft sind", so beginnt ein Beitrag über „Ludwig Prandtl, Leben und Wirken"[74] in einem Buch, das aus Anlass von Prandtls 125. Geburtstag im Jahr 2000 unter dem Titel *Ludwig Prandtl, ein Führer in der Strömungslehre* erschien und Prandtl wieder nur von seinen besten Seiten zeigen wollte.[75] Die darin versammelten Beiträge tragen durchaus Wissenswertes zu einer Biografie Prandtls bei, doch bei dieser Art von Traditionspflege entsteht kein authentisches Lebensbild, sondern ein Denkmal. Im selben Jahr wurde auf Initiative des Herausgebers dieser 125-Jahre-Festschrift auch eine „Ludwig-Prandtl-Gesellschaft e. V." gegründet mit dem Ziel, „in der Nachfolge Ludwig Prandtls und seiner zahlreichen Freunde und Schüler, die ihr Lebenswerk der Erforschung von Strömungen gewidmet haben, die Anwendung und den Nutzen dieser Wissenschaft zu mehren und in der Öffentlichkeit auf ihre Bedeutung in Natur und Technik hinzuweisen".[76]

Prandtl auch noch ein halbes Jahrhundert nach seinem Tod als Ikone der modernen Strömungsforschung zu verehren und ihm ein Denkmal zu setzen, dient nicht nur der Erinnerung an seine Verdienste um dieses Fach. Es zeugt auch von dem Bedürfnis seiner wissenschaftlichen Nachfahren nach Selbstvergewisserung. Vor dem Hintergrund eines immer komplexeren Geflechts moderner Technikwissenschaften erscheint Prandtl wie die Verkörperung einer geglückten Synthese von Theorie und Praxis, Wissenschaft und Technik, Grundlagen- und Anwendungsorientierung. Ob der reale Prandtl diesem Ideal entsprach oder nicht: In den Augen seiner wissenschaftlichen Schüler- und Enkelgeneration kam er ihm jedenfalls sehr nahe. Vielleicht ist dieses Wunschbild seine nachhaltigste Hinterlassenschaft.

---

[73] [Tollmien, 1998].

[74] [Zierep, 2000, S. 2].

[75] [Meier, 2000].

[76] Satzung der Ludwig Prandtl Gesellschaft. 18. Februar 2000. DLR-Archiv, AK 51.

Verzeichnis der Archive

- Archiv der Max-Planck-Gesellschaft (AMPG), Berlin
  - Abt. I, Rep. 1A: Generalverwaltung
  - Abt. I, Rep. 2: Aerodynamische Versuchsanstalt
  - Abt. I, Rep. 44: Kaiser-Wilhelm-Institut für Strömungsforschung
  - Abt. II, Rep. 3a: Max-Planck-Institut für Strömungsforschung
  - Abt. III, Rep. 24: Nachlass von Albert Betz
  - Abt. III, Rep. 61: Nachlass von Ludwig Prandtl
  - Abt. III, Rep. 76: Nachlass von Walter Tollmien

- Bundesarchiv-Militärarchiv (BA-MA), Freiburg
  - RL 1: Reichsminister der Luftfahrt und Oberbefehlshaber der Luftwaffe

- California Institute of Technology, Archives, Pasadena
  - Theodore von Kármán Collection (TKC)

- Deutsches Museum, Archiv (DMA), München
  - Berichte der Zentrale für Wissenschaftliches Berichtswesen (ZWB)
  - HS: Handschriftensammlung
  - NL 89: Nachlass von Arnold Sommerfeld
  - NL 91: Nachlass von Friedrich Ahlborn

- Historisches Archiv/Museum der MAN AG, Augsburg
  - Kasten 103: Personen
  - Kasten 121: Korrespondenz
  - Kasten 135: Ernennungen
  - Kasten 311-I: Luftführungsanlagen
  - Kasten 311-II: Veröffentlichungen, Jubiläen

- Historisches Archiv der Technischen Universität München (HATUM)
  - C 133: Besetzung der Lehrstellen durch Professoren
  - C 321: Direktorium, Mechanisch-Technisches Laboratorium
  - 5432: Diplomprüfungsordnung Maschineningenieurabteilung 1906

© Springer-Verlag Berlin Heidelberg 2017
M. Eckert, *Ludwig Prandtl – Strömungsforscher und Wissenschaftsmanager*, DOI 10.1007/978-3-662-49918-4

- Johns Hopkins University, Milton S. Eisenhower Library, Baltimore
  - Dryden Papers

- Massachusetts Institute of Technology. Institute Archives and Special Collections, Cambridge, Mass.
  - AC 13: Office of the President
  - MC 272: Papers of Jerome C. Hunsaker

- National Air and Space Museum, Archives (NASARCH), Washington, D.C.
  - John Jay Ide Collection

- National Archives, College Park (NACP), Maryland
  - RG 255: Records of the National Aeronautics and Space Administration

- Niedersächsische Staats- und Universitätsbibliothek (SUB), Göttingen
  - Cod. Ms. F. Klein: Handschriftensammlung, Felix Klein
  - Cod. Ms. L. Prandtl: Handschriftensammlung, Ludwig Prandtl

- Nobelarchiv, Stockholm
  - Protokoll vid Kungl. Vetenskapsakademiens Sammankomster

- Universitätsarchiv der Universität Göttingen (UAG)
  - Kur: Kuratorialakten
  - Phil: Dekanatsakten der Philosophischen Fakultät

- Universitätsarchiv der Universität Hannover (UAH)
  - Hann 146A: Personalakten von Ludwig Prandtl und Carl Runge

- Universitätsarchiv der Ludwig-Maximilians-Universität, München (UAM)
  - OC-I-26p: Promotionsakt Ludwig Prandtl

Abbildungen

Literatur

[Ackeret, 1926] Ackeret J (1926) Zum Vortrag Föttinger. In: Hydraulische Probleme: ein wissenschaftlicher Überblick. Vorträge auf der Hydrauliktagung in Göttingen am 5. und 6. Juni 1925. VDI-Verlag, Berlin, S 101–105

[Ackeret, 1927] Ackeret J (1927) Mechanik der flüssigen und gasförmigen Körper. In: Handbuch der Physik, Bd. 7., S 289–342

[Ackeret, 1930] Ackeret J (1930) Experimentelle und theoretische Untersuchungen über Hohlraumbildung (Kavitation) im Wasser. Technische Mechanik und Thermodynamik 1:63–72

[Ackeret, 1931] Ackeret J (1931) Kavitation (Hohlraumbildung. In: Handbuch der Experimentalphysik. Hydro- und Aerdynamik, Bd. 4., S 463–485

[Ackeret, 1932] Ackeret J (1932) Kavitation und Kavitationskorrosion. In: Kempf G, Foerster E (Hrsg) Hydromechanische Probleme des Schiffsantriebs. Hamburgische Schiffbau-Versuchsanstalt, Hamburg, S 227–240

[Akademischer Gesangsverein München, 1986] Akademischer Gesangsverein München (1986) Geschichte des Akademischen Gesangvereins München: 1961–1986

[Ash, 2002] Ash MG (2002) Wissenschaft und Politik als Ressourcen für einander. In: Bruch R von, Kaderas B (Hrsg) Wissenschaften und Wissenschaftspolitik. Bestandsaufnahmen zu Formationen, Brüchen und Kontinuitäten im Deutschland des 20. Jahrhunderts. Steiner, Stuttgart, S 32–51

[Ash, 2010] Ash MG (2010) Wissenschaft und Politik. Eine Beziehungsgeschichte im 20. Jahrhundert. Archiv für Sozialgeschichte 50:11–46

[Baeumker, 1944] Baeumker A (1944) Zur Geschichte der deutschen Luftfahrtforschung. Selbstverlag, München

[Baeumker, 1966] Baeumker A (1966) Ein Lebensbericht. Selbstverlag, Bad Godesberg

[Batchelor, 1946] Batchelor GK (1946) Double Velocity Correlation Function in Turbulent Motion. Nature 158:883–884

[Battimelli, 1992] Battimelli G (1992) I Congressi Internazionali di Meccanica Applicata. In: Gagliasso E, Battimelli G (Hrsg) Le Comunità Scientifiche: tra storia e sociologia della scienza. Roma: Università degli studi La Sapienza, S 269–284

[Battimelli, 1996] Battimelli G (1996) Senza alcun vincolo ufficiale: Tullio Levi-Civita e i Congressi Internazionali di Meccanica Applicata. Rivista di Storia della Scienza, II Ser 4:51–80

[Beauvais et al., 1998] Beauvais H, Kössler K, Mayer M, Regel C (1998) Flugerprobungsstellen bis 1945. Die Deutsche Luftfahrt, Bd. 27. Bernard und Graefe Verlag, Bonn

[Benz et al., 2005] Benz W, Distel B, Königseder A (Hrsg) (2005) Der Ort des Terrors: Geschichte der nationalsozialistischen Konzentrationslager Bd. 2. Beck, München

[Benzi, 2011] Benzi R (2011) Lewis Fry Richardson. In: Davidson PA, Kaneda Y, Moffatt K, Sreenivasan KR (Hrsg) A Voyage Through Turbulence. Cambridge University Press, Cambridge, S 187–208

[Betz, 1914a] Betz A (1914a) Die gegenseitige Beeinflussung zweier Tragflächen. Zeitschrift für Flugtechnik und Motorluftschiffahrt 5:254–258

[Betz, 1914b] Betz A (1914b) Untersuchungen von Tragflächen mit verwundenen und nach rückwärts gerichteten Enden. Zeitschrift für Flugtechnik und Motorluftschiffahrt 5:237–239

[Betz, 1919a] Betz A (1919a) Beiträge zur Tragflügeltheorie mit besonderer Berücksichtigung des einfachen rechteckigen Flügels. Dissertation, Universität Göttingen

[Betz, 1919b] Betz A (1919b) Schraubenpropeller mit geringstem Energieverlust. Nachrichten der Akademie der Wissenschaften zu Göttingen, Mathematisch-physikalische Klasse, S 193–217

[Betz, 1931] Betz A (1931) Mikromanometer. Handbuch der Experimentalphysik 4(1):513–551

[Betz, 1941] Betz A (1941) Die Aerodynamische Versuchsanstalt Göttingen. Ein Beitrag zur Geschichte. Deutsche Akademie der Luftfahrtforschung. Beiträge zur Geschichte der Deutschen Luftfahrtwissenschaft und -technik, Bd. I., S 3–166

[Betz, 1948] Betz A (Hrsg) (1948) Hydro- and Aerodynamics. Office of Military Government for Germany, Field Information Agencies Technical und Dieterichsche Verlagsbuchhandlung, Wiesbaden

[Betz, 1949] Betz A (1949) Ziele, Wege und konstruktive Auswertung der Strömungsforschung. Zeitschrift des Vereines Deutscher Ingenieure 91:253–258

[Betz, 1953] Betz A (Hrsg) (1953) Hydro- und Aerodynamik. Naturforschung und Medizin in Deutschland 1939–1946, Bd. 11. Verlag Chemie, Weinheim (Für Deutschland bestimmte Ausgabe der FIAT Review of German Science)

[Betz, 1961] Betz A (1961) Aerodynamische Versuchsanstalt Göttingen e. V. in der Max-Planck-Gesellschaft z. F. d. W. in Göttingen. Jahrbuch der Max-Planck-Gesellschaft 1961, Teil II:3–15

[Beyerchen, 1982] Beyerchen AD (1982) Wissenschaftler unter Hitler. Physiker im Dritten Reich. Ullstein,, Berlin (Am. Original: Scientists under Hitler. Politics and the Physics Community in the Third Reich. New Haven: Yale University Press, 1977.)

[Beyler, 2004] Beyler RH (2004) „Reine" Wissenschaft und personelle „Säuberungen". Die Kaiser-Wilhelm-/Max-Planck-Gesellschaft 1933 und 1945. Ergebnisse. Vorabdrucke aus dem Forschungsprogramm „Geschichte der Kaiser-Wilhelm-Gesellschaft im Nationalsozialismus", Bd. 16. Max-Planck-Gesellschaft, Berlin

[Bähr et al., 2008] Bähr J, Banken R, Flemming T (2008) Die MAN: Eine deutsche Industriegeschichte. C. H. Beck, München

[Bilstein, 1994] Bilstein RE (1994) Flight in America. Johns Hopkins University Press, Baltimore, Maryland

[Birnbaum, 1923] Birnbaum W (1923) Die tragende Wirbelfläche als Hilfsmitte zur Behandlung des ebenen Problems der Tragflügeltheorie. ZAMM 3:290–297

[Birnbaum, 1924] Birnbaum W (1924) Das ebene Problem des schlagenden Flügels. ZAMM 4:277–292

[Blasius, 1907] Blasius H (1907) Grenzschichten in Flüssigkeiten mit kleiner Reibung. Dissertation, Universität Göttingen

[Blasius, 1909] Blasius H (1909) Über verschiedene Formen Pitotscher Röhren. Zentralblatt für Bauverwaltung 29:549–552

[Blasius, 1912] Blasius H (1912) Das Ähnlichkeitsgesetz bei Reibungsvorgängen. Zeitschrift des Vereins Deutscher Ingenieure 56:639–643

[Blasius, 1913] Blasius H (1913) Das Ähnlichkeitsgesetz bei Reibungsvorgängen in Flüssigkeiten. Mitteilungen der Forschungen des VDI 131:1–39

[Blenk, 1941] Blenk H (1941) Deutsche Akademie für Luftfahrtforschung. Beiträge zur Geschichte der Deutschen Luftfahrtwissenschaft und -technik. Die Luftfahrtforschungsanstalt Hermann Göring 1:463–561

[Bloor, 2008] Bloor D (2008) Sichtbarmachung, common sense and construction in fluid mechanics: the cases of Hele-Shaw and Ludwig Prandtl. Studies in the History and Philosophy of Science 39:349–358

[Bloor, 2011] Bloor D (2011) The Enigma of the Aerofoil. University of Chicago Press, Chicago

[Blume, 1921] Blume W (1921) Das Segelflugzeug der akademischen Fliegergruppe der Technischen Hochschule Hannover. Zeitschrift für Flugtechnik und Motorluftschiffahrt 12:313–316

[Bodenschatz, 2009] Bodenschatz E (2009) Göttinger Hochdruck-Turbulenz-Anlage. Forschungsbericht 2009. Max-Planck-Institut für Dynamik und Selbstorganisation, Göttingen

[Bodenschatz und Eckert, 2011] Bodenschatz E, Eckert M (2011) Prandtl and the Göttingen school. In: Davidson PA, Kaneda Y, Moffatt K, Sreenivasan KR (Hrsg) A Voyage Through Turbulence. Cambridge University Press, Cambridge, S 40–100

[Bodenschatz und Eckert, 2013] Bodenschatz E, Eckert M (2013) Ein Leben für die Turbulenz. Spektrum der Wissenschaft, 2013(9):44–52

[Boltze, 1908] Boltze E (1908) Grenzschichten an Rotationskörpern in Flüssigkeiten mit kleiner Reibung. Dissertation, Universität Göttingen

[Boog, 1982] Boog H (1982) Die deutsche Luftwaffenführung, 1935–1945. Führungsprobleme, Spitzengliederung, Generalstabsausbildung. Deutsche Verlags-Anstalt, Stuttgart

[Boresi et al., 2010] Boresi AP, Chong K, Lee JD (2010) Elasticity in Engineering Mechanics. Wiley, Hoboken NJ

[Bower, 1988] Bower T (1988) Verschwörung Paperclip. NS-Wissenschaftler im Dienst der Siegermächte. List, München

[Brinkmann und Zacher, 1992] Brinkmann G, Zacher H (1992) Die Evolution der Segelflugzeuge. Die deutsche Luftfahrt, Bd. 19. Bernard und Graefe, Bonn

[Brown, 2003] Brown GO (2003) Henry Darcy's perfection of the Pitot tube. In: Brown GO, Garbrecht JD, Hager WH (Hrsg) Henry P. G. Darcy and Other Pioneers in Hydraulics. Contributions in Celebration of the 200th Birthday of Henry Philibert Gaspard Darcy. ASCE, Reston, VA, S 14–23

[Büttner, 2005] Büttner U (2005) „Gomorrha“ und die Folgen. Der Bombenkrieg. In: Hamburg FfZi (Hrsg) Hamburg im „Dritten Reich“. Wallstein, Göttingen, S 613–631

[Budraß, 2002] Budraß L (2002) Zwischen Unternehmen und Luftwaffe. Die Luftfahrtforschung im „Dritten Reich“. In: Maier H (Hrsg) Rüstungsforschung im Nationalsozialismus. Organisation, Mobilisierung und Entgrenzung der Technikwissenschaften. Wallstein, Göttingen, S 142–182

[Budraß, 2013] Budraß L (2013) Juristen sind keine Historiker. Der Prozess gegen Erhard Milch. In: N M T. Die Nürnberger Militärtribunale zwischen Geschichte, Gerechtigkeit und Rechtschöpfung. Hamburger Edition, S 194–229

[Busemann, 1928] Busemann A (1928) Profilmessungen bei Geschwindigkeiten nahe der Schallgeschwindigkeit (im Hinblick auf Luftschrauben. Jahrbuch 1928 der Wissenschaftlichen Gesellschaft für Luftfahrt, S 95–98

[Busemann, 1930] Busemann A (1930) Widerstand bei Geschwindigkeiten nahe der Schallgeschwindigkeit. Verhandlungen des 3 Internationalen Kongresses für technische Mechanik, Stockholm 1:282–286

[Busemann, 1971] Busemann A (1971) Compressible Flow in the Thirties. Annual Review of Fluid Mechanics 3:1–12

[Busemann und Walchner, 1933] Busemann A, Walchner O (1933) Profileigenschaften bei Überschallgeschwindigkeit. Forschung auf dem Gebiet des Ingenieurwesens 4:87–92

[Busse, 2008] Busse D (2008) Engagement oder Rückzug? Göttinger Naturwissenschaften im Ersten Weltkrieg. Schriften zur Göttinger Universitätsgeschichte, Bd. 1. Universitätsverlag Göttingen, Göttingen

[Cassidy, 1994] Cassidy DC (1994) Controlling German Science, I: U.S. and Allied Forces in Germany, 1945–1947. Historical Studies in the Physical and Biological Sciences 24(2):197–235

[Cassidy, 1996] Cassidy DC (1996) Controlling German Science, II: Bizonal Occupation and the Struggle over West German Science Policy, 1946–1949. Historical Studies in the Physical and Biological Sciences 26(2):197–239

[Cassidy, 2009] Cassidy DC (2009) Beyond Uncertainty: Heisenberg, Quantum Physics, and the Bomb. Bellevue Literary Press, New York.

[Chislenko und Tschinkel, 2007] Chislenko E, Tschinkel Y (2007) The Felix Klein Protocols. Notices of the American Mathematical Society 54(8):960–970

[Christopher, 2013] Christopher J (2013) The Race for Hitler's X-Planes: Britain's 1945 Mission to Capture Secret Luftwaffe Technology. The History Press, Stroud

[Ciesla und Krag, 2006] Ciesla, Krag B (2006) Der Transfer der deutschen Hochgeschwindigkeitsaerodynamik nach 1945: USA, Sowjetunion und andere Staaten. In: Meier H-U (Hrsg) Die Pfeilflügelentwicklung in Deutschland bis 1945. Die Geschichte einer Entdeckung bis zu ihren ersten Andwendungen. Bernard und Graefe, Bonn, S 411–457

[Clark, 2012] Clark C (2012) The Sleepwalkers: How Europe Went to War in 1914. Penguin Books, London

[Curbera, 2009] Curbera G (2009) Mathematicians of the World, Unite!: The International Congress of Mathematicians–A Human Endeavor. A. K. Peters/CRC Press, Wellesley

[Damljanović, 2012] Damljanović D (2012) Gustave Eiffel and the Wind: A Pioneer in Experimental Aerodynamics. Scientific Technical Review 62(3–4):3–13

[Darrigol, 2005] Darrigol O (2005) Worlds of flow. Oxford University Press, Oxford

[Daso, 2002] Daso DA (2002) Operation LUSTY: The US Army Air Forces' Exploitation of the Luftwaffe's Secret Aeronautical Technology, 1944–45. Aerospace Power Journal 16:28–40

[den Hartog und Peters, 1939] Hartog J den, Peters H (Hrsg) (1939) Proceedings of the Fifth International Congress for Applied Mechanics, held at Harvard University and the Massachusetts Institute of Technology, Cambridge, Mass. Sept. 12–26, 1938. John Wiley and Sons, New York.

[Dienel, 1993] Dienel H-L (1993) Der Münchner Weg im Theorie-Praxis-Streit um die Emanzipation des wissenschaftlichen Maschinenbaues. In: Wengenroth U (Hrsg) Die Technische Universität München. Annäherungen an ihre Geschichte. Technische Universität München, München, S 87–117

[DLR, 2013] DLR (2013) 50 Jahre Luftfahrtforschung in einmaligem Windkanal. DLR-News, http://www.dlr.de/dlr/desktopdefault.aspx/tabid-10204/296_read-7921/year-2013/ (21. August 2013)

[Dyke, 1969] Dyke MV (1969) Higher-Order Boundary-Layer Theory. Annual Review of Fluid Mechanics 1:265–292

[Eckert, 2005] Eckert M (2005) Strategic Internationalism and the Transfer of Technical Knowledge: The United States, Germany, and Aerodynamics after World War I. Technology and Culture 46(1):104–131

[Eckert, 2006a] Eckert M (2006a) The dawn of fluid dynamics. Wiley-VCH, Weinheim

[Eckert, 2006b] Eckert M (2006b) Wie entstehen Wirbel? Strömungsforscher im Streit um Theorie und Wirklichkeit. Kultur und Technik 30(2):48–54

[Eckert, 2007] Eckert M (2007) Die Deutsche Physikalische Gesellschaft und die „Deutsche Physik". In: Hoffmann D, Walker M (Hrsg) Physiker zwischen Autonomie und Anpassung. Die Deutsche Physikalische Gesellschaft im Dritten Reich. Wiley-VCH, Weinheim, S 139–172

[Eckert, 2010] Eckert M (2010) The troublesome birth of hydrodynamic stability theory: Sommerfeld and the turbulence problem. European Physical Journal, History 35(1):29–51

[Eckert, 2013a] Eckert M (2013a) Arnold Sommerfeld – Atomphysiker und Kulturbote 1868–1951. Eine Biografie. Abhandlungen und Berichte des Deutsches Museums, Neue Folge, Bd. 29. Wallstein, Göttingen

[Eckert, 2013b] Eckert M (2013b) From "Mixed" to "Applied" Mathematics: Tracing an important dimension of mathematics and its history. Mathematisches Forschungsinstitut Oberwolfach, Report 2013(12):55–58 (Organised by Moritz Epple, Frankfurt; Tinne Hoff Kjeldsen, Roskilde; Reinhard Siegmund-Schultze, Kristiansand; 3 March – 9 March 2013)

[Eckert, 2015] Eckert M (2015) Fluid Mechanics in Sommerfeld's School. Annual Review of Fluid Mechanics 47(1):1–20

[Eckert, 2016] Eckert M (2016) A Kind of Boundary-Layer 'Flutter': The Turbulent History of a Fluid Mechanical Instability. In: Epple M, Schmaltz F (Hrsg) History of Fluid Mechanics in the 19th and 20th Century, in Vorbereitung

[Eiffel, 1911] Eiffel G (1911) La résistance de l'air et l'aviation: expériences effectuées au laboratoire du Champs-de-Mars. H. Dunot et E. Pinat, Paris

[Eiffel, 1912] Eiffel G (1912) Sur la résistance des sphères dans l'air en mouvement. Comptes Rendues 155:1597–1599

[Epple, 2002a] Epple M (2002a) Präzision versus Exaktheit: Konfligierende Ideale der angewandten mathematischen Forschung: Das Beispiel der Tragflügeltheorie. Berichte zur Wissenschaftsgeschichte 25:171–193

[Epple, 2002b] Epple M (2002b) Rechnen, Messen, Führen. Kriegsforschung am KWI für Strömungsforschung 1937–1945. *Helmut Maier (Hg.): Rüstungsforschung im Nationalsozialismus. Organisation, Mobilisierung und Entgrenzung der Technikwissenschaften.* Wallstein, Göttingen, S 305–356

[Epple und Schmaltz, 2011] Epple M, Schmaltz F (2011) Göttingen: Das Max-Planck-Institut für Dynamik und Selbstorganisation. Denkorte Max-Planck-Gesellschaft und Kaiser-Wilhelm-Gesellschaft: Brüche und Kontinuitäten 1911–2011. Hrsg. von Peter Gruss und Reinhard Rürup. Sandstein Verlag, Dresden, S 152–163

[Falkovich, 2011] Falkovich G (2011) The russian school. In: Davidson PA, Kaneda Y, Moffatt K, Sreenivasan KR (Hrsg) A Voyage Through Turbulence. Cambridge University Press, Cambridge, S 209–237

[Federspiel, 2003] Federspiel R (2003) Mobilisierung der Rüstungsforschung? Werner Osenberg und das Planungsamt des Reichsforschungsrates 1943–1945. In: Maier H (Hrsg) Rüstungsforschung im Nationalsozialismus. Wallstein Verlag, Göttingen, S 72–108

[Felsch, 2011] Felsch V (Hrsg) (2011) Otto Blumentals Tagebücher: ein Aachener Mathematikprofessor erleidet die NS-Diktatur in Deutschland, den Niederlanden und Theresienstadt. Hartung-Gorre Verlag, Konstanz

[Fette, 1933] Fette H (1933) Strömungsversuche im rotierenden Laboratorium. Zeitschrift für technische Physik 14:257–266

[Flachowsky, 2008] Flachowsky S (2008) Von der Notgemeinschaft zum Reichsforschungsrat. Wissenschaftspolitik im Kontext von Autarkie, Aufrüstung und Krieg. Steiner, Stuttgart

[Flügge-Lotz und Flügge, 1973] Flügge-Lotz I, Flügge W (1973) Ludwig Prandtl in the Nineteen-Thirties: Reminiscences. Annual Review of Fluid Mechanics 5:1–7

[Fontanon, 1998] Fontanon C (1998) La naissance de l'aérodynamique expérimentale et ses applications à l'aviation. In: Histoire de la mécanique appliquée. ENS éditions, Lyon

[Föppl, 1897] Föppl A (1897) Vorlesungen über technische Mechanik. Festigkeitslehre, Bd. 3.

[Föppl, 1898a] Föppl A (1898a) Vorlesungen über technische Mechanik. Einführung in die Mechanik, Bd. 1. Teubner, Leipzig

[Föppl, 1898b] Föppl A (1898b) Vorlesungen über technische Mechanik. Einführung in die Mechanik. Dritte Auflage, Bd. 1. Teubner, Leipzig

[Föppl, 1925] Föppl A (1925) Lebenserinnerungen. Rückblick auf meine Lehr- und Aufstiegjahre. Oldenbourg, München und Berlin

[Föppl, 1911] Föppl O (1911) Auftrieb und Widerstand eines Höhensteuers, das hinter der Tragfläche angeordnet ist. Zeitschrift für Flugtechnik und Motorluftschiffahrt 2:182–184

[Föppl, 1912] Föppl O (1912) Ergebnisse der aerodynamischen Versuchsanstalt von Eiffel, verglichen mit den Göttinger Resultaten. Zeitschrift für Flugtechnik und Motorluftschiffahrt 3:118–121

[Freytag, 2007] Freytag C (2007) »Bürogenerale« und »Frontsoldaten« der Wissenschaft: Atmosphärenforschung in der Kaiser-Wilhelm-Gesellschaft während des Nationalsozialismus. In: Meier H (Hrsg) Gemeinschaftsforschung, Bevollmächtigte und der Wissenstransfer. Die Rolle der Kaiser-Wilhelm-Gesellschaft im System kriegsrelevanter Forschung des Nationalsozialismus. Wallstein, Göttingen, S 215–267

[Friedman, 2001] Friedman RM (2001) The Politics of Excellence: Behind the Nobel Prize in Science. Times Books, New York

[Fritzsche, 1992] Fritzsche P (1992) A Nation of Fliers. German Aviation and the Popular Imagination. Harvard University Press, Cambridge, Mass

[Füssl und Ittner, 1998] Füssl W, Ittner S (Hrsg) (1998) Biographie und Technikgeschichte. Leske und Budrich, Opladen

[Föttinger, 1924] Föttinger H (1924) Fortschritte der Strömungslehre im Maschinenbau und Schiffbau. Jahrbuch der Schiffbautechnischen Gesellschaft 25:295–344

[Fuchs-Heinritz und König, 2011] Fuchs-Heinritz W, König A (2011) Pierre Bourdieu: Eine Einführung. UVK Verlagsgesellschafr, Konstanz

[Fuhrmann, 1912] Fuhrmann G (1912) Theoretische und experimentelle Untersuchungen an Ballonmodellen. Dissertation, Universität Göttingen, S 64–123 (abgedruckt in: Jahrbuch der Motorluftschiff-Studiengesellschaft, 1911–1912)

[Geiger, 1904] Geiger P (1904) Exhaustoranlagen, insbesondere zur Beseitigung von Spänen und Staub. Zeitschrift des Vereins Deutscher Ingenieure 48(37):1389–1391

[Geiger, 1926] Geiger P (1926) 25 Jahre M.A.N.-Absaugungsanlagen. MAN Werkzeitung 9:5

[Georgi, 1957] Georgi J (1957) Professor Dr. Fritz Ahlborn, ein vergessener Pionier der Strömungsforschung. Abhandlungen und Verhandlungen des Naturwissenschaftlichen Vereins in Hamburg, N F 2:5–18

[Gericke, 1972] Gericke H (Hrsg) (1972) 50 Jahre GAMM. Springer, Heidelberg (Im Auftrag und unter Mitwirkung des Fachausschusses für die Geschichte der GAMM)

[Gersten, 2000] Gersten K (2000) Ludwig Prandtl und die asymptotische Theorie für Strömungen bei hohen Reynolds-Zahlen. In: Meier GEA (Hrsg) Ludwig Prandtl, ein Führer in der Strömungslehre. Biographische Artikel zum Werk Ludwig Prandtls. Vieweg, Braunschweig/Wiesbaden, S 125–138

[Gimbel, 1990] Gimbel J (1990) Science, Technology, and Reparations. Exploitation and Plunder in Postwar Germany. Stanford University Press, Stanford

[Glauert, 1928] Glauert H (1928) The Effect of Compressibility on the Lift of an Airfoil. Proceedings of the Royal Society A118:113–119

[Goldstein, 1969] Goldstein S (1969) Fluid mechanics in the first half of this century. Annual Review of Fluid Mechanics 1:1–29

[Gorn, 1992] Gorn MH (1992) The Universal Man: Theodore Von Karman's Life in Aeronautics. Smithsonian Institution, Washington, DC

[Gorn, 1994] Gorn MH (Hrsg) (1994) Prophecy fulfilled: „Toward new horizons and its legacy". Air Force History and Museums Program.

[Grandin, 1999] Grandin K (1999) Ett slags modernism i vetenskapen: Teoretisk fysik i Sverige under 1920-talet. Skrifter. Institutionen för idé- och lärdomshistoria, Bd. 22. Uppsala universitet, Uppsala

[Görtler, 1948a] Görtler H (1948a) Übersicht. Naturforschung und Medizin in Deutschland 1939–1946 Für Deutschland bestimmte Ausgabe der FIAT Review of German Science 5(III):1–11

[Görtler, 1948b] Görtler H (1948b) Turbulenz. Naturforschung und Medizin in Deutschland 1939–1946 Für Deutschland bestimmte Ausgabe der FIAT Review of German Science 5(III):75–100

[Görtler, 1975] Görtler H (1975) Ludwig Prandtl – Persönlichkeit und Wirken..Zeitschrift für Flugwissenschaften 23:153–162

[Gugerli et al., 2005] Gugerli D, Kupper P, Speich D (2005) Die Zukunftsmaschine: Konjunkturen der ETH Zürich 1855–2005. Chronos, Zürich

[Hachtmann, 2007] Hachtmann R (2007) Wissenschaftsmanagement im Dritten Reich. Geschichte der Generalverwaltung der Kaiser-Wilhelm-Gesellschaft. Wallstein, Göttingen (2 Bände)

[Hager, 2003] Hager WH (2003) Blasius: A life in research and education. Experiments in Fluids 34:566–571

[Hagmann, 2011] Hagmann JG (2011) Einmal um die Welt. Oskar von Millers Reise nach Japan. Kultur und Technik 3:36–40

[Hanle, 1982] Hanle PA (1982) Bringing Aerodynamics to America. MIT Press, Cambridge, Massachusetts

[Hansen, 1987] Hansen JR (1987) Engineer in Charge. A History of the Langley Aeronautical Laboratory, 1917–1958. SP 4305, Washington

[Hashagen, 2003] Hashagen U (2003) Walther von Dyck (1856–1934). Mathematik, Technik und Wissenschaftsorganisation an der TH München. Franz Steiner Verlag, Stuttgart

[Hausmann, 2001] Hausmann F-R (2001) „Auch im Krieg schweigen die Musen nicht". Die Deutschen Wissenschaftlichen Institute im Zweiten Weltkrieg. Vandenhoeck und Ruprecht, Göttingen

[Heilbron, 1986] Heilbron JL (1986) The Dilemmas of an Upright Man. Max Planck as Spokesman for German Science. University of California Press, Berkeley

[Hein, 1995] Hein K (1995) Adolf Baeumker (1891–1976). Einblicke in die Organisation der Luft- und Raumfahrtforschung von 1920 bis 1970. DLR, Göttingen

[Heinemann, 1990] Heinemann M (1990) Der Wiederaufbau der Kaiser-Wilhelm-Gesellschaft und die Neugründungen der Max-Planck-Gesellschaft (1945–1949). In: Vierhaus R, vom Brocke B (Hrsg) Forschung im Spannungsfeld zwischen Politik und Gesellschaft. Geschichte und Struktur der Kaiser-Wilhelm-/Max-Planck-Gesellschaft. Deutsche Verlagsanstalt, Stuttgart, S 407–470

[Heinzerling, 1990] Heinzerling W (1990) Wozu braucht man Windkanäle. In: Bölkow L (Hrsg) Ein Jahrhundert Flugzeuge. Geschichte und Technik des Fliegens. VDI-Verlag, Düsseldorf, S 304–333

[Heisenberg, 1948] Heisenberg W (1948) Zur statistischen Theorie der Turbulenz. Zeitschrift für Physik 124:628–657

[Hensel, 1989] Hensel S (1989) Die Auseinandersetzungen um die mathematische Ausbildung der Ingenieure an den Technischen Hochschulen in Deutschland Ende des 19. Jahrhunderts. In: Hensel S, Ihmig KN, Otte M (Hrsg) Mathematik und Technik im 19. Jahrhundert in Deutschland. Soziale Auseinandersetzungen und philosophische Problematik. Vandenhoeck und Ruprecht, Göttingen, S 1–111

[Hiemenz, 1911] Hiemenz K (1911) Die Grenzschicht an einem in den gleichförmigen Flüssigkeitsstrom eingetauchten geraden Kreiszylinder. Dissertation, Universität Göttingen

[Hirschel, 2007] Hirschel EH (2007) Luftfahrtforschung in der Bundesrepublik. In: Trischler H, Schrögl K-U (Hrsg) Ein Jahrhundert im Flug. Luft- und Raumfahrtforschung in Deutschland 1907–2007. Campus, Frankfurt/New York, S 295–319

[Hirschel et al., 2001] Hirschel E-H, Prem H, Madelung G, Bergmann JW (2001) Luftfahrtforschung in Deutschland. Bernard & Graefe Verlag, Bonn

[Hoffmann und Berz, 2001] Hoffmann C, Berz P (Hrsg) (2001) Über Schall: Ernst Machs und Peter Salchers Geschossfotografien. Wallstein, Göttingen

[Hoffmann, 2007] Hoffmann D (2007) Die Ramsauer-Ära und die Selbstmobilisierung der Deutschen Physikalische Gesellschaft. In: Hoffmann D, Walker M (Hrsg) Physiker zwischen Autonomie und Anpassung. Die Deutsche Physikalische Gesellschaft im Dritten Reich. Wiley-VCH, Weinheim, S 173–215

[Hoffmann und Walker,] Hoffmann D, Walker M (Hrsg) (2008) Physiker zwischen Autonomie und Anpassung. Die Deutsche Physikalische Gesellschaft im Dritten Reich. Wiley-VCH, Weinheim

[Höhler, 2001] Höhler S (2001) Luftfahrtforschung und Luftfahrtmythos: wissenschaftliche Ballonfahrt in Deutschland, 1880–1910. Campus, Frankfurt a. M.

[Hudemann und Poidevin, 1995] Hudemann, Poidevin R (Hrsg) (1995) Die Saar 1945–1955: ein Problem der europäischen Geschichte – La Sarre 1945–1955. Oldenbourg, München

[Hunt, 1998] Hunt JCR (1998) Lewis Fry Richardson and His Contributions to Mathematics, Meteorology, and Models of Conflict. Annual Review of Fluid Mechanics 30:xiii–xxxvi

[Hunt, 1991] Hunt L (1991) Secret Agenda:The United States Government, Nazi Scientists, and Project Paperclip, 1945 to 1990. St Martin's Press – Thomas Dunne Books, New York.

[Jacobsen, 2014] Jacobsen A (2014) Operation Paperclip: The Secret Intelligence Program that Brought Nazi Scientists to America. Little, Brown and Co., New York, Boston, London

[Johnston, 1997] Johnston S (1997) Making the Arithmometer Count. Bulletin of the Scientific Instrument Society 52:12–21

[Joukowsky, 1906] Joukowsky N (1906) De la chute dans l'air de corps legers de forme allongée, animés d'un mouvement rotatoire. Bulletin de l'Institut Aerodynamique de Koutschino 1:51–65

[Joukowsky, 1910] Joukowsky N (1910) Über die Konturen der Tragflächen der Drachenflieger. Zeitschrift für Flugtechnik und Motorluftschiffahrt 1:281–284

[Juhasz, 1988] Juhasz S (Hrsg) (1988) IUTAM. A Short History. Springer, Berlin

[Kalkmann, 2003] Kalkmann U (2003) Die Technische Hochschule Aachen im Dritten Reich (1933–1945). Wissenschaftsverlag Mainz, Aachen

[Kamp, 2002] Kamp M (2002) Die Geschichte der Physik an der Ludwig-Maximilians-Universität in München. Buchendorfer Verlag, München

[Kays und Crawford, 1993] Kays WM, Crawford ME (1993) Convective Heat and Mass Transfer. McGraw-Hill, New York

[Kübler, 1900] Kübler J (1900) Die richtige Knickungsformel. Zeitschrift des Vereins Deutscher Ingenieure 44(82–84):738–742

[Kehrt, 2008] Kehrt C (2008) August Euler und die Anfänge der Luftfahrt in Darmstadt-Griesheim. In: Göller A (Hrsg) Ein Jahrhundert Luftfahrtgeschichte zwischen Tradition, Forschung und Landschaftspflege. Wissenschaftliche Buchgesellschaft, Darmstadt, S 17–42

[Kempf und Foerster, 1932] Kempf G, Foerster E (1932) Hydromechanische Probleme des Schiffsantriebs. Veröffentlichung der Vorträge und Erörterungen der Konferenz über hydromechanische Probleme des Schiffsantriebs am 18. und 19. Mai 1932 in Hamburg e. V. Selbstverlag der Gesellschaft der Freunde und Förderer der Hamburgischen Schiffbau-Versuchsanstalt, Hamburg.

[Kevles, 1977] Kevles DJ (1977) The Physicists: The History of a Scientific Community in Modern America. Knopf, New York.

[Klapdor, 2014] Klapdor S (2014) Die Windkanäle von Kochel: Ein Beispiel des alliierten Technologietransfers nach dem 2. Weltkrieg. Diplomica, Hamburg

[Klein, 2009] Klein C (Hrsg) (2009) Handbuch Biographie. Methoden, Traditionen, Theorien. Metzler, Stuttgart, Weimar

[Kleinschmidt, 1951] Kleinschmidt EJ (1951) Grundlagen einer Theorie der tropischen Zyklonen. Archiv für Meteorologie, Geophysik und Bioklimatologie, Serie A 4:53–72

[Klemperer, 1926] Klemperer W (1926) Theorie des Segelfluges. Abhandlungen aus dem Aerodynamischen Institut an der Technischen Hochschule Aachen, Bd. 5. Springer, Berlin

[Kraemer, 1975] Kraemer K (1975) Geschichte der Gründung des Max-Planck-Instituts für Strömungsforschung. Max-Planck-Institut für Strömungsforschung Göttingen, 1925–1975: Festschrift zum 50jährigen Bestehen des Instituts. MPI für Strömungsforschung, Göttingen, S 16–34

[Krause und Kalkmann, 1995] Krause E, Kalkmann U (1995) Theodore von Kármán 1881–1963. In: Habetha K (Hrsg) Wissenschaft zwischen technischer und gesellschaftlicher Herausforderung. Die Rheinisch-Westfälische Technische Hochschule Aachen 1970 bis 1995. Einhard, Aachen, S 267–274

[Krazer, 1905] Krazer A (Hrsg) (1905) Verhandlungen des III. Internationalen Mathematikerkongresses in Heidelberg vom 8. bis 13. August 1904. Teubner, Leipzig.

[Krige, 2006] Krige J (2006) American Hegemony and the Postwar Reconstruction of Science in Europe. MIT Press, Cambridge, Mass

[Kröll, 1999] Kröll F (1999) Der Prozess gegen Erhard Milch. In: Ueberschär G (Hrsg) Der Nationalsozialismus vor Gericht. Die alliierten Prozesse gegen Kriegsverbrecher und Soldaten 1943–1952. Fischer-Taschenbuch-Verlag, Frankfurt am Main, S 86–98

[Kumbruch, 1921] Kumbruch H (1921) Messung strömender Luft mittels Staugeräten. Forschungsarbeiten auf dem Gebiete des Ingenieurwesens 240:1–32

[Kutta, 1902] Kutta WM (1902) Auftriebskräfte in strömenden Flüssigkeiten. Illustrierte Aeronautische Mitteilungen 6:133–135

[Kutta, 1910] Kutta WM (1910) Über eine mit den Grundlagen des Flugproblems in Beziehung stehende zweidimensionale Strömung. Sitzungsberichte der Kgl Bayerischen Akademie der Wissenschaften, Mathematisch-physikalische Klasse, S 3–58

[Lagerstrom et al., 1967] Lagerstrom PA, Howard LN, Liu C-S (Hrsg) (1967) Fluid Mechanics and Singular Perturbations. A Collection of Papers by Saul Kaplun. Academic Press, New York, London

[Lasby, 1971] Lasby CG (1971) Project Paperclip: German Scientists and the Cold War. Atheneum, New York

[Lemmerich, 1981] Lemmerich J (1981) Dokumente zur Gründung der Kaiser-Wilhelm-Gesellschaft und der Max-Planck-Gesellschaft zur Förderung der Wissenschaften. Max-Planck-Gesellschaft, München

[Leonhard und Peters, 2011] Leonhard A, Peters N (2011) Theodore von Kármán. In: Davidson PA, Kaneda Y, Moffatt K, Sreenivasan KR (Hrsg) A Voyage Through Turbulence. Cambridge University Press, Cambridge, S 101–126

[Leonhardt, 2009] Leonhardt W (2009) Hannover Geschichten. Books on Demand, Hamburg

[Lindner, 2006] Lindner H (2006) „Um etwas zu erreichen, muss man sich etwas vornehmen, von dem man glaubt, dass es unmöglich sei". Der Internationale Sozialistische Kampf-Bund (ISK) und seine Publikationen. Friedrich-Ebert-Stiftung, Bonn

[Lorenz, 1903] Lorenz H (1903) Die stationäre Strömung von Gasen und Dämpfen durch Rohre mit veränderlichem Querschnitt. Zeitschrift des Vereins Deutscher Ingenieure 47(44):1600–1603

[Lurie, 2005] Lurie AI (2005) Theory of Elasticity. Springer, Heidelberg

[MacLeod, 1999] MacLeod R (1999) Secrets among Friends: The Research Information Service and the ‚Special Relationship' in Allied Scientific Information and Intelligence, 1916–1918. Minerva 37:201–233

[Mahrenholtz, 1981] Mahrenholtz O (1981) Ludwig Prandtl. Universität Hannover 1831–1981. Festschrift zum 150jährigen Bestehen der Universität Hannover. Herausgegeben im Auftrag des Präsidenten. Schriftleitung: Rita Seidel, Bd. 1. W. Kohlhammer, Stuttgart, Berlin, Köln, Mainz, S 218–225

[Mai, 1983] Mai G (1983) Die Nationalsozialistische Betriebszellen-Organisation. Zum Verhältnis von Arbeiterschaft und Nationalsozialismus. Vierteljahrshefte für Zeitgeschichte 31:573–613

[Maier, 2007] Maier H (2007) Forschung als Waffe. Wallstein, Göttingen

[Maier, 2015] Maier H (2015) Chemiker im „Dritten Reich". Die Deutsche Chemische Gesellschaft und der Verein Deutscher Chemiker im NS-Herrschaftsapparat. Wiley-VCH, Weinheim

[MAN, 1903] MAN (1903) Das neue Werk Nürnberg der „Vereinigte Maschinenfabrik Augsburg und Maschinenbaugesellschaft Nürnberg A.-G.". Zeitschrift des Vereins Deutscher Ingenieure 47:1201–1338

[Manegold, 1970] Manegold K-H (1970) Universität, Technische Hochschule und Industrie. Ein Beitrag zur Emanzipation der Technik im 19. Jahrhundert unter besonderer Berücksichtigung der Bestrebungen Felix Kleins. Duncker und Humblot, Berlin

[Manegold, 1981] Manegold K-H (1981) Technik, Staat und Wirtschaft. Zur Vorgeschichte und Geschichte der Technischen Hochschule Hannover im 19. Jahrhundert. Universität Hannover 1831–1981. Festschrift zum 150jährigen Bestehen der Universität Hannover. Herausgegeben im Auftrag des Präsidenten. Schriftleitung: Rita Seidel. W. Kohlhammer, Stuttgart, Berlin, Köln, Mainz, S 35–73

[Matschoss, 1925] Matschoss C (Hrsg) (1925) Das Deutsche Museum. Geschichte, Aufgaben, Ziele. VDI-Verlag, Berlin

[Mauersberger, 1987] Mauersberger K (1987) Technische Mechanik und Maschinenwesen. Ein Beitrag zur Disziplinbildung in den Technikwissenschaften. In: Guntau M, Laitko H (Hrsg) Der Ursprung der modernen Wissenschaften. Studien zur Entstehung wissenschaftlicher Disziplinen. Akademie-Verlag, Berlin, S 242–256

[Mehrtens, 1986] Mehrtens H (1986) Angewandte Mathematik und Anwendungen der Mathematik im nationalsozialistischen Deutschland. Geschichte und Gesellschaft 12:317–347

[Mehrtens, 1994] Mehrtens H (1994) Kollaborationsverhältnisse. Natur- und Technikwissenschaften im NS-Staat und ihre Historie. In: Meinel C, Voswinckel P (Hrsg) Medizin, Naturwissenschaft, Technik und Nationalsozialismus – Kontinuitäten und Diskontinuitäten. GNT-Verlag, Stuttgart, S 13–32

[Meier, 2000] Meier GEA (Hrsg) (2000) Ludwig Prandtl, ein Führer in der Strömungslehre. Biographische Artikel zum Werk Ludwig Prandtls. Vieweg, Braunschweig, Wiesbaden

[Meier, 2006] Meier H-U (2006) Die Pfeilflügelentwicklung in Deutschland bis 1945. Die Geschichte einer Entdeckung bis zu ihren ersten Andwendungen. Bernard und Graefe, Bonn

[MPI für Strömungsforschung, 1975] MPI für Strömungsforschung (1975) Max-Planck-Institut für Strömungsforschung Göttingen, 1925–1975: Festschrift zum 50jährigen Bestehen des Instituts. MPI für Strömungsforschung, Göttingen

[Mueller, 1932] Mueller H (1932) Kinematographische Aufnahme der Kavitation an einem Tragflügel. In: Kempf G, Foerster E (Hrsg) Hydromechanische Probleme des Schiffsantriebs. Hamburgische Schiffbau-Versuchsanstalt, Hamburg, S 311–314

[Munk, 1919a] Munk M (1919a) Beitrag zur Aerodynamik der Flugzeugtragorgane. Dissertation, Technische Hochschule Hannover

[Munk, 1919b] Munk M (1919b) Isoperimetrische Aufgaben aus der Theorie des Fluges. Dissertation, Universität Göttingen

[Nahum, 2003] Nahum A (2003) ‚i believe the americans have not yet taken them all!‘: the exploitation of german aeronautical science in postwar britain. In: Trischler H, Zeilinger S (Hrsg) Tackling Transport. Science Museum, London, S 99–138

[Nebeker, 1995] Nebeker F (1995) Calculating the Weather: Meteorology in the 20th Century. Academic Press, San Diego

[Neumann, 1920] Neumann GP (1920) Die deutschen Luftstreitkräfte im Weltkriege. Ernst Siegfried Mittler und Sohn, Berlin

[Nikuradse, 1926] Nikuradse J (1926) Untersuchungen über die Geschwindigkeitsverteilung in turbulenten Strömungen. Forschungsarbeiten auf dem Gebiete des Ingenieurwesens, Heft 281, VDI-Verlag, Berlin

[Nikuradse, 1932] Nikuradse J (1932) Gesetzmässigkeiten der turbulenten Strömung in glatten Rohren. Forschungsarbeiten auf dem Gebiete des Ingenieurwesens, Heft 356, VDI-Verlag, Berlin

[Noether, 1921] Noether F (1921) Das turbulenzproblem. Zeitschrift für Angewandte Mathematik und Mechanik (ZAMM) 125–138:218–219

[Oertel, 2008] Oertel H (Hrsg) (2008) Prandtl-Führer durch die Strömungslehre. Vieweg und Teubner, Wiesbaden

[Oertel, 2010] Oertel H (Hrsg) (2010) Prandtl-Essentials of Fluid Mechanics, 3. Aufl. Springer, New York

[Oexle, 1995] Oexle OG (1995) The British Roots of the Max-Planck-Gesellschaft. German Historical Institute, London

[Olesko, 1991] Olesko KM (1991) Physics as a Calling: Discipline and Practice in the Königsberg Seminar for Physics. Cornell University Press, Ithaca and London

[O'MalleyJr, 2010] O'MalleyJr RE (2010) Singular Perturbation Theory: A Viscous Flow out of Göttingen. Annual Review of Fluid Mechanics 42:1–17

[Oswatitsch und Wieghardt, 1987] Oswatitsch, Wieghardt K (1987) Ludwig Prandtl and his Kaiser-Wilhelm-Institut. Annual Review of Fluid Mechanics 19:1–25

[Pestel et al., 1981] Pestel E, Spierig S, Stein E (1981) Otto Flachsbart – Mitbegründer der Gebäude-Aerodynamik. In: Seidel R (Hrsg) Universität Hannover, Festschrift zum 150jährigen Bestehen der Universität Hannover, Bd. 1. Kohlhammer, Stuttgart, S 225–236

[Peters, 1931] Peters H (1931) Druckmessung. Handbuch der Experimentalphysik 4(1):487–510

[Piersig, 2009] Piersig W (2009) Johann Bauschinger – Begründer der mechanisch-technischen Versuchsanstalten, mit dem Nachruf von Professor Adolf Martens und der Gedenkrede von Professor Friedrich Kick auf Professor Johann Bauschinger (1834–1893. GRIN-Verlag, München

[Prandtl, 1899] Prandtl L (1899) Kipperscheinungen. Ein Fall von instabilem elastischen Gleichgewicht. Dissertation der Philosophischen Fakultät, Sektion II, der Ludwig-Maximilians-Universität zu München. Eingereicht am 14. November 1899

[Prandtl, 1900] Prandtl L (1900) Die richtige Knickformel. Zeitschrift des Vereins Deutscher Ingenieure 44:1132–1134

[Prandtl, 1903a] Prandtl L (1903a) Grundsätze für eine einheitliche Schreibung der Vektorrechnung im technischen Unterricht. Jahresbericht der Deutschen Mathematiker-Vereinigung 12:444–445

[Prandtl, 1903b] Prandtl L (1903b) Zur Torsion von prismatischen Stäben. Physikalische Zeitschrift 4:758–759

[Prandtl, 1904a] Prandtl L (1904a) Beiträge zur Theorie der Dampfströmung durch Düsen. Zeitschrift des Vereins Deutscher Ingenieure 48(10):348–350

[Prandtl, 1904b] Prandtl L (1904b) Über eine einheitliche Bezeichnungsweise der Vektorenrechnung im technischen und physikalischen Unterricht. Jahresbericht der Deutschen Mathematiker-Vereinigung 13:36–39

[Prandtl, 1904c] Prandtl L (1904c) Eine neue Darstellung der Torsionsspannungen bei prismatischen Stäben von beliebigem Querschnitt. Jahresbericht der Deutschen Mathematiker-Vereinigung 13:31–36

[Prandtl, 1904d] Prandtl L (1904d) Späne- und Staubabsaugung. Zeitschrift des Vereins Deutscher Ingenieure 48(13):458–459

[Prandtl, 1904e] Prandtl L (1904e) Über die stationären Wellen in einem Gasstrahl. Physikalische Zeitschrift 5:599–601

[Prandtl, 1905a] Prandtl L (1905a) Über Flüssigkeitsbewegung bei sehr kleiner Reibung. Verhandlungen des III. Internationalen Mathematiker-Kongresses, Heidelberg 1904. Teubner, Leipzig, S 484–491

[Prandtl, 1905b] Prandtl L (1905b) Strömende Bewegung der Gase und Dämpfe. Enzyklopädie der mathematischen Wissenschaften V(5b):287–319

[Prandtl, 1906] Prandtl L (1906) Zur Theorie des Verdichtungsstosses. Zeitschrift für das gesamte Turbinenwesen 3(16):241–245

[Prandtl, 1907] Prandtl L (1907) Neue Untersuchungen über die strömende Bewegung der Gase und Dämpfe. Physikalische Zeitschrift 8:23–30

[Prandtl, 1909] Prandtl L (1909) Die Bedeutung von Modellversuchen für die Luftschifffahrt und Flugtechnik und die Einrichtungen für solche Versuche in Göttingen. Zeitschrift des Vereins Deutscher Ingenieure 53:1711–1719

[Prandtl, 1910a] Prandtl L (1910a) Betrachtungen über das Flugproblem. Zeitschrift des Vereins Deutscher Ingenieure 54:698–702

[Prandtl, 1910b] Prandtl L (1910b) Eine Beziehung zwischen Wärmeaustausch und Strömungswiderstand der Flüssigkeitsteilchen. Physikalische Zeitschrift 11:1072–1078

[Prandtl, 1912a] Prandtl L (1912a) Ergebnisse und Ziele der Göttinger Modellversuchsanstalt. Zeitschrift für Flugtechnik und Motorluftschifffahrt 3:33–36

[Prandtl, 1912b] Prandtl L (1912b) Verhandlungen der Versammlung von Vertretern der Flugwissenschaft am 3. bis 5. November 1911 zu Göttingen. Oldenbourg, München und Berlin

[Prandtl, 1913a] Prandtl L (1913a) Bericht über die Tätigkeit der Göttinger Modellversuchsanstalt. Jahrbuch der Motorluftschiff-Studiengesellschaft 1912–13, S 73–81

[Prandtl, 1913b] Prandtl L (1913b) Flüssigkeitsbewegung. Handwörterbuch der Naturwissenschaften 4:101–140

[Prandtl, 1913c] Prandtl L (1913c) Gasbewegung. Handwörterbuch der Naturwissenschaften 4:544–560

[Prandtl, 1914] Prandtl L (1914) Der Luftwiderstand von Kugeln. Nachrichten der Gesellschaft der Wissenschaften zu Göttingen, Mathematisch-physikalische Klasse, S 177–190

[Prandtl, 1918] Prandtl L (1918) Tragflügeltheorie. I. Nachrichten der Gesellschaft der Wissenschaften zu Göttingen, Mathematisch-physikalische Klasse, S 151–177 (vorgelegt am 26. Juli 1918, abgeschlossen am 13. Dezember 1918)

[Prandtl, 1919] Prandtl L (1919) Tragflügeltheorie. II. Nachrichten der Gesellschaft der Wissenschaften zu Göttingen, Mathematisch-physikalische Klasse, S 107–137 (vorgelegt am 21. Februar 1919)

[Prandtl, 1920] Prandtl L (1920) Tragflächen-Auftrieb und -Widerstand in der Theorie. Jahrbuch der WGL 5:37–65

[Prandtl, 1921a] Prandtl L (1921a) Bemerkungen über den Segelflug. Zeitschrift für Flugtechnik und Motorluftschiffahrt 12:209–211

[Prandtl, 1921b] Prandtl L (1921b) Bemerkungen über die entstehung der turbulenz. Zeitschrift für Angewandte Mathematik und Mechanik (ZAMM) 1:431–436

[Prandtl, 1921c] Prandtl L (Hrsg) (1921c) Ergebnisse der Aerodynamischen Versuchsanstalt zu Göttingen. 1. Lieferung. Oldenbourg, München und Berlin

[Prandtl, 1922a] Prandtl L (1922a) Bemerkungen über die Entstehungen der Turbulenz. Physikalische Zeitschrift 22:19–25

[Prandtl, 1922b] Prandtl L (1922b) Lehren des Rhönflugs 1922. Zeitschrift für Flugtechnik und Motorluftschiffahrt 13:274–275

[Prandtl, 1923a] Prandtl L (1923a) Applications of modern hydrodynamics to aeronautics. Technical Report 116, NACA Auch in NACA Annual Report 7(1923):157–215

[Prandtl, 1923b] Prandtl L (Hrsg) (1923b) Ergebnisse der Aerodynamischen Versuchsanstalt zu Göttingen. II. Lieferung. Oldenbourg, München, Berlin

[Prandtl, 1924a] Prandtl L (1924a) Über die Entstehung von Wirbeln in der idealen Flüssigkeit, mit Anwendung auf die Tragflügeltheorie und andere Aufgaben. In: v. Kármán Th, Levi-Civita T (Hrsg) Vorträge aus dem Gebiet der Hydro- und Aerodynamik (Innsbruck 1922. Julius Springer, Berlin, S 18–33

[Prandtl, 1924b] Prandtl L (1924b) Die Windverteilung über dem Erdboden, errechnet aus den Gesetzen der Rohrströmung. Zeitschrift für Geophysik 1:47–55

[Prandtl, 1925a] Prandtl L (1925a) Bericht über Untersuchungen zur ausgebildeten Turbulenz. Zeitschrift für Angewandte Mathematik und Mechanik (ZAMM) 5:136–139

[Prandtl, 1925b] Prandtl L (1925b) Strömungsforschung. VDI-Nachrichten 5(32):1–2

[Prandtl, 1926a] Prandtl L (1926a) Aufgaben der Strömungsforschung. Die Naturwissenschaften 14:335–338

[Prandtl, 1926b] Prandtl L (1926b) Bericht über neuere Turbulenzforschung. In: Hydraulische Probleme: ein wissenschaftlicher Überblick. Vorträge auf der Hydrauliktagung in Göttingen am 5. und 6. Juni 1925. Berlin: VDI-Verlag 1925. VDI-Verlag, Berlin, S 1–13

[Prandtl, 1926c] Prandtl L (1926c) Erste Erfahrungen mit dem rotierenden Laboratorium. Die Naturwissenschaften 14:425–427

[Prandtl, 1927a] Prandtl L (1927a) Über den Reibungswiderstand strömender Luft. Ergebnisse der Aerodynamischen Versuchsanstalt zu Göttingen III:1–5

[Prandtl, 1927b] Prandtl L (1927b) Über die ausgebildete Turbulenz. Verhandlungen des II Internationalen Kongresses für Technische Mechanik Zürich. Füßli, Zürich, S 62–75

[Prandtl, 1927c] Prandtl L (1927c) Die Entstehung von Wirbeln in einer Flüssigkeit mit kleiner Reibung. Zeitschrift für Flugtechnik und Motorluftschiffahrt 18:489–496

[Prandtl, 1927d] Prandtl L (1927d) The Generation of Vortices in Fluids of Small Viscosity. Journal of the Royal Aeronautical Society 31:720–743

[Prandtl, 1928a] Prandtl L (1928a) Bemerkungen über den Wärmeübergang im Rohr. Physikalische Zeitschrift 29:487–489

[Prandtl, 1928b] Prandtl L (1928b) Bemerkungen zur Hydrodynamik. Zeitschrift für Angewandte Mathematik und Mechanik (ZAMM) 8:249–251

[Prandtl, 1929] Prandtl L (1929) Mechanik der flüssigen und gasförmigen Körper. In: Müller-Pouillets Lehrbuch der Physik, 11. Auflage, Band 1, 2. Teil. Vieweg, Braunschweig, S 991–1183

[Prandtl, 1930] Prandtl L (1930) Turbulenz und ihre Entstehung. Journal of the Aeronautical Research Institute, Tokyo Imperial University 65:1–13 (Vortrag am 21. Oktober 1929)

[Prandtl, 1931a] Prandtl L (1931a) Abriss der Strömungslehre. Vieweg, Braunschweig

[Prandtl, 1931b] Prandtl L (1931b) Herstellung einwandfreier Luftströme (Windkanäle. Handbuch der Experimentalphysik 4(2):63–106

[Prandtl, 1932a] Prandtl L (Hrsg) (1932a) Ergebnisse der Aerodynamischen Versuchsanstalt zu Göttingen. IV. Lieferung. Oldenbourg, München, Berlin

[Prandtl, 1932b] Prandtl L (1932b) Meteorologische Anwendungen der Strömungslehre. Beiträge zur Physik der freien Atmosphäre 19:188–202

[Prandtl, 1933] Prandtl L (1933) Neuere Ergebnisse der Turbulenzforschung. Zeitschrift des Vereines Deutscher Ingenieure 77:105–114

[Prandtl, 1935] Prandtl L (1935) The Mechanics of Viscous Fluids. In: Durand WF (Hrsg) Aerodynamic Theory, Bd. III(G). Springer, Berlin, S 34–208

[Prandtl, 1939] Prandtl L (1939) Beitrag zum Turbulenz-Symposium. Proceedings of the Fifth International Congress for Applied Mechanics, held at Harvard University and the Massachusetts Institute of Technology, Cambridge, Mass Sept 12–26, 1938. Hrsg. J P Den Hartog und H Peters, Wiley, New York und Chapman, London, S 340–346

[Prandtl, 1941] Prandtl L (1941) Bericht über neuere Untersuchungen über das Verhalten der laminaren Reibungsschicht, insbesondere den laminar-turbulenten Umschlag. Mitteilungen der Deutschen Akademie für Luftfahrtforschung 2:141–147

[Prandtl, 1942] Prandtl L (1942) Führer durch die Strömungslehre. Zugleich dritte Auflage des Abrisses der Strömungslehre. Vieweg, Braunschweig

[Prandtl, 1944a] Prandtl L (1944a) Führer durch die Strömungslehre. Zweite Auflage. Zugleich vierte Auflage des Abrisses der Strömungslehre. Vieweg, Braunschweig

[Prandtl, 1944b] Prandtl L (1944b) Neuere Erkenntnisse der meteorologischen Strömungslehre. Schriften der Deutschen Akademie der Luftfahrtforschung 8:157–179

[Prandtl, 1944c] Prandtl L (1944c) Nochmals der vertikale Turbulenz-Wärmestrom. Meteorologische Zeitschrift 61:169–170

[Prandtl, 1944d] Prandtl L (1944d) Zur Frage des vertikalen Turbulenz-Wärmestromes. Meteorologische Zeitschrift 61:12–14

[Prandtl, 1946] Prandtl L (1946) Zur Berechnung des Wetterablaufes. Nachrichten der Akademie der Wissenschaften zu Göttingen, Mathematisch-physikalische Klasse, S 102–105

[Prandtl, 1948] Prandtl L (1948) Mein Weg zu Hydrodynamischen Theorien. Physikalische Blätter 4:89–92

[Prandtl, 1949a] Prandtl L (1949a) Felix Klein und die Anwendung der Mathematik. Universitätsbund Göttingen Mitteilungen 26(1):7–11

[Prandtl, 1949b] Prandtl L (1949b) Wettervorgänge in der oberen Troposphäre. Nachrichten der Akademie der Wissenschaften zu Göttingen, Mathematisch-physikalische Klasse, S 13–18

[Prandtl, 1950a] Prandtl L (1950a) Über Mammutwolken. Annalen der Meteorologie 3:119

[Prandtl, 1950b] Prandtl L (1950b) Dynamische Erklärung des Jet-stream-Phänomens. Berichte des Deutschen Wetterdienstes in der US-Zone 12:198–200

[Prandtl, 1953] Prandtl L (1953) Turbulenz. Naturforschung und Medizin in Deutschland 1939–1946 Für Deutschland bestimmte Ausgabe der FIAT Review of German Science 11:55–78

[Prandtl und Betz, 1927] Prandtl L, Betz A (1927) Vier Abhandlungen zur Hydrodynamik und Aerodynamik. Kaiser-Wilhelm-Institut für Strömungsforschung, Göttingen

[Prandtl und Wieghardt, 1945] Prandtl L, Wieghardt K (1945) Über ein neues Formelsystem für die ausgebildete Turbulenz. Nachrichten der Akademie der Wissenschaften zu Göttingen, Mathematisch-physikalische Klasse, S 6–19

[Prandtl, 1938] Prandtl W (1938) Antonin Prandtl und die Erfindung der Milchentrahmung durch Zentrifugieren. Knorr & Hirth, München

[Pröll, 1922] Pröll A (1922) Gedanken zur Frage des Hochschulunterrichtes im Luftfahrtwesen. Zeitschrift für Flugtechnik und Motorluftschiffahrt 13:163–166

[Rammer, 2004] Rammer G (2004) Die Nazifizierung und Entnazifizierung der Physik an der Universität Göttingen. Dissertation, Universität Göttingen

[Reale Accademia d'Italia, 1936] Reale Accademia d'Italia (Hrsg) (1936) Atti del V° convegno di scienze fisiche, matematiche e naturali – 30 Sett.–6 Ott. 1935: le alte velocità in aviazione. Reale Accademia d'Italia, Roma

[Reich, 1996] Reich K (1996) Die Rolle Arnold Sommerfelds bei der Diskussion um die Vektorrechnung, dargestellt anhand der Quellen im Nachlaß des Mathematikers Rudolf Mehmke. In: Dauben J, Folkerts M, Knobloch E, Wussing H (Hrsg) History of mathematics. States of art. Flores quadrivii. Studies in honor of Christoph J. Scriba. Academic Press, San Diego, S 319–341

[Reid, 1996] Reid C (1996) Courant. Springer, New York.

[Richenhagen, 1985] Richenhagen G (1985) Carl Runge (1856–1927): von der reinen Mathematik zur Numerik. Vandenhoeck und Ruprecht, Göttingen

[Riedel, 1977] Riedel P (1977) Start in den Wind. Erlebte Rhöngeschichte 1911–1926. Motorbuch Verlag, Stuttgart

[Roland, 1985] Roland A (1985) Model Research. The National Advisory Committee for Aeronautics 1915–1958. SP-4103, Bd. 1. NASA, Washington, DC

[Rosenow, 1998] Rosenow U (1998) Die Göttinger Physik unter dem Nationalsozialismus. In: Becker H, Dahms H-J, Wegeler C (Hrsg) Die Universität Göttingen unter dem Nationalsozialismus. Zweite Auflage. Saur, München, S 552–588

[Rotch, 1912] Rotch AL (1912) Aerial Engineering. Science 35(889):41–46 (12. Januar 1912)

[Roth, 2001] Roth K-H (2001) Tödliche Höhen: Die Unterdruckkammer-Experimente im Konzentrationslager Dachau und ihre Bedeutung für die luftfahrtmedizinische Forschung des Dritten Reichs. In: Ebbinghaus, A und Dörner, K (Hrsg) Vernichten und Heilen: der Nürnberger Ärzteprozess und seine Folgen. Aufbau-Verlag, Berlin, S 110–151

[Roth, 2006] Roth K-H (2006) Flying Bodies – Enforcing States. In: Eckart WU (Hrsg) Man, Medicine and the State. The Human Body as an Object of Government Sponsored Medical Research in the 20th Century. Beiträge zur Geschichte der Deutschen Forschungsgemeinschaft, Bd. 2. Steiner-Verlag, Stuttgart, S 107–138

[Rott, 1983] Rott N (1983) J. Ackeret und die Geschichte der Machschen Zahl. Schweizer Ingenieur und Architekt 21:591–594

[Rotta, 1951] Rotta JC (1951) Statistische Theorie nichthomogener Turbulenz. Zeitschrift für Physik 129:547–572

[Rotta, 1981] Rotta JC (1981) Ein geschichtlicher Rückblick auf die Anfänge der Grenzschichttheorie. DGLR 81-069:1–21

[Rotta, 1983] Rotta JC (1983) Das Prandtl-Hergesellsche Projekt einer Reichsversuchsanstalt für Luftschiffahrt. DFVLR-Mitteilungen 83-10:9–66

[Rotta, 1985] Rotta JC (1985) Die Berufung von Ludwig Prandtl nach Göttingen. Luft- und Raumfahrt 2-85:53–56

[Rotta, 1990a] Rotta JC (1990a) Die Aerodynamische Versuchsanstalt in Göttingen, ein Werk Ludwig Prandtls. Ihre Geschichte von den Anfängen bis 1925. Vandenhoeck und Ruprecht, Göttingen

[Rotta, 1990b] Rotta JC (1990b) Dokumente zur Geschichte der Aerodynamischen Versuchsanstalt in Göttingen 1907–1925. DLR-Mitteilungen 90-05:1–174

[Rotta, 2000] Rotta JC (2000) Ludwig Prandtl und die Turbulenz. In: Meier GEA (Hrsg) Ludwig Prandtl, ein Führer in der Strömungslehre. Biographische Artikel zum Werk Ludwig Prandtls. Vieweg, Braunschweig/Wiesbaden, S 53–123

[Rowe, 1989] Rowe DE (1989) Klein, Hilbert, and the Göttingen Mathematical Tradition. Osiris, 2nd Series 5:186–213

[Rowe, 2001] Rowe DE (2001) Felix Klein as Wissenschaftspolitiker. In: Bottazini U, Dahan Dalmedico A (Hrsg) Changing Images in Mathematics: From the French Revolution to the New Millennium. Routledge, London, New York, S 69–91

[Rowe, 2004] Rowe DE (2004) Making Mathematics in an Oral Culture: Göttingen in the Era of Klein and Hilbert. Science in Context 17(1/2):85–129

[Rössler, 2006] Rössler E (2006) Die Sonaranlagen der deutschen Unterseeboote: Entwicklung, Erprobung, Einsatz und Wirkung akustischer Ortungs- und Täuschungseinrichtungen der deutschen Unterseeboote. Bernard & Graefe, Bonn

[Runge und Prandtl, 1906] Runge C, Prandtl L (1906) Das Institut für angewandte Mathematik und Mechanik. Vereinigung 1906:95–111 (auch in Zeitschrift für Mathematik und Physik 54 (1906), 263–280)

[Runge, 1949] Runge I (1949) Carl Runge und sein wissenschaftiches Werk. Abhandlungen der Akademie der Wissenschaften in Göttingen. Mathematisch-physikalische Klasse, Bd. 23. Vandenhoeck und Ruprecht, Göttingen

[Schappacher, 1998] Schappacher N (1998) Das Mathematische Institut der Universität Göttingen. In: Becker H, Dahms H-J, Wegeler C (Hrsg) Die Universität Göttingen unter dem Nationalsozialismus. Zweite Auflage. Saur, München, S 523–551

[Schiestel, 2008] Schiestel R (2008) Modeling and Simulation of Turbulent Flows. Wiley, Hoboken, NJ

[Schiller, 1921] Schiller L (1921) Experimentelle Untersuchungen zum Turbulenzproblem. Zeitschrift für Angewandte Mathematik und Mechanik (ZAMM) 1:436–444

[Schiller, 1931] Schiller L (Hrsg) (1931) Hydro- und Aerodynamik. Akademische Verlagsgesellschaft, Leipzig (4 Teilbände)

[Schiller, 1944] Schiller L (1944) Rezension: L. Prandtl, Führer durch die Strömungslehre, zugleich dritte Auflage des Abriss der Strömungslehre des gleichen Verfassers. Physikalische Zeitschrift 45:174

[Schirrmacher, 2014] Schirrmacher A (2014) Die Physik im Großen Krieg. Physikjournal 13:43–48

[Schlegel, 2008] Schlegel B (2008) Aktionen und Funktionen Professor Werner Osenbergs in Lindau a. H. 1943–1945. Northeimer Jahrbuch 73:73–83

[Schlichting, 1975a] Schlichting H (1975a) An Account of the Scientific Life of Ludwig Prandtl. Zeitschrift für Flugwissenschaften 23:297–316

[Schlichting, 1975b] Schlichting H (1975b) AVA). *Zeitschrift für Flugwissenschaften.* Ludwig Prandtl und die Aerodynamische Versuchsanstalt 23(5):162–167

[Schmaltz, 2005] Schmaltz F (2005) Kampfstoff-Forschung im Nationalsozialismus: zur Kooperation von Kaiser-Wilhelm-Instituten, Militär und Industrie. Wallstein, Göttingen

[Schmaltz, 2009] Schmaltz F (2009) Aerodynamic research at the nationaal luchtvaartlaboratorium (nll) in amsterdam under german occupation during world war ii. In: Maas A, Hooijmaijers H (Hrsg) Scientific Research in World War II: What Scientists Did in the War. Routledge/Taylor & Francis, New York, NY, S 146–182

[Schmaltz, 2010] Schmaltz F (2010) Vom Nutzen und Nachteil der Luftfahrtforschung im NS-Regime. Die Aerodynamische Versuchsanstalt Göttingen und die Strahltriebwerksforschung im Zweiten Weltkrieg. In: Pieper C, Uekötter F (Hrsg) Vom Nutzen der Wissenschaft. Über eine prekäre Beziehung. Steiner, Stuttgart, S 67–113

[Schmaltz, 2011] Schmaltz F (2011) Luftfahrtforschung unter deutscher Besatzung: Die Aerodynamische Versuchsanstalt Göttingen und ihre Außenstellen in Frankreich im Zweiten Weltkrieg. In: Hoffmann D, Walker M (Hrsg) Fremde Wissenschaftler unter Hitler. Wallstein, Göttingen, S 384–407

[Schmeling, 1985] Schmeling H-G (1985) Göttingen 1945, Kriegsende und Neubeginn: Texte und Materialien zur Ausstellung im Städtischen Museum, 31. März–28. Juli 1985. Stadt Göttingen, Kulturdezernat, Göttingen

[Schmid, 2003] Schmid J (2003) Rieppel, Anton Johann von. Neue Deutsche Biographie (NDB) 21:604–605

[Schmidt, 1925] Schmidt W (1925) Der Massenaustausch in freier Luft und verwandte Erscheinungen. Grand, Hamburg

[Schroeder-Gudehus, 1966] Schroeder-Gudehus B (1966) Deutsche Wissenschaft und internationale Zusammenarbeit 1914–1928: ein Beitrag zum Studium kultureller Beziehungen in politischen Krisenzeiten. Dumaret and Golay, Genf

[Schröter und Prandtl, 1905] Schröter M, Prandtl L (1905) Technische Thermodynamik. Enzyklopädie der mathematischen Wissenschaften V:232–320

[Schubring, 1989] Schubring G (1989) Pure and Applied Mathematics in Divergent Institutional Settings in Germany: the Role and Impact of Felix Klein. In: Rowe DE, McCleary J (Hrsg) The History of Modern Mathematics. Volume II: Institutions and Applications. Academic Press, Boston, S 171–220

[Schultz-Grunow, 1940] Schultz-Grunow F (1940) Neues Reibungswiderstandsgesetz für glatte Platten. Luftfahrtforschung 17:239–246

[Schultz-Grunow, 1975] Schultz-Grunow F (1975) Exakte Zugänge zu hydrodynamischen Problemen. Zeitschrift für Flugwissenschaften 23(5):175–183

[Schulz, 1984] Schulz W (1984) Friedrich Ahlborns Untersuchungen zur Flugtechnik sowie zur Hydro- und Aerodynamik. DGLR-Mitteilungen 84–137:1–35

[Schwarte, 1920] Schwarte M (1920) Die Technik im Weltkriege. Ernst Siegfried Mittler und Sohn, Berlin

[Settles et al., 2009] Settles GS, Krause E, Fütterer H (2009) Theodor Meyer – Lost pioneer of gas dynamics. Progress in Aerospace Sciences 45:203–210

[Shortland und Yeo, 1996] Shortland M, Yeo R (Hrsg) (1996) Telling Lives in Science. Essays on Scientific Biography. Cambridge University Press, Cambridge

[Siegmund-Schultze, 1998] Siegmund-Schultze R (1998) Mathematiker auf der Flucht vor Hitler. Quellen und Studien zur Emigration einer Wissenschaft. Vieweg, Braunschweig, Wiesbaden

[Siegmund-Schultze, 2009] Siegmund-Schultze R (2009) Mathematicians Fleeing from Nazi Germany. Individual Fates and Global Impact. Princeton University Press, Princeton, Oxford

[Simon, 1947] Simon LE (1947) German Research in World War II. An Analysis of the Conduct of Research. Wiley, New York.

[Smelt, 1946] Smelt R (1946) A Critical Review of German Research on High-Speed Airflow. The Royal Aeronautical Society 50:899–934

[Sommerfeld, 1900] Sommerfeld A (1900) Neuere Untersuchungen zur Hydraulik. Verhandlungen der Gesellschaft Deutscher Naturforscher und Ärzte 72:56

[Sommerfeld, 1901] Sommerfeld A (1901) Discussion über die richtige Knickungsformel. Jahrbuch über die Fortschritte der Mathematik, Jahrbuch Database, http://www.emis.de/MATH/JFM/, JFM 31.0772.02

[Spalding, 1991] Spalding DB (1991) Kolmogorov's Two-Equation Model of Turbulence. Proceedings: Mathematical and Physical Sciences 434(1890):211–216 (Turbulence and Stochastic Process: Kolmogorov's Ideas 50 Years)

[Sreenivasan, 2011] Sreenivasan KR (2011) G. I. Taylor: the inspiration behind the Cambridge school. In: Davidson PA, Kaneda Y, Moffatt K, Sreenivasan KR (Hrsg) A Voyage Through Turbulence. Cambridge University Press, Cambridge, S 127–186

[Stamm, 1981] Stamm T (1981) Zwischen Staat und Selbstverwaltung: die deutsche Forschung im Wiederaufbau 1945–1965. Verlag Wissenschaft und Politik, Köln

[Stehr und Grundmann, 2011] Stehr N, Grundmann R (2011) Experts: The Knowledge and Power of Expertise. Routledge, New York

[Stodola, 1903] Stodola A (1903) Die Dampfturbinen und die Aussichten der Wärmekraftmaschinen. Zeitschrift des Vereins Deutscher Ingenieure 47:1–131

[Szabo, 1958] Szabo I (1958) Höhere Technische Mechanik. Springer, Heidelberg

[Szöllösi-Janze, 2000] Szöllösi-Janze M (2000) Der Wissenschaftler als Experte. Kooperationsverhältnisse von Staat, Militär, Wirtschaft und Wissenschaft, 1914–1933. In: Kaufmann D (Hrsg) Geschichte der Kaiser- Wilhelm-Gesellschaft im Nationalsozialismus. Bestandsaufnahme und Perspektiven der Forschung. Wallstein-Verlag, Göttingen, S 46–64

[Tani, 1977] Tani I (1977) History of Boundary-Layer Theory. Annual Review of Fluid Mechanics 9:87–111

[Taylor, 1935] Taylor GI (1935) Statistical theory of turbulence, part i-iv. Proceedings of the Royal Society, A 151:421–478 (Reprinted in Batchelor, G. K. (ed.) The Scientific Papers of Sir Geoffrey Ingram Taylor, Volume II: Meteorology, Oceanography and Turbulence. Cambridge: Cambridge University Press, 1960, 288–335)

[Thiel, 1986] Thiel E (1986) Von Ötztal nnach Modane. Aus der Geschichte des großen Hochgeschwindigkeitskanals „Bauvorhaben 101" der Luftfahrtforschungsanstalt München (LFM), später Anlage S1 MA der Fachgruppe ONERA. DGLR-Jahrbuch II:773–795

[Thorpe, 1993] Thorpe AJ (1993) An appreciation of the meteorological research of Ernst Kleinschmidt. Meteorologische Zeitschrift, NF 2:3–12

[Tietjens, 1929] Tietjens O (1929) Hydro- und Aeromechanik nach Vorlesungen von L. Prandtl. Erster Band: Gleichgewicht und reibungslose Bewegung. Springer, Berlin

[Tietjens, 1931] Tietjens O (1931) Hydro- und Aeromechanik nach Vorlesungen von L. Prandtl. Zweiter Band: Bewegung reibender Flüssigkeiten und technische Anwendungen. Springer, Berlin

[Toepell, 1996] Toepell M (1996) Mathematiker und Mathematik an der Universität München. 500 Jahre Lehre und Forschung. Algorismus, Bd. 19. Institut für Geschichte der Naturwissenschaften, München

[Tollmien, 1993] Tollmien C (1993) Der „Krieg der Geister" in der Provinz – das Beispiel der Universität Göttingen 1914–1919. Göttinger Jahrbuch 41:137–209

[Tollmien, 1998] Tollmien C (1998) Das Kaiser-Wilhelm-Institut für Strömungsforschung verbunden mit der Aerodynamischen Versuchsanstalt. In: Becker H, Dahms H-J, Wegeler C (Hrsg) Die Universität Göttingen unter dem Nationalsozialismus, 2. Aufl. K. G. Saur, München, S 684–708

[Tollmien, 1999] Tollmien C (1999) Nationalsozialismus in Göttingen (1933–1945). Dissertation, Universität Göttingen

[Tollmien, 1926] Tollmien W (1926) Berechnung turbulenter Ausbreitungsvorgänge. Zeitschrift für Angewandte Mathematik und Mechanik (ZAMM) 6:468–478

[Tollmien, 1929] Tollmien W (1929) Über die Entstehung der Turbulenz. 1. Mitteilung. Nachrichten von der Gesellschaft der Wissenschaften zu Göttingen, Mathematisch-Physikalische Klasse, S 21–44

[Tollmien, 1953] Tollmien W (1953) Fortschritte der Turbulenzforschung. Zeitschrift für angewandte Mathematik und Mechanik 33:200–211

[Tollmien, 1961] Tollmien W (1961) Max-Planck-Institut für Strömungsforschung in Göttingen. Mitteilungen der Max-Planck-Gesellschaft, S 726–737

[Tollmien et al., 1961] Tollmien W, Schlichting H, Görtler H (1961) Ludwig Prandtls Gesammelte Abhandlungen. 3 Bände. Springer, Berlin (abgekürzt: LP-GA)

[Toussaint, 1935] Toussaint A (1935) Experimental Methods – Wind Tunnels. Part 1. In: Durand WF (Hrsg) Aerodynamic Theory, Bd. III. Springer, Berlin, S 252–350

[Trischler, 1992] Trischler H (1992) Luft- und Raumfahrtforschung in Deutschland 1900–1970. Politische Geschichte einer Wissenschaft. Campus, Frankfurt a.M./New York

[Trischler, 1993] Trischler H (1993) Dokumente zur Geschichte der Luft- und Raumfahrtforschung in Deutschland 1900–1970. DLR, Köln

[Trischler, 1994] Trischler H (1994) Selfmobilization or Resistance? Aeronautical Research and National Socialism. In: Renneberg M, Walker M (Hrsg) Science, Technology and National Socialism. Cambridge University Press, Cambridge, S 72–87

[Trischler, 1996] Trischler H (1996) Die neue Räumlichkeit des Krieges: Wissenschaft und Technik im Ersten Weltkrieg. Berichte zur Wissenschaftsgeschichte 19:95–103

[Trischler, 2001] Trischler H (2001) Big Science or Small Science? Aeronautical Research under National Socialism? In: Szöllösi-Janze M (Hrsg) Science in the Third Reich. Berg, London, S 79–110

[Trischler, 2007] Trischler H (2007) Auf der Suche nach institutioneller Stabilität: Luft- und Raumfahrtforschung in der Bundesrepublik Deutschland. In: Trischler H, Schrögl K-U (Hrsg) Ein Jahrhundert im Flug. Luft- und Raumfahrtforschung in Deutschland 1907–2007. Campus, Frankfurt/New York, S 195–210

[Uttley, 2002] Uttley M (2002) Operation 'Surgeon' and Britain's post-war exploitation of Nazi German aeronautics. Intelligence and National Security 17(2):1–26

[Vereinigung, 1906] Vereinigung G (Hrsg) (1906) Die physikalischen Institute der Universität Göttingen. Festschrift im Anschlusse an die Einweihung der Neubauten am 9. Dezember 1905. Teubner, Leipzig

[Vereinigung, 1908] Vereinigung G (1908) Zum Zehnjährigen Bestehen der Göttinger Vereinigung für Angewandte Physik und Mathematik. Festbericht enthaltend die bei der Feier am 22. Februar 1908 gehaltenen Reden und Ansprachen. Springer, Berlin

[Vierhaus und vom Brocke, 1990] Vierhaus R, vom Brocke B (Hrsg) (1990) Forschung im Spannungsfeld von Politik und Gesellschaft. Geschichte und Struktur der Kaiser-Wilhelm-/Max-Planck-Gesellschaft. Deutsche Verlags-Anstalt, Stuttgart

[Vincenti, 1979] Vincenti WG (1979) Air-Propeller Tests of W. F. Durand and E. P. Lesley: A Case Study in Technological Methodology. Technology and Culture 20(4):712–751

[Vincenti, 1990] Vincenti WG (1990) What Engineers Know and How They Know It. Analytical Studies from Aeronautical History. The Johns Hopkins University Press, Baltimore

[Völker, 1967] Völker K-H (1967) Die deutsche Luftwaffe 1933–1939. Deutsche Verlags-Anstalt, Stuttgart

[Vogel-Prandtl, 2005] Vogel-Prandtl J (2005) Ludwig Prandtl. Ein Lebensbild. Erinnerungen, Dokumente. Göttinger Klassiker der Strömungsmechanik, Bd. 1. Universitätsverlag Göttingen, Göttingen (Ursprünglich erschienen in den „Mitteilungen aus dem Max-Planck-Institut für Strömungsforschung", Nr. 107, herausgegeben von E.-A. Müller, Selbstverlag: Max-Planck-Institut für Strömungsforschung 1993)

[von Kármán, 1909] Kármán T von (1909) Untersuchungen über Knickfestigkeit. Dissertation, Universität Göttingen

[von Kármán, 1921] Kármán T von (1921) Mechanische Modelle zum Segelflug. Zeitschrift für Flugtechnik und Motorluftschiffahrt 12:220–223

[von Kármán, 1924] Kármán T von (1924) Über die Oberflächenreibung von Flüssigkeiten. In: v. Kármán Th, Levi-Civita T (Hrsg) Vorträge aus dem Gebiet der Hydro- und Aerodynamik (Innsbruck 1922. Julius Springer, Berlin, S 146–167

[von Kármán, 1925] Kármán T von (1925) Ludwig Prandtl. Zeitschrift für Flugtechnik und Motorluftschiffahrt 16(3):37–38

[von Kármán, 1930] Kármán T von (1930) Mechanische Ähnlichkeit und Turbulenz. *Nachrichten von der Gesellschaft der Wissenschaften zu Göttingen.* Mathematisch-Physikalische Klasse, S 58–76

[von Kármán, 1931] Kármán T von (1931) Mechanische Ähnlichkeit und Turbulenz. *Proceedings of the 3rd International Congress for Applied Mechanics.* In: Oseen ACW, Weibull W (Hrsg) AB. Sveriges Litografiska Tryckerier, Stockholm. 1., S 85–93

[von Kármán, 1958] Kármán T von (1958) Address. Zeitschrift für angewandte Mathematik und Physik 9b:55–56 [von Kármán und Edson, 1967] Kármán T von, Edson L (1967) The Wind and Beyond. Theodore von Kármán, Pioneer in Aviation and Pathfinder in Space. Little, Brown and Company, Boston, Toronto

[von Kármán und Edson, 1968] Kármán T von, Edson L (1968) Die Wirbelstrasse; mein Leben für die Luftfahrt. Hoffmann und Campe, Hamburg

[von Kármán, 1921] Kármán T von (1921) Über laminare und turbulente Reibung. Zeitschrift für Angewandte Mathematik und Mechanik (ZAMM) 1:233–252

[von Kármán und Levi-Civita, 1924] Kármán T von, Levi-Civita T (1924) Vorträge aus dem Gebiete der Hydro- und Aerodynamik (Innsbruck 1922). Springer, Berlin

[von Mises, 1927] Mises R von (1927) Bemerkungen zur Hydrodynamik. Zeitschrift für Angewandte Mathematik und Mechanik (ZAMM) 7:425–431

[von Parseval, 1922] Parseval A von (1922) Die Bedeutung des motorlosen Segelflugs. Zeitschrift für Flugtechnik und Motorluftschiffahrt 13:280–281

[Walbrach, 2002] Walbrach KF (2002) Der Schöpfer der Müngstener Brücke – Anton von Rieppel vor 150 Jahren geboren. Jahrbuch für Eisenbahngeschichte 34:77–84

[Wegener, 2011] Wegener PP (2011) Die Raketenforschung in Peenemünde. Oldenburg, Schardt

[Weizsäcker, 1948] Weizsäcker CF (1948) Das Spektrum der Turbulenz bei großen Reynolds'schen Zahlen. Zeitschrift für Physik 124:614–627

[Wendel, 1975] Wendel G (1975) Die Kaiser-Wilhelm-Gesellschaft 1911–1914. Zur Anatomie einer imperialistischen Forschungsgesellschaft. Akademie-Verlag, Berlin

[Wieselsberger, 1914] Wieselsberger C (1914) Der Luftwiderstand von Kugeln. Zeitschrift für Flugtechnik und Motorluftschiffahrt 5:140–145

[Wieselsberger, 1934] Wieselsberger C (1934) Abhandlungen aus dem Aerodynamischen Institut der Technischen Hochschule Aachen. Die aerodynamische Waage des Aachener Windkanals 14:24–26

[Wilcox, 1993] Wilcox DC (1993) Turbulence Modeling for CFD. DCW Industries, La Canada, CA

[Wildt, 2006] Wildt M (2006) „Eine neue Ordnung der ethnographischen Verhältnisse". Hitlers Reichstagsrede vom 6. Oktober 1939. Zeithistorische Forschungen/Studies in Contemporary History 3:129 (http://www.zeithistorische-forschungen.de/1-2006/id=4759)

[Wolf, 1996] Wolf M (1996) Im Zwang für das Reich. Das Außenlager des KZ Dachau in Ottobrunn

[Wolff, 2003] Wolff S (2003) Physicists in the ‚Krieg der Geister': Wilhelm Wien's Proclamation. Historical Studies in the Physical and Biological Sciences 33(2):337–368

[Wuest, 1982] Wuest W (1982) Vor 75 Jahren entstand die Aerodynamische Versuchsanstalt Göttingen (AVA. DFVLR-Nachrichten 37:4–23

[Wuest, 1988] Wuest W (1988) Ludwig Prandtl und die Göttinger ‚Luftschiffer'. Anfänge des Flugsports in Göttingen vor dem Ersten Weltkrieg. Jahrbuch der DFVLR 88–066:670–676

[Wuest, 2000] Wuest W (2000) Ludwig Prandtl als Lehrer in Hannover und Göttingen 1901–1947. In: Meier GEA (Hrsg) Ludwig Prandtl, ein Führer in der Strömungslehre. Biographische Artikel zum Werk Ludwig Prandtls. Vieweg, Braunschweig/Wiesbaden, S 173–204

[Yaglom und Frisch, 2012] Yaglom AM, Frisch U (2012) Hydrodynamic Instability and Transition to Turbulence. Springer, Dordrecht, Heidelberg, London, New York

[Zierep, 2000] Zierep J (2000) Ludwig Prandtl, Leben und Werk. In: Meier GEA (Hrsg) Ludwig Prandtl, ein Führer in der Strömungslehre. Biographische Artikel zum Werk Ludwig Prandtls. Vieweg, Braunschweig/Wiesbaden, S 1–16

Personen- und Sachverzeichnis

Printed in the United States
By Bookmasters